Quellensammlung zur Hydrographie und Meteorologie

Band I, 2

DEUTSCHE AKADEMIE DER WISSENSCHAFTEN ZU BERLIN
INSTITUT FÜR PHYSIKALISCHE HYDROGRAPHIE

Quellensammlung zur Hydrographie und Meteorologie
Band I

CURT WEIKINN

Quellentexte zur Witterungsgeschichte Europas von der Zeitwende bis zum Jahre 1850

Hydrographie · Teil 2

(1501—1600)

AKADEMIE-VERLAG · BERLIN

1960

Erschienen im Akademie-Verlag GmbH, Berlin W 1, Leipziger Straße 3-4
Lizenz-Nr. 202 · 100/523/60
Satz, Druck und Bindung: IV/2/14 · VEB Werkdruck Gräfenhainichen · 988
Bestellnummer: 3028/I/2
Printed in Germany
ES 18 E 3

VORWORT

Im Hinblick auf die zunehmende Bedeutung der Forschungen über Klimaschwankungen hat der Deutsche Geographentag 1957 in Würzburg dieses Spezialgebiet als Schwerpunkt III behandelt.

Ein fachmännischer Beurteiler (K. Knoch) des 1. Bandes dieses Werkes durfte daher der Hoffnung Ausdruck geben, daß der Fortgang der Arbeit gesichert ist und die Öffentlichkeit in absehbarer Zeit auch die folgenden Bände vorgelegt erhält. Das Erscheinen dieses 2. Bandes, bereits ein Jahr nach dem Erscheinen des 1. Bandes, dürfte besagen, daß diese Hoffnung wohl zu Recht besteht, und dank Unterstützung seitens des Vizepräsidenten der Deutschen Akademie der Wissenschaften zu Berlin, Prof. Dr. H. Ertel, wird es ermöglicht werden, daß auch die folgenden Bände in kurzen Abständen herauskommen können.

K. Knoch hat mit Recht in seiner Besprechung in „Gerlands Beiträgen zur Geophysik", Heft 5, 1959. erneut auf die Bedeutung des Studiums der Klimaschwankungen hingewiesen; erste zustimmende Urteile, auch aus dem Ausland, bestätigen dieses.

Sachkenner werden bemerken, daß ich die von A. Norlind „Einige Bemerkungen über das Klima der historischen Zeit nebst einem Verzeichnis mittelalterlicher Witterungserscheinungen". Lund und Leipzig 1914. (Lunds Univer. Arskrift. N. F. Afd. 1. Band 10. Nr. 1.) gegenüber der Hennigschen Arbeit „Katalog bemerkenswerter Witterungsereignisse von den ältesten Zeiten bis zum Jahre 1800" Berlin 1904 (Abhandlungen des K. Preuß. Meteorologischen Instituts. Band II. Nr. 4) vorgebrachten Bedenken hinsichtlich des Wertes der von Hennig benutzten Quellen sorgfältig beachtet habe.

Berlin, 12. Januar 1960 C. Weikinn

Deutsche Akademie der Wissenschaften
zu Berlin

° Auch diese Quelle berichtet über das betr. Ereignis in ähnlicher oder verkürzter Form.

* Diese Nachricht stammt aus einer zuverlässigen darstellenden Publikation ohne Quellenangabe.

Vnd ist die Elbe dasselbe Jahr dreymal bestanden. Winter 1500/01 Meißen (Sa. Elbe: Eisdecke

(Laur. Faust „Geschicht- vnd Zeit-Büchlein der etc. Stadt Meissen etc." S. 59.

Albis ter glacie constitit, eadem hieme.

(G. Fabricius „Rer. Misnicar. libri VII". S. 169.)

(Die Elbe kam in diesem Winter dreimal durch Eis zum Stillstand.)

° („Die Meißner Chronik", edid. M. Grünewald. S. 111.)

Per totum Decembrem ferme erat Albea extra ripam. Dezember 1500 Anhalt Elbe-Überschwemmung

(„Annales Anhaltini", edit. Dr. H. Wäschke, S. 27.)

(Fast den ganzen Dezember war die Elbe über ihre Ufer getreten.)

Totus annus et precedenti a festo S. Nicolai episcopi usque ad Penthecosten, inundationes in toto orbe tum Rheni, Albee, Sale, Milde [Mulde], Danubii fluminorum affertur et Rome Tiberim ultra metas prioris diluvii tempore magni et sanctissimi Gregorii, et in Nornberga ripe illius ingluvies clam nocte oppressit mercimonia absorbens in domibus inprovise deposita. 6. Dez. 1500—30. Mai 1501 Deutschland, Italien Überschwemmungen des Rheins, der Elbe, Saale, Mulde, Donau, des Tibers und der Pegnitz

(„Annales Anhaltini", edit. Dr. H. Wäschke. S. 27–28.)

(Das ganze Jahr und im vorigen vom St. Nikolausfeste bis zu Pfingsten ereigneten sich Überschwemmungen im ganzen Reiche, also des Rheins, der Elbe, der Saale, der Mulde, der Donau, und in Rom ging der Tiber noch über die Grenzen der früheren Wasserflut zur Zeit des großen und heiligen Gregorius, und in Nürnberg vernichteten die Ränder jener Unersättlichkeit heimlich bei Nacht die Kaufmannswaren, die nichtsahnend in den Häusern untergestellt waren, und führten sie fort.)

Item, il fit sy grant plue depuis 15. jour de décembre jusques à Noel, que les yawes furent sy grandes. 15.—Mitte der 3. Dekade Dezember 1500 Lothringen Hochwasser der Flüsse

(„Journal de Jehan Aubrion", edid. L. Larchey. S. 432.)

. . .; puis se deffist le temps et se mist à la pluye tellement que avec les neiges et les glaices qui fondoient, les yawes devinrent si grandes et les rivieres si hors de rives, depuis ce jour jusques à noel, que nul ne pouvoit saillir ni entrer en Mets.

(J. F. Huguenin „Les chroniques de la ville de Metz". S. 636.)

1500 19. Dezember Louvain (Löwen) (Belgien) Dyle-Überschwemmung

Redundantia aquarum intulit Lovanio incredibilia damna. Moena oppidi cum portis et turribus eversa fuerunt, multae domus, multi muri corruerunt. Sarcophaga ad S. Gertrudem eversa sunt, pontes lapidei fracti, lapidae plateae in multis locis eversae. Ad Praedicatores, aqua stetit ultra magnum altare per pedem. Quot vasa cum vino et cerevisia, quot horrea cum bladis perierunt, quot animalia submersa sunt! In memoria hominum non fuit Lovanii tale periculum et tantum damnum ... (Carthusia, liber Thimo).

(Jean Molanus „Historiae Lovanensium. Liber XIV." edid. P. F. X. de Ram in „Publicat. de la comm. roy. d'hist. de Belgique". Bd. 9. Tom. II. S. 859.)

(Das Überströmen der Gewässer brachte Louvain [Löwen] unglaubliche Schäden. Die Stadtmauern mit den Toren und Türmen wurden umgestürzt, viele Häuser, viele Wände fielen ein. Die Sarkophage zu St. Gertrud wurden umgeworfen, steinerne Brücken zerstört und die mit Steinen gepflasterten Straßen an vielen Stellen vernichtet. Bei den Prädikatoren stand das Wasser 1 Fuß über dem großen Altar. Wie viele Gefäße mit Wein und Bier, wie viele Scheuern mit Getreide gingen verloren, wie viele Tiere ertranken. Die Menschen in Louvain konnten sich nicht einer solchen Gefahr und eines so großen Schadens erinnern.)

Nürnberg Hochwasser der Pegnitz

Item in der selben samstag nacht da kom ein groß güß, das es in sechs jarn so groß nit gewest was, und gieng zu mitternacht am höchsten.

(„Heinrich Deichsler's Chronik" in „Die Chroniken der deutschen Städte". 11. Bd. S. 625.)

Wien Donau-Überschwemmung

wass ain gross wasser von der Tonaw hye vnd tett grossen schaden.

(„Wiener Witterungsbeobachtungen" in Dr. G. Hellmann „Neudrucke" No. 13. S. 48.)

Anfang der 3. Dekade Dezember Metz und Umgegend Mosel- u. Seille-Überschwemmung

..., et ung peu devant noe il degelait tout à une fois, tant les glaices que les neiges, par quoy tout rivières furent merveilleusement derivées et estoient le jour st. Thomas devont noe (21. Dez.) sy hors de rive que la lairgeur de Muzelle duroit dez les waisieulx là où se déchairgent les sapins jusques auprès de st Mairtin devant Mets et tout parmey le pie st Soibe et en aultre lieu, depuis la pourte du pont Remon, jusques auprès de st Ailloy, et ne veoit-on tout à vaulx l'ile du pont des morts que une partie de la crus et les loups de dessus le pont aux loups. Paireillement la rivière de Saille estoit se fort dérivée, que on ne povoit sortir dehors par la pourte à Maizelle ne à piedz ne à chevaulx; car les maixons du bourg estoient toutes en l'yave jusque en la première traveure; et fyrent ces yawes sy grant dommaige parmy le monde que merveille, entre lesquels dommaiges elles abaitirent ung pont de pier, c'on avoit fait a st Miel qui estoit tout neuf et qui avoit moult cousté.

(„Gedenkbuch des Metzer Bürgers Philippe von Vigneulles aus den Jahren 1471—1522", edid. Dr. H. Michelant. S. 138.)

20. Januar 1501 Nürnberg Pegnitz Überschwemmung

Anno Domini 1501 jar an sant Sebastianus tag zu nacht umb mittnacht do kam als ein große und schnelle guess, dergleichen keinem menschen in Nürnberg gedechtig was, und thett an vil enden großen schaden und sonderlich in lant zu Bayrn, in Oesterreich und am Rein.

(„Chronik aus Kaiser Sigmunds Zeit etc." in „Die Chroniken der deutschen Städte etc." 1. Bd. Nürnberg. S. 413.)

Item in dem Jahr an der mitwochen naht Sebastians tag da kom umb mittenaht ein groß güß und gieng am Vischmarck in das Tuchgesslein, . . ., und gieng pei dem von Plaben zu dem Schreinergesslein herauß . . . Item auch andern saltzern grossen [schaden]. Item auch grossen schaden andern vil kremern in den kremen. Item auch vil schadens in den kelern. Item es warf auch ümb den steg pei der Weidemül.

(„Heinrich Deichsler's Chronik" in „Die Chroniken der deutschen Städte". 11. Bd. Nürnberg. S. 628.)

„Am Tag Sebastiani 3 Stund nach Mitternacht hat die Pegnitz bis unten zu Ende dieses Täfeleins angerührt und gewährt 36 Stund."
(Inschrift einer Messingtafel beim Sandbad an der Ecke der Neuen Gasse). Dieses Täfelein ist 6 Schuh vom Erdboden hoch angemachet.

(G. A. Will „Von der neulichen größten Ueberschwemmung und Wassersnoth etc." S. 9, 25 u. 11.)

Es umlief und überströmte das Wasser den ganzen Markt, that in Krämen und Gewölben unbeschreiblichen Schaden und warf die Mühle auf der langen Brücke um, . . .

(G. A. Will „Von der neulichen größten Ueberschwemmung und Wassersnoth etc." S. 11.)

Februar Weißenfels a/Saale Saale-Überschwemmung

Saale-Überschwemmung. Viel Schaden.

(K. A. G. Sturm „Kleine Chronik der Stadt Weißenfels. S. 66.)

Ende Februar Lothringen Hochwasser der Flüsse

Item, il pluit fort à la fin du moix de févriers, par coy les yawe redevinrent très grande;

(L. Larchey „Journal de Jehan Aubrion etc." S. 433.)

April—Herbst Elbe, Oder, Bober Überschwemmungen

a festo pasce [Ostersonntag, 11. April] usque ad antumpnum fuerunt inundaciones et alluvium omnium fluviorum, maxima damna hominibus inferencia, precipue tamen Odera et Albia supra modum et ultra memoriam hominum excreverunt. Bobera eciam eo anno ter ultra conswetum inundata est binaque vice cellaria nostra implevit . . .

(„Catalogus abbatum Saganensium' in „Scriptores rer. Silesiac." I. S. 419.)

(Vom Osterfest bis zum Herbst ereigneten sich Überschwemmungen aller Flüsse, die den Menschen größte Schäden brachten, besonders jedoch wuchsen die Oder und die Elbe außergewöhnlich an und wie sich kein Mensch erinnern konnte.

Auch der Bober trat in diesem Jahre gegen seine Gewohnheit 3mal über sein Ufer und füllte abwechselnd zweimal unsere Keller [mit Wasser] an.)

um 30. Mai 1501 Kaisersheim (Rgbz. Schwaben i/Bay.) Überschwemmung

Pfingsten [Pfingst-Sonntag, 30. Mai] entstand solch großes Wasser, daß Keller und Ställe angefüllt, die Mauer beim Bräutor durchbrochen und der Turm beim Bad und der Turm mit dem Schwingbogen im Bräugarten eingestürzt waren.

(M. Schaidler „Chronik des ehemaligen Reichsstiftes Kaisersheim (Kaisheim) etc.“ S. 137.)

Juli Gegend von Schärding a/Inn Inn-Überschwemmung

Die $1/_2$ Stunde vom Inn-Ufer entfernte Kirche zu Mitich stand 6 Fuß tief unter Wasser. Die unteren Stadtteile von Schärding starke Überschwemmung.

(J. E. Lamprecht „Histor.-topograph. etc. Beschreibung d. k. k. etc. Gränzstadt Schärding am Inn etc.“ I. S. 135, II. S. 256.)

25. Juli Roda (Thür.) Überschwemmung der Roda

Die Roda: starke Wasserflut.

(Dr. J. u. C. Löbe „Geschichte der Kirchen u. Schulen des Herzogth. Sachsen-Altenburg.“ III. S. 188.)

25.—29. Juli Halle (Saale) Überschwemmung der Saale

dinstags nach Jacoby [27. Juli] hat sich die Sale alhie zu Halle so grosz ergossen, nach dem es des sontags am tage sancti Jacobj [25. Juli] und montags zuvor [26. Juli] beyde tage ausz ymmer geregnet hat, das sie bisz in die stat alhie zu Halle zum Moritzthor herauff gegen der closter pfortten gleich dem pfole getreten und jn das tall in etzliche kot, daselbist zcwey salevasz mit grosser macht ausz der erde in die höhe erhaben, do hat man die Salpforte und die spulen alle mit erde und miszte verrammeln lassen, dennoch jst das wasser durch die mure an eynem ende jngerisszen und in das tall gelauffen, do hat man das wasser mit grosser mühe und arbeit durch hülff der burger gemeyn, . . . des tales auszgisszen und retten müsszen, tag und nacht zu erwehren, das die saltzbornen vast mit grosszer not deszmals vor schaden bewart und enthalden blieben sein. Mittwochs am tage Panthaleonis und dornstags darnach [28. u. 29. Juli] was das wasser am grösztem, wann es lieff in etzliche kot unde tad schaden an den herden und wenden, die es jnweichte. Es tad auch grosszen schaden den leuten an vil enden an hou und getreyde, das auf dem wasser herab geflosszen kam, etzlich heuszer und gebeude auff dem strohoffe und auff den dörffern neddergefellet und umbgeworffen. Item zu sanct Konigunden was es ein spanne hoch über den hochen altar jm kore getretten und darynne die stüle umbgerisszen zur erde. . . ., die mure umb den kirchhoff die helfft nedder geworfen und süst an vil enden auff den dörffern hier umblang und anderszwo, dar sich das wasser also ergossen had, den armen leuten merglichen schaden gethan. Item das wasser wuchsz und nam zu drey tage und nacht, ehir es widder gefiell.

(„Chronicalische Aufzeichnungen zur Geschichte der Stadt Halle vom Jahre 1464–1512“, edid. Dr. Wachter. S. 132–133.)

Es hat die Saale den Kettenpfahl bey St. Moriz Closterthor erreicht, und zu St. Cunigunde eine Spanne hoch drey Tage lang über den hohen Altar gestanden. . . ., und das Wasser in die Stadt gedrungen.

25.—29. Juli 1501 Halle (Saale) Überschwemmung der Saale

(J. Chr. von Dreyhaupt „Pagus Nelitici et Nudzici etc.", edid. J. F. Stiebritz. I. S. 733.)

Une crue subite due à la fonte des neiges, emporta l'avant-dernière arche du pont du Rhône, à Lyon, du coté du faubourg de la Guillotière.

28. Juli Lyon Rhone-Überschwemmung

(M. Champion „Les inondations en France etc." III. S. 212. aus Guill. Paradin „Mém. de l'hist. de Lyon". 1573. S. 279.)

Des jars was fast feicht in der erent und rengent ser, und detten die wasser grossen schaden an fil erten.

Erntezeit Schwaben (Bay.) Überschwemmungen der Flüsse

(„Fortsetzungen der Chronik des Hector Mülich" in „Die Chroniken der deutschen Städte". 23. Bd. S. 438.)

In diesem Jahr hats groß Gewässer im Lande gegeben.

August Sachsen Überschwemmungen der Flüsse

(Chr. Meltzer „Historia Schneebergens, renovata etc." S 1210.)

Hochwasser mit viel Schaden. Mulde-Brücke beschädigt.

Colditz (Sa.) Hochwasser der Zwickauer Mulde

(H. F. Bellger „Histor. Beschreibung der Stadt Colditz etc." S. 40 u. 170.)

Wasser ergießen sich gewaltig. Wiesen und Felder überschwemmt.

Leipzig Überschwemmung

(J. J. Vogel „Leipzig. Geschicht-Buch etc." S. 73.)

Die Schussen wird durch anhaltende Regen so groß, daß es die Mühlbruck fortgenommen.

Ravensburg Schussen-Überschwemmung

(J. G. Eben „Versuch einer Geschichte der Stadt Ravensburg". I. S. 321.)

In Basilea, circa quam tria flumina magna concurrunt, in tantum excreverunt aque, quod transcenderent ipsa menia et muros civitatis . . .

Basel Überschwemmung der Flüsse

(„Chronica principum Poloniae" in „Scriptor. rer. Silesiacar." I. S. 168.)

(In Basel, wo 3 große Flüsse zusammenstoßen, wuchsen die Gewässer derart an, daß sie selbst die Mauern und Stadtmauern überschritten.)

Elbe: Überschwemmung. Wasserstand 14 Ellen $1^1/_2$ Zoll.

6. August Bodenbach (Elbe) Elbe-Überschwemmung

(E. Mander „Chronik von Bodenbach". S. 167.)

fer. VI. et sabato ante festum ass. Marie fuit talis pluvia et inundatio aquarum, ita quod aqua crevit et cum impetu venit, quae magna dampna in villis et presertim in civitate inter cerdones et in suburbio habitantibus et in molendinis intulit, ita quod fuit diluvium particulare per universum mundum et inauditum a tempore

13.—14. August SO. Deutschland Überschwemmung der Flüsse

Noe, ita quod frumenta annichilavit et domus hominum destruxit, horrea, pontes, et horribiliter in omnibus civitatibus dampna infinita in agris, in piscinis et in aliquibus civitatibus in ecclesiis fecit, in Nissa, Wratislavia et in Glocz, et duravit quasi ad sex dies.

(„Chronik des Wenceslaus Thommendorff" in „Scriptor. rer. Silesiac." 11. Bd. Schweidnitz. Chronisten. S. 9.)

(Am Freitag und Sonnabend vor dem Fest Mariä Himmelfahrt [13.–14. August] traten so große Regengüsse und eine so große Überschwemmung der Gewässer ein, daß das Wasser stieg und mit Ungestüm kam, wodurch in den Dörfern und besonders in der Stadt die zwischen den Handwerkern und in der Vorstadt wohnenden Menschen und die Mühlen große Schäden erlitten. Es herrschte eine Art von Sintflut in der gesamten Welt und beispielslos seit Noahs Zeit, so daß sie das Getreide vernichtete, Häuser der Menschen, Scheuern, Brücken beschädigte, schrecklich in allen Staaten zahllose Schäden an Äckern, Fischteichen und in zahlreichen Städten an den Kirchen anrichtete, z. B. in Neiße, Breslau und Glatz, und fast 6 Tage dauerte.)

14.—24. August 1501 Donau, Böhmen Überschwemmungen der Flüsse

Hoc anno maxima fuit aquarum inundacio, in vigilia assumptionis Marie inchoans, et durans fere per dies decem. Huiuscemodi gurgitis habundantia in centum annis vix visa fuit similis, quod testatur femina forensis centum et septem etatis habens annos. Frumentum ac fenum a quibusdam reconditum Hystro periit, in agris iam secatum pluvia computruit. Per cunctas urbium opidorumque iuxta Danubium sic largiter gurges aquarum transiit, ut navigabiles existerent. Domos funditus evertit, duas cum familia Mellicum pretereundo versus orientem asportavit. Prata atque pomeria vestivit arena, arboresque deiecit et vineas eradicavit, integra cum horreis stabula, omnisque generis supellectilis substancia defluxit noctuque dieque. Magna denique opida cum villis in tantum debachatus est Danubius, ut unam domum vix vidisses integram. Pars una populi ridebat, pars altera flebat. Hic et in partibus Bohemie innumeris ruptis lacunis, noctu magna pars periit hominum et facti sunt iuxta Abacuk vaticinium homines velud pisces maris. In ecclesiam quoque beate Virginis forensem gurges aquarum introiens, cubitum unum ultra altaria per idem tempus stabat, et sedes cum tumulis subvertendo; . . .

(„Annales Mellicenses. Contin. Mellicensis." M. G. H. Script. IX. S. 528.)

(In diesem Jahre trat eine sehr starke Überschwemmung der Gewässer ein, die am Tage vor Mariä Himmelfahrt begann und fast 10 Tage dauerte. Eine derartig hohe Flut wurde in 100 Jahren kaum in ähnlicher Weise beobachtet, wie eine Marktfrau im Alter von 107 Jahren bezeugte. Das Getreide und Heu, das von einigen geborgen worden war, ging durch die Donau verloren, das auf den Feldern bereits geschnittene verfaulte infolge der Regengüsse. Durch alle Stellen der Städte und festen Plätze an der Donau floß die Wasserflut so reichlich, daß sie schiffbar schienen. Sie stürzte Häuser von Grund aus um, 2 trug sie, als sie bei Melk vorüberfloß, mit der Bewohnerschaft nach Osten davon. Die Wiesen und Maueranger bedeckte sie mit Sand, warf Bäume um und entwurzelte die Weinstöcke, unbeschädigte Gehöfte mit den Scheuern und dem Vorrat jeder Art führte sie bei Nacht und bei Tage davon. Schließlich wütete die Donau in den großen Städten und ihren Dörfern so sehr, daß man kaum ein Haus unbeschädigt sah. Ein Teil des Volkes lachte, der andere weinte. Hier und in Teilen von Böhmen ging ein großer Teil Menschen bei Nacht in den [durch die Flut] entstandenen Morästen zugrunde, und die Menschen wurden, nach Habakuks Weissagung, zu Meeresfischen. Auch in die Marktkirche zur heiligen Jungfrau drang die Wasserflut ein, stand zu derselben Zeit 1 Elle hoch über dem Altar und stieß die Bänke und Grabhügel um.)

14. August 1501 Weißenhorn (Schwaben) Überschwemmung der Roth

Darnach nest kunftug an unser lieben frauen abent krawter weichin 1501 waß hie ain groß, mercklich wasser, ist bey mentzlicher gedecknuß hie nie erhört, noch gesechen worden. Es geschach, das der zwinger um die statt an zwayen orten von des wassers wegen, ach die stattgraben sancken an manchen orten nider, alß man noch sicht. In der Capel sant Lenhartz was des wasser alß tief, das eß aynem über den knoden gieng.

(„Weißenhorner Historie von Nicolaus Thoman, St. Leonhardskaplan zu Weißenhorn" in Dr. F. L. Baumann „Quellen zur Geschichte d. Bauernkrieges in Oberschwaben" in „Biblioth. d. literar. Vereins Stuttgart. Bd. 129, S. 39.)

14. Aug.— Anfang Sept. Mitteldeutschland Überschwemmung der Flüsse, z. B. Elbe, Saale, Weiße Elster

vor sunte Bartolomeus VIII effte X dage na un vor kam so grot water ut den bemeschen gebergeten un ut dem overlande, dat de Zale un de Elster un de Elve [Saale, Elster, Elbe] so grot worden, dat it groten schaden dede alderwegen by dem strande her, dar de floet her gink, un vordrenkede dorper un korn un graess al dat de lüde hadden to hope bracht, de so syde wonden, un dede dem kloster to der [Schulpforte bei Naumburg-Kösen] groten schaden, me sede, it were wol de helfte wech gewaschen, un ock itlike dorper un de Elster dede groten schaden to Pega [Pegau, südl. v. Leipzig] an der staed de vordrenkede wol half, man un frowen worden gevunden mit den kindern, kinder mit den wegen, perde, koge, schap, swyne, dat vordrunken was, dat kam vleten. Un de Elve warp umme ein grot stücke van der muren to Meydeborch un gink wol eine mile breit van Meydebor, datme moste mit kanen und vloten varen up gennesit der Kluess [die Klus, ein Wald nach Gommern zu], so dat ne man noch frowe so alt, was, de des konde denken effte hedde gehort, dat dat water vor Meydeborch so grot sy gewesen als up düsse tyt.

(„Chronikal. Aufzeichnungen aus den Jahren 1500–1514", edid. F. Winter in „Geschichtsblätter f. Stadt u. Land Magdeburg". 11. Bd. S. 47–48.)

14. August Salzach- u. Donau-Überschwemmung

Es fällt außerordentliches Regenwetter ein, das 10 Tage ohne Unterlaß fortstürmte und an der Salzach und Donau verherende Überschwemmungen verursachte.

(J. Th. Zauner „Chronik von Salzburg". 4. Teil. S. 248.)

1501 15. August Regensburg Donau- Über-schwemmung

exundavit Danubius vehementer cum magno damno accolarum urbis Ratisponensis.

(„Catalogus episcoporum Ratisponensium in libros III divisus auctore Laurentio Hochwarto". in A. F. Oefele „Rer. Boicar. srcipt. nusquam antehac editi etc." I. S. 226.)

(Die Donau trat heftig über ihre Ufer, mit großem Schaden für die Anwohner in der Stadt Regensburg.)

Circa festum Assumptionis Virginis gloriosae fuit magna inundatio Ratisbonae ita quod Danubius excrescens multa damna intulit.

(„Anonymi Ratisbon. Farrago histor. rer. Ratisponens. 508–1519" in A. F. Oefele „Rer. Boicar. scriptor." II. S. 520.)

(Um das Fest der Himmelfahrt der glorreichen Jungfrau [Maria] trat eine große Überschwemmung zu Regensburg ein, so daß das Hochwasser der Donau viele Schäden anrichtete.)

Donau: Starkes Hochwasser. „gros wasser".

(„Leonhart Widman's Chronik" in „Die Chroniken der deutschen Städte". 15. Bd. S. 105.)

Passau Donau- u. Inn-Über-schwemmung

Was das viel ein große Klag
An unser frawen schiedung tag
Als sie in himel wird empfangen
Ist die güß daher gangen
Als man zalt 15 hundert und 1 jar
Mügt ihr all glauben – für war.

[Älteste Hochwassermarke der Stadt am Städt. Krankenhause bei der Heil.Geistkirche.]

Donau und Inn fließen in der Heiliggeistgasse u. Brunngasse, also am Westende der Stadt zusammen, so daß die Halbinsel vom Festlande abgeschnitten und zur Insel geworden war und man in Kähnen den Verkehr durch die überschwemmten Straßen des Neumarktbezirkes und der tiefer gelegenen Teile der Altstadt leiten mußte. Die Überschwemmung dauerte 10 Tage. Wasserstand: 14 Ellen 1 Fuß über dem gewöhnlichen. Häuser stürzen ein. Zweithöchster Wasserstand, den man bis jetzt kennt. Von dieser Überschwemmung auch eine Wassermarke am Hause Bräugasse Nr. 18., 1. Stockwerk.

(Irene Heberle „Hochwasser in Passau" in „Niederbayerische Monatsschrift". 2. Jahrgang. 1913. S. 18–19.)

Furchtbare Überschwemmung. Donau und Inn schwellen zu gleicher Zeit zu einer so außerordentlichen Höhe an, daß sie beim „Heilig-Geist-Spitale" zusammenfließen und im ganzen Neumarkte, sowie in den meisten anderen Stadtteilen, der Verkehr nur durch Kähne unterhalten werden kann. Viele Häuser stürzen ein, Bäume stürzen um usw. Wasserhöhe, am Ufer gemessen, 14 Ellen 1 Fuß über dem gewöhnlichen Wasserstand. Die Halbinsel, auf der die Stadt Passau liegt, war in eine Insel verwandelt. Die Flut hält 10 Tage an. (Mehrere Gedenktafeln in der Stadt).

(Dr. A. Erhard „Geschichte der Stadt Passau". I, S. 216–217.)

Donau und Inn stiegen zu nie gesehener Höhe = 11,5 m. Über die Stadtmauern hinweg vereinigten sich beide Flüsse in der Gegend des Heilig-Geist-Spitals. Neumarkt und Ort, Inn- und Ilzstadt völlig überschwemmt, nur das obere Altstadtviertel ragte als Insel aus den Fluten. Dauer der Überschwemmung: 10 Tage. [Es sind noch an verschiedenen Stellen der Stadt Merktafeln mit Inschriften vorhanden.]

(Dr. W. M. Schmid „Illustr. Geschichte der Stadt Passau." S. 131.)

15.—18. August 1501 Dresden Elbe-Überschwemmung

15. August am Abend hub die Elbe an zu wachsen / und wurde den folgenden Tag so groß / daß die Stadtgräben alhier voll wurden und überlieffen / und das Waßer bis an die Schwibbögen reichete / also daß man solches mit einer Hand erlangen kunte / es brachte viel Häuser aus Böhmen und sonst von oben herunter geführet; dieses große Waßer blieb biß an den dritten Tag fast in einem Stande / und that zu Neu- und Alt-Dresden großen Schaden.

(A. Weck „Der etc. Residentz- und Haupt-Festung Dresden Beschreib- u. Vorstellung etc." S. 528.)

Den Abendt vnser liebenn frawenn Wurtzweihe, hube die Elbe ahnn zu wachsenn, vnnd wardt den folgenden tagk so gros, das die stadt graben davon erfüllet wurden, vnnd brachte viel heuser vnd Vihe auch anders gefurtt vonn Behmen vnd oben herab, bleib also biß ahnn dritten tagk, fast Inn einem stadt stehen, thett sehr grossenn schadenn, an viel endenn vnd sonderlich zu Sachssenn.

(„M. Cyriaci Spangenbergs Chronick der Stadt Sangerhausen". Anno 1555. in Christ. Gottl. Buder „Nützliche Sammlung Verschiedener Meistens ungedruckter Schrifften". S. 366.)

Um 15. Aug. Schlesien Überschwemmungen der Flüsse

Circa festum assuncionis Marie incepit excrescentia fluminum in terra Slesia et aliis locis et terris circumiacentibus et per longum tempus continuavit.

(„Chronica principum Poloniae" in „Scriptor. rer. Silesiac." 1. Bd. S. 167.)

(Um das Fest Mariä Himmelfahrt begann das Hochwasser der Flüsse im schlesischen Lande und in benachbarten Gegenden und Ländern und dauerte lange Zeit an.)

Schweidnitz Überschwemmung der Weistritz

war eyn sehr groß wasser auff Assumptionis und that umb dy Schweydenicz grossen schaden, . . .

(„Chronik Michael Steinbergs" in „Script. rer. Silesiac." 11. Bd. S. 130.)

Kamenz i/Schles Überschwemmung der Neiße

exilijt ingens inundacio aquarum sic ut omnia fere loca Monasterij circumvoluti necnon repleti fuerunt. Ast Monasterio huic multa intulit incomoda, pabula ferarum, fruges mortalium, pontes, haud non molendina deduxit ac omnia Cenobio in nichilum redegit menia insuper Nisse distorta sunt, ita ut ab omnibus etate vigentibus pro diluvio parciali estimaretur excedens. omnes preannotatas inundaciones.

(Dr. Wattenbach „Nekrologium des Stiftes Kamenz" in „Zeitschr. d. Vereins f. Gesch. u. Alterth. Schlesiens." 4. Bd. S. 309.)

(Es entstand eine ungeheure Überschwemmung der Gewässer, so daß fast alle Orte des Klosters rings von Wasser umgeben, wenn nicht damit angefüllt waren. Außerdem erlitt das Kloster dadurch viele Schäden: Futter für die Tiere, die Feldfrüchte für die Sterblichen, Brücken, wenn nicht Mühlen, führte es fort und alles im Kloster machte es zunichte, und überdies wurden die Mauern von Neiße beschädigt, so daß es von allen jetzt lebenden Menschen für eine Teil-Sintflut gehalten wurde, die alle voraufgegangenen Überschwemmungen übertraf.)

um 15. August 1501 Böhmen Überschwemmung der Flüsse, z. B. der Moldau

den andern tag juli am tage Maria himelfart war grosz wasser in ganzen Behmerland und zu Trautnaw, wie in der Behmischen cronica zu lesen ist etc. dan es etzliche viel tage nach einander regnet und gar viel teiche in Behem abrissen, darvon das wasser die Muldaw so gros und uberschwelig war, das es auslief und thet mechtiegen schaden an getreide, menschen und vich. es hat auch das wasser getempft bis zu sanct Nicklas in die kirchen. es ging das wasser die Mulde zwo ehlen hoch uber den Bradatzschkn, welches stainerne bilde zu Prage unter dem spital ist ausgehauen.

(„Simon Hüttels Chronik der Stadt Trautenau" in Dr. L. Schlesinger „Deutsche Chroniken aus Böhmen". 2. Bd. S. 26.)

15. August Prag Moldau-Überschwemmung

Die Fluthen von der Moldau übersteigen den mehrmalen gedachten steinernen Kopf des Bradatsch 2 Ellen hoch. Das Wasser überströmte nicht nur die tief gelegenen Gassen, sondern auch die hohen Orte, sogar die Eisengasse und den Ring, wo man gezwungen war, sich der Kähne zu bedienen, um in die allda befindlichen Häuser zu gelangen, davon viele durch das eingedrungene Wasser sehr großen Schaden litten.

(C. G. Poetzsch „Chronolog. Geschichte der großen Wasserfluthen des Elbstroms etc." S. 39. aus Hagecius S. 839.)

(J. F. Hammerschmid „Prodromus gloriae Pragense etc." S. 699. aus Hagecius S. 839.)

Leitmeritz i/Böhm. Elbe-Hochwasser

Elbe beginnt zu steigen.

(Dr. W. Katzerowsky „Die meteorol. Aufzeichnungen d. Leitmeritz. Rathsverwandten etc." S. 7.)

Iglau (Mähren) Iglau-Überschwemmung

Am tag Mariä himelfarth Ist ein vnerhörttes grosses wasser gewesen, das khein mensch zu Iglau gedocht hott, die Iglau ist so gros gewesen, das man nicht gewußt, wo das wasser so schnell herkhomen ist.

(„Chronik d. königl. Stadt Iglau (1402—1607) v. Iglau. Stadtschreiber Martin Leupold von Löwenthal. in: Quellen u. Schrift. z. Geschichte Mährens etc." I, S. 25.)

An sant Lorintzen abent [9. August] hat es fast angefangen zu regnen, als wer es ain wasserpruch 3 tag und nächt anainander und 3 wuchen on underlauß. Darum sind alle fliessende wasser ausprochen und über ir gstat gangen und [haben] das erdreich bedeckt. zu Augspurg ist wasser in den prunnen auffgangen in vil häusern, und sind vil keller mit wasser vol worden. der Lech ist in sant Sebastian kirchen gangen und in das dorf Lechhausen, die Werthach gen sant Rath und Oberhausen, die Sinckel gen sant Wolffgang und in die bäder; die Sinckel und Werthach ist ain fluß und wasser gewest.

Mitte August 1501 Augsburg Lech-, Wertach- u. Sinkel-Überschwemmung

(„Die Chronik von Clemens Sender" in „Die Chroniken der deutschen Städte". 23. Bd. S. 96.)

Des jars an dem 13. august, an einem freitag, am morgen hub es an zu rengnen und weret bis auf samstag mittag. Da ward der Lech und Wertach so groß, daß sollich groß schaden dett, die man nie gedaucht, in der statt graben, bei Klenckerthor, auch an der maur auf demselben graben; auch klagt man sollich wasserschetten weitt und fern, daß sein nie kain man gedacht, und stund übel in der welt.

(„Die Chronik von Clemens Sender". Anmerkung. in „Die Chroniken der deutschen Städte". 23. Bd. S. 96.)

Accidit autem praeterea et hoc mali, quod X. die Augusti ob diutinos (quidam scribunt 4 continuarum dierum et noctium) largissimosque imbres, Lechus, Werdacha, Sinckelis, Schmutterus, . . . , ita inundarint, . . .

Augsburg Lech-, Wertach-, Sinkel- und Schmutter-Überschwemmung

(A. P. Gasser „Annal. Augstburg." in J. B. Mencken „Scriptor. rer. Germanic." I, Sp. 1728–1729.)

(Es ereignete sich aber außerdem folgendes Übel, nämlich daß am 10. August infolge der anhaltenden (einige schreiben „an 4 Tagen und Nächten hintereinander") und reichlichen Regengüsse, der Lech, die Wertach, die Sinkel und die Schmutter, . . . , so stark über ihre Ufer traten, . . .)

. . . , Set alii vicini fluvii, ut de Danubio, Rheno et Oeno taceam, ita inundarint, ut cataclysmi instar, tum in pratis, aedificiisque, tum in agris frugibusque damna non levia accolis intulerint.

Rhein, Donau, Inn und andere Flüsse Überschwemmung

(A. P. Gasser „Annal. Augstburg" in J. B. Mencken „Scriptor. rer. Germanicar." I, Sp. 1728–1729.)

(. . . , aber auch andere benachbarte Flüsse, von Donau, Rhein und Inn möge ich schweigen, so stark über ihre Ufer traten, daß gleichwie eine Sintflut, sowohl an den Wiesen und Gebäuden, als besonders an Äckern und Feldfrüchten den Anwohnern keine leichten Schäden zufügten.)

Elbe: verheerende Überschwemmung.

Schönebeck (Elbe) Elbe-Überschwemmung

(F. Magnus „Geschichte der Stadt Schönebeck a/d. Elbe". S. 8.)

Mitte August 1501 Dessau Überschwemmung der Mulde

Mulde: Starke Überschwemmung.

(B. Heese „Die Dessauer Chronik etc." S. 339.)

Sachsen Elbe-Überschwemmung

Similis inundacio fuit et in aliis terris, sicut in Misna circa Albeam, ubi multe ville delete funditus referebantur per aquas.

(„Chronica principum Poloniae" in „Sriptores rer. Silesiac." I, S. 168.)

(Eine ähnliche Überschwemmung trat auch in anderen Ländern ein, wie im Meißner Land an der Elbe, wo viele Dörfer von Grund aus zerstört und durch die Fluten weggetrieben wurden.)

Meißen i/Sa. Elbe-Überschwemmung

Albis XIX. Calend. Septemb. ita ripam excessit, vt in foro a foro etc. lintribus ac cymbis nauigaretur. Jugum pontis vnum e maioribus, euersum.

(G. Fabricius „Rer. Misnicar. libri VII". S. 169.)

(Die Elbe trat am 12. August derartig stark über ihre Ufer, daß man in die Stadt hinein und hinaus in Trögen und Kähnen fahren konnte. Ein Brückenjoch, das zu den größeren zählte, wurde fortgerissen.)

Es hat das Wasser das grosse Brückenfach weggeführet / vnd man hat in der Stadt mit schiffen / zu einem Thor ein / zum andern wider aus fahren können /

(Laur. Faust „Geschicht- vnd Zeit-Büchlein der etc. Stadt Meissen etc." S. 59.)

Elbe: so hoher Wasserstand, daß man mit Kähnen durch die Tore fahren kann. Das Wasser reißt das große Brückenjoch fort.

(M. Grünewald „Die Meißner Chronik". S. 110 u. 254.)

Elbe: Höchster Wasserstand: 7,042 m.

(Dr. F. Franz Wolf „Die klimat. Verhältnisse der Stadt Meißen". S. 7.)

Elbe: Wasserstand: 12 Ellen 10 Zoll über dem mittleren Stand. Das Wasser hob das Holzwerk auf der Brücke auf.

(C. G. Poetzsch „Chronolog. Geschichte der großen Wasserfluthen des Elbstroms etc." S. 38 aus „Monach. Pirn." I. in Mencken II. S. 1580.)

Mittwochs nach Assumtionis Mariae ergosse sie sich aber so mächtig, daß sie das Holtzwerck bey der Stadt Meißen auff den Pfeilern auffhub, und von dannen führete, that mercklichen Schaden an viel Enden, führete gantze Scheuren mit Heu und Getreyde, Häuser mit leinern Giebeln, Mühlen mit Rädern, Glocken mit höltzernen Thürmen fort.

(„Zusätze zu dem Pirnischen Mönche" in Chr. Schöttgen u. G. Chr. Kreyßig „Diplom. u. cur. Nachlese etc." I, S. 276.)

Den 16. August ergiesste sich der Elbstrom, in Sachsen, so hoch, daß man zu Meissen, miten auf dem sogenannten Weiber Marckht, mit Schiffen und Weidling kunte herumb schiffen: ja sogar eines von den grösten und stärckhsten Brückenjochen reisste er aus dem Fundament heraus.

(M. Tschamser „Annales etc. zu Thann". I, S. 697.)

Das Wasser stieg in der Klosterkirche über alle Altäre, und reichte bis an die Kanzel. Mitte August 1501 Pirna Elbe-Überschwemmung

[„Monach. Pirn". in Schöttgen u. Kreyßig „Diplomat. u. cur. Nachlese etc." I, S. 276.]

Auf dem Markte konnte man mit den Kähnen bis an das Rathhaus fahren. [Fortsetzung der histor. Nachrichten von der Stadt Pirna. S. 14.]

(C. G. Poetzsch „Chronolog. Geschichte der großen Wasserfluthen des Elbstroms." S. 39.)

Es stieg die Elbe infolge Thauwetters und Eisgang zu solcher Höhe an, daß das Elbtal einem gewaltigen See glich. Sehr großer Schaden an Gebäuden, Äckern etc. Elbtal nördlich von Dresden Elbe-Überschwemmung

(M. Lilie „Chronik der Lößnitz-Ortschaften etc." S. 196.)

Zu der nämlichen Zeit auch die Mulde und andere Flüsse in den hiesigen Landen durch Überschwemmungen großen Schaden gethan haben. Sachsen Überschwemmungen, z. B. der Mulde
[Lindarii apud ad Fasc. tempor. in Pistorius II. S. 110.]

(C. G. Poetzsch „Nachtrag u. Fortsetzg. der chronolog. Geschichte der großen Wasserfluthen des Elbstroms etc." S. 28.)

Oder: Hochwasser. Krossen Oder-Hochwasser

(Dr. C. v. Obstfelder „Chronik der Stadt Crossen". S. 52.)

Post festum assumptionis Marie virginis facta est magna inundatio aquarum, ita ut atria monasterii intra et extra interiorem portam repleta erant aquis. Nach 15. August Altaich (Bayern) Überschwemmung

(Notae Altahenses". M. G. H. Scriptores XVII, S. 425.)

(Nach dem Feste der Himmelfahrt der Jungfrau Maria entstand eine große Überschwemmung der Gewässer, so daß die Vorhöfe des Klosters innerhalb und außerhalb des inneren Tores mit Wasser gefüllt waren.)

Elbe-Wasserstand: 10 Ellen. 16.-18. August Dresden Hochwasser der Elbe

(M. Lilie „Chronik der Lößnitz-Ortschaften etc." S. 277.)

Das Wasser ist bereits so gestiegen, daß es die Walke, Schleifmühle, 3 Brückenfelder bei der Brunneninsel mitgenommen hat. Bald darauf sind 5 Felder gegenüber dieser Insel und gegen Abend die 5 mittleren weggerissen worden, so daß von der Brücke nichts weiter übrig geblieben ist als die Stücke vom Schrank bis zu den 2 Secreten, die auf der Brücke gestanden. Dieses Hochwasser überschwemmte weit und breit die ganze Gegend; es reichte bis Brnian u. Lukawetz und verur- 16. August Leitmeritz (Böhm.) Elbe-Überschwemmung sachte ungeheuren Schaden. Von der Fischerei blieb fast nichts stehen und selbst in der Dubina und am Janow wurden viel Häuser beschädigt.

(Dr. W. Katzerowsky „Die meteorologischen Aufzeichnungen des Leitmeritz. Rathsverwandten etc.“ S. 7.)

16. August 1501 Urfahr a/d. Donau (Oberösterreich) Donau-Überschwemmung

Sehr starke Überschwemmung. Donau: Wasserstand ca. 800 cm.

(A. Ziegler „Rückblick auf die Geschichte der Stadt Urfahr a. D.“ S. 4.)

20. August Schlesien Überschwemmungen der Flüsse

vom gewaltigen Regen, war zu Breslau, Neiße, Liegnitz, Troppau, Teschen, Ratibor und umher groß Wasser, dergleichen in 40 Jahren nicht erhöret. Zur Neisse bei den Bernhardiner München, ging es über den hohen Altar. Bei Strehlen ris es aus den großen Teich H's Friedrich. Zur Schweidnitz konnte man von Maria Himmelfahrt an bis auf Martini auf der Spitalmühle nicht mahlen.

(„Jahrbücher der Stadt Breslau von Nikol. Pol“, edid. Dr. J. G. Büsching. II, S. 176.)

21. August Brieg i/Schl. Oder-Überschwemmung

Sonnabend nach Mariä Himmelfahrt tritt Hochwasser ein, das fast 3 Wochen dauert. Viel Schaden.

(K. Schönwälder „Geschichtl. Ortsnachrichten von Brieg etc.“ I, S. 262.)

Nach Mariä Himmelfahrt kam ein noch größeres Wasser als 1495, das fast 3 Wochen dauerte, über alle Dämme ging bis zur Kirche St. Georg, durch die Dörfer Schreibendorf, Michelwitz, Scheidelwitz, Pramsen, etc. Auch in den Nachbarländern machte es großen Schaden.

(K. F. Schönwälder „Die Piasten zum Briege etc.“ I, S. 317.)

20.—29. August Breslau Oder- u. Ohle-Überschwemmung

Zu Breslau flos es über den Vinzenzer Damm. Da konnte man von 11000 Jungfrauen an bis an Sandberge beim Hundsfelde mit Schiffen fahren. In der Neustadt ging es in die Rosengasse, von der Färberstube herum, um St. Klement-Kirche; die Olau flos in die Ziegengasse herfür bis an das ander Wasser. Auch flos die Olau hinter St. Bernhardiner Thor die Gasse herfür, also, daß Oder und Olau an der Ecke zusammen traten.

Sonnabends vor Bartholomäus [21. August] und Sonntags darnach [29. August] ris das Wasser aus an zween Enden, bei aller Heiligen und bei der Schmiede zu St. Vinzenz.

(„Jahrbücher der Stadt Breslau von Nikol. Pol“, edid. Dr. J. G. Büsching. II, S. 176.)

Um 24. August Elbe, Saale Überschwemmung

circa festum S. Bartholomei apostoli Albea tam grandis transcendens littora sua devastat im Prater lande circa Wittenberg circumquaque prata gramina, aggeres rupit cum pecudum hominumque miserabili morte. Videlicet autem mensem Sala pari diluvio innumeras iacturas prestitit, . . .

(„Annales Anhaltini“, edit. Dr. H. Wäschke, S. 28.)

(Um das Fest des Apostels St. Bartholomäus war die Elbe so groß, daß sie ihre Ufer überschritt, im Broter Land um Wittenberg überall die Wiesen verwüstete,

. . . , die Dämme zerbrach, und Tiere und Menschen elendiglich umkamen. Ebenso verursachte auch die Saale infolge derselben Überschwemmung unzählige Opfer, . . .)

Et signanter circa festum sancti Bartolomei [24. August] Odera fluvius iuxta civitatem Wratislaviensem in tantum inundavit et excrevit, ut ruptis aggeribus prope monasterium sancti Voncencii alveo suo consueto dimisso in planum campum diffluerет, non sine grandi iactura villarum plurimarum et frumentorum, tam in horreis quam in campis anichilacione. um 24. August 1501 Breslau Oder-Überschwemmung

(„Chronica principum Poloniae" in „Scriptor. rer. Silesiac." 1. Bd. S. 167.)

(Vornehmlich um das St. Bartholomäusfest trat der Oder-Fluß bei der Stadt Breslau so stark über seine Ufer, daß, nachdem die Dämme beim St. Vincent-Kloster gebrochen waren, und er sein gewöhnliches Bett verlassen hatte, er sich in das ebene Feld ergoß, nicht ohne Schäden an den meisten Dörfern und den Getreidefeldern, und er sowohl die Scheuern als auch die Felder vernichtete.)

war ein sehr großes Wasser. Um St. Venzenz-Kloster sah man eitel Wog und Wasser; daselbst ris es den Damm ein, schos auf den Elbing und ersäufte viel Menschen und Viehe.

(„Jahrbücher der Stadt Breslau von Nikol. Pol", edid. Dr. J. G. Büsching. II, S. 174–175) = 1500

Große Überschwemmungen. Herbst SO. Deutschland Überschwemmung der Flüsse

(H Schmidt „Geschichte der Stadt Grünberg i/Schl." S. 378.)

Ao. 1501 den 8. September brach die Radaune auß bei der silberhutte, do itzunder das wasserbette ist, und wusch das wasser ein groß stuck von der mawer wegk, do hernach der runde torm geleget ist. 8. September Danzig Überschwemmung der Radaune

(„Christ. Beyers d. Älteren Danzig. Chronik" in „Scriptor. rer. Prussicar." 5. Bd. S. 450.)

Int selve jair op st Gallen dach wast eenen grooten wint uuten noortwesten, waerdoor vele dijcken inbraken in Hollant, Seelandt, Vrieslant ende ander plaetsen, wele groote schade dede. 16. Oktober Holland, Seeland, Friesland Sturmflut

(„Cort verhael van diversche gheschiedenissen van jaere te jaere van Ao 1472 vervolgende" in P. N. van Doorninck „Geldersche Kronieken". I, S. 62.)

im Herveste grote Stormwedder gewest, uth dem Westen unnd Nordwesten, de averall in Hollande, Selande, Freßlande, im Stiffte Utrecht, umme Galli groten Schaden der Diken thogefoget unnd desulven dorchgebraken, daruth grott unvorwintlich Schade unnd mechtige Unkost an den Diken ervolget. Iß tho vormoden, dewile solche Winde ock etlichen Orden dieses Landes schedtlich, it so gar ahne

Schaden alhir nicht affgegaen; dewile averst des nichtes tho vinden, dorch Unachtsannheit derer, so solkes nicht angemerket edder hernach vorwarloset mögen hebben, ...

(„Joh. Adolfi's, genannt Neocorus, Chronik d. Landes Dithmarschen". I, S. 534.)

16. Oktober 1501 Nordfriesische Inseln Sturmflut

Hohe Flut.

Dr. N. Falck „M. A. Heimreichs etc. nordfres. Chronik." I, S. 278.)

1502 Nevers (Dépar. tem. Nièvre) Überschwemmung der Loire

Loire. Inondation.

(M. Champion „Les inondations en France etc." II, S. 211 aus Archives de la mairie de Nevers.)

Elbe Überschwemmung

1502 was de Elve so grot, dat it umme warp de steinen brügge vor Meydeborch un was na wynachte, so over grote water flote quemen ut de bemesche gebergete, ...

(„Chronikal. Aufzeichnungen aus den Jahren 1500–1514", edid. F. Winter. in „Geschichts-Blätter für Stadt u. Land Magdeburg". Bd. XI, S. 48.)

Dresden Hochwasser der Elbe

Elbe: Hochwasser.

(Dr. W. Schäfer „Chronik der Dresdener Elbbrücke etc." S. 25. aus Brückenamts-Register.)

Colditz i/Sa. Hochwasser der Zwickauer Mulde

Mulde. Hochwasser. Die Brücke wurde beschädigt.

(H. F. Bellger „Histor. Beschreibung der Stadt Colditz etc." S. 40. 170.)

31. Januar 1502 Kanton Bern Überschwemmung der Flüsse

[Kälte und Schnee], brach uf den letsten tag Jenner und tät durch wasser und lowenen vil schadens.

(„Die Berner Chronik des Valerius Anshelm". 2. Bd. S. 363.)

Mitte März Lothringen Überschwemmung der Flüsse z. B. der Seille

... ; puis environ la mitte du dit moix de mars les glaices fondirent et les neiges aussy et y heust sy, grande yave que merville, car les rivières furent sy dérivées, qu'il y avoit plus de XII ans qu'elles ne l'avoient sy fort esté; et avoit Muzelle de lairgeur depuis les Waissieulx jusques en on pré st Soibe et de haulteur jusque prez des loulps, qui sont figurés sus le pont aux loulps, à moins estoit l'airche toupée, et la rivière de Saille estoit encor plus grande à l'avenant, car elle fist grant dommaige à toutes les maixons qui sont dessus, où il y ait celliers, ne owriers en cellier, comme tixerants, tinturiers, taneus, ou aultres, et ne savoient auquel courre le premier, ou à l'iawe du cellier ou à celle qui cheoit éz greniers, car tout le monde estoit empechié des yaves qui cheoient ez greniers ad cause des neiges.

(„Gedenkbuch des Metzer Bürgers Philippe von Vigneulles aus den Jahren 1471–1522", edid. Dr. Heinr. Michelant. S. 140.)

Bis 17. April Elbe Überschwemmung

stetit unda Albee trans ripam longo tempore usque Jubilate inclucive et ...

(„Annales Anhaltini", edit. Dr. H. Wäschke. S. 28.)

(Es stand das Wasser der Elbe lange Zeit bis incl. Jubilate über dem Ufer.)

est inondé et nul pendant 2 jours ne peut entrer par la porte Troine. [Note contemporaine. Archiv. de la Drôme.] 10. Juni 1502 Grenoble Überschwemmung der Isère

(M. Villard „Météorol. région.“ S. 56.)

Inundatio aquarum interim excrevit, que arvorum germinantia reddebantur. lutoso, et ponticuli cum sepibus detrudebantur, qua durante tempestate imbres copiose descenderunt. 22. Juni Schweiz Überschwemmung der Flüsse

(„Chronik d. Anton Tegerfeld von Mellingen“. S. 213.)

(Inzwischen wuchs das Hochwasser der Flußläufe, daß die Saaten der Fluren zum Vorschein kamen und die Stege mit den Umzäunungen weggerissen wurden, da bei dem anhaltenden Unwetter die Regengüsse in großer Stärke herabstürzten.)

Les eaux furent très-hautes. Juli Seine-Überschwemmung

(M. Champion „Les inondations etc.“ I. S. 65 aus Sauval „Hist. et recherches des antiquitez de la ville de Paris“. 1724. I. S. 203.)

Inundacio magna aquarum hys temporibus fuit. 1.—6. August Krakau Überschwemmung der Weichsel

(„Martin Biem's Witterungsbeobachtungen“ in Dr. G. Hellmann „Neudrucke No. 13. S. 7.“)

(Es trat eine große Überschwemmung der Gewässre zu diesen Zeiten ein.)

hat sich sogleich wieder ein grosses Wasser eingefunden, das vermuthlich von einem anhaltenden Regen verursachet war, weil es am Tage Sebald eintrat. 19. August Nürnberg Überschwemmung der Pegnitz

(G. A. Will „Von d. neulich. größt. Überschwemmung etc.“. S. 12. 9.)

zijn wederom door grooten storm ende onweder de Zee-Dijcken inghebroken / waer door het soute Water over het gheheele Landt loopende / groote schade aen Dijcken / Zylen / Huysen ende andersins ghedaen heeft. Besonder aen het nieuwe Sassensche Blockhuys tot Harlinghen, alwaer door den aenslach des Waters groote gaten in den Wal gescheurt zyn, . . . 16. Oktober Friesland Sturmflut

(P. Winsemius „Chronique oste Histor. geschiedenisse van Vrieslant etc.“ S. 383.)

zestienden October / zyn de Zeedyken in gebroken door en groten Stormwind / en het zoute water is over't gehele Land gelopen / en dede een zeer grote schade aan Dyken / Zylen / en Huizen / daar verdronken ook omtrent de Zeedyken eenige Menschen / en veel Beesten / ook leed het Blokhuis te Harlingen grote last / en nood / . . . 16. Oktober Friesland Sturmflut

(Okko van Scharl, Joh. Vlytarp und Andr. Cornelius Stavriensis „Chronyk en waaragtige beschryvinge van Friesland etc.“ S. 369.)

Et, environ la mitté du moix de febvrier, cheut tant de nèges que c'estoit merveille, et, quant elle fondit avec la pluye qui vint, avec les eawes qui furent merveilleusement grandes. Mitte Febr. 1503 Lothringen Überschwemmung der Flüsse

(„Journal de Jehan Aubrion“, edid. L. Larchey. S. 444.)

März 1503 Holland Zuydersee u. Flüsse. Eisdecke

. . ., unnd hefft ock de. Martius dre Weken an einander so geschwinde gefraren, dat men twisken Harlem, Leiden, Ambsterdam ock aver de Sueder-Sehe an Campen mit Schleden gefahren.

(„Joh. Adolfi's, genannt Neocorus, Chronik des Landes Dithmarschen". I. S. 535.)

in Meerte begonst herder te vriesen, 3 weken durende, dat men over den ijs liep over de Suydersee.

(„Cort verhael van diversche gheschiedenissen van jaere te jaere van Ao 1472 vervolgende", in P. N. van Doorminck „Geldersche Kronieken" I. S. 62.)

8. März Niederösterreich Donau: Grundeis

was es so kalt, daß grund yssz in der Tonaw ging . . .

(„Wiener Witterungsbeobachtungen" in Dr. G. Hellmann „Neudrucke" No. 13. S. 49.)

12. oder 19. März Anhalt Elbe: Eisdecke

In illo anno ad festum sancti Gregorii quod erat dominica Oculi Albea congelata prebebat iter viatoribus in Tochem.

(„Annales Anhaltini" edit. Dr. H. Wäschke. S. 29.)

(In jenem Jahre zeigte sich am St. Gregors-Feste, das auf den Sontnag Oculi fiel [stimmt nicht, Oculi fiel auf den 19. März], die Elbe zugefroren und bei Tochheim [an der Elbe, südwestlich von Zerbst] passierbar war.)

Mitte März Lothringen Überschwemmung der Flüsse, z. B. der Seille

Item, environ la mitte du mois de mars, les devant-dictes glaces et neiges fondirent et y eult si grant yawe que merveille, car alors les rivieres furent si desrivées et les yawes si haultes que elles couroient tout le plain pays, et autant ou plus que l'an . . ., comme devant est dit. Et encor fut la riviere de Saille plus desrivée à l'avenant, et tellement que, à celle fois, elle fist de grans dopmaiges en plusieurs maisons estant dessus icelle, . . .

(J. F. Huguenin „Les chroniques de la ville de Metz". S. 639.)

Anfang April Anhalt Elbe-Überschwemmung

Elbe. deinde crescebat transcurrens alvea sua usque sancti Ambrosii [4. April] inclusive vel Palmarum [9. April].

(„Annales Anhaltini", edid. Dr. H. Wäschke. S. 29.)

(Darauf stieg und überschritt die Elbe ihre Ufer bis zum St. Ambrosiustag [4. April] incl. oder Palmsonntag [9. April].)

um 9. April Sachsen Überschwemmung, besonders der Mulde

Umb Palmarum haben sich die Wasser aller Orten / sonderlich auch die Mulda sehr ergoßen.

(Chr. Meltzer „Histor. Schneebergens. renovata etc." S. 1211.)

Dresden Elbe-Überschwemmung

Elbe: starkes Hochwasser.

(Dr. W. Schäfer „Chronik der Dresdner Elbbrücke etc." S. 25 aus Brückenamts-Register.)

Es ist auf Palmarum gros Wasser kommen / . . . um 9. April 1503 Meißen i/Sa. Elbe-Überschwemmung

(Laur. Faust „Geschicht- vnd Zeit-Büchlein der etc. Stadt Meissen etc.“ S. 59.)

Circa festum Palmarum excreuit Albis, . . .

(G. Fabricius „Rer. Misnicar. libri VII“. S. 169.)

(Um Palmarum trat die Elbe über ihre Ufer).

° (F. Grünewald „Die Meißner Chronik“. S. 111.)

Mulde sehr hoher Wasserstand nach plötzlichem Tauwetter bei hoher Schneedecke. Rochlitz i. Sa. Überschwemmung der Zwickauer Mulde

(F. Bode „Chronik der Stadt Rochlitz.“ S. 84.)

Großes Wasser. Glauchau Überschwemmung der Zwickauer Mulde

(E. Eckardt „Chronik von Glauchau“. S. 433.)

Imber ingens qui repleuit omnes vicos et plateas Viennenses, maximus omnium qui in memoria hominum fuerunt. 23. Juni Wien Überschwemmung

(„Tagebuch Johann Cuspinians 1502/27“ in „Font. rer. Austriac.“. 1. Abtlg. 1. Bd. S. 399.)

(Ein sehr schwerer Regenguß, der alle Gassen und Straßen von Wien mit Wasser anfüllte, und der schlimmste aller, deren sich die Menschen erinnern konnten.)

Große Wasserflut. 7. Juli Breslau Überschwemmung

(Th. Brand „Breslau. Chronik“. S. 224.)

10 Uhr abends bricht der See in Hinterpasseier zum zweitenmale aus, wobei das Hochwasser alle Vorbauten, die südlichen Stadtmauern und alle Brücken wegführte, so auch den hohen Steg [jetzt Steinerner Weg]. 14. September Meran Überschwemmung

(Dr. B. Mazegger „Chronik von Mais etc.“ S. 22/23.)

Der Passeirer See bricht aus und schwemmt 10 Uhr nachts einen Teil der Stadt weg.

(Coelest. Stampfer „Chronik von Meran etc.“ 2. Aufl. S. 33.)

. . . , Stora fluvius tam equitibus quam peditibus ubique fuit pervius. [Chron. manuscr.] Winter 1504 NW. Deutschland Stör: Eisdecke

(Lamb. Alardus „Nordalbingia etc.“ in E. J. von Westphalen „Monum. inedita rer. Germanicar.“ I. Sp. 1865.)

(. . . , so daß man den Stör-Fluß [auf dem Eise] mit Pferden und zu Fuß passieren konnte.)

1504 Maas-Überschwemmung

la rivière de Meuse se déborda tellement qu'elle renversa grande cantité de maysons tant dans Liège que au long du rivaige ou elle print son cours. (Manuskript No. 39).

(„Additions au texte de Mélart extraites des manuscrits 37 et 39" in S. Balau „Chroniques liègeoises". Tom. II. S. 649.)

24.—26. Januar Regensburg Donau: es bildet sich eine Eisdecke

dies frigidissimae. Congelatur Danubius.

(„Tagebuchaufzeichnungen des Regensburger Weihbischofs Dr. Peter Krafft von 1500–1530", edid. Dr. K. Schottenloher. S. 17.)

(Sehr kalte Tage. Die Donau friert zu.)

14. Februar Überlinger See Der See friert zu

A. d. 1504 in vigilia s. Valentini congelatus est lacus Uberlingensis, . . . [Handschrift v. St. Georgen No. 87 Bl. 67. zu Karlsruhe]

(„Jahrgeschichten des Landes Baden" in F. J. Mone „Quellensammlung". I. S. 228.)

(Am Tage vor dem St. Valentinstage fror der Überlinger See zu.)

22. Februar Überlinger See Der See friert zum 2. Male zu

A. d. 1504 . . . congelatus est lacus Uberlingensis, in die cathedrae s. Petri secunda vice. [Handschrift v. St. Georgen No. 87, Bl. 67 zu Karlsruhe]

(„Jahrgeschichten des Landes Baden" in F. J. Mone „Quellensammlung etc." I. S. 228.)

(Am St. Petri Stuhlfeiertage fror der Überlinger See zum 2. Male zu.)

6. März Regensburg Donau: Eisgang und Hochwasser

resolucio magna in nocte, crevit Danubius valde.

(„Tagebuchaufzeichnungen des Regensburger Weihbischofs Dr. Peter Krafft von 1500–1530", edid. Dr. K. Schottenloher. S. 17.)

(Infolge des starken Eisgangs in der Nacht schwoll die Donau sehr an.)

Merseburg Überschwemmung

Mittwoch nach Reminiscere des 6. tags Marcii / auff den nawen monden / da es gantz finster gewest / in der nacht ausgebrochen / denn es ist ein gros Schneewasser / in einem eilenden Taw und zurschmeltzen des Schnees in Teich auff das dicke gefrorne Eise komen / welchs wasser das Eiss zurbrochen / auffgehaben und vor das wilde Gerinne und Schützbreth des Flutbettes geschoben / . . . / derhalben das wasser in die höhe gewachsen / ist uber den Teichtham gegen der Stadtmauren gefallen / da das wasser den Tham zurissen / ist das Eiss / welchs bey drithalb viertel einer Ellen dicke gewest / mit gewalt auff die Stadtmaur gestossen / in die höhe gestiegen / das man bey der Thammühle mit einem arm uber die maur durch ein Loch das Wasser erreicht hat. Da ist ein gros stücke der Stadtmauer eingefallen / das wasser die Stadt erfüllet / alle Heuser im striche zurrissen und hinweg gefürt / und ist das wasser auffim Marckte eins langen mannes hoch gegangen. In diesem Teichwasser sind neun menschen / drey hundert und sechtzig Nosser / von allerley Vihe / ertruncken / viel Heuser / Scheunen und Stelle eingerissen und weggefürt / etliche schöne Garten verderbet / und mit Sande verschlemmet.

(E. Brotuff „Chronica Von den Antiquiteten des etc. und Stadt Marsburg etc." S. 196.)

Elbe: 1. Ergießung. 6. März 1504 Dresden Elbe-Überschwemmung

(A. Weck „Der etc. Residentz- u. Haupt-Festung Dresden Beschreib- u. Vorstellung." S. 528.)

Starkes Hochwasser.

(Dr. W. Schäfer „Chronik der Dresdener Elbbrücke etc." S. 25 aus Brückenamts-Register.)

Ist durch eine unverhoffte jählings eingefallene starke Eisfahrt d. kurz vorher verfertigte Elbebrücke zum 2. Male weggerissen worden. Es sind diesmal 11 der größten Felder sammt den Pfählen von Grund aus mitgenommen worden. Auch die Walke wurden wieder zerstört. 8. März Leitmeritz i/Böhm. Elbe-Überschwemmung

(Dr. W. Katzerowsky „Die meteorol. Aufzeichnungen d. Leitmeritz. Rathsverwandten etc." S. 8.)

(Dr. W. Katzerowsky „Meteorol. Nachrichten aus den Archiven der Stadt Leitmeritz". S. 1. aus Notizen aus dem Rechtsbuch No. III des Stadtarchivs.)

algor furens ut eciam in profesto S. Gertrudis virginis, durissime glatiem produxit. inundatio grandis Albee gravissima, hiis diebus aggeres cis Borch dirupti. accrescentia fluminis inpetu vehementi aput Merseburg piscinam lacerat multos et ultra XX homines misere absorpsit. 17. März Anhalt Elbe-Überschwemmung

(„Annales Anhaltini", edit. Dr. H. Wäschke. S. 29.)

(Wütende Kälte, die auch am Tage des Festes der Jungfrau St. Gertrud härtestes Eis erzeugte. Eine sehr schwere, gewaltige Überschwemmung der Elbe zerbrach in diesen Tagen die Dämme diesseits von Borch. Durch das stürmische Ansteigen des Flusses bei Merseburg zerriß ein Fischteich und ertranken über 20 Menschen elend.)

Elbe: zum andern mahle ergoß sich die Elbe / und stunde bis in die Oster-Feyertage [7. April]. 24. März Dresden Elbe-Überschwemmung

(A. Weck „Der etc. Residentz- u. Haupt-Festung Dresden Beschreib- u. Vorstellung." S. 528.)

in diebus Paschalibus Albea trans ripam ascendit, ut in Stutz [Steutz, Dorf südl. v. Zerbst, Aken gegenüber] stabat ad vineam ubi ager colebatur, nusquam in Barby, Aken, Tochem [Tochheim, südwestl. Zerbst], Magdeburg poterat aliquis hominum pergere. Um 7. April Elbe Überschwemmung

(„Annales Anhaltini", edid. Dr. H. Wäschke. S. 29.)

(In den Ostertagen [Ostersonntag, 7. April] trat die Elbe über ihre Ufer, so daß sie in Stutz [südlich von Zerbst, Aken gegenüber] bis an den Weinberg reichte, wo der Damm einstürzte. Nirgends in Barby, Aken, Tochheim [südwestl. von Zerbst], Magdeburg konnte irgend ein Mensch sich weiter begeben.)

14. Mai 1504 Liège Über-schwemmung der Maas

. . . , et furent les eaues si grandes que aulcunes maisons furent renversées par l'impétuosité de l'eau.

(„Annotations sur les années 1401–1506. Règne de Jean de Horne". in „Chroniques liègeoises". Tom. I, edid. S. Balau in „Publicat. de la comm. roy. d'hist. de Belgique." No. 54. I. S. 272.)

1505 Hameln Weser-Über-schwemmung

Post M. post quinque CCCCC et V insuper adde, Wesera crescebat, Hamelenque viasque tegebat.

(„Johannis de Polda chronicon ecclesiae Hamelensis suppletum" in G. W. Leibniz „Sriptor. Brunsvic. illustrant. Tom. II. S. 512.)

(Nach 1000, nach 5 Hundert füge noch 5 [Jahre] dazu, stieg die Weser an und bedeckte Hameln und die Wege.)

Bei Nebrau u. Stangenbruch Weichsel-Über-schwemmung

Weichsel: Schwerer Dammbruch.

(„Zeitschrift d. histor. Vereins f. d. Reg. Bez. Marienwerder." 35. Heft. S. 4.)

Januar—Februar Ostflandern Hochwasser der Flüsse

In de maenden January en February was het waeter te Gendt ende in 't Landt van Waes seer hoogh, meerder als 't in veele jaeren daer te voorent geweest hadde. [J de Neve-Voorde manuscr.]

(„Chronycke van Frans-Jos. de Castro", edid. F. van Naemen in „Annales du cercle archéolog. du pays de Waes". 10. tome. S. 109.)

10. Januar Paris Seine-Über-schwemmung

Seine. Les eaux envahirent à peu près les mêmes points qu'en 1497 et 1531 également, le 10 janvier.

(M. Champion „Les inondations en France etc." I. S. 65/66 aus Sauval „Hist. et recherch. des antiquitez de la ville de Paris." 1724. I. S. 203.)

Ende Januar — Anfang Februar Normandie Über-schwemmung der Flüsse

les eaues furent tres grandes an commencement de febvrier avec la fin de janvier par l'espasse de douze jours et plus et furent aussi grandes comme ilz avoient esté en l'an 1496.

(„Chroniques de Rouen des origines à 1544" in „Deux chroniques de Rouen", edid. A. Héron. S. 115.)

2. Hälfte März—Ende Juli Belgien Über-schwemmungen der Flüsse

Nam ab inclinante Martio ad exeuntem usque Julium, assiduis imbribus ita Coelum pluit, ut amnes passim torrentesque velut hiberno tempore, exundarint.

(R. P. Foullon „Historia Leodiensis etc." Tom. II. Pars I. S. 193.)

(Von der 2. Hälfte März bis Ende Juli hielten Regengüsse an, so daß die Flüsse und Wildbäche wie zur Winterzeit überall über ihre Ufer traten.)

31. Mai Liège Über-schwemmung der Maas

Ultima maii, . . . , et undique aquarum proluvies invaluit, quam ex continuis imbribus provenisse putarunt.

(„Chronique du règne de Jean de Horne 1484/1505" in „Chroniques liègeoises" Tom. II edid. S. Balau in „Publicat. de la comm. roy. d'hist. de Belgique ". Bd. 54. I. S. 563.)

(Am letzten Maitage, . . . , und überall nahm die Überschwemmung zu, die, wie man glaubt, infolge der anhaltenden Regengüsse entstanden war.)

Et in profesto Mariae Magdalenae maxima tempestate exorta, per pluviam et aquarum abundantiam facto diluvio, maxima damna per Hasbaniam sunt secuta, ita quod in Trajecto portae et muri a parte Jecorae enormiter sunt eversae atque deiecti.

22. Juli 1505 Hesbaye, Maastricht Überschwemmung z. B. der Jaar

(„Johannis de Los, abbat. sancti Laurentii prope Leodium, chronicon rer. gest. 1455–1514", edid. P. F. X. de Ram in „Collect. de chron. belg. inédit." Bd. 6. S. 120.) = 21. Juli

(Am Tage des Maria Magdalenen-Festes entstand ein sehr starkes Unwetter und infolge des sehr reichlichen Regens eine Überschwemmung, und es folgten sehr starke Schäden in Hesbaye, so daß in Maastricht Tore und Mauern auf der Seite der Jaar gewaltig umgestürzt und eingerissen wurden.)

In festo Marie Magdalene, pluvia fuit diuturna et gravissima. Unde, excrescentibus aquis Trajecti ex impetu Jecore, muri versus Sanctum Petrum cum duabus portis, turribus et molendinis, subversi fuere.

(„Chronique de règne de Jean de Horne 1484/1505" in „Chroniques liègeoises" Tom. II. edid. S. Balau in „Publicat. de la comm. roy. d'hist. de Belgique." Bd. 54. I. S. 564.)

(Am Maria Magdalenen-Feste herrschten anhaltende und schwere Regengüsse. Infolgedessen traten die Gewässer über ihre Ufer und zu Maastricht wurden durch die starke Strömung der Jaar die Mauern gegen St. Peter mit 2 Toren, Türmen und Mühlen eingestürzt.)

° („Chronijk van Maastricht en Omstreken", edid. J. Habets in „Publicat. de la cos. d'archéologie dans le duché de Limbourg." Tom. I. S. 87.) = 24. Juli

nach Mittag umb zwey Uhr ist ein grosses Ungewitter allhier entstanden, welches von Untergang der Sonnen her über den gantzen Himmel sich außgebreitet, und auch also gleich über die Stadt nach der Sonnen Auffgang sich gezogen. In solchem grausamen Wetter haben auch damals in der Grafschaft Hennenberg umb den Werra-Grund auff und ab etliche Wolckenbrüche sich begeben, deren sonderlich zween allhier, der eine auff dem Drach-Berg, und der andere über den Pfannen gefallen. Welches in Eil ein solch grosses gefährliches Wasser geben, . . . Denn von angezeigten Bergen, darin solche Wolcken-Brüche neben der Stadt sich nieder gelassen, das Wasser in grossen Wellen mit Gewalt hernieder gleich auff die Stadt geschossen, inmassen, als ob man viel grosse vollgeladene Heu-Wägen herein wältzete. . . . , ist das Wasser mit Gewalt zum Unter-Thor in die Stadt geschossen, hat daselbsten in der Unter-Stadt alle Gassen erfüllet, in den Kellern viel Schaden gethan, sich auch in der Stadt hinan biß auff den Markt und an der Pfarrkirche geschwelget.

28. Juli Meiningen Überschwemmung infolge von Wolkenbrüchen

(J. S. Güth „Poligraph. Meining. etc." S. 151.)

August 1505 Grimma i/Sa. Überschwemmung der Mulde

Zwickauer Mulde: große Überschwemmung.

(Chr. G. Lorenz „Die Stadt Grimma etc." S. 537.)

18. August Zwickau i/Sa. u. Umgeg. Überschwemmung der Zwickauer Mulde

Am Montag nach Assumptionis Mariae seyn hierumb grosse Wasser gewesen / als zur Planitz/Stenn/Schönfels und Steinpleiß. Das Wasser ist hier für dem Frauenthor so gewachsen / daß es zu S. Margrethen oder Georgen Kirchen auff den Altar gangen.

(Tob. Schmidt „Zwickau. Chronick" II. S. 250.)

22. September Salzburg Salzach: Hochwasser

Salzach: starkes Hochwasser. Die Brücke geht zu Grunde.

(J. Th. Zauner „Chronik von Salzburg". IV. S. 261.)

1506 Nogent-le-Rotrou (Départem. Eure-et-Loir.) l'Huisne-Überschwemmung

l'Huisne: Les eaux entraînèrent les livres du lutrin de l'église Saint-Hilaire jusque dans la rue des Prés.

(L. Duval „Phénomèn. météorolog. et variations atmosph. etc. en Normandie etc." S. 342 aus Pitard „Fragments pris sur le Perche, art. Nogent.")

Chartres (Départ. Eure-et Loir) Eure-Überschwemmung

Eure: Il y eut de grosses eaux . . .

(M. Champion „Les inondations en France etc." II. S. 178 aus Doyen „Hist. de Chartres." II. S. 41.)

Elbe Eisgang und Hochwasser

grandis Albee crescentia veniens ex magna mole glatiei; penes confines ripe, dictum vulgariter Mertens Werder, repressit undam et ascendit glaties usque ad Coswig ultra quindenam dimersitque omnes valles novos fatiens meatus, non mediocrem infererens pluribus locis iacturam.

(„Annales Anhaltini" edit. Dr. H. Wäschke. S. 31.)

(Ein großes Hochwasser der Elbe entstand infolge der großen Eismassen. Auf seiten benachbarter Ufer, gewöhnlich Mertens-Werder genannt, drückte die Flut, und das Eis ging nach Coswig hinauf, über 15 Tage lang, versenkte alle neuen Pfahlwerke, bahnte sich einen Weg und brachte den meisten Orten keinen unerheblichen Schaden.)

Dresden Elbe-Hochwasser

Elbe: Wasserflut.

(Dr. W. Schäfer „Chronik der Dresdener Elbbrücke etc." S. 25 aus Brückenamts-Register.)

Wangen (Kanton Bern) Hochwasser der Aare

Aare: Thate das Wasser an der Bruck zu Wangen grossen Schaden.

(Fr. Haffner „Der kleine Solothurner Schaw-Platz etc." II. S. 333.)

Januar Themse: Eisdecke

And the same yere et that tyme was soche a sore snowe and a frost that men myghte goo with carttes ouer the Temse and horse, and it lastyd tylle after Candelmas. (2. Febr.)

(„Chronicon ab anno 1189 ad 1556, ex registro fratrum Minorum Londoniae", edid. R. Howlett in „Rer. Britannicar. med. aevi scriptores." Bd. 4. S. 185–186.)

umb sant Agneszentag do wardt der Rein vast grosz, und das die eysz schemel 3 joch an der Rein brucken hinweg stiessen, . . . Um 21. Januar 1506 bei Straßburg (Elsaß) Rhein-Hochwasser

(„Straßburg. Archiv-Chronik 1373–1569" in „Code histor. et diplomat. de la ville de Strasbourg" Tom. I. S. 217.)

hat sich ain grosser stoß in der Thonau auferhept und das wasser weit in die statt gangen und biß an die weinberg, auch das Tunckau [Donaugau] ausgangen, di traidt verderpt mit anderem großen mercklichen schaden an mulen und heusern. 22. Januar Regensburg Donau-Überschwemmung

(„Tagebuchaufzeichnungen des Regensburger Weihbischofs Dr. Peter Krafft von 1500–1530", edid. Dr. K. Schottenloher. S. 21–22.)

Biela: höchster Wasserstand: 26 Fuß über der Nullhöhe des Biela-Pegels. Februar Aussig (Böhm.) Hochwasser der Biela

(E. Mander „Chronik von Bodenbach". S. 167 aus Aussiger Stadtbüchern.)

Mittwochs vor Donati wuchse die Trebisch bey Meißen so reichlich, daß sie auch viel Scheuren mit Getreyde, groß Gehöltze etc. mit Wurtzeln wegführete, biß an die Stadtmauren that an liegenden Gründen und Gärten unüberwindlichen Schaden. 12. August Bei Meißen i/Sa. Überschwemmung der Triebisch

(„Zusätze zu dem Pirnischen Mönche" in Chr. Schöttgen und G. Chr. Kreyßig „Diplom. u. cur. Nachlese etc." I. S. 276.)

Überschwemumng der Pleiße. 15. August Werdau i/Sa. Überschwemmung der Pleiße

(F. O. Stichert „Chronik der Stadt Werdau". S. 157.)

Mulde derart ergossen / daß sie zu Zwickau auff S. Margarethen-Kirchhoff gegangen. 19. August Zwickau Überschwemmung der Zwickauer Mulde

(Chr. Meltzer „Histor. Schneeberg. renovata etc." S. 1214 aus Mich. Papst „Chron. manuscr.")

Es schwellen nach ungeheuren Regengüssen die Landwehr, der Planitzer und Moritzbach dermaßen an, daß die ganze Töpfergasse und Frauenvorstadt unter Wasser standen und letzteres sogar in der Margarethenkirche über dem Altar zusammenging. Überschwemmung der Landwehr, des Planitzer Baches und des Moritzbaches

(Dr. E. Herzog „Chronik von Zwickau". II. S. 165.)

Zwickauer Mulde: Große Überschwemmung. Grimma i/Sa. Überschwemmung der Mulde

(Chr. G. Lorenz „Die Stadt Grimma etc." S. 537.)

Mulde: Großes Wasser. 19. August Glauchau i/Sa. Hochwasser der Zwickauer Mulde

(E. Eckardt „Chronik von Glauchau". S. 433.)

Flut. 27. September Nordfriesische Inseln Sturmflut

(M. A. Heimreichs nordfresische Chronik", edid. Dr. N. Falck I. S. 278.)

1506 Nach 21. Oktober— Ende November Kanton Aargau Überschwemmung der Flüsse

Pluvie copiose et perseveranter post festum XI milium virginum [21. Oktober] quasi ad sex ebdomadas deciderunt. Inde mane inundationes et damna pluribus in locis et arvis evenerunt.

(„Chronik des Anton Tegerfeld von Mellingen". S. 220.)

(Es fielen nach dem Fest der 11000 Jungfrauen [21. Oktober] reichliche und beharrlich anhaltende Regengüsse, ungefähr 6 Wochen lang. Infolgedessen traten Überschwemmungen und Schäden an vielen Orten und Äckern ein.)

Ende des Winters 1506/07 Kanton Aargau Überschwemmung der Flüsse

. . . inundationes et damna . . . Sic et circa finem hiemis factum est.

(„Chronik d. Anton Tegerfeld von Mellingen". S. 220.)

(. . . Überschwemmungen und Schäden . . . So und gegen Ende des Winters geschah es.)

1507 Chartres (Departem. Eure-et-Loir) Eure-Überschwemmung

l'Eure se gonfla si prodigieusement, . . . ; elles firent de grands ravages dans la ville de Chartres, et dans tous les autres lieux de la vallée.

(M. Champion „Les idondations en France etc." II. S. 178 aus Doyen „Hist. de Chartres". II. S. 41.)

7. März Mons. (Belgien) Trouille-Überschwemmung

Le 7 mars arriva tel débordement d'eau en la ville de Mons par la rivière de Trouille, à cause des pluyves qui tombèrent incessament par l'espace de quinze jours en grande abondance, que lesdites eaux avoient plus de cinq pieds le haut parmy les rues contiques à ladite rivière, dont elles pouvoient porter bateaux.

(F. Vinchant „Annales de la province et comté du Hainaut". V. Tom. in „Soc. des biblioph. de Mons." Bd. 16. Tom. 5. S. 215.)

5. Juni Weimar Ilm-Überschwemmung infolge eines Wolkenbruchs

am Tage Bonifacii ist die Ilme von einem Wolckenbruch erschrecklich groß worden, daß davon der Burggraben übergangen.

(„Johannis Wolfii etc. Anno 1569 verzeichnete Annales". in Chr. G. Buder „Nützl. Sammlung etc." S. 290–291.)

Wymarie casu cataractarum tanta inundatio oritur, case scisse, infantes cum cunis natabant multis discriminibus. locus ille vehementi crescentia torrentis consternatus.

(„Annales Anhaltini", edit. Dr. H. Wäschke. S. 32.)

(Zu Weimar entstand durch einen Wolkenbruch eine sehr große Überschwemmung. Zerrissene Hütten, Kinder in den Wiegen schwammen unter höchsten Gefahren. Der Ort wurde durch jenes schlimme Hochwasser in Schrecken versetzt.)

24. Okt. Ostfriesland Sturmflut

. . . , averst den 24. Octob. begundet tho stormen uth den Noortwesten, daer durch de luiden merckliche schaden an beesten tho water und tho lande genamen.

(Eggerik Beninga „Volledige Chronyk van Oostfrieslant", edid. E. F. Harkenroth. S. 508.)

Ist ein harter langwieriger Winter gewesen, der gewäret von Martini bis Matthiae; die Werra frohr auff dritthalb Schuch dick zu. Winter 1508 SW. Thüringen Werra: Eisdecke

(J. S. Güth „Poligraphia Meining. etc." S. 153.)

Grande inondation „Deluge de Saint-Onne". 1508 Vivarais, Velay etc. (SO. Frankreich) Überschwemmung

(M. Villard „Météorol. région." S. 515.)

Ohra: großes Wasser. Ohrdruf Hochwasser der Ohra

(F. Krügelstein „Nachrichten von der Stadt Ohrdruf etc." S. 234.)

gross Wasser gewesen, davon viel menschen und Viehe umbkommen. Schlesien Überschwemmung der Flüsse

(„Schweidnitz. Chronisten. Wenceslaus Thommendorff" in „Scriptor. rer. Silesiac." 11. Bd. S. 8.)

yst eyn groß wasser gewesen und sonderlich dy Oder zcu Breslaw. SO. Deutschland Überschwemmung der Flüsse z. B. der Oder

(„Chronik Michael Steinbergs" in „Scriptores rer. Silesiac." 11. Bd. S. 133.)

War die Oder sehr groß; bestand viel Monat, ertränkte Menschen und Viehe.

(„Jahrbücher der Stadt Breslau von Nikol. Pol", edid. Dr. J. G. Büsching. II. S. 191.)

was das wasser so gross, das [es] um das kornhuss in der kleinen statt zamen gieng. Zürich Überschwemmung

(„Anonyme Zürcher- und Schweizerchronik aus den Dreißigerjahren d. 16. Jahrhunderts", edid. R. Luginbühl in „Jahrbuch f. schweizer. Geschichte". 32. Bd. S. 176.)

aquae circa urbem, quae Hottingam delabuntur, ita excreverunt, ut et alibi nocerent, et plerasque cellas vicinas implerent. Hottingen (bei Zürich) Überschwemmungen

(J. H. Hottinger „Antiquitates Germanico-Thuricenses." S. 520.)

(Die Gewässer bei der Stadt, die in Hottingen hineingerieten, stiegen so stark an, daß sie sowohl anderswo Schaden anrichteten, als auch die meisten benachbarten Keller (unter Wasser) setzten.)

Der Dorfbach trat aus, das Wasser dringt in die Kirche ein und führt einen Teil der Kirchhofsmauer fort. Fällanden (Kanton Zürich) Überschwemmung

(F. Vogel „Die alten Chroniken etc. der Stadt u. Landschaft Zürich etc." S. 177.)

Elbe: Wasserflut. April Dresden Elbe-Überschwemmung

(Dr. W. Schäfer „Chronik der Dresdener Elbbrücke etc." S. 25 aus Brückenamts-Register.)

1508
16. April
Ostfriesland
Sturmflut

Daer na up Palmdach is een groot mechtig wint und floet gewest, daer door mercklichen schaden an huessen, menschen, und beesten geschehen is.

(Eggerik Beninga „Volledige Chronyk van Oostfrieslant, edid. E. F. Harkenroth. S. 509.)

28. Mai
Winterthur
Überschwemmung der Eulach und Töß

am Sontag vor der Uffart kam ein grosse wassergusin; die Eulach ward groß, und die Töß war also groß, das das wůr ze Töß zerbrach, wie wols gemacht von steinen was.

(„Die Chronik des Laurencius Boßhart von Winterthur". 1185–1532 in „Quellen z. schweizerischen Reformationsgeschichte". Bd. III. S. 77.)

28. Mai
Thur
Überschwemmung

aim sontag vor der uffart Christi giengend alle wasser über, und ward die Tur so groß, daß si in der grafschaft Dockenburg fil deckter bruggen hinweg fůrta und zů Bischofzell rain ain groß wasser von der Tur ennen der staine bruck [jenseits der Brücke] über die zelg, daß man nüt mer dorft dardurch riten; . . .

(„Fridolin Sichers Chronik", edid. Ernst Götzinger. S. 37. 1. Bearbeitung.)

Kanton Aargau
Überschwemmung der Flüsse

Aquarum alluvies nociva fuit IIII. die ante finem Maii.

(„Chronik d. Anton Tegerfeld von Mellingen". S. 228.) = Ende Mai

(Es trat eine schädliche Überschwemmung am 4. Tage vor Ende Mai ein.)

Sommer
Reichenhall (Oberbayern)
Überschwemmung der Saalach

Saalach: Überschwemmung.

(Dr. J. G. Osterhammer „Topographie und Geschichte der etc. Salinenstadt Reichenhall")

Salzburg
Überschwemmung der Salzach

Salzach: Hochwasser.

(F. V. Zillner „Geschichte der Stadt Salzburg". I. S. 140.)

2 außerordentliche Überschwemmungen, bald auf einander folgend; besonders Salzwerke zu Hallein größtenteils verwüstet. Brücken und Straßen zerrissen. Unbeschreiblicher Schaden.

(J. Th. Zauner „Chronik von Salzburg". IV. S. 268.)

22. Juli
Gastein
Überschwemmung der Salzach

Am Tage Maria Magdalena erhub sich gächling ein übels Wetter und Regen, daß hie der ganze Boden von ainem Berg zu dem andern Wasser wie ein See war und durch die anlaufenden Päch das Hochwasser solchergestalten groß worden, daß alle Pruggen außer Hällein und Salzburg hat weckgetragen, . . .

(H. von Zimburg „Die Geschichte Gasteins und des Gasteiner Tales". S. 59.)

Um 25. Juli
Donau
Überschwemmung

Circa festum sancti Jacobi fuit diluvium particulare Danubii omniumque fluviorum Austrie, maxima ex inundatione imbrium atque pluviarum copia, ita quod Danubii aque insulam ex opposito monasterii nostri transcenderent, eaque altiores sex cubitis virilis manus fierent; ex qua inundatione damna contigerunt infinita in Austria. Nam piscine plurime versus Bohemie partes rupte sunt, homines ingurgitantes, muros ac edificia per antiqua atque fortissima destruentes, arboresque magnas et proceras funditus eradicantes, fundosque peroptimos ortorum et vinearum omnino delentes alluvione prevalida. Unde et in ipsa sancti Jacobi nocte horam circa secundam, finitis iam matutinis, piscina nostra inter Pöverding et Schrätenpruk ante duos annos reparata-inutiliter tamen, quia fundus ipse aquam non continet, hac tamen nocte ex ingenti pluvia replata-rupta est cum impetu maximo et sonitu, per villam Schrätenpruk, versus et per forum nostrum Melk fluens damna fecit inestimabilia. Porro licet animalia submersit plurima, edificiaque destruxerit aliqua, et blada in horreis ac campis anullaverit non pauca gratia tamen Dei homines omnes, licet aliqui nudi, evaserunt.

(„Annales Mellicenses. Contin. Mellic." M. G. H. Scriptores. IX. S. 529.)

(Um das St. Jakobs-Fest ereignete sich eine Teil-Sintflut der Donau und aller Flüsse Österreichs, am meisten infolge der sehr starken Regengüsse, so daß das Wasser der Donau die Insel gegenüber unserem Kloster [Melk] überschwemmte und die dortige Höhe 6 Ellen eines kräftigen Armes ausmachte. Infolge dieser Überschwemmung entstanden unzählige Schäden in Österreich. Die meisten Fischteiche in den Gegenden nach Böhmen hin brachen nämlich, die Menschen versanken, die uralten und festesten Mauern und Gebäude stürzten ein, große und hohe Bäume wurden völlig entwurzelt und der ausgezeichnetste Boden der Gärten und Weinberge völlig durch die sehr starke Überschwemmung vernichtet. Hierdurch brach auch in derselben St. Jakobsnacht gegen die 2. Stunde, in der Morgendämmerung, unser Fischteich zwischen Pöverding und Schrätenpruk, der erst vor 2 Jahren erneuert worden war, jedoch unzweckmäßig, weil der Grund selbst das Wasser nicht festhielt, er aber durch die ungeheuren Regengüsse der Nacht bis oben angefüllt war, mit größter Gewalt und Getöse, floß gegen und durch unseren Markt Melk und richtete unschätzbaren Schaden an. Sodann ertränkte er zahlreiche Geschöpfe, zerstörte einige Gebäude und vernichtete nicht wenig Getreide in den Scheunen und auf den Feldern, aber dennoch konnten alle Menschen, Gott sei Dank, entrinnen, wenn auch einige nur nackt.)

31. Juli 1508
Stuttgart
Überschwemmung infolge eines Wolkenbruchs

Auff den lesten tag des heemonatz, was auff mentag nach sant Jacobstag, was zů Stuggar im land zu Wiertenberg ain sollich groß wasser, daß [es] in der statt bei zwaien mannslang hoch was, und fůrt in der forstatt 12 heisser hin und 2 stedel, und ertranckt bei 14 personen . . . geschah ain grosser unerherter schad; . . .

(„Fortsetzungen der Chronik des Hector Mülich" in „Die Chroniken der deutschen Städte". 23. Bd. S. 458.)

Stutgardiae, circa principium Aug. accidit, grauis inundatio, ceu subito ruptis nubibus. Perierunt aquis tunc 13 homines: qui vno sepulchro coniuncte humati sunt: corruerunt aliquot domus: cellae vinariae aqua reduntabant, . . .

(Martin Crusius „Annal. Suevicas." Dodec. III. S. 533.)

(Zu Stuttgart ereignete sich um den Anfang August eine schwere Überschwemmung, gleich wie durch einen plötzlichen Wolkenbruch. Es kamen dabei 13 Menschen um, die in einem Gemeinschafts-Grab bestattet wurden. Es stürzten auch einige Häuser ein und die Weinkeller füllten sich mit Wasser an.)

31. Juli 1508 Stuttgart Überschwemmung infolge eines Wolkenbruchs

Item uff den selbigen tag fůrt das wasser zu Stůckarten [Stuttgart] 32 hußer hinweg und hertrunckend 17 menschen in der statt. Da ist von der nott zů Stůckarten nit zů schriben, die da gewesen ist.

(„Heinrich Hugs Villinger Chronik von 1495–1533", edid. Dr. Christ. Roder. S. 37.)

Am 31. Juli um Vesperzeit fiel im Heslacher Tal ein Wolkenbruch, der das Wasser vor der St. Leonhardvorstadt staute, so daß es einen Thurm und ein Stück der Stadtmauer wegriß.

(Dr. K. Pfaff „Geschichte der Stadt Stuttgart" 1. Bd. S. 241.)

° (Dr. J. v. Schlumberger „Die Gebweiler Chronik des Dominik. Fr. Seraph. Dietler". S. 83–84.)

Löffingen (O. Schwarzwald) Überschwemmung

Item uff den selbigen tag was das wasser so gros, das es zů Löffingen hundert und zway und sibczig hopt fech in der stat hertranck und 1 knab.

(„Heinrich Hugs Villinger Chronik von 1495–1533", edid. Dr. Christ. Roder. S. 37.)

August Bayern Überschwemmungen, der Flüsse Lech und Schmutter

Auff den augustmonat des jars was der Lech so offt groß, das kein man in Augspurg gedacht, auch die Schmuder, auch im Bairland, auch heraus im bürg. so fil schadens geschach des wassers halb, darvon nit zů schreiben ist, das ich Terg Demer selb gesechen hab.

(„Fortsetzungen der Chronik des Hector Mülich" in „Die Chroniken der deutschen Städte". 23. Bd. S. 458–459.)

5. August Meißen i/Sa. Überschwemmung der Triebisch

Eodem anno Non. Augusti fluuius Trebisa imbribus auctus horrea et fullonias sustulit, quotquot in ripa fuerunt.

(G. Fabricius „Rer. Misnicar. libri VII". S. 174.)

(Im selben Jahre am 5. August wuchs der Triebisch-Fluß derartig an, daß er alle Scheunen und Walkereien, die an seinem Ufer standen, fortriß).

Die Triebisch vom Regen so angewachsen, daß sie alle Scheuern und Mühlen, die an ihr standen, mit fortreißt.

(M. Grünewald „Die Meißner Chronik". S. 114.)

Es hat das Wasser alle Scheunen / der Gerber / Ferber vnd andere Heuser weggeführet.

(Laur. Faust „Geschicht- vnd Zeit-Büchlein der etc. Stadt Meissen etc." S. 59.)

. . . ; subito iterum circa festum sancti Laurencii pluvie vehementissime desuper erumpentes, paulo minorem omnium fluviorum et maxime Danubii inundanciam effecerunt aquarum; ex qua non minora, sed maiora, ut creditur, quam ex priore secuta est damna. Et quanquam nulla earum tanta fuerit illa de qua supra 1501 dicitur anno, tamen quia statim se mutuo sequebantur, diuciusque durabant, maiora sine dubio intulerunt toti patrie Austrie damna.

Um 10. August 1508 Donau Überschwemmung

(„Annales Mellicenses. Contin. Mellicensis." M. G. H. Script. IX. S. 529.)

(. . . ; plötzlich brachen um das St. Laurentiusfest [10. August] wieder sehr heftige Regengüsse aus der Höhe los, die ein etwas kleineres Hochwasser aller Flüsse und besonders der Elbe hervorriefen. Hierdurch folgten nicht kleinere, sondern größere Schäden, wie man glaubt, als bei den vorigen. Obgleich keines derselben so groß war, wie jenes, von dem oben beim Jahre 1501 berichtet wurde, brachten sie dennoch, weil sie sogleich wechselseitig folgten und länger dauerten, ohne Zweifel dem ganzen Lande Österreich größeren Schaden.)

Überschwemmung. „Die anderte ist um Lorenzi geschehen, wo auch das Hei und Städln hingerissen worden, . . ."

Gastein Überschwemmung der Salzach

(H. von Zimburg „Die Geschichte Gasteins und des Gasteiner Tales". S. 59.)

Neben der Stadt Zürich sehr starker Wolkenbruch, so daß zu Fellanden der Bach durch die Fenster in die Kirchen hineinlief. Auch der Wolffsbach in Zürich starke Überschwemmung.

13. August Zürich Überschwemmung infolge eines Wolkenbruchs

(H. H. Bluntschli „Memorab. Tigur." S. 512.)

° (A. Werdmüller „Memor. Tigur." I. S. 140.)

Große Wasserfluth.

29. August Zwickau Überschwemmung der Zwickauer Mulde

(Dr. E. Herzog „Chronik von Zwickau". II. S. 170.)

wast eenen grooten storm uyten Noortwesten / datter veel dycken imme braecken / bysonder in Hollandt in't Waterlandt / ende daer verdroncken veel menschen op den dijck tot Schaerdam.

14. Oktober Holland Sturmflut

(M. Z. van Boxhorn „Chroniick van Zeelandt etc. Joh. Reygersbergen". II. S. 377.)

wairt eenen grooten storm uuten noortwesten, dair braken vele dijcken in Hollant ende dair verdroncken vele menschen.

(„Cort verhael van diversche gheschiedenissen van jaere te jaere van Ao 1472 vervolgende" in P. N. van Doorminck „Geldersche Kronieken". I. S. 64.)

. . . , wo den 14. Octobris Ao 1508 ein mechtiger Windt sick uth dem Nordwesten erhaven, dardorch an velen Orden de dike jemmerliken vordorven unnd dorch-

Nordsee Sturmflut

gebraken, sonderlik in Holland unnd Waterlande; ock vele Minschen up dem dike tho Schardamme vordrunken unnd ummegekomen.

(„Joh. Adolfi's, genannt Neocorus, Chronik des Landes Dithmarschen". I. S. 538–539.)

14. Oktober 1508 Holland, Seeland, Ostfriesland Sturmflut

In den Herbst isser grooten storm ende onweder gheweest / den windt uyt den Noorden waeyende / door welcke Hollandt ende Zeelandt / midtsgaders Oost-Vrieslandt groote wateren in het Landt ghehadt hebben / die de Dijcken / Dammen / Zijlen soo seer bedorven ende ghebroken hebben / . . .

(P. Winsemius „Chronique oste Histor. geschiedenisse van Vrieslant etc." S. 407.)

Nordfriesische Inseln Sturmflut

„St. Brixenflut". Zu Cating Einbruch.

(„M. A. Heimreichs nordfres. Chronik" I. S. 278. edid. Dr. N. Falck.) = 13. Nov.

Dithmarschen Sturmflut

Ao. 1508 so was grote Waterflot, des negesten Mandage Nachtes negest Martini, so dat vele Lande full Waters qwemen; sunder unse Lant bleff droge, uthgenamen Busen und Bösebuttel und dat Niefeldt, also dat se mit Schepen na Lunden faren musten.
(Ex scripto sive libello per Henningum Swyn, anno 1533. 8. Octobris defunctum connotato).

(„Joh. Adolfi's, genannt Neocorus, Chronik des Landes Dithmarschen". 2. Bd. S. 461.)

do ginck de vloet auer Eyderstede des negesten dages na S. Brictii, den hadden wy vp einen Mandach, vnde brack in tho Kating.
(Chronic. Eiderostad. vulg.)

(„Johann Russe's Vorarbeiten zur Chronik des Landes Dithmarschen", edid. Dr. A. L. J. Michelsen. S. 719.)

1509 Burzenland (Siebenbürgen) Überschwemmung der Flüsse

Ist eine grosse Wasserflut in Burzenland.

(Joseph Teutsch „Nebenarbeit von sonderbaren Begebenheiten in Burzenland" in „Quellen zur Geschichte der Stadt Kronstadt in Siebenbürgen". 4. Bd. S. 176.)

Ist ein grosses Gewässer in Burzenland.

(Joseph Teutsch „Kurzgefaßte Jahrgeschichte von Siebenbürgen, besonders Burzenland" in „Quellen zur Geschichte der Stadt Kronstadt in Siebenbürgen". Bd. 4. S. 100.)

Ingens inundatio.

(„Wandchronik der Kronstädter evangelischen Pfarrkirche" in „Quellen zur Geschichte der Stadt Kronstadt in Siebenbürgen". 4. Bd. S. 4 und in „Archiv des Vereins f. siebenbürg. Landeskunde." 4. Bd. 1. Heft. S. 118.)

(Eine sehr starke Überschwemmung.)

Aestas valde sicca, Albis in locis multis vadosus. Sommer 1509 Sachsen Elbe: sehr niedriger Wasserstand

(G. Fabricius „Rer. Misnicar. libri VII". S. 174.)

(Der Sommer war derartig dürr, daß man an vielen Stellen die Elbe durchwaten konnte.)

Es ist ein dermaßen dürrer Sommer gewesen / daß gleichwie andere Waßer / also auch die Elbe so sehr ausgetrocknet / daß man an vielen Orten durch dieselbe gehen können.

(A. Weck „Der etc. Residentz- und Haupt-Festung Dresden Beschreib- u. Vorstellung". S. 535.)

war ein truckner Sommer / das man die Elbe fast allenthalben durchwaten können. Meißen i/Sa. Elbe: sehr niedriger Wasserstand

(Laur. Faust „Geschicht- vnd Zeit-Büchlein der etc. Stadt Meissen etc." S. 59.)

° (M. Grünewald „Die Meißner Chronik". S. 115.)

Bedeutende Überschwemmung. Gmunden (Oberösterr.) Überschwemmung

[A. Dickelberger „Salinengeschichte II. Urkunden. Bogen 2412. 1509.]

(Dr. F. Krackowitzer „Geschichte der Stadt Gmunden in Oberösterreich". III. S. 265.)

Am Sonnobend d. h. Dreyfaltigkeit in der nacht fiel ein groß regen zu Dantzke, das schir alle keller vol wasser liefen. 2. Juni Danzig Überschwemmung

(„Christ. Beyer's d. Älteren Danzig. Chronik" in „Scriptor. rer. Prussicar." 5. Bd. S. 456.)

In denselven jair was't ein so drugen herftz, . . . , ende voert alle wateren als die Rijn ende Ruir . . . gans klein waeren, ende op sommigen enden aver Rijn woed. Herbst Duisburg Rhein: sehr niedriger Wasserstand

(„Chronik des Johann Wassenberch von 1474–1517" in „Die Chroniken der deutschen Städte". 24. Bd. S. 220.)

. . . , sus le tairt se levait ung sy gros temps d'ouraige, . . . et encor leur firent grant dommaige les yawes qui dexendirent ès maixons et gastoient leurs aultres biens . . . 16. September Metz u. Umgegend Überschwemmung

(„Gedenkbuch des Metzer Bürgers Philippe von Vigneulles aus d. Jahren 1471–1522", edid. Dr. H. Michelant. S. 168.)

VI. Cal. Octob. intumescens tempestate Oceanus immane quantum omnibus superatis aggeribus toto hoc litorum tractu terras oppressit . . . , hominum infinitum numerum neci dedit, aedificia convulsit, universam Frisiae regionem miserum in modum vastatam reliquit. 26. September Friesland Sturmflut

(Ubbo Emmius „Rerum Frisicar. histor. libri X" Decas V. S. 130.)

(Am 26. September schwoll infolge eines Sturmes das Meer gewaltig an, überstieg alle Deiche in dieser ganzen Küstengegend und vernichtete das Land . . . , brachte eine unzählige Menge von Menschen ums Leben, stürzte Häuser ein und ließ die ganze friesische Landschaft in einem elenden und verwüsteten Zustande zurück.)

braken door eenen groten aanstaanden Stormwind de Zeedyken am Friesland in / en het Water viel met zulken geweld / en kragt over het gehele Land / . . . / daar verdronken veel Menschen en Beesten.

(Okko van Scharl, Joh. Vlytarp und Andr. Cornelius Stavriensis „Chronyk en waaragtige beschryvinge van Friesland etc." S. 380.)

1509
27 September
Seeland
Sturmflut

snachts wast een soo grooten storm uyt den Noordtwesten ende 't vloeyde soo hooghe / . . . / soo dat sommighe dijcken in't Landt van Schouwen overvloeyden / ende in Zuydbevelandt / brack't Nieuwelandt by Wermelinghe in / in Duyvelandt ginghen inne / Beyeren / Vyanen / met't Oosterlandt / ende den ommeloop van Duyvelandt / Stavenisse / Moeckershil / met veertich Parochien op die palen van Zeelandt. In Noordtbevelandt stondt 'twater by nae soo hoghe als den dijck dede / . . . Tot Westcappel brackt mede in / ende was soo hoogen vloet / dat twater te veel steden in Zeelandt over die straten liep / waer deure datter veel huysen wech dreven. Ter Veere op die Kaye / over die Noordt zijde van der haven, dreven sommige huyskens af. By de oude Middelburchse haven liepen sommighe Polderkens inne / . . .

(M. Z. van Boxhorn „Chroniick van Zeelandt etc. door Joh. Reygersbergen". II. S. 378. I. S. 53 u. 47.)

Nordholland
Sturmflut

. . , door dien de Zeedyk tusschen Crabbendam en St. Maerten doorbrak . . .

(G. Boomkamp „Alkmaer en deszelfs geschiedenissen etc." S. 54.)

Nordsee
Sturmflut

Am Dage Cosmy vnnd Domicianij, ginck eine grothe Floth Inn alle Nedderlandt desulue Floth vordorff vele Dike Inn Ostringen vnnd Wangerlandt, vnnd Insunderheit In Rustringen dar breken grote Kolcke Inn, vnnd de Dike thobreken Jammerliken.

(„Die Chronica Jeuerensis etc." 1592, edid. Fr. W. Riemann. S. 54.)

Ostfriesland
Sturmflut

. . . , dat in Oostfreeslant und ander Lande an de zeestrante eene groote vloet durch eenen mechtigen storm gewest was, . . . ginck wol eene tunne hooch aver alle dycke.

(E. Beninga „Volledige Chronyk van Oostfrieslant", edid. E. F. Harkenroth. S. 512.)

Alß nun solke Dike binha wedderumme vorferdiget unnd in Wolstand gebracht, hefft sick volgendes 9. Jahres in St. Cosmus- unnd Damianus-Nacht, alß avermalß ein Storm erhaven unde an bemelten Orden de Dike wedder ingereten, also dat de Dike up den Sparendamme ungeferdigett den Sommer unnd Winter dorch beliggen gebleven, . . .

(„Joh. Adolfi's Chronik des Landes Dithmarschen", edid. F. C. Dahlmann. I. S. 539.)

6. Dezember
Nordfriesische
Inseln
Sturmflut

Höhere Flut.

(M. A. Heimreichs nordfresische Chronik, edid. Dr. N. Falck. I. S. 278.)

des dages negest na S. Nicolai do was de wint so groth, dat de torne tho Garding vmmestörte, vnde ock vele huse vnde wintmölen alse hir vnde in deme Nordstrande vnde alderwegen. 7. Dezember 1509 Dithmarschen Sturmflut
[Chronic. Eiderostad. vulgare]

(„Johann Russe's Vorarbeiten zur Chronik des Landes Dithmarschen". edid. Dr. A. L. J. Michelsen. S. 719.)

Grande crue du Rhône, qui endommage le pont de la Guillotière à Lyon. 1510 Rhone Überschwemmung

* (M. Villard „Météorol. région." S. 57.)

Elbe: Wasserflut. Dresden Elbe-Überschwemmung

(Dr. W. Schäfer „Chronik der Dresdener Elbbrücke etc." S. 25 aus Brückenamts-Register.)

Elbe: schwoll sie wieder sehr hoch an, trat in die Stadt, allwo man mit Kähnen um das Rathaus fuhr. [„Fortsetzung d. histor. Nachricht von der Stadt Pirna". S. 14.] Pirna Elbe-Überschwemmung

(C. G. Poetzsch „Chronolog. Geschichte der großen Wasserfluthen des Elbstroms etc." S. 41.)

Den 31. Maij, am nächsten Freytag nach dem Corporis Christi Fest, da kam ein so groses Gewässer und ein so ungestimmes Wetter, daß Jedermann sich darob förchtete; die Thur warde einsmahl so erschröcklich groß, hoch und angelauffen, daß es etliche gantze Sägmühlen samt den größten Sägblöcher, ja gantze Bäum mit sich aus dem gantzen Thal herab geführt, alle Steeg und Bruckhen zerrissen, hinweg geschwemmt und bis gegen der Ziegelhütten geloffen ist; das Wasser lieffe den Leuthen in Cattenbach zu den Fenstern hinein, ... Zu Gebweiler war ein gleicher Jammer; das Wasser kam vom Belchen durch Murbach heraus und trug die Brueder Bruckh halber hinweg. Die von Collmar empfiengen des grosen Wassers halben einen gar mercklichen Schaden in dem Riedt, indem ihnen vierhundert Haupt Vieh ertrunkhen, ... 31. Mai Oberelsaß Überschwemmungen der Flüsse, z. B. der Thur

(M. Tschamser „Annales etc. zu Thann". I. S. 721.)

° (X. Moßmann „Chronique des Dominic. de Guebwiller". S. 104.)

Großes Wasser, das zur Pforte in die Stadt eindrang. 15. August Glatz Überschwemmung der Glatzer Neiße

(„Excerpte aus der handschriftl. Chronik eines Halbelschwerdters vom Jahre 1618", edid. A. Skalitzky. S. 85.)

XIIII. Cal. Sept. nova Oceani tempestate ac vi ... 19. August Nordsee Sturmflut

(Ubbo Emmius „Rer. Frisicar. histor. libri X" Decas V. S. 133.)

(... bei einer neuen Sturmflut.)

Is ein groth storm vnnd vngeweder vann Godt erhauenn, vnnd so hogenn Floth gekamenn, dat alle de Nien opgerichtedenn Dike wedder wech gingenn, vnnd wowoll Rustringerlandt noch woll hadde tho reddende gethan, . . .

(„Die Chronica Jeuerensis. etc.“ 1592, edid. Fr. W. Riemann. S. 54–55.)

Winter 1511 Flandern Schelde: Eisdecke

Item, in dit jaer énde schependom XV ^{C}XI vroos het soo sterck, wel XIIII weken lanck, dat men t'Antwerpen over de Schelde met wagen ende peerden reedt van XIIII Novembris tot den XVIII February, ende de wagens met goet gheladen reeden van Antwerpen tot ter Goes, in Suyt-Beverlant over't ijs, ende oock in alle de eylanden van Zeelant.

(„Memorieboek der Stad Ghent 1301–1737“ II. Deel in „Maatsch. d. Vlaemsche Bibliogr.“ Bd. 15. II. S. 25.)

Wester-Schelde Eisdecke

Binnen den selven jare wast eenen soo grooten vorst / die drie daghen voor Sinte Martensmisse began / ende duerde veerthien weecken lanck. Men ginck van Aremuyen tot Borssele toe in Zuydtbevelandt over't ys een maent lanck / men quam met waghens vol goets gheladen van Hantwerpen tot der Goes in Zuydtbevelandt / men reedt van Nieulanden over den aggher in Brabandt / ende quam alsoo voort met waghens ende peerden over ys in Zeelandt.

(M. Z. van Boxhorn „Chroniick van Zeelandt etc. door Joh. Reygersbergen“. II. S. 380.)

Holland Maas: Eisdecke

Het ys in de Maas was zo sterk, dat men met wagens en paarden, van alle kanten, daar over konde ryden.

(J. H. Hering „Tafereel van harde winters etc.“ S. 26 aus G. van Spaan bl. 206.)

Niederrheingegend Rhein: Eisdecke

In den vurß jair waes't ein kalt winter ende vroir an antrint sint Mertin [11. Nov. 1510] toe Lichtmisse [2. Febr. 1511]. Ende die Ryn stonde baven Collen ende oick beneden op mint toe Kaiserwert, dat men daraver ginck ende voerde mit groeten swaren touwen, willick ys so soitlick ende gelimplick braick ende verswant, dat dair gein schade noch hinder af en quam.

(„Chronik des Johann Wassenberch von 1474–1517“ in „Die Chroniken der deutschen Städte“. 24. Bd. S. 226.)

Regensburg Donau. Eisgang

. . . und sind 3 stoß in der thunau auf ainander kommen, die holtzen prucke weg gefurt und sonst grossen schaden gethan; . . .

(„Tagebuchaufzeichnungen des Regensburger Weihbischofs Dr. Peter Krafft von 1500–1530“, edid. Dr. Karl Schottenloher. S. 23.)

Nürnberg Pegnitz: Überschwemmung

Pegnitz: starke Überschwemmung.

(G. A. Will „Von der neulichen größten Überschwemmung etc.“ S. 9.)

Groß wassergüß. Der see gieng zů Lindow biß an das rathus. Was die sag, daß in nünzig jaren mer wasser da und an andern enden des Bodensees nien ersechen worden wär. 1511 Bodensee Hochwasser

(Joachim v. Watt (Vadianus) „Historische Collektaneen" in „Deutsche histor. Schriften", edid. E. Goetzinger. 3. Bd. S. 222.)

was gar ein naß jar; die wasser warend allenthalben groß, thetten vil schadens, der Bodensee, Zurichsee und der Rin warennd unsäglich groß. N. Schweiz Bodensee, Zürichsee, Rhein Hochwasser

(„Die Chronik des Laurencius Boßhart von Wintherthur 1185–1532", edid. K. Hauser in „Quellen z. Schweizer. Reformationsgeschichte." 3. Bd. S. 78.)

Ea iterum fuerunt Limagi incrementa, ut spatium ingens et aggestium (zwüschet dem Helmhauß vnd Kauffhauß) esset navigabile. Zürich Überschwemmung der Limmat

(J. H. Hottinger „Antiquitates Germanico-Thuricenses". S. 520.)

(Es war die Limmat wieder so angeschwollen, daß man auf einer sehr großen Fläche zwischen Helmhaus und Kaufhaus in einem Kahn fahren konnte.)

Große Wasser. Kanton Zürich Überschwemmungen der Flüsse

(Guggenbühl „Wyn Rechnung der statt Zürich". S. 94.)

Viel Regen, große Wasser.

(R. Wolf „Auszüge aus verschieden. handschriftl. Chroniken der Stadtbibliothek in Winterthur." S. 89.)

„Antoniusflut". Auf jeverländischer Seite wurden zerstört: Hiddels, Ellens, Oldebrügge, Ahm, Bordum, Seediek, Bant. 16.—17. Januar Östringen u. Rüstringen (Friesland) Sturmflut

(G. Sello „Studien z. Geschichte von Östringen u. Rüstringen". S. 60 u. 64.)

„Antoniflut". Beinahe alles Vieh und viele Menschen ertranken, und das Land wurde zum großen Teile sehr verwüstet. (Für diese „Antoniflut" kommt ausschließlich der Bericht von Renner von Seediek in Betracht.) Jadebusen Sturmflut

(G. Sello „Östringen u. Rüstringen". S. 322–323.)

Die Eisflut bringt die jetzige Größe des Jadebusens. Jadebusen Sturmflut

(Karl Sonklar Edler von Innstaedten „Von den Überschwemmungen etc." S. 23.)

Vp Sunte Anthonies Nacht Is-alse thouoren geroretmit geweldigenn stormwinde gegann vnnd gelopenn, eine sehr hoge Floth. Also dat Idt sine macht vullenbringenn konde vnnd hefft de Dike also Inn Rustringenn wedder wech genamenn, vnnd is so groth Water gewesenn, dat de Huse vann dem Ise sint dael geworpenn, vnnd de Lude vp denn Dake sint sittenn gebleuenn, . . . , vnnd Vele Minschenn mit denn Ise wech gedreuen, vnnd sick Jammerliken gedrencket, . . . Rüstringen, Wangerland (am Jadebusen) Sturmflut

. . . , Nicht alleene Inn Rustringenn Lande, sunder ock Inn denn Wangerlande.

(„Die Chronica Jeuerensis etc. 1592", edid. Fr. W. Riemann. S. 55.)

16.—17. Januar 1511 Oldenburg Sturmflut

. . . gleich dan auch die übrigen Dörfer mit der ganzen Burgk Jadele Reliquien bei dieser . . . anno domini 1510 oder wie etzliche berichten, anno 1511 untergangen und mit verdorben am Tage Antonii, da dan sind diese Kirdörfer untergangen: Bordum, Oldenbrügge, Hoven, Sedich, Bant, Dowensen, Ahem, Dangast und Arnegast.

(Hermann Hamelmann „Oldenburg. Chronik", edid. Dr. G. Rüthning. S. 14.)

Rüstringen Sturmflut

am dage Antonii gyng de vloet unde vordarf ganse Rustryngeland unde [dede] groten schaden in velen landen up de 15. dach Junii.

(„Anonymi memorabilia Frisiaca 1554". in G. Sello „Studien zur Geschichte von Östringen u. Rüstringen". S. 113. = 15. Juni 1512.

25. Januar Worms Rhein· Eisdecke

Anno 1511 auf conversionis Pauli ist der Rhein zugestanden, daß man darauf gangen, geritten und gefahren ist.

(„Wormser Chronik von Friedrich Zorn", edid. W. Arnold. in „Bibliothek d. Litterar. Vereins in Stuttgart". 43. Bd. S. 215.)

6. Februar Worms Rhein: Eisdecke

und auf Dorotheae [6. Februar] haben die procuratores und schreiber des kammergerichts ein gezelt darauf [auf dem zugefrorenen Rhein] aufgeschlagen, darunter allerlei eßenspeis gekocht und einen fröhlichen reihentanz darauf gehalten.

(„Wormser Chronik von Friedrich Zorn", edid. W. Arnhold in „Bibliothek d. Litterarisch. Vereins in Stuttgart". 43. Bd. S. 215.)

11. Februar Provins (Départem. Seine-et-Marne) Überschwemmung der Voulzie (Nebenfluß der Seine)

Toute la ville basse fut inondée, les titres et papiers de Notre-Dame-du-Val furent altérés par les eaux, . . . Les eaux s'élevèrent à Sainte-Croix, suivant les registres de Notre-Dame-du-Val.

(M. Champion „Les inondations en France etc." II. S. 102. aus F. Bourquelot „Hist. de Provins". II. S. 110.)

18. Februar Zwickau Eisgang der Zwickauer Mulde

Es riß eine Eisfahrt die Bierbrücke, mehrere Eisbäume und die Pöllwitzer Brücke mit fort und that überhaupt viel Schaden.

(Dr. E. Herzog „Chronik von Zwickau". II. S. 172.)

Um 22. Februar Niederrheingegend Rhein-Überschwemmung

Ende baven in den lande was ein groit snee gevallen; doe die smalt ende doeiden, dair quam ein groete avervloit van water aff omtrint Vincula Petri [Cathedra Petri], ende op die nacht braick toe Duisborch der stat dyck doer, ende dat water leip aver al.

(„Chronik des Johann Wassenberch von 1474–1517" in „Die Chroniken der deutschen Städte". 24. Bd. S. 226.)

. . .; es sindt auch sonst über grosse und ungewondliche wasser gewest biß lang nach pfingsten [8. Juni] von ostern [20. April] an. 20. April—lange nach 8. Juni 1511 Regensburg Donau-Hochwasser

(„Tagebuchaufzeichnungen des Regensburger Weihbischofs Dr. Peter Krafft von 1500–1530", edid. Dr. K. Schottenloher. S. 23.)

Mulde: Große Überschwemmung. 17 Mai Grimma i/Sa. Überschwemmung der Mulde

(Chr. G. Lorenz „Die Stadt Grimma etc." S. 537.)

Wasserfluth durch einen Wolckenbruch. Und nachdem es hieroben unter Grießbach in dem Grunde am Schneeberg herein an Wohnhäusern / etc. / Menschen und Viehe grossen Schaden gethan / und den Schneeberg bey 14 Lachter tieff erträncket / auch fort unter dem Schneeberg und in der Schleem gerumoret etc. 17. Mai Schneeberg (Erzgebirge) Überschwemmung infolge eines Wolkenbruchs

(Chr. Meltzer „Historia Schneebergensis renovata etc." S. 937 u. 1216 aus Aufzeichnungen von Thomas Meiner dem Älteren, Hans Hübsch, und Wolfg. Fusius.)

Mittags bei Griesbach ungeheurer Wolkenbruch, der in einem Augenblick den ganzen „Langen Grund" in einen mächtigen Strom verwandelt. Diese Fluten vernichteten alles vom Grunde von Griesbach herab bis in die Schlem. Viele Häuser zerstört, ebenso Schmelzhütten bei Schneeberg.
[Der hiesige Rektor Wolfgang Fusius hat diese Wasserflut als Augenzeuge beschrieben].

(C. Lehmann „Chronik der freien Bergstadt Schneeberg". I. S. 101–102.)

hat das Wasser zum Schneeberg / und in derselben Gegend / biß nach Zwickau herunter grossen Schaden gethan.

(Tob. Schmidt „Zwickau. Chronick." II. S. 260.)

Item uff zinstag vor sant Urbanstag kam ain groß wetter und regen, so groß, das dem graff Willham von Furstenberg sin wiger [Weiher] by Assa [Aasen bei Donaueschingen] so witt uffe schwult, das dy fisch bis gen Dürha [Dürrheim] in das dorf komend. 20. Mai Bei Donaueschingen Überschwemmung

(„Heinrich Hugs Villinger Chronik von 1495–1533", edid. Dr. Christ. Roder. S. 43.)

Item im selbigen jar war der Rin und all schiffriche wasser so groß, das es for kain man ie erdacht hatt. Der Rin berach uß im Brußgow, das man das korn in waidling muß oben abschniden an ethlichen orthen. Sommer Rhein Überschwemmung

(„Heinrich Hugs Villinger Chronik von 1495–1533", edid. Dr. Christ. Roder. S. 43.)

Grandines, tempestates, imbres, inundationes hac estate fructus leserunt . . . Kanton Aargau Überschwemmungen der Flüsse

(„Chronik d. Anton Tegerfeld von Mellingen". S. 239.)

(Hagelfälle, Stürme, Regengüsse, Überschwemmungen beschädigten in diesem Sommer die Früchte.)

Sommer 1511 Thurgau Überschwemmungen z. B. der Thur

5 Wochen unaufhörlicher Regen. Thur und andere Flüsse weite Überschwemmungen.

(J. U. Keller „Chronik von Weinfelden". S. 61.)

Juni bis Anfang Juli Bayern Überschwemmungen der Flüsse

Usque ad principum Julii pluviae multae inque plurimis locis tam nimiae fuerunt, ut inundationes essent maximae foenumque iam metendum obruerent, . . .

(„Die Diarien Kilian Leibs" in „Kilian Leibs Briefwechsel und Diarien", edid. J. Schlecht. S. 75.)

(Bis Anfang Juli fanden viele und an den meisten Orten so schwere Regengüsse statt, daß sehr starke Überschwemmungen eintraten und das bereits gemähte Gras vernichteten.)

11. Juni Gegend von Regensburg Überschwemmung

den 11. junii was gar ein groß graussam ungewitter von regen, staindlen, den merern taill hie ob der stat. zu Prifling hat es im kloster merklichen schaden gethan an fiech und anderm . . . , dy maurn oben im hoff am stall eingerissen, stain (darunder gehaute stückh gewest zu 6 zenten gewogen) auffs feld hinauss gefürt . . . , item im winzerer [bei Ober- und Niederwinzer am linken Donau-Ufer oberhalb Regensburg] perg in einer wiegen hats ein guten tail eins weingarten . . . stöck und erd, herab tragen und ein windhaus mit grundt und poden, poting und alles gschirr in dy Thonau geflöst und hinweggefürt.

(„Leonhart Widmann's Chronik von Regensburg etc." in „Die Chroniken der deutschen Städte etc." 15. Bd. S. 14–15.)

° („Leonhart Widmann's Chronik von Regensburg 1511–1543. 1552 bis 1555. in „Die Chroniken der deutschen Städte". 15. Bd. S. 238.)

° („Tagebuchaufzeichnungen des Regensburger Weihbischofs Dr. Peter Krafft von 1500–1530", edid. Dr. K. Schottenloher. S. 23.)
= 17. Juni

15. Juni Rhein Überschwemmung

uff sontag vor unsers herren fronlichnamstag, do was der Rein also grosz das er alle die werben brach im riet ob Keln, und weret mehr dann 9 wuchen, das der Rein groszen schaden thet unnd in den dörffren das wasser in die heüsser lieff die an dem Rein gelegen waren, . . .

(„Straßburg. Archiv-Chronik" in „Code histor. et diplomat. de la ville de Strasbourg". Tom. I. S. 217.)

° („Fortsetzungen des Königshofen etc." Die Straßburger Zusätze. in F. J. Mone „Quellensammlung etc." 1. Bd. S. 258.) = 22. Juni

18. Juni Hall i/Württemberg Überschwemmung d. Kocher

Anno domini 1511 ist am mitwoch nach sant Veit tag (18. Juni) das ober wehr geprochen, und mit etlichen pfelen das gehengt uber sich gangen. Ist doch ausz gnaden Gottes beyainander pliben, das nit vil holtz hinweg gangen ist.

(„Joh. Herolts Chronica" in „Württ. Geschichtsquellen". 1. Bd. S. 148.)

Es gingen die Wässer der Thur, Ill, Larg und forderst des Rhein Regenwetters halben also sehr an, daß sie abermahl nit allein die Brückhen und Mühlen zerreissten, und alle Aeckher und Wiesen überschwemmten, sondern der Rhein that seines Ueberschwalles halben solch großen Schaden, daß bey Manns Gedenckhen nicht geschehen ist. Juli 1511 Rhein, Thur, Ill, Larg Überschwemmungen

(M. Tschamser „Annales oder Jahrs-Geschichten der Baarfüßeren etc. zu Thann". I. S. 725.)

Sonntags vor Mariae Magdalenae ist die Jll einesmahls angangen und so gross gewachsen, dass das Wasser sich hinder dem Rathhaus, unter dem Haus zuem Paradys häraufgeschwällt bis auf den Platz und alle Gräben zuesammen geloffen, dass Niemand weder ein-noch auskommen konnte als wenn man mit Weydlingen hinüber fuehrte. 20. Juli Mülhausen (Elsaß) Überschwemmung der Ill

(J. Henric-Petri „Der Statt Mülhausen Historien von Stattschreiber Jacob Henric-Petri." S. 165.)

sabbato ante Mariae Magdalenae was der Rin zu Basel also gros, das in niemant in 31 jaren großer verdacht, und am vierden tag do viel er ein klein und plib dennocht in mergklicher steter größe byß in die vierdten wochen. do fur man am sontag (20. Juli) und die drie tag bis Mariae Magdalenae uf weybling in der stat bey der Rinbruck bis zum vischmarck auch beym elomen (?) zum vischmärckt. 19.—22. Juli Basel Rhein-Überschwemmung

(„Annales variorum". in „Anzeiger f. Kunde d. deutschen Mittelalters". 3. Jahrg. 1834. Spalte 235–236.)

Ward am Margarethentag der Rhein und die Jll so groß, daß man im Wasser [die Frucht] schneiden mußte. 20. Juli Rhein, Ill Überschwemmung

(„Siegm. Billings kleine Chronik der Stadt Colmar", edid. A. Waltz. S. 58.) = 15. Juli

uff sant Marien Magdalenen tag was der Ryn zu Basel so grosz worden, das man von den zünfften knecht, nam und ynen bot by dem eyd, das saltz im saltzhusz usz den underen kasten inn die oberen zu tragen. Dann der Ryn wuchs so hefftig, das man besorgte, es wurde geschechen, wie 31 jär darvor in der wasser grössi ouch beschach. Und meint man, es wurden dry joch an der Rinbrucken hinweg faren; aber sy bleiben. Und gieng der Ryn an der Schifflüten pfyler, da der encker an stat, das man den schilt nit sechen mocht; und werte wol 10 tag an einander, das er underwylen fiel und denn wider wuchs. 22. Juli Basel Rhein-Überschwemmung

(„Die anonyme Chronik der Mailänderkriege" in „Basler Chroniken" 6. Bd. S. 33.)

° (Chr. Wurstisen „Baßler-Chronick." 1772. II. S. 537.)

Der Rhein trat aus und in der Unterstadt fuhr man bis an die Bachbrücke in Schiffen. Schauffhausen Rhein-Überschwemmung

(Dr. Eduard Im-Thurn u. H. W. Harder „Chronik der Stadt Schaffhausen". IV. S. 22.)

25. Juli Elbe Über-schwemmung

Überschwemmung.

(„Zusätze zu dem Pirnischen Mönche“ in Chr. Schöttgen u. G. Chr. Kreyßig „Diplomat. u. cur. Nachlese etc.“ I. S. 276.)

Dresden Elbe-Über-schwemmung

Elbe: Wasserflut.

(Dr. W. Schäfer „Chronik der Dresdener Elbebrücke etc.“ S. 25 aus Brückenamts-Register.)

August Ravensburg Über-schwemmung d. Schussen

5 Tage lang anhaltender Regen verursacht große Überschwemmung.

(J. G. Eben „Versuch einer Geschichte der Stadt Ravensburg“. S. 321.)

6. September Schleswig-Holstein Sturmflut

Höhere Flut. Einbruch zu Lundenberg und Simensberg. Südermarsch, Damkog und die Schwabstedter Wische übergegangen. Viel Vieh etc. weggetrieben.

(Dr. N. Falck „M. A. Heimreichs etc. nordfresische Chronik“. I. 2. 279.)

14. Dezember Flandern Sturmflut

Item, in dit jaer den XIIII Decembris was't soo groot tempeest van winde, uyt den westen, noortwesten, dat het water seer hooch vloeyde, ende dat de Vierambachten in Vlaenderen overvloeyden, als oock in Zeelant, in't St. Annelandt.

(„Memorieboek der Stad Ghent 1301–1737“. II. Deel. in „Maatsch. d. Vlaemsche Bibliophil.“ Bd. 15. II. S. 24–25.)

Flandern, Seeland Sturmflut

wast soo grooten tempeest van winde uyten Westnoordtwesten / ende het vloeyde so hooghe / dat de vijf Ambachten in Vlaenderen overvloeyden tot Ghendt toe. Ende in Zeelandt soo overvloeyde Sint Annenlandt die Bommel / die seer langhe daer nae bleef drijvende tot het jaer 1526 / . . . Inghelijckx overvloeyde Burch in Schouwen / met eenen Polder ende Prochije Kercke / Kloets kinderen genaemt / . . .

(M. Z. van Boxhorn „Chroniick van Zeelandt etc. door Joh. Reygersbergen“. I. S. 48 u. 54 II. S. 379/80.)

Seeland Sturmflut

isser soo groot tempeest van windt uyt den noortwesten opgestaen, ende het vloeyde soo hoge, dat de vier Ambachten St. Annelandt, Bommel, Burch in Schouwen, eenen polder ende prochiekercke, Kloetskinderen genaemt, die sichtent noyt bedykt en is geweest, den korenpolder en sommige polders ontrent Brouwershaven, met het landeken van der Goeree, en sommige dorpen in Zuytbevelandt ende in't landt van der Tholen.

[Oudh. van Gendt manuscr. u. Reygersberch „Chron. van Zeelandt“.]

(„Chronycke van Frans-Jos. de Castro“, edid. F. van Naemen in „Annales du cercle archéol. du pays de Waes“. tome X. S. 112.)

Sturmflut. Große Zerstörungen. 14. Dezember 1511 Kirchspiel Claaskinderen (Schouwen) Sturmflut

(F. Arends „Physische Geschichte der Nordsee-Küste etc." II. S. 86 aus Reigersberg II. S. 379–380. Tegenw. Staat. X, S. 413.)

In Brouckburghambacht zijnder ten jare 1512 door groot onweer, eenige zeedijcken doorgebrocken ende wegh gespoelt, waer door't zeewater soo geweldich binnen den lande liep, datter een groot deel van Brouckburghambacht ende Bergenambacht overvloeyde. 1512 Westflandern Sturmflut

(P. Heinderycx „Jaerboeken van Veurne en Veurnambacht", edid. E. Ronse. II. S. 254.)

Sturmflut mit Schaden. Cattendyck (S. Beveland, Seeland) Sturmflut

(M. Zuerius van Boxhorn „Chroniick van Zeelandt etc. door J. Reygersbergen." I. S. 51.)

Elbe: Wasserflut. Dresden Elbe-Überschwemmung

(Dr. W. Schäfer „Chronik der Dresdener Elbbrücke etc." S. 25 aus Brückenamts-Register.)

3. Ausbruch des Passeirer Sees mit Schaden in Meran. Meran Überschwemmung

(P. Coel. Stampfer „Chronik von Meran, etc." 2. Aufl. S. 33.)

inundatio aquarum. Anfang Juni Landshut i/Bay. Überschwemmung der Isar

(„Aventins Haus-Kalender" in Joh Turmair „Sämtliche Werke", edid. G. Leidinger. 6. Bd. S. 24.)

(Überschwemmung der Gewässer.)

D. Viti kam ein groß Wasser, und die Eine ergoß sich vom Wolckenbruche, also, daß sie die Häuser in die Graben warff, Mauren und Brücken einriß, . . . , und das Wasser lieff zum Steinthor herein. 15. Juni Aschersleben Überschwemmung der Eine infolge eines Wolkenbruchs

(„Chronicon Ascaniense" in C. Abel „Sammlung Etlicher noch nicht gedruckt. Alten Chronicken." S. 592.)

° (K. v. Zittwitz „Chronik der Stadt Aschersleben." S. 52.)

Anno 1512 ist ein grausam großes und unversehenes Gewesser am S. Viti Tage gen Welpsleben kommen, welches daselbst 36 Gebeue, Heuser, Scheunen und Stelle eingeworfen. Einen Bauren vier Kinder und etliche Kühe, Pferde und Schafe erseuft. Welpsleben (im Mansfeldischen) Überschwemmung

(Cyr. Spangenberg „Mansfeld. Chronica". 4. Teil. S. 61.)

feria tertia infra Octavas corporis christi fuit in oppido Britzen tanta inundatio pluuviae, quod potuisset rexisse quis parva navicula per vicos. Treuenbrietzen (?) Überschwemmung

(„Brandenburg. Nachricht. aus des Pfarrers Dionysius Excerpten verschieden. Chroniken." S. 302.)

(Am Dienstag in der Woche nach dem Fronleichnamsfeste war in der Stadt Treuenbrietzen (?) eine so große Überschwemmung infolge der Regengüsse, daß man mit kleinen Kähnen durch die Stadtviertel fahren konnte.)

1512 10. September Trient Etsch-Hochwasser

Etsch-Pegelstand: 4,30 m. Höchster Etsch-Pegelstand des Jahres.

* (Karl Sonklar Edler von Innstaedten „Von den Überschwemmungen". S. 117.)

5. Oktober Eisack u. Nebenflüsse Hochwasser

Zerstörendes Hochwasser. Die starke steinerne Bogenbrücke bei Blumau wird durch „unsäglich groß wendt und köfl [Felsplatten und große Gerölle] in der teuff und grund des wassers, so ich scheinbarlich [deutlich] gehört", zum Einsturz gebracht und die Straßen zwischen Blumau und Kollmann teils gänzlich weggespült, teils beschädigt. Auch der Kardaunbach ging sehr hoch und brachte die sog. Feigenmühle [über den Eisack] in Gefahr.

(Karl Sonklar Edler von Innstaedten „Von den Überschwemmungen etc. S. 74 aus Schreiben des Landeshauptmannes an der Etsch, Leonhardt v. Völs, an die Regierung zu Innsbruck vom 5. 10. 1512. Innsbr. Statthalterei-Archiv, Maximiliana. XII. 69.)

Meran Überschwemmung der Passer

Am Pfinztage nach Michaeli, bricht der Passeirer See zum drittenmale aus. Der Schaden durch die erfolgte Überschwemmung war sehr groß, da ein Teil der Meraner Ringmauer mit dem neuen Turm und beide Brücken weggerissen wurden.

(Dr. B. Mazegger „Chronik von Mais etc." S. 24.)

11. November Blois (Départem. Loir-et-Cher.) Überschwemmung des Arron

Arron. il survint une si grande quantité d'eaux, qui entrèrent par la porte Costé.

(M. Champion „Les inondations en France etc." II. S. 212 aus Bernier „Hist. de Blois". 1682. S. 36.)

Winter 1513 Sachsen Elbe: dreimal Eisstand

Ist ein sehr harter jedoch unbeständiger Winter wegen jählinger Abwechselungen des Wetters gefolget / und die Elbe 3 mahl mit Eiße bestanden.

(A. Weck „Der etc. Residentz- und Haupt-Festung Dresden Beschreib- und Vorstellung". S. 535.)

Meißen i/Sa. Elbe: dreimal Eisstand

Albis ter glacie constitit; in fine Nouembris, item Decembris et in initio Februarij.

(G. Fabricius „Rer. Misdicar. libri VII". S. 176.)

(Die Elbe fror dreimal zu, Ende November, ebenso im Dezember und am Anfang Februar.)

° (M. Grünewald „Die Meißner Chronik". S. 117.)

1513 Jabron (Nebenfluß der Rhône, Départem. Drôme) Überschwemmungen

Inondations dans la vallée du Jabron.

* (M. Villard „Météorol. région." S. 57.)

23. Januar Breslau Oder Eisdecke

wegen der grimmigen Kälte und überfrorenen Oder . . .

(„Jahrbücher der Stadt Breslau von Nikol. Pol , edid. Dr. J. G. Büsching. II. S. 199.)

Pauli Bekehrung entstund aber ein solches grosses Wasser, daß es die höltzerne über steinerne Pfeiler gebaute Brücke zu Minden wegriß, . . .

25. Januar 1513 Minden Überschwemmung der Weser

(E. A. Fr. Culemann „Mindische Geschichte . 4. Abtlg. S. 9.)

schwellte sich das gefrorene Wasser, daß man mit Schiffen um das Kaufhaus gefahren ist.

14. Februar Colmar i/Els. Überschwemmung der Lauch

(„Sigmund Billings kleine Chronik der Stadt Colmar", edid. A. Waltz. S. 58.)

Großes Hochwasser.

14.—16. April Rebdorf bei Eichstätt i/Bayern Hochwasser der Altmühl

(K. Schottenlohr „Kilian Leib". S. 96.)

Sturmflut.

November Ostende, Oydekinskercke, Baerlandt Sturmflut

(M. Z. van Boxhorn „Chroniick van Zeelandt etc. door J. Reygersbergen". I. S. 50.)

Item die 18. mensis novembris fuit Magonus concretus atque congelatus fuit frigus excellens.

18. November Frankfurt a/M. Main geht zu

(„Historisch. aus einem Buche des Liebfrauenstifts". in „Quellen z. Frankf. Geschichte." edit. Dr. H. Grotefend. II. Bd. S. 4.)

(Gleichfalls fror am 18. November der Main zu; es herrschte eine außerordentliche Kälte.)

1514. Anno eodem, op sinte Mertens avont (10. Nov. 1513), begonst te vriesen tot Lichtmisse (2. Febr. 1514) daernae, sonder ophouden, alsoo dat men in dyen winter over Schelt voor Antwerpen met waghens was rydende.

Winter 1514 Belgien Schelde bei Antwerpen Eisdecke

(N. de Werte „Chronycke van Nederlant, besonderlyck der Stadt Antwerpen, 1097–1565 in „Chroniques de Brabant et de Flandre", edid. Ch. Piot in „Collect. de chron. belg. inédits". Bd. 21. S. 84.)

1513. fut l'hyver si long et si froide que la rivière de Sayne et aultres fleuves en France et la reviere de Mouse en Liège furent engallée tellement que les chariots passèrent sur la glace et alloient de Liége à Treict tousjours sur la glace et encor plus bas. Pareillement la rivière du Rhin.

Frankreich, Belgien Flüsse: Eisdecke, z. B. Seine, Rhein und Maas

(„Chroniques du XVI. siègle. Règne d'Erard de la Marck 1506–1538" in „Chron. liègeoises" Tom. II. edid. S. Balau in „Publicat. de la commiss. roy. d'hist. de Belgique. No. 54. II. S. 351.) = 1513

° (F. Vinchant „Annales de la province et comté du Hainaut" in „Soc. des biblioph. de Mons" Bd. 16. tom. V. S. 222.)

In Rheno denique ac Danubio Germaniae fluminibus, glacies tam densa fuit, ut sua altitudine longissimi viri proceritatem superaret. Rhenus, etiam Danubius,

Deutschland Rhein, Donau: Eisdecke

tam firmiter extiterunt congelati, ut plaustris et vehiculis onustis trajecerentur, et viam equitantibus praeberent.

(Joh. Werner „Canones sicut brevissimi etc.“ S. 26.)

(„Joh. Werner's Wetterbeobachtungen“ in G. Hellmann „Neudrucke etc.“ No. 13. (S. 16).

(Auf den deutschen Flüssen Rhein und Donau schließlich war das Eis so dick, daß es in seiner Stärke die Höhe eines sehr langen Mannes übertraf. Der Rhein, auch die Donau, zeigten sich so fest zugefroren, daß beladene Frachtwagen und Fuhrwerke darüberfuhren und Reitern einen Weg boten.)

Winter 1514 Deutschland Rhein, Donau: Eisdecke

Dieses jar war ein steterkalter winder fur und fur, daß nicht allein uf den geringen schlechten flueßen, sondern auch auf großen schiffreichen waßern, als uf der Thonaw und dem Rein, landstraßen gemachet wurden.

(„Enoch Widmann's Chronik der Stadt Hof“ in „Quellen zur Geschichte der Stadt Hof“ edid. Christ. Meyer. I. S. 106.)

° (Sebast. Franck „Chronica etc.“ 1531. S. 223.)

° (Sebast. Franck „Chronica etc.“ 1536. S. 260a.)

West-deutschland Rhein, Maas, Mosel: Eisdecke

In fine eiusdem anni intensissimum frigus post festum s. Martini (11. Nov.) episcopi incipiens, quasi quatuor mensibus perdurauit. Tunc Renus, Mosa, Mosella et alia diuersa flumina fuerunt congelata. In die s. Heriberti [16. März] Colonienses per glaciem ad Tuicium incesserunt.

(„Chronicon Brunwylrense“ in Dr. G. Eckertz „Fontes adhuc inediti rer. Rhenan.“ 2. Bd. S. 313–314.)

(Am Ende dieses Jahres begann nach dem St. Martinsfeste (11. Nov.) sehr strenge Kälte, die fast 4 Monate anhielt. Darauf froren Rhein, Maas, Mosel und verschiedene andere Flüsse zu. Am St. Herberttage gingen die Kölner über das Eis nach Deutz.)

Rhein, Ruhr: Eisdecke

Was dis jaers ein steder kalder winter, dat schijr uf allen watern Rijn, Ruer etc. landstraten weren und darover waren mochte, wat man wolde, . . .

(„Chronik des Dietrich Westhoff“ in „Die Chroniken der deutschen Städte“. 20. Bd. S. 400.)

Elsaß Flüsse: Eisdecke

Die kelte war vmb den 10 Jenner 1514 also streng das die stehende vndt fliessende wasser tieff überfroren, . . .

(„Die Gebweiler Chronik des Dominikaners Fr. Seraphin Dietler“, edid. Dr. J. v. Schlumberger. S. 86.

° (M. Tschamser „Annales etc. zu Thann“. I. S. 730.)

Memmingen Memminger Bach: Eisdecke

Dieses Jahr war ein kalter Winter / daß der Bach allhier also überfroren war / daß darauff schleiffen konte.

(Chr. Schorer „Memminger Chronik etc.“ S. 60.)

In der Woche vor Sebastiani [Sebastian = 20. Januar] wurde es dieses Jahr so kalt, daß der Rhein an mehreren Orten dick überfror, und man mit Lastwagen über ihn fuhr. Dieses war der Fall zu Basel, Rheinfelden, Breisach, Neuenburg etc. Winter 1513/14 Oberrhein Eisdecke

(K. Walchner „Kleine Chronik denkwürdiger Begebenheiten der Stadt Freiburg". S. 51.)

. . . , ende die Ryn vroer van beneden mynt baven Collen, alsoe dat men dair aver gynck ende voer myt groeten swaeren touwen 4 ganse wecken van Mydwynter [25. Dezember 1513] mynt sent Paul [25. Januar 1514]. Niederrheingegend Rhein: Eisdecke

(„Chronik des Johann Wassenberch von 1474–1517" in „Die Chroniken der deutschen Städte". 24. Bd. S. 243.)

Item eodem anno was ock dey Reyn vor Collen gefroren, dat men dar over for myt wynwegen und anderen wegen und hadden dar up vele vor Collen allerhande spisserie und wart weren to gefroren alle vatere int gemeyne.

(„Auszüge aus den Soester Stadtbüchern" in „Die Chroniken der deutschen Städte". 24. Bd. S. 103.)

° (M. Tschamser „Annales etc. zu Thann". I. S. 731.)

. . . ; car de loing temps devant n'avoit sy fort gelé et durait celle gelée en telle force et en sy grant froidure, que la rivière du Rhin fut prinse et engelée depuis a cité de Collongne et furent plusieurs estans engelés de fonds en fonds.

(„Gedenkbuch des Metzer Bürgers Philippe von Vigneulles aus den Jahren 1471–1522". edid. Dr. H. Michelant. S. 257.)

° (Val. Rudolph „Zeitbüchlein". S. 18.)

Starke Kälte, so daß die Salzach im Januar ganz gefroren war. Burghausen (Oberbayern) Salzach: Eisdecke

(I. G. B. Huber „Geschichte der Stadt Burghausen in Oberbayern". S. 166.)

Hac hieme omnia flumina Germaniae densissimis glaciebus congelatae, usque adeo, quod Norimbergae nimia glacies fluminis, fere omnia sisteret molendina. Mittelfranken Pegnitz: Eisdecke

(„Joh. Werner's Wetterbeobachtungen" in G. Hellmann „Neudrucke etc." No. 13. (S. 16).

(Joh. Werner „Canones sicut brevissimi etc." S. 25.)

(In diesem Winter waren alle Flüsse Deutschlands mit sehr festem Eise bedeckt, so sehr, daß zu Nürnberg das sehr starke Eis des Flusses fast alle Mühlen zum Stehen brachte.)

Glacies densissima fluviis tumescentibus quibusdam locis ligneos evitit pontes . . . Fränk. Jura Flüsse: Eisgang

(„Chiliani Leibii, prioris Rebdorffensis . . . histor. sui temporis 1502 bis 1549 annales", edid. A. F. Oefel in J. Chr. Freiherr von Aretin „Beyträge z. Gesch. u. Literatur etc." 7. Bd. S. 623.)

(Das sehr feste Eis schwoll die Flüsse an und vernichtete an einigen Stellen die Holzbrücken . . .)

Winter 1513/14 Weser Eisdecke

Dat grote geschutte wart up dem yse aver de Weser gevoret tho Rade by Nienkercken so harde hadde idt gefraren, dat idt dat dregen konde.

(G. Menge „Leher Chronik". S. 11.)

Hamburg Elbe: Eisdecke

Do was so grot hart winter, dat me de Elue moste vpisen van der fulen horen af vmme dat Brok her bet vor dat Ekholt. Do de harde winter was, . . .

(„Bernd Gyseke's Hamburger Chronik 810–1542" in Dr. J. M. Lappenberg „Hamburg. Chroniken". S. 45 u. 47.)

° („Hamburger Chronik vom Jahre 799–1559" in Dr. J. M. Lappenberg „Hamburg. Chroniken". S. 416.)

° („Eyn kort vttoch der Wendeschen cronicon" in Dr. J. M. Lappenberg „Hamburg. Chroniken etc." S. 267.)

SW. Thüringen Werra: Eisdecke

. . . , die Werra ist allhier gantz zugefrohren, und das Eiß, so dick worden, daß kein Mensch dergleichen zuvor gedacht hat.

(J. S. Güth „Poligraphia Meiningensis." S. 155.)

Breslau Oder: Eisdecke

. . Auf Martini [10. Nov.] war die Oder ganz überfroren und stund bis auf Gertrude [17. März] . . .

(„Jahrbücher der Stadt Breslau von Nikol. Pol", edid. Dr. J. G. Büsching. II. S. 200.)

Donau Eisdecke

Item eodem anno Danubius in tantum congelatus, ut homines et equites, currus, plaustra onusta liberum habuere processum.

(„Annales Mellicenses. Contin. Mellicensis." M. G. H. Script. IX. S. 529.) = 1513

(Gleichfalls fror in diesem Jahre die Donau so stark zu, daß Menschen und Pferde, Wagen und beladene Lastwagen unbehinderten Übergang hatten.)

Schaffhausen Rhein: Eisdecke

Der Rin was ze Schafhusen ob der bruggen der maß überfrorn, das man daruber riten und gan mocht.

(„Die Chronik des Laurencius Boßhart von Winterthur 1185–1532", edid. K. Hauser in „Quellen z. schweizer. Reformationsgeschichte". III. S. 81.)

Basel Rhein: Eisdecke

Rhenus quoque fluvius ab 11. usque ad 24. januarii anno 14 supra Basileorum pontem ad jactum lapidis ultra superiorem turrim Minoris civitatis Basileae, infraque usque ad inferiorem turrim eiusdem civitatis, integra atque densissima glacie superductus erat adeo, ut homines supra et infra pontem, alii saltantes, alii luctantes, alii infantulos suos, ut hanc rem inauditam memorarent, ad manus perducentes, alii pedibus per glaciem fluentes, alii alea ludentes, alii mensa posita convivantes, aliique catervatim cum tympanis incedentes, super illa condurata glacie ad nutum ibant et redibant.

(„Die Aufzeichnungen des Kaplans Hieronymus Brilinger" in „Basler Chroniken". 7. Bd. S. 215.)

(Auch der Rheinstrom war vom 11.–24. Januar im Jahre (15)14 oberhalb der Baseler Brücke bis zu einem Steinwurf jenseits des oberen Turmes der Kleinstadt von Basel und unterhalb bis zum unteren Turm desselben Stadtteils mit sehr starkem und sehr dichtem Eise belegt. Über dieses sehr feste Eis tanzten die einen, andere fochten Wettkämpfe aus, wieder andere führten ihre Kinder an der Hand, damit sie dieses unerhörte Schauspiel im Gedächtnis behalten sollten, einige rutschten mit den Füßen auf dem Eise, andere spielten mit Würfeln, einige hielten an einem aufgestellten Tische ein Gelage ab, wieder andere schritten scharenweise mit Trommeln (?), wie auf Wink, hin und her.) Winter 1513/14

Item do man zalt 1514 jor, do was so ein kalter wintter, das der Rin überffror, under der bruck und ob der bruck, das man uff dem zwenzigesten [am 20. Tage nach Weihnachten = 12. Januar] uff dem Rin gieng, jüng und alt, wib und man und kind, und trossz dorüber ffürt, das unsser herren liessen verbietten menglichem dorüber nit me ze gonn, . . .

(„Chronikalien aus Zunftbüchern 1487–1576" in „Basler Chroniken". 7. Bd. S. 455.)

Der Rhein zu basel war so hart iberfroren das man mit kären vndt wägen darüber fahren thete; man machte einen tisch auff dem Rhein, auff welchen man gessen vndt getrunckhen, man tanzte vnd sprunge vndt allerhandt kurtzweil wurd geiebt zur ewigen gedächtnus.

(„Die Gebweiler Chronik des Dominikaners Fr. Seraphin Dietler", edid. Dr. J. v. Schlumberger. S. 86.)

Ze Basel hat man uff dem Rin tantzet, gespilet und vil annder můtwillen getriben, . . .

(„Die Chronik des Laurencius Boßhart von Winterthur 1185–1532", edid. K. Hauser in „Quellen z. schweizer. Reformationsgeschichte." III. S. 81.)

° („Die Anonyme Chronik bei Schnitt samt Fortsetzung" in „Basler Chroniken" 6. Bd. S. 193.)

° („Bauernchroniken aus den thurgauischen Bezirken Dießenhofen und Frauenfeld etc.", edid. A. Farner u. R. Wegeli in „Thurgau. Beiträge zur vaterl. Geschichte". 38. Heft. S. 73.)

Anno ec. 1514 was ein grosser kalter winther desz glichen khein mönsch uff die selb zit mocht gedencken also das der Rin von Clingenthal bisz zů sant Alban über und überfroren was by dryen wuchen lang das man darüber gieng und reyt.

(„Ertzbergs eigene Aufzeichnungen" in „Basler Chroniken". 6. Bd. S. 334.)

Winter 1514 N. Schweiz Züricher See: Eisdecke

1514. fiengs vor wienachten an kallt sin; es fiel ouch ein grosser schnee, ward der massen kallt, das der Zurichsee uber fror das man von Rapperschwil gen Zurich mit schlitten fůr.

(„Die Chronik des Laurencius Boßhart von Winterthur 1185–1532", edid. K. Hauser in „Quellen zur schweizer. Reformationsgeschichte" III. S. 81.)

1514 Grimma i/Sa. Eisgang der Mulde

ist zu Grim auf den kalten Winter ein großes Eis kommen und hat 3 Joche an der langen Brücke hinweggestoßen.

(Chr. G. Lorenz „Die Stadt Grimma etc." S. 276 aus G. Crell „Chronik".)

Krossen (Oder) Oder-Überschwemmung

Oder. Sehr starke Wasserflut.

(G. A. Matthias „Chronica der Stadt Crossen", edid. C. Rauge. S. 174.)

10. Januar Basel Rhein: Eisdecke

Auf gemeldten Tag gefroren die Eisschemel im Rhein so gewaltig zusammen, daß die Burger zu Basel am 4. Tag hernach zur Gedächtnuß darauf tischeten, . . .

(Chr. Wurstisen „Baßler Chronick etc." II. S. 550.)

Um 11. Januar Rhein bei Laufenburg Eisdecke

Item es was uff die selb zitt so kallt, das ainer zů Louffenbůrg [Laufenburg] uber den Rin ging durch den Louffen.

(„Heinrich Hugs Villinger Chronik von 1495–1533", edid. Dr. Christ. Roder. S. 55.)

11.—26. Januar Basel Rhein: Eisdecke

Rhein. Also was er 14 tag gantz beschlossen.

(„Die anonyme Chronik der Mailänderkriege" in „Basler Chroniken". 6. Bd. S. 60.)

11. Januar Basel Rhein: Eisdecke

Do man zalt 1514 jår am 11. tag jenners überfror der Ryn zu Basel wyt für die Pfaltz hinuff und underhalb der brucken wyt für Üttingen badstuben hinab, das man am andern tag mocht darüber gon. Es lüffen die lütt hinüber und herwider uff dem blossen Ryn, von einer stat zu der andern.

(„Die anonyme Chronik der Mailänderkriege" in „Basler Chroniken". 6. Bd. S. 59.)

° („Röteler Chronik". Spätere Aufzeichnungen in der älteren Basler Handschrift. in „Basler Chroniken". 5. Bd. S. 199.)

° („Die Chronik in Ludwig Kilchmanns Schuldbuch 1468–1518" in „Basler Chroniken". 6. Bd. S. 454.)

° („Heinrich Hugs Villinger Chronik von 1495–1533", edid. Dr. Christ. Roder. S. 55.) = um 11. Januar

° („Die anonyme Chronik der Mailänderkriege" in „Basler Chroniken". 6. Bd. S. 59.)

. . . wasz der Rin hie zu Basel überfroren oberthalb der Pfalz herab bisz für Klingenthall, dasz man doruff danzet und mit pfiffen und drumen usz der grosen stat in die kleine zoch uber dasz ysz; esz weret sollich gfryst wol acht tag lang, esz gieng ouch alle tag ein grose welt von jungen und alten menschen uber das ysz-uber und wyder über und zu ring um das kapelle so uff der brucken stat. 11. Januar Basel Rhein: Eisdecke

(„Die Chronik d. Fridolin Ryff 1514–1541, mit d. Fortsetzung d. Peter Ryff 1543–1585". S. 20.) = 6. Januar

Und am fritag, was sant Hilarien tag den man nempt den zweyntzigsten tag, gieng so vil volcks hinüber, jung und alt, fråwen und kinder, das nit darvon zu sagen was . . . 13. Januar 1514 Basel Rhein: Eisdecke

(„Die anonyme Chronik der Mailänderkriege" in „Basler Chroniken". 6. Bd. S. 59.)

. . . und qwam so grot water up sunt Paules dag vor dey Melwerkes parten und vor den Grantweches parten, dat men dey porten to leyt und men konden er ock nycht up don, want dat water stont vor den porten und tusschen den porten mer dan mansho, und was bynnen Soist ock, so grot dat water dat dey eyne nycht to dem anderen komen konden over dat water, men moiste dan darover ryden etc. to perde und anders, wu mallick best konde. 25. Januar Soest Über-schwemmung

(„Auszüge aus den Soester Stadtbüchern" in „Die Chroniken der deutschen Städte". 24. Bd. S. 102–103.)

. . . , und dat ijs ist gebrochen mit geweldigen water, dat et nicht alleine uf Sanct Pauli bekerung die bruggen uf den strengen und waterstromen henweg genomen sunder ouch uf etlichen ortern stats muren dale und umb geworpen . . . Westfalen Über-schwemmung der Flüsse

(„Chronik des Dietrich Westhoff etc." in „Die Chroniken der deutschen Städte". 20. Bd. S. 400.)

Eodem, anno, die conversionis sancti Pauli, acutissimum gelu multis septimanis continuatum dissolutum est in aura leniori respirante. Rheni quaque soliditas est mollita. Basel Rhein: Eisgang

(„Röteler Chronik". Spätere Aufzeichnungen in der älteren Basler Handschrift. in „Basler Chroniken". 5. Bd. S. 200.)

(Im selben Jahre, am St. Pauli Bekehrungstage (25. Januar), ging die sehr scharfe Kälte, die viele Wochen angehalten hatte, in eine mildere Luft über. Die Festigkeit des Rhein [= Eises] wurde weich.)

(„Die anonyme Chronik der Mailänderkriege" in „Basler Chroniken". 6. Bd. S. 60.) 26. Januar Basel Rhein: Eisgang

. . . , les glaices vint à la vaillée et furent les yawes moult grandes . . . 28. Januar Metz Mosel: Eisgang und Hochwasser

(„Gedenkbuch des Metzer Bürgers Philippe von Vigneulles aus den Jahren 1471–1522", edid. Dr. H. Michelant. S. 287.)

Toe Collen dreven al die Rynmoelen aff ende braken, dair eyn stat van Collen hedde vur moeghen leggen aver 4000 gulden. Toe Byslick [Bislich, Kr. Rees] braeck der dyck doer ende machten groet lijden ende leyt in den lande. Ende alsoe Nach 25. Januar Rhein Eisgang und Überschwemmung gerenclick ende onversynlick, als dat groete water quam, soe gerencklick veylt weder enwech.

(„Chronik des Johann Wassenberch von 1474–1517" in „Die Chroniken der deutschen Städte". 24. Bd. S. 243.)

nach 25. Januar 1514 Duisburg Rhein: Eisgang und Hochwasser

. . . ; dairnae veyl eyn groet snee myt eynen doeden weder, alsoe dat yn drijn daghen quam eyn soe groeten water, ende brack dat ijss myt groeter gewalt ende dede groeten verderffliken schaden an moelen, an schippen, an dijken ende anderen wijden ende dyngen.

(„Chronik des Johann Wassenberch von 1474–1517" in „Die Chroniken der deutschen Städte". 24. Bd. S. 243.)

27. Januar Frankfurt a/M. Main: Eisgang

Main bis jetzt seit 13. Nov. zugefroren.

(A. A. von Lersner „Der weitber. Landes-Stadt Frankfurt a/M. Chronica". I. S. 533.)

Ende Januar Minden Weser: Eisgang u. Überschwemmung

Item eodem anno, quando cepit degelare, ruptus est fons [= pons] ante civitatem, quinque scilicet joch, et magnum dampnum intulit.

(Dr. Grotefend. „Die Chronik des Stifts S. S. Mauritii et Simeonis zu Minden". S. 30.)

(Gleichfalls im selben Jahre, als es zu tauen begann, wurde die Brücke vor der Stadt zerbrochen, d. h. 5 Joch, und großer Schaden zugefügt.)

14. Februar SW. Thüringen Werra. Eisgang

Aber eben in derselbigen Nacht hat sich das Wetter geendet, und ist plötzlich ein lindes Thauwetter eingefallen, und solches dickes Eiß von sich auffgespalten, gebrochen, und mit männlichem Verwundern ohne Schaden zergangen und weggeflossen.

(J. S. Güth „Poligraphia Meining." S. 155.)

28. März Danzig. Werder Weichsel-Überschwemmung

Auf den 28 Martii geschach ein außbruch bei Wesselincke ohngefehr und thete grossen schaden im Werder.

(„Christ. Beyer's des Älteren Danzig. Chronik" in „Scriptores rer. Prussicar." 5. Bd. S. 467.)

21. Mai Ohrdruf (Thür.) Überschwemmung der Ohra

Die Ohra: Überschwemmung.

Kloster Georgenthal (Thür.) Überschwemmung der Apfelstedt

Die Apfelstedt: starke Überschwemmung. Großer Schaden.

(F. Krügelstein „Nachrichten von der Stadt Ohrdruf etc." S. 236.)

23. Mai Umgebung von Metz (Montois), nordwestlich von Metz, Überschwemmung infolge wolkenbruchartigen Regens

Le mairdi des rogations, fut une sy horrible et soudaine oraige de pluye on hault chemin devers Montoy et ès villaiges entour, que ce fut merveille; . . . , vint celle pluye sy horriblement, qu'il sembloit, que tout deust fondre et tellement, que de la force d'icelle vint une rivière à la vallée parmey la ville de Montoy, laquelle descendoit des coustes entour la dite ville, en facon telle, que de la force d'icelle yawe ainsy subittement venue elle abaistit aulcunes maixons et fist moult grant dommaige . . . ; . . .

(„Gedenkbuch des Metzer Bürgers Philippe von Vigneulles aus den Jahren 1471–1522“, edid. Dr. H. Michelant. S. 262.)

. . . , und die wasser hand grossen schaden gethon.

Sommer 1514 N. Schweiz Überschwemmung der Flüsse

(„Die Chronik des Laurencius Boßhart von Winterthur 1185–1532“, edid. K. Hauser, in „Quellen z. schweizer. Reformationsgeschichte“, III. S. 81.)

Es tritt Hochwasser ein.

September Rebdorf bei Eichstätt (Fränk. Jura) Hochwasser der Altmühl

(K. Schottenlohr „Kilian Leib“. S. 97.)

Iß averst weddęrumme dorchgebraken, up Michaelisdach Ao 1514, nevenst anderen Diken, dewile do ein hefftich Storm gewehret, so dre Dage an einander gewehret. It iß averst nicht beröret, dat diser Order [Dithmarschen] solker Gelegenheit sonderlich Schade gescheen, . . .

29. September Holland Sturmflut

(„Joh. Adolfi's, genannt Neocorus, Chronik des Landes Dithmarschen“. I. S. 539.)

° („Chronik des Johann Wassenberch von 1474–1517“ in „Die Chroniken der deutschen Städte“. 24. Bd. S. 247.)

Porro hoc anno omnes fontes, torrentes, rivi flumina, stagna et lacus, per totam Germaniam in tantum inundarunt, ut non solum alveos ripas et pontes multis pedibus exuperarint, sed et adjacentium oppidorum muros non sine damno transcenderint, . . .

1515 Deutschland Überschwemmungen der Flüsse

(A. P. Gassar „Annal. Augstburgens.“ in J. B. Mencken „Script. rer. Germanic.“ I. Sp. 1756.)

(Ferner liefen alle Quellen, Wildbäche, Bäche, Flüsse, Teiche und Seen in ganz Deutschland so sehr über, daß sie nicht allein die Flußbetten und Brücken um viele Fuß überstiegen, sondern auch über die Mauern der anliegenden Städte nicht ohne Schaden flossen.)

maxima inundatio fuit Rheni, quae in pagis et oppidis inaestimabilia fecit damna.

Rhein Überschwemmung

(„Pauli Langii Cygnaei monachi Bozawiensis chronicon Citizense“ in J. Pistorius „Rer. Germanic. scriptores.“ I. S. 1288. Regensburg 1726.)

(Es ereignete sich eine sehr große Überschwemmung des Rheins, der in den Gauen und Städten unschätzbaren Schaden anrichtete.)

überschwemmen weithin die Ufer.

Rhein, Donau Überschwemmung

(K. Schottenlohr „Kilian Leib“. S. 97.)

1515 Krakau Weichsel-Überschwemmung

Annus iste citra quam credi potest fuit humidus, pluviosus et inundacionibus aquarum . . .

(„Martin Biem's Wetterbeobachtungen" in Dr. G. Hellmann „Neudrucke No. 13". S. 28.)

(Jenes Jahr war, weniger als man glauben kann, feucht, regnerisch und reich an Überschwemmungen der Gewässer, . . .)

Oberart (Kanton Schwyz) Überschwemmung der Aa.

Die Kapelle wird von den Wasserfluten der Aa bis auf den Chor weggerissen.

(M. Dettling „Schwyzerische Chronik etc." S. 106.)

17. Januar Land Hadeln Sturmflut

war ein Erdbeben und dabey ein starcker Wind, daß auch durch geschwinden Anwachs des Wassers viel Menschen und Vieh ertruncken. Über die Elbe sind 5 Kirchspiele mit ihren Einwohnern versuncken.

(D. W. Bilkau „Hadeleriologia etc." S. 73.)

1. Februar Schleswig-Holstein Sturmflut

Große Wasserflut.

(M. A. Heimreichs nordfresische Chronik", edid. Dr. N. Falck. I. S. 279.) = 1. Februar 1514

8.—14. März Danzig Weichsel-Überschwemmung

Auf oculi drei Tage vor und noch wehete ein gros mechtiger stormwint also, das biß zu dem Rickfort alle themme uberliefen und gros schaden geschach.

(„Christ. Beyers d. Älteren Danzig. Chronik" in „Scriptor. rer. Prussicar". 5. Bd. S. 470.)

Mai—Juni Normandie Überschwemmung der Flüsse

au mois de may et de juing, furent grantz ventz et grandes pluyes qui feirent de grans dommages en plusieurs lieux et principallement a Andely et aux prochains lieux. Les ravynes des eaues emporterent maisons, grages, chevaux, vaches, brebis et pourcheaux; . . .

(„Chronique de Rouen des origines à 1544" in „Deux chron. de Rouen", edid. A. Héron. S. 122.)

Sommer Europa Überschwemmungen der Flüsse

Schier im ganzen Europa hörte man von grossen ergiessungen der wässer, welche beüm vndt heüser vndter über sich kehrte, so allerorthen einen vnsäglichen schaden vervrsachete.

(„Die Gebweiler Chronik des Dominik. Fr. Seraphin Dietler", edid. Dr. J. v. Schlumberger S. 88.)

Lothringen Überschwemmung der Flüsse

Et furent en cest esté les rivières toutes hors de rive . . .

(„Gedenkbuch des Metzer Bürgers Philippe von Vigneulles aus den Jahren 1471–1522", edid. Dr. Heinr. Michelant. S. 281–282.)

Hettstedt Überschwemmung der Wipper

ist die Wippra auch mächtig groß gewesen, . . .

(A. Hoppenrod „Kurzer und einfältiger Bericht von der Stadt Hettstädt etc." in Ch. Schöttgen und G. Ch. Kreysig „Diplomat. u. curieuse Nachlese der Historie von Ober-Sachsen" V. S. 137.)

Viel Wasserschaden. Mulde-Brücke beschädigt.

(H. F. Bellger „Histor. Beschreibung der Stadt Colditz". S. 40 u. 171.)

Sommer 1515 Colditz i/Sa. Überschwemmung der Zwickauer Mulde

Oder. Besonders großer Schaden durch Überschwemmung.

(Th. Phil. v. d. Hagen „Beschreibung der Stadt Freyenwalde". S. 40.)

Freienwalde a/O. Oder-Überschwemmung

Verheerende Oder-Überschwemmung.

(Ehrisch „Chronik der Stadt Neudamm". S. 3.)

Neudamm (Kr. Königsberg N/M. Oder-Überschwemmung

Es hat sich von dem steten und lange anhaltenden Regen der hiesige Spreefluß dermaaßen ergossen, daß nicht allein viele Brücken sind weggerissen, sondern auch an Wiesen, Aeckern, Teichen und Dämmen, ein ungemein großer Schaden ist verursachet worden.

(„ D. Johann Friedrich Beuch's Geschichte und Beschreibung der Stadt Cottbus etc.", edid. J. Bernoulli. S. 109.)

Cottbus Überschwemmung der Spree

Aestas humida. Fluuiolus in ima vrbis parte imbribus auctus pontes, ligna, aedificia euertit ac sustulit.

(P. Jenisius „Annabergae Misniae urbis historia etc." S. 15a.)

Annaberg i/Sa. Überschwemmung

(Ein feuchter Sommer. Das infolge der Regengüsse angeschwollene Flüßchen im unteren Stadtteil stürzte Brücken, Holzbauten und Gebäude um und führte sie hinweg.)

Starke Überschwemmung.

(J. Chr. Schneider „Chronik der Stadt etc. Forst". S. 320.)

Forst (N. Laus.) Überschwemmung der Neiße

Anno quo supra jm summer sein drei mergliche grosse flueten gewest und sunderlich die letzten zwuhe umb ad vincula Petri (1. August), und am tage assumptionis Mari (15. August), das auch die groste gewest, und hot die Neisse bynnen IV stunden so groß gewachssen das mann auch besorget, wurde brucken und molen gar weg reißen, und ist bei menschen gedencken nye grosser gewest. In dem alden grossen roten buch ist von einern grossern flute geschriebenn.

(„Mag. Joh. Hasse, Bürgermeisters zu Goerlitz, Goerlitz. Rathsannalen" in „Scriptor. rer. Lusaticar." Neue Folge 3. Bd. S. 368.)

Görlitz 3 Überschwemmungen der Neiße

circa Pentecosten Nissus in tantam excrevit altitudinem, ut quintam vel septimam adeo scandularum seriem in tecto officinae fulloniae Gorlicii aquae attingerent.

(„Martini Meisteri annales Gorlicenses ab anno P. C. N. 1131 etc.", edid. Mart. Mylius in Chr. G. Hoffmann „Scriptor. rer. Lusaticar. etc." I. 2. S. 25.)

Um 10. Juni Görlitz Überschwemmung der Neiße

(Um Pfingsten stieg die Neiße derartig an, daß das Wasser die 5. oder 6. Reihe der Schindel auf dem Dache der Werkstätte der Walkerei zu Görlitz erreichte.)

° („Christophori Manlii Gorlicensis patricii commentarior. rer. Lusaticar. etc." in Chr. G. Hoffmann „Scriptor rer. Lusiticar. etc." I. S. 421.)

1515 29. Juni— 24. August Sachsen Überschwemmungen der Flüsse

Es regnet von Peter Pauli (29. Juni) biß auff Bartholomei (24. August), davon sich alle Bäch und Waßer ergoßen, als die Elb und die Eger führten, [riß] viel Brücken und Häuser wegk, thet an Menschen und Vieh großen Schaden, und war nachfolgends ein Schöner Herbst.

(Petrus Albinus „Annaberg. annales 1492–1539", edid. Dr. Bönhoff in „Mitteilungen d. Vereins f. Gesch. v. Annaberg u. Umgeg." XI. Bd. Jahrb. v. 1908/10 3. Bd. 1. Heft. S. 22.)

Juli Dresden Elbe-Überschwemmung

Elbe. Wasserflut.

(Dr. W. Schäfer „Chronik der Dresdener Elbbrücke etc." S. 25 aus Brückenamts-Register.)

Schönebeck (Elbe) Elbe-Überschwemmung

Verheerende Überschwemmung.

(F. Magnus „Geschichte der Stadt Schönebeck an der Elbe". S. 8.)

2. Juli Zittau (Oberlausitz) Überschwemmung

Es war eine grosse Wasserfluth von langwierigen Regen.

(J. B. Carpzow „Analecta Fastorum Zittaviensium etc." 5. Theil. 3. Kapitel. S. 262.)

Mulde Überschwemmung

Da es nach Mariä Heimsuchung etliche Tage starck geregnet / ergoß sich die Mulda und thate überall grossen Schaden / wie ander ergossene Wasser.

(Chr. Meltzer „Histor. Schneeberg. renovata etc." S. 1218.)

3. Juli Grimma i/Sa. Überschwemmung der Mulde

Zwickauer Mulde: Große Überschwemmung. 3 Brückenjoche werden fortgerissen.

(Chr. G. Lorenz „Die Stadt Grimma etc." S. 537.)

3. Juli Glauchau Überschwemmung der Zwickauer Mulde

Großes Wasser, welches sich, da es 3 Wochen ununterbrochen regnete, am 21. Juli wiederum ergoß und die ganze Aue unter Wasser setzte.

(E. Eckardt „Chronik von Glauchau". S. 434.)

4. Juli Zwickau i/Sa. Überschwemmung der Zwickauer Mulde

Am Mittwoch nach Mariae Heimsuchung hat es angefangen zu regnen / und etliche Tage angehalten / dardurch sich denn die Mulda so ergossen / Die Mulda ist biß an den Stadtgraben bei der Schloßpforten gangen.

(Tob. Schmidt „Zwickau. Chronick". II. S. 270.)

13.—22. Juli Brieg (Schlesien) Oder-Überschwemmung

Von Margarethentag bis Maria Magdalenstag sind große Gewitter gewesen und der Regen hat gewähret bis auf Bartholomäitag [24. August], davon großes Wasser gekommen, das über alle Dämme vor der Stadt gegangen. Die nächste Zugbrücke gegen die Stadt auf dem Schreibendorfer Damme neben anderm vielen Holze auf der Oder, Decken von Brücken hat es weggeführt, dazu unzählig viel Getreide auf dem Felde vertäuft und verdorben. Die Oder war so hoch, daß das Wasser 6 Ellen und darüber in die Stadt am Wasserthurm gegangen und in der großen Mühle bei den grauen Mönchen zu einem Thore ein, zum andern ausging und $^1/_2$ Elle über dem Boden der Mühle stand, etc. Das große Wasser währte bis auf Mariä Geburt [8. Sept.]

(K. F. Schönwälder „Die Piasten zum Briege etc." I. S. 318.)

° (K. Schönwälder „Geschichtl. Ortsnachricht von Brieg". S. 262.)

Nach Margarethae ward Rin und See wundergroß, . . . Nach 13. Juli 1515 Rhein, Bodensee Hochwasser

(Joachim v. Watt (Vadianus) „Epitome. Histor. Collektaneen" in „Deutsche histor. Schriften", edid. E. Götzinger. 3. Bd. S. 223.)

. . . , fuitque inter alias etiam nostra haec civitas, XVII. Julii prae Werdachae et Lechi subita inundatione, insula ferme facta. 17. Juli Augsburg Überschwemmung der Wertach und des Lechs

(A. P. Gassar; Annal. Augstburgens." in J. B. Mencken „Scriptor. rer. Germanić." I. Sp. 1756.)

(. . . , und es wurde unter anderen auch unsere Stadt am 17. Juli infolge einer plötzlichen Überschwemmung der Wertach und des Lechs fast zu einer Insel gemacht.)

Anno Dni. 1515 a die 19. luio da was der Lech hie also gros, als kain man nie gedacht. Das wasser gieng bis zů sant Sebastians kirchen, daß die felber bei der kirchen all im wasser stunden. und das wasser gieng für all segmülin herein, und Lechhaůsen stund gar im Lech, daß der Lech durch das Dorf lief. 19. Juli Augsburg Überschwemmung des Lechs

(Wilhelm Rem „Cronica newer geschichten" in „Die Chroniken der deutschen Städte etc." Bd. 25. S. 37.)

Grosse Wasser. 20. Juli Regensburg Hochwasser der Donau

(„Leonhart Widmann's Chronik von Regensburg etc." in „Die Chroniken der deutschen Städte". 15. Bd. S. 28.)

Do man zalt 1515 jor, uff S. Arbogasts dag [21. Juli], do wart der Rin als groß, da er alle die werben zerbrach ob Keln umb Hundsfelt [Dorf oberhalb Kehl am Rhein], und werdte 10 Wochen und gieng in der elfenten wochen-enweg. [Spachische Handschrift zu Straßburg. Bl. 269.] 21. Juli Kehl Rhein: Hochwasser

(„Fortsetzungen d. Königshofen etc." Die Straßburger Zusätze in F. J. Mone „Quellensammlung etc." 1. Bd. S. 258.)

° („Straßburg. Archiv-Chronik" in „Code histor. et diplomat. de la ville de Strasbourg". Tom. I. S. 217.)

Es trat nach anhaltendem Regenwetter die Mulde aus ihren Ufern, zerstörte 1 Haus. Großer Schaden an Brücken, Stegen etc. 21. Juli Zwickau Überschwemmung der Zwickauer Mulde

(Dr. E. Herzog „Chronik von Zwickau". II. S. 180.)

Nach 3 Wochen anhaltenden Regen wiederum große Überschwemmung. Die ganze Aue unter Wasser. Glauchau i/Sa. Überschwemmung der Zwickauer Mulde

(E. Eckardt „Chronik von Glauchau". S. 434.)

21. Juli 1515 Prag Moldau-Überschwemmung

erat magna Pragae exundatio, barbam Pogonati mulcere contentus Moldava, altius non ascendit.

(J. F. Hammerschmid „Prodromus gloriae Pragenae etc." S. 699.)

(Es ereignete sich eine große Überschwemmung zu Prag, so daß die Moldau den Bart des Bradacz umspülte, höher stieg sie aber nicht.)

22. Juli Bei Leitmeritz Elbe: Hochwasser

Hochwasser der Elbe. Viel Schaden. [Leitmeritz. Archiv.]

(Dr. W. Katzerowski „Periodizität der Überschwemmungen". S. 161.)

24. Juli Duisburg Rhein-Überschwemmung

In denselven jair was't eyn groete avervloit van water alsoe, dat op synt Jacobs avent alle die weyden ende kempe verdroncken; ende dat water werden lange mynt syne synt Jan Decollacionis [29. Aug.]

(„Chronik des Johann Wassenberch von 1474–1517" in „Die Chroniken der deutschen Städte." 24. Bd. S. 248.)

Um 25. Juli S. Deutschland, Österreich Überschwemmungen der Flüsse

Eodem anno maxima inundatio aquarum fuit circa festum Jacobi in Bavaria, Austria et in omnibus partibus per totam Almaniam, qualis non fuit in ducentis annis.

(„Anonymi chronicon Bavaricum ab a. C. 1253 ad a. C. 1518 A. V. Cl. Christophoro Gewoldo J. C. Bav." in A. F. Oefelius „Rer. Boicar. scriptores nunquam antehac editi." I. S. 391.) = 1516

(Im selben Jahre ereignete sich um das Jakobsfest in Bayern, Österreich und in allen Teilen ganz S. Deutschlands eine sehr starke Überschwemmung, wie sie in 200 Jahren nicht vorgekommen ist.)

Erntezeit Anhalt Überschwemmungen der Flüsse

maxima aquarum inundatio ex magnis pluviis terna vice circa messem, quo graviter ceres introducta.

(„Annales Anhaltini", edit. Dr. H. Wäschke. S. 37.)

([Es trat] eine sehr große Überschwemmung der Gewässer infolge der großen Regengüsse dreimal abwechselnd zur Erntezeit [ein], wodurch die Feldfrüchte schwer eingebracht wurden.)

Kanton Aargau Überschwemmung der Flüsse

Imbres et pluvie valde habundabant circa messes, . . .

(„Chronik d. Anton Tegerfeld von Mellingen". S. 264.)

(Gewitterregen und Regengüsse [führten] große Überschwemmungen [herbei], um die Erntezeit).

Um 1. August Görlitz Überschwemmung der Neiße

Besonders große Überschwemmung.

(„Mag. Joh. Hasse, Burgermeisters zu Görlitz, Görlitz. Rathsannalen" in „Scriptor. rer. Lusaticar" Neue Folge. 3. Bd. S. 368.)

3. August Danzig Überschwemmung der Radaune

zu Danczke auf den freitag vor dem dominick war so ein groß wetter gekommen vom donner, plitz und regen. das die Radaune an 2 enden ausbrach.

(Christ. Beyer's d. Älteren Danzig. Chronik." in „Scriptor. rer. Prussic." 5. Bd. S. 472.)

In der Oliva thet das wasser auch ein grossen schaden. 3. August 1515 Oliva bei Danzig Über-schwemmung

(„Christ. Beyer's des Älteren Danzig. Chronik" in „Scriptor. rer. Prussicar." 5. Bd. S. 472.)

Elbe: Überschwemmung. Wasserstand: Zwischen 9–10 Ellen über Null (ca. 5,13–5,70 m). 10. August Dresden Elbe-Über-schwemmung

(F. W. Pohle „Chronik von Loschwitz". S. 73 u. 87.)

Besonders schwere Überschwemmung. 15. August Görlitz Über-schwemmung der Neiße

(„Mag. Johann Hasse, Burgermeisters zu Görlitz, Görlitz. Rathsannalen" in „Scriptor. rer. Lusaticar Neue Folge". 3. Bd. S. 368.)

war eyn grosz wasser auff Assumptionis Marie. 15. August Schweidnitz Über-schwemmung der Weistritz

(„Chronik Michael Steinbergs" in „Scriptor. rer. Silesiac." 11. Bd. S. 134.)

circa festum sancti Bartholomaei venit tanta inundatio aquarum, quae ab antiquissimis temporibus non fuit audita; rupto enim aggere circa sanctum Vincensium domos pauperum ubique evertit. Fuitque in ecclesia omnium Sanctorum aqua, et circa civitatem Wratislaviensem prope omnes aggeres destruxit, abduxitque de campis et horreis frumenta, atque alia inaudita perpetravit damna. Um 24. August Breslau Oder-Über-schwemmung

(„Rocznik Wrocławski „Annalia seu contingentia in civitate Wratislavia" in A. Bielowski „Monum. Polon. histor." Tom. 3. S. 739.)

(um das St. Bartholomäusfest trat eine so große Überschwemmung der Gewässer ein, wie sie seit den ältesten Zeiten nicht bekannt war. Nachdem nämlich der Damm bei St. Vincenz gebrochen war, riß [das Wasser] überall die Häuser der Armen um. In der Kirche Aller Heiligen stand Wasser, und bei der Stadt Breslau zerstörte es fast alle Dämme, führte von den Feldern und aus den Scheunen das Getreide fort und richtete andere unerhörte Schäden an.)

Vom großen Regen, welcher 6 Wochen nacheinander gewährt, war das Wasser so groß. daß es an 3 Orten ausris: bei dem Vinzenzer Damm das steinerne Kreuz wegschwemmte, Häuser und Scheuren einwusch und wegführete, die Mühlen erfüllete und großen Schaden that, . . .

(„Jahrbücher der Stadt Breslau von Nikol. Pol", edid. J. G. Büsching. II. S. 204.)

Inundatio ad nativitatis Mariae diem ingens et aquarum vis, Viadrum, Albim, Sprevum, Havelum, flumina Marchiae, ita obruit atque complevit, ut aucta elevataque supra alveos in altitudinem portentosam vicis et pagis detrimenti incommodando plurimum afferrent, pontes vero everterent et dejicerent, campis navigabilibus factis. um 8. September Oder, Elbe, Spree, Havel Über-schwemmungen

(Nic. Leuthinger „Scriptor. de reb. March. Brandenburg." S. 23.)
= 1513

(Um den Tag Mariä Geburt [8. Sept.] trat ein sehr starkes Hochwasser der Gewässer ein, das die Oder, Elbe, Spree, Havel, die Flüsse der Mark so anfüllte, daß sie in einer unnatürlichen Höhe über ihre Ufer traten, den Dörfern und Gauen den größten Schaden bereiteten, die Brücken aber einstürzten und die Felder schiffbar machten.)

12. September 1515
Frankfurt a/O.
Oder-Überschwemmung

Mittwoch nach Mariä Geburt ... ist gross Wasser worden unnd seind 2 Joch eingangen, ...

(„Memorabilia der Stadt Frankfurt vom Stadtschreiber Staius". S. 351.)

° (Wolfgang Jobst (Justus) „Kurtze Beschreibung der Alten Löblichen Stat Franckfurt an der Oder", edid. J. Chr. Beckmann. S. 17, 49 u. 48.)

16. November
Metz
Mosel-Überschwemmung

Ce meisme jour XVI de nowembre furent les yaues et les rivières sy grandes et sy hors de rive, que de loing temps devant n'avoient esté si grandes sans glaice, car toute l'ile du pont des morts estoit cowerte d'yaue depuis les Waissieulx jusques à pres de st. Mairtin.

(„Gedenkbuch des Metzer Bürgers Philippe von Vigneulles aus den Jahren 1471–1522", edid. Dr. H. Michelant. S. 287.)

Winter 1516
Lothringen
Überschwemmungen der Flüsse

L'hyver fut fort pluvieux, dont les eawes furent tousjours grandes.

(„La chronique de Lorraine". S. 336.)

Mai
Gegend von Grünberg i/Schlesien
Oder-Überschwemmung

Oder: Großes Wasser und Dammbrüche. Äcker und Wiesen der Kämmereidörfer wurden verdorben.

(A. Förster „Aus Grünbergs Vergangenheit". S. 112.)

° (H. Schmidt „Geschichte der Stadt Grünberg i/Schl." S. 379.)

13. Mai
Breslau
Oder-Überschwemmung

Von großem Anlauf des Wassers, riß der Graben aus vor S. Niclas gegen der Oder hinter der Zielstatt. ..., und geschah großer Schaden.

(„Jahrbücher der Stadt Breslau von Nikol. Pol", edid. Dr. J. G. Büsching. III. S. 1.)

2.—3. Juli
Zwickau
Überschwemmung der Zwickauer Mulde

Großes Wasser.

(Dr. E. Herzog „Chronik von Zwickau". II. S. 182.)

22. Juli
Burghausen (Oberbayern)
Überschwemmung der Salzach

Salzach: Seit heute hoch angelaufen. Die Überschwemmung verursacht bei der Kefermühle großen Schaden.

(J. G. B. Huber „Geschichte der Stadt Burghausen in Oberbayern". S. 167.)

23. November
Friesland
Sturmflut

Op S. Catherina avond braken door een groten stormwind / en tempeest des Lugts / de Zeedyken over al om Friesland in / en het ging wel een ellen byna over het gehele Land hoger als het ooit eenig Man mogt gedenken / men voer met Schepen over de Indyken waar men wezen woude ook kon men te Sneek tot de

Noorder-poort in / en voort agter de Kruicebroeders om / en den dyk langs tot de Ooster-poort weder uit varen / insgelyks konde men van de Burgstraat over de plaats / de Peperstraat door / ook tot de Ooster- of Noorder-poort weder uit varen. Dit water dede een zeer magtige schade in Friesland / bezonder in Westergoo / want daar zeer veel Beesten verdronken / veel Huizen om dreven / en een onwaardeerlyke schade in inboel en andere goederen dede / buiten de onwaardeerlyke schade / die het Land nog door dezen hogen vloed geschiede.

(Okko van Scharl, Joh. Vlytarp und Andreas Cornelius Stavriensis „Chronyk en waaragtige beschryvinge van Friesland etc.“ S. 419/20.)

24. November 1516 Friesland Sturmflut

ingens exorta ventorum tempestas mare fluminaque in Frisia infudit tanta vi . . .

(Ubbo Emmius „Rer. Frisicar. hist. libri X“. Decas V. S. 368.)

(Ein ungeheurer Sturm brach los und Meer und Flüsse in Friesland ergossen sich mit so großer Gewalt . . .)

Winter 1517 Belgien Maas: Eisdecke

fut tellement la rivière de Meuse engelée que l'on alloit sur la glace par chariot; le mesme en Anvers. (Manuskript No. 27.)

(„Chroniques du XVI siècle. Règne d'Erard de la Marck“ in Sylv. Balau „Chron. liègeoises“ Tom. II in „Publicat. de la comm. roy. d'hist. de Belgique“ No. 54. Tom. II. S. 357.)

Schelde: Eisdecke

In dit jaer soo wast eenen grooten winter, want men ginck t'Antwerpen ende te Borcht over die schelde, maer in zeelant reet men met wagenen ende peerden, ende quamen alsoo gevaren in Brabant.

(Van Alva. „Chronycke van Antwerpen 1500–1575“. S. 9.)

Id dit jaer wast soo harden winter, dat men t'Antwerpen over de Schelde ginck, het ys soo dick dat de karren en waegens van uyt Zeelant tot in Brabant daer over quaemen.
[Oudhed. van Gendt manuscr.]

(„Chronycke van Frans-Jos. de Castro“, edid. F. van Naemen in „Annales du cercle archéolog. du pays de Waes.“ 10. tome. S. 116.)

Schelde und Meer zwischen den Inseln von Seeland und Boabant: Eisdeekc

Id dit jaer was't eenen grooten winter; want men ginck t'Antwerpen ende Terborcht over die Schelde: maer in Zeelant reet men met wagenen ende peerden, ende quamen alsoo gevars id Brabandt.

(G. van Loon „Antwerpsch chronykje etc. 1500–1574 etc.“ S. 9.)

Seeland Meer zwischen Beveland, Walcheren und Schouwen: Eisdecke

Binnen den selven jare / begonstet te vriesen vier daghen nae Sinte Martensmisse / ende duerde drie weecken nae Sinte Pauwels dach in Louwe / soo datmen die Winter liep over't Veer van Zuydtvliedt, tusschen Wolffaersdijck ende Cortgenen. Men ging oock ter selver tijdt over Gouwe Veer van Ziericzee id Duyvelandt over ys / ende over't Veer tusschen der Goes ende Wolfaersdijck / 'twelck niet lange en duerde. Men vant by waerachtighe schriften in Noordtbevelandt / datmen binnen vijftich jaren te vooren noyt over dese Veeren gheloopen en hadde.

(M. Z. van Boxhorn „Chroniick van Zeelandt etc. door Joh. Reygersbergen". II. S. 389.)

° („Memorieboek der Stad Ghent 1301–1737" II. Deel in „Maetsch. d. Vlaemsche Bibliophil." 2. sér. No. 15. 2. Bd. S. 41.)

° (Adel. Erich „Gülichische Chronic." S. 268b.)

Winter 1517 Frankfurt a/M. Main: Eisdecke

und ist noch winachten der Mein bestanden umb sant Sebastianus dag (20. Jan.) und ist der Mein bestanden gewest bis acht dag noch sant Matheis dag [3. März] und ist der groß eiß und schne sonder regen und gewesser zergangen dan allein von eiteler wirm.

(„Aus d. Chronik d. Schuhmacherhandwerks" in „Quellen z. Frankf. Geschichte", edid. Dr. H. Grotefend. II. S. 11.)

Lothringen Mosel: Eisdecke

. . , et fust ceste gelée sy très aipre, que l'on chairioit tout au travers de Muselle et par toute aultre rivière . . .

(„Gedenkbuch des Metzer Bürgers Philippe von Vigneulles aus den Jahren 1471–1522", edid. Dr. H. Michelant. S. 301.)

Zugersee Eisdecke

überfror der Zugersee . . .

(„Extrakt aus den Historien, Zürich und Zug betreffend" 1517–1530. in „Helvetia", 7. Bd. S. 247.)

Bodensee Eisdecke

In disem jar ward so ain kalter winter von advent biß in die frofasten Remisere, daß der Bodensee zwischen Dingelsdorf und Überlingen überfror, daß man darüber gieng.

(„Die Chronik des Hermann Miles", edid. T. Schieß. S. 305.)

26. Dezember 1516 Belgien Sturmflut

facta est tempestas fulminum, ventorum, nimborumque et illuvies aquarum . . .

(Gerard de Meestere „A principium chronicon monasterii Evershamensis". S. 28.) = 1517

(Es ereignete sich ein Unwetter mit Blitzen, Sturm, Regengüssen und eine Überschwemmung der Gewässer.)

Seeland Sturmflut

was soo grooted tempeest van winde uyten Westnoordwesten / dat veel Polders in Zeelandt overvloeyden, bysonder in de Wateringhe van Beoosterscheldt, Diergelijcke overvloeydet mede in Walcheren tusschen Aremuyen ende die Middelburchsche Haven by de alyemeulen / . . . Ende alle die Eylanden van Zeelandt leden grote schade aen haer dijcken.

(M. Z. van Boxhorn „Chroniick van Zeelandt etc. door Joh. Reygersbergen". II. S. 388.)

1517 Dresden Elbe-Überschwemmung

Elbe: Wasserflut.

(Dr. W. Schäfer „Chronik der Dresdener Elbbrücke etc." S. 25 aus Brückenamts-Register.)

Mulde: ist eine gewaltige Eisfahrt gegangen / die an Wasser-Gebäuden grossen Schaden gethan.

(Chr. Melzer „Histor. Schneeberg. renovata etc." S. 1219.)

1517 6. Januar Gegend von Zwickau Schneeberg Mulde: Eisgang u. Überschwemmung

am Fest-Tage der H. drey Könige früe unter der Meß ist eine grosse Eyßfahrt hier zu Zwickau entstanden / und hat biß umb Vesper Zeit gewehret. Diese Eißfahrt hat an Gebäuden / Flutbetten / Rädern und andern Wasser-Gebäuden grossen Schaden gethan / . . . / und hat sich die Mulde so ergossen.

Zwickau i/Sa. Zwickauer Mulde: Eisgang: u. Überschwemmung

Große Eisfahrt. Beträchtlicher Schaden an Gebäuden, Mühlwerken, Gärten etc. Im Stadtgraben stand das Wasser mit der Mulde gleich.

(Dr. E. Herzog „Chronik von Zwickau". II. S. 183.)

Eisgang der Zwickauer Mulde

Zwickauer Mulde: Große Eisfahrt.

(Chr. G. Lorenz „Die Stadt Grimma etc." S. 537 u. 535.)

Grimma i/Sa. Eisgang der Mulde

Wasser-Gebäuden grossen Schaden gethan / und ist das Wasser an vielen Orten in die Stadtgräben gangen / und hat sich die Mulde so ergossen.

(Tob. Schmidt „Zwickau. Chronick". II. S. 273.)

° (F. Bode „Chronik der Stadt Rochlitz". S. 84.)

Rochlitz i/Sa. Eisgang u. Überschwemmung der Zwickauer Mulde

die 19 januarii excellentissimum erat frigus et Moganus congelebatur totaliter et particulatim. tandem usque in primam marcii glacies delabatur et difluxit et nihil damni navibusque intulit per solem minutim resoluta.

(„Histor. aus einem Buche d. Liebfrauenstifts" in „Quellen z. Frankf. Geschichte", edit. Dr. H. Grotefend. II. Bd. S. 5.)

19. Januar—1. März Frankfurt a/M. Main: Eisdecke

(Vom 19. Januar an herrschte eine außerordentliche Kälte und der Main fror völlig oder teilweise zu. Bis endlich Anfang März das Eis zerstört wurde und abfloß und den Schiffen keinen Schaden brachte, da es durch die Sonne allmählich geschmolzen wurde.)

Montag nach Anthonii ist eine geschwinde Kälte eingefallen / darauff viel und groß Grundeiß gefolget. Vnd hat sich an vielen Enden versetzt / weil auch die Kälte angehalten / ist die Mulda / . . . / verfroren.

(Tob. Schmidt „Zwickau. Chronick". II. S. 274.)

nach 19. Januar Zwickau i/Sa. Zwickauer Mulde: neue Eisdecke

am Tage Magdalenä ist zu Halberstadt um 3. Uhr ein groß Ungewitter entstanden, . . . , ingleichen hat das aufgelauffene grosse Gewässer die Ufer und Dämme eingerissen, . . .

(„Chronicon Halberstadiense" v. Johannes Winnigstädt. S. 378/79).

22. Juli Halberstadt Überschwemmung der Holzemme

1517 23. November Friesland Sturmflut

isser een groote tempeest ende onweder opghestaen / soo verbaest ende vreeselijck den windt met het Water sich verheffende / dat ghen Zee-Dijcken 'tselve keeren mochten, ...

(P. Winsemius „Chronique oste Historische geschiedenisse van Vrieslant etc." S. 447.)

7. Dezember Nürnberg Pegnitz: friert zu

tunc iterum terra ruraque et flumina coeperunt congelari.

(Joh. Werner „Canones sicut brevissimi etc." S. 30.)

(Darauf begannen wiederum Land und Flüsse zu gefrieren.)

1518 Dresden Elbe-Überschwemmung

Elbe: Starke Fluth. [Erinnerungszeichen an der Brücke].

(M. B. Lindau „Geschichte der Haupt- u. Residenzstadt Dresden". I. S. 416.)

Elbe sehr hoch angelauffen / deßen zum Zeugnis eine Jahr-Zahl aufm 6 ten Pfeiler an der Elbbrücke ... eingehauen.

(A. Weck „Der etc. Residentz- u. Haupt-Festung Dresden Beschreib- u. Vorstellung." S. 528.)

Elbe: Wasserflut.

(Dr. W. Schäfer „Die Chronik der Dresdener Elbbrücke etc." S. 25 aus Brückenamts-Register.)

24. Juni Hall i/Tirol Inn-Überschwemmung

ist in der statt Hall und ausserhalb der Innstrom so gewaltig angeloffen, das man in der undern statt pey spital und Scheffgassen mit vischerschöfflein oder zillen umb ist gfarn, auch grossen schaden gethan in weinkellern und sonderlichen am phanhausholz auf der Scheiben, ... Dise wassergüss ist angeloffen am tag Joannis Baptistae in der nacht.

(„Franz Schweyger's Chronik der Stadt Hall 1303–1572", edid. Dr. Dav. Schönherr. S. 77.)

2. Juli Zwickau Überschwemmung der Zwickauer Mulde

Es that eine Wasserfluth großen Schaden an Gebäuden, Mühlen etc.

(Dr. E. Herzog „Chronik von Zwickau". II. S. 186.)

1. Nov. 1518—12. März 1519 Thorn Weichsel: Eisdecke

1518. Auf den Tag aller heil [1. Nov.] stund die Weichsel und blieb bis auf Gregorii [12. März].

(„Thorner Denkwürdigkeiten von 1345–1547", edid. A. Voigt. S. 148.)

1519 Bayreuth Roter Main: viermal Überschwemmungen

Anno 1519 waren vier waßergüß, ...

(„Hallers Chronik der Stadt Baireuth" in „Quellen z. Geschichte d. Stadt Baireuth". S. 175.)

Dresden Elbe-Überschwemmung

Elbe: Überschwemmung.

(Dr. W. Schäfer „Chronik der Dresdener Elbbrücke etc." S. 25 aus Brückenamts-Register.)

Sturmflut. — 6. Februar 1519 Coudorpe (Seeland), Ostende Sturmflut

(M. Z. van Boxhorn „Chroniick van Zeelandt etc. door Joh. Reygersbergen". I. S. 49/50.)

In der Vasten . . . warde yn eyner nacht so groet water yn der Trauen / dat van der Becker wysche alle wagenschot enwech dreff / unde dede dat water groten schaden yn den kelleren an der Trauen. — Um 3. April Lübeck Trave-Überschwemmung

(H. Bonnus „Chronica der vörnemelikesten geschichte etc. der etc. Stadt Lübeck etc." ohne Seitenzahl.)

° (H. Bonnus „Lübecksche Chronica". S. 109.)

° (G. Kirchring u. G. Müller „Compendium Chronicae Lubecensis." S. 138.)

° (Job. Fincelius „Wunderzeichen". 1562. III. S. C V.)

Wolkenbruch. Überschwemmung. (Manuscr. Lit.) — 1. Mai beim Dorfe Studenowes (Böhmen) Überschwemmung infolge eines Wolkenbruchs

(A. Strnadt „Chronol. Verzeichniß etc." S. 68.)

Une crue excessive de la Loire se fit sentir à Orléans, occasionnée par la fonte subite des neiges dans les montagnes du Vivarais. — 26. Mai Orléans Loire-Überschwemmung

(M. Champion „Les inondations en France etc." II. S. 213 aus „Comptes de la ville de 1391–1790" – Archives municipales d'Orléans et abbé Dubois manuscr.)

Montags nach Bonifacy, umb 4 Uhr nach Mittage, ist um Merxhausen ein Regen und Donnerwetter ingefallen, und alß das vergangen, ist umb 10 Uhr wieder ein Wetter kommen, hat die Mauren zu Merxhausen 9 Ruthen lang gebrochen, 800 Stück Viehes ertrenkt und bis in die 2000 Gulden Schaden gethan an Vieh, Frucht und Gebäuen. — 6. Juni Merxhausen (Hessen) Überschwemmung

(„Die hessische Congeries", edid. Nebelthau in „Zeitschrift d. Vereins f. hessische Geschichte u. Landeskunde". 7. Bd. S. 359.)

Uff sant Petter und Paulus tag 1519 gezelt noch mitnacht alsz es eins schlug, kam ein sollich ungestum grosz wetter mit regen, das desglich nie erlebt wasz by unseren zitten, dan es wasz ein sollicher wassergusz, das in einner stund die wasser so grosz wurtten, das der Birszick vor Steinnendor so grosz wart, das er den schwibogen bim thor, do er sin inlouf hat, mitsampt der muren hinweg stiesz. Wart an den Steinnen allenthalben so vol waser, das das kloster und alle huser vol wurtten, und furt man weydling hinusz, das man könd zum kloster farren innen zu hilff. Der Birszick stiesz ouch am Fischmerckt ein hinderhusly hinweg und wasz dorin wasz, es ertranck ouch vil fiech in etlichen huseren, . . . — 29. Juni Basel Birsig-Überschwemmung infolge eines Wolkenbruchs

(„Die Chronik des Fridolin Ryff 1514–1541 etc." in „Basler Chroniken". I. S. 24/25.)

uff den 29. tag des brachmonets, was uff witwuch sant Peter und sant Paulus tag zů mitternacht gegen dem donstag uff die zwölffte stund in der nacht, kam ein solich ungewarnet schnell wasser des Birsichs vor Steinenthor, schwalt sich vor den gatteren, als die nüt hoch gnůg uffgezogen wåren, also, da er sin gang gewann, das er durch die stat in sinem flusz by $1^1/_2$ mannen hoch ward; und stürmt man daruber in der stat uff das ein . . . Und wå der Rin in der selben nacht mit siner grössy den Birsich verschwelt, hette unseglichen schaden in der stat gethan. Denn er in die kilchen an den Steinen 3 schůch hoch gestanden ist.

(„Die anomyme Chronik bei Cosmas Ertzberg, sammt dessen eigen. Aufzeichnungen 1431—1532"; „Erzbergs eigene Aufzeichnungen" in „Basler Chroniken". 6. Bd. S. 335.)

29. Juni 1519 Basel Birsig-Überschwemmung infolge eines Wolkenbruchs

Item in festo sanctorum Petri et Pauli de sero circiter 6. 7. 8. et 9. ingens catharacta nubis erumpere coepit praecedentibus choruscationibus et tonitruis, quae notabile damnum civitati in suburbanis textorum et monasterio ad Lapides intulit et adeo vehemens inundatio fieri coepit . . .

(Georg Carpentarius „Die Chroniken des Karthäuser Klosters in Klein-Basel. 1401 bis 1532. III. Narratio rerum, quae etc." in „Basler Chroniken". I. S. 382.)

(Ebenfalls begann am Feste der Heiligen Peter und Paul [29. Juni] am Abend um) die (6., 7., 8. und 9. [Stunde] ein gewaltiger Wolkenbruch loszubrechen, dem Gewitter vorausging, und der der Stadt in der Webervorstadt und dem Kloster zu den Steinen merklichen Schaden brachte, und es begann eine so heftige Überschwemmung . . .)

° („Das Chronikon des Konrad Pellikan", edid. Bernh. Riggenbach". S. 75/76.)

Ende Juni Kanton Aargau Überschwemmung der Flüsse

Inundacio aquarum circa finem Junii.

(„Chronik d. Anton Tegerfeld von Mellingen". S. 281.)

(Eine Überschwemmung der Gewässer gegen Ende Juni).

1. Juli Bayreuth Roter Main: Überschwemmung

. . . , die erste [waßergüß] acht tag nach st. Johannis tag, die thet nit sondern schaden.

(„Hallers Chronik der Stadt Baireuth" in „Quellen z. Geschichte d. Stadt Baireuth", edit. Christ. Meyer. S. 175.)

5. Juli dito

Die andere [waßergüß] kam am Dienstag vor Kiliani, die führet alles hew hinweg, und verderbet alles, waß in der untern aue war.

(„Hallers Chronik der Stadt Baireuth" in „Quellen z. Geschichte d. Stadt Baireuth", edit. Christ. Meyer. S. 175.)

16. Juli dito

Zum dritten ergeust sich der Rotmain freytags nach Margarethen umb vesperzeit.

(„dito. S. 175.)

Die vierte [waßergüß] geschah am montag vor Maria Magdalena. 18. Juli 1519 Bayreuth Roter Main: Überschwemmung

(„Hallers Chronik d. Stadt Baireuth" in „Quellen z. Geschichte d. Stadt Baireuth", edit. Christ. Meyer. S. 175.)

am Mentag vor Sant Maria Magdalena tag [18. Juli] kam so ein ungestüm wetter, daß am Zinstag darnach am morgen die Lint die Aberbrugg, den Enendaern steg und der Mittlödi stäg hinweg nam. 19. Juli Glarus Überschwemmung der Linth

(„Chronik des Fridolin Bäldi in Glarus". in Zeitschrift f. schweizer. Kirchengeschichte". 1. Jahrg. 1907. S. 116.)

Fluuii multis in locis ripas egressi damnum segetibus, pratis, aedificiis inferunt. 1520 Sachsen Überschwemmungen der Flüsse

(P. Jenisius „Annabergae Misniae urbis historia etc." S. 17a.)

(Die Flüsse traten an vielen Orten über ihre Ufer und brachten den Äckern, Wiesen und Gebäuden Schaden.)

Die Mulde hat sich diß Jahr hefftig ergossen und auch hefftigen Schaden gethan. Mulde Überschwemmung

(Chr. Meltzer „Histor. Schneebergens. renovate etc." S. 1224.)

In dem jar hatt sich die Weissel zwir [zweimal] ergossen, aufs vorjar und im herbst, . . . ; das wasser thet grossen schaden. Thorn zweimal Weichsel-Überschwemmungen

(„Die älteste Thorner Stadtchronik", edid. Max Töppen. S. 166.)

Insuper et inundancia aquarum in tantum fuit, ut et cisterna nostra aquis exuberans, usque ad haurientis manum sese extullerat. Melk (Niederösterreich) Überschwemmung der Donau

(„Annales Mellicenses. Contin. Mellicensis." M. G. H. Script. IX. S. 530.)

(Überdies trat eine so große Überschwemmung der Gewässer ein, daß auch unsere Cisterne so reichlich mit Wasser gefüllt war, daß es bis zur Hand des Schöpfenden sich erhob.)

. . . , gewässer, . . . Tirol Überschwemmung der Flüsse

(„Georg Kirchmair's Denkwürdigkeiten 1519–1553" in „Font. rer. Austriac." 1. Abtlg. 1. Bd. S. 448.)

Bei einer Überschwemmung schafft sich die Thur einen neuen Lauf. Andelfingen (Kanton Zürich) Überschwemmung der Thur

(Dr. E. Stauber „Geschichte der Kirchgemeinde Andelfingen". I S. 482.)

Umb Pinxten was so grotes water, dat alle (to mannigs menschen groten schaden und verderf dem einen an karn, dem andern an mollen, bruggen und anders an vischen) overfloden, . . . 27. Mai Westfalen Überschwemmung der Flüsse

(„Chronik des Dietrich Westhoff" in „Die Chroniken der deutschen Städte". 20. Bd. S. 409/10.)

August—September 1520 Nördl. Bayern Zweimal Überschwemmungen der Flüsse

Isti duo menses fuerunt omnino pluviales et per totum maximae inundationes deinde subortae usque ad finem hujus Septembris.

(Dr. Peter Krafft „Tagebuchaufzeichnungen des Regensburg. Weihbischofs Dr. Peter Krafft", edid. Dr. K. Schottenloher. S. 39.)

(Diese 2 Monate waren völlig regnerisch, und überhaupt entstanden 2 sehr starke Überschwemmungen bis Ende dieses Septembers.)

24. August Brieg (Oder) Oder-Überschwemmung

auf Bartholomäi ist groß Wasser geworden, welches hat 1 Woche gewährt und viel Heu ertränkt und die Aecker naß gemacht, daß man nicht säen konnte.

(K. F. Schönwälder „Die Piasten zum Briege etc." I. S. 319.)

26. August Oltzingerode (im Mansfeldischen) Überschwemmung

... ein groß Gewesser gen Oltzingerode kommen, welches den Leuten durch die Heuser gelaufen.

(Cyr. Spangenberg „Mansfeld. Chronica". 4. Teil, S. 46.)

28. August S. Tirol Überschwemmungen der Flüsse, z. B. der Talfer

..., das an sannd augustinstag des 1520. Jars ain solich graussam gewasser vndt sundtflus komen, ... Dan an allen ennden dises lannds vnmasslicher schad beschechn. Alle weg, steg vnd pruggn seind diser Zeit also verderbt gewesen. So ist die talfer [Wildbach, aus dem Sarnthal kommend und sich bei der Stadt in den Eisack ergießend] bey botzn so gross gewesen, daz die zwischen potzn vnd griess an schaden nit weit genueg gehebt hat. Die etsch in dem etschland ist zu allen pergen angangen. Vom stertzingen ist ain solicher pach mit gewalt komen, daz alle prugn, auch die starckn weg vnd stainen gepeu nicht erschossen haben. etc. etc. Wiewol dergleichen Wasser Nye Niemant so häftig oder starck Rimende gedacht oder gesechenn hat. Zu Brichsen [Brixen] hat dises Wasser geraicht piss zu der fleischpannk, die Pruggn daselbs hingetragen, vnd darzu das Neu starck des halbegkn haus ganntz zerrissen, zerbrochen vnd im grunt nidergeworffen, ... Alle päch der teller sind also angelauffen, das davon vich vnd leut, heuser-stuck vnd allerlay gesperr, ob fünfmalhundert tausend gulden, wurden hingefuert, vnd in disem land verdorben sind. Der pach, so aus schalders [ein Thal westl. von Brixen] lauft, ist in disem gewasser vber die mass erschrockenlich gewesen, ...

(„Georg Kirchmair's Denkwürdigkeiten seiner Zeit. 1519–1553" in „Font. rer. Austriac." 1. Abtlg. 1. Bd. S. 448.)

(Karl Sonklar Edler von Innstaedten „Von den Überschwemmungen". S. 74 aus G. Kirchmayr's Denkwürdigkeiten seiner Zeit in „Font. rer. Austriac." I. S. 448 u. Berichte d. fürstbischöfl. Zolleinnehmers zu Brixen, Stefan Lercher, im Statthalter-Archiv zu Innsbruck.)

7. September Hall i/Württemberg Überschwemmung d. Kocher

Am abent Marie geburt ward der Koch zu Hall so grosz, das kein mensch uberdenckhen möcht, ... Das gab ein solchen schwal hinauff, ...

(„Joh. Herolts Chronica" in „Württemberg. Geschichtsquellen". 1. Bd. S. 148.)

Magna Cochari inundatio Hallenses afflixit, ... 7. September 1520 Hall i/Württemberg Überschwemmung d. Kocher

(Casp. Sagittarii histor. Hallens. summat. congest. in J. F. Georgius „Uffenheim. Mußestunden". 9. Stück. S. 1054.)

(Eine große Überschwemmung des Kocher suchte die Haller heim, ...)

Anno 1520 war der Koch alß groß, dz er alles holtz auf der Comberger wisen hinwegfurt, auch under der statt, und ertrenckht dz gantz Hal ... geschah nativitatis Mariae; gieng der Koch ains mans hoch uber die suln und reicht hinauff biß an den schuchmarckh. 8. September Hall i/Württemberg Überschwemmung d. Kocher

(„Widmans Chronica" Haller Annalen. in „Württemberg. Geschichtsquellen". 6. Bd. S. 378.)

Vnd umb den herbst groß Wasser, als nie bey Menschen dencken gewesen. Herbst Thorn Weichsel-Überschwemmung

(„Thorn. Denkwürdigkeiten von 1345–1547", edid. A. Voigt. S. 150.)

Am Montag nach Michaelis must man wassers halben die Koen. Maj., so nach Wangrowitz gezogen, bis an den bergk zu schiffe uberfuren. 1. Oktober Thorn Weichsel-Überschwemmung

(„Die älteste Thorner Stadtchronik", edid. Max Töppen. S. 166.)

..., darna word so een Wind und Sturm all den Winter lang, dat dat Water und Floet in düssen Water-Landen dede schweren Schaden. To Lunden umstordede ein grot Part von dat en Closter Reventer und Muren. (Ex libello Johannis Erp in Hemme ab a. 1520–1523). Winter 1520/21 Dithmarschen Sturmfluten

(„J. Russe Lundensis fragmenta XXXV. Rer. Dithmarsicar. ab a. 1040–1542" in E. J. von Westphalen „Monum. inedita rer. Germanic." IV. Sp. 1456.)

Do was de weke Winther, so dat idt vele regende und weiede, dat de dike ser thorbreken, und dat Water groten Schaden dede in velen Landen.

(„Ex scripto sive libello per Hennigum Swyn" in „Joh. Adolfi's Chronik des Landes Dithmarschen". 2. Bd. S. 462.)

wurden die Wasser uff den advent also gross das sie an viel ortten umb die statt uber die ouwen lieffent, und man in etlichen gassen inn der statt mit schiffen fahren muste. Das wehrte wol acht tag biss die wasser widerumb fielent. Anfang Dezember 1520 Straßburg i/Els. Überschwemmung

(Jean-Jacques Meyer „La chronique Strasbourg", edid. Rod. Reuß. S. 123.)

Wo he dan ock dißes sulvigen Jahres mit Stormwinden unnd groten Watervlotten nicht gesumet unnd ahne Twiffell ock diß Landt besocht, ... 1521 Schleswig-Holstein Sturmfluten

(„Joh. Adolfi's Chronik des Landes Dithmarschen". I, S. 548.)

Große Wasserflut.

(„M. A. Heimreichs nordfresische Chronik", edid. Dr. N. Falck. I. S. 279.)

1521 Nach 12. Januar Kanton Aargau Überschwemmung der Flüsse

Januarii die XII ingens copia nivis totam tegebat terram, supervenierunt pluvie cum ventorum impetu die noctuque crassantes, donec nix nova adhuc mollis resolveretur et cum aquis deflueret. Hinc inundationes aquarum suborte, ripas et vada transcendentes colluvie abradebantur plurima.

(„Chronik d. Anton Tegerfeld von Mellingen". S. 284.)

(Als am 12. Januar eine außerordentlich große Schneemenge den Boden bedeckte, traten Regengüsse mit Stürmen ein, die Tag und Nacht sich verstärkten, bis der noch weiche Schnee geschmolzen war. Hierdurch entstanden Überschwemmungen der Gewässer, die über ihre Ufer und Flußbetten traten und durch Schlamm sehr viel vernichteten.)

27. Januar Limburg a/d. Lahn Lahn-Überschwemmung

Uff s. Chrysostomi, das ist den 27. Januar, da ware die Lohn so hoch, ohne schne oder eisfart, allein vom regen, daß man in zwein tagen an den muhlen alhei die reder nit sehen kunte.

(Thomas Mechtel „Die Limburger Chronik des Johannes Mechtel", edid. K. Knetsch. S. 117.) = 1520

26. Februar Hadeler Land Sturmflut

gieng das Wasser ein und stund fast übers gantze Land.

(D. W. Bilkau „Hadeleriologia etc." S. 76.) = 16. Februar 1521.

Hamburg Sturmflut

Eß war auch . . . ein grausam hoch Wasser, zu Hamburg, welches an vielen Dingen trefflichen grossen Schaden that.

(A. Tratziger „Der alten weitberümbten Stadt Hamburg Cronica etc." in E. J. von Westphalen „Monum. inedita rer. German." II. Sp. 1392.)

Sehr hohe Flut. In Bergedorf lief das Wasser über die Straßen und von Geesthacht über die Marschen. Großer Schaden an den Deichen der Umgebung.

(Dr. J. G. Gallois „Hamburg. Chronik". II. S. 600.)

15. März Dithmarschen Sturmflut

. . . und de Dyken brocken dorch Frydags na Laetare. (Ex libello Johannis Erp in Hemme ab a. 1520–1523.)

(„J. Russe Lundensis fragmenta XXXV. Rer. Dithmarsicar. ab a. 1040–1542" in E. J. von Westphalen „Monum. inedita rer. Germanicar." IV. Sp. 1456.)

Nordfriesland Sturmflut

Große Wasserflut.

(„Mag. A. Heimreichs nordfresische Chronik", edid. Dr. N. Falck." I. S. 279.)

September Bei Bozen Überschwemmung des Kardaunbaches

Stürmischer Ausbruch des Kardaunbaches, wodurch nicht nur das Karneidtal ganz verschüttet, sondern auch der Lauf des Baches vor seiner Mündung in den Eisack (gegen die Ganzner Mühle hin) verändert wurde.

(Karl Sonklar Edler von Innstaedten „Von den Überschwemmungen". S. 74 aus Maximiliana XII, 53 im Innsbruck. Statthalterei-Archiv.)

le dixiesme jour du mois de novembre, se firent telles déluges et débordements des riviers, lesquels emportèrent au pays bas septante villages qui furent entièrement noyéz. 1521 10. November Belgien Überschwemmungen der Flüsse

(„Chroniques du XVI. siècle. Règne d'Erard de la Marck" in „Chroniques liègeoises". Tom. II. in „Publicat. de la comm. roy. d'hist. de Belgique". Bd. 54. II. S. 364.)

. . . , sintemale den 19. Novembris in Hollandt dorch dat grusame Water soventich Parochien edder Carspel-Kerken vordrunken und undergegaen. (Nedderlandsch Calend., aber susp.) Holland Überschwemmung

(„Joh. Adolfi's Chronik des Landes Dithmarschen". I., S. 548.)
= 19. November

Main: 6.– 8. Januar 1522 Winter 1521/22 Frankfurt a/M. Main: Eisdecke
10.–12. Januar 1522
13. Januar – 24. Februar 1522
26. Februar – 28. Februar 1522
1. März – 2. März 1522 zugefroren.

(Dr. J. Ziegler u. Dr. W. König „Das Klima von Frankfurt a/Main". Tafel 9.)

Armançon. Un débordement avait déja détruit le pont Pinard et celui de Chevigny. 1522 Bourgogne Überschwemmung d. Armançon

(M. Champion „Les inondations en France etc." II. S. 122 aus Courtepée „Descript, du duché de Bourgogne" III. S. 482.)

Es ist die Neisse so angeschwollen, daß sie $^1/_2$ Elle unter den Fenstern der Badestube stand. Glatz Überschwemmung der Glatzer Neiße

(„Excerpte aus d. handschriftl. Chronik eines Habelschwerdters vom Jahre 1618", edid. A. Skalitzky. S. 86.)

was ein grosse wassergusin zu Winterthur, allso das zwey wůr an der Eulach bij der gerwij und bij dem Unnderthor zerbrachend. Winterthur Überschwemmung der Eulach

(„Die Chronik des Laurencius Boßhart von Winterthur 1185–1532", edid. K. Hauser in „Quellen zur schweizer. Reformationsgeschichte." III. S. 93.)

Main friert zu und bleibt 7 Wochen zugefroren. 13. Januar Frankfurt a/M. Main geht zu

(A. A. von Lersner „Der weit-berühmten etc. Stadt Franckfurt am Mayn chronica." I. S. 533.)

war die Oder so groß, daß das Wasser bei dem Elbing Kretscham ein groß Loch durch den Damm gerissen, als ein mächtiger Strom bei S. Vincentier Kloster ins Feld gegangen, und an Dämmen, Mühlen und Brücken großen Schaden gethan. 14. Mai Breslau Oder-Überschwemmung

(„Jahrbücher der Stadt Breslau von Nikol. Pol", edid. Dr. J. G. Büsching. III. S. 14.)

5. Juni 1522 Burghausen (Oberbayern) Hochwasser der Salzach

Salzach: Arges Hochwasser.

(J. G. B. Huber „Geschichte der Stadt Burghausen in Oberbayern". S. 170.)

20. August Gebweiler i/Els. u. a. O. Über-schwemmung

Am Mittwuch vor sanct Bartholomaei [20. Aug.], kam ein solches Wetter umb 2 Uhren nach Mittag, mit Steinen, Hagel undt Regen, hier zu Gebweiler, Byhl, Zell, Orschweir undt Sultzmatt, welches zwey Stundt lang gewähret; es gab ein solches Wasser das es Stein, ia Felsen aus den Bergen heraus riss undt den Berg hinundter schwemmeten; . . . ; es thete einen zimblichen Schaden.

(X. Moßmann „Chronique des Dominic. de Guebwiller". S. 115.)

September Montauban Départ. Tarn-et-Garonne) Über-schwemmung des Tarn

Les eaux du Tarn s'élevèrent à Montauban, de 5 pans au-dessus des piles du pont et tous les moulins furent emportés.

(M. Champion „Les inondations en France etc." IV. S. 208 aus Livre des serments fol 146 in „Archives de l'Hotel-de-ville de Montauban".)

Mitte September Vivarais (Départem. Ardèche) u. d. Neben-flüsse

A la mi-septembre, il y eut des inondations extraordinaires dans le Vivarais. On ne saurait nombrer les maisons abattues. Aucun pont, aucun moulin ne sont restés debout.

(M. Champion „Les inondations en France etc." III. S. 213 aus de Mardigny „Mémoire sur les inondations des rivières de l'Ardèche in „Ann. des ponts et chaussées". 1860. II.)

Oktober bis Dezember Bourges (Départem. Cher) Über-schwemmung d. Auron

Les mois d'octobre, de novembre et de décembre furent signalés à Bourges par d'effrayantes inondations. L'Auron envahit les faubourgs couvrit les chemins et renversa un grand nombre de maisons.

(M. Champion „Les inondations en France etc." II. S. 213 aus Raynal „Hist. du Berry". III. S. 292.)

November Paris Seine-Über-schwemmung

En ce temps, les eaues de la rivière de Scenne furent merveilleusement grosses et furent jusques près de la croix du cymetière de ceans.

(„Chronique parisienne de Pierre Driart etc.", edid. F. Bournon in „Mémoir. de la soc. de l'hist. de Paris etc." XXII. S. 74.)

Anjou Loire-Über-schwemmung

Au moys de novembre pleust en si grant habondance que l'on estimoit le déluge. La rivière de Loire creut à si grant inondation qu'elle endommagea grandement le pays et rompit en plusieurs endroits les levées, faisant piteuse destruction au pays de vallée; duquel furent aucunes maisons par la violence des eaulx abatues.

(Célest. Port „Questions Angevines". Les phénom. phys. S. 107 aus Bourdigné „Chroniques d'Anjou". II. S. 333.)

Nevers (Départem. Nièvre) Loire-Über-schwemmung

Cette inondation emporta le pont de l'Official, construit sur la Loire. (H. Crozet aus „Archives de la mairie de Nevers".)

(M. Champion „Les inondations en France etc." II. S. 214. 211.)

Item dy Thonau waß diser zeit seer groß, lieff über all schlacht aus, welchs dan selzam was diser zeit im jar, den es kam nit von schne oder vom eyß, sonder vom regenwetter. Dezember 1522 Regensburg Donau-Überschwemmung

(„Leonhart Widmann's Chronik von Regensburg etc." in „Die Chroniken der deutschen Städte". 15. Bd. S. 50.)

tempus pluviale et crevit Danubius et alias inundaciones magnae. 25. Dezember Regensburg Donau-Überschwemmung

(Dr. Peter Krafft „Tagebuchaufzeichnungen des Regensburger Weihbischofs Dr. Peter Krafft von 1500–1530", edid. Dr. K. Schottenloher. S. 43.)

(Regnerisches Wetter, die Donau wuchs, dazu andere große Überschwemmungen).

Et puis sans grande neige ny pluye Vindrent les eaues en tel deluge. Plus grandes en rivières et estangs Quelles n'avoient esté en cent ans. 1523 O. Frankreich Überschwemmungen der Flüsse

(M. Champion „Les inondations en France etc." V. S. 36 aus „Chronique de Saint-Clément attribue par dom Calmet à Jean de Chatelain".)

Int selve jair brack den Leckdijck inne, wairdore dat groot water int Nedersticht ende Hollandt quam. Holland Sturmflut

(„Cort verhael van diversche gheschiedenissen van jaere te jaere van Ao 1472 vervolgende" in „Geldersche Kronieken", edid. P. N. van Doorninck. I. S. 65.)

inundacio aquarum maxima et inaudita fuit, quod quasi in aliquibus locis maxima dampna fecit, qui diluvio cooperiebantur. M. Deutschland Überschwemmung der Flüsse

(„Die Chronik des Apollo von Vilbel", edid. Dr. J. Rübsam. S. 258.)

(Es trat eine sehr starke und unerhörte Überschwemmung der Gewässer ein, die an einigen Orten, die von der Wasserflut betroffen wurden, größten Schaden anrichtete.)

Elbe: Wasserflut. Dresden Elbe-Überschwemmung

(Dr. W. Schäfer „Chronik der Dresdener Elbbrücke etc." S. 25 aus Brückenamts-Register.)

Auch hat sich in diesem Jahr die Mulda zu unterschiedenen mahlen ergossen. Mulde Überschwemmungen

(Chr. Meltzer „Histor. Schneebergens. renovata etc." S. 1229.)

hat sich die Müntzebach zu Freybergk dermassen ergossen / daß sie über alle Brücken und Stege gangen / und grossen schaden an Häusern und Kellern gethan. 24. Januar Freiberg i/Sa. Überschwemmung des Müntzbachs

(Dr. A. Moller „Theatr. Freiberg. chronic." II. S. 178.)

Un débordement de la Garonne détruisit plusieurs édifices à Toulouse. 15. April Toulouse Garonne-Überschwemmung

(M. Champion „Les inondations en France etc." IV. S. 209 aus „Annuaire de Toulouse" 1853.)

Mai 1523 Kanton Aargau Überschwemmung der Flüsse

In Maio aquarum inundatio facta est . . .

(„Chronik d. Anton Tegerfeld von Mellingen". S. 290.)

(Im Mai trat eine Überschwemmung der Gewässer ein).

Sommer Elbe bei Wittenberg Überschwemmung

Desglichen ist die Alb by Wittenberg über die feld hinuß byß in die dorffer wie an see übergeloffen, das die bürslut nitt haben uff dem feld handlen noch wandlen konnen, . . . Welchen überloff wassers ich do zůmal mitt dißen volgenden versli beschriben und abgemalet hab.

Elegia de Albis inundatione Wittenbergae facta. Jo. Kes. (Es folgt ein Gedicht von 50 Zeilen).

(„Johannes Keßlers Sabbata". Chronik der Jahre 1523/39. 1. Teil. edid. Dr. E. Goetzinger.)

Juni—Juli Zwickau 3 Überschwemmungen der Zwickauer Mulde

3 Wasserfluthen nach starken Regengüssen.

(Dr. E. Herzog „Chronik von Zwickau". II. S. 202.)

Juni Grimma i/Sa. Dreimal Überschwemmungen der Mulde

Zwickauer Mulde: Dreimal Überschwemmung infolgroßen Regens.

(Chr. G. Lorenz „Die Stadt Grimma etc." S. 537.)

14.—23. Juni SO. Deutschland Überschwemmungen der Flüsse

regnete es ohne Aufhören, daraus große Wasser, so ziemlich lange bestanden, entstanden.

(„Jahrbücher der Stadt Breslau von Nikol. Pol", edid. Dr. J. G. Büsching. III. S. 28.)

Um 29. Juni Glauchau i/Sa. Überschwemmung der Zwickauer Mulde

Heftige Regengüsse, wodurch die Aue wochenlang unter Wasser stand.

(E. Eckardt „Chronik von Glauchau". S. 434.)

Leipzig Hochwasser der Elster, Pleiße und Parde

Starkes Hochwasser. Das Wasser im Stadtgraben so hoch, daß man es vor dem Thomas-Pförtlein mit der Hand erreichen konnte von der Brücke aus. Elster, Pleisse und Parde ergießen sich wegen anhaltenden Regens heftig. Großer Schaden an Brücken und Mühlen.

(J. J. Vogel „Leipzig. Geschicht-Buch oder Annales". S. 107 aus Peiffer „Lipsia" II. S. 263.)

Zwickau i/Sa. Überschwemmung der Zwickauer Mulde

Am Tage Petri und Pauli / ist die Mulda vom Regen sehr groß worden / deßgleichen vor 14 Tagen auch geschehen / und haben diese beyde Fluten bey der Stadt grossen Schaden verursachet.

(Tob. Schmidt „Zwickau. Chronick." II. S. 287.)

Borna i/Sa. Überschwemmung der Wyhra

Wyhra. Heftige Überschwemmungen.

(R. Wolfram „Chronik der Stadt Borna etc." S. 392.)

Vnd dann wieder nach 14 Tagen regnete es zum dritten mal Tag und Nacht / und wurde die Mulda abermals so groß / als die vorigen mal nicht geschehen.

Mitte Juli 1523 Zwickau i/Sa. Überschwemmung der Zwickauer Mulde

(Tob. Schmidt „Zwickau. Chronick". II. S. 287–288.)

. . . ; et à cause d'icelles pluys au mois d'aoust . . . furent les fleuves et rivières dudit pays aussi grands.

August Anjou Hochwasser der Flüsse

(Célest. Port „Questions Angevines". I. sér. Les phénomèn. phys. S. 107 aus Bourdigné „Chroniques d'Anjou". II. S. 339.)

° (M. Champion „Les inondations en France etc." II. S. 214 aus Bourdigné „Chroniques d'Anjou" II. S. 339.)

In nachgeennder nacht vmb Fünff biß auff Acht vhr / kam ein groß vngewitter zů Neapolis / mit stetem vnerhörlichen Donnern vnd grawsamen plitzen / vnd vberauß starkem windt / grossen vnmenschlichen platz regen. Also / das sich in einer stundt gerings vmm Neapolis / ein sölich vor vnersehen wasser / mit schnellem fließen vnd rynnen samlet / daß es nit allayn die Weinstöck / Bawmgärten / vnd der gleychen außriß / sonnder auch die aller schönsten Steynen hewser / Kirchen / vnndt gantze Dörffer / vmb schlayffet / . . . Fiech vnnd lewt in vnnd ausserhalb Neapolis / jämerlich vnnd kläglich verderbt vnd ertrenckt etc. Vnd ist sölich grawsamkeyt des wassers / wol achzehen meyl vmb Neapolis erschienen. [Flugblatt von Jobst Ludwig]

11. Oktober Neapel Überschwemmung infolge eines Wolkenbruchs

(Eug. Diederichs „Deutsches Leben der Vergangenheit in Bildern". S. 125.)

1523. Uff den 18 tag herbstmonats by schönen tag und zů nacht by wol gestirntem himel ist über Neapols ain schwartzer dicker wulck gestanden und umb den wulcken gantz schon gestirnet aber an der rechten siten des wulckens ain großer stern gestanden, wie ain fiertal boden und do es zwischet ain und zwayen in der nacht ist worden, hatt es mitt helem himel angefangen blixen und darnach glich hatt die wulch ingebrochen in so ungest mer maß, als hett man hundert fůder wassers mit an anderen ußgeschuttet, und haben die sternem am himel sich bewegt, mitt zitteren hin und her geloffen und das erdrich hatt sich bewegt, glicher gstalt ainens erdbidems, und hatt das wasser stain von den bergen getriben, das einer 306 centner hatt gewegen und hußer und castel verderbt 1563 und umb sich 22 welcher milen schaden gethůn, mitt sampt vil lut und vichs umbbracht das man noch nitt zellen kain. Der schad aber zů Neapol ist so groß geweßen, das die von Neapols sechtzig hundert tusend ducaten dafur geben, das palatium von konig Alphonso erbuwen ist aines mans hoch voll wassers gewessenn. Das wasser hatt 3 tag geweret und am vierten ist es hinweg gefloßen, und als es hatt wellen uffhören regnen, hatt man den cometen wider gesechen.

(„Johannes Keßlers Sabbata" Chronik der Jahre 1523–1539. 1. Teil, edid. Dr. E. Goetzinger. S. 191.) = 18. Oktober

° (Dr. G. Hellmann „Die Meteorolog. in d. dtsch. Flugschriften etc. des 16. Jahrhunderts", S. 15 u. 36 aus 1 Flugschrift v. Ludwig und 1 Flugblatt.)

° (Chronik des Dietrich Westhoff" in „Die Chroniken der deutschen. Städte". 20. Bd. S. 416.) = 16. Okt.

° („Chronica New" s. l. et a. (1530). S. 71.) = 16. Okt.

° (Sebast. Franck „Chronica etc." 1531. S. 232.) = 16. Okt.

Winter 1524 M. Deutschland Überschwemmungen der Flüsse

Im Winter aber / ward man gehindert [am mahlen] durch die überflüsse des Wassers.

(Val. Rudolph „Zeitbüchlein" S. 30.) = Winter 1523

Meißen i/Sa. Elbe-Überschwemmung

Molendina . . . , . . . propter violentiam fluuiorum rumpuntur hieme.

(G. Fabricius „Rer. Misnicar. libri VII". S. 180.)

(Die Mühlen, . . . wurden im Winter durch die Gewalt der Fluten fortgerissen.)

1524 Württemberg Überschwemmung der Flüsse

Inundatio aquarum in Wirtembergiae erat, et ventorum impetus.

(M. Crusius „Annal. Suevicar." Dodek. III, S. 582.)

(Eine Überschwemmung der Gewässer trat in Württemberg ein und Stürme.)

Thüringen Überschwemmung der Flüsse

. . . sind große gewässer gewesen, . . .

(„Mag. Adrian Beiers Jenaische Annalen", edit. Dr. H. Koch. S. 1.)

Kreis Osterburg (Altmark) Elbe-Überschwemmung

Elbe: Deichbrüche an verschiedenen Stellen. Auf den Feldern großer Schaden.

(Dr. E. Wollesen „Beiträge zur Geschichte des Kreises Osterburg". I. S. 94.)

Stendal Elbe-Überschwemmung

Die größte aber auch recht entsetzliche Wasserfluth, in welcher die Elbe so stark durchgebrochen, daß das wasser bis in die kirchen dieser Stat gegangen. (Auch Dom überschwemmt).

(J. Chr. Bekmann „Histor. Beschreibung der Chur u. Mark Brandenburg". II. Sp. 251.)

Sachsen Elbe-Überschwemmung

Die Elbe hat sich dis Jahr hefftig ergossen.

(M. Dresser „Sächsisch Chronicon". S. 525.)

Beeskow Hochwasser der Spree

Spree: Hochwasser.

(W. Ziethe „Chronik der Stadt Beeskow", edid. Faulstich. I. S. 40 u. 62. II. S. 83.)

Löwenberg i/Schl. Überschwemmung des Bobers

Bober: sehr starke Überschwemmung.

(C. Th. E. Heinze „Geogr.-statist.-geschichtl. Übersicht d. Löwenbergschen Kreises etc." S. 150.)

. . . , nisi quod Januario mense nive soluta et frequentibus pluviis Danubius et noster fluviolus Altmül, caeterique maiore auctu exundantes plus solito sua transgressi sunt littora. 1524 Donau, Altmühl Überschwemmung

(„Kiliani Leib, Prioris Rebdorf. canon. Reg. S. Aug., histor. sui temporis ab anno 1524 usque ad annum 1548 annales" in J. J. I. v. Döllinger „Beiträge zur politisch. etc. Culturgeschichte d. 6 letzt. Jahrhunderte". 2. Bd. S. 445.)

(. . . , nur daß im Monat Januar infolge der Schneeschmelze und häufigen Regengüsse die Donau, unser Altmühl-Flüßchen und die übrigen infolge des stärkeren Anschwellens ganz ungewöhnliche über ihre Ufer getreten waren.)

Item in't eerste van desen jare anno 1524, so warent in dese landen vele duyster wolcken en neuelinghe. Oock so quamer veel waters uyt die gheberchte, daer af die Ryn ende die mase so groot wiessen datse seer vele groote schade deden. Anfang Januar 1524 Belgien Rhein- u. Maas-Überschwemmung

(E. Vanderlinden „Chronique des événements météorolog. en Belgique etc." S. 117 aus „Die excell. Chronyke van Vlaenderen". S. 214.)

Umb eben diese Zeit brach der Rheinstrom, wegen vilfältigen Wind und Regen aus, an allen Orthen, und hat solche Güsse verursacht, . . . Rhein Überschwemmung

(M. Tschamser „Annales oder Jahrs-Geschichten der Baarfüseren etc. zu Thann". II. S. 28.)

Gleich im anfang kam ein vngestümmer sturmwindt mit grossen platzregen, das die wasser so gross wurden in teuschlandt sowohl als auch im welschlandt, das es an etlichen orthen heiser hinweg gefiehrt, vndt vill leith vmbgebracht hat; vnd dis geschach in einem iahr nicht nur einmahl sonderen öffters, ab welchem die leith ser erschrackhen. Elsaß Rhein-Überschwemmung

(„Die Gebweiler Chronik des Dominik. Fr. Seraph. Dietler", edid. Dr. J. v. Schlumberger. S. 95.)

6 janvier les eaues commencèrent fort a croistre, jusques environ le quinziesme, et furent moult grandes, tant qu'ils vindrent en l'hostel de ceans, jusques à premier barseau estant au grand jardin vers le costé des faulxbourgs; . . . 6.—15. Januar Paris Seine-Überschwemmung

(„Chronique parisienne de Pierre Driart etc.", edid. F. Bournon. S. 84.)

Item uff den zwelften tag kam die groß wasserguße durch alle land der manßen, das es an ethlichen ortten gantze dorffer und flecken hinweg floß, und tett hie an den gertten und allenthalben fasst großen schaden, das darvon nit zu schribend ist. 6. Januar Villingen Überschwemmung der Brigach

(„Heinrich Hugs Villinger Chronik von 1495–1533" edid. Dr. Christ. Roder.)

Uff der hailigen dreyer könig tag kam ain sollichs gewesser im teutschen land und alhie im closter [St. Blasien], das man meinet, es welte die welt undergangen sein. Dieselbig uberflüssigkeit des wassers beschediget stett und lender an haben, ligen- St. Blasien (Schwarzwald) Überschwemmung der Alp den und varenden güttern, das alle brugken an der flüssenden wassern hinweg, gefürt warden, und desgleichen wassergüsse kain mensch erlept noch gedacht het.

(„Chronik des Andreas Lettsch" in F. J. Mone „Quellensammlung etc." 2. Bd. S. 45/46.)

6. Januar 1524 Naumburg a/d. Saale Überschwemmung der Saale

Vom 6. Januar an stand eine Wasserfluth 5 Tage lang so um Naumburg herum, daß sie unterhalb Grochliz von einem Berg zum andern ging und die ganze Aue viele Ellen hoch bedeckte.

(W. Bernhardi „Chronik d. Stadt Naumburg etc." S. 287.)

Halle (Saale) Überschwemmung der Saale

Ist eine grosse ergiessung gewesen / . . . / und ist das Wasser von einem thor zum andern gangen / welchs zuuorn vnd hernachmals nie geschehen.

(J. Fincelius „Wunderzeichen". 1562. 3. Theil. ohne Seitenzahl.)

Leuba Überschwemmung

Große Überschwemmung.

(R. Doehler „Geschichte des Dorfes Leuba". S. 97.)

Zittau i/Sa. Überschwemmung der Neiße

Es ward das Wasser sehr groß zu Zittau / und that erschrecklichen Schaden / verschützte die Mühlen mit Eise / daß man nicht mahlen konte / und gieng vor der Wasser-Pforte eine Elle hoch über alle Gärte weg. Diese Fluth hat auch zu Hirschfelde die Mühle sehr verderbet / . . . Im Hospitale ist es eine Elle hoch über alle Tenne gegangen.

(J. B. Carpzow „Analecta Fastor. Zittaviens. etc." 5. Theil. 3. Kapit. S. 262.)

9. Januar Regensburg Donau-Überschwemmung

Den 9. januarii lüff in der nacht das wasser an und den ganzen tag piß nach mitternacht, da ist es wider gefallen . . . und ging eins halben mans hoch über den pogen und am thor am wasser.

(„Leonhart Widmann's Chronik v. Regensburg etc." in „Die Chroniken der deutschen Städte" 15. Bd. S. 55.)

15.—Ende Januar Paris Seine: Sinken des Wasserspiegels

. . . ; depuis lequel jour (15 janvier) ils descreurent jusques à la fin du moys et retournèrent quasi en leur estat.

(„Chronique parisienne de Pierre Driart etc.", edid. F. Bournon. S. 84.)

30. Januar Würzburg Main-Überschwemmung

Der Main stieg hierauf aus und überschwemmte weit und breit Alles.

(Mag. Lor. Fries „Geschichte etc. der Bischöfe von Würzburg etc." 2. Bd. S. 17.)

31. Januar Donau Überschwemmung

. . . ferebatur hic omnes pontes ab ratisbona wiennam usque danubii violentia eversos.

Auch bei Donauwörth und Ingolstadt sei die Donau sehr stark über die Ufer getreten.

(Karl Schottenloher „Der Rebdorfer Prior Kilian Leib etc." S. 99.)

(. . . es wurde hier erzählt, daß alle Brücken von Regensburg bis Wien durch die Wildheit der Donau umgestürzt wurden.)

. . . et Heidelbergae Necarum pontem exsuperasse.

31. Januar 1524 Heidelberg Neckar-Überschwemmung

(Karl Schottenloher „Der Rebdorfer Prior Kilian Leib etc.“ S. 99.)

(. . . und zu Heidelberg lief der Neckar über die Brücke.)

Au mois de février à la suite de neiges abondantes et de fortes pluies, le Drac et l'Isère grossirent et débordèrent tellement, que l'eau couvrant une partie de la plaine, pénétra dans presque toutes les rues de Grenoble.

Februar Grenoble Überschwemmung des Drac und der Isère

(M. Champion „Les inondations en France etc.“ S. 213 laut einer Anmerkung auf dem 1. Blatt eines Registers mit dem Titel „De Diluvio et rerum mutatione ab astrologis predictarum pro anno M V[c] XXIIII, mense Februario in Archiv. de l'ancienne Chambre des Comptes de Grenoble, Registre V[0] Generalia fol. 1.)

Main so hoch, daß Straßen überschwemmt werden.

Februar—März Frankfurt a/M. Main-Überschwemmung

(A. A. von Lersner „Der weit-berühmten etc. Stadt Franckfurt am Mayn chronica“. I. S. 533.)

In diesem Jahr hats viel Schnee geben, von dessen schleunigen Verschwindung grosse Gewässer entstanden, das allhier und im Werra-Grund nicht geringe Gefahr verursachet.

Februar SW. Thüringen Überschwemmung der Werra

(J. S. Güth „Poligraphia Meinigensis etc.“ S. 157.)

mit eyner grosser syntfluß die Stet vnd Dorffer (zu mal in talen bey wasser gelegen) zureyssen, ertrencken vnd wegk furen wirde.

Thüringen Überschwemmung der Flüsse

(Paul Lange „Chronik des Bistums Naumburg etc.“ edid. Dr. Köster. S. 59.)

In dieser fasten war so grausam groß wasser, das es kein mensch groser wußte, . . . , sondern stauete von unden auf, vorterbte die ecker sehre, wiewoll an einem ortt mehr, als dem andern. Es geschahe viell aufwartens und arbeitt bei den themmen, dennoch brach die Weisell beim Schonenbaum [Schönbaum, ein Dorf östl. v. Danzig] aus vorterbte Prentzlau [Prenzlau] und, was da war. Auch brach aus der tham bei der Lahmen handtt, so woll auch der Pregell an vielen enden. Auch die sehe und ander wasser mehr grosen schaden theten. Dies wasser stundt so mitt starkem nordenwindt in die sechs wochen.

Fastenzeit [Fastnacht: 8. Febr.] NO. Deutschland Weichsel- u. Pregel-Überschwemmung

(„Simon Grunau's preuß. Chronik“ in „Die preuß. Geschichtsschreiber d. 16. u. 17. Jahrhunderts.“ Bd. II. S. 746–747. Tractat XXII. § 68.)
= Fastenzeit

Umb Osteren waren überall nix alls grose Güssen und Wasserschwall, die das gantze Land, Feldt u. Wiesen überschwemmten und großen Schaden zufügten, . . .

Um 27. März Elsaß, Sundgau, Breisgau, Württemberg Überschwemmungen der Flüsse

(M. Tschamser „Annales oder Jahrs-Geschichten der Baarfüseren etc. zu Thann“. II. S. 28.)

Um 25. Juli 1524 N. Schweiz Überschwemmung der Sitter

um Sant Jacobs tag was die Siteren also mechtig groß, daß si den Siteren steg hinwegfüerta; man hatz wol genempt, steg es was aber ain deckte bruck, wieietz.

(„Fridolin Sichers Chronik". 1. Bearbeitung, edid. Ernst Götzinger. S. 64.)

15. August Ostfriesland Sturmflut

Up den dach Assumptionis Mariae was oock een machtige storm, dat de vloet an itliche oerden inginck, ...

(E. Beninga „Volledige Chronyk van Oostfrieslant", edid. E. F. Harkenroth. S. 615.)

15. August Hamburg u. Umgeg. Elbe-Überschwemmung

ys dat brak vor der wynserbome to Hamborch yngebraken, wente yt was so hoch water, dat yt van Gesthach auer alle mersklande stunt vnd to Bargedorp auer de straten stunt vnd dat brak wol XVI faden depe was.

(„Hamburg. Chronik vom Jahr 799–1559" in Dr. J. M. Lappenberg „Hamburg. Chroniken". S. 420.)

° („Eyn kort vttoch der Wendeschen cronicon van etliken scheften etc." in Dr. J. M. Lappenberg „Hamburg. Chroniken". S. 273.)

° (Adam Tratziger „Der alten weitberümbten Stadt Hamburg Cronica etc." in E. J. von Westphalen „Monum. inedita rer. Germanicar." IV. Sp. 1393.)

° (Dr. J. G. Gallois „Hamburg. Chronik etc." 2. Bd. S. 622.)

Anfang Sept. Umgebung von Paris Überschwemmung

Au commencement de ce present moys, vint une eaue, laquelle pourrist universellement les vignes du vignoble près Paris et ès environs, ...

(„Chronique parisienne de Pierre Driart etc.", edid. F. Bournon. S. 98.)

nach Weihnachten Meißen i/Sa. Elbe-Überschwemmung

Post natalem Domini magna Albis inundatio.

(G. Fabricius „Rer. Misnicar. libri VII". S. 181.)

(Nach Weihnachten ereignete sich eine große Elbe-Überschwemmung).

1525 Dresden Elbe-Überschwemmung

Elbe: Wasserflut.

(Dr. W. Schäfer „Chronik der Dresdener Elbbrücke etc." S. 25 aus Brückenamts-Register.)

Kanton Glarus Hochwasser der Flüsse

... und warend die waßer fast groß, ...

(„Chronik des Fridolin Bäldi in Glarus 1488–1529", edid. Dr. J. G. Mayer in „Zeitschrift f. schweizer. Kirchengeschichte". 1. Jahrg. S. 48.)

Anfang der Fastenzeit [Fastnacht: 28. Febr.] Straßburg i/Els. Hochwasser

anfangs der fasten, kam ein grosses wasser, ...

(„Collectanea Dan. Specklins in usum chron. Argentinensis." Tom. II in „Fragments des anciennes chron. d'Alsace". 2. Bd. S. 511.)

Mai 1525 Anjou Loire-Überschwemmung

fust le pays d'Anjou presque submergé d'eaulx d'une crue, qui vint en la rivère de Loyre et pareillement pour les pluyes continuelles, qui tout ce moys eurent cours. Et n'estoit mémoire d'homme avoir vu les eaulx si desrivées, et sembloit que toute l'isle des Ponts de Sée flotast sur l'eaue; et tant continuèrent lesd. inondations, que la levée rompit en plusieurs endroists, et y eut aucunes maisons fondues et submergées etc. etc. qui fut merveilleux dommage pour le pays d'Anjou.

(Bourdigné „Annal. d'Anjou." II. S. 357 gibt fälschlich 1526 an.)

(Célest. Port „Questions Angevin". I. Les phénomènes physiques. S. 107.)

28. Mai Sachsen Elbe-Überschwemmung

Elbe. Dominica Exaudi. Überschwemmung.

(„Zusätze zu dem Pirnischen Mönche" in Chr. Schöttgen u. G. Chr. Kreyßig „Diplom. u. cur. Auslese etc." I. S. 276.)

22. August Grenoble Überschwemmung des Drac und der Isère

les eaux furent aussi grandes et aussi débordées par cette ville qu'elles l'avaient été l'an 1524. adeo fuerunt grandes et derivate aque per hanc civitatem quales anno 1524.

(M. Champion „Les inondations en France etc." III. S. 215 aus Anmerkung auf dem 1. Blatt eines Registers in Archives de l'ancienne Chambre des Comptes. Regist. V Generalia.)

Bad Sulza (Thür.) Überschwemmung der Ilm

Dienstag nach Assumptionis Mariae in Augusto hat sich die Ilme allhier heftig ergossen / desgleichen bei Menschengedenken nicht geschehen / hat alles Heu und Gras / sambt andern Früchten / so nahe an der Ilmen gelegen / auch allhier das Breuhaus / Badstube / Brückentor / zusambt der Brücken gänzlich hinweggeführet und verschwemmt / sind auch etzliche Personen im Wasser untergangen und verdorben.

(M. Wille „Top-Hali-Graphia Sulzensis." 1670. S. 43.)

1526 Bautzen Überschwemmung der Spree

Die Heilige Geistbrücke wurde durch die Wasserflut zerstört und weggerissen.

(R. Reymann „Geschichte der Stadt Bautzen." S. 628, 829.)

Kanton Glarus Überschwemmung der Linth

. . ., und fiel die Linth gen Ennenbuels und thet grossen schaden den von Enenda an einer almeind . . .

(„Chronik des Fridolin Bäldi in Glarus 1488–1529" edid. Dr. J. G. Mayer. in „Zeitschrift f. schweiz. Kirchengeschichte". 1. Jahrgang. S. 47.)

Wiedikon Überschwemmung der Sihl

Sihl: sehr starke Überschwemmung.

(Dr. K. Escher „Chronik der ehemaligen Gemeinden Wiedikon etc." S. 155.)

Andelfingen Überschwemmung der Thur

Thur: ungemein starke Überschwemmung.

(Dr. E. Stauber „Geschichte der Kirchgemeinde Andelfingen". I. S. 482.)

1526 Ende Januar Paris Seine- Hochwasser

Item, vers la fin dudict moys, les eauez furent moult grosses et prestes à desborder, ...

(„Chronique parisienne de Pierre Driart etc.", edid. F. Bournon. S. 114.)

um 22. Februar Deutschland, Italien Überschwemmungen der Flüsse

wurden die Wässer so groß in Teutsch- und Welschland, ..., dan es thät unsäglich großen Schaden.

(M. Tschamser „Annales etc. der Baarfüseren zu Thann." II. S. 44.)

22.—26. Februar Abensberg i/Niederbay. Überschwemmung des Abens

inundatio.

(„Aventins Haus-Kalender". in Joh. Turmairs „Sämtl. Werke". edid. G. Leidinger 6. Bd. S. 41.)

(Überschwemmung).

24.—26. Februar Villingen Überschwemmung der Brigach

... sant Matistag. Kam ain regen, was an aim samstag, und regnatt bis uff gůtentag nach Matie [26. Februar]. In der nacht umb zůw ur getag kam ain solicher mechtiger, ungestumer wind, das kain mensch so allt war, der desgelich ie erhert hatt. Es waigt dem miller vorm Rietthor das tach gar nach gar ab siner mulle; ... Item das wasser ward so groß, das ess allenthalb die segbom, desglichen die gerten form Oberthor, und des rants tichla [Deichel], lagen hinderm Bickenangel, die fůrend darfon; ... Es ist von dem wasser, allenthalb in landen nit zů schriben.

(„Heinrich Hugs Villinger Chronik von 1495–1533" edid. Dr. Christ. Roder. S. 152–153.)

um 24. Februar Elsaß Überschwemmungen der Flüsse

Da wurden die Wasser so gross aller Orthen, so wohl in Weltschland als auch in Teütschlandt, absonderlich in dem Elsas, ..., dan es thete grossen Schaden.

(X. Moßmann „Chronique des dominicains de Guebwiler". S. 145.)

° („Hans Stoltz's Vrsprung vnd Anfang der Stat Gebweyler", edid. J. Sée. S. 38.)

Straßburg i/Els. Überschwemmung

Matthiae, floesste das gross wasser die Senffmühl hinweg.

(„Collectanea Dan. Specklins in usum chronici Argentin." Tom. II. in „Fragments des anc. chroniques d'Alsace". 2. Bd. S. 512 und in „Mitteilungen d. Gesellschaft f. Erhaltung d. geschichtl. Denkmäler im Elsaß". 2. Folge. 14. Bd. S. 331.)

27. Februar—15. März Paris Seine-Überschwemmung

27. febvr. la rivière de Seine desborda, et furent les auez moult grandes et passèrent en l'hostel de ceans la grande allée de treille du grand jardin, et craurent l'espace de huit jours, et en autres huit jours ensuivant descreurent et firent gros dommaiges aux blez estans près de ladicte rivière, ...

(„Chronique parisienne de Pierre Driart etc.", edid. F. Bournon. S. 115.)

März Abensberg i/Bay Überschwemmung d. Abens

inundatio.

(„Aventins Haus-Kalender" in Joh. Turmairs „Sämtl. Werke", 6. Bd. S. 41, edid. G. Leidinger.)

(Überschwemmung.)

le samedy IIIe jour de mars, de nuict, il cheut une maison qui estoit sur les fossez devant le marché aux pourceaulx, près la porte Sainct-Honnoré, à Paris, à cause des grandes eaues qui estoient advenues durant la dicte année, en Seine, et à l'environ de Paris, . . . La rivière estroit toute desbordée ceste année par sa grandeur merveilleuse. 3. März 1526 Paris Seine-Überschwemmung

(„Journal d'un bourgeois de Paris sous le règne de François I (1515 bis 1536), edid. L. Lalanne in „Soc. de l'hist. de France." Bd. 75. S. 279.)

In der nachtt nach dem dingstage nach Letare brach die Weisell zwischen Schonenberg und Neuekirche aus. Das Wasser kam so heufig und schnell, das es grose dorfer und heuser umbwarf, ertrenkte im schlaf von jungen und alten in die zwei hundertt personen; den niemandtt war auf dem tam, dieweill das eis langhstt, weg war . . . Von diesem ausbrechen vorgiengen funfzehen dorfer, nemlich Neuekirche, Schonenberg, Schonensehe, Orlof, Ladekopf, Monsterberg, Barwaldtt, Furstenwerder und, die umb den strich lagen. [Schönberg, Schönsee, Orloff, Ladekopp, Münsterberg, Bärwalde, Fürstenwerder, sämtlich nördlich von Neuteich bei Tiegenhof im Gr. Werder.] Summa der menschen die in diesem ausbrechen blieben, wie es die teichgeschworene berechneten, waren jung und altt in die funf tausentt, pferde tausentt achtt hundertt, kuhe und ochsen vier hundertt, des anderen viehes war keine zall. 15. März Weichsel-Mündung Weichsel-Überschwemmung

(„Simon Grunau's preußische Chronik". Traktat XXIII. § 75. in „Die preußisch. Geschichtsschreiber d. 16. u. 17. Jahrhunderts." Bd. 3. S. 141–142.) = 14. März

Ime selbigen XV[c]XXVI den XV tagk in Mercio des morgens fru brach dy Weyssel aus ins grosse Werder bey dem Schonenberge [an dreien enden] und tate do grossen schaden, so das do XXV dorffer stunden in dem wasser. [das kam vom großen schnee, der do gefallen war.]

(„Bernt Stegmann's Chronik vom Aufruhr 1525" in „Scriptor. rer. Prussicar." 5. Bd. S. 575.)

am Freytage nach Mitfasten [andere Chronisten = 15. März] / da brach die Weissel aus an dreyen Orten bey dem Schönenberge / that großen Schaden / und ward im gantzen Jahre nicht widerumb gefangen. Danzig Weichsel-Überschwemmung

(„Chronica oder Handbüchlein Danziger Geschichte" 1594, edid. Dr. F. Schwarz. S. 19.) = 16. März

au moys de may, fust le pays d'Anjou presque submergé d'eaulx d'une crue qui vint en la rivière de Loyre, et pareillement pour les pluyes continuelles, qui tout ce moys eurent cours. Et n'estoit mémoire d'homme avoir vu les eaulx si desrivées et sembloit que toute l'isle des Ponts de Sée flotast sur l'eaue, et tant continuèrent lesdites inondations que la levée rompit en plusieurs endroists, et y eut aucunes maisons fondues et submergées etc. Mai Anjou Loire-Überschwemmung

(M. Champion „Les inondations en France etc." II. S. 214 aus Bourdigné „Chroniques d'Anjou" II. S. 357.)

Mai 1526 Nevers (Départem. Nièvre) Loire-Überschwemmung

Loire. Inondation.

(M. Champion „Les inondations en France etc.“ II. S. 211 aus Archives de la mairie de Nevers. [H. Crozet]).

Annaberg i/Sa. Überschwemmung

Fulminum tempestatem Maio mense ingens eluuio secuta, pontes rumpit, ligna diripit, damnum infert segetibus.

(P. Jenisius „Annabergae Misniae urbis historia etc.“ S. 18b.)

(Auf den Gewittersturm folgte im Monat Mai eine sehr starke Überschwemmung, die Brücken zerstörte, Hölzer fortführte und den Saatfeldern Schaden zufügte.)

13. Mai Mulde Überschwemmung

Am Sonntag Exaudi ist die Mulda sehr angelauffen / . . . / auch sonsten Schaden gethan.

(Tob. Schmidt „Zwickau. Chronick“. II. S. 296.)

Umb Exaudi ist die Mulda abermahls angelauffen / daß sie Schaden gethan.

(Chr. Meltzer „Histor. Schneebergens. renovata etc.“ S. 1232.)

Zwickau Überschwemmung der Zwickauer Mulde

Eine Wasserfluth richtete an Flößholz und Gebäuden großen Schaden an.

(Dr. E. Herzog „Chronik von Zwickau“. II. S. 211.)

Glauchau i/Sa. Überschwemmung der Zwickauer Mulde

Mulde: Große Wasserflut.

(E. Eckardt „Chronik von Glauchau“. S. 440.)

15. Mai Paris Überschwemmung d. Bièvre

la Bièvre: Débordement. „qu'elle s'enfla de telle manière que la pluspart des rues du fauxbourgs S. Marcel et les maisons jusqu'au deuxiesme estage estoient dans l'eau.“

(M. Champion „Les inondations en France etc.“ I. S. 236–237 aus Corrozet „Les antiquites de Paris“. 1581. S. 242.)

30. Mai bei Sassendorf b/Soest Überschwemmung infolge eines Wolkenbruchs

up gudenstag nach Trinitatis nach mytdage borste eyn wolcke umb Sastendorpe und Loen heyn uit, also dat dair vellen droppen als arme lanck und quam in dren verdell uirs so groten water, als men sachte, dattet de tune und sumyge huser umme vloit, dat men moste den vercken de vote bynnen und werpen sey up de hilden, und alle vysschedyke gangen over und dede summygen an vysschen merklyken schaden und vell in korter tijt so groten water, dar desgelyken nummande in hundert jairen nu gedacht eyn hadde.

(„Auszüge aus den Soester Stadtbüchern“ in „Die Chroniken der deutschen Städte“. 24. Bd. S. 149.)

Sommer Lauban 5 Überschwemmungen des Queis

Sehr naß. 5 mal bedeutender Schaden durch Queiß-Überschwemmungen.

(J. G. Gründer „Chronik d. Stadt Lauban“. S. 201.)

Elister fluuius mense Junii continuis imbribus maxime et adeo auctus est vt ex undacione et diluuio suo homines et jumenta per aliquot dies ex Augie villis fugere compulerit.

Juni Elster Überschwemmung

(Paul Lange „Cronica Nevmbvrgensis ecclesiae omnium episcopor. etc." in J. B. Mencken „Scriptor. rer. Germanic." II. Sp. 70.)

(Der Elster-Fluß wurde im Monat Juni durch dauernde Regengüsse sehr stark und derart in die Höhe getrieben, daß er infolge seiner Überschwemmung und Wasserflut Menschen und Tiere nötigte, einige Tage lang aus den Dörfern zu fliehen.)

Uff den 26 tag heumonats umb die 8 stund nach mittag erhůb sich ain großer schlegregen, der weret biß uff den vierten tag on underlaß, das alle wasser byuns dermaßen zůgenommen, die wiger bech nitt allain übergloffen, sunder mitt inen brugen, wůren, mulinen, hußli, schwere stain hinweg gfůrt und zerrissen, das in langen ziten nie so große wasser so bald versamlet gesechen sind.

26. Juli St. Gallen Überschwemmung der Flüsse

(„Johannes Keßlers Sabbata. Chronik der Jahre 1523–1539". 2. Teil. edid. E. Goetzinger. S. 39.)

in nocte beati Bartholomaei apostoli hora 10 noctis inundatio aquarum citissime irrupit e nubibus delapsa, et murum circa aedem beatae Catharinae magna in parte perfringeret multaque damna hominibus inferret.

26. August Kronstadt (Siebenbürgen) Überschwemmung infolge eines Wolkenbruchs

(Lucas Grüngraß „Scheda memorialis, anno 1528 scripta cippoque sive pinnaculo turris in foro Coronensi imposita" in „Quellen zur Geschichte der Stadt Kronstadt in Siebenbürgen". 4. Bd. S. 526.)

= 24. August

(In der Nacht des seligen Apostels Bartholomäus um 10 Uhr brach eine Überschwemmung der Gewässer sehr schnell infolge eines Wolkenbruchs herein und durchbrach die Mauer bei der St. Katharinenkirche zum großen Teil und fügte den Menschen viele Schäden zu.)

die 24. Augusti zu Nacht um 10 Uhr ist ein solches Wasser aus der Belgerei oder wallachischen Vorstadt herabgeflossen, dass es die Stadtmauer bei der Katharinenkirche eingerissen und mit Gewalt in die Stadt gedrungen. Ein Wolkenbruch soll dieses verursacht haben.

(„Notizen von Thomas Tartler (1385–1613) in „Quellen zur Geschichte der Stadt Kronstadt in Siebenbürgen" 4. Bd. S. 153.)

Hoc anno ingens aquarum inundatio, impetu maximo, Pomoeria urbis Coronensis perrumpit diruitque, et ingentia damna dedit, dicunt pisces in templo Coronensi captos esse.

(„Annales Hungarici et Transsilvanici" in J. Trausch „Chronicon Fuchsio-Lupino-Oltardinum sive annales Hungarici et Transsilvanici etc." Pars I. S. 45.)

(„Auszug aus der Chronik von Simon Massa, Marcus Fuchs und anderen" in „Quellen zur Geschichte der Stadt Kronstadt in Siebenbürgen" 4. Bd. S. 76.)

(In diesem Jahre riß eine ungeheure Überschwemmung der Gewässer mit großer Gewalt die Maueranger der Stadt Kronstadt ein, zerstörte sie und verursachte ungeheure Schäden, und es sollen Fische in der Kirche von Kronstadt gefangen worden sein.)

In der Nacht sind die Gewässer bei Chronen [Kronstadt] ausgeschüttet, und mit großen Sturm und Wind nach Chronen geflossen, alle pomaria vernichtet, und die Mauern der Stadt an vielen Orten durch sothane große Gewalt gestürtzet, und anderley viel Schaden und Elend verursachet worden.
(Chronist: Andreas Scherer (Rasoris) aus Hermannstadt)

(„Album Oltardianum" in E. v. Trauschenfels „Deutsche Fundgruben zur Geschichte Siebenbürgens". Neue Folge. S. 5.)

° („Wand-Chronik der Kronstädter evangel. Pfarrkirche" in „Quellen zur Geschichte der Stadt Kronstadt in Siebenbürgen". 4. Bd. S. 6.)

° („Auszug aus einer alten Chronik verfasset von Paulo Sutoris, einem Kronstädter (1203–1620) in „Quellen zur Geschichte der Stadt Kronstadt in Siebenbürgen". 4. Bd. S. 12.)

° (Joseph Teutsch Auszug aus „Besondere Nachricht vom Burzenland (1238–1867)", mit Nachträgen von Jos. Trausch in „Quellen zur Geschichte der Stadt Kronstadt in Siebenbürgen". 4. Bd. S. 53.)

° („Auszug aus „Res actae quaedam in partibus Hungariae et Transsilvaniae, consignatae a Simone Nösnero etc. 1396–1619." in „Quellen zur Geschichte der Stadt Kronstadt in Siebenbürgen". 4. Bd. S. 155.).

° (Auszug aus „Annotata quaedam (1440–1691)" (Verfasser unbekannt) in „Quellen zur Geschichte der Stadt Kronstadt in Siebenbürgen" 4. Bd. S. 342.)

° (Auszug aus „Calendarium Historicum" von Martin Ziegler in „Quellen zur Geschichte der Stadt Kronstadt in Siebenbürgen". 4. Bd. S. 528.)

° („Nachrichten von Martin Oltard von der Wandchronik der Kronstädter Kirche" in „Archiv des Vereins f. siebenbürg. Landeskunde". 4. Bd. 1. Heft. S. 119.)

3. März 1527 Paris Seine-Überschwemmung

Chute d'une maison ruinée, par l'eau près de la porte Saint-Honoré.

(E. Clouzot „Les inondations à Paris etc." S. 98 aus „Mém. Soc. Hist. de Paris". XXII.)

April oder Mai Loire Überschwemmung

Une inondation merveilleuse fist un grand dégast à Saumur.

(M. Champion „Les inondations en France etc." II. S. 215 u. 222. aus Bourneau „Déluge de Saumur" und Hiret „Antiq. d'Anjou". 1609. und Roullé-Courbe „Inondations du départem. d'Indre-et-Loire". S. 589.)

incontinent après Pasques [12. April], jusques en juing ensuivant, ne cessa de plouvoir et faire froid, dont les rivières tant de Seine que de Loire se débordèrent, et firent moult de dommaige et mesmement à l'entour de Paris, comme ès faulxbourgs de Sainct-Marceau, ou elle fist choir plusieurs maisons et caves. Mitte April—Juni 1527 Paris u. Umgebung Seine-Überschwemmung

(„Journal d'un bourgeois de Paris sous le règne de François I (1515 bis 1536)", edid. L. Lalanne in „Soc. de l'hist. de France". Bd. 75. S. 328.)

La disposicion de ce present moys a esté la plus merveilleuse que oncques vivant n'avoit veu auparavant, car il pleust tous les jours, reservé le penultiesme jour, et en grande habondance, . . . Aussy les rivières de Loire de Loing et toutes les autres de ce pays desbordèrent et abatirent plusieurs maisons, et principallement Loire, et disoit on qu'il y avoit eu plus de troys milles personnes noyez et que l'eau avoit esté par dessus le pont d'Orleans jusques à la pourtraicture de la Pucelle estant sur ledict pont d'Orleans; et avec ce, en plusieurs villes y eust beaucoup de edificez desmollis de par l'impétuosité desdictes eauez, si merveilleuses que vivant ne les avoit veuez en ceste saison . . . Mai Frankreich Überschwemmungen der Flüsse, z. B. der Loire und Loing

(„Chronique parisienne de Pierre Driart etc." edid. F. Bournon. S. 126/27.)

Une inondation grande. 14. Mai Umgebung von Bourges Überschwemmung

(H. Duchanssoy „Etude climatolog. du départem. du Cher." S. 10 aus La Thaumassière. „Hist. du Berry". I. S. 345.)

environ uize heures du matin, la rivière et Biefvre, laquelle passe par l'hostel de ceans, fut sy très grosse et sy très impetueuse qu'elle rompit plusieurs edifices à Sainct-Marcel et estoit grosse pitié de la veoir, car elle venoit jusques devant l'église Sainct-Médart, . . . L'eau couvrit tout le pré de ceans, et fut l'erbe fort dommagée . . . 15. Mai Paris Überschwemmung der Bièvre

(„Chronique parisienne de Pierre Driart etc.", edid. F. Bournon. S. 125.)

Loire se desborda, rompit les levées, destruisit et renversa plusieurs maisons . . . et tellement se grossit qu'elle se joignit avec Loiret. 15.—18. Mai Orléans Loire-Überschwemmung

(M. Champion „Les inondations en France etc." II. S. 215 aus Le Maire „Hist. d'Orléans". ch. 45.)

Seine: à dix heures du matin, elle atteint la croix de Saint-Médard. 15. Mai Paris Seine-Überschwemmung

(E. Clouzot „Les inondations à Paris etc." S. 98 aus Bibl. nat. manuscr. fr. 2206 n⁰ 106, fol. 155.)

. . . , et ladicte rivière de Biefre, . . . diminoit fort jusques à ce que la grand rivière de Sceine fust plaine, laquelle la fist regorger, et alors fut plus grosse que auparavant, l'espace de huit ou dix jours, avant aue de decroistre, dont vint et fut la cause du dommaige. nach 16. Mai Paris Überschwemmung der Bièvre

(„Chronique parisienne de Pierre Driart etc.", edid. F. Bournon. S. 126.)

28. Mai 1527 Tours Überschwemmung der Loire und des Cher

A une chapelle de Saint-Sébastien qui est au faubourg Saint-Étienne, on lit sur un marbre plaque contre la muraille qui respond sur la rue: La rivière de Loire et du Cher ont esté jusqu'à cette pierre de marbre le vingt-huistiesme may 1527.

(M. Champion „Les inondations en France etc." III. S. 4.)

Juni Annaberg i/Sa. Überschwemmung

Inundatione Junio mense damnum illatum est macello, aedificiis, molendinis.

(P. Jenisius „Annabergae Misniae urbis histor. etc." S. 18b.)

(Durch eine Überschwemmung im Monat Juni erlitten Markt, Gebäude und Mühlen Schaden.)

25. Juli— 29. Sept. NO. Deutschland Überschwemmungen der Flüsse

So ergossen sich in Preusen von wegen des stetigen regens die fliesser grausam sehr, das das wasser unuberwindlichen schaden thett, die temme ausrissen, viell muhlen wegktrieben, dorfer und hofe umbwarf.

(„Simon Grunau's preußisch. Chronik". Tractat XXIII. § 146 in „Die preußisch. Geschichtsschreiber d. 16. u. 17. Jahrhunderts". Bd. III. S. 244.)

1528 Decise (Départem. Nièvre) Überschwemmung der Loire

Loire. Une inondation causa des ravages aux ponts de Decize.

(M. Champion „Les inondations en France etc." II. S. 216 aus „Tresvaux de Berteux. Annales de la ville de Decise". S. 65.)

12. Mai Hall (Württemberg) Überschwemmung d. Kocher

Item am dinstag nach cantate eodem anno ist bey dem streyttbusch bey Weckhrieden ain wolckenbruch eingefallen – und doch zu Hall nit geregnet – so gehlingen ein grosz wasser khommen, dz iederman ausz der statt zu Hall geloffen, dz wasser zu besichtigen. Ist über die brückhen beym siechhausz ganngen. Das wasser ist erstlich mit ainem grossen gereusch daher geloffen aines mans hoch, und vil büsch und reysach mit gefurt.

(„Widmans Chronica. Haller Annalen" in „Württemberg. Geschichtsquellen". 6. Bd. S. 361.)

Sommer Gegend von Rössel i/O. Überschwemmung

Durch vielfaltigen und steten regen wusch die stadtmaur an der stadtt Resell umb, das auch die grundttstein heraus kamen. Auch sturzten alle muhlen an dem fliess Alla und Frisching und rissen viell gewaltiger schleusen aus. Solcher schade geschahe nichtt überall, sondern nur zehen meilen lang und breidtt von Resell gen Gerdauen.

(„Simon Grunau's preußische Chronik". Tractat 23. § 160. in „Die preußisch. Geschichtsschreiber d. 16. u. 17. Jahrhunderts". Bd. 3. S. 266.)

1. Juni Paris Seine-Überschwemmung

la rivière de Scene desborda, laquelle fit moult gros dommaige, . . .

(„Chronique parisienne de Pierre Driart etc.", edid F. Bournon. S. 132.)

Juli Krakau Weichsel-Überschwemmung

mense Julio tantum effluxerat et inundaverat, quod usque ad curiam dictam Lobzow in Nigra villa attingerant aque, et ex altera parte Wysle, usque ad monticulos, sic, quod omnes ortos, campos, prata, agros cum frumentis . . . Et iste aque fecerunt maius dampnum, quam ipse ignis, ... Et hominum trecentos suffocaverat, ...

(„Rocznik Swietokrzynski“ in A. Bielowski „Monum. Polon. histor.“ Tom. III. S. 105.)

(Im Monat Juli stiegen die Gewässer so stark an und traten über ihre Ufer, daß sie bis zur Kurie Lobzow in der „Schwarzen Vorstadt“ (?) reichten, und von der andern Seite die Weichsel bis zu den Hügeln, und zwar so, daß alle Gärten, Felder, Wiesen, Äcker mit dem Getreide [unter Wasser standen]. Diese Wasser machten mehr Schaden als selbst Feuer ... 30 Menschen ertranken.)

Umb Dominici war ein gros trefflich Wasser in der Weissel / und im Hinderlande. Um 5. August 1528 Danzig Weichsel-Überschwemmung

(„Chronica oder Handbüchlein Danziger Geschichte“. 1594. edid. Dr. F. Schwarz. S. 20.)

Es ist eine plötzliche Wasserfluth entstanden / als bey Menschen Gedencken nicht gewesen / und hat im Spital viel Vieh erträncket. 29. Oktober Zittau i/Sa. Neiße-Überschwemmung

(J. B. Carpzow „Analecta Fastorum Zittaviensium etc.“ 5. Theil. 3. Kapit. S. 262.)

Großes Wasser. Viel Schaden. Lauban Queiß-Überschwemmung

(J. G. Gründer „Chronik d. Stadt Lauban“. S. 203.)

Aussy ledict moys fut fort pluvyeux, ..., et desborda la rivière de Scene par deulx fois ledict moys. Dezember Paris Seine-Überschwemmungen

(„Chronique parisienne de Pierre Driart etc.“, edid. F. Bournon. S. 136.)

Inondation. 1529 Rhone Überschwemmung

* (M. Villard „Météorol. région.“ S. 58.)

In diesem Jahre waren schreckliche Gewitter und Überschwemmungen, viele Menschen und Tiere gingen zu Grunde. Südl. Bayern Überschwemmungen

(M. Schaidler „Chronik des ehemalig. Kaisersheim (Kaisheim) etc.“ S. 138.)

Es hat die Sale viel Brücken, Häuser und Vieh hinweg geführet. Saale Überschwemmung

(„Zusätze zum Pirnischen Mönche“ in Chr. Schöttgen u. G. Chr. Kreyßig „Diplomat. u. cur. Nachlese etc.“ I. S. 276.)

Eine Wasserfluth in Folge eines unerhört starken Regens, der 40 Stunden ununterbrochen anhielt. Die Saale wurde dadurch so mit Wasser angefüllt, daß sie in Martinsdorf und Wethau allein gegen 20 Häuser und Scheunen mit sich fortriß. Naumburg (Saale) Saale-Überschwemmung

(W. Bernhardi „Chronik der Stadt Naumburg etc.“ S. 287.)

In diesem Jare hatte sich die Elbe oft ergossen und sein 16 wasser nach einander in diesem Jare komen, hat großen schaden an wiesen und gras gethan, auch viel Elbe bei Magdeburg 16mal Überschwemmung

Dorfer im Barbyschen [Gegend an der Einmündung der Saale in die Elbe] winckel weggetrieben.

(„Fortsetzung der hochdeutschen Übersetzung der Magdeburg. Schöffenchronik" in „Die Chroniken der deutschen Städte". 27. Bd. S. 11.)

1529 Wittenberg Elbe-Überschwemmung

Elbe ziemlich hoch angeschwollen, daß sie in die Stadt durch die unteren Schießlöcher an der Festung eingedrungen.

(C. G. Poetzsch „Chronolog. Geschichte der großen Wasserfluthen des Elbstroms etc." S. 43 aus Mathesius „Vit. Lutheri Conc. VII. S. 176 u. 242. ex manuscr. Annal. Vitteb.)

Schönebeck (Elbe) Elbe-Überschwemmung

Elbe: verheerende Überschwemmung.

(F. Magnus „Geschichte der Stadt Schönebeck a/d. Elbe." S. 8.)

Dresden Elbe-Überschwemmung

Elbe: Wasserfluten.

(Dr. W. Schäfer „Chronik der Dresdener Elbbrücke etc." S. 25 aus Brückenamts-Register.)

Chemnitz Überschwemmung der Chemnitz

Die Chemnitz trat über ihre Ufer und riß vor dem Chemnitzer Thore die Kapelle der heil. Ottilie weg.

(J. Th. Pinther „Chronik der Stadt Chemnitz etc." S. 38.)

Guben Neiße-Überschwemmung

Großes Wasser.

(K. Gander „Geschichte der Stadt Guben". S. 94.)

Fastenzeit Forst (Lausitz) Neiße-Überschwemmung

Starke Überschwemmung.

(J. Chr. Schneider „Chronik der Stadt etc. Forst". S. 320.)

7. März Weichsel Überschwemmung

Am tage Letare war die Weissel so gros, daß sie an vielen Enden überlieff / ins kleine Werder / und alle Gärten voll.

(„Chronica oder Handbüchlein Danziger Geschichte" 1594. edid. Dr. F. Schwarz. S. 20.)

21. März Zittau Neiße-Überschwemmung

Es ist eine grosse Fluth kommen.

(J. B. Carpzow „Analecta Fastorum Zittaviens. etc." 5. Theil. 3. Kapit. S. 262.)

2. Mai Troyes Seine-Überschwemmung

Les eaux s'élevèrent à une hauteur si considérable qu'elles rompirent le grand pont de Saint-Jacques.

(M. Champion „Les inondations en France etc." S. 18 aus Archiv. municipal. de Troyes.)

Der Rin ist ouch wunderbarlich groß gesin von Straßburg hinab biß unnder Cöln, hat ouch grossen schaden gethon an fruchten und gebuwen. Sommer 1529 Rhein Über-schwemmung

(„Die Chronik des Laurencius Boßhart von Winterthur. 1185–1532", edid. K. Hauser in „Quellen z. Schweizer. Reformationsgeschichte". 3. Bd. S. 161.)

..., vonwegen daß fast ain nasser summer und herbst ist gewessen.und alle wasser fast groß und vor regen die frucht nit haben zeitig werden künden; ... Sommer—Herbst Südbayern Überschwemmungen

(„Die Chronik von Clemens Sender" in „Die Chroniken der deutschen Städte". 23. Bd. S. 218–219.)

Der Sommer was auch daß iar ser feucht vnn Renick. Die Elster wuchs drey mol ßo groß, daß sihe mer den Mannes hoch außliff vnd bedeckt die gantze Aw. Thal mit Mulen. brucken. zigelscheun. heußern. zu mol in Dorffern. mit Ecker vnn wissen. mit getrede vnd hewe. eynreissen vnn wegkfuren grossen schaden. Also daß die von leypzick yren schaden alleyn auff funff tausent gulden anschlugen. Die Mulde ertrenckt vnn vorterbt den von Zwickaw alle yhr pyr. furt yn alle yhr holtz weck. that yn daran vnn mit kellern. Mulen. prücken. weren vnn andern gepewen eynreyssen bey sechs tausent gulden wert schaden. Sommer M. Deutschland Überschwemmungen, z. B. Elster u. Mulde

(Paul Lange „Chronik des Bistums Naumburg und seiner Bischöfe", edid. Dr. Köster. S. 71.)

Elster: Große Wasserfluth. Oelsnitz (Sa.) Überschwemmung der Weißen Elster

(Dr. J. G. Jahn „Urkundl. Chronik der Stadt Oelsnitz etc." 1872. S. 408. 1841. S. 307.)

... hat es vast geregnet, und warend die wasser groß im höwet; in der korn- und haberern was fücht wätter. Die Lindtmagt [Limmat] ze Baden ist so groß den ganntzen sumer gesin, das man von grossen bedern zu den kleinen bädern nieman hat mögen uberfüren von Ostern [28. März] biß Bartholomei, ja ouch lang darnach. N. Schweiz Limmat-Überschwemmung

(„Die Chronik des Laurencius Boßhart von Winterthur 1185–1532", edid. K. Hauser in „Quellen z. Schweizer. Reformationsgeschichte." 3. Bd. S. 161.)

Des summers, als dann die gebirg treffenlich schnee truogend, wurdend die wasser ser groß, dann es ouch fast regnet. Kanton Glarus Überschwemmung

(„Valentin Tschudi's Chronik der Reformationsjahre 1521–1533", edid. Dr. Joh. Strickler. S. 76.)

Wie dann dißer sommer gantz fucht und vil regens, das die wasser vil schaden gethůn, ... Kanton St. Gallen Überschwemmung der Flüsse

(„Johannes Keßlers Sabbata. Chronik der Jahre 1523–1539". V. Buch, edid. Dr. E. Goetzinger. S. 226.)

1529 2. Juni Zittau Überschwemmung der Neiße

Neiße: Große Wasserflut.

(J. B. Carpzow „Analecta Fastorum Zittaviens. etc." 5. Theil. 5. Kapit. S. 262.)

Um 8. Juni Colmar i/Elsaß Überschwemmung der Ill

Es war das Wasser so groß, daß man in einem Weidling von Heilig-Creutz nach Colmar fahren konnte. Das Wasser kam so schnell, daß einer in Neuland auf einem Kirschenbaum sich über dem Essen versäumt hat, . . .

(„Sigmund Billings kleine Chronik der Stadt Colmar", edid. A. Waltz. S. 60.)

9. Juni Hettstedt (im Mansfeldischen) Überschwemmung der Wipper

Der Hadeborn so groß ist gewesen, daß er Schafe und Kühe mit sich durch die Wipper geführet; er ist auch den Leuten in die Häuser gangen und viel Schaden gethan, hat mit seinem starken Einfluß die Wipper auffgehalten, daß sie nicht hat können fliessen, davon ist die Wipper gewachsen, und das Brau-Hauß im Mönch-Hofe umgeworffen.

(Andr. Hoppenrod „Kurtzer und einfältiger Bericht von der Stadt Hettstädt". 1564. in Christ. Schöttgen und Chr. Kreissig „Diplomat. u. curieuse Nachlese d. Histor. v. Ober-Sachsen". 5. Theil. S. 126–130.)

13. Juni Gebweiler Überschwemmung

Item auf sontag zu nacht vor St. Vitz tag, da kam ein regen vnd treib das die nacht vnd den tag, aber die nacht war kein aufhören, es kamen zwen erdbruchen in Sultzberg zu Vffholz, ein brug zu Vffholz thet das waßer so großen schaden, . . .

(„Hans Stoltz's Vrsprung vnd Anfang der Statt Gebweyler, edid. J. Sée. S. 49.)

13.—15. Juni Villingen Überschwemmung der Brigach

Item uff sontag for sant Vitztag (13. Juni) umb die zway nachmittag fieng es an zů regnen und traib ess die gantz nacht mornens am gůtentag den gantzen tag dermaß so fasst, das es ain wunder was, und traib es so fast die gantz nacht, das das wasser am zinstag, an sant Vitztag (15. Juni), so groß was, das man am zinstag am morgen zwischen funffen und sechsen [am morgen] zu unzitt rantt lutt uber das wasser, dan ess war so groß, das es uber des apts wiger zů Minchwiller uber die wůr floß und hie uber all gertten vom Oberthor gantz und gar, das nutt anders war zů sehend dan wasser; es lieff bis uff die brug form Oberthor, das man sy beschwern můst mit großen stainen. Da was groß nott und angst.

(„Heinrich Hugs Villinger Chronik von 1495–1533", edid. Dr. Christ. Roder. S. 177.)

Um 15. Juni Villingen, Basel Brigach und Birsig-Überschwemmung

Item umb sanct Veits tag kam ain grosser regen, lieffen des abts weyer uber, verwuost die gärten und leitet man zue unzeit in rath. man beschwerdt die bruckhen vorm oberthor mit grossen stainen, das sie nit hinweg flussen. Zue Basel flötzt es die Metzgibenckh hinweg, thet in kromgeden für zway mahl hundert taussent guldin schaden.

Überschwemmung des Neckars

Der Neckher ryß all bruckhen hinweg.

(„Villinger Chronik" in F. J. Mone „Quellensammlung etc." 2. Bd. S. 107.)

Item das selbig wetter und regen ging dûrch das gantz land allenthalb, am Rin zû Bassel in der statt floczt es imma die mecze und die meczbenck hinweg und ir mintzhus und tett dermas schaden an hussern und an frûchten in allweg, das man sagt, sy hetten zway maul hundert tussend gullde fûr den schaden geben, der in dozûmaul zûstand. Item am Necker ab und ab bis under Haidelberg belaib kain bruck gantz, der Necker floczt alles hin. Item von dem wasser, das dozumaull was, was kain mensch uff erd, der mochte gedencken solich not an lutten, die allenthalben hertruncken warend, und an mengen ortten gantze dorff hinweggefleczt; darvon ist nit zû schriben im gantzen land.

13.—15. Juni 1529 Rhein, Neckar Überschwemmung

(„Heinrich Hugs Villinger Chronik von 1495–1533", edid. Dr. Christ. Roder. S. 177.)

dises wasser thate in villen orthen im Elsas einen überaus grossen schaden: Nur ale inzu Meyenheim vndt Rexenheim geschwigen in anderen orthen, ertranckhen in denselben zweyen dörfferen über die 1000 haupt stückh vich, ohne die schaff und schwein. . . . Zu Collmar kunte man in 14 tagen kein vndt vich aus der statt auff die weid treiben. man sache an villen orthen nichts dan wasser vndt wasser.

14. Juni Elsaß Überschwemmungen der Flüsse

(„Die Gebweiler Chronik des Dominikaners Fr. Seraphin Dietler", edid. Dr. J. v. Schlumberger. S. 151.)

Eßlingae pridie S. Viti pluuia coepta, durabat quatuor dies et noctes continenter. Vocatur S. Veitsguß. Sensit eam pluuiam et Hala. Tunc Cocha excrescente, plurimum damni accidit, praesertim elixatoribus Salis. Circa Nicrum (Eßlingae, Canstadii, Lauffae etc.) multi pontes destructi, et aedificia: foenum, aquis foedatum et corruptum: homines, inundati et suffocati.

14.—17. Juni Eßlingen, Cannstadt, Lauffen, Hall i/Württbg. Überschwemmung des Neckars und der Kocher

(M. Crusius „Annal. Suevicar." Dodek. III. S. 606.)

(Zu Eßlingen begann am Tage vor dem St. Vitustage ein Regenguß, der 4 Tage und Nächte hintereinander anhielt. Er wird S. Veitsguß genannt. Auch Hall spürte diesen Regenguß. Dort stieg die Kocher stark, richtete sehr großen Schaden an, besonders bei den Salzsiedern. Am Neckar (zu Eßlingen, Cannstadt, Lauffen etc.) wurden viele Brücken und Gebäude zerstört, das Heu durch das Wasser übel zugerichtet und verdorben, Menschen ertränkt.)

umb Johannis Baptiste (24. Juni) waren fast groß regen an allen orten und enden, dardurch die wasser fast zunamen, theten mörcklichen schaden und insunder am Necker, als Eßlingen, Kantstatt, das es gantze hewser, fuch, mentzen, leib und gut hinwegfueret.

[um 15. Juni] Neckar Überschwemmung

(„Weißenhorner Historie von Nicolaus Thoman" in Dr. F. L. Baumann „Quellen zur Geschichte des Bauernkrieges in Oberschwaben". S. 155.) = um 24. Juni

° (M. Crusius „Schwäbische Chronick etc." edid. J. J. Moser. II. S. 222 bis 223.)

14. Juni 1529
Basel
Überschwemmung
des Birsig

Als man zalt von der geburt unssers heillandz Christi Jhesus 1529 jor uff den fierzechenden tag brochmonatz um die nünde stund vor mittag kam in schneller yll ein sollich grosz wasser, desglich vor nie erlebt ist worden. Es wart der Birsick so grosz, das er sich an den Steinnen schwald und stiesz die klostermuren um, desglich der weber hinderhusz und gartten, lieff also an den Steinnen in alle hüser und in die kilchen, so hoch das kein man so lang ist, ders mit der hand erreichen mocht, wan er uff dem herdt stund. Es schwald sich ouch under der Scholl, das es in der Schol [Metzg] al benck und trög hinweg furt, desglich die Schintbrucken furt es ouch hinweg, und schwald sich mit dem holtz allen, das das wasser sin louff nit haben mocht, und schwald sich ie lenger ie fester, das es hinder dem Kornmercktbrunnen ouch uszbrach, desglich im kouffhusz, lieff allenthalben zusamen, es lieff schiffrich von den Steinnen die Gerwergasen ab eins halben mans hoch, es schwald sich ouch under der Kutdelbruck, das es bim Schlüsel hinab lieff, ouch eins halben mans hoch, und wart am Kornmerckt alsz ein see, das richthusz wart vol, das es eins mans hoch im richthusz wasz, lieff also die Brotlouben herab und hinder der Schol herfür bisz zum Imbergesly und schiffrich eins halben mans hoch den Fischmerckt hinab. Dowasz es alsz ein see, dan es lieff bim Saltzhusz aby und by der Kronnen [= Gasthof zur Krone]. Es zerbrach das gwelb im kouffhusz . . . Es thet ouch susz in hüseren und lädnen grosen schaden, dan wasz es ergreyff, must hinweg. Es zerbrach und furt den Kornmercktbrunnen hinweg: stock, dach, trog und alsz. Es zerbrach ouch susz an vil ortten die gwelb und besetzte, es möcht im nieman werren, dan es zu ubergrosz, schnel und dieff wasz. das nieman zum andren kumen mocht, das einner dem andren wer zu hilff kumen . . . es thet ouch susz vil schaden uff dem land bisz hinab gon Hapesen [= Habsheim i/Els.], Sennen, Ensen und Mülhusen, verwüst vil heuws, ertranckt vil fiech und lüt, man fur hie allenthalben in der stat mit weydlingen. Dises waser weret etwan by zwo stund lang, verlieff es wyder allenthalben, aber grosen mercklichen schaden hat es thon an der stat und an gutt den burgeren.

(„Die Chronik des Fridolin Ryff 1514–1541" in „Basler Chroniken" 1. Bd. S. 104.)

Mentags, den 14. tag brach monats anno 1529, uff die 9. stund vor mittag, ward der Birszeck das wasser an Steinen so grosz, das alle hüser an Steinen, am Birszeck gelegen und dargegenüber, ouch das closter an Steinen, alle im wasser stunden . . . Und was von hüseren was zu beiden sitten [nämlich zu beiden Seiten des Birsigs bis an den Hügel], vom Eselthürnlin durchnider, am Kornmerckt und am Fischmerckt bisz in Ryn, was alles garnåch mans hoch vol wasser. Was so grosz und starck, das es ein geladen schiff het tragen . . . Söllich wasser thet der statt an muren, gewelben und brucken grossen schaden . . . Dann sollichs wassers hett sich nieman versehen, was vor nie gehört worden. Wiewol, eeh das wasser kam, regnet es ein tag und ein nacht on underlåsz. Und weret die ungestimmy des wassers von morgen an umb die nünde stund vor mittag bisz uff mittag, do lisz es nåch. Was ein erschrockenlich wasser.

(„Die Chronik Konrad Schnitts ete." in „Basler Chroniken". 6. Bd. S. 132–134.)

° („Aufzeichnungen eines Basler Karthäusers aus der Reformationszeit" in „Basler Chroniken" I. S. 485.)

° („Die Anonyme Chronik bei Cosmas Ertzberg. Ertzbergs eigene Aufzeichnungen" in „Basler Chroniken". 6. Bd. S. 336.)

° („Die anonyme Chronik bei Schnitt sammt Fortsetzung" in „Basler Chroniken". 6. Bd.)

° („Johannes Keßlers Sabbata. Chronik der Jahre 1523–1539" edid. Dr. E. Goetzinger. V. Buch. S. 226–227.)

° („Valentin Tschudi's Chronik der Reformationsjahre 1521–1533", edid. Dr. Joh. Strickler. S. 76.)

° („Chronik des Andreas Lettsch" in F. J. Mone „Quellensammlung der badischen Landesgeschichte" 2. Bd. S. 54.)

° („Die Chronik des Laurencius Boßhart von Winterthur 1185–1532", edid. K. Hauser in „Quellen zur Schweizer. Reformationsgeschichte". 3. Bd. S. 160–161.)

° („Die Berner Chronik des Valeriaus Anshelm". 5. Bd. S. 397.)

° (Christ. Wurstisen „Baßler-Chronick etc." II. S. 623.)

° (J. Stumpff „Schwytzer Chronica". S. 274.)

° („Hans Stoltz's Vrsprung vnd Anfang der Statt Gebweyler", edid. J. Sée. S. 49.)

Den 15 May [Juni] kam ein groß wasser in alle land und thet großen schaden, ... 15. Juni 1529 Elsaß Überschwemmungen der Flüsse

(„Straßburg. Jahrgeschichten" in F. J. Mone „Quellensammlung etc." II. Bd.) = 15. Mai

... unnd regnet bis morgens wider umb mittag, setzt an einem regen. Da ward der Koch also grosz, das alles gewerd im haal erdranckh. Es warff vil holtz im ackher [d. rechte flache Kocherufer oberhalb d. Stadt], stainach, und oben in den weiden uff dem kysz vil alts und news holtz umb, das schub sich also gewaltig hinein in den pferrich, das der grosze flusz beim Mayersheuszlin hinab dem werckhaus zuflusz. Dazumal thet es auch derselben segmüllen gar groszen schadenn, deszgleichen vor nie geschehen; es sties das heimlich gemach uff dem Underwerth umb, flusz vil holtz und wasser uber denn underwerth, es hat den siedern ob tausent guldin schaden im haal gethon. Dis gusz hat am Neckher vil pruckhen, schewren unnd heusser weggefürt, ... Hall i/Württbg. Überschwemmung der Kocher

(„Joh. Herolts Chronica" in „Württemberg. Geschichtsquellen". 1. Bd. S. 149.)

Anno 1529 war der Koch so groß an sanct Veytstag, dz er über den Underwert gieng, dz sprachhaus 10 schuch hinder sich gestossen. Es furt ain stain auf den Underwert 14 centner schwer, stieß auch alle staine sewlen umb; schützt sich dz holtz für die stattmaur dz man meint, es wurds umbstossen, und verderbt alles haw [= Heu] den Kochen auf und ab.

(„Widmans Chronica" Haller Annalen in „Württemberg. Geschichtsquellen" 6. Bd. S. 378.)

15. Juni 1529 Württemberg Kocher-, Neckar- und Donau-Überschwemmung

Eodem anno ann sannct Veyts hat es zween tag darvor greulich an ainander geregnet, und sein geling die wasser so groß worden, dz es dz futter uberal beschissen. Der Koch gieng über den Unnderwert. Het an andern ortten grossen schaden gethon, nämblich zu Lauffen am Neckher hatts funffzehen heuser und schewren hingefurt, sein daselbst und zu Hailbron ob zwaintzig menschen ertrunckhen. Der Neckher hat die brückhen zu Cannstatt hingefürt, von Eßlingen biß gen Cannstatt ob zweyhundert morgen ackher und weingardt verwustet und hingefurt. Item zu Eberbach am Neckher gelegen hatt derselb vorm stettlin ettlich heuser umbgestossen unnd ... Der Rein ist zwo meil außgeloffen und grossen schaden gethon, deßgleichen auch die Thonaw, die ist acht tag innen gestannden, ehe sie wider gefallen.

(„Widmanns Chronica Haller Annalen" in „Württemberg. Geschichtsquellen" 6. Bd. S. 362–363.)

Neckar Überschwemmung

war auff sanct Veytts tag ein gar grussams wasser im Tyschland, das kein man gedennckt, das ich es gesechenn hab, so ist es alles vonn unndenn auff ganngenn und obenn herab geregnett. Dasselb mall bin ich zu Heidellberg gewessenn, da leiff das wasser yber die bruckenn auss und in die statt bys zu dem haeilligenn gayst. Das selb mall kam ich genn Helbronn, da ward das wasser so gross, das es auff denn margtt ist gangenn ... Darnach allhie zu Esslingen ist es bys auff denn Fyschmargttbrunnenn gangenn, ... Es verderbtt auch im Neckerttall ann allenn orttenn das heuw ...

(„Dionysius Dreytweins Eßlingische Chronik (1548–1564)", edid. Adolf Diehl. S. 8–9.)

Cannstadt Überschwemmung des Neckars

Neckar: Starke Überschwemmung. Die Brücke wurde fortgerissen und die Stadtmauer an 2 Stellen durchbrochen.

(J. D. G. Memminger „Cannstadt etc." S. 6.)

Heilbronn Überschwemmung des Neckars

Große Überschwemmung.

(Dr. Fr. Dürr „Heilbronn. Chronik". S. 93.)

Oberfranken Überschwemmung der Flüsse

In diesem jahr, umb s. Veits tag kam aus einem zweitägigen regen ein groß gewesser, welches merklichen und mechtigen schaden thet. Und wo es die leut uf dem feld an etlichen orten betraf, konnten sie der gehlingen flut schwerlich entrinnen. So wurde auch das getreid und hew uf dem feld weggefuhret, wie dann auch gantze hewser sambt den einwohnern.

(„Enoch Widmann's Chronik der Stadt Hof" in „Quellen z. Geschichte der Stadt Hof", edit. Christ. Meyer. I. S. 136.)

° (Sebast „Franck Chronica" 1536. S. 279a.)

In selben tagen ist ouch ze Überlingen das wasser so groß gesin, das es die ringmur an der statt zum teil ummbgeworfen und grossen schaden gethan an husern und gebuwen. 15. Juni 1929 Bodensee Über-schwemmung

(„Die Chronik des Laurencius Boßhart von Winterthur. 1185–1532", edid. K. Hauser in „Quellen z. Schweizer. Reformationsgeschichte." 3. Bd. S. 151.)

es ist auch groser regen gewessen, darumb alle fliessende wasser sind ausgangen und haben allentalb das abgemeidt gras und hai hinwegk gefiert . . . 29. Juni Augsburg Über-schwemmung des Lech und der Wertach

(„Die Chronik von Clemens Sender" in „Die Chroniken der deutschen Städte". 23. Bd. S. 218–219.)

Es hot auch von Margarethe an biß vincula Petri als geregenet, . . . vill ding haben auch, als frücht, gebeu, an etlichen enden schaden genommen von ubberfluß der wasser und sonderlich Straßburg, Basel; zu Heidelberg ist es ubber die brucken gangen und den mereren teil hinweg gefuert. man hat auch nit mogen malen gewesser halben. hot gewert den ganzen hirbst und lenger, . . . 13. Juli—1. Aug. Rhein, Neckar Über-schwemmungen

(„Wolfgang Königsteins Tagebuch" in „Quellen z. Frankfurt. Geschichte", edit. Dr. H. Grotefend. II. S. 139 u. 142.)

Am S. Lorentz Abend ist ein überaus grosses Ungewitter mit Donner, Blitz und Regen gewesen. Von dem grossen Regen hat sich die Werra ergossen, und ist zumal allhier sehr groß worden. 9. August Meiningen Über-schwemmung der Werra

(J. S. Güth „Poligraph. Meining." S. 174.)

Am Abend Laurentii kam ein groß Ungewitter, und regnete 3 Tage, daß die Eine und Wiper sehr groß wurden, die Eine gieng vor St. Margarethen Kirchhof auf die Oberste Treppe, die Wipper in der Nordweise über alle Zäune, . . . , zu Märingen hatte es viel Leuten die Häuser eingeworffen, und grossen Schaden gethan. Aschersleben Über-schwemmung der Eine und Wipper

(„Chronicon Ascaniense" in C. Abel „Sammlung Etlicher noch nicht gedruckten Alten Chronicken". S. 605.)

(K. v. Zittwitz „Chronik der Stadt Aschersleben." S. 155/56.)

Abends türmte sich ein starkes Gewitter auf, worauf es 3 Tage hintereinander regnete. Überschwemmung der Wipper, sehr großer Schaden auf den Feldern, mehrere Häuser eingerissen. Mehringen b/Aschersleben Über-schwemmung der Wipper
[aus v. Zittwitz „Chronik der Stadt Aschersleben]

(Ew. Kühne „Geschichte des Dorfes Mehringen" in Mitteilungen d. Ver. f. anhalt. Gesch. u. Altertumsk." 3. Bd. S. 36.) = 10. August

Im selben Sommer ist am S. Lorentzabend ein grausam Ungewitter entstanden mit starkem Donder, Wetterleuchten und Blitzen, brausenden Winden und starkem Regen. Und ist gegen Abend der Hadeborn dermaßen gewachsen, daß er den Leuten dran wohnend, zu Fenstern und Läden hinein gangen. Hettstedt (im Mansfeldischen) Über-schwemmung des Hadeborn

(Cyr. Spangenberg „Mansfeld. Chronica". 4. Teil. S. 277.)

10. August 1529 Hettstedt (im Mansfeldischen) Überschwemmung der Wipper

Den andern Tag hernach hat auch gegen Abend die Wipper sich ergossen und ist so schrecklich groß worden, daß dergleichen zuvor bey Menschen Gedenken nicht geschehen.

(Cyr. Spangenberg „Mansfeld. Chronica". 4. Teil. S. 277.)

10. August Heldrungen (im Mansfeldischen) Überschwemmung der Helder

ist am S. Lorentzen Tag ein solches großes Gewesser kommen, daß es viel Mandel im Felde umb Ober Heldrungen hinweg geführet, den Leuten auf drey Ellen hoch in die Heuser gangen, auch in Scheuren das eingebrachte Getreidig verschlemmet und etliche Scheuren gar eingeworfen.

(Cyr. Spangenberg „Mansfeld. Chronica". 4. Teil. S. 450.)

11. August Eisleben Überschwemmung

Anno dni 1529 Mitwoch nach Laurentii ist das Wasser, so zum Clippenthore ereyn durch die Stadt fleust, sere gross wurden, den Burgern offm graben, petersgass, langegass, badegass, viheweide, heiligegeist ... yn yren kellern vnd heussern merglichen schaden gethan. seyntt heuser vnd keller voll wassers gelauffen, zcum teyll eyngewurffen. Ist soch wasser, das es scuvor tag vnd nachtt geregentt, gewachsen, ist groß geblieben bis vff den andern tag [12. August].

(„Chronicon Islebiense", edid. H. Größler u. F. Sommer. S. 8)

In diesem Jahr ist auf dem Graben zu Isleben das Wasser seher groß gewesen, daß es den Nachbarn daselbst durch die Häuser gangen.

(Cyr. Spangenberg „Mansfeld. Chronica". 4. Teil. edid. Dr. R. Leers. S. 268.)

12. August Zwickauer Mulde Überschwemmung

Die Mulde sich auch gewaltig ergossen / ...

(Chr. Meltzer „Histor. Schneeberg. renovata etc." S. 941. 1235.)

... am Donnerstage nach Laurentii, ..., an welchem Tage 1529 sich die Mulda auch sehr ergossen, und überaus großen Schaden an Brückèn und sonsten den gantzen Strom hinunter gethan, ...
[Petrus Albinus Beschreibung der Wasserflut vom Jahre 1573.]

(C. Lehmann „Chronik der freien Bergstadt Schneeberg." I. S. 273.)

Grimma i/Sa. Überschwemmung der Mulde

Zwickauer Mulde: Große Überschwemmung.

(Chr. G. Lorenz „Die Stadt Grimma etc." S. 537.)

Zwickau i/Sa. Überschwemmung der Zwickauer Mulde

früe zwischen ein vnd zwey Vhr / hat sich die Mulda überschwenglich schnell und so sehr ergossen / daß damals kein Mensch in Zwickau dergleichen Wasser gedacht hat / und hat den gantzen Tag über gewehret / biß auff dem Abend umb sechs Vhr / da es angefangen ein wenig zu fallen. Es hat dieses Wasser auff viel tausent Gülden Schaden gethan. Die Bier-Brücken / darzu viel andern Steg und Brücken / auch den langen und grossen Rechen / mit den Lehrwänden zerrissen / und an der Tränck-Brücken zwey Joch bey 40 Ellen lang hinweg genommen / Häuser und Ställe weggeführet / auff dem Sande und sonst viel Häuser verderbt. etc. Es hat den Mühlgraben an den obern Mühl abgerissen / und gieng das Wasser auff den Graben in alle Häuser / . . . Bey der Schloß-Pforten und an vielen Orten / gieng es in die Stadtgräben / daß sie überlieffen / so hub auch das Wasser die Brücke bey genanter Pforten auff / und gieng in die Stadt. Endlich wuchs die Wasser so hoch / daß es beym Zeughaus und Niedernthor zum Schießlöchern aus und einlieff / von dannen hat es in die Hunds- und andere Gassen gedämmet. . . . / und sonsten an Flutbetten / Mühl-Gräben / Mahl-Mühlen / Walck-Mühlen / Oel-Mühlen / Loh-Mühlen / Bret-Mühlen / Papier-Mühlen / Schleiff- und Polier-Mühlen / Kuttelhof / Waschhütten / Gerbhäusern / Gießrade / und andern Gebäuden / auch an Aeckern / Gärten und Wiesen an der Mulde gelegen grossen Schaden verursachet.

(Tob. Schmidt „Zwickau. Chronick" II. S. 303–304.)

In Folge dreitätigen ununterbrochenen Regens Mulden-Überschwemmung. Sie zerstörte alle Brücken, Stege und Wehre der Stadt und Umgegend, etc., einige Häuser und Ställe auf dem Sande und das Rechenhaus auf dem Holzanger, etc. (das Wasser drang nach Füllung der Stadtgräben sogar in die Stadt, wo es auf dem schönen Anger und in der Hundsgasse in die Häuser gieng. Die Fluth begann 6 Uhr morgens und stand bis 8 Uhr abends.) Großer Schaden an Mühlen, am Kuttelhofe, Grießrade und anderen Gebäuden und Grundstücken. 12. August 1529 Zwickau Über-schwemmung der Zwickauer Mulde

(Dr. E. Herzog „Chronik von Zwickau". II. S. 217/18.)

Nach dreitägigem Regen tritt die Mulde aus. Großer Schaden, auch an Häusern anderswo.

(E. Eckardt „Chronik von Glauchau". S. 440–441.)

. . . und sonderlich zu Zwickau und selbigen Gegend über 6000 fl. Schaden gethan.

(Chr. Meltzer „Histor. Schneeberg. renovata etc." S. 941.)

rivulus monasterium affluens tantopere intumescens inundaverat, ut vix non secum illud rapuerit . . . 20. August Bächen, Amt Heiligenberg i/Baden Über-schwemmung

(„Jahrgeschichten der Franciscaner-Conventualen in Baden". I. Jahrgeschichten von Bernhart Müller in F. J. Mone „Quellensammlung der badischen Landesgesch." 3. Bd. S. 628.)

(Das Flüßchen, das am Kloster vorbeifloß, schwoll so stark an und stieg so über seine Ufer, daß es fast jenes mit sich fortriß.)

Ingleichen wurden infolge eines starken Gußregens die Felder durch Abschwemmen des Erdreichs sehr geschädigt. 23. August Leitmeritz i/Böhm. Über-schwemmung

(Dr. W. Katzerowsky „Die meteorolog. Aufzeichnungen d. Leitmeritz. Rathsverwandten." S. 8.)

Elystrae fluuius frequentibus pluuiis auctus ter exundacione et diluuio suo XXVIII. die Augusti messis tempore in agris, pratis, molendinis laterificiis et hujus modi fluuialibus locis praesertim in frumentorum et feni deuectione ingentia 28. August Fluß Elster Über-schwemmung fecit damna etiam in plerisque homines et iumenta submergens et ita alii fluuii in suis fecere locis.

(Paulus Langius „Cronica Nevmbvrgensis ecclesiae omnium episc. etc.“ in J. B. Mencken „Scriptor. rer. Germanic.“ II. S. 72–73.)

(Der Elster-Fluß, der durch häufige Regengüsse dreimal angeschwollen war, richtete durch seine Überschwemmung und Wasserflut am 28. August, zur Erntezeit, auf den Äckern, Wiesen, an den aus Ziegelsteinen errichteten Mühlen und dieser Art besonders in den Gegenden an Flüssen durch Wegschwemmen von Getreide und Heu ungeheure Schäden an, ertränkte auch an den meisten [Orten] Menschen und Vieh, und ebenso taten es andere Flüsse in ihren Gegenden.)

Anfang November 1529 Paris Seine: Hochwasser

Item, les eaues furent fort grosses au commencement dudict moys, mais il ne desbordèrent pas.

(„Chronique parisienne de Pierre Driart etc.“ edid. F. Bournon. S. 143.)

Mitte November—Ende Dezember Nordbayern Hochwasser der Flüsse

es regent von Martini piß zum weinachten, das dy wasser so groß wurden, das man kaum mit mien malen kundt, . . .

(„Leonhart Widmann's Chronik von Regensburg etc.“ in „Die Chroniken der deutschen Städte“. 15. Bd. S. 98.)

11. November Holland, Seeland, Flandern Sturmflut

In dit jaer, ontrent St. Martens-dach, was er een soo groote inondatie van water in Hollant, Zeelant ende Vlaenderen, dat op somighe plaetsen het water stont een mans lengde hooch boven de dijcken.

(„Memoriebock der Stad Ghent 1301–1737“ II. Deel in „Maetsch. d. Vlaemsche Bibliophil.“ 2. serie No. 15. 2. Bd. S. 78.)

Winter 1529/30 Rhein-Main-Gegend Hochwasser der Flüsse

Diße zeit ist ein fast naßer winter geweßen . . . ; die geweßer groß, also daß man nit woll farn und wandern kond.

(„Wolfgang Königsteins Tagebuch“ in „Quellen z. Frankf. Geschichte“, edit. Dr. H. Grotefend. II. S. 143.)

12. Dezember 1529 Hall i/Württemberg Überschwemmung des Kochers

Anno domini 1529 am sontag nach Nicolai kam regenwetter, also das der Koch so gros war, das aber das gemaine haal ertrannckh, unnd eines gemainen schuch höher dann vorgeschrieben. Derhalben warff es den pflegern unnd siedern in weyden unnd uff den gartten etwa vil ganntz hauffen umb, gieng hernach herein in den pferrich, oben in spittalgartten hindurch gesprochen unnd flosz also durch das gewelb bey dem thorheuszlin schnell durch hinweg, das vormals nie erhört, auch nam es das holtz vor den thurlichen gemeinlich hinweg.

(„Joh. Herolts Chronica“ in „Württemberg. Geschichtsquellen“. 1. Bd. S. 149.)

13.—16. Dez. Paris Seine-Überschwemmung

Le mardy XIIIe jour dudict moys, la rivière de Sceine desborda ès terres de ceans, et le vendredy sequent elle commencea à decroistre, . . .

(„Chronique parisienne de Pierre Driart etc.“, edid. F. Bournon. S. 144.)

An sant Luciatag sind hie und anderstwa alle wasser fast groß gewessen. 13. Dezember 1529 Augsburg und an and. Orten Hochwasser des Lechs und der Wertach

(„Chronik von Clemens Sender" in „Die Chroniken der deutschen Städte" 23. Bd. S. 249.)

Seine . . . , mais le samedi elle creust plus que auparavant jusques au mercredy ensuivant, puis descreut bientost, . . . 17.—21. Dez. Paris Seine: Hochwasser

(„Chronique parisienne de Pierre Driart etc.", edid. F. Bournon. S. 144.)

. . . , et le dernier jour dudict moys recreust encores jusques au VIIe jour du moys sequent. 31. Dez. 1529—7. Januar 1530 Paris Seine: Hoch wasser

(„Chronique parisienne de Pierre Driart etc.", edid. F. Bournon. S. 144.)

Au dict an, fut aussi la ville de Rouen en grand danger pour la creue des eaues, mesmement de la rivière, qui fut fort grande, à cause du flot de la mer qui cheiit dedans icelle rivière et l'enfla si fort que la rivière vint jusques dedans la ville, qui causa la cheiitte de plusieurs maisons. 1530 Rouen Seine-Überschwemmung

(„Journal d'un bourgeois de Paris sous le règne de François I (1515 bis 1536)", edid. L. Lalanne in „Soc. de l'hist. de France". Bd. 75. S. 422.)

Au dict an, la rivière de Seine se desborda aussi, si largement qu'elle vint jusques devant l'hostel de la ville, beaucoup oultre la croix de pierre qui est en Grève, tellement que la grande isle qui est devant les Célestins fut couverte d'eaue, . . . Paris Seine-Überschwemmung

(„Journal d'un bourgeois de Paris sous le règne de François I (1515 bis 1536)", edid. L. Lalanne in „Soc. de l'hist. de France". Bd. 75. S. 422.)

En ce mesme temps, la rivière de Loire se desborda aussi ès pays d'Orléans, Bloys, Amboise et Tours, qui gasta beaucoup de maisons, moulins, vignes et bledz. Loire Überschwemmung

(„Journal d'un bourgeois de Paris sous le règne de François I, 1515 bis 1536", edid. L. Lalanne in „Soc. de l'hist. de France." Bd. 75. S. 422.)

Loire. Inondation. Nevers (Départem. Nièvre) Loire-Überschwemmung

(M. Champion „Les inondations en France etc." II. S. 211 aus „Archives de la mairie de Nevers" (H. Crozet).

Perdidere deinde perpetui imbres alluvionibus. Fränk. Jura Überschwemmung der Flüsse

(„Kiliani Leib, Prioris Rebdorfensis canon., histor. sui temporis ab anno 1524 usque ad annum 1548 annales" in J. J. I. v. Döllinger „Beiträge z. politisch., kirchlich. u. Cultur-Geschichte d. 6 letzten Jahrhunderte". 2. Bd. S. 537.)

(Es richteten darauf anhaltende Regengüsse durch Anschwemmungen . . .)

1530 Kanton Zürich Hochwasser der Flüsse

Große Wasser.

(Guggenbühl „Wyn-Rechnung der statt Zürich". S. 95.)

27. Januar Paris Seine-Überschwemmung

. . . , la Sceine desborda encores une fois, et se tint, jusques à la fin de ce moys, grosse.

(„Chronique parisienne de Pierre Driart etc.", edid. F. Bournon. S. 144/45.)

Anfang März Elbe Überschwemmung

In der Ersten-Fastnacht / hat die Elbe fast sehr gewachsen / und ist so groß worden / daß sie viel Leuthe / in langen Jahren / nicht größer gesehen haben.

(A. Weck „Der etc. Residentz- u. Haupt-Festung Dresden Beschreib- u. Vorstellung". S. 528.)

° (Dr. W. Schäfer „Chronik der Dresdener Elbbrücke etc." S. 25 aus Brückenamts-Register.)

Sachsen Hochwasser der Flüsse, z. B. der Weißeritz

Desgleichen ist die Weiseritz und andere Waßer auch sehr angelauffen.

(A. Weck „Der etc. Residentz- u. Haupt-Festung Dresden Beschreib- u. Vorstellung." S. 528.)

16. April Dresden Elbe: Hochwasser

Wie denn auch . . . die Elbe abermals groß worden.

(A. Weck „Der etc. Residentz- und Haupt-Festung Dresden Beschreib- und Vorstellung etc." S. 528.)

3. Juli Schweidnitz Überschwemmung der Weistritz

A. eodem dominica post visitacionis Marie czwischen 5 vnd 6 ist eyn gros wasser gewest, auff das es dy mawer bey der badstuben halb hoth eyngerissen.

(„Schweidnitz. Chronisten d. 16. Jahrhunderts. Hieronymus Thommendorf" in „Script. rer. Silesiac." 11. Bd. S. 17.)

4. Juli Basel Überschwemmung des Birsig

Darnåch uff den 4. tag höwmonats, was sanct Ulrichs tag, des 30. jårs, umb die 4. stund nåch mittag, ward der Birszeck abermåls so grosz, wie vorståt [das er vor Steynenthor aber von einem berg an den anderen gieng], und thet abermåls treffenlichen grossen schaden der statt und den burgern. Dann er lüff durch die hüser und in die hüser, wie vorståt . . .

(„Die Chronik Konrad Schnitts 1518–1533 sammt Fortsetzung bis 1537" in „Basler Chroniken". 6. Bd. S. 134.)

Darnach im 30 uff den 4. tag july kam aber ein grosser Birsich usz dem Leymthal mit groserer ungestümigkeit denn der vorder, aber nit so gar grosz, sunder by 4 schuch nyderer.

(„Die anonyme Chronik bei Cosmas Ertzberg, sammt dessen eigenen Aufzeichnungen. 1431–1532. Ertzbergs eigene Aufzeichnungen" in „Basler Chroniken". 6. Bd. S. 336.)

Uff mentag der fiert tag july, . . . kam ein groser regen und von sollichem regen wart der Birsyg an den Steinnen also grosz und ungestum, das er allenthalben uslieff in all gasen, glicher mosz und gestalt wie vorgeschriben stat, so er gewesen und gloffen ist uff den 14. tag brochat wie vorbestimpt ist, und brach den merentheil alles wyder, so vom vorigen bruch gebuwen wasz, und thet ouch groseren schaden an huseren dan er vor thon hat. Es wasz alles allenthalben ein see am kornmerckt und Fischmerckt wie vor bestimpt ist des nechsten wasers. Es zerstiesz und zerbrach das bild uff dem brunstock am Kornmerckt, so man erst mit grosem costen buwen und gemacht hat.

(„Die Chronik des Fridolin Ryff 1514–1541 etc.“ in „Basler Chroniken“. I. S. 111.)

° („Aufzeichnungen eines Basler Karthäusers aus der Reformationszeit“ in „Basler Chroniken“. I. S. 485.)

° („Hans Wiler und seine Aufzeichnungen“ in „Basler Chroniken“, 4. Bd. S. 404.)

° („Die Anonyme Chronik bei Schnitt etc.“ in „Basler Chroniken“. 6. Bd. S. 199.)

In eben diesem Jahr hat sich die Werra in der Ernd so gewaltig ergossen, daß viel Getraidigs von Aeckern mit Hauffen hinweg geführet, und die Wiesen verschwemmet worden. Erntezeit 1530 Werra (Thür.) Überschwemmung

(J. S. Güth „Poligraph. Meining.“ S. 174–175.)

ist am S. Lorentzabend ein grausames Ungewitter gewesen von Dondern, Blitzen und ungestümen Regen, davon die Wipper also gewachsen, daß sie kein Mensch so groß gedacht, gehöret, noch gesehen. Ist auch nicht ohne besonders großen Schaden verlaufen. 9. August Wipper (im Mansfeldischen) Überschwemmung

(Cyr. Spangenberg „Mansfeld. Chronica“. 4. Teil. S. 226.)

Vers la fin de ce present moys, il pleut merveilleusement, en sorte que la rivière de Sceine, laquelle estoit fort petite, fut preste à desborder en l'espace de cinq jours. Ende September Paris Seine-Hochwasser

(„Chronique parisienne de Pierre Driart etc.“, edid. F. Bournon. S. 150.)

Große Tiber-Überschwemmung. 8. Oktober Rom Tiber-Überschwemmung

(Dr. G. Hellmann „Die Meteorologie in den deutschen Flugschriften etc. des 16. Jahrhunderts. S. 14, 15, 36 u. 37 aus 8 Flugschriften und 4 Flugblättern.)

° (Dr. G. Hellmann „Beiträge zur Geschichte der Meteorologie“. III. S. 67 u. 68 aus italienischen Flugschriften.)

7./8. nachts. Uff den VII tag octob. umb mittnacht ist der fluß Tiber zů Rom übergangen und biß in die XXIV stund geweret und so fast zůgenommen, das kainer in Rom derglichen gedenckt, über das zaichen des papstes Alexanders ziten siben spang bilofig hoch gangen, und an mer orten dann ir wonung ist geweßen, ertruncken, die kirch minorum, das campo flor, die canigia und die gantz straß gegen Papule und in der burg der koffluten wonung, och Jordinova ist das wasser hocher dann aines spieß hoch gangen. Die hußer sind vast verderbt und ingefallenn, ain nuw huß Eusebii secretarii apostolici gar verfallen und versuncken, samt dem herren und vier knechten ... Zů dem so hatt es in Rom das pflaster uffgehept, das es kum zů globen ist, hatt darby großen schaden an win, korn und gersten gethun, die ingelegt sin geweßen, ist och das hö erfulet und der verlurst allenthalben so groß, das kain huß in Rom ist, das nitt empfunden und ainen nachtail erlitten hab, darvon nitt zů schriben ist.

(„Johannes Keßlers Sabbata" Chronik der Jahre 1523–1539" 6. Buch, edid. Dr. E. Goetzinger. S. 282.)

8. Oktober 1530
Rom
Tiber-Überschwemmung

au commencement de novembre vindrent nouvelles à Paris, par les missives envoyées par les bancquers de Rome, du grand déluge qui fut en icelle ville le huictiesme octobre précédent. C'est assçavoir que le fleuve du Thibre fut si enflé par deux jours qu'il s'accrust et desborda tellement que fut Rome, par l'espace de deux jours, remplie d'eaue du dict fleuve par toute la ville, et en l'Imperion ... Et faut scavoir que le samedy qui estoit le huictiesme octobre, environ minuict, et le lendemain, l'eaue estoit jà montée jusques au premier estaige des maisons du dict Imperium, qui laissa la ville si pleine de fange et ordure, qu'on ne pouvoit aller par les rues. Par les secondes lettres fut escrit que, le dict fleuve fut tant enflé qu'il estoit au plus hault lieu de Rome, de la haulteur d'une lance, réservé les montaignes. ..., et sont tombées plus de quinze cens maisons, et tombent journellement. Le dict Tibre a esté plus grand qu'il ne fut jamais de plus de douze pieds de hault, ne qui ne fut du temps du pape Alexandre, dernier décédé, durant lequel temps il fut desbordé, mais non pas tant ne à beacoup près.

(„Journal d'un bourgeois de Paris sous le règne de François I. (1515 bis 1536)", edid. L. Lalanne in „Soc. de l'hist. de France". Band 75. S. 419–420.)

Anno eodem Romae praeter tonitrus ingentes, et crebros ignes, tanta vis aquarum coelo decidit, ut altero se perituros diluvio metuerint homines, Tybris se effundentis impetu et publicae et privatae domus corruerunt. Atrox vis tempestatis hujus secum rapuit, et in alveum fluminis deportavit etiam aedificia, quae trium aut quatuor fictilium lapidum densitate constabant etc.

(„Paraleipomena rer. memorabil. 1230–1537" in „Conradi a Liechtenaw Ursperg. coenob., chronicon". S. 364.)

(Im selben Jahre fiel zu Rom, außer gewaltigen Donnern und häufigen Blitzen, eine so große Wassermasse vom Himmel, daß die Menschen fürchteten, infolge einer 2. Sintflut umzukommen, nachdem sich der Tiber gewaltig ergossen hatte und öffentliche und private Häuser einstürzten. Die furchtbare Gewalt des Unwetters riß sie mit sich und trug auch Gebäude in das Flußbett, deren Dicke aus 3 oder 4 Tonsteinen bestand.)

Uf mitten october im 30 jar ist der Tiber zu Rom mit so großer ungestueme angeloffen und mit so starker güßi komen, daß er uf ain nacht bi 400 hüser gebrochen, geflötzt und hinweg genomen hat sampt andern kostlichen büwen und fundamenten, derglich nien gehört worden.

(Joachim v. Watt (Vadianus) „Diarium 1529–1533“ in „Deutsche histor. Schriften“, edid. E. Götzinger 3. Bd. S. 267.)

An diesem herbst loff zuo Rom die Tyber uber und tat ein merklichen schaden; dann etlich hundert hüser verfielend, und ertrunkend etlich tusend menschen; zum meisten seit man von 6000, zum wenigsten von 3000. 8. Oktober 1530 Rom Tiber-Überschwemmung

(„Valentin Tschudi's Chronik der Reformationsjahre 1521–1533“, edid. Dr. Joh. Strickler. S. 100.)

. . . , wie im october ze Rom das wasser also größlich übergangen, daß da ob 3000 oder 5000 menschen ertrunken.

(„Fridolin Sichers Chronik“ 1. Bearbeitung, edid. Dr. E. Goetzinger. S. 168.)

° („Die Chronik des Laurencius Boßhart von Winterthur. 1185–1532“, edid. K. Hauser in „Quellen zur Schweizerisch. Reformationsgeschichte“. 3. Bd. S. 225.)

° („Kiliani Leib, Prioris Rebdorfensis canon., histor. sui temporis ab anno 1524 usque ad annum 1548 annales“ in J. J. I. v. Döllinger „Beiträge zur politischen, kirchlichen und Cultur-Geschichte der 6 letzten Jahrhunderte.“ 2. Bd. S. 559.)

° (Paul Lange „Cronica Nevmburg. eccles, omnium episcop. etc.“ in J. B. Mencken „Scriptor. rer. Germanic.“ II. Sp. 74.)

° (Paul Lange „Chronik des Bistums Naumburg und seiner Bischöfe“, edid. Dr. Köster. S. 75.)

° („Rocznik Swiżtokrzynski“ in A. Bielowski „Monum. Polon. histor.“ Tom. III. S. 106.)

° („Chronik des Dietrich Westhoff“ in „Die Chroniken der deutschen Städte“. 20. Bd. S. 427.)

° („Wolfgang Königsteins Tagebuch“ in „Quellen z. Frankf. Geschichte“, edit. Dr. H. Grotefend. II. S. 150.) = 6. Oktober.

° (Michael Beuther von Carlstatt „Chronica“. S. 742.)

° (Sebast. Franck „Chronica“. 1536. S. 284a.)

° (Job. Fincelius „Wunderzeichen“. S. 28 u. F V. 1556/59.)

° (Paul Eberus „Calendar. histor.“ conscript. S. 345.)

° (Val. Rudolph „Zeitbüchlein“. S. 33.)

° (M. Dresser „Sächsisch. Chronicon“. S. 559.)

1530 jor noch Cristi geburt des monetz octobrisz genant windermonet, kam die mer, wie das merr zu Venedig uszgebrochen wer und den flusz von der stat Venedig Venedig Sturmflut genumen, dovon grose not by in enstanden ist, das nieman zu innen noch sy zu nieman kunen mögen, dordurch sy fast grose not erlyden musten; . . .

(„Die Chronik des Fridolin Ryff 1514–1541 etc.“ S. 117 in „Basl. Chronik“. I.)

November 1530 Loire und Nebenflüsse Über-schwemmung

Et laditte année mil cinq cent trente, au mois de Nouembre, les riuieres de Vienne, Gartampe, le Ché, la Creuse, et autres grosses riuieres d'Aquitaine, en vne nuict s'efleuerent si furieusement, qu'elles rompirent ponts, et passages, submergerent plusieurs bourgades, et petites villes, et ruinerent plusieurs maisons, ce qu'on n'auoit iamais veu aduenir. Ces riuieres tomberent en Loyre, qui apres fit aussi de grands dommages es lieux où elle passa. Les inondations ne vindrent d'abondance de pluyes, mais des sources desdittes riuieres.

(Jean de la Haye, Baron des Coutaux „Les memoires et recherche de France etc.“ S. 466.)

Paris Seine-Über-schwemmung

nov. . . . fut aussy fort pluvieux, . . . Cedict moys fut encore plus adonné à la pluye que les deux precedens, et furent les eauez grosses moult tant qu'ilz venoient jusques dedans le grand jardin des anffans.

(„Chronique parisienne de Pierre Driart etc.“ edid. F. Bournon. S. 150.)

4.—5. November England Sturmflut

a great wind, which blew down houses and trees; then a high tide, which drowned the marshes of Essex, Kent and Thanet.

* (Th. Short „Gener. chronologic. history etc.“ I. S. 213.)

5. November Belgien, Niederlande Sturmflut

Schwere Sturmflut.

(Dr. G. Hellmann „Die Meteorologie in den deutschen Flugschriften etc. des 16. Jahrhunderts.“ S. 14, 15, 37–38 und 36 aus 4 Flugschriften und 4 Flugblättern.

(Dr. G. Hellmann „Beiträge zur Geschichte der Meteorologie“. III. Bd. S. 67 aus italien. Flugschrift.)

13. nov. vindrent nouvelles à Paris, qu'il y eust un grand déluge en la ville d'Anvers, en Flandres, et ès environs, . . . C'est que la mer, qui est près d'Anvers, s'enfla si fort qu'elle vint jusques en la ville d'Anvers et remplit icelle par surprise, . . . En ce temps, au pays de Zélande, y eust aussi un grand déluge d'eaue, à cause de la mer qui se desborda et noya plusieurs gens, villaiges, églises et maisons. Et ce à cause que les égues [digues] qui estoient du long de la mer furent rompues.

(„Journal d'un bourgeois de Paris sous le règne de Francois I (1515 bis 1536)“, edid. L. Lalanne in „Soc. de l'hist. de France“. Bd. 75. S. 419–420.)

. . . , den 5 oft 6 november, doen was't eenen grooten storm van wint uyt den noortwesten, ende het was's noenents, ten 12 uren, soo hooghen vloet, daer men oyt tot Antwerpen wist van te sprecken, want het meestendeel van Zeelant verdronck ende liep inne, ende bij Antwerpen het dorp van Austruweel, Lillo, Zantvliet ende Ossendrecht verdroncken al meestendeel, ende Vlaenderen lede oock groote schade, want saterdaghs doen was't volle mane, ende den wint was in de zee, soo dat het afvreeselijck wayde, soo datter verdroncken, soo in Vlaenderen, Hollant, Brabant, Zeelandt, vier hondert en vier prochien, soo dat oock de stadt Romerswale verdronck.

(Geeraard Bertrijn „Chronijck der Stadt Antwerpen" in Uuitgaven d. Antwerp. Bibliophilen No. 5. S. 77–78.)

Ende d'een vloet quam alsoo seer in d'andre, dat, op den 5 november, ende alsoo dry daghen nae den voorseyden Alderzielen dach, bynaer heel Zeelant verdronck, daer seer vele dorppen verdroncken. Men seyde datter wel hondert duysent menschen waeren verdroncken, sonder de beesten. 5. November Belgien Niederlande Sturmflut

(N. de Weert „Chronycke van Nederlant, besonderlyck der Stadt Antwerpen, 1097/1565" in „Chron. de Brabant et de Flandre", edid. Ch. Piot in „Collect. de chron. belg. inédits". Bd. 21. S. 98.)

heeft het naer noen in Vlanderen een so groot tempeest, ende soodanighen hoogen vloed geweest, die vyf uren langh sonder ebbe bleef staen, dat niet alleen de havens maer de zeeduynen van Ostende af tot Antwerpen toe, syn overgestroomt ende doorspoelt, de baeren waeren meer dan dry houdvoeten hoog over de hoogste zeedyken gevlot, de welke aenstonts alle de omliggende polders, weerden en broucklanden, namelyck de gone gelegen in de vier Ambachten aen ende ontrent de Schelde tot Dendermonde toe, waer van eenighe maer versch en waeren ingedyckt, niet alleen en hebben overdekt, maer soodanig doorsneden, datter veel huysen, schueren, stallen, beesten ende menschen, syn versmaght en vernielt geworden, tot swaer verlies en verderf van ons land en de naebueren.

(„Kronijk van Lokeren", edid. Ed. de Geest. S. 228. Anmerkung unten.)

heeft het naer noen in Vlaenderen een soo groot tempeest, ende soodanighen hoogen vloed die vyf uren langh sonder ebbe bleef staen, dat niet alleen de havens maer de zeeduynen van Ostende af tot Antwerpen toe, . . . en de naeburen. De schade die door desen hoogen vloet in Zeeland en Holland gebeurde, is niet te beschryven. Men seght datter alsdan in Holland, Zeeland, Brabant en Vlaenderen 404 prochien syn verdroncken, waer van een groot deel tot noch toe onbedyckt ende met den vloet gemeen syn gebleven. „Den vyfsten in November noynt te gelycken Zo ginck de vloed over alle dycken." Holland, Seeland, Brabant, Flandern Sturmflut
[J. de Neve-Voorde manuscr.]

(„Chronycke van Frans-Jos. de Castro", edid. F. van Naemen in „Annal. do cercle archéol. du pays de Waes." Tom. X. S. 124.)

Item, in't jaer XV^c^XXX, den V^en^ in November, op eenen Donderdach, Vrydach ende Saterdach was't uytter maten grooten storm van winde, ende was de hooghe vloet metter volle mane veel meerder dan dat hy te vooren gheweest hadde, Flandern Sturmflut keerende den wint uytten westen naer den noorden, soo dat de baren van de zee hun ophieven boven alle dijcken van den lande van Vlaenderen aen eenen cant, soo datte alle dijcken overliepen van der zee tot Antwerpen ende voorder; want daer veele schoone dorpen verdroncken ende menich mensch ende seer veel beesten. Dese vloet was eenen grooten voet hoogher dan men oyt van eenige vloeden ghehoort hadde. (K. M.)

(„Memorieboek der Stad Ghent 1301–1737" II. Deel in „Maetschappy d. Vlaemsche Bibliophil." 2. serie. Bd. 15. 2. Bd. S. 82/83.)

1538
5. November
Flandern
Sturmflut

Maxima inundatio maris circa Hulstum, unde gravissimos passus sumptus praelatus. Oceanus se in continentem effudit. Mare, ruptis aggeribus, Flandriam inundavit. Quinto Novembris, tantum extumuit mare, ut maximam partem terrae in parochiis Hynstdyck, Serpauwels poldere, Kieldrecht ac in magistratu capellae beatae Mariae Virginis de Hulsterloo . . .

(„Descriptio de origine conventus, postea abbatiae Trunchiniensis, ordinis Praemonstratensis" in „Recueil des chron. de Flandre", edid. J. J. de Smet in „Collect. de chron. belg. inédit." No. 3. Tom. I. S. 642.)

(Um Hulst [ereignete sich] eine sehr starke Sturmflut, wodurch sehr schwere Ausgaben entstanden. Das Meer ergoß sich in das Festland und überschwemmte, nachdem die Deiche gebrochen waren, Flandern. Am 5. November stieg die See so hoch, daß sie den größten Teil des Landes in den Parochien Hynstdyck, Serpauwelspolder, Kieldrecht . . .)

heeft het in Vlaenderen een so groot tempeest gemaeckt, dat de zee in verscheyde plaetsen doorgespoelt zynde, vele Landen rondtom de Stede van Brugge overwatert zyn geweest. Men bevinde, dat ten selven tyde een deel van Oostende, het welcke oudt Oostende genaemt was, in zee soude verdroncken zyn.

(Ch. Custis „Jaer-Boecken der stadt Brugge etc." II. S. 545 aus Meyer „Rer. Fland." t. 10. f. 35.)

Seeland
Sturmflut

Anno 1530, den 5 novembris, was oyck eenen grooten vloet, van welcken Zeelant geheel verdronck ende menich honderte menschen. Maer desen vloet was hoogher omtrent eenen halven voet . . .

(N. de Weert „Chronycke van Nederlant, besonderlyck der Stadt Antwerpen 1097–1565" in „Chron. de Brabant et de Flandre", edid. Ch. Piot in „Collect. de chron. belg. inédits." Bd. 21. S. 130.)

° („Vlaamsche Kronyk 1416–1598" in „Chron. de Brabant et de Flandre", edid. Charl. Piot. in „Collect. de chron. belg. inédit." Bd. 21. S. 287.)

° (Gerard de Meestere „A principium chronicon monasterii Evershamensis". S. 29.)

° (E. Vanderlinden „Chronique des événements météreolog. en Belgique etc." S. 119 aus „Die excell. Chronyke van Vlaenderen". S. 259.)

Ende op den selven Saterdach / overvloeyden in Hollandt / Brabandt / Zeelandt / ende in Vlaenderen / vier hondert ende vier Prochien / nochtans leedt Zeelandt die meeste schade met Hollandt / als hier naer volght / . . . In Walcheren overvloeyden die dijcken tot diversche steden. Den dijck tusschen die oude Havene van Middelburch ende Aremuyen brack deure / waer af'tlandt daer ontrent / eer't beverscht was / wel drie weecken lanck besouten was. Te Vlissinghe overvloeyde een stuck van eenen tooren / ende die wal van der Stadt brack mede deure / soo dat'twater in't landt quam / . . . Den Westcappelschen dijck brack deure tot diversche plaetsen / . . . Ontrent der Veere / benoorden in Walcheren / brack den dijck ten twee steden inne / . . . In Zuydtbevelandt overvloeyde die heele Oostwateringe / ende achthien dorpen. Ende die Stadt van Bomers'wall / dat Huys van Lodijcke / ende die Sluys ter Kreecken liep in. Die Westwateringhe / 'twelck eenen dijck is dwers deur't landt lopende / daer die Stadt van der Goes in leydt / met veel schoone heerlycke dorpen overvloeyde mede. Ende den dijck brack ontrent der Goes te drie steden inne / . . . Wolffaersdijck was tot diversche steden overvloeydt, ende die dijcken waren tot veel steden inne. Noordtbevelandt brack eerstmal inne ontrent ter Loe / over Wissenkercke / ende s'anderdaeghs brack die Sluys te Boomvliet / tusschen Emelisse ende Cortgene in / soo dat 'tlandt binnen drie dagen gheheel ende al in't water stondt. t'Landt van Schouwen overvloeyde mede tot diversche steden / ende den dijck was aen die Zuydtzyde ontrent Bordendamme / Burch / ende Hamstee / tot drie ofte vier plaetsen / in / Duyvelandt overvloeyde tot diversche plaetsen / soo dat alle 'tlandt ende Polders van Duyvelandt besouten worden / . . . Den dijck brack in tot drie oft vier steden / deur grondbraeckselen / als op Vranen ende Gouweveer / daer d'eerste ghetije meer dan dertich heertsteden / met een proper Capelle / wech in Zee vielen. In Sint Annen Landt overvloeyden sommige Polders ende die dijcken braecken mede in / . . . 't Landt van der Tholen / ende ontrent Scherpenisse / overvloeydet mede / ende die dijcken waren seer ghebroocken / . . . In't Landt van Borsselen / 'twelck aen Zuydtbevelandt bedijckt is / overvloeyden ter selver tydt ses Prochien / . . . Philippus Landt overvloeyde mede / ende die dijcken waren soo seer gheramponeert / . . . In't Landt van de oude ende nieuwe Tonghe / werden sommighe Polders avervloeyt / . . .

5. November 1530 Holland, Brabant, Seeland, Flandern Sturmflut

(M. Z. van Boxhorn „Chroniick van Zeelandt etc. door Johan Reygersbergen etc.“ II. S. 426/28.)

5. dach van Slachtmaende / wast eenen so grooten storm uyt den Noordtwesten / ende 'twas s'noenens te twaelf uyren soo hooghe ghevloeyt / dat'twater over sommige straten ende dijcken liep / hoewel dattet noch twee uyren vloeyde daer na / eer't voll Zee was.

Seeland Sturmflut

(M. Z. van Boxhorn „Chroniick van Zeelandt etc. door Johan Reygersbergen etc.“ II. S. 426.)

Nord-Beveland: Sturmflut. 't Nieuwe landt van Cats, Bewesten, Waels, Hamerstede, Edekinge, Nieuwekerck, 't Noordt-Ambacht van Emelisse, Ser Witte kinderen Ambacht, Worde, Meershouck, Welle, Coninckhem, Geersdyck, Wissenkerck, Soetelinckercke, Campen ondergelopen, met de Zee gemeen leggende. Schouwen: Sturmflut. Sint Jervens Polder, Capelle (Duvelandt), Altekleyne (Duvelandt), Nieuwstryen, Tonghe.

(M. Z. van Boxhorn „Chroniick van Zeelandt etc. door Johan Reygersbergen etc." I. S. 52/55.)

5. November 1530 Schouwen (Seeland) Sturmflut

inundeerde 'tgheheel landt van Duyvelandt / behalven eenen polder / s'Heer Jansland ghenoemt. Ende doen vielder een proper Capelleken om / opt en dyck over Ziericzee / op Gouweveer met dertich heertsteden / . . .

(M. Z. van Boxhorn „Chroniick van Zeelandt etc. door Joh. Reygersbergen etc." I. S. 47.)

Friesland Sturmflut

is Friesland door een groten Stormwind / van't zoute Zeewater onder gelopen / en overvloeid / en dede aan Dyken en anderzins grote schade / het wierde Sint Willebrorts Water genoemd.

(Okko van Scharl, Joh. Vlytarp und Andr. Cornelius Stavriensis „Chronyk en waaragtige beschryvinge van Friesland etc." S. 462.)

Belgien, Niederlande Sturmflut

° (D. Cornel. Gemma „De naturae divinis characterismis". Liber I. S. 183.) = 6. November

Brabant, Holland, Flandern, Seeland

° („Paraleipomena rer. memorab. 1230–1537" in „Conradi a Liechtenaw chronicon". S. 363–364.)

Flandern, Seeland, Friesland

° (Lambert. Alardus „Nordalbingia etc." in E. J. von Westphalen „Monum. inedita rer. Germanicar." I. Sp. 1886.)

Flandern, Holland

° (Paul Lange „Cronica Nevmbvrgensis ecclesiae omnium episcop. etc." in J. B. Mencken „Scriptor. rer. Germanic." II. Sp. 74.)

Belgien, Niederlande

° (Paul Lange „Chronik des Bistums Naumburg und seiner Bischöfe", edid. Dr. Köster. S. 75.)

Flandern, Seeland

° (Sebast. Franck „Chronica" 1536. S. 284b.)

Branbant, Holland, Flandern, Seeland

° („Die anonyme Chronik bei Schnitt sammt Fortsetzung" in „Basler Chroniken" 6. Bd. S. 200.)

Belgien

° (Valentin Tschudi „Kurze histor. Beschreib- oder Erzellung etc." in „Archiv f. Schweizer. Geschichte". 9. Bd. S. 409.)

Niederlande

° („Johannes Keßlers Sabbata". Chronik der Jahre 1523–1539, 6. Buch, edid. Dr. Ernst Goetzinger. S. 282–283.)

° („Fridolin Sichers Chronik", 1. Bearbeitung, edid. Dr. E. Goetzinger. S. 168.)

Niederlande, Belgien

° (Joachim v. Watt (Vadianus) „Diarium 1529–1533", in „Deutsche histor. Schriften", edid. E. Goetzinger. 3. Bd. S. 268.)

° („Die Chronik d. Fridolin Ryff 1514–1541, etc." in „Basl. Chronik". I. S. 117.)

op St. Andries dach / wast weder een so grooten storm uyt den Noordtwesten / in Zeelandt / datter veel nieuwe dijcken / ende ander kepkens deur braecken / ende daer ghebeurde groote schade.

30. November 1530 Seeland Sturmflut

(M. Z. van Boxhorn „Chroniick van Zeelandt etc. door Johan Reygersbergen". II. S. 429.)

was hier groot opwaeter, waer door gebeurde groote schaede op de prochien van Exaerde, Sinay, Lokeren ende Dackenam. Den teerlinck voor den rooden thoren te Gendt stondt bynae onder waeter, ende men seght gemeynelyck als die onder is dat de twee deelen van Moerbeke, Exaerde ende andere prochien van desen lande overwaetert syn.
[J. de Neve-Voorde manuscr.]

1. Dezember Pays de Waes Überschwemmung der Flüsse

(„Chronycke van Frans-Jos. de Castro", edid. F. van Naemen in „Annales du cercle archéolog. du pays de Waes". 10. Tome. S. 125.)

Anno domini 1531 kamen vil grosser sturmwetter, also das der Koch offt in einer stundt sehr gros wardt unnd das zu vilen maln.

1531 Hall i/Württemberg Mehrmals Überschwemmung des Kocher

(„Joh. Herolts Chronica" in „Württ. Geschichtsquellen". 1. Bd. S. 150.)

Mulde: Hochwasser.

Glauchau i/Sa. Zwickauer Mulde: Hochwasser

(E. Eckardt „Chronik von Glauchau." S. 441.)

Seine: Crue.

7.—10. Januar 1531 Paris Seine-Hochwasser

(E. Clouzot „Les inondations à Paris etc." S. 98 aus „Mémoir. de la soc. hist. Paris. XXII. S. 155.)

Von dem 24. februarii piß auff Philippi und Jacobi nit vill tag überlassen, es hat gerengt, das wasser gewagssen, das man saget, es wer sind des 1501. jars so gros nit gewesen (welches wasser ist in augusto gewesen). es luff auß und thet mechtigen schaden an wismatn, am traid . . .

März—April Regensburg Donau-Überschwemmung

(„Leonhart Widmann's Chronik von Regensburg etc." in „Die Chroniken der deutschen Städte". 15. Bd. S. 104–105.)

Neiße: Hochwasser.

[Frühling] Guben Hochwasser der Neiße

(K. Gander „Geschichte der Stadt Guben". S. 95.)

la rivière de Sceine commença à decroistre, . . .

28. März Paris Der Wasserstand der Seine beginnt zu sinken

(„Chronique parisienne de Pierre Driat etc.", edid. F. Bournon. S. 152.)

pluit continuo a pascale [Ostersonntag, 9. April] usque Philippi et Jacobi inundatio aquarum.

April Oberpfalz Überschwemmung der Flüsse

(„Aventins Haus-Kalender" in Joh. Turmair „Sämtl. Werke". 6. Bd. S. 50., edid. G. Leidinger.)

(Es regnete anhaltend von Ostern [Ostersonntag, 9. April] bis Philipp und Jacobi [1. Mai]. Überschwemmung der Gewässer.)

30. April 1531 Augsburg Hochwasser des Lech und der Wertach

Den andern tag und nacht thet es nichtz dann fast regnen, und warden alle wasser aber groß, . . .

(„Die Chronik des Clemens Sender" in „Die Chroniken der deutschen Städte". 23. Bd. S. 332.)

Anfang Mai Meißen i/Sa. Elbe-Überschwemmung

Albis circa Calend. Maij vsque ad templum Franciscanum vndas egit per triduum.

(G. Fabricius „Rer. Misnicar. libri VII". S. 184.)

(Um Anfang Mai 3 Tage lang eine Elbe-Überschwemmung bis an die Franciscaner-Kirche.)

° (M. Grünewald „Die Meißner Chronik". S. 132.)

Gros gewässer.

(Laur. Faust „Geschicht- vnd Zeit-Büchlein der etc. Stadt Meissen etc." S. 60.)

Elbe: Größte Wasserhöhe = 10 Dresdener Ellen 10 Zoll = 5,908 m.
Eine der bedeutendsten Fluten.

(Dr. F. Franz Wolf „Die klimatischen Verhältnisse der Stadt Meißen". S. 7.)

1.—3. Mai Dresden Elbe-Überschwemmung

Es hat sich die Elbe hefftig ergoßen / und mehr als vor 2 Jahren / also / daß man das Waßer in 30 Jahren nicht so groß gesehen / in dem Fürstl. Schloße und auf der Elbgaße ist es in die Keller gegangen / hat 3 Tage fast in einem Stande verharret / und am Getreyde und Wiesewachs großen Schaden gethan / doch ist es dieses mahl noch 2 Ellen niedriger gewesen als Anno 1501.

(A. Weck „Der etc. Residentz u. Haupt-Festung Dresden Beschreib. u. Vorstellung." S. 528.)

Elbe-Wasserstand: 8 Ellen.

(M. Lilie „Chronik der Lößnitz-Ortschaften etc." S. 277.)

1. Mai Pirna i/Sa. Elbe-Überschwemmung

Man konnte abermals mit Kähnen um das Rathhaus fahren.
[Fortsetzung der histor. Nachrichten von der Stadt Pirna].

(C. G. Poetzsch „Chronolog. Geschichte der großen Wasserfluthen des Elbstroms etc." S. 43.)

Tetschen (Böhm.) Elbe-Überschwemmung

Elbe: Überschwemmung.

(E. Mander „Chronik von Bodenbach". S. 167 aus Tetschner Annalen.)

Leitmeritz i/Böhm. Elbe-Überschwemmung

Hochwasser der Elbe. Das Wasser hatte eine Höhe, daß man es von der Brücke aus mit den Händen erreichen konnte. Es verursachte bei der Stadt ziemlichen Schaden; u. a. wurde auch die Schleifmühle wieder weggerissen.

(Dr. W. Katzerowsky „Die meteorologischen Aufzeichnungen der Leitmeritz. Rathsverwandten etc." S. 8.)

Große Wasserflut. um 25. Juli 1531 Nordfriesland Sturmflut

(„M. A. Heimreichs etc. nordfresische Chronik", edid. Dr. N. Falck. I. S. 279.)

am freitag vor Maria Geburt ist zu Trautnaw ein sehr erschreckliches und grosses unerhörtes wetter und ungewitter gewesen mit dondern und blixen, und hat die ganze nacht geweret, das die Aupe das wasser sich also grosz ergossen hat, das es uber alle auen und uber die gerten und an steinwege bei dem mittelthor herein ist gegangen und hat alle brücken und stege mit hinweg gefüret. . . . 8. September Trautenau i/Böhm. Überschwemmung der Aupa

(„Simon Hüttels Chronik der Stadt Trautenau" in Dr. L. Schlesinger „Deutsche Chroniken aus Böhmen". 2. Bd. S. 61.)

In diesem Jahr hat sich die Sala ziemlich ergossen. [Salfeldographia v. Sylv. Lieben]. 1532 Saale Überschwemmung

(M. Caspar Sagittarius „Saalfeldische Historien", edid. Dr. E. Devrient. S. 213.)

la rivière de Sceine desborda, mais elle commença à diminuer le mercredy après [10. Januar], . . . 7. Januar Paris Seine-Überschwemmung

(„Chronique parisienne de Pierre Driart etc.", edid. F. Bournon. S. 155.)

Und weret fast des selb schnee bisz reminiscere in der fasten; do brach das wetter mit regen, das er nåch und nåch hüpschlich abgieng . . . Wiewol der Ryn und Birszeck fast grosz wurden, . . . um 25. Februar Basel Rhein- und Birsig-Hochwasser

(„Die Chronik Konr. Schnitts etc. sammt Fortsetzung etc." in „Basl. Chroniken". 6. Bd. S. 161.)

Dann der Birszeck zunam und so vast wuchs, das es darzu kam, das man am zinstag nåch reminiscere umb die zwey in der nacht sturmpte . . . Aber es zergieng wol, das er kein schaden thet. 27. Februar Basel Hochwasser des Birsig

(„Die Chronik Konr. Schnitts etc. sammt Fortsetzung etc." in „Basler Chroniken". 6. Bd. S. 161.)

Am Zinstag, was der 27 tag Februarij, fieng es an regnen und kam ein warmer wind. Die Owlach [Eulach] ward vast groß; dann der schne gieng hefftig ab. Kanton Zürich Eulach: Hochwasser

(„Die Chronik des Laurencius Boßhart von Winterthur. 1185–1532", edid. K. Hauser in „Quellen zur Schweizerischen Reformationsgeschichte". Bd. III. S. 291.)

Am Mitwochen, was der 28 tag Februarij, warend die wasser am grösten, namlich die Öwlach [Eulach]; aber sij tätt nit darnach schaden, alls sij groß was; . . . Aber ze nacht ward es gar hell; der himel was voll sternen. Das wasser fiel und ward minder. 28. Februar Kanton Zürich Eulach: Hochwasser

(„Die Chronik des Laurencius Boßhart von Winterthur. 1185–1532", edid. K. Hauser. in „Quellen zur Schweizerischen Reformationsgeschichte". Bd. III. S. 291.)

16. April 1532 Gegend von Liège Hochwasser

Le 16e du moys d'avril, sur la vesprée, pleut en grande abondance, ce que n'avoit faict plus de six sapmaines par devant, et avoit on grand desette d'eaue.

(„Chroniques du XVI. siècle. Règne d'Erard de la Marck". in „Chroniques liègeoises", Tom. II. edid. S. Balau in „Publicat. de la comm. roy. d'hist. de Belgique". Bd. 54. Tom. II. S. 380.)

27. Juli Luzern Überschwemmung des Krienbachs

Eodem anno uff sant Martha, was der 27. tag julii, kam nachmittag ein wetter mit hagel, doch nit gar vil, und kam ein wasser entweris [= in die Quere] dahar gegen schulthess Hugen gůt bi Kriens, über den berg harin, ganz ungestüm, das in Kriensbach sich zůtrůg mit grossem schaden der garten und güter den obern grund ab; . . .

(„Hans Salats Tagebuch" in Dr. Jak. Baechtold „Hans Salat etc." S. 42.)

8. August Kassel Hochwasser der Fulda

war ein großes Donnerwetter, . . . , das Wasser hatte die Aneberger Brück sambt zweyen Schleusen und Bollwercken zerbrochen; . . .

(„Die hessische Congeries", edid. Nebelthau in „Zeitschrift d. Vereins f. hessische Geschichte u. Landeskunde." 7. Bd. S. 366–367.)

Ende September Zwickau Überschwemmung der Zwickauer Mulde

Wasserfluth.

(Dr. E. Herzog „Chronik von Zwickau". II. S. 226.)

November—Weihnachten Belgien Maas: 3 Wochen Eisdecke

Au moys de novembre, l'an mesme, commencha à galler et dura la gallée jusques à Noel, tellement que la rivière de Meuse fut serrée l'espace de trois sapmaines.

(„Chroniques du XVI. siècle. Règne d'Erard de la Marck" in „Chroniques liègeoises", Tom. II., edid. S. Balau in „Publicat. de la comm. roy. d'hist. de Belgique." Bd. 54. Tom. II. S. 382.)

1. November Friesland Sturmflut

te Alderheiligen braken ook de Zeedyken weder in / . . .

(Okko van Scharl, Johannes Vlytarp und Andr. Cornelius Stavriensis „Chronyk en waaragtige beschryvinge van Friesland etc." S. 463.)
= 1531

2. November Flandern Nordsee: Sturmflut

Seeland Sturmflut

Eodem anno, den 2 novembris, voor noene, werdt eenen grooten vloet, maer nyet soo hooge als anno 1530 op eenen voet nae. Maer by desen is meer quaet ende schaede geschiet dan by den voorgaenden, hoe wel den tweeden dach in Slachtmaendt / 'snachts ontrent drie ofte vier uyren / wast eenen soo grooten windt ende storm uyt den Noordtwesten / so dattet soo hooghe vloeyden / dat meest alle die Eylanden van Zeelandt weder overvloeyden / . . . In de Oostwateringhe van Zuydtbevelandt / was groote kost ghedaen om'tlandt weder te bedycken / 'twelck doen weder overvloeyde / . . . / Ende in sommighe nieu Polders van 't Badt / Inckelenoort / ende Nieuwelande / verdranck veel volck / . . . In Borsselen overvloeyden die ses Dorpen / . . . Cortgene ende Cats in Noordbevelandt / overvloeyden mede, ende daer verdranck veel volckx. Duyvelandt overvloeyde wederomme ontrent die oude Diepten, ende die drie Prochien vloeyde alle den winter uyt ende in / hoewel dat die dorpen aen de Noordtzyde mede schade hadden / Philippus Landt / dat soo dickwils bevloeyt ende beverschet werdt daer naer / . . . Ende alle die Eylanden van Zeelandt hadden op dees tijdt groote schade / als Walcheren / Schouwen / Dreysschere / Wolffaertsdijck / die Westwateringhe van Zuydtbevelandt / 't Landt van der Tonghe / St. Annenlandt / St. Martensdijck / ende 't Landt van der Tholen / . . .

(M. Z. van Boxhorn „Chroniick van Zeelandt etc. door Johan Reygersbergen etc.“ II. S. 433.)

. . . / den welcke terstont sulcke tempeesten ende storm-winden ghevolcht zijn / dat daer door die Zee sich verheffende / in Hollandt ende Vrieslandt grooten schade ghedaen heeft. Desen Watervloedt is ontrent Alderheyligen over het Landt ghegaen. 2. November 1532 Holland, Friesland Sturmflut

(P. Winsemius „Chronique oste Historische geschiedenisse van Vrieslant etc.“ S. 502.).

heeft het binnen Vlaenderen een soo groot tempeest gemaekt, dat de zee in verscheyde plaetsen is doorgespoelt, als Nieulant onder de prochie van Ossenesse in Hulster-ambacht ende andere. Alle de dycken aen den kant van de Schelde en de Durme van Antwerpen af tot Dendermonde, en Waesmunster toe, waeren van beyde seyde doorgebroken, de schaede van desen vloed wierd grooter geschat als de gone van den jaere 1530. Veele landen in Zeelandt syn ten selven tyde ook overwatert geweest, ende de stadt Hulst was alsdan in't uyterste gevaer overstroomt te werden. Flandern, Seeland Sturmflut
[J. de Neve-Voorde Manuscr., Reygersberghe und Lansbergh.]

(„Chronycke van Frans-Jos. de Castro“, edid. F. van Naemen in „Annal. du cercle archéolog. du pays de Waes.“ Tom. X. S. 131.)

° (N. de Weert „Chronycke van Nederlant, besonderlyck der Stadt Antwerpen, sedert den jaere 1097 tot den jaere 1565“ in „Chroniques de Brabant et de Flandre“, edid. Charl. Piot in „Collect. de chroniques belg. inédits. Bd. 21. S. 101.)

. . . den 2 november, op Aldersielendagh, ten 8 uren voor noen, op eenen saterdagh, soo was tot Antwerpen die tweede hooghe vloet, die ommers soo groote was als van jaer 1530, ende dede soo veele schade als den eersten, want al dat doen gedijckt was, dat ginck nu al drijven . . . Antwerpen Sturmflut

(Ger. Bertrijn „Chronijck der Stadt Antwerpen toegeschreven aan den Notaris Geraard Bertrijn“, edid. G. van Havre in „Uitgav. d. Antwerp Bibliophil.“ Bd. 5. S. 79.)

Item in dußem iare des sonnavendes vor Martini is hir ßo grote hoge vlot gheweßen, alße nvwerte ghewest is, vnde ok neen mynßke ghedacht heft, alßo dat alle duße marßklande vnde dyke synt inghebraken by der Elue her. Darto ok Hamburg, westl. Schlesw.-Holst. Sturmflut

Eyersteden, ßo dat in duße merßk langes der Elue in etliken orden hele huße synt wech ghedreuen, in etliken orden in Eyersteden hele kaspele vorgan myt dem volke, alßo dat neen mynßke mach suck [= sulk] enen groten scaden van water ghedacht hebben. Item in dem Hammerbroke synt gheworden 2 gruntbrake, vnde de dik is meystendel bauen afgeßlagen.

(„Hamburgisch-Hansische Jahrbücher von 1531/1534" in Dr. J. M. Lappenberg „Hamburg. Chroniken". S. 303.)

2. November 1532 Hamburg Sturmflut

was so grot stormwynt vnd water to Hamborch, dat dat water vor vp sunte Nyclawes kerkhof stunt.

(„Hamburg. Chronik vom Jahre 799—1559" in Dr. J. M. Lappenberg „Hamburg. Chronik." S. 429.)

Es erhebt sich starker Sturm, der die Wasser über den Hopfenmarkt bis an die Nicolaikirche trieb.

(Dr. J. G. Gallois „Hamburg. Chronik." II. S. 738.) = 30. November

Dithmarschen Sturmflut

Des mandages na aller gades hilligen dage do ginck dar so groth water vloet, vnde de vloet ginck by dre voden auer alle Eyderstede, vnde dar vordrenkeden mannich 1000 minschen in alle Waterlande, vnde ock v̊ele vees dat dar alderwegen doet bleff. Tho Wedeswort vordrenkeden 60 minschen, tho Koldenbüttel auer de hundert. etc. Düsse vloet was ock in deme Nordstrande gantz klegeliken, wente dar vordrunkeden wol by 1900 minschen junck vnde olt, wente Vnde so makede ock desulue vloet XI wele klein vnde groth, de grotheste tho Pophever inleep, de was auer de 40 Ellen deep. (Chron. Eiderostad. vulgare).

(„Johann Russe's etc. Vorarbeiten zur Chronik des Landes Dithmarschen", edid. Dr. A. L. J. Michelsen. S. 720.) = 4. November

Ao. 1532 am 4. Dage Novembris, unnd was up einen Mandach, am Dage Amandi 8 Tage vor Martini, do gingk dar eine Syntflut aver alle Merske Erd, und dreven wech vele Huser, ock vele Volkes da vordruncken; in unsem Karspel vordruncken dre Minschen, tho Henstede 2 Minschen, tho Wesslingburen 1 Minsch thor Marne in dem Strande 4 Stige, in Eiderstedt tho Coldenbuttel 104 Minschen, in den Strande tho Pilworm 400 Minschen, averall im Strande 1400 Minschen.
(„Ex scripto sive libello per Henningum Swyn (aus Lunden)")

(„Joh. Adolfi's, genannt Neocorus, Chronik des Landes Dithmarschen". II. S. 461.)

des Mandages na Omnium Sanctor. is geschehen eine grote Vloet über alle marsch Erde, so dat vele Volcks verdrencket is, besunderlick in Eiderstede, unde dat Water was so grot, so dat de Kerckmuere tor Nienkercke de Nordersyde vam Kerckhove is umme gefallen und etliche Hüse weg gedreven.

(J. Russe „Fragmenta XXXV. rer. Dithmarsicar. 1040–1542 etc." in E. J. von Westphalen „Monum. inedita rer. Germanic." IV. Sp. 1447.) = 4. November des drudden Dages edder Maendages na aller Gades Hilligen, was de sehr gruwliche grote Floot, unnd is de Westsee ingebraken, aver Ditmarschen, Eiderstede unnd Strande, item Goseherde, Hasselherde, Tundern, Ripen unnd biliggende Länder, Hüser, Vehe unnd Volks in groter Antal unnd Menge vorheret; uth dem Strande 1500 Persohnen. ..., den itt hen unnd wedder in der gantzen Seekant de Dike dorchgebraken unnd gruwlich gewötet, also dat itt binnen Lunden, up Reiner Goldschmidts Deele einen Voet hoch gestaen. In Summa alle Marschländer an der Elve unnd Eider sin averlopen unnd jämmerlich vordorven. Als itt Ebbe gewesen, upt högeste hefft itt aver de Dike geschlagen, als de Floot thogegann, is idt aver alle gegaen unnd XI. Wele up Büsen geschaten unnd is nowe dat dorde Deel Dike um Büsen bestaende gebleven unnd is ein Ort Landes edder de Grett tho Werven upgeworpen, itt sint gantze Bonenklote weggedrewen, ... 2. November 1532 Dithmarschen, Eiderstedt, Nordstrand Sturmflut

(„Johann Adolfi's Chronik des Landes Dithmarschen", edid. F. C. Dahlmann. II. S. 77 aus Chronik in Büsen, parieti Eccles. affix, Joh. Reimers manuscr.)

1./2. nachts. Durch SW Sturm eine der höchsten Wasserfluten. Das Wasser bedeckt die Marschen 6 Ellen hoch und viele Menschen ertranken. An den Mauern der vormaligen Klosterkirche steht das Wasser 3 Ellen hoch und richtet namentlich am Schloß und sonst auch großen Schaden an. Tondern Sturmflut

(C. Erich Carstens „Die Stadt Tondern" S. 21 aus Mart. Rich. Flor in Camerer „Histor. polit. Nachrichten". Bd. II. 1762. S. 701.)

° („Chronik des Dietrich Westhoff" in „Die Chroniken der deutschen Städte". 20. Bd. S. 429.)

° („Annales Slesvico-Holsatenses 1227–1546" in J. Langebek „Scriptor. tor. rer. Danicar." V. S. 510.)

° („Kiliani Leib historiar. sui temporis 1524/1548" in J. J. I. v. Döllinger „Beiträge zur polit. kirchlich. u. Cultur-Geschichte der 6 letzten Jahrhunderte". II. S. 581.)

° (Joachim v. Watt (Vadianus) „Epitome". Histor. Collektaneen in „Deutsche histor. Schriften", edid. E. Goetzinger. 3. Bd. S. 218.)

° („Hamburgisch-Hansische Jahrbücher von 1531–1534" in Dr. J. M. Lappenberg „Hamburg. Chroniken etc." S. 303–304.)

° („Eyn kort vttoch der Wendeschen cronicon etc." in Dr. J. M. Lappenberg „Hamburg. Chroniken". S. 295.)

° (E. Beninga „Volledige Chronyk van Oostfrieslant". S. 686.)

° („Bernd Gyseke's Hamburger Chronik vom Jahre 810–1542" in Dr. J. M. Lappenberg „Hamburg. Chroniken". S. 159.)

° („Karsten Schröder's Ditmarsische Chronik", edid. W. H. Kolster in „Zeitschrift d. Gesellsch. f. Schlesw.-Holstein.-Lauenburg. Geschichte". 8. Bd. S. 214.)

° („Des Matthias Boetius 3 Bücher über Denkwürdigkeiten von Sturmfluten, welche Nordstrand betroffen haben", Deutsch von Dr. Schmidt-Petersen. S. 72. 86.) = 1. November

° (Adam Tratziger „Der alten weitberümbten Stadt Hamburg Cronica etc." in E. J. von Westphalen „Monum. inedita rer. Germanicar." II. Sp. 1398.) = 20. November 1531

° (Dr. J. G. Gallois „Hamburg. Chronik". II. S. 746.)

° („Mag. A. Heimreichs etc. nordfresische Chronik", edid. Dr. N. Falck. I. S. 363 u. 365.)

° (F. Arends „Phys. Geschichte der Nordsee-Küste etc." II. S. 91/93.)

° (Christ. Kuß „Jahrbuch etc." I. S. 68/69.)

° (W. Moritz „Chronik des Kirchspiels Erfde". S. 234.)

November—Weihnachten 1532 Regensburg Donau: Eisdecke

Vill tag vor Andree (30. Nov.) fieng es an zu schneien, machet ein grossen schne, und kam ein solche grosse urwerige kelten drein, das ein stoß vom sontag piß an mitwoch früe, der stos an allen orten trug, fahren und geen, und weret piß an weinachttag, ließ es nach, . . .

(„Leonhart Widmann's Chronik von Regensburg etc." in „Die Chroniken der deutschen Städte". 15. Bd. S. 126.)

Winter 1533 Antwerpen Schelde: Eisdecke

1533. Anno eodem ginck men t'Antwerpen voor de Craen nae noene op 't Schelt. Ende daer nae ghinck dryven. Dry daghen daer nae lacht weder (toe) omtrent een ure, datter veel volcx over liep. Daer stont eenen willegen boom in 't midden van d'ys vooseyt vervrosen.

(N. de Weert „Chronycke van Nederlant, besond. der stadt Antwerpen 1097/1565" in „Chron. de Brabant et de Flandre", edid. Ch. Piot. Collect. de chron. belg. inédit. Bd. 21. S. 102.)

Van acht dagen voor Kersmisse tot den 25 January was het ys soo dick, dat men de Schelde voor Antwerpen, Rupelmonde en Themsche bewandelde.

(„Chronycke van Frans-Jos. de Castro", edid. F. van Naemen in „Annales du cercle archéolog. du pays de Waes". 10. tome. S. 132.)

Köln Rhein: Eisdecke

war ein uberaus kalter winter, und der Rhein bestach sich glich oben Emerich und auch glich under der stat und uf s. Andreis tag [30. Nov.] froir der Rhein vur der stat glich und glat zu, . . . Man sach auch den nachmittag einen hont über den Rhein laufen; den andern tag zu morgen frohe quamen arm leut uber den Rhein laufen. Disser forst daurten, das das eis nit brach, bis in die christhillige tage [Weihnachten] aber es war vurhin wol 6 tag doewidder gewest, das das wasser boven dem eis stunde, das man gein eis sach. Und uff christabent quam ein bode uber den Rhein uff dem eis gurtelsdeifte im wasser gangen nach der stat, . . .

(„Das Buch Weinsberg" 1. Bd., edid. Konst. Höhlbaum. S. 82/83.)

24. Dezember 1532 Valenciennes Überschwemmung der Schelde

Les eaux s'enflèrent si à coup, qu'elles foncèrent la porte Cambrisienne, et la muraille de la maison des Chartriers estant emportée, . . .; toutes les rues nagèrent jusques aux plus hauts lieux de la ville. Le marché estoit plein de nacelles qui alloient cà et là porter des vivres aux quartiers inondés.

(M. Champion „Les inondations en France etc." S. 147 aus Outreman „Hist. de la ville et comté de Valenciennes". S. 193.)

Envyron le fin dudit an et commenchement de l'an 1533, commenchèrent le neiges à fondre et à religner tellement que la nuict du Noel, la rivière de Louvaingne dite le Dile creut si haulte que les malade chartries en l'hospital furent en danger d'estre noyez sur leur lietz, et eut la ville des grand dommaiges par l'eaue. En ce mesme temps, le pont d'Amercourt par l'impétuosité de l'eaue tombit avecq ung homme . . . Ende Dezember 1532 —Anfang Januar 1533 Belgien Überschwemmung d. Dyle

(„Chroniques du XVI. siècle. Règne d'Erard de la Marck (1506–1538)" in „Chroniques liègeoises", Tom. II. edid. S. Balau in „Publicat. de la comm. roy. d'hist. de Belgique". Bd. 54. Tom. II. S. 385.)

Pegnitz-Überschwemmung. ·1533 Nürnberg Überschwemmung der Pegnitz

(G. A. Will „Von der neulichen größten Überschwemmung etc." S. 9.)

diluvia Cracovie fuerunt. Primum infra octavas Epiphaniarum [6.–13. Januar] post nives et gelua magna veniens, resolutio repentina movens ex Hystula composuit glacies ex opposito horti regine, usque ultra claustrum monialium, . . . , et surgentes descendebant per alveum et sinum Visle, expellentes aquam extra ripas; sic domus adiacentes subvertit, aliquas aquis repletas destruxit, et infra unam diem aqua in ripas suas intravit, . . . Januar Krakau Weichsel-Überschwemmungen

(„Rocznik Swietokrzynski" in A. Bielowski „Monum. Polon. histor." Tom. III. S. 107.)

(Die Überschwemmungen zu Krakau traten zuerst innerhalb der Woche nach dem Epiphaniasfest [6.–13. Januar] ein, als nach Schneefällen und starken Frösten ein plötzlicher Eisgang auf der Weichsel das Eis infolge des Hindernisses durch den königlichen Garten bis unterhalb des Nonnenklosters zusammentrieb. . . . , und die anwachsenden Fluten stiegen über das Flußbett und den Weichselbogen, . . . So stürzte [die Flut] die am Ufer stehenden Häuser um, andere füllte sie mit Wasser an, und innerhalb eines Tages ging das Wasser in seine Ufer zurück, . . .)

Auff den Sonnabend nach den Newen Jahr fellet ein regen v. verursachet den Eißbruch vf der Saale v. hat die brucke vber Jena zu Borgaw in zwei theil von einander gerissen, . . . 4. Januar Jena Saale: Eisaufgang

(„Mag. Adrian Beiers Jenaische Annalen", edid. Dr. H. Koch. S. 11.)

Auf der heiligen drey Könige Abend um 2 in der Nacht da wuchs die Saale, daß sie ginge über den ganzen Steinweg die Quere und die Länge in alle Häuser auf dem Steinwege, und die Tonnenmühle stund mitten im Wasser; sie ging auch zu den neuen Thor herein bis zu Helmmerichs Thür im Fahrwege. 5. Januar Jena Überschwemmung der Saale

(„Die älteste Chronik der Stadt Jena (1532–1546)" edid. Dr. H. Koch. S. 7.)

° („Mag. Adrian Beiers Jenaische Annalen", edid. Dr. H. Koch. S. 11.)

20. Januar 1533 Hettstedt (im Mansfeldischen) Überschwemmung der Wipper

Anno 1533 ist am S. Sebastianstage abermals ein grausam groß Gewesser zu Heckstett gewesen, . . .

(Cyr. Spangenberg „Mansfeld. Chronica". 4. Teil. S. 278.)

20. Februar Jena Saale: Hochwasser

Auf dem Donnerstag nach Valentini hob es an mit regnen und schneien, an einem weg und die Saale wurde sehr groß.

(„Die älteste Chronik von Jena (1532–1546)", edid. Dr. H. Koch. S. 8.)

25. Februar Zittau i/Sa. Überschwemmung der Neiße

Starke Wasserflut.

(J. B. Carpzow „Analecta Fastor. Zittaviens. etc." S. 262.)

26. Februar Paris Seine-Überschwemmung

Cedict jour, les eaues desbordèrent fort et le jour sequent, mais incontinent s'en retournèrent.

(„Chronique parisienne de Pierre Driart etc.", edid. F. Bournon. S. 162.)

3. März Thorn Weichsel: Eisgang

Den 3 Martii D. nach Invocavit ist die polnische bruecke durch grosze gewalt des eyses weggenommen worden.

(„Die älteste Thorner Stadtchronik", edid. Max Töppen. S. 179.)

° (J. H. Zernecke „Thornische Chronica". S. 126.)

Fastenzeit Forst i/L. Überschwemmung der Neiße

Starke Überschwemmung.

(J. Chr. Schneider „Chronik der Stadt etc. Forst". S. 320.)

26. April Iglau (Mähren) Überschwemmung infolge eines Wolkenbruchs

Bald hernach als den Sonabent Vor Creutz Erfindung ist ein Wolkenbruch niedergangen, hat zu Stonern 8 Teucht sambt dem Rantzer Teucht abgeriessen, vnd in demselben grundt grossen schaden gethan, . . .

(„Chronik d. kgl. Stadt Iglau vom Iglauer Stadtschreiber Martin Leupold von Löwenthal" in „Quellen-Schriften zur Geschichte Mährens". I. S. 85.)

Mai Augsburg Überschwemmung des Lech und der Wertach

Praeterea facta est Majo mense permagna aqua apud nos inundatio quoque.

(A. P. Gassar „Annal. Augstburg." in J. B. Mencken „Scriptor. rer. Germanic.". I. Sp. 1795.)

(Außerdem trat im Monat Mai sehr großes Wasser ein, bei uns auch eine Überschwemmung).

Anfang Juni S. u. Mittel-Deutschland Überschwemmungen der Flüsse

im anfang brachmonats hat sichs mit grossen regen begeben, daß alle wasser Bodensee Rein der Main Sinna [die bei Gemünden in die Fränkische Saale mündende Sinn] Ihl [Nebenfluß d. Rheins, der bei Straßburg mündet] Preusch [Nebenfluß der Jll, mündet bei Straßburg] Nectar die Werre und andere durch den gelingen regen sint ausgebrochen, die heuser an ettlichen enden viech weib man und kinder erseuft, das gras uff dem feld sampt anderm getreide verflust und hinweg gefurt, die weinberg und ander gewelde zerrissen und umbgschlaift.

(„Aus der Chronik des Schuhmacherhandwerks 1504–1546“ in „Quellen z. Frankf. Geschichte“ edid. Dr. H. Grotefend. I. S. 18.)

Am sambstag vigilia Viti ist gelingen an allen ortten Hochteischlanndt ein wasser eingefallen, groß schaden gethon, und der Haimbacher bach het bey sanct Johansz brückhen genhalb dz Kochen beim gerberthurlin die stattmaur zu Hall umbgestossen.

14. Juni 1533 Hall i/Württ. Überschwemmung des Kocher

(„Widmanns Chronika“. Haller Annalen. in „Württ. Geschichtsquellen“. 6. Bd. S. 369.)

Ist ein so gross Gewässer in Burzeland gewesen, dass man von Sct. Bartholomaei an bis auf den Alt nix anders als Wasser gesehen hat. Bei Fogaras ist der Alt bis ins Schloss gangen, und hat der Altfluss bei der Hermestadt den Roten Turn ganz umbgewaschen. Die Burzen ist bei der Neustadt auch ausgebrochen und grossen Schaden auf Croner Feld gethan.

24. Juni Burzenland Überschwemmung, z. B. des Altflusses und des Burzenbaches

(„Historie von Hieronymus Ostermayer (1520–1561)“ in „Quellen zur Geschichte der Stadt Kronstadt in Siebenbürgen“. 4. Bd. S. 500.)

° („Chronik des Hieronymus Ostermayer 1520–1561“ in G. J. Kemény „Deutsche Fundgruben der Geschichte Siebenbürgens“. I. S. 19.)

° (Joseph Teutsch Auszug aus „Nebenarbeit von sonderbaren Begebenheiten in Burzenland“ in „Quellen zur Geschichte der Stadt Kronstadt in Siebenbürgen“. 4. Bd. S. 177.)

° („Album Oltardianum 1. Teil (Andreas Scherer [Rasoris])“ in Eugen v. Trauschenfels „Deutsche Fundgruben zur Geschichte Siebenbürgens“. Neue Folge. S. 9.)

Secundum diluvium post octavas visitacionis Marie incepit cum pluviis densis. Inundatio incepit . . . die septima mensis Julii. Et in tantum creverunt aque, quod longe lateque exierunt in campos, piscinas et domos, modico minus, quam illud precedens diluvium [Januar 1533].

Juli Krakau Überschwemmung der Weichsel

(„Rocznik Swiętokrzynski“ in A. Bielowski „Monum. Polon. histor.“ Tom. III. S. 107–108.)

(Die 2. Wasserflut nach der Woche nach Mariä Heimsuchung begann mit dichten Regengüssen. Die Überschwemmung begann am 7. Juli. So hoch stiegen die Gewässer an, daß sie weit und breit auf die Felder, in die Fischteiche und Häuser liefen, etwas schwächer, als bei der vorhergehenden Wasserflut [Januar 1533].)

Am S. Bartholomiabend ist der Hadeborn gleich umb die Zeit als der Hirte eintreiben wollen, unversehens und eilands gewachsen, . . .

23. August Hettstedt (Mansfeld) Hadeborn: Überschwemmung

(Cyr. Spangenberg „Mansfeld. Chronica“. 4. Teil. S. 278.)

27. Oktober 1533 Hamburg Sturmflut

Ok also hoch [Wasserstand durch Sturmflut] alse it anno 33 den 27 Oktobris gewest was ...

(„Bernd Gyseke's Hamburger Chronik vom Jahre 810–1542" in Dr. J. M. Lappenberg „Hamburg. Chroniken". S. 159.)

Eiderstedt, Dithmarschen, Nordstrand u. a. Sturmflut

Do ginck noch eens de vloet des mandages vor aller hilligen in Eyderstede vnde in deme Strande, deme ersten was he in der thoge nicht gelyk, noch thobrack he vele meer de dyke. De nye insettelse in Pilworm nam he gantz wech, se mosten mit den morlüden tho rechte gaen, eer dat se wolden ere dyke vnd wele helpen mede auerslaen.

(„Johann Russe's etc. Vorarbeiten zur Chronik des Landes Dithmarschen", edid. Dr. A. L. J. Michelsen. S. 721.)

Nordstrand Sturmflut

Die Deiche, die jedoch, meist ..., bei einer erneuten Sturmflut größtenteils wieder durchbrochen und vernichtet wurden.

(„Des Matthias Boetius 3 Bücher über Denkwürdigkeiten von Sturmfluten, welche Nordstrand betroffen haben". Deutsch von Dr. Schmidt-Petersen. S. 73.)

° („Ein kort vttoch der Wendeschen cronicon etc.' in Dr. J. M. Lappenberg „Hamburg. Chroniken". S. 297.)

Winter 1534 Sachsen Flüsse: Eisdecke

Die Gewässer waren sehr stark gefroren.

(E. H. Müller „Histor.-topograph.-statist. Beschreibung der Bergstadt Brand etc." S. 75.)

Kanton Luzern Luzerner See: Eisdecke

..., und ward mechtig kalt, dass der see gfror, ...

(„Hans Salats Tagebuch", edid. Dr. J. Baechtold. S. 45.)

Dezember 1533 Brabant Überschwemmungen der Flüsse

In Brabant hat es sehr lang geregnet, dadurch grose Güssen entstanden und das gantze Land umb Antwerpen herumb verwüstet.

(M. Tschamser „Annales etc. der Baarfüseren etc. zu Thann." II. S. 74.)

1534 Eure Überschwemmung

Cette rivière déborda, ...

(M. Champion „Les inondations en France etc." II. S. 178 aus de Lépinois „Hist. de Chartres . II. S. 172.)

Augsburg Wertach- u. Lech-Überschwemmung

Eodem item anno Werdacha ad S. Wolffgang [31. Oktober] simul ac Lechus ad S. Sebast. [20. Januar??] extra civitatem nostram supra modum exundarunt, et ad moenia usque restagnarunt, ...

(A. P. Gassar „Annal. Augstburg." in J. B. Mencken „Scriptor. rer. Germanicar." I. Sp. 1798.)

(Gleichfalls in diesem Jahre traten die Wertach am St. Wolfgangstage [31. Oktober] und ebenfalls der Lech am St. Sebastianstage [20. Januar] außerhalb unserer Stadt übermäßig über ihre Ufer, und die Fluten reichten bis an die Stadtmauern.)

Weichsel: das Wasser dringt bis in die Stadt. 1534 Thorn Weichsel-Überschwemmung

(Dr. J. E. Wernicke „Geschichte Thorns etc.“ II. S. 43.)

Sind im Königreych Polen grosse ergiessung gewest. Polen Überschwemmungen der Flüsse

(Job. Fincelius „Wunderzeichen“ 1556/59 S. 51.)

. . . exundarunt, . . . , haud aliter atque Romae Tyberis. Rom Tiber-Überschwemmung

(A. P. Gassar „Annal. Augstburg.“ in J. B. Mencken „Scriptor. rer. Germanic.“ I. Sp. 1798.)

(. . . sie traten über ihre Ufer, nicht anders auch der Tiber zu Rom.)

En ce moys, il fit grosse gelée, tant que la rivière de Sceine fut prinse, l'espace de huit jours et plus, . . . Januar Paris Seine: Eisdecke

(„Chronique parisienne de Pierre Driart etc.“, edid. F. Bournon. S. 162.)

. . . , und auf den Dienstag hob es an zu regnen, und die Saale wurde sehr groß. 27. Januar Jena Saale: Hochwasser

(„Die älteste Chronik der Stadt Jena 1532–1546“, edid. Dr. H. Koch. S. 10.)

Inundatio aquarum 1534 incepit a 26 die Aprilis. Tota illa die nix magna et humida cecidit, arbores ad terram cum foliis prostravit, . . . 26. April Krakau Weichsel-Überschwemmung

(„Rocznik Swiętokrzynski“ in A. Bielowski „Monum. Polon. histor.“ Tom. III. S. 108.)

(Eine Überschwemmung der Gewässer 1534 begann am 26. April. An diesem ganzen Tage fiel schwerer und feuchter Schnee und drückte die Bäume zu Boden.)

. . . , et deinde nocte [26/27 nachts] et diebus sequentibus casus pluviarum nives resolvit, et exinde inundatio cum pluviis usque ad diem sancti Stanislai [8. Mai]. 27. April —8. Mai Krakau Weichsel-Überschwemmung

(„Rocznik Swiętokrzynski“ in A. Bielowski „Monum. Polon. Histor.“ Tom. III. S. 108.)

(. . . , und in der Nacht darauf und an den folgenden Tagen schmolzen die Regenfälle die Schneedecke, und infolgedessen (trat) eine Überschwemmung mit Regengüssen (ein), die bis zum St. Stanislaus-Tage dauerte.)

. . . , und die Sala ward so klein, daß man an den sonst tiefesten Orten durchwaden konte. Sommer Saalfeld (Thür.) Saale: sehr niedriger Wasserstand

(Mag. Caspar Sagittarius „Saalfeldische Historien etc.“, edid. Dr. E. Devrient. II. S. 214.)

Item anno dom. 1535 pro festo sanctorum apostolorum Petri et Pauli fluvius dictus San, inundacione sua magna multa dampna fecit, villas aliquas et predia cum armentis et frumentis, feno . . . , molendina et castra lignea fragendo, absumpsit. Ende Juni Fluß San Überschwemmung

(„Rocznik Swiętokrzynski“ in A. Bielowski „Monum. Polon. histor.“ Tom. III. S. 109.) = 1535

(Gleichfalls verursachte im Jahre 1535 angesichts des Festes der heiligen Apostel Petrus und Paulus der Fluß San durch seine große Überschwemmung viele Schäden, vernichtete einige Dörfer und Landgüter mit den Viehherden, Getreide und Heu, . . . , Mühlen und hölzerne feste Plätze und riß sie mit sich.)

29. Juni— 13. Juli 1534 Krakau Weichsel-Überschwemmung

Item, in die sanctorum apostolorum Petri et Pauli et sequentibus tribus diebus et noctibus continuavit casus pluviarum densissimus et spissus sic, quod aqua stare videbatur in montibus et campis per faciem terre, et exinde venit diluvium maximum, ab antiquis non visum, sic, quod cooperuit piscinas, domos, sepes, agros, silvas, dirumpento speses, piscinas et domos multas in ripis ex fundo recepit. Item, inter Cracoviam et Cazymyriyam pontem magnum super Wyslam in tres partes confringendo, integre ex fundo recipiens, in suburbio dicto Grzegorzsky in campo reposuit, feria sexta in crastino visitacionis Marie hora octava, . . . [Freitag, 3. Juli] . . . , et in festo sancte Margarethe [13. Juli] aqua intravit in alvenum suum.

(„Rocznik Swiętokrzynski“ in A. Bielowski „Monum. Polon. histor.“ Tom. III. S. 108.)

(Gleichfalls hielten am Tage der heiligen Apostel Petrus u. Paulus und an den 3 folgenden Tagen und Nächten die sehr dichten Regenfälle an, daß das Wasser in der Bergen und Feldern auf dem Erdbild zu stehen schien, und infolgedessen kam eine sehr starke Wasserflut, wie sie von der alten Generation noch nicht beobachtet worden war, so daß sie die Fischteiche, Häuser, Gärten, Äcker, Wälder mit Wasser bedeckte, zerstörte Gärten und Fischteiche und führte viele Häuser an den Ufern von Grund aus mit sich fort. Gleichfalls zwischen Krakau und Kasimierz zerriß [die Wasserflut] die große Brücke über der Weichsel in 3 Teile, führte sie vollständig von Grund aus mit sich fort und setzte sie in der Vorstadt Podgorze (?) auf dem Felde nieder, am Freitag in der Woche nach Mariä Heimsuchung, und am St. Margarethenfeste [13. Juli] ging das Wasser in sein Bett zurück.)

Anfang Juli Polen Überschwemmung des Dunajec

Item, Danubius minor circa Novum Forum et Sandecz pontes omnes dirumpendo absumpsit. In aliquibus eciam ecclesias et villas, molendina recepit. In villa Shramowce Danubius ecclesiam ex integro et septem domos recepit. Circa oppidum Novum Forum, id est: Nowytarg tres pontes fregit. Item villam Dlugopole dirupit. In Trzemeschnya ecclesiam subvertit, piscinas multas dirupit.

(„Rocznik Swiętokrzynski“ in A. Bielowski „Monum. Polon. histor.“ Tom. III. S. 109.)

(Gleichfalls zerstörte der Dunajec bei Neumarkt und Sandec alle Brücken und riß sie mit sich fort. An einigen Orten nahm er auch Besitz von Kirchen, Häusern und Mühlen. Im Orte Shramowce (?) riß der Dunajec von neuem die Kirche und 7 Häuser an sich. Bei der Stadt Neumarkt, das ist Nowytarg, vernichtete er 3 Brücken. Ebenso zerstörte er das Gehöft Dlugopole (?). In Trzemeschnya (?) stürzte er die Brücke um und zerriß viele Fischteiche.

Aqua maxima erat Cracovie in Visla ita, quod 2 cubitis erat super magnum altare ad Bernardinos penes festum s. Joannis baptiste, et pontem fregit. Multa dampna ubique facta sunt penes Vislam. Anfang Juli 1534 Krakau Weichsel-Überschwemmung

(„Rocznik Stanisława Naropińskiego" in A. Bielowski „Monum. Polon. histor." Tom. III. S. 225.) = 24. Juni

(Ein so hohes Wasser war zu Krakau in der Weichsel ,daß es 2 Ellen über den großen Altar bei den Bernhardinern am Feste des Johannes des Täufers ging und zerbrach die Brücke. Es wurden viele Schäden überall an der Weichsel verursacht.)

° („E codicibus Leopoliensibus", edid. Dr. W. Ketrzynski in A. Bielowski „Monum. Polon. histor." Tom. V. S. 1012.)

° („Diarium cuiusdam domestici Petri Tomicki episcopi Cracoviensis", edid. Dr. W. Ketrzynski in A. Bielowski „Monum. Polon. hist." Tom. V. S. 901.)

° (A.P. Gassar „Annal. Augstburg." in J. B. Mencken „Scriptor. rer. Germanic." I. Sp. 1798.)

1. mensis Julii, . . . , inundacio maxima in fluvio Dunayecz et Camynycza facta est, quo tempore homines ab annis triginta et ultra huiusmodi tam magnam non meminerunt, ubi eo tempore due stube alias yszdbycze in ponte fluvii Dunayecz lapidibus replete per aquam impetuosam sunt recepte et pons ad medium receptus per aquam et alia multa innumerabilia dampna in segetibus et pratis facta sunt. 1. Juli Polen Überschwemmung des Dunajec und Kamienica

(„E codicibus Leopoliensibus", edid. Dr. W. Ketrzynski in A. Bielowski „Monum. Polon. histor." Tom. V. S. 1012.)

(Am 1. Juli, . . . , trat eine sehr starke Überschwemmung der Flüsse Dunajec und Kamienica ein, wie sie die Menschen zu dieser Jahreszeit seit 30 Jahren und länger in einer solchen Größe nicht erlebt hatten, und wo zu dieser Zeit 2 mit Steinen gefüllte Eisböcke an einer Brücke des Flusses Dunajec und das mittlere Stück der Brücke durch das wild strömende Wasser weggerissen und viele andere zahllose Schäden an Äckern und Feldern angerichtet wurden.)

Gewitter mit Wolkenbruch. Der Queis schwillt sehr stark an, so daß er alles überschwemmt. 21. Juli Friedeberg a/Queis Überschwemmung des Queis

(J. G. Bergemann „Beschreibung u. Geschichte der Stadt Friedeberg a/Queis." S. 124.)

drie daghen voor St. Gillis dach / wast eenen grooten storm / dat in Zeelandt veel dijcken verdorven. 29. August Seeland Sturmflut

(M. Z. van Boxhorn „Chroniick van Zeelandt etc. door Joh. Reygersbergen". II. S. 444.)

En ce present moys, il fit troys sepmaines de grosse gelée continuelle, et fut la rivière de Sceine gellée, . . . , que ladicte rivière estoit fort petite, . . . Dezember Paris Seine: Eisdecke

(„Chronique parisienne de Pierre Driart etc.", edid. F. Bournon. S. 174.)

Januar 1535
Paris
Seine: Hochwasser

la rivière de Sceine, laquelle avoit esté fort grosse . . .

(„Chronique parisienne de Pierre Driart etc.", edid. F. Bournon. S. 177.)

Anfang Februar
Paris
Seine-Überschwemmung

Au commencement de ce present moys, la rivière de Sceine, laquelle avoit esté fort grosse le moys précedent, desborda, mais elle descreut fort soudain.

(„Chronique parisienne de Pierre Driart etc.", edid. F. Bournon. S. 177.)

März
Ostende
Sturmflut

Sturmflut.

(M. Z. van Boxhorn „Chroniick van Zeelandt etc. door Joh. Reygersbergen". I. S. 50.)

15. Mai
Greußen (Thür.)
Überschwemmung

ergoß sich vor dem Krolle vor Rohnstedt, und dann im Clingischen Felde, im Krolls- und Wurmbache, ein solcher großer Gewitterregen, daß die Fluth im Oberriethe und hinter den Baumgarten herabwälzte und ca. 350 Stück Schaafe und Ziegen, . . . , mit fortriß und ertränkte.

(F. W. Sternickel „Chronik der Stadt Greußen". S. 129.)

16. Mai
Jena
Leutra-Hochwasser

Item auf den Pfingsttag zu Nacht kam ein Wetter und regnete und die alte Leutra ward sehr groß . . .

(„Die älteste Chronik der Stadt Jena 1532–1546", edid. Dr. H. Koch. S. 12.)

18. Mai
Udenheim u. Umgebg. (Kreis Oppenheim i/Hessen)
Überschwemmung infolge eines Wolkenbruchs

ist ein grausam Vngewitter mit hagel / schlossen / vnd blitz / zwo meilweges von Maintz gelegen / entstanden / welches vmb Beichelheim vnd Schorheim alles auffm Felde erschlagen / vnd verderbet hat. Nachdem sich aber in eim Thal / vber Vntenheim ein grosser hauff Schlossen gesamlet / dauon die Wasserflut geschützt vnd auffgehalten worden / ist sie doch endlich so geschwind gewachsen / das sie mit gewalt durchgerissen / das gantze Dorff mit Heusern / Scheunen / Menschen / vnd Vieh jemmerlich verderbet und vmbgebracht hat.

(J. Fincelius „Wunderzeichen". 1559. ohne Seitenzahl).

Nachts. Ein Wolkenbruch zerstört fast das ganze Dorf. 40 Menschen ertrunken.

(K. J. Brilmayer „Rheinhessen in Vergangenheit u. Gegenwart". S. 434.)

° („Hessische Chronik". 1. Jahrgang. 1912. S. 401.) = 4. Juni

Juni
Jena
Hochwasser der Leutra

Ist die alte Leuter (nemblich der rechte arm des Leuterbachs) von regen so groß worden, . . .

(„Mag. Adrian Beiers Jenaische Annalen", edid. Dr. H. Koch. S. 13 aus Manuscript.)

° (Adrian Beier „Geographus Jenensis" S. 446.)

ein Wolkenbruch ergangen / und hat grossen Schaden gethan. um 2. Juli 1535 Marienthal, Weißenborn, Niederhondorf i/Sa. Überschwemmung infolge eines Wolkenbruchs

(Tob. Schmidt „Zwickau. Chronick". II. S. 318.)

Auf den Montag nach St. Ulrich kam ein Wetter um 10 Uhr zu Nacht mit Donnerschlag, und die alte Leutra ward sehr groß und brachte viel Holz. 5. Juli Jena Hochwasser der Leutra

(„Die älteste Chronik der Stadt Jena 1532–1546", edid. Dr. H. Koch. S. 12.)

. . . ; unde pro festo sancti Bartholomei fluvius dictus Wislha ultra ripas multum exerruerat, paulo minus quam anno preterito. 24. August Weichsel-Überschwemmung

(„Rocznik Swiętokrzynski" in A. Bielowski „Monum. Polon. histor." Tom. III. S. 109.)

(. . . , wodurch angesichts des St. Bartholomäus-Festes der Weichsel-Fluß hoch über seine Ufer trat, etwas weniger als im vorhergehenden Jahre.)

Ein nasser Herbst mit stätem Regen, daß sich die Wasser ergossen. Herbst SO. Deutschland Überschwemmungen der Flüsse

(„Jahrbücher der Stadt Breslau von Nikol. Pol", edid. Dr. J. G. Büsching. III. S. 81.)

. . . que l'hyver . . . la rivière estoit gelée, de sorte qu'elle fut trois mois sans porter bateau, . . . Winter 1536 Seine Eisdecke

(M. Champion „Les inondations en France etc." I. S. 68 aus „Mémoir. de Martin du Bellay" in Collect. Michaud tom. V. S. 425.)

Item do waß jdt einn kolt winter; do dat jß vp brack vor vastelauende, . . . Stralsund Rand d. Ostsee: Eisdecke

(„Chronik Johann Berckmanns v. Jahre 1124–1560" in Dr. Mohnicke u. Dr. Zober „Stralsund. Chronik". I. S. 51.)

Loire: Inondation. 1536 Nevers (Départem. Nièvre) Loire-Überschwemmung

(M. Champion „Les inondations en France etc." II. S. 211 aus „Archives de la mairie de Nevers.")

Es sind grausam viel Wetter gewesen. In diesem Jahr ist ein Wasser gewesen, welches den Steinweg hereingelaufen. Jena Überschwemmung der Saale

(„Die älteste Chronik der Stadt Jena 1532–1546", edid. Dr. H. Koch. S 15 u. 17.)

Auf das neue Jahr abent fror es wieder zu und ward sehr kalt, und die Saale fror zu, daß man mit Schlitten hinüberfuhr. Anfang Januar Jena Saale Eisdecke

(„Die älteste Chronik der Stadt Jena", edid. Dr. H. Koch. S. 14.)

Sonntag nach Fabian fror es wieder ganzen 14 Tage, daß man wieder trocken über das Eis fuhr, . . . nach 23. Januar Jena Saale: Eisdecke

(„Die älteste Chronik der Stadt Jena", edid. Dr H. Koch. S. 14.)

Februar 1536 Landskrona Öresund: Eisdecke

var Isen i Februar I Alen tyk, . . .

(C. J. H. Speerschneider „Om Isforholdene i Danske Farvande etc." S. 71 aus Hist. Arkiv 1870. S. 286.)

nach 22. Februar Hamburg Elbe: Eisdecke

na Petri was so hart nawinter, dat men mit wagen vnd pagen [Pferde] halden van Hamborch auer de Elue wat se bederuen.

(„Bernd Gyseke's Hamburger Chronik 810/1542" in Dr. J. M. Lappenberg „Hamburg. Chroniken" S. 112.)

27. Februar Kopenhagen Öresund: Eisdecke

var Isen ved Kjobenhavn I Fod tyk.

(C. J. H. Speerschneider „Om Isforholdene in Danske Farvande etc." S. 71 aus O. Nielsen „Kobenhavns Historie ag Bekrivelse". II.)

März Öresund Eisdecke

I Marts blev Frosten saa haard, at Sundet blev tillagt, og først 25/3 kunde Flaaden komme ud.

(C. J. H. Speerschneider „Om Isforholdene i Danske Farvande etc." S. 71 aus O. Nielsen „Kobenhavns Historie og Bekrivelse". II.)

24. Juli Bunzlau Überschwemmung

Montag vor Jakobi tritt schreckliches Regenwetter ein. Die Straßen und der Markt waren so voll Wasser, daß es zum Niederthore wie ein großer Bach hinauslief.

(J. G. Bergemann „Chronik der Stadt Bunzlau". III. S. 72.)

Anfang Herbst Garonne Überschwemmung

Au commencement de l'automne, il y eut un grand débordement de la Garonne qui fit un grand ravage à la campagne et plus encore à la ville de Toulouse. Cette inondation étonna beaucoup de monde, parce que les jours précédents il n'avoit plu que médiocrement, mais cela pouvoit avoir pour cause la fonte des neiges des montagnes des Pyrénées.

(M. Champion „Les inondations en France etc." IV. S. 209 aus La Faille „Annal. de la ville de Thoulouse" II. S. 102.)

5. November Nordholland Sturmflut

is de Zeedyk tusschen de Slaperen Krabbedam ingebrooken.

(G. Boomkamp „Alkmaer en deszelfs geschiedenissen etc." S. 89.)

Winter 1536/37 Leitmeritz i/Böhm. Elbe: Eisdecke und Eisgang

Der Winter beginnt St. Nikolaustag [6. Dez.] und dauert mit ziemlicher Strenge bis 10. Januar, worauf Tauwetter eintrat und Eisgang erfolgte, bei welcher das Wehr sehr beschädigt wurde. In Raudnitz nahm das Hochwasser 2 Pfeiler mit und riß das Wehr durch. (Aus d. Rechtsbuch No. III d. Stadt-Archivs.)

(Dr. W. Katzerowsky „Meteorolog. Nachrichten aus den Archiven der Stadt Leitmeritz". S. 2.)

5. Dezember 1536 Toulouse Garonne-Überschwemmung

c'est que sans pluye aucune ny raison apparante, la Garonne crut tant qu'elle pensa inonder toute la ville rompit la chaussée du moulin de Bazacle et gâta force bled.

(M. Champion „Les inondations en France etc." IV. S. 208 aus „Annales de Toulouse", manuscr. de l'hôtel-de-ville de Toulouse.)

seer viel ergiessunge hin vnd wider gewesen. 1537 Deutschland Viele Überschwemmungen der Flüsse

(J. Fincelius „Wunderzeichen". 1562. III. S. E.)

Es war auch ein solche Wasserfluth daselbst zu Straßburg, daß die Gewässer neun Joch von der dasigen Rheinbruckhen zerrissen und hinweggeführt und alles under Wasser gesetzt, an Wisen, Feldern, Gärten und Mühlen grausamen Schaden gethan. Straßburg (Elsaß) Überschwemmung des Rheins

(M. Tschamser „Annales etc. zu Thann". II. S. 88.)

Auch schad das Wasser Heydelberg / Heidelberg Überschwemmung des Neckars

(Christian Bertholdt „Die kleine Keiser-Chronica etc." S. 116.)

Pegnitz-Überschwemmung. Nürnberg Überschwemmung der Pegnitz

(G. A. Will „Von der neulichen größten Ueberschwemmung etc." S. 9.)

In diesem Jahr ist viel Nebel gewest. Es ist ein grausam feucht Sommer oder Jahr gewest mit Gewässer und Regen. Thüringen Überschwemmungen der Flüsse

(„Die älteste Chronik der Stadt Jena 1532–1546", edid. Dr. H. Koch. S. 19.)

Wiederumb gross Wasser gewesen. Schweidnitz Überschwemmung der Weistritz

(„Schweidnitz. Chronisten. Hieronymus Thommendorff" in „Scriptor. rer. Silesiac." 11. Bd. S. 22.)

Sehr starke Überschwemmung. Wehlau Überschwemmung des Pregels und der Alle

(A. Ambrassat „Bilder aus Wehlaus Vergangenheit". S. 41.)

Große Eisfahrt. 12. Januar Mulde Eisgang

(Dr. J. H. Leopold „Chronik und Beschreibung der etc. u. Handelsstadt Meerane etc." S. 34.)

Sonnabend nach Hilar brach das Eis auf der Saale. 13. Januar Jena Saale: Eisaufgang

(„Die älteste Chronik der Stadt Jena 1532–1546" edid. Dr. H. Koch. S. 17.)

glacies ex inundatione repentina subito resoluta est, et ad pontem fluminis substitit. 14. Januar Görlitz Überschwemmung und Eisgang der Neiße

(„Annales Gorlicenses". Supplement. in Osk. Schmidt-Reder „Otia Lusatica". S. 14.)

(Infolge der plötzlichen Überschwemmung schmolz das Eis schnell und blieb an der Flußbrücke stehen.)

Dienstag nach Felix kam das andre Eis über der Rasenmühle vollends, . . . 16. Januar Jena Saale: Eisgang

(„Die älteste Chronik der Stadt Jena 1532–1546", edid. Dr. H. Koch. S. 17.)

17. Januar
Jena
Saale: Hochwasser

. . . , und auf den Mittwoch wuchs die Saale und ward sehr groß. Es regnete und schneite.

(„Die älteste Chronik der Stadt Jena 1532–1546", edid. Dr. H. Koch. S. 17.)

22. Januar
Leitmeritz i/Böhm.
Elbe: neue Eisdecke

An St. Vincenz schloß sich die Elbe wieder und stand still. (Rechtsbuch No. III d. Stadtarchivs)

(Dr. W. Katzerowsky „Meteorolog. Nachrichten aus den Archiven der Stadt Leitmeritz". S. 2.)

13. Februar
Jena
Saale: Eisgang u. Hochwasser

Dienstag nach Dorothea erhob sich der Thauwind mit Regen und Schnee, das Waldeis kam mit großer Gewalt, und die Saale war sehr groß.

(„Die älteste Chronik der Stadt Jena 1532–1546", edid. Dr. H. Koch. S. 17.)

19. Februar
Magdeburg
Elbe-Überschwemmung

ward die wasser vor S. Nicolaus thore wider aufs newe aufgericht und war auf den Montag Invocavit im selben Jar alhier gros wasser, das die Elbe stets überlief, und regnet fast alle tage bis auf Trinitat (27. Mai) . . .

(„Der selbständige Teil der Magdeburg. Chronik von Georg Butze" in „Die Chroniken der deutschen Städte". 27. Bd. S. 111.)

März
Regensburg
Donau-Überschwemmung

. . . , het im merzen, . . . groß güß, theten dy wasser grossen schaden mit außlauffen . . .

(„Leonh. Widmann's Chronik v. Regensburg etc." in „Die Chroniken der deutschen Städte". 15. Bd. S. 144.)

um 1. April
Bremen
Weser-Überschwemmung

Um Ostern: große Wassersnoth.

(J. H. Duntze „Geschichte der freien Stadt Bremen". III. S. 300.)

Mai
Mansfeld
Überschwemmung

Es hatte bei einem ganzen Monat lang immer geregnet, etwan das Wasser sich also gesammlet und aus allen Gründen zusammenkommen, . . .

(Cyriacus Spangenberg „Mansfeld. Chronica". 4. Teil. edid. Dr. R. Leers. S. 268.)

1. Mai
Jena
Überschwemmung der Saale

. . . , und auf den Dienstag wuchs die Saale und ging über den gangen Steinweg.

(„Die älteste Chronik der Stadt Jena 1532–1546", edid. Dr. H. Koch. S. 18.)

4. Mai
Görlitz u. Umgegend
Überschwemmung

Freytagen nach Cantate, 4. die May, kwam eyn sollicher schwerer, schneller, grosser regen, der werte bey eyner stunde infra 15 und 16 horas, that vil schaden, reysz vil teiche auss, und ging in der Luntze den leuten in die stuben, . . . zu Belmansdorff 2, zu Ebersbach 2, wo es leuthe uff den wyszen ergreyft, auch kuhe, hirten und ander, dy furtes weg und ertrungk vil folcks.

(„Diarium des Görlitz. Consul Paul Schneider", edid. Dr. E. Schulze. S. 44.)

Auf den Pfingsttag [20. Mai] hub es an zu regnen und regnete die Nacht, den Mondtag und Dienstag, und die Saale war sehr groß. 20.—22. Mai 1537 Jena Saale: Hochwasser

(„Die älteste Chronik der Stadt Jena 1532–1546", edid. Dr. H. Koch. S. 18.)

Hat man an den Pfingstfeyertagen wegen des bis d. Schubaute angelaufenen Wassers, auf Kähnen in der Stadt herumfahren müssen. um 20. Mai Pirna i/Sa. Elbe-Überschwemmung
[„Fortsetzung d. histor. Nachrichten von der Stadt Pirna.]

(C. G. Poetzsch „Chronolog. Geschichte der groß. Wasserfluthen des Elbstroms etc." S. 44.)

kort na den Pinxten erhof sik bauen in dem lande so grot vpwater, dat it wunder was vnd ok nuwerle gehort was, also dat it vele dorpe inbrak vnd vele lande verdorf. bald nach 20. Mai Gegend von Hamburg Elbe-Überschwemmung

(„Bernd Gyseke's Hamburger Chronik 810/1542" in Dr. J. M. Lappenberg „Hamburg. Chroniken". S. 136.)

Große Wasserflut. Viel Schaden an Gärten u. Mühlen. 21. Mai Zittau i/Sa. Überschwemmung der Neiße

(J. B. Carpzow „Analecta Fastorum Zittaviensium etc." 5. Theil. 3. Kapit. S. 262.)

Besonders große Überschwemmung. 4 Teiche ausgerissen. Viel Schaden an Gärten und Mühlen.

(Chr. A. Pescheck „Handbuch der Geschichte von Zittau". II. S. 433.)

Eodem anno 21 Maij exundat Nissus et officinam fulloniam, et eam in qua ad cotem aquariam arma acuuntur [Schleifwerke] in moletrina Consulis [Kuntzmühle] evertit, vaccis et equis plurimis submersis. Görlitz Überschwemmung der Neiße

(„Annales Gorlicenses." Supplement. in Osk. Schmidt-Reder „Otia Lusatica". S. 15.)

(Im selben Jahre am 21. Mai überschwemmte die Neiße sowohl die Walker-Werkstätte, als auch stürzte sie die Schleifmühle und Kuntzmühle um, wobei viele Kühe und Pferde ertranken.)

Den sein diesen sommer V grossir flueten gewst, sundeirlich 2a intra festum Penthecoste, dergleichen kein mensch an der Neisse gedenckt, . . . um 20. Mai Görlitz Überschwemmung der Neiße

(„Magister Joh. Haß Görlitz. Rathsannalen" in „Scriptor. rer. Lusaticar." Neue Folge. 4. Bd. S. 332.)

Nach fürchterlichen Regengüssen eine so große Wasserflut der Elbe, daß man vom alten Markte aus mit Kähnen zur Brücke hat fahren müssen. 23. Mai Dresden Elbe-Überschwemmung

(Dr. W. Schäfer „Chronik der Dresdener Elbbrücke etc." S. 31/32 aus Brückenamts-Register.)

23. Mai 1537 Böhmen Moldau-Überschwemmung

Insolita Wlatawae ad Pragam amnis exundatio tanta altitudine, ut caesariem Barbati sua eluvione attingeret; duravit per dies aliquot et attulit ingens, maxima summa seu precio aestimandum, detrimentum.

(Procop. Lupacius „Rerum Boemicar. ephemeris etc." ohne Seitenzahl.)

(Eine ungewöhnliche Überschwemmung des Moldau-Flusses bei Prag von so großer Höhe, daß sie das Haupthaar des Bärtigen [Bradatsch] bei seiner Überflutung erreichte; sie dauerte einige Tage und richtete ungeheuren, auf eine sehr hohe Summe zu taxierenden Schaden an.)

° (J. F. Hammerschmid „Prodromus gloriae Pragenae etc." S. 699.)

Aussig (Böhm.) Hochwasser der Biela

Biela: Wasserstand 19 Fuß über der Nullhöhe des Bielapegels.

(E. Mander „Chronik von Bodenbach". S. 167 aus Aussiger Stadtbüchern.)

25. Mai Zwickau i/Sa. Überschwemmung der Zwickauer Mulde

Am Freytag nach Pfingsten ist der Bach vor dem Frauenthor ungläublich groß worden / so hat sich auch diesen Tag ein ungewönlich groses Wetter erhoben / welches ein grossen Theil von der hohen Stadt-Mauer bey dem Frauenthor hat nieder geworffen.

(Tob. Schmidt „Zwickau. Chronick". II. S. 322.)

Es durchbrach die durch gewaltige Regengüsse angeschwollene Mulde den Rechen etc.

(Dr. E. Herzog „Chronik von Zwickau". II. S. 248.)

Guben Überschwemmung der Neiße

Die eine der Kirchen der Klostervorstadt wird von den Wogen der angeschwollenen Neiße umgestürzt und weggespült.
[Zeitbuch der Stadt Guben. S. 298.]

(„Zeittafel zur Geschichte der Stadt Guben", edid. A. Tschirch in „Neues Lausitz. Magazin". 46. Bd. S. 30.)

Forst i/L. Überschwemmung der Neiße

Starke Überschwemmung.

(J. Ch. Schneider „Chronik der Stadt etc. Forst". S. 320.)

Ende Mai Magdeburg Elbe-Überschwemmung

. . . , und regnet fast alle tage auf Trinit: [27. Mai] davon die Elbe noch großer ward, und wuchs die gantzen wochen bis auf den Donnerstag [31. Mai], ehe sie anhub zu fallen.

(„Der selbständige Teil der Magdeburger Chronik von Georg Butze" in „Die Chroniken der deutschen Städte". 27. Bd. S. 111.)

Mittlere Elbe Überschwemmung

Ist das Wasser in der Elbe so groß gewesen, daß man die Teiche auf 1 Elle hat müssen erhöhen, doch ist zu Plumperdunck, einer burgischen Feldmark, zu Parey, Schönhausen u. a. O. die Elbe durchbrochen und hat großen Schaden gethan.

(G. Fritz „Chronik von Burg". S. 109.)

. . . und regnete den Montag und Dienstag wieder, und die Saale war sehr groß. 28.—29. Mai 1537 Jena Hochwasser der Saale

(„Die älteste Chronik der Stadt Jena 1532–1546", edid. Dr. H. Koch. S. 18.)

Das Wasser war sehr groß, stund lange, wusch den 31. Mai auf des Kaisers Hof zwei Gewölbe ein, . . . , zuriß Aecker, Teiche, Dörfer, ersäufte Menschen. 31. Mai Breslau Oder-Überschwemmung

(„Jahrbücher der Stadt Breslau von Nikol. Pol", edid. Dr. J. G. Büsching. III. S. 91.)

Den sommer auer was so hoch vpwater, alse bi minschen tiden was gesceen, dat bauen im lande, lande vnde lude vorgingen vnde alle dike vtbreken, . . . Sommer Gegend von Hamburg Elbe-Überschwemmung

(„Bernd Gyseke's Hamburger Chronik 810/1542" in Dr. J. M. Lappenberg „Hamburg. Chroniken". S. 133.)

Es ist ein grausam feucht Sommer oder Jahr gewest mit Gewässer und Regen. Thüringen Überschwemmungen der Flüsse

(„Die älteste Chronik der Stadt Jena 1532–1546", edid. Dr. H. Koch. S. 19.)

. . . in diesem gar ein feuchter und nasser [Sommer] mit vielem Regen. Darüber sich die Wasser ergossen und nicht wenig Schaden in Gründen am Getreidig theten, und ward langsame Ernte. Die Wipper dieses Jahr so groß gewesen, daß man schier nirgend drüber kommen können. Im Mansfeldischen Überschwemmungen, z. B. der Wipper

(Cyr. Spangenberg „Mansfeld. Chronica". 4. Teil. S. 278–279.)

Item eodem mense ist der rein jn riettorffern vffgelauffen, daß wir nit vil haw von vnßern awen bekhomen habenn. Juni Gegend von Erbach (Niederrheingau) Rhein-Überschwemmung

(„Liber seniorum" (Kloster Erbach) in „Fontes rer. Nassiocar." 3. Bd. S. 227.)

. . . , auch im junio groß güß, theten dy wasser grossen schaden mit außlauffen am getraid, wißmat und anderm, so es ertrencket. Juni N. Bayern Überschwemmungen der Flüsse

(„Leonh. Widmann's Chronik v. Regensburg etc." in „Die Chroniken der deutschen Städte". 15. Bd. S. 144.)

Der Luntzen hat sich alle werlt vorwundert, mit welchen flueten sie hoch jn die hewser getreten, den steynweg auffgehoben, die statgreben zuriessen, vnd die mauernn bey dem Kuttelhoffe bisz jn XXX ellen wndirwasschen vnd eingeworffen. Disz ist geschehn jn der andern fluet, wie den die eldisten mir vnd andern geschickten gegen Praga geschrieben. 1. oder 2. Juni Görlitz Überschwemmung

(„Magister Joh. Haß etc. Görlitz. Rathsannalen" in „Scriptor. rer. Lusaticar." Neue Folge. 4. Bd. S. 331–332.)

Auf den Mantag nach Corp. Christi kam ein grausam Wetter mit Regen und Donner, und die alte Lutter war sehr groß und die Saale. 4. Juni Jena Hochwasser der Saale und Leutra

(„Die älteste Chronik der Stadt Jena 1532–1546", edid. Dr. H. Koch. S. 18.)

7. Juni 1537 Eisleben Überschwemmung

Anno dni 1537 Dornstags des achten tages corporis Christi [d. h. nach Corporus Christi] siebends tages des Monats Junii nach mittage vmb eyn hor ist ein grosser regen gefallen, hatt gewerett 3 stunden, darvon sich das wasser so sere ergossen vnd gross wurden, das vor der brücken etzlich elle hoch durch alle heuser vmbgewurffen: . . . Dieser regen ist nicht weiter gefallen, den allein denn grunt bey Wolfferode vber die Stadt vnd Helffte.

(„Chronicon Islebiense", edid. Dr. H. Größler u. F. Sommer. S. 15.)

war das große Gewässer für der Brachen und auf dem Graben zu Isleben den siebenten Junii.

(Cyriacus Spangenberg „Mansfeld. Chronica". 4. Teil edid. Dr. R. Leers. S. 268.)

Es hatte bei einem ganzen Monat lang immer geregnet, etwan das Wasser sich also gesammlet und aus allen Gründen zusammenkommen, dadurch in der Stadt und auf dem Berge über 12 Personen tot blieben, . . .

(dto. S. 268.)

Jena Überschwemmung des Leuterbaches

Auf Donnerstag nach Bonifacii regnete es grausam sehr, und die alte Leutter war sehr groß und brachte Henzes Häusgen geführt, . . .

(„Die älteste Chronik der Stadt Jena 1532–1546", edid. Dr. H. Koch. S. 18.)

Donnerstages nach Bonifacii hat sich die Leutra sehr ergoßen . . .

(„Jenaische Stadt- und Universitäts-Chronik von Martin Schmeizel", edid. Dr. E. Devrient. S. 6.)

° (Mag. Adrian Beiers Jenaische Annalen", edid. Dr. H. Koch. S. 16.)

° (Adrian Beier „Geographus Jenensis". S. 446.)

17. Juni Rhein Überschwemmung

Item eodem anno die mensis 17. Junii hait der rein noch vbber alle awen vff dem rein geflossen vnd daß graß verdarppt.

(„Notae historicae Moguntinenses" in „Fontes rer. Nassiocar." 4. Bd. S. 155.)

23. Juli Schweidnitz Überschwemmung

Montag vor Jacobi war eyn gross erschrecklich wetter alhy, es regente so geschwynde umb 22, anfenglich byss auff 24, das das wasser dy gassen gar bedackte, . . .

(„Schweidnitz. Chronisten" „Chronik Michael Steinbergs" in „Scriptor. rer. Silesiacar." 11. Bd. S. 140.)

23. oder 25. Juli Graubünden Rhein-Überschwemmung

Rhein. Es ist ein solcher Schlagregen und Wassergüsse kommen, da der Rhein also groß ward, „daß er gar noch hinuf [bis] an die Zollbruck gangen, daß die nächsten Nachpuren von etliche Dörfern zugelofen und groß Felsen daruf geführt, besorgend der Rhin nehme die Bruck hinweg [dann der Mehrtheil Brucken am Rhin hinweg sind geführt g'sin]. Der Rhin ist auch damals so groß gesin, daß er ein Theil uf Plarenen hinein ist gelofen, etlich Holz daruf tragen und auch uf des Tardis-Bruck gangen." Es mochte sich Niemand unter den Ältesten einer solchen Rheingrösse erinnern.

(Chr. G. Brügger „Beiträge zur Natur-Chronik der Schweiz etc." II. S. 7/8 aus Stadt-Archiv Chur.)

Nach viertägigem Regen verheerendes Hochwasser. 1. November 1537 Gastein Überschwemmung der Salzach

(H. von Zimburg „Die Geschichte Gasteins und des Gasteiner Tales". S. 123 aus „Chronik vom Jahre 1540".)

... vnnd froß nicht ehr, [alß] deß middewekens vor Marie lichtmissen. [30. Januar]. Dat warde 14 dage, so datt me auer jß ging wente jut lant tho Rugen (auerst nicht varenn mit schledenn.) Winter 1538 Stralsund Bodden: Eisdecke

(„Chronik Johann Berckmanns v. Jahre 1124–1560" in Dr. Mohnicke u. Dr. Zober „Stralsund. Chronik" I. S. 56.)

En ce mesme temps, les eaues furent si grandes qu'il entrèrent dedens l'église Saint-Berthelmey et plusieurs autres. 1538 Liège Maas-Überschwemmung

(„Chroniques du XVI. siècle. Règne de Corneille de Berghes". (1538 1544) in „Chron. liègeoises." Tom. II. edid. S. Balau in „Publicat. de la comm. roy. d'hist. de Belgique". Bd. 54. Tom. II. S. 403.)

Sehr trockenes Jahr. Die Elbe hatte einen so niedrigen Wasserstand, daß man durch dieselbe mit Wagen fahren, ja auch durchgehen konnte. Leitmeritz i/Böhm. Elbe: sehr niedriger Wasserstand

(Dr. W. Katzerowsky „Die meteorolog. Aufzeichnungen d. Leitmeritz. Rathsverwandten". S. 10.)

Wassergrößen. Thun (Kant. Bern) Hochwasser des Thuner Sees

(K. F. L. Lohner „Chronik der Stadt Thun". edid. G. Züricher. S. 129.)

in Februario quam tidink, wo dat de Tiber to Roma so grot wer geworden, dat et Roma scir vordoruen hadde. Rom Tiber-Überschwemmung

(„Bernd Gyseke's Hamburg. Chronik 810–1542" in Dr. J. M. Lappenberg „Hamburg. Chroniken". S. 148–149.)

Hoc anno iterum horribilis aquarum inundatio. Siebenbürgen Überschwemmung der Flüsse

(J. Trausch „Chronicon Fuchsio-Lupino-Oltardinum sive annales Hungarici et Transsilvanici." I. S. 52.)

(In diesem Jahre ereignete sich wiederum eine sehr schwere Überschwemmung.)

..., den Dienstag darnach ist ein groß Wasser khommen. 1. Januar Olmütz Überschwemmung der Marsch

(„Olmütz. Sammelchronik" in „Quellenschriften z. Geschichte von Mähren". I. S. 9.)

18. Februar 1538 Jena Überschwemmung der Saale

Auf Montag nach Valentini zu Nacht hub es an zu schneien und zu regnen, und die Saale war sehr groß, daß sie über die Wiesen ging.

(„Die älteste Chronik der Stadt Jena 1532–1546", edid. Dr. H. Koch. S. 19.)

22. Februar Eisleben Überschwemmung

Anno dni 1538 freitags Cathedra Petri der do was der 22 tag Februarii ist abermals das wasser offm graben sere gross gewest vnd . . . , es hette abermals schaden wie zuvorhin gethann.

(„Chronicon Islebiense". edid. Dr. H. Größler u. F. Sommer. S. 16.)

Mai—Sommer Elsaß Überschwemmungen der Flüsse

Dessgleichen gabe es vill wassergyss, so die heiser, leith vndt vich hinweg truege.

(„Die Gebweiler Chronik des Dominikan. Fr. Seraphin Dietler", edid. Dr. J. v. Schlumberger. S. 186.)

° („Hans Stoltz's Vrsprung vnd Anfang der Statt Gebweyler", edid. J. Sée. S. 71.)

20. Mai Dresden Überschwemmung der Elbe und Weißeritz

Es lief die Elbe und Weiseritz jehling an / und that ziemlichen Schaden.

(A. Weck „Der etc. Residentz- u. Haupt-Festung Dresden Beschreib- u. Vorstellung". S. 528.)

Elbe: bedeutendere Flut mit starkem Schaden an Pfeilern und Bänken der Brücke; Schaden auch an den Bogen.

(Dr. W. Schäfer „Chronik der Dresdener Elbbrücke etc." S. 32 aus Brückenamts-Register.)

13. Juni Kanton St. Gallen Überschwemmung infolge wolkenbruchartigen Regens

. . . ist unversechenlich ingefallen an groser und schuchlicher blatzregen, also das die ungestům des wassers . . .

(„Johannes Keßlers Sabbata". Chronik der Jahre 1523–1539. 2. Teil. 7. Buch. edid. Dr. E. Goetzinger. S. 485.)

Winter 1539 Braunschweig Überschwemmungen der Oker

Doch hat es den Winter über, so oft der Mond voll gewesen, groß Gewässer gegeben.

(H. Bünting „Braunschweig-Lüneburg. Chronica". 1722. II. S. 897.)

6. Dezember 1538 Hamburg Sturmflut

was de dach sancti Nicolai, des auendes to 5 de cloke quam in groter hast mit grotem storme gans hoch water. Ok also hoch alse it anno 33 den 27 Oktobris gewest was vnd ein quartir [es scheint hier $^1/_4$ Elle, sechs Zoll zu bedeuten] sider, alse it anno 32 den 4 Nouembis west was.

(„Bernd Gyseke's Hamburger Chronik vom Jahre 810–1542" in Dr. J. M. Lappenberg „Hamburg. Chroniken". S. 159.)

Eiderstedt, Dithmarschen Sturmflut

Do ginck de vloet vp S. Nicolaus dage in Eyderstede vnde in Dithmarschen vnde ock in der Westerhever vnde Strande.

(„Johann Russe's etc. Vorarbeiten zur Chronik des Landes Dithmarschen", edid. Dr. A. L. J. Michelsen. S. 722.)

Sturmflut. 6. Dezember 1538 Nordfriesland Sturmflut

(P. Sax „De praecip. reb. gest. Frisior. septentrional etc." in E. J. von Westphalen „Monum. inedita rer. Germanic." I. Sp. 1377.)

es waren auch vil großer wetter und waßer, so vil schaden gethan. 1539 Elsaß Überschwemmungen der Flüsse

(„Straßburg. Jahrgeschichten" in F. J. Mone „Quellenschriften etc." 2. Bd. S. 143.)

ist der merer theil durch die vile der grossen regen der Main und alle gewesser alle vier wuchen oder uber 14 tage sehr groß worden bis an das 40 jar. Main und andere Flüsse Hochwasser

(„Aus d. Chronik d. Schuhmacherhandwerks 1504–1546" in „Quellen z. Frankfurt. Geschichte", edit. Dr. H. Grotefrend. I. S. 22.)

In diesem Jahre haben wir 5 große Wasser gehabt. Jena Fünfmal Überschwemmungen der Saale

(„Die älteste Chronik der Stadt Jena 1532–1546", edid. Dr. H. Koch. S. 25.)

sind vmb Jena 5 große wasserfluten gewesen, v. hat die Sale sehr geschwellet v. geschwemmet.

(Mag. Adrian Beier „Jenaische Annalen", edid. Dr. H. Koch. S. 19.)

Die Mulde selbst ist diß Jahr etliche mahl angelauffen / . . . Mulde Mehrmals Überschwemmungen

(Chr. Meltzer „Histor. Schneebergens. renovata etc." S. 1248–1249.)

Die Mulde war so groß, daß sie bis auf die Brücke ging. Colditz i/Sa. Überschwemmung der Zwickauer Mulde

(H. F. Bellger „Colditz i. Sa. etc." S. 172.)

Mulde: 4 große Wasserfluten. Glauchau i/Sa. Überschwemmung der Zwickauer Mulde

(E. Eckardt „Chronik von Glauchau". S. 442.)

Mulde. Es sind dieses Jahr vier grosse Wasser gewesen / welche wichtigen Schaden . . . gethan. Zwickau i/Sa. Viermal Überschwemmungen der Zwickauer Mulde

(Tob. Schmidt „Zwickau. Chronick". II. S. 328.)

4 Wasserfluthen.

(Dr. E. Herzog „Chronik von Zwickau". II. S. 250.)

Durch anhaltenden starken Regen Mulde-Überschwemmung. Das Wasser tritt fast bis an das Hospital. Rochlitz i/Sa. Überschwemmungen der Zwickauer Mulde

(F. Bode „Chronik der Stadt Rochlitz etc." S. 84.)

Pleiße: Viele große Wasser. Pleißengrund (Sachsen) Überschwemmungen der Pleiße

(G. Göpfert „Ältere und neuere Geschichte des Pleißengrundes etc." S. 314.)

1539 Krossen Oder-Hochwasser

Hochwasser mit großem Schaden.

(G. A. Matthias „Chronica der Stadt Crossen", edid. C. Rauge. S. 174.)

(Dr. C. v. Obstfelder „Chronik der Stadt Crossen". S. 59.)

Siebenbürgen Überschwemmung der Flüsse

Hoc etiam anno iterum horribilis aquarum inundatio.

(„Auszug aus den Chroniken Simon Massa, Marcus Fuchs u. andere". in „Quellen zur Geschichte der Stadt Kronstadt in Siebenbürgen". 4. Bd. S. 78.)

(Auch in diesem Jahr wiederum eine schreckliche Überschwemmung der Gewässer.)

Januar Braunschweig, Wolfenbüttel, Bremen Überschwemmung der Oker und Weser

vor Lichtmissen was grot vpwater to Brunswik, dat de Ocker gink dre ellen auer den Hagenmarket. Vnde to Wulfenbuttel dref de sluse vnde molenhuser enwech, dat neen minsche dachte so hogen water to Brunswik. Vnde dref vor Bremen to Borch de dam dat tolhus enweg, dat men konde van Bremen varen auer de marsk bet to Delmenhorst. Vnde was nie gehort so ein grot vpwater vnde dede groten scaden in velen landen.

(„Bernd Gyseke's Hamburgische Chronik vom Jahre 810–1542" in Dr. J. M. Lappenberg „Hamburg. Chroniken". S. 160–161.)

Anfang Januar Thüringen Überschwemmung der Werra

Umb das Neue Jahr aber ist ein Tau-Wetter gehling eingefallen, davon die Werra so geschwind gewachsen, daß viel Mensch und Vieh im Werra-Grund hin und wieder umbs Leben kommen.

(J. S. Güth „Poligraph. Meining." S. 176.)

5. Januar Sachsen Überschwemmungen der Flüsse

Fünf Tage nach dem Neuen Jahre fiel ein geschwindes Thauwetter mit Regen ein, davon sich die Wasser so ergossen, das Menschen und Vieh ersoffen.

(H. Besser u. R. Herrmann „Die Neustädter Chronik". I. S. 26.)

(J. Fiedler „Müglische Ehren- u. Gedächniß-Seule etc." S. 109.)

6. Januar Weser- u. Emmer-Gegend Überschwemmung

in die Epiphaniae et sequenti, fuit maxima abundantia aquarum, ita ut nullus hominum tunc viventium tale diluvium viderit, quod multis locis et civitatibus grande damnum intulit. Eadem asserunt chartae nostrae Falckenhagenses: et addunt fluvium Anabram [die Emmer] prope oppidum Lügdam [Lügde oder Lüde bei Pyrmont] eum in modum exundasse, ut aquae, ripis egressae, non modo urbem intraverint, sed etiam coemeterii muros transcenderint, aedes omnes percursarint pecora multa absorbuerint, coegerintque populum universum in superioribus domuum suarum tabulis degere: atque haec eadem contigisse pariter Brakeliae, Steinhemii, Huxariae, et aliis in locis.

(Nicol. Schaten „Annal. Paderbornens." III. S. 243.)

(Am Epiphanias- und dem folgenden Tage ereignete sich eine sehr große Überschwemmung der Gewässer, so daß keiner der jetzt lebenden Menschen eine so große Wasserflut gesehen hatte, die an vielen Orten und Städten großen Schaden anrichtete. Dasselbe erklären unsere Falkenhagener Schriften und fügen hinzu, daß der Fluß Emmer bei der Stadt Lügde [bei Pyrmont] diese [Stadt] derartig überschwemmt habe, daß die Gewässer, nachdem sie über ihre Ufer getreten waren, nicht nur in die Stadt eingedrungen wären, sondern auch über die Mauern des Klosters geflossen wären, alle Häuser durchflutet, viele Haustiere fortgerissen und die gesamte Bevölkerung gezwungen hätten, auf den höchsten Brettern ihrer Häuser ihr Leben zuzubringen, und dies habe gleichmäßig Brakeln, Steinheim, Höxter und andere Orte betroffen.)

nach 6. Januar 1539 Guben Überschwemmung der Neiße

(Kälte und Schnee), welche bald nach Trium regum zergangen, undt ein groß Wasser verursacht, so großen Schaden umb die Stadt getan.
[Manuscr. Joh. Runges Annalen].

(K. Gander „Geschichte der Stadt Guben". S. 100.)

Mitte Januar Quedlinburg Überschwemmung der Bode

Montags nach H. drey Könige [13. Januar] hat die Bode angefangen sich zu ergiessen, und ist den folgenden Sonntag [19. Januar] so groß geworden, daß sie zwischen beiden Städten bis an die lange Brücke gegangen, in die Neustadt vors Rathhaus, und hinten in die Korn-Strasse / . . . , daß viel Korn und Vieh umgekommen, hat auch ein Stück von der Viehbrück mitgenommen, die Klerschbrücke aber gar weggerissen, und ist auf dem neuen Wege in alle Häuser gegangen. Die Zeit ist viel Volcks an der Bode beym Hartz herum vertruncken.

(„Chronicon Quedlinburgense" v. Joh. Winnigstädt in C. Abel „Sammlung Etlicher alter noch nicht gedruckter Chroniken". S. 513 u. 514.)

Anfang März Gebweiler (Elsaß) Lauch: Grundeis

. . . da der Mertzen anfieng da war es so grim kalt, das vill grundeis in dem bach ware; . . .

(„Die Gebweiler Chronik des Dominikan. Fr. Seraph. Dietler", edid. Dr. J. v. Schlumberger. S. 188.)

(„Hans Stoltz's Vrsprung vnd Anfang der Statt Gebweyler", edid. J. Sée. S. 73.)

30. März Zwickau Überschwemmung der Zwickauer Mulde

Zwickauer Mulde: Wasserfluth.

(Dr. E. Herzog „Chronik von Zwickau". II. S. 250.)

Glauchau i/Sa. Überschwemmung der Zwickauer Mulde

1. große Wasserflut.

(E. Eckardt „Chronik der Stadt Glauchau" S. 442.)

nach 6. April Elbe Überschwemmung

Vnde twisken Meideborch vnde Hamborch vele lande inbraken vnd dat scach na dem Pasken.

(„Bernd Gyseke's Hamburgische Chronik vom Jahre 810–1542" in Dr. J. M. Lappenberg „Hamburg. Chroniken". S. 160–161.)

Mai Regensburg Donau-Überschwemmung

. . . es was ein grosse guß im maien, . . .

(„Leonh. Widmann's Chronik v. Regensburg etc." in „Die Chroniken der deutschen Städte" 15. Bd. S. 149.)

23. Mai 1539 Kanton St. Gallen, Appenzell Überschwemmung der Flüsse

Uff fritag der 23 tag may gegen abend versamlet sich ain schwartz gewulch gegen Abbacell, darinn als in ainem vas ain gros regenwetter, welches glichsam dem fass der boden ussgestoßen, an plotzlich wassergüsi von im schutt, also das im land Abbacell ain ettlichen orten die bech über feld und tail hinuß zů wiger worden sind, dardurch unser mulibach, in welchen der bächen vil ir wasser abladen, wunder gehlich zůgenommen und umb die X stünd vor mittnacht so höch und tieff, das der ran und lemlisbrünnen mitt wasser überdeckt wurden, mitt im fůrend holtz, bretter, steg, wůrblocher, und das am schedlichsten, wie der bach an Linsibuchler straß sich gegen der walcke wendt, hinder dem wůr in die blaiche hin zů baiden sitten über die linwathůcher usbrochen, ... In zwaien stunden fiel das wasser und zoch sich der bach widerumb ain sin statt zůsammen; ...

(„Johannes Keßlers Sabbata". Chronik der Jahre 1523–1539. 2. Teil. 7. Buch. edid. Dr. E. Goetzinger. S. 515.)

24. Juni Gegend von Troyes Seine-Überschwemmung

Seine. Il y eut une inondation désastreuse dans la banlieue de Troyes.

(M. Champion „Les inondations en France etc." II. S. 18 aus Archives municipales de Troyes.

ca. Juli Bozen Überschwemmung d. Eisack

Durch ein Hochwasser erfolgte ein größerer Dammbruch des Eisack auf der rechten Seite, wobei das bereits 1417 zerstörte Kloster, sowie ein Teil der Au überflutet wurden und ein Arm des Flusses die Richtung gegen die Etschbrücke bei Sigmundskron nahm.

(Karl Sonklar Edler von Innstaedten „Von den Überschwemmungen etc." S. 75 aus Gg. Kirchmayrs Denkwürdigkeiten seiner Zeit" in „Font. rer. Austriac." I. S. 499.)

27. Juli Jena Überschwemmung der Saale

Sonntag nach Jakobi Nachts hob es an zu regnen bis Dienstag (29. Juli) zu Mittag, und die Saale ging auf die Wiesen.

(„Die älteste Chronik der Stadt Jena 1532–1546", edid. Dr. H. Koch. S. 24.)

28. Juli Hammelburg (Unterfranken) Überschwemmung der Saale

Große Überschwemmung der Saale.

(Ph. J. Doell „Geschichtl. u. statist. Nachrichten über die Stadt Hammelburg etc." S. 45.)

August—September Oberpfalz Überschwemmungen der Flüsse

..., das dy wasser mechtig in augusto groß, auch im september groß guß het. es luff seer auß, thet grossen schaden.

(„Leonh. Widmann's Chronik v. Regensburg etc." in „Die Chroniken der deutschen Städte". 15. Bd. S. 154.)

August Östl. Mark Brandenburg Überschwemmung der Flüsse

Große Ergießung der Gewässer.

(Dr. W. Reinhold „Chronik d. Stadt Soldin etc." S. 139.)

. . . , Augusti vero mensis XIII, die, Lechus cum Werdacha, adeo undique intumuerunt, ut ille non solum extra civitatem nostram, cuncta dealbatorum prata inundaverit, sed etiam per Jacobaeum suburbium hypocausta, textrinas, cellaria, inferioraque domorum omnium cavedia diluvii instar aquia compleverit.

13. August 1539 Augsburg Überschwemmung des Lech und der Wertach

(A. P. Gassar „Annal. Augstburgens." in J. B. Mencken „Scriptor. rer. Germanic." I. Sp. 1815.)

(Im Augustmonat aber am 13. Tage stiegen der Lech und die Wertach überall so sehr an, daß jene nicht nur außerhalb unserer Stadt vereinigt die Bleicher-Wiesen überfluteten, sondern auch durch die Jakober-Vorstadt hindurch Heizräume, Webestuben, Keller und untere Höfe aller Häuser gleichstark mit ihren Wasserfluten anfüllten.)

Am Donnerstage nach Bartholomaei kam wieder ein sehr starck Ungewitter, das gegen Abend immer stärcker ward, . . . Dis Wetter hörte erst gegen fünff des Morgens gantz auf, und kam ein schrecklich Wasser, . . .

28. August Quedlinburg Überschwemmung der Bode

(„Chronicon Quedlinburgense" v. Joh. Winnigstädt in C. Abel „Sammlung Etlicher noch nicht gedruckten alten Chroniken". S. 514.)

Und im Herbst ist viel Regen und dahero groß Waßer, auch nicht geringer Schaden geschehen.

Herbst Jena Hochwasser der Saale

(„Jenaische Stadt- u. Universitäts-Chronik von Martin Schmeizel", edid. Dr. E. Devrient. S. 7.)

Freytag nach Mariae Geburt im Sept. hat es länger denn drey Tag und Nacht / starck an einander geregnet / darvon ist das Wasser so groß worden / daß es bey der Schloß-Pforten und Tränckthor / in den Stadtgraben gangen / und hat an Brenn- u. Bau-Holtz mächtigen grossen Schaden gethan; etc.

12. September Zwickau i/Sa. Überschwemmung der Zwickauer Mulde

(Tob. Schmidt „Zwickau. Chronick". II. S. 328.)

Infolge 3 tägigen Regens alles unter Wasser. Auch in Zwickau Schaden.

12. September Glauchau i/Sa., Zwickau Überschwemmung der Zwickauer Mulde

(E. Eckardt „Chronik der Stadt Glauchau". S. 442.)

Es drang die durch dreitägige anhaltende Regengüsse angeschwellte Mulde in den Stadtgraben, etc.

Zwickau Überschwemmung der Zwickauer Mulde

(Dr. E. Herzog „Chronik von Zwickau". II. S. 250/51.)

Zwickauer Mulde: Große Überschwemmung. Das Wasser steht an einigen Orten in der Stadt mannshoch.

14. September Grimma i/Sa. Überschwemmung der Mulde

(Chr. G. Lorenz „Die Stadt Grimma etc." S. 537.)

Auch war im selben Jahre gros wasser, die Elbe hub an zu wachsen auf Matthaei [21. Sept.] und wuchs uf S. Dionisytag [9. Oktober] und stund also bis auf aller heiligen tage [1. Nov.]. Da hub sie an zu fallen, . . .

21. Sept. — 1. Nov Magdeburg Elbe-Hochwasser

(„Der selbständige Teil der Magdeburgischen Chronik von Georg Butze" in „Die Chroniken der deutschen Städte". 27. Bd. S. 113.)

1539 21. September Aken a/d. Elbe Elbe-Über-schwemmung

Heftige Elbe-Flut, große Überschwemmung aller Felder.

(L. V. Bruno „Beschreibung der Stadt Acken". S. 114.)

Breslau Oder: Höhepunkt der Überschwemmung

Da die Oder am größten war, . . .

(„Jahrbücher der Stadt Breslau von Nikol. Pol", edid. Dr. J. G. Büsching. III. S. 107.)

25.—28. September Jena Überschwemmung der Saale

Auf Donnerstag bis Sonntag nach Matthäi hat es stark geregnet, und die Saale ist über die Wiesen gegangen.

(„Die älteste Chronik der Stadt Jena 1532–1546", edid. Dr. H. Koch. S. 25.)

27. September Glauchau i/Sa. Zwickauer Mulde: Hochwasser

3. große Wasserflut des Jahres.

(E. Eckardt „Chronik von Glauchau". S. 442.)

28. September Zwickau i/Sa. Zwickauer Mulde: Hochwasser

Am Sonntag nach Mauritii hat sich die Mulda abermals ergossen / und zwey Joch von der Tränckbrücken mitgenommen.

(Tob. Schmidt „Zwickau. Chronick." II. S. 329.)

Die Wasserfluth nahm 2 Joche von der Tränkbrücke und das Reißwehr mit.

(Dr. E. Herzog „Chronik von Zwickau". II. S. 251.)
= 27. September 1539

29.—30. September Jena Überschwemmung der Saale

Michaelistag und Dienstag wuchs die Saale also groß, daß die zum Neuthore hereinging bis zu Helmerichs Thür im Fahrwege.

(„Die älteste Chronik der Stadt Jena 1532–1546", edid. Dr. H. Koch. S. 25.)

30. September Joachimsthal i/Böhm. Überschwemmung der Weseritz

Das grosse wasser im Thal / Dinstag nach Michaelis.

(Johann Mathesius „Sarepta etc." Cap. XIX. „Eine Chronica von anfang des Joachimßthals etc." ohne Seitenzahl.)

30. September Joachimsthal i/Böhm. Überschwemmung der Weseritz

So hat auch . . . das Wasser insonderheit in S. Joachimsthal gewaltig rumoret und geschadet.

(Chr. Meltzer „Histor. Schneeberg. renovata etc." S. 1249.)

Ende Sept. Grimma i/Sa. Überschwemmung der Mulde

Zwickauer Mulde: Große Überschwemmung infolge des anhaltenden Regens.

(Chr. G. Lorenz „Die Stadt Grimma etc." S. 537.)

Oktober Aken a/d. Elbe Elbe-Überschwemmung

Elbe: Starke Überschwemmung. Der Damm an der „Hohen Warte" wird eingerissen.

(L. V. Bruno „Beschreibung der Stadt Acken". S. 114.)

1. Nov. . . . da hub sie an zu fallen, das man den Ring [wohl Pegel] an der brücken qegundte zu sehen, darnach frohr es 14 thage und dauete wider eilends uf und regnet fast alle tage, das die Elbe stets gros blieb. November 1539 Magdeburg Elbe: Hochwasser

(„Der selbständige Teil der Magdeburgischen Chronik von Georg Butze" in „Die Chroniken der deutschen Städte". 27. Bd. S. 113.)

Sonnabend nach Martini hub es an zu regnen bis Sonntag Nacht, und die Saale wurde sehr groß, . . . 15.—16. November Jena Saale: Hochwasser

(„Die älteste Chronik der Stadt Jena 1532–1546", edid. Dr. H. Koch. S. 24.)

Hohe Flut. 6. Dezember Eiderstedt, Dithmarschen, Nordstrand Sturmflut

(„M. A. Heimreichs etc. nordfresische Chronik" edid. Dr. N. Falck. I. S. 367.)

. . . , darauf folgent groß Wasser. nach 6. Dezember SO. Deutschland Hochwasser der Flüsse

(„Jahrbücher der Stadt Breslau von Nikol. Pol", edid. Dr. J. G. Büsching. II. S. 108.)

. . . undt täglich große Regen gefallen, davon sich die Wasser also ergossen. Um 10. und Ende Dezember Östl. Mark Brandenburg Hochwasser der Flüsse

(K. Gander „Geschichte der Stadt Guben". S. 101 aus Joh. Runge „Annalen" Manuscr.).

. . . et fluuius Alderspach a diuae Luciae [13. Dez.] festo vsque ad kalendas Januarias septies litus transcendens excurrit. 13. Dez. 1539—1. Januar 1540 Alderspach (Niederbayern) Überschwemmung

(„Die annales ecclesiae Alderspacensis des Abtes Wolfgang Marius (1514–1544)", edid. M. Hartig in „Verhandlungen d. histor. Vereins f. Niederbayern." 43. Bd. S. 82.)

(Der Fluß Alderspach stieg vom St. Lucia-Feste [13. Dez.] bis 1. Januar siebenmal über seine Ufer.)

. . . , und Mittwoch hernach [nach 12. Dez.] ging das Waldeis, und die Saale wurde sehr groß. 17. Dezember Jena Saale: Hochwasser

(„Die älteste Chronik der Stadt Jena 1532–1546", edid. Dr. H. Koch. S. 25.)

ging es [= das Wasser] über alle Rechen vor den Mühlen, thät allenthalben großen Schaden. 23. Dezember Breslau Überschwemmung

(„Jahrbücher der Stadt Breslau von Nikol. Pol", edid. Dr. J. G. Büsching. III. S. 108.)

25. Dez. 1539—6. Jan. 1540 Zwickau Eisgang und Überschwemmung der Zwickauer Mulde

Am 25. Dezember schützte sich in Folge des Thauwetters das Eis bei genannter Brücke und blieb bis zum 6. Januar stehen, wodurch das Wasser so angestaut wurde, daß es wieder großen Schaden anrichtete etc.

(Dr. E. Herzog „Chronik von Zwickau". II. S. 251.)

Ende Dez. 1539—Anfang Januar 1540 Glauchau i/Sa. Überschwemmung der Zwickauer Mulde

Am H. Christtage hat sich das Eys versetzt / und ist biß nach der H. drey Könige Tag [6. Januar] gestanden / darüber hat sich das Wasser so hoch auffgeschwellet / daß es auch zu Bockwa etliche stück Vieh ersäufft.

(Tob. Schmidt „Zwickau. Chronick". II. S. 329.)

° (E. Eckardt „Chronik von Glauchau". S. 442.)

25.—26. Dezember 1539 Breslau Oder: Höhepunkt der Überschwemmung

Am Christ- und Stephans-Tage war es am größten. [= das Hochwasser].

(„Jahrbücher der Stadt Breslau von Nikol. Pol", edid. Dr. J. G. Büsching. III. S. 108.)

Ende Dezember Regensburg Donau: Hochwasser

. . . , das in weinachtfeirtagen ein groß wasser was, . . .

(„Leonh. Widmann's Chronik von Regensburg etc." in „Die Chroniken der deutschen Städte". 15. Bd. S. 158.)

1540 Nevers (Départem. Nièvre) Loire-Überschwemmung

Loire: Inondation.

(M. Champion „Les inondations en France etc." II. S. 211 aus Archives de la mairie de Nevers.)

Départem. Doubs (Frankreich) Doubs: sehr niedriger Wasserstand, stellenweise zu Fuß passierbar

Fut l'année de la soilie [= sécheresse], et furent les rivieres et fontaines si petites que l'on passoit le Dou [= Doubs] seulement à Audincourt par le finage à pied sec en trois et quatre lieux. [Recueil mémorable du Hugues Bois-de-Chesne]

(Ch. Contejean (Du climat de Montbéliard au 17. siècle.") S. 384 u. 407.)

Niederlande Wasserstand des Rheins sehr niedrig

Rhenus exsiccatus est in tantum, ut apud Batavos esset permeabilis.

(„Die Limburger Chronik des Johannes Mechtel", edid. K. Knetsch. S. 121.)

(Der Rhein trocknete derartig aus, daß er in den Niederlanden durchschritten werden konnte.)

Niederlande Flüsse: sehr niedriger Wasserstand, z. B. Rhein

Hoc eodem anno summa aquarum penuria fuit, teste ex mss. Caukerkio, ita ut fluvii multis locis pedibus transirentur, perque ipsum Rhenum rustici aratra sua traducerent.

(D. Papebroek „Annales Antverpienses etc." II. S. 219.)

(In diesem Jahre war der größte Wassermangel, nach dem Zeugnis eines Manuskriptes von Caukerkius, so daß die Flüsse an vielen Orten zu Fuß durchschritten wurden und daß sogar die Bauern ihre Pflüge durch den Rhein hindurchführten.)

et Rhenus in multis locis vadosus fuerit, ut pedites eum transierint. 1540 W.-Deutschland Wasserstand des Rheins sehr niedrig

(„Gesta Trevirorum Cap. 291", edit. J. H. Wyttenbach u. M. F. J. Müller. III. S. 5.)

. . . , und der Rhein konnte an vielen Stellen durchwatet werden, so daß Fußgänger ihn durchschritten.)

Es war eine große Hitze, . . . , die Zschope war wie ein kleines Bächlein. Frankenberg (Erzgeb.) Sehr niedriger Wasserstand de Zschopau

(Chr. A. Bahn „Histor. Nachrichten von dem etc. Franckenberg etc." S. 282.)

Oder. Das Wasser richtet großen Schaden an. Krossen (Oder) Oder-Überschwemmung

(G. A. Matthias „Chronica der Stadt Crossen", edid. C. Rauge. S. 174.)

int vorjar quam so grusam water van bauen der Elue herdal, dat nicht bi minschentiden gedacht was. Darum alle lander vul waters quemen vnd men mo̊ste den Hammerdik hir dorsteken den 8. Januarii. Dat gescach vp gensit der fulen Horne scir to halfwege to Bullenhusen. Na lankheit der tit is dut hoge water vorlopen. Anfang Januar 1540 Gegend von Hamburg Elbe-Überschwemmung

(„Bernd Gyseke's Hamburg. Chronik 810–1542" in Dr. J. M. Lappenberg „Hamburg. Chroniken". S. 173.)

° (Dr. Gallois „Hamburg. Chronik". II. S. 813.)

Montag nach Pauli Bekehrung regnete es sehr, und die Saale wurde groß, daß sie auf die Wiese ging. 26. Januar Jena Überschwemmung der Saale

(„Die älteste Chronik der Stadt Jena 1532–1546", edid. Dr. H. Koch. S. 26.)

Am tage Invocavit [nach anderen Chronisten = 22. Februar] brach die Weissel an zweyen orten / gegen dem Kesemarckt / war die größte Außbruch. Das Wasser lieff in das kleine Werder / erseuffte viel Volck / Kinder und Viehe / daß es Jammer war / es trieben auch etliche Häuser weg mit Volck Kinder und Viehe mit allem / das sie auff die Böhne [= Böden] gebracht hatten / das Wasser lieff aus dem Werder auff die lange Garten / und erseuffte sie / . . . und das Wasser stund biß auff den Fischmarckt . . . 15. Februar Danziger Werder Weichsel-Überschwemmung

(„Chronica oder Handbüchlein Danziger Geschichte." 1594, edid. Dr. F. Schwarz. S. 21/22.)

In der Fasten wen das Eyß In der weichsel gehet, brach die weißel bei dem kesemargkt zweie große locher auß In das kleine werder vnd vorseuffte bei 16 dorffer etliche menschen vnd vihe . . . [= Käsemark = Dorf im Danzig. Werder].

(„Die Chronik des Johannes Freiberg" in „Die Königsberger Chroniken", edid. Dr. F. A. Meckelburg. S. 240.)

1540 1. April Königsberg i/Pr. Über-schwemmung des Pregel

Vnd das waßer kam aber vff den Aschoff vnd Teerhoff vorterbet etlich Salcz, Wagenschoß vnd Clapperholcz trebp mit großen hauffen Im pregel wegk.

(„Die Chronik des Johannes Freiberg“ in Dr. F. A. Meckelburg „Die Königsberger Chroniken etc.“ S. 239–240.)

Zwickau Über-schwemmung der Zwickauer Mulde

Große Wasserfluth richtet wieder an Rechen, Stegen und Flößholz beträchtlichen Schaden an.

(Dr. E. Herzog „Chronik von Zwickau“. II. S. 253.)

14. April Zwickau Über-schwemmung der Zwickauer Mulde

Große Wasserfluth richtet wieder an Rechen, Stegen und Flößholz beträchtlichen Schaden an.

(Dr. E. Herzog „Chronik von Zwickau“. II. S. 253.)

Sommer Geldern Rhein. sehr niedriger Wasserstand

Dit jair was eenen heeten, drooghen somer, dat vele watren ende rivieren uutdroochden, als den Rhijn, dat men droochs voets dairdore ghinck.

(P. N. van Doorninck „Geldersche Kronieken“. I. aflevering. S. 66.)

Lys, Schelde, Maas, Rhein: sehr niedriger Wasserstand

. . . ; de là vient aussy que les plus grandes rivières du Pays-Bas furent sans eau et qu'en aucuns endroits les hommes pouvoient passer à pieds secs La Lys, l'Escaut, la Meuse, le Rhin, . . .

(Fr. Vinchant „Annales de la province et comté du Hainaut“. Tom. V. in „Soc. des bibliophil. de Mons. Bd. 16. tom. V. S. 243.)

Holland Rhein: sehr niedriger Wasserstand

was die sommer so droge und heet, als in voele yaeren niet gewest was, dat grote wateren und stromen uthdrogeden, als principalicken die Rijn, . . . Dusse Rijn was so droge, dat men daer doer hefft ghaen mogen und tot merer hochnisse hefft ock een landtman daer doer den Rijn gaen ploegen und weder doer.

(„De Kroniek van Abel Eppons tho Equart“, edid. J. A. Feith u. Dr. H. Brugmans. S. 78/79.)

Juli Ulm Donau: sehr niedriger Wasserstand

. . . , darfor jm hewmonat, Ee es hett anfahen regnen, was die thonaw also klain vnd seycht, das die buben, bey der Herperbruck bis zur statt mauer rybert vnd nybert watten kunden.

(„Sebastian Fischers Chronik, besonders von Ulmischen Sachen“, edid. Dr. K. G. Veesenmeyer. S. 55.)

4. Juli Stendal Über-schwemmung

Sonntag nach Petri Pauli hat sich ein so grosser Regen alhier erhoben und 3 tage und so viel nächte dermassen angehalten, daß die Wasser in der Bruch-Staven-Vogel- und andern strassen so sehre angewachsen: daß einer zu dem andern in trögen fahren, und viele leute ihre häuser, so mit Wasser ganz angefüllet worden.

(J. Chr. Bekmann „Histor. Beschreibung der Chur und Mark Brandenburg“. II. Sp. 233.) = 1545

4. Juli Osterburg (Altmark) Über-schwemmung

am sontage nach Peter Paul ein sehr starker Regen gefallen, welcher 3 tage und 3 nächte beständig angehalten und so viel wasser gebracht, daß die keller, auch häuser und kammern volgelaufen und man auf den gassen mit trögen fahren müssen.

(J. Chr. Bekmann „Histor Beschreibung der Chur und Mark Brandenburg etc.“ II. Sp. 43.)

° (C Abel „Stiffts- Stadt- und Land-Chronick des jetzigen Fürstenth Halberstadt.“ S. 469.)

. . . , da hub es an zu regnen, den 29. tag hewmonat, vnd weret so lang, biß ein giß wurd, am 6 tag augst, da ward die thonaw so groß das man must In aim schiff faren, von schinders bruck, biß zu sant thoms kirchen gewesen ist, . . . 29. Juli— 6. August Ulm Donau-Überschwemmung

(„Sebastian Fischers Chronik, besonders von Ulmischen Sachen“, edid. Dr. K G. Veesenmeyer. S. 55.)

[Es] war . . . durch Ungewitter so viel Wasser, daß es in der Langengassen und in der Neustadt in die Häuser gieng. 28. Dezember Langensalza i/Thür. Überschwemmung

(A. Toppius „Historie des Ambts und Stadt Langensaltze“. S. 181.)

Großes Wasser.

(C. F. Goeschel „Chronik der Stadt Langensalza i/Thür.“ 2. Bd. S. 181.

(G. u. H. Schütz „Chronik der Stadt Langensalza“. I. S. 194.)

Sturmflut. 1541 Nieuwstryen (Seeland) Sturmflut

(M. Z. van Boxhorn „Chroniick van Zeelandt etc. door Joh. Reygersbergen“. I. S. 54.)

Diebus Bacchanalium Albis aduerso cursu auxit Trebisam, . . . März Meißen i. Sa. Elbe-Überschwemmung

(G. Fabricius „Rer. Misnicar. libri VII“. S. 193.)

(In der Faschingszeit trat die Elbe in die Triebisch zurück, . . .)

Der Höllbach ist vom geschmolzenen Schnee dermaßen angelaufen, daß er zum Teichthore herein gegangen, unter dem Schlosse auf dem Entenplan 1 Haus, desgleichen das Wohnhaus d. Kupfermüllers und den Damm halb weggeführt hat. 3. März Altenburg (Thür.) Überschwemmung des Höllenbaches

(F. Graf von Beust „Jahrbücher der Stadt Altenburg“. II. S. 49 aus Tauchwitz A. manuscr.)

Freitag nach Estomihi hob es an zu schneien mit Wind, das Eis brach und ging mit Gewalt und die Saale ward sehr groß. 4. März Jena Saale: Eisgang u. Hochwasser

(„Die älteste Chronik der Stadt Jena 1532–1546“, edid. Dr. H. Koch. S. 30.)

. . . , dat men do toer tyt by den ohrt noch aver de Eems muchte lopen. 6. März Ems Eisdecke

(Eggerik Beninga „Volledige Chronyk van Oostfrieslant“. S. 731.)

8.—9. März 1541 Hamburg Elbe: Eisdecke

8. März. Do gink men noch auer de Elue vnd ok noch den 9. dach Martii do gink men ok noch auer de Elue.

(„Bernd Gyseke's Hamburg. Chronik vom Jahre 810–1542" in Dr. J. M. Lappenberg „Hamburg. Chroniken". S. 181.)

10. März Hamburg Elbe: Eisaufgang

Vnd den 10. dach Martii quam in ener nacht al dat ies vt der Elue, so dat se mit euern allerwege foren. Wente dat ies senkede sik dal . . .

(„Bernd Gyseke's Hamburg. Chronik vom Jahre 810–1542" in Dr. J. M. Lappenberg „Hamburg. Chronik". S. 181.)

25. April Liège Überschwemmung

Au mois d'avril, les eaux vinrent fondre dans la ville, d'une telle furie, que depuis la porte Sainte-Marguerite jusqu' à la rue du Pont, c'était ni plus ni moins qu'une rivière navigable; les eaux qui decendaient de Pierreuse, comme des torrents, ayant gagné le palais, furent inonder la cathédrale, levèrent le pavé de marbre, et les eaux poussèrent jusqu'au maître-autel.

(M. Champion „Les inondations en France etc." V. S. 133 aus Bouillé „Hist. de la ville et pays de Liège. tom. II. S. 345.)

L'an 1541, le jour de saint Marc, à deux heures après midi, se fit une telle tempeste et orage en la Cité, par une [nuée] qui s'estant rompu vers Sainte-Marguerite ou il tomba une telle quantité de pluye que l'eau dévalant impétueusement par toutes les rues de la Cité emmenoit bois, pierres et fanges en telle quantité qu'elle en emplit toutes les caves et monta si haut qu'elle fut sur le grand autel de Saint-Séverin, en sorte que plusieurs rues en furent empêchéez.

(„Chroniques du XVI. siècle. Règne de Corneille de Berghes". in „Chroniques liègeoises". Tom. II., edid. S. Balau in „Publicat. de la comm. roy. d'hist. de Belgique." Bd. 54. Tom. II. S. 406.)

L'an susdit, le jour sainct Marc, survint en la cité de Liège une oraige et tempeste si grand que depuis la porte Sainte-Margarite jusques au lieux noméz au becquartz [= Bégards] de la rue de pont, les caves furent plaintes d'eaue, . . .

(„Chroniques du XVI. siècle. Règne de Corneille de Berghes" in „Chroniques liègeoises", Tom. II. edid. S. Balau in „Publicat. de la comm. roy. d'hist. de Belgique". Bd. 54. Tom. II. S. 406.)

° (E. Vanderlinden „Chronique des événements météorolog. en Belgique etc." S. 122 aus Foullon „Histor. Leodiens." tom. II. S. 248.)

° (R. P. Foullon „Historia Leodiensis etc." Tom. II. Pars II. S. 248.)

26. Juli Gegend von Königsberg i/Pr. Überschwemmung

. . . regent vnd Stormtes zwene tage vnd zwene nachte aneinander, das nicht auffhoret, vnd die Teiche vnd waßer flißer ergoßen sich also groß, das die Teiche ausrißen . . . vil Teiche brachen auß als nemlich zu Rudaw [Rudau, nördl. v. Kgsbg.], Girmaw [Germau, nördl. v. Fischhausen] kinthaw [?] Labtaw [Laptau b/Kgsbg.] zur Lawtte, Copperteich, vff den huben die Mule mit weggetriben, zum Newendorff [Neuendorf, südöstl. v. Kgsbg.] eine Schewne mitgenommen . . .

(„Die Chronik des Johannes Freiberg" in Dr. F. A. Meckelburg „Die Königsberg. Chroniken etc." S. 246/7.)

... ist abermal umb S. Lorentzen Tag ein groß Gewesser kommen, so etliche Heuser und Scheuren eingeworfen und viel Schaden am Getreidig gethan. um 10. August 1541 Oberheldrungen (Mansfeld) Überschwemmung der Helder

(Cyr. Spangenberg „Mansfeld. Chronica". 4. Teil. S. 450.)

..., et infra octavas nativitatis Marie, diluvium Vysle non mediocre et aliorum fluminum. Zwischen 18.— 15. September Weichsel u. andere Flüsse Überschwemmung

(„Rocznik Swiętokrzynski" in A. Bielowski „Monum. Polon. histor." Tom. III. S. 114.)

(..., und innerhalb der Woche nach Mariä Geburt [ereignete sich] eine bedeutende Wasserflut der Weichsel und anderer Flüsse).

La Loire se desborda tellement que le val de Loire fut inondé et fit plusieurs maux. 23., 24., 25. Nov. Gegend von Orléans Loire-Überschwemmung

(M. Champion „Les inondations en France etc." II. S. 216 aus Le Maire „Hist. d'Orléans".)

..., die Saale ward groß und brach aus Sonnabend nach Catharinae. 26. November Jena Überschwemmung der Saale

(„Die älteste Chronik der Stadt Jena 1532—1546", edid. Dr. H. Koch. S. 31.)

Auf Abend Nicolai brach das Wetter wieder, es regnete, und die Saale ging auf die Wiese. 5. Dezember Jena Überschwemmung der Saale

(„Die älteste Chronik der Stadt Jena 1532–1546", edid. Dr. H. Koch. S. 31.)

Rasberg Bach so stark angeschwollen, daß das Wasser zum alten Steintor und durch die Schießlöcher der Stadtmauer hineinfloß und bei manchen Häusern bis über die Fenster des Erdgeschosses hinaufstieg. 1542 Zeitz Überschwemmung der Weißen Elster

(E. Zergiebel „Chronick von Zeitz etc." III. S. 550.)

Große Wasserflut reißt vor dem Johannistor 2 Häuser weg. Chemnitz i/Sa. Überschwemmung der Chemnitz

(C. Lehmann „Chronik der Stadt Chemnitz". S. 125.)

Hochwasser mit großem Schaden. Krossen Oder-Hochwasser

(G. A. Matthias „Chronica der Stadt Crossen". S. 174.)

(Dr. C. v. Obstfelder „Chronik der Stadt Crossen". S. 59.)

3 januarij, ten 6 uren naer noen, was die derde hooghe vloet tot Antwerpen ende in Vlaenderen. 3. Januar Flandern, Antwerpen Sturmflut

(Ger. Bertrijn „Chronijck der Stadt Antwerpen etc." in „Uitgaven d. Antwerpsche Bibliophil". No. 5. S. 84.)

3. Januar 1542 Flandern Sturmflut

Heynsdyck inundatur, quarto Januarii 1541, sic quod Antwerpia periclitaretur.

(„Descriptio de origine conventus, postea abbat. Trunchiniensis, ordin. Praemonstratensis“ in „Recueil de chron. de Flandre“, edid. J. J. de Smet in „Collect. de chron, belg. inédit.“ No. 3. Tom. I. S. 646.) = 4. Januar 1541

(Heynsdyck wurde überschwemmt, am 4. Januar 1541, so daß Antwerpen gefährdet war.)

Nordsee Sturmflut

des Dingsdages nae Nie-Jaers dach is eene groote vloet gewest in alle de landen by den Zeestrande, dat' et water aver alle dycken ginck an vele enden und oorden hoger als de Michiels vloet gegaen was, dat ock groote schaden an menschen, hueseren, und beesten gedaen heft.

(Eggerik Beninga „Volledige chronyk van Oostfrieslant“. S. 731.) = 1541

Hamburg Sturmflut

was gans hoch water des auendes to 6 de cloke.

(„Bernd Gyseke's Hamburg. Chronik 810–1542“ in Dr. J. M. Lappenberg „Hamburg. Chroniken“. S. 187.) = 1541

14. Februar Jena Über-schwemmung der Saale

Auf Dienstag nach Appollonia wuchs die Saale und ward sehr groß, daß sie zum Thore und Fahrwege herein trat bis vor Ißleibs Thür, und der Wind war grausam stark.

(„Die älteste Chronik der Stadt Jena 1532–1546“, edid. Dr. H. Koch. S. 32.)

21. Februar Dresden Elbe-Über-schwemmung

Elbe: Wasserflut mit Schaden an der Brücke.

(Dr. W. Schäfer „Chronik der Dresdener Elbbrücke etc.“ S. 32 aus Brückenamts-Register.)

Frühling Gmunden (Oberösterr.) Hochwasser

Hochwasser mit starkem Schaden.

(Dr. F. Krackowitzer „Geschichte der Stadt Gmunden“. III. S. 265.)

9. April Oberheldrungen (im Mansfeldischen) Über-schwemmung der Helder

am Ostertage gleich im Mittage von starkem Regen eine solche Flut kommen, daß viel Viehes darinnen ersoffen.

(Cyr. Spangenberg „Mansfeld. Chronica“. 4. Teil. S. 450.)

Ende Juni Krakau Weichsel-Über-schwemmung

in fine mensis Junii feria quarta in vigilia Petri et Pauli et sequentibus diebus aqua Istule in tantum excreverat, ut in ecclesia s. Bernardini omnia altaria cooperiret preter altare maius, in eius superiori gradu stetit et paulo alcius, . . .

(„Memoriale ordinis fratrum minorum a fr. Joanne de Komorowo compilatum“, edid. X. Liske u. A. Lorkiewicz in A. Bielowski „Monum. Polon. hist.“ Tom. V. S. 367.)

(Ende Juni, am Mittwoch, am Tage vor Peter und Paul und an den folgenden Tagen stieg das Wasser der Weichsel so hoch an, daß es in der St. Bernhard-Kirche alle Altäre bedeckte, mit Ausnahme des größeren Altars, auf dessen oberer Stufe es stand und etwas höher.)

hat das Wasser in einem Tage geschwinde bei 3 Ellen und eine Querhand hoch gewachsen, über Menschen Verwunderung, hat großen Schaden gethan, viel Getreide und Wiesemuth, an der Oder gelegen, ersäufet, viele Teiche und Dämme ausgerissen, etc. etc. 4. Juli 1542 Breslau Oder-Überschwemmung

(„Jahrbücher der Stadt Breslau von Nikol. Pol", edid. Dr. J. G. Büsching. III. S. 120.)

Im Briegischen gieng es über alle Thämme, ersäuft zu Schwanowitz, Pramsen, Schöne, Neudorf, Michelwitz, Tschöplowitz das Getreide und that großen Schaden. Gegend von Brieg Oder-Überschwemmung

(Bernh. v. Prittwitz „Über die handschriftl. Vervollständigungen von Pols Hemerologium Silesiacum Wratislaviense" in „Zeitschrift des Vereins für Geschichte u. Alterth. Schlesiens." 13. Bd. 1876. S. 225.)

Inundatione in profesto Mariae Magdalenae pontes, aedificia, tabernae hauriuntur. 22. Juli Annaberg i/Sa. Überschwemmung

(P. Jenisius „Annabergae Misniae urbis historia etc." S. 26a.)

(Infolge einer Überschwemmung am Maria-Magdalenenfeste wurden Brücken, Gebäude und Werkstätten fortgeschwemmt.)

Es entstunde ein groß Gewässer / welches an Brücken und andern Gebäuden Schaden thate. Schneeberg (Erzgebirge) Überschwemmung des Schlemaer Baches

(Chr. Meltzer „Histor. Schneeberg. renovata". S. 1253.)

Donnerstag noch Jacobi Regent es sehr vnd was groß wint vnd Storm, das etliche vil Schiffe vmbkamen. In der See bey Resenhofft vnd do vmblang. Die Teiche ergoßen sich also groß, brachen auß, vnd etliche Mulen mit weggetriben seint uff dem Lande do selbst ist sehr groß wasser in der weißel gewest das gleich den Temmen gegangen ist, vnd die mit großer fahr muhe vnd arbeit kawm erhalten sein wurden, das nicht ausbrochen ist, dennoch an ettlichen orten vbirgelouffen, vnd ane Schaden nicht hin gegangen. 27. Juli NO. Deutschland Überschwemmungen, der Flüsse, z. B. der Weichsel

(„Die Chronik' des Joh. Freiberg" in Dr. F. A. Meckelburg „Die Königsberg. Chroniken etc." S. 253/4.)

den 5. und 6. Augsten hat es beide nächt so sehr geregnet, daß am 7. morgens umb 3 uhren alle wasser angegangen, der Rhein, so in die 2 schůh hoch gewachsen, und die Ach, bäum, stöck und stauden sampt den wurzen ausgerissen, . . . Der Gerwerbach, der sonsten wegen stätigen regens zimlich groß war, ging auf den 8. dieses monats mehr als ein mannslänge höher auf, . . . 5.—8. August Schaffhausen Hochwasser des Rheins u. anderer Gewässer

(„Hans Oswald Huber's Schaffhauser Chronik", edid. C. A. Bächtold. S. 89.)

[In] Zug ein wulkenbruch gsin, um 8 in der naht angfangen, gwärt bis gegen tag, hat die bsezen an gassen uf gschwygt [= wehen] und in brüch tan, eins mans tüf, und gassen breit, . . . 5. August Zug (Schweiz) Überschwemmung des Schleifenbachs infolge eines Wolkenbruchs

(„Hans Salats Tagebuch" in „Hans Salat, ein schweizer. Chronist", edid. Dr. J. Baechtold. S. 62.)

7. August 1542 Gebweiler (Els.) Überschwemmung infolge eines Wolkenbruchs

Auff den 7 ten tag Augstmonats kam ein wulckhenbruch zu dem oberen thor hinein, wie auch zu dem brackhen thor, das wasser luffe so gross durch die statt, als wie der mühlbach, hate auch grosen schaden gethon, währete aber nur eine stundt lang.

(„Die Gebweiler Chronik des Dominikan. Fr. Seraphin Dietler", edid. Dr. J. v. Schlumberger. S. 197.)

Ende August Oberrhein Hochwasser

Zu ausgang des monats war der Rhein noch mächtig groß.

(„Hans Oswald Huber's Schaffhauser Chronik", edid. C. A. Bächtold. S. 89.)

11. September Normandie Sturmflut

la nuict d'entre le dimence 11me et le lundi 12me jour de septembre, advint une merveille tourmente et desbordement de la mair depuys Honnefleu jusques a Cherebourg tout le long de la coste de Bessyn et Cotentin, ou il y eurent en aulcunes places plusieurs personnes noyez, plusieurs bestes peries et maisons rompuz et emporteez, et fut estimé le domage a plus de 50000 escus sol.

(„Chronique de Rouen des origines à 1544" in „Deux chroniques de Rouen", edid. A. Héron. S. 169.)

November Gegend von Orléans Loire-Überschwemmung

Le débordement de la Loire submergea une partie du plat pays Orléanais. La Loire et le Loiret confondirent encore leurs eaux.

(M. Champion „Les inondations en France etc." II. S. 216 aus Lottin I. S. 389 u. 222 nach Archives de la mairie d'Orléans.)

Toulouse Garonne-Hochwasser

Au mois de novembre, une forte crue de la Garonne empêcha de commencer la maçonnerie du pont de Toulouse.

(M. Champion „Les inondations en France etc." IV. S. 209 aus Annales de Toulouse manuscr. de l'hôtel-de-ville de Toulouse.)

Winter 1543 Seeland Wester- und Ooster-Schelde: Eisdecke

In desen tijdt / was eenen seer kouden winter / ende langhen vorst / ende het ys was in Zeelandt meer dan ses weecken lanck / soo dat men qualick uyt Zeelandt in Brabandt / Hollandt / ofte Vlaenderen / varen mochte.

(M. Z. van Boxhorn „Chroniick van Zeelandt etc. door Joh. Reygersbergen". II. S. 473.)

29. Dezember Jena Saale: Eisgang und Hochwasser

Donnerstag darnach regnete und schneiete es, und die Saale wurde groß, das Waldeis ging mit Gewalt.

(„Die älteste Chronik der Stadt Jena 1532–1546", edid. Dr. H. Koch. S. 37.)

1543 Nordfriesland Sturmflut

Sturmflut.

(Petrus Sax „De praecip. reb. gest. Frisior. septentr." in E. J. von Westphalen „Monum. inedita rer. Germanic." I. Sp. 1377.)

Krossen Oder-Hochwasser

Hochwasser mit großem Schaden.

(Dr. C. v. Obstfelder „Chronik der Stadt Crossen". S. 59.)

Die halbe Emmenbruck ward durch das groß Wasser hingeführt / vnd litte die Bruck zu Olten [an der Aare] auch etwas Schaden.

Kanton Solothurn
Emme- u. Aare-Hochwasser

(F. Haffner „Der kleine Solothurner Schaw-Platz etc." II. S. 334 u. 227.)

In de maand January, ..., begon het zo sterk te vriezen, dat de Zeeuwsche stroomen in geene vyf weeken konden bevaaren worden.

Januar 1543
Seeland
Flüsse: Eisdecke

(J. H. Hering „Tafereel van harde winters etc." S. 27 aus Reigersberg „Kronyk van Zeeland". II. D. bl. 476.)

Mittags plötzlich so gewaltiger Regen, daß alle Ströme überschwemmten und gewaltigen Schaden taten.

22. Januar
Altenzelle i/Sa.
Überschwemmung

(Dr. H. v. Martius „Auszüge aus der Chronik von Altenzelle". S. 115.)

umb Mittage ist ein grawsam Wetter gewesen / und hat sehr starck geregnet / daß sich das Wasser gewaltig ergossen / davon im Städtlein Torand 5 Häuser weg geführet worden / auch anderswo grosser Schaden geschehen / und viel Menschen ersoffen.

Freiberg i/Sa.
Tharandt i/Sa.
Überschwemmung des Müntzbachs und der Wilden Weiseritz

(Dr. A. Moller „Theatr. Freibergense chronicum". II. S. 217.)

... und das Waldeis kam ..., und die Saale war groß.

1. März
Jena
Saale: Eisgang und Hochwasser

(„Die älteste Chronik der Stadt Jena 1532–1546", edid. Dr. H. Koch. S. 38.)

Sonnabend nach Laetare regnete es grausam, und die Saale war groß.

10. März
Jena
Saale: Hochwasser

(„Die älteste Chronik der Stadt Jena 1532–1546", edid. Dr. H. Koch. S. 38.)

brachte das Eis sehr großes Wasser, ging 6 Tage langsam, ... Am 5. Tage nahm das Eis die Brücke weg, kam mit Gewalt und brachte die Brücke eines Theils mit sich.

16.–21. März
Breslau
Oder-Eisgang und -Hochwasser

(„Jahrbücher der Stadt Breslau von Nikol. Pol", edid. Dr. J. G. Büsching. III. S. 122.)

Am stillen Freitage brach die Weissel wiederumb aus / und lieff in das kleine Werder / und aus dem Werder / auff die Lange Garten.

23. März
Weichsel-Niederung
Überschwemmung

(„Chronica oder Handbüchlein Danziger Geschichte". 1594. edid. Dr. F. Schwarz. S. 22.)

Es führte das große Wasser viel Flößholz mit fort.

4. April
Zwickau
Überschwemmung der Zwickauer Mulde

(Dr. E. Herzog „Chronik von Zwickau". II. S. 258.)

an Sant Marxen tag, 15. [25.] April, fieng es an zu regnen, und ward die Sanen morndes von Schne und regenwasser also gross, das man mit dem heilig Sacrament uff die mitte bruck gieng.

25. April
Freiburg (Schweiz)
Hochwasser der Saane

(„Chronik von Anton Palliard", edid. Dr. Th. v. Liebenau in „Anzeiger f. schweizer. Geschichte". Neue Folge. 5. Bd. S. 221.)

um 22. Juli 1543 Kürnhalden bei Kenzingen i/Baden Überschwemmung

ist um Magdalena ein selich groß wasser gesin, das ein groß stuck muren ist nider gefallen in Kurnbach.

(„Jahrgeschichten des Landes [Baden]" in F. J. Mone „Quellensammlung etc." I.).

6. August Breslau Überschwemmung

Es entstand vom späten Regen unmäßig großes Wasser, dergleichen in 28 Jahren nicht gewesen. Das Wasser ging für den Mühlen bis an die Brücke und zwischen dem Oderthor und des Kaisers Hof war lauter Wasser.

(„Jahrbücher der Stadt Breslau von Nikol. Pol", edid. Dr. J. G. Büsching. III. S. 123.)

Ende August—Anfang September Jena Hochwasser der Saale

In diesem Jahr ist zu Ende des August und Anfang des Septembers großes Waßer gewesen, und vieler Schaden geschehen.

(„Jenaische Stadt- u. Universitäts-Chronik von Martin Schmeizel", edit. Dr. E. Devrient. S. 8.)

6. September Vivarais, Dauphiné, Drôme Überschwemmungen der Flüsse

un déluge d'eau, lequel fust plus grand que aultre du quel homme vivant aye oui parler, hormi l'universel, par sorte que l'eau des rivières desbordait partout dans les bourgs, villes et campagnes et que a faict grands maulx et dommages inestimables aux mandements du Vivarais et du Dauphiné.
(Zu Montélimar drang der Roubion in die Stadt, und zwar durch die „Porte du Fust", und durch die „Porte d'Aigu" kam das Wasser bis zur Kirche Saint-Jean.)

* (M. Villard „Météorologie régional". S. 516. 58.)

20. November Antwerpen Eisgang der Schelde

ende was dynsdach, doen bedorven tot voor Antwerpen 2 groote meerschepen door den grooten ysganck, . . .

(van Alva „Chronycke van Antwerpen 1500–1575". S. 41.)

° (Ger. van Loon „Antwerpsch chronykje etc. 1500/1574". S. 43.)

Winter 1544 Regensburg Donau: Eisdecke

Donau: an der Stadt und bei Stauf und Wöhrd so stark gefroren, daß Lastwagen über das Eis fahren.

(Chr. G. Gumpelzhaimer „Regensburgs Geschichte etc." I. S. 854,)

Görlitz Neiße: Eisdecke

item das eysz uff der Neysse war $1^1/_2$ eln dicke gemeynlich durchaus; . . .

(„Diarium des Görlitz. Consul Paul Schneider 1532–1545", edid. Dr. E. Schulze. S. 64.)

Thorn Weichsel: Eisgang

Im Winter brach die Thornische Brücke durch das Eiß mehr als die helffte entzwey.

(J. H. Zernecke „Thornische Chronica etc." 2. Aufl. S. 130 aus Hennenberger S. 459).

° (Dr. J. E. Wernicke „Geschichte Thorns etc." II. S. 43.)

Sturmflut. 1544 Nieuwekercke (Duvelandt, Insel Schouwen) Sturmflut

(M. Z. van Boxhorn „Chroniick van Zeelandt etc. door Joh. Reygersbergen". I. S. 53.)

kam nach mittag vm 3 ain grosser lastregen, da ward die blaw in ainer fiertelstund so groß, das es In die gerber heyser hinein lieff . . . , . . . es zeriß auch die steg hinweg, . . . Ulm Überschwemmung der Blau

(„Sebastian Fischers Chronik, besonders von Ulmischen Sachen", edid. Dr. K. G. Veesemeyer. S. 41.)

Item jm jare 1544 waß einn groth starck jß vp dem strome, alse jn X jarenn nich gewesen, datt menn vth allenn jegenn deß gantzenn landes tho Rugen kondenn mitt 6 perden mitt vuller last auerjagenn wenth tho den borgerem jnn ere huß. Stralsund Bodden: Eisdecke

(„Chronik Joh. Berckmann's etc." in „Strals. Chroniken" I., edid. Dr. Mohnicke u. Dr. Zober. S. 82.)

Elbe: Eisfahrt mit Schaden an der Brücke. Auch die Holzbrücke bei Altdresden wurde beschädigt. Dresden Elbe: Eisgang

(Dr. W. Schäfer „Chronik der Dresdener Elbbrücke etc." S. 32 aus Brückenamts-Register.)

Durch Eisfahrt großer Schaden. Die Mulde-Brücke wurde beschädigt. Colditz i/Sa. Zwickauer Mulde: Eisgang

(H. F. Bellger „Histor. Beschreibung d. Stadt Colditz etc." S. 40 u. 172.)

Neiße: Starke Überschwemmung, gefährlicher Eisgang. Forst (Lausitz) Eisgang und Überschwemmung der Neiße

(J. Chr. Schneider „Chronik der Stadt Forst" S. 320.)

Die weißel ist aber an etlichen orten nicht weit von Danczig In disem iare außbrochen . . . bei Danzig Weichsel-Überschwemmung

(„Die Chronik des Joh. Freiberg" in „Die Königsberger Chroniken", edid. Dr. F. A. Meckelburg. S. 263.)

Salzach: Der Eißstoß hat an der Salzachbrücke einige Joche weggerissen. 9. Februar Burghausen (Oberbayern) Eisgang der Salzach

(J. G. B. Huber „Geschichte der Stadt Burghausen in Oberbayern". S. 177.)

brach das eysz uff der Neysse, ging an schaden weg, . . . Görlitz Neiße: Eisgang

(„Diarium d. Görlitz. Consul Paul Schneider 1532–1545", edid. Dr. E. Schulze. S. 64.)

Sonntag nach Dorotheä früh 3 Uhr brach das Eis, ging mit großer Gewalt und that merklichen Schaden auf dem Steinwege und an der Brückenmühle. 10. Februar Jena Saale: Eisgang

(„Die älteste Chronik der Stadt Jena 1532–1546", edid. Dr. H. Koch. S. 41.)

um März 1544 Regensburg Donau Eisgang

Donau-Eisstoß, sehr starke Überschwemmung, großer Schaden an Mühlen.

(Chr. G. Gumpelzhaimer „Regensburgs' Geschichte etc." II. S. 854.)

23. März Kanton Zürich Überschwemmungen der Flüsse

Grosse Wassergüsy.

(R. Wolf „Auszüge aus verschiedenen handschriftlichen Chroniken der Stadtbibliothek in Winterthur". S. 92.)

6. Juni Luzern Überschwemmung des Krienbaches

Am frytag in pfingsten hat der Kriempach zů Lucern gross schaden tan.

(„Hans Salats Tagebuch" in „Hans Salat, ein schweizer. Chronist" edid. Dr. J. Bächtold. S. 63.)

13. Oktober Vienne (Départem. Isère) Überschwemmung der Gère

Les eaux de la Gère emportèrent, à Vienne, le pont de pierre et presque toutes les maisons sur les deux rives; elles entrèrent dans l'église de Saint-Martin.

(M. Champion „Les inondations en France etc." III. S. 216 aus Registre des conclusions de l'hotel-de-ville de Vienne; ancienne chronique de Vienne, publ. par Mermet ainé.)

Rhône, la Gère Überschwemmung

Inondations générales, notamment du Rhône. La Gère déborde à Vienne et y cause de grandes dégâts.

* (M. Villard „Météorol. régionale". S. 58.)

November Avignon Rhône- u. Durance-Überschwemmung

Il plut abondamment dans le mois de novembre pendant huit jours et huit nuits de suite. La ville d'Avignon fut en partie submergée.

„Le Rhône et la Durance inondèrent presque entièrement le terroir. Deux cents cannes [= 389 m] des murailles de la ville, du côté des Dominicains, furent abattues etc. On ne pouvait ni entrer ni sortir de la ville. Le terroir était inondé jusqu' à Montfavet. On pouvait aller en bateau depuis Châteaurenard, Eyragues et Saint-Remy jusqu' à Arles."

[Manuscripte.]

Cette inondation fut appelée, à Avignon, le Déluge de Saint-Martin.

(M. Champion „Le inondations en France etc." III. S. 215 u. 216.)

Januar 1545 Rhône Sehr niedriger Wasserstand

Le Rhône fut si petit à Valence, qu'on allait à pied sec jusques au milieu à la part du Dauphiné à l'endroit de l'abbaye de S. Ruf.

* (A. Villard „Météorolog. régionale". S. 58.)

27. Januar Jena Saale: Hochwasser

Dienstag nach Fabian Sebastian erhob sich der Thauwind, und die Saale ward groß.

(„Die älteste Chronik der Stadt Jena 1532–1546", edid. Dr. H. Koch. S. 43.)

2. Februar Forst i/L. Überschwemmung der Neiße

Starke Überschwemmung.

(J. Chr. Schneider „Chronik der Stadt etc. Forst". S. 320.)

in der fastenmes was der Main so groß, daß er zu allen pforten uff dem Mein hereiner ging, also daß man ein hütten bei Schönstein hat müssen machen und den zoll darinen hat müssen uffheben, denn das gewesser ward so groß, daß man vor gewesser in das zollhaus nicht kommen künt. Fastenzeit 1545 Frankfurt a/M. Main-Überschwemmung

(„Aufzeichnungen d. Johann Heise“ in „Quellen z. Frankf. Geschichte“, edit. Dr. H. Grotefend. II. S. 657.)

Die Wasserfluth durchbrach den Schneeberger Rechen etc., verschonte aber unsere Stadt [Zwickau]. 18. März Zwickauer Mulde Überschwemmung

(Dr. E. Herzog „Chronik von Zwickau“. II. S. 261.)

Sehr groß. 31. März Fluß Töss (Kanton Zürich) Hochwasser

(R. Wolf „Auszüge aus verschiedenen handschriftlichen Chroniken der Stadtbibliothek in Winterthur“. S. 92.)

diluvium maximum. 24. Juli Böhmen Überschwemmung der Flüsse

(Procop. Lupacius „Rer. Boemicar. ephemeris“. ohne Seitenzahl.)

(Sehr starke Überschwemmung).

fuit Pragae magna exundatio Aquae Moldavae, magnaque damna multis causavit. Prag Moldau-Überschwemmung

(J. F. Hammerschmid „Prodromus gloriae Pragenae etc.“ S. 699.)

(Es trat zu Prag eine große Überschwemmung der Moldau ein, die vielen [Menschen] große Schäden verursachte.)

und ward [auch] ein gross gewesser, . . . Winter 1545/46 Frankfurt a/M. Main: Hochwasser

(„Chronik d. Katharina Weiß von Limburg, genannt Scheffers Kreinchen“, in „Quellen z. Frankf. Geschichte“, edit. Dr. H. Grotefend. II. S. 294.)

Auerst anno 45 achte dage vor Winachten betenge't to fresen vnde fros mechtlich hart. Bet anno 46 veer dage vor Gregorii ginge men vnd foren noch auer de Elue, auerst in Gregorii dage betengen de euver wedder to faren. Hamburg Elbe: Eisdecke

(„Bernd Gyseke's Hamburg. Chronik 810–1542“ in Dr. J. M. Lappenberg. S. 182.)

Memorabile est anni . . . , eam hiemis saevitiam fuisse, ut ex Selandia in Fioniam et Cimbriam et quod magis memorabile, e Falstria, quae Vismariae et Rostochiae est objecta, iter in Germaniam per Balthicum mare, quod ibi milliarum septem spatium habet, pervium esset, . . . Westl. Ostsee Eisdecke

(J. J. Pontanus „Historia rer. Danicar. etc.“ in E. J. von Westphalen „Monum. inedita rer. Germanic.“ II. Sp. 942.)

(Bemerkenswertes des Jahres ist . . . , der Winter war sehr streng, daß man von Seeland nach Fünen und der jütländischen Halbinsel, und was noch denkwürdiger ist, von Falster, das Wismar und Rostock vorgelagert ist, nach Deutschland über die Ostsee, die dort 7 Meilen Ausdehnung hat, gegangen ist.)

. . . strenge Frostvintre, . . . , da man paa Isen kunde gaa fra Falster til Tydskland.

(Hans Theophil. Sadolins Dagbog fra det 17de Aarhundrede.“ S. 549. Anmerkung unten.)

Winter 1545/46 Westl. Ostseeküste Eisdecke

1545 war so ein harter, kalter Winter / daß es vom 17. Decemb. dieses 1545. Jahres biß auff den 3. Martii anno 1546 continue an ein ander gefroren / und hat man in diesem Frost über den Oresund gehen können.

(G. Kirchring u. G. Müller „Compendium chronicae Lubecensis“. S. 220.)

Ende 1545 Mülhausen (Elsaß) Überschwemmung der Ill

Zue End des Jahrs hatt sich die Jll abermalen so merklichen ausgossen, dass die gantze Statt in Wasser stuehende und vielen daselbst über Tisch in die Stuben kam.

(„Der Statt Mülhausen Historien von Stattschreiber Jacob Henric-Petri.“ S. 219.)

1546 St. Annen Polder, Baerlandt (Seeland) Sturmflut

Sturmflut.

(M. Z. van Boxhorn „Chroniick van Zeelandt etc. door Joh. Reygersbergen“. I. 2. 50 u. 52.)

Würzburg Hochwasser des Mains

Verheerendes Hochwasser.

(„Bavaria“. Landes- u. Volkskunde d. Königreichs Bayern. 4. Band. 1. Abtlg. S. 397.)

Eger i/Böhmen Überschwemmung der Eger

Ist ein groß wasser zu Eger gewessen, das es in alle heuser in der Gruen [Grüngasse, Teil der Brucktorvorstadt] ist geloffen; . . .

(„Manual-Chronik Andreas Baiers“, edid. H. Gradl in Dr. L. Schlesinger „Deutsche Chroniken aus Böhmen“. 3. Band. S. 84.)

Warthe Überschwemmung

Eciam eodem anno inundacio fluvii Varta adeo excreverat, ut ecciam et librariam superiorem impleverat et superiorem transitum adimerat et omnia stalla subruta fecit in toto et menia claustri collapsa fuerunt . . .

(„Memoriale ordinis fratrum minorum a fr. Joanne de Komorowo compilatum“, edid. N. Liske u. A. Lorkiewicz in A. Bielowski „Monum. Polon. histor.“ Tom. V. S. 371.)

(Auch in diesem Jahre steigerte sich das Hochwasser des Warthe-Flusses derartig, daß es sowohl die höhere Bibliothek anfüllte, als auch den oberen Durchgang verwehrte, alle Chorstühle völlig vernichtete und die Klostermauern zum Zusammenbrechen brachte.)

Januar Dresden Elbe-Eisgang

Elbe: Eisfahrt mit Schaden an der Brücke.

(Dr. W. Schäfer „Chronik der Dresdener Elbbrücke etc.“ S. 35 aus Brückenamts-Register.)

Münzbach (Lusitz): Überschwemmung. Januar 1546 Freiberg i/Sa. Überschwemmung der Lusitz (Müntzbach)

(Dr. G. E. Benseler „Geschichte Freibergs etc.“ S. 875.)

Im Januario ists ungewönlich grimmig kalt worden / darauff ist eine grosse Eysfahrt gefolget / die hat weggeführet / erstlich den Bockwer Steig mit Grund und allhernach den Röhrensteig / . . . / den gantzen heiligen Geistes Steig / . . . / den Walckersteig / und ein Joch vom Walckerwähr / ein Joch von der Bierbrücken / hat auch sonsten sehr viel Schaden gethan. Nach dieser Eysfahrt ists wieder grimmig kalt worden / und hat die Kälte etliche Wochen angehalten. Zwickau i/Sa. Eisgang der Zwickauer Mulde

(Tob. Schmidt „Zwickau. Chronik“. II. S. 341.)

Es riß eine große Eisfahrt den Röhrensteg und den großen Rechen größtenteils weg, zerstörte den heiligen Geist-, den Schloßmühl- und den Walckersteg, sowie den kleinen und den Schloßmühlrechen völlig, nahm von der Bierbrücke und dem niedern Wehr Joche mit, und that sonst noch mannigfachen Schaden. 22. Januar Zwickau Eisgang der Zwickauer Mulde

(Dr. E. Herzog „Chronik von Zwickau“. II. S. 263.)

Starke Eisfahrt. Viel Schaden. Glauchau i/Sa. Eisgang der Zwickauer Mulde

(E. Eckardt „Chronik von Glauchau“. S. 443.)

Zwickauer Mulde: Eisfahrt. Die Brücke wurde beschädigt. Grimma i/Sa. Eisgang der Mulde

(Chr. G. Lorenz „Die Stadt Grimma etc.“ S. 537 u. 535.)

Sonnabend nach Fabian Abends 7 Uhr brach das Eis mit Gewalt und hat nach dem Oberland großen Schaden gethan. 23. Januar Jena Saale: Eisgang

(„Die älteste Chronik der Stadt Jena 1532–1546“, edid. Dr. H. Koch. S. 47.)

Sonntag nach Vincentii-Tag Nachmittag hat der Mayn angefangen zu wachsen, und ist in der Nacht so hoch gestiegen, daß er folgenden Montag, [= 25. Januar] frühe den Marck herauf bis an des Schoders Haus gangen, und allenthalben viel Schadens gethan. 24. Januar Würzburg Main-Überschwemmung

(Ignat. Gropp „Wirtzburg. Chronick.“ I. S. 498.)

fing der Main an zu steigen nnd stieg so doch, daß er bis an das Schodershaus auf dem Markte ging; diese Überschwemmung that allenthalben villen Schaden.

(Mag. Lor. Fries „Geschichte, Namen etc. der Bischöfe von Würzburg etc.“ 2. Band. S. 110.)

Wir sind heute um 8 Uhr zu Halle ankommen, aber nach Eißleben nicht gefahren; denn es begegnete uns eine grosse Wiedertäufferei mit Wasserwogen und grossen Eisschollen, die das Land bedeckete. 25. Januar Gegend von Halle Saale: Eisgang und Überschwemmung
[Brief Luthers an seine Frau vom 25. 1. 1546]

(J. Chr. von Dreyhaupt „Pagus Neletici etc.“ I. S. 633.)

1546
25.—27. Januar
dto.

Saale: ungewöhnlich starke Überschwemmung mit Eisgang verbunden. Großer Schaden.

(G. F. Hertzberg „Geschichte der Stadt Halle a/S. II. S. 183 u. 270.)

Ende Januar
Nürnberg
Überschwemmung
der Pegnitz

Ein so entsetzliches Gewässer, welches den Spitalkirchhof überschwemmt, auf der Schütt zusammen gieng, den Kranken im Spital in ihre Stuben und Kirche lief und an den Mühlwerken besonders der Kröt- und Pfannenmühle, sehr grossen Schaden that.
[Wasserstandsmarke an einem Haus an der Barfüsser Brücke].

(G. A. Will „Von der neulichen größten Überschwemmung etc. S. 9. 12.)

Sachsen
Eisgang und
Überschwemmung
der Flüsse

Im Januario hat man überall schädliche Gewässer gehabt / weil eine Fluth von Thauen entstanden und viel Eiß geführet.

(Chr. Meltzer „Historia Schneeberg. renovata". S. 1256.)

Elbe
Eisgang und
Überschwemmung

Bey einer starken Eisfahrt, eine sehr große Fluth, die zu Wittenberg 2 Joche von der damals daselbst befindlichen Brücke . . .
[Schramm S. 125]
„Horrentum glacie furor impetuosus aquarum Disjecit nostri nobili Pontis opus-
[Taubmann an D. Schlatonem in „Epigrammate" in Eber „Calendar. histor. 106".]

(C. G. Poetzsch „Chronolog. Geschichte der großen Wasserfluthen d. Elbstroms etc. S. 45.)

Anfang März
Ostfriesland
Ems: Noch Eisdecke

. . . 8. dagen na Matthias, dat men do noch an itlichen orden aver de Eems gaen kunde. . . .

(Eggerik Beninga „Volledige Chronyk van Oostfrieslant", edid. E. F. Harkenroth. S. 745.)

1547
Sens
Überschwemmung
der Yonne

Il fut si grand desbordement de la rivière d'Yonne, que l'on ne peuvoit aller sans batteaux en la rue Chèvre, et par toute la ville, l'eaux estoit haute de deux pieds.

(M. Champion „Les inondations en France etc." II. S. 121 aus Dom Morin „Hist. génér. des pays de Gastinois, Sénois et Hureprix". Paris 1630. S. 643.)

Nürnberg
Überschwemmung
der Pegnitz

Pegnitz-Überschwemmung.

(G. A. Will „Von der neulichen größten Überschwemmung etc." S. 9.)

Nordfriesland
Sturmflut

Sturmflut.

(P. Sax „De praecip. reb. gest. Frisior. septentrional." in E. J. von Westphalen „Monum. inedita rer. Germanicar." I. Sp. 1377.)

15. Oktober
Gegend an der
Unter-Ems
Sturmflut

Des Daeges voor Galle, is een starke Stormwind gewest, welke een magtig water hygebragt heeft, waer door de Eemsdyke in Reiderlant und Overledingerland ingegaen, und groten schaden an Menschen und Beesten gedaen.

(Eggerik Beninga „Volledige Chronyk van Oostfrieslant", edid. E. F. Harkenroth. S. 803/04.)

An Niclaustag wurde die Lauch so groß, daß sie in der Baslervorstatt alle Keller anfüllte. Auch stund der Baarfüßer-Garten voller Wasser. 6. Dezember 1547 Colmar i/Els. Überschwemmung der Lauch

(A. Waltz „Sigmund Billings Kleine Chronik der Stadt Colmar". S. 65.)

Seine: großes Wasser. St. Michaelsbrücke teilweise, mit 17 Häusern eingestürzt. 10. Dezember Paris Seine: Hochwasser

(Fr. Arago „Sämmtl. Werke", edid. Dr. W. G. Hankel. 16. Band. S. 430 aus Sauval.)

Den 23 tag Decembris ist zu Leohn eyn grewlich wasser gewessen. 23. Dezember Lyon Rhône-Überschwemmung

(„Villinger Chronik" in F. J. Mone „Quellensammlung etc." 2. Bd. S. 112.)

Enuiron Noel furent les riuières si tres-grandes que l'on disoit n'auoir esté de 50 ans. [Chronique de Bois-de-Chesne] um Weihnachten O. Frankreich Hochwasser der Flüsse

(Ch. Contejean „Du climat de Montbéliard au 17. siècle." S. 384 u. 409.)

An einigen Orten so starker Regen, daß die Flüsse sich ergossen haben. Ende des Jahres Deutschland Überschwemmungen der Flüsse

(C. Abel „Stiffts- Stadt- und Land-Chronick des jetzigen Fürstenth. Halberstadt". S. 477.)

Pegnitz-Überschwemmung. 1548 Nürnberg Überschwemmung der Pegnitz

(G. A. Will „Von der neulichen größten Überschwemmung etc." S. 9.)

Das Wasser that mehrfach Schaden. Zwickau Überschwemmung der Zwickauer Mulde

(Dr. E. Herzog „Chronik von Zwickau". II. S. 276.)

Die Elbe hatte einen sehr niedrigen Wasserstand und war so ausgetrocknet, daß die Leute unterhalb des großen Wehres die Fische mit den Händen fingen. In Raudnitz war die Elbe bereits am St. Andreastage [30. Nov.] stehen geblieben. Leitmeritz (Böhmen) Elbe: sehr niedriger Wasserstand

(Dr. W. Katzerowsky „Die meteorolog. Aufzeichnungen d. Leitmeritz. Rathsverwandten etc." S. 10.)

Rhein: Überschwemmung. Die Kirche wurde weggerissen. [Lustenau. Pfarrchronik] Lustenau (Rheintal. Schweiz) Rhein-Überschwemmung

(Ph. Krapf „Die Geschichte des Rheins zwischen dem Bodensee und Ragaz". S. 131.)

Hochwasser. Starker Schaden. „hat die Brucken am Stadl zum Teil zerbrochen und hinweggetragen." [Urkunde Gmunden Conceptien 1548]. Frühling 1548 Gmunden (Oberösterreich) Überschwemmung der Traun

(Dr. F. Krackowitzer „Geschichte der Stadt Gmunden in Oberösterreich". III. S. 265.)

12. Mai 1548 Loire Überschwemmung

Une inondation, qui fut également très-violente; il y eut beaucoup de malheurs occasionnés par cette crue inattendue.

(M. Champion „Les inondations en France etc." II. S. 216 aus Lottin I. S. 394 nach Archiv. de la mairie d'Orléans.)

17. Juni Breslau Oder-Hochwasser infolge eines Wolkenbruchs

ergos sich die Oder plötzlich von der gefallenen kleinen Wolkenbrunst bei uns und um Kleinglogau ...

(„Jahrbücher der Stadt Breslau von Nikol. Pol", edid. Dr. J. G. Büsching. III. S. 140.)

23. Juni Bas-Vendômois Überschwemmung

pluie torrentielle qui ne dura pas une demi-heure, mais qui fit beaucoup de dégâts et ravina toutes les collines, ...
[Chanonine Michel Garrault, Manuskript].

(E. Renou „Notes météorolog. sur le Bas-Vendômois, an XVI siècle". S. 159.)

12. Juli Schaffhausen Überschwemmung

Den 12. Julij war zu Schaffhausen ein schwäres wätter mit regnen und hageln, thate großen schaden sonderlich mit flötzen, dergleichen kaum gesehen worden.

(„Hans Oswald Huber's Schaffhauser Chronik", edid. C. A. Bächtold. S. 97.)

22. September Zwickau Überschwemmung der Zwickauer Mulde

Die angeschwollene Mulde nahm ein großes Stück des Schedewitzer Wehres mit fort.

(Dr. E. Herzog „Chronik von Zwickau", II. S. 276.)

Glauchau i/Sa. Überschwemmung der Zwickauer Mulde

Starke Überschwemmung.

(E. Eckardt „Chronik von Glauchau". S. 444.)

6. Oktober Ostfriesland Sturmflut

is een Springvloet gewest, und heft sich eenen mechtigen Storm wind dar durch erhaven, also dattet Zeewater aver alle Dyke gegaen, de Storm heft een lange tyt gewart und groten schaden gedaen.

(Eggerik Beninga „Volledige chronyk van Oostfrieslant", edid. E. F. Harkenroth. S. 810.)

Nordfriesland Sturmflut

Sturmflut.

(P. Sax „De praecip. reb. gest. Frisior. septentrional." in E. J. von Westphalen „Monum. inedita rer. Germanic." I. Sp. 1377.)

um 11. November Rhône, Durance Überschwemmung

À la suite de pluies consécutives pendant trois jours et quatre nuits, le Rhône et la Durance debordèrent. Les eaux du Rhône s'élevèrent jusqu'à la coquille des degrés de Saint-Nicolas, chapelle située sur le pont. La porte de la Ligne et celle du pont furent enfoncées. Une inscription murale existant à Villeneuve-lez-Avignon constate cette inondation (Aquae Undecimae Diei Novembris). Cleitz évalue cette crue à 6,91 m. Tarascon et Arles éprouvèrent de grands dégâts dans cette crue, dont le niveau, d'après les évaluations ci-dessus, atteignit un maximum de hauteur auquel les eaux ne sont que très-rarement parvenues.

(M. Champion „Les inondations en France etc." III. S. 216, 217, 218.)

Il plut trois jours et quatre nuits consécutives à partir du 12 novembre. Le Rhône et la Durance débordèrent: les eaux du fleuve s'élevèrent jusqu'à la coquille des degrés de Saint-Nicolas, chapelle située sur le pont.

Mitte Nov. 1548 Avignon Überschwemmung der Rhône und Durance

(M. Champion „Les inondations en France etc." V. Part. II. S. CLXXII.)

Mittwoch vor Luciae [12. Dezember] ist zu Solothurm ein so grausame Kälte entstanden / daß nit allein die Aaren sampt der Roßwettin vnd Stattbach gantz überfroren.

Winter 1548/49 Kanton Solothurn Aare: Eisdecke

(F. Haffner „Der kleine Solothurn. Schaw-Platz etc." II. S. 234.)

Eine Eisfahrt zerstörte den Schloßmühlen- und niedern Walkmühlensteg.

16. Dezember 1548 Zwickau Eisgang der Zwickauer Mulde

(Dr. E. Herzog „Chronik von Zwickau". II. S. 277.)

ward die 1. und früheste Eisfahrt; das Eis ging 3 Tage und Nacht; nahm viel Brücken weg.

31. Dezember Breslau Oder: Eisgang

(„Jahrbücher der Stadt Breslau vom Nikol. Pol", edid. Dr. J. G. Büsching. III. S. 141.)

war in der Stadt ein ungemein großes Wasser, wie seit Menschen Gedenken noch nicht gesehen worden. Das Wasser überschwemmte den ganzen Hagen, und ging sogar eine Hand breit über die Becken des Brunnens auf dem Hagenmarkte. In der Altenwiek bis zum Ulrichsthore im Hutfiltern stand die Fluth am höchsten und längsten, und that dort und an andern Orten gar vielen Schaden. Sie riss die Wassergraben der Stadt zu nichte, ein Eckhaus am Petrithore, welches an dem Graben erbauet war, fiel übern Haufen, zwischen dem Hohen- und Petrithore schoß ein Stück vom Walle nieder, auch fiel das Neuwerk, welches vor der Südmühle am Michaelisthore erbauet war, ein, . . .

1549 Braunschweig Überschwemmung der Oker

(„Tobias Olfen's Geschichtsbücher der Stadt Braunschweig", edid. C. F. von Vechelde. S. 51/2.)

Das Wasser richtet großen Schaden an.

(„Gustav Adolph Matthias Chronica der Stadt Crossen", edid. Carl Rauge. S. 174.)

Crossen Oder-Überschwemmung

(Dr. C. v. Obstfelder „Chronik der Stadt Crossen". S. 59.)

Elbe: Hochwasser.

Leitmeritz Elbe-Hochwasser

(Dr. W. Katzerowsky „Die meteorol. Aufzeichnungen d. Leitmeritz. Rathsverwandten etc." S. 10.)

1549 Olmütz March: Hochwasser

In diesem Jahr . . . , grosse wasser komen, vnd grossen schaden gethan.

(„Olmütz. Sammel-Chronik" B in „Quellen-Schriften zur Geschichte Mährens" I. S. 16.)

21. Februar Breslau Oder-Eisgang u. -Hochwasser

kam die andere Winterische Eisfahrt und mit derselben das erste große Wasser, . . .

(„Jahrbücher der Stadt Breslau von Nikol. Pol", edid. Dr. J. G. Büsching. III. S. 141/42.)

30. April Bach bei Erbach, Erbach (O. A. Ehingen. Württemberg) Überschwemmung infolge eines Wolkenbruchs

Da ist ain wolckenbruch beschehen, zu bach [= Bach] da send zwen groß weyher die send yberloffen, vnd ist das gewesser yberzwerchs felds herein geloffen, In das dorff erbach, vnd hatt die wenden an den heüssern außgestossen, . . . , vnd ist solcher wolckenbruch geschehen an ainem afftermontag welches gewesen ist der 30. tag der letst Im abryel, zu morgen zwischen 3 vnd 4 . . . , aber In bayden derffer, als zu bach, vnd zu erbach In sunderheit grossen schaden gethan.

(„Sebastian Fischers Chronik, besonders von Ulmischen Sachen", edid. Dr. K. G. Veesenmeyer. S. 156.)

13. Juni Magdeburg Elbe-Hochwasser

Donnerstags in den pfingsten wuchs die Elbe unversehens in einer nacht anderthalb Elle hoch und drüber.

(„Fortsetzung der hochdeutschen Übersetzung der Magdeburgischen Schöffenchronik" in „Die Chroniken der deutschen Städte". 27. Band. S. 27.)

14. Juni Schaffhausen Überschwemmung des Gerberbaches

Den 14. Junij ist ein großes, schwäres wetter gewesen mit blitzen, dondern, hageln und platschrägen, davon der Gerwerbach angegangen, daß er bey der Bachbrücke in die häuser gelaufen und die Keller mit wasser gefüllet.

(„Hans Oswald Huber's Schaffhauser Chronik", edid. C. A. Bächtold. S. 101.)

Anfang Juli Herzberg (Harz) Überschwemmung der Sieber

im angehenden Julio, ist zum Herzberge eine sehr erschreckliche und grosse Wasserfluht aus dem Harz gekommen, . . .

(H. Bünting „Braunschweig-Lüneburg. Chronica". I. S. 566.)

Thüringen Überschwemmungen der Flüsse

Das Wasser ist vielfach sehr groß geworden, besonders zu Eckersberge etc..

(J. Binhard „Newe vollkommene Thüring. Chronica", 3. Buch. S. 128.)

19. Dezember Hall i/Württ. Überschwemmung des Kocher

Anno domini 1549 in der dritten knoplinsnacht wurd der Koch also gelingen groß, gieng dz eyß, fur ain grosse anzal holtz hinweg auf der Comberger wisen, gieng dz wasser über den Underwert unnd fürdt die drey esell hinweg.

(„Widmans Chronica". Haller Annalen in „Württemberg. Geschichtsquellen". 6. Band. S. 378.)

1550 Nürnberg Überschwemmung der Pegnitz

Pegnitz: Überschwemmung.

(G. A. Will „Von der neulichen größten Überschwemmung etc." S. 9.)

Dies Jahr ist groß Wasser gewesen.

(„Memorabilia der Stadt Frankfurt vom Stadtschreiber Staius in „Riedels Codex diplomaticus Brandenburgensis". 4. Haupttheil. 1. Band. S. 364.)

1550 Frankfurt a/O. Oder-Hochwasser

Des inondations d'été causent des revages dans la vallée de la Seine, et les digues de St.-Julien sont emportées par les eaux.

(T. Boutiot „Histoire de la ville de Troyes etc." III. S. 416.)

Sommer 1550 Seine Überschwemmung

Es ist eine grosse Wasserfluth kommen zu Zittau / daß es im Hospital zun Fenstern hinein gegangen / wobey die Eckersbach gar hefftig angewachsen / als sich niemand erinnern können. Sie hat grossen Schaden gethan / . . .

(J. B. Carpzow „Analecta Fastorum Zittaviensium etc." 5. Theil. 3. Kapitel. S. 262.)

27. Juni Zittau i/Sa. Überschwemmung der Neiße

Große Queis-Überschwemmung.

(H. Buschbeck „Gesch. d. Kirchgemeinde Steinkirch". S. 53.)

Steinkirch (Schlesien) Überschwemmung des Queis

Der Queis ergießt sich dermaßen, daß alle Brücken und Stege von hier bis Sagan weggerissen und beschädigt werden. Die Überschwemmung kommt sehr schnell. Sehr großer Schaden.

(J. G. Bergemann „Beschreibung u. Geschichte der Stadt Friedeberg". S. 128.)

Ende Juni Friedeberg a/Queis Überschwemmung des Queis

Queis: Große Überschwemmung. Es werden Häuser durch die Fluten fortgerissen.

(J. G. Luge „Chronik der Stadt Greiffenberg i/Schl." S. 13.)

° („Jahrbücher der Stadt Breslau von Nikol. Pol", edid. Dr. J. G. Büsching. III. S. 149.)

° (J. G. Bergemann „Flinsberg etc.". S. 230.)

° (Dr. E. Wernicke „Chronik der Stadt Bunzlau". S. 195.)

Greiffenberg i/Schl. Überschwemmung des Queis

3.—4. Juli Queiß Überschwemmung

3. großes Wasser vom großen Platzregen; thät an Vieh, Heu, Wismat und Getreide großen Schaden.

(„Jahrbücher der Stadt Breslau von Nikol. Pol", edid. Dr. J. G. Büsching. III. S. 149.)

6. Juli Breslau Oder Hochwasser

4. großes Wasser vom großen Platzregen, thät an Vieh, Heu, Wismat und Getreide großen Schaden.

(„Jahrbücher der Stadt Breslau von Nikol. Pol", edid. Dr. J. G. Büsching. III. S. 149.)

24. Juli Breslau Oder-Hochwasser

Die Sann schwoll durch anhaltende Regengüsse so an, daß das Tal überschwemmt, Getreide und Vieh ertränkt, Stege und Brücken fortgerissen wurden.

(A. Gubo „Geschichte der Stadt Cilli etc." S. 210.)

Ende August Cilli Überschwemmung der Sann

1550 2. September Cilli Über-schwemmung der Sann

Es brach ein „geschwind aufsteigend wässer“ über die Stadt herein. [Siehe Wassermarke am Spitalturm].

(A. Gubo „Geschichte der Stadt Cilli etc.“ S. 210.)

13. September Breslau Oder-Hoch-wasser

5. großes Wasser vom großen Platzregen. (Groß. Schaden).

(„Jahrbücher der Stadt Breslau von Nikol. Pol“, edid. Dr. J. G. Büsching. III. S. 149.)

Anfang Oktober Troyes (N. Frankreich) Seine-Über-schwemmung

. . . et dans les premiers jours du mois suivant la pluie fut tellement abondante, que toute la vallée et une partie de la ville furent couvertes par les eaux. Le débordement de la Seine inonda les dehors de la ville et même les quartiers du dedans les moins exposés. Le faubourg de Saint-Jacques et les hameaux de la banlieue eurent beaucoup à souffrir, les communications, dans ces quartiers, ne pouvaient avoir lieu que par bateaux. Les effets de l'inondation se firent sentir jusqu'au delà de l'Hôtel-Dieu, au centre même de la ville, . . . Des maisons et des édifices publics furent démolis etc.

(M. Champion „Les inondations en France etc.“ II. S. 19/20 aus Courtalon Delaistre „Topographie hist. de la ville etc. de Troyes“ I. S. 107 und Boutiot manuscr. aus Archiv. municipales de Troyes.)

21. Oktober Nordfriesland Sturmflut

Flut.

(Dr. N. Falk „M. A. Heimreichs nordfresische Chronik“. I. S. 367.)

5. November Breslau Oder-Hoch-wasser

6. große Wasser vom großen Platzregen. [Groß. Schaden].

(„Jahrbücher der Stadt Breslau von Nikol. Pol“, edid. Dr. J. G. Büsching. III. S. 149.)

Winter 1551 Naumburg a/d. S. Saale: Eisdecke

Saale so fest zugefroren, daß Wagen 6 Wochen lang über das Eis fahren können.

(W. Bernhardi „Chronik der Stadt Naumburg“. S. 292.)

1551 Naumburg (Saale Über-schwemmung der Saale

Wasserfluth.

(W. Bernhardi „Chronik der Stadt Naumburg etc.“ S. 287.)

Saalfeld Über-schwemmung der Saale

Große Ergießung der Saale. Es wurden Stege abgeworfen und die große Brücke beschädigt.

(M. Casp. Sagittarius „Saalfeld. Historien“. S. 250 aus Silv. Lieben „Salfeldiographia“ Lib. 2. cap. 21.)

Zeitz Über-schwemmung der Weißen Elster

Elster-Überschwemmung durch plötzliches Schmelzen der hohen Schneedecke.

(E. Zergiebel „Chronik von Zeitz etc.“ III. S. 550.)

Schneeberg i/Sa. Über-schwemmung des Schlemaer Baches

Etwas Schaden durch Wasser. Im Gebirge bedeutender Schaden durch Wasser.

(C. Lehmann „Chronik der freien Bergstadt Schneeberg“. S. 225.)

Große Eisfahrt. Ein Teil des Stromes ging zwischen Alt- u. Neustadt durch nach dem nördl. Stadtgrabenteile und riß die Brücke samt den darunter befindlichen 2 steinernen Pfeilern weg. — 1551 Mühlberg a/d. Elbe Elbe: Eisgang

(C. R. Bertram „Chronik der Stadt etc. Mühlberg". S. 84.)
° (Alfred Schmidt „Geschichte der Stadt Mühlberg (Elbe)". S. 222/23.)

Infolge starker Regengüsse schwellen die Fluten stark an. — Crossen Oder-Hochwasser

(G. A. Matthias „Chronica der Stadt Crossen", edid. C. Rauge. S. 174.)

Elbe u. Eger: fortdauernd Hochwasser. — Gegend von Leitmeritz (Böhmen) Elbe- u. Eger-Hochwasser

(Dr. W. Katzerowsky „Die meteorolog. Aufzeichnungen d. Leitmeritz. Rathsverwandten etc." S. 10.)

Aare: starkes Hochwasser. — Aarberg (Kanton Bern) Aare: Hochwasser

(Dr. F. Hunger „Geschichte der Stadt Aarberg". S. 155.)

Es sind viel Regen-Wetter gewesen, davon die Werra trefflich groß worden und hin und wieder mercklichen Schaden gethan. — Anfang Januar Thüringen Werra: Hochwasser

(J. S. Güth „Poligraphia Meining." edid. Dr. E. Schaubach. S. 185.)

Es war aller Orthen ein solch entsetzlich große Wassergüsse, dergleichen in vilen Jahren nicht erhöret, hat fast alle Brückhen, sogar auch die steinene, verderbt und hingerissen. — 10. Januar Elsaß Überschwemmung der Flüsse

(M. Tschamser „Annales etc. zu Thann". II. S. 134.)

Den 13 januarij, t'woensdagh's avonts, ten vijf uren, is tot Antwerpen geweest den 4^{en} hoogen vloet daer men aff wist te sprecken, want het water was een palm hoogher gevloeyt dan't was in't jaer 1530, in october, ende soude nogh gevloeyt tot den 8 uren, maer den dijck in Vlaenderen tegenover Austruweel brack door, ende wert een groot gat, dat veel coste eer het toegemaeckt was, want het was seer diep. Nogh soo liep den dijck bij Hoboken oock doore. — 13. Januar Antwerpen Sturmflut

(Ger. Bertrijn „Chronijck der Stadt Antwerpen". S. 91/92.)
° (Dav. Papebroek „Annales Antverpienses etc.", edid. F. X. Mertens u. E. Buschmann. II. S. 365/66.)

Onder 13 january zo ghebuerde groote watervloet, by den welcken up de zee ende ooc in Zeelant ende elders vele schade geschiede. Ende ten zelven tyde zo brack de vloet inne t Antwerpen ende ter Sluus, daer vele schade ghebuerde. — Seeland, Flandern Sturmflut

(„Vlaamsche Kronyk 1416/1598" in „Chron. de Brabant et de Flandre", edid. Ch. Piot in „Collect. de chron. belg. inédits." Band 21. S. 304.)

Ouden Genschen Polder gheinundeert, ende met de Zee geheel gemeen gheworden Jan Arents Polder, Colins Polder, Spiervliet, t'Badt, Swaenhil, Den grooten Agger, Den kleynen Agger. — Seeland Sturmflut

(M. Z. van Boxhorn „Chroniick van Zeelandt eertijdts beschreven door d'Heer Johan Reygersbergen, nu verbetert etc." I. Deel. S. 52.)

13. Januar 1551 Flandern Sturmflut

In de selve maendt overliepen de waeteren den polder van Spierenbroek tot Bornhem, . . .

(„Chronycke van Frans-Joseph de Castro“, edid. F. van Naemen. S. 148.)

Breslau Oder-Eisgang u. Hochwasser

Das 1. große Wasser und Eisfahrt . . .

(„Jahrbücher der Stadt Breslau von Nikol. Pol“, edid. Dr. J. G. Büsching. III. S. 152.)

10. Februar Züricher See Eisdecke

Der Zürichsee überfror gar, das er uff den 10. Febr. zu was, gar nach bis an die schwirren [= Pallisaden im See]. Man gieng darüber von St. Niclaus stud an, das under teil gägen dem Rohr und Wolishoffen; . . .

(„Heinrich Bullingers Diarium etc.“ S. 39.)

2. Hälfte Februar Mittweida i/Sa. Zschopau: Eisgang

Fastenzeit / da sich das Eiß geschöbert / diese neue Brück [über den Zschopen-Strohm] samt dem einen neuen steinernen Pfeiler übern hauffen geworffen / den andern Pfeiler aber dermassen beschädigt / . . .

(Chr. Hermann „Mittweidisches Denckmahl etc.“ S. 416.)

(A. Chr. Kretzschmar „Nachrichten aus der alten und neuen Zeit, welche die Stadt Mittweyda betreffen etc.“ I. S. 184.)

Saaz (Böhmen) Überschwemmung der Eger

Hat sich der flus Egra [= Eger] . . . durch regen vnd schnee / dermassen ergossen / das er in Behem / bey der Stadt Satz das Spital / Mülen / Dörffer / viel Scheunen / vnd vber 100 Heuser vnversehens eingeworffen vnd hinweg gefüret hat.

(J. Fincelius „Wunderzeichen“. 1559. II. S. OII.)

Fastenzeit Gegend von Hamburg Elbe-Überschwemmung

. . . , vnd wekede vp de Vasten hastigen vp, so dat vele water qwam vnd de Elue grot wort, so dat de dyk bauen yn der Gamme ynbrak vnd darna de Ossen- unnd Bylwarder. Vnd dede groten schaden, dat dat water mer alse eynen vadem auer alle marsklande her stunt van Gesthacht wente vor Hamborg.

(„Hamburg. Chronik vom Jahre 799–1559“ in Dr. J. M. Lappenberg „Hamburg. Chroniken“. S. 447.)

20. Februar Züricher See Eis-Aufgang

. . . ; wie aber die wermi mit einem wind kam 16. Febr., was er 20. Feb. widerumb uff biß gägen Rüstliken, und bald darnach gar.

(„Heinrich Bullingers Diarium etc.“ S. 39.)

Schmölln (Thür.) Überschwemmung der Sprotte

Es war hier eine Überschwemmung. Die Sprotte trat aus, bedeckte den sogenannten Sand und zum mittleren Tore herein.

(Rud. Seyfarth „Des Grafen von Beust Jahrbücher von Schmölln“. S. 63.)

Sprotte: starke Überschwemmung der Stadt in Folge von Tauwetter und Regengüssen.

(„Kirchen-Galerie des Herzogth. Sachsen-Altenburg.“ I. S. 454.)

Die infolge von Thauwetter und Regengüssen ausgetretene Sprotte verursacht eine Überschwemmung der Stadt, wie man sie noch nie erlebt hatte. 20. Februar 1551 Schmölln (Thür.) Überschwemmung der Sprotte

(Dr. J. Löbe u. E. Löbe „Geschichte der Kirchen und Schulen des Herzogthums Sachsen-Altenburg etc." 2. Band. S. 9.)

Ist von Reminiscere biß Laetare groß Wasser gewesen. 22. Februar—8. März Halle (Saale) Saale: Hochwasser

(G. Olearius „Halygraphia etc." II. S. 265.)

ist der Main allhier so groß gewesen, daß er dem obersten posten an sanct Niclas kirch über gegen niedergang zugleich gewesen. 23. Februar Frankfurt a/M. Main-Überschwemmung

(„Notizen aus der Chronica Francofurtensis pars tertia des Stadtschreibers Adam Schile über die Zeit von 1500—1551." in „Quellen z. Frankfurt. Geschichte", edit. Dr. H. Grotefend. II. S. 502.)

Pegnitz: war das Wasser so groß, als es in 50 Jahren nicht gewesen, stund ohngefähr einer Spanne hoch unter dem mössingen Täfelein am Sande, oder bei dem Sandbade, und verursachte grossen Schaden. 27.—28. Februar Nürnberg Überschwemmung der Pegnitz

(G. A. Will „Von der neulichen größten Überschwemmung etc." S. 9. 12.)

Sehr starke Überschwemmung.

(H. Bauer „Geschichte der Stadt Pegnitz". S. 11 und 2. Aufl. S. 20.)

. . . navalibus undis undique in Albim illabentibus, in tantum excrescere fecerunt, ut passim magno cum incolarum detrimento exundaret. Tota enim in Regione adjacente praeter arbores quasdam ac villas nihil conspiciebatur, caetera omnia undarum moles obtexerat, . . . Corrupta etiam hinc inde per Albim tepidiore tempestate glacies, . . . 27. Februar Magdeburg Elbe-Überschwemmung

(„Obsidionis Magdeburgi . . . , anno 1550 et 1551 etc. per Sebast. Besselmeierum" in S. Schardius „Schardius redivivus", edid. H. Thomas. II. S. 530.)

(. . . Durch die Seewogen, die überall in die Elbe hineinfließen, stieg sie so stark an, daß sie weit und breit mit großem Schaden für die Einwohner über ihre Ufer trat. In der ganzen angrenzenden Gegend wurde außer einzelnen Bäumen und Dörfern nichts erblickt, alles andere war von den Wassermassen bedeckt. Es wurde auch hierauf durch das wärmere Wetter das Eis auf der Elbe zerstört.)

Cette année je passai sur la glace en venant de dire ma messe de l'autre côté de la rivière, le 3 mars. 3. März Loire Die Eisdecke ist noch passierbar
[Chanoine Michel Garrault manuscr.]

(E. Renou „Notes météorolog. sur le Bas-Vendomois, an XVI. siècle". (1543—1599). S. 160.)

7. März Oder Eisgang u. Hochwasser

Das andere große Wasser und Eisfahrt, nahm Stege und Brücken mit hinweg, ris viel Dämme aus, thät allenthalben großen Schaden bis auf Frankfurt.

(„Jahrbücher der Stadt Breslau von Nikol. Pol", edid. Dr. J. G. Büsching. III. S. 152.)

8. März Frankfurt a/Oder Oder-Überschwemmung

auff Lätare in der Fasten / ist zu Franckfurt ein groß Wasser gewesen / und die Oder so groß gewachsen / daß sie eine halbe Ellen hoch auff die Niederlage vor das Selle Hauß genannt gangen / und ein Joch von der Oder-Brücken hinweg geführet / und den Wiesen und Gärten grossen Schaden gethan.

(Wolf. Jobst „Kurtze Beschreibung der Alten Löblichen Stat Franckfurt an der Oder". 3. Aufl., edid. J. Chr. Beckmann. S. 18, 49 u. 48.)

(Wolf. Justus „Kurtze Beschreibung der alten u. Löblich. Stadt Franckfurt an der Oder" in J. Chr. Beckmann „Memoranda Francofurtana notitia etc." S. 64.)

° („Mag. Petrus Hafftitius Microcronicon Marchicum". 1599 in „Riedel's Codex diplomaticus Brandenburgensis". 4. Hauptteil. 1. Band. S. 112.)

° (Andreas Engel „Annales Marchiae Brandenburgicae". S. 344.)

um 12. März Beeskow Überschwemmung der Spree

So hohes Wasser, daß es den Damm bei der hintersten Freiarche durchriß, eine Scheune zerstört und in der Stadt einige Keller der Stadt beschädigt.

(W. Ziethe „Chronik der Stadt Beeskow". I. S. 41 u. 62, II. S. 84.)

Nach 29. März Gegend von Bamberg Überschwemmung der Aisch

Und nach der selbigen ostern wart die Asch [=Aisch] zu der Neuestat so gross, das sie in die heusser lif, und dasselb wasser furet die mul hin zu der Neuestat. Dass wasser wart in dess doctors [= Wenger] haus auch gangen. Es lif auch her gen Bamberg und, wass underwegen ergriff in dorfern und veldern von vich und menschen und haussrat, das furet es als hin, auch die leut in petten und das vich in stellen und die kinder in der wigen. Ess luf den leuden hie in die heuser, es ging auch in Abczber [= Abtswörth in Bamberg]. Es hat grossen schaden gedan an menschen und vich auf den dorfern.

(„Der Bericht einer Nonne des Claren-Klosters in Bamberg" in „Chroniken z. Geschichte des Bauernkrieges etc." in „Chroniken der Stadt Bamberg". 2. Band. S. 563, edid. A. Chroust.)

Anfang Mai Deutschland Überschwemmungen der Flüsse

Es seind die Wässer hin und wider so grausamb und urplötzlich auf- und angelaufen, daß es die Häuser sampt den Innwohneren hinweggeschwemmet, z. B. Schwatzenhausen (Thüringen). In anderen Orthen hat das Gewässer an Bruckhen, Mühlen, Güteren etc. solchen Schaden gethan, der nicht zu schätzen.

(M. Tschamser „Annales etc. zu Thann". II. S. 134.)

14. Mai Franken Überschwemmung infolge von Wolkenbrüchen

Sind in Francken / zu Kitzing / Ochsenfurt / vnd andern umliegenden orten / . . . / Wolckenbrüche nider gefallen / die vil menschen vnd vieh erseufft / vnd sonst grausamen schaden gethan / Nemblich / es sind etliche wolckenbrüche geschossen / vnd solch groß wasser gemacht / das sie ein gantzes dorff Bundurgshausen genant / bey 20 heusern gar hinweg gefürt / das man des morgens ob die hundert toder menschen auff dem felde gefunden hat. Item zu Kitzing hat das wasser eine brücke hinweg gerissen / vnnd viel weins in kellern erseufft / das man die Stadtmawer an zweyen orten hat müssen einreyssen / damit das wasser seinen lauff gehabt. Es hat auch fünff gantze heuser hinweg gefürt / . . . Zu Ochsenfurt / hat dz wetter bey 30 Donnerschleg gethan / vnd die Stad angezündet / . . . Zu Rotelsen / hat das wasser fünff heuser sampt menschen / vnd vil viehs hinweg gefürt. Zu klein Necker hat es auch fünff heuser sampt sechs kindern / vihe vnd andern hinweg geschleifft. Zum Speckfurt / sind fünffzehen menschen vmbkommen. Vnnd ist sonst auch grosser schaden geschehen. Zu Bamberg hat es sieben heuser vnd eine müle weggefürt / auch andern grossen schaden / die es allenthalben am Felde / vnd Weinbergen gethan.

(Job. Fincelius „Wunderzeichen" 1556. S. 209/11.)

(Job. Fincelius „Wunderzeichen". I. S. IV/V. 1556.)

ist zu Wirtzburg und daselbst umher ein sehr grosser Regen mit Donner und Blitz eingefallen, daß der Mayn zusehens gewachsen, kleine Bäch dermassen angeloffen, als wann es grosse Ströhm wären, dardurch an Aeckern und Wiesen, Weingärten, Gebäuen und anderen grosser Schad geschehen.

14. Mai 1551 Würzburg und Umgebung Überschwemmung infolge eines Wolkenbruchs

(Ign. Gropp „Wirtzburg. Chronick". I. S. 498.)

Wolkenbruch. Überschwemmung. Großer Schaden zu Schweinfurt, Kitzingen, Würzburg.

Schweinfurt u. andere Orte Überschwemmung infolge eines Wolkenbruchs

(H. Chr. Beck „Chronik der Stadt Schweinfurt". 1. Band. 1. Abtlg. Spalte 115.)

Gewitter mit Wolkenbruch u. Überschwemmungen.

Schweinfurt, Kitzingen, Ochsenfurt u. Umgebung bis gegen Bamberg Überschwemmungen infolge von Wolkenbrüchen

(Dr. G. Hellmann „Die Meteorologie in den deutschen Flugschriften etc. d. 16. Jahrhdts. S. 16 u. 46/7 aus Flugschriften.)

° (M. Dresser „Sächsisch Chronicon". S. 631.)

Zu Pfingsten zerstörte nämlich die durch anhaltenden Regen angeschwollene Mulde mehre Brücken und Stege etc.

17. Mai Zwickau Überschwemmung der Zwickauer Mulde

(Dr. E. Herzog „Chronik von Zwickau". II. S. 283.)

vmb Pfingsten . . . / Sind solch grosse regen vnd wassergüß . . . gewesen / das die schaden so bey dem Bergwercken dardurch erfolget sind / nicht wol abgeschatzt werden mügen.

Um 17. Mai Joachimsthal i/Böhm. Schlackenwalde i/Böhm. Überschwemmung der Weseritz

(Job. Fincelius „Wunderzeichen" 1556. I. S. RV.)

Maio, ad decimum Calendas Junias, nubes duae conflictu mutuo dirae et in nimbum solutae sunt ad Cornelii montem tanta vi aquarum, ut inde ad Vezium loco domum unam totam moverint.

23. Mai Bei Liège (Belgien) Überschwemmung infolge eines Wolkenbruchs

(R. P. Foullon „Historia Leodiensis etc." Tom. II. Pars. II. S. 257.)

(Es lösten sich zwei Wolken nach gegenseitigem Zusammenstoß unheilvoll und in einem Platzregen über dem Corneliusberg mit einem solchen Ungestüm der Wassermassen auf, daß sie von dort zur Vestre in einem Ort ein ganzes Haus fortrissen.)

31. Mai 1551 Zwischen Eisenach und Gotha Überschwemmung, z. B. Teutleben

. . . ein sehr grosser regen gefallen / das die wasser so schnell gewachssen / das es fünff heuser vmd ein Mann mit fünff kindern im dorff / Deutleben / hinweg geführet / vnnd zu Schwartzhausen hat es siben Jungen / . . . / sampt etlichen pferden ertrenckt / vnnd weg geführet.

(Job. Fincelius „Wunderzeichen" 1556. S. 214.)

(Job. Fincelius „Wunderzeichen". 1556. I. ohne Seitenzahl). = 25. Mai

Regengüsse u. Überschwemmung.

(Dr. G. Hellmann „Die Meteorologie in d. dtsch. Flugschriften d. 16. Jahrhdts." S. 46/7 aus Flugschriften.)

Sommer Voigtland, Thüringen, Franken Überschwemmungen der Flüsse

Es waren schreckliche Wetter / vnd vnersehnliche ergiessung der Wasser / Erseuffung Menschen vnd Viehe / wie etlichen enden im Voitlande / Düringen vnd Francken gehöret / vnd gedruckt ist worden / . . .

(Val. Rudolp „Zeitbüchlein". S. 47.)

29. Juni Schmölln Überschwemmung der Sprotte

Die Sprotte überschwemmte einen Teil der Stadt, riß die große steinerne Brücke weg, beschädigte viele Häuser infolge gewaltiger Wolkenbrüche.

(R. Seyfarth „Geschichte der Stadt Schmölln i/Thür.")

12. Juli Kürnhalden bei Kenzingen i/Baden Überschwemmung

Den 12. Julij ist selch gewesser eines schlags kummen, also das es die brucken, die mauren mit den dumbemen als hynweg gefiert, ubern hoff durch die schuren und stell also hoch geloffen, daß die kuw bis an hals im wasser gestanden sind, die suwen den bach abgeschwemd bis gen Kastenhoffen, ein teyl ertrenckt. yn der kirchen ist me dan knyß hoch darin gestanden, dy grabstein als ungriest, ein teil schier halb versenckt.
[Aus dem Nekrolog v. Kürnhalden].

(„Jahrgeschichten d. Landes etc." in F. J. Mone „Quellensammlung etc." 1. Bd. S. 230.)

15. (18.) Juli Halberstadt Überschwemmung der Holzemme

Im Jahre 1551, in der Erndte Zeit, als den 15. (18.) des Heumonaths, zwischen 1. und 2. Uhr, war zu Halberstadt eine grosse Finsterniß, und in derselben ein grosser Wind und Staub, darnach ein groß Ungewitter von Blitzen, Donnern und Schlossen, theils Schlossen waren an etlichen Orten wie Hüner-Eyer, theils wie Tauben-Eyer, auch etwas kleiner, die schlugen Tauben, Kraen, und andre Vögel, auch Vieh danieder, . . . Darauf fiel ein grosser Regen, als gösse man mit Molden und Schaupen, und sonderlich vom Huy, daß etliche meinten, es wäre ein Wolckenbruch, es that auch grossen Schaden, . . . an viel Orten, zu grossen und kleinen Quenstedt, trieb es Häuser um und flössete sie weg. Es floß auch plötzlich in die

Stadt-Thore, sonderlich in das S. Burchards- und Gröper-Thor, beynahe einer Ellen hoch, stieg schier in alle Keller, trieb etliche Mühlen und Schutte hinweg, riß auch viel Mauren und Weller-Wände um . . .

(„Chronicon Halberstadiense etc. d. Johannis Winnigstadii in Caspar Abel „Sammlung Etlicher noch nicht gedruckt. alt. Chroniken". S. 408/09.)

Rhein-Überschwemmung. 1552 Duisburg Rhein-Überschwemmung

(A. Chr. Borheck „Versuch einer Geschichte der Stadt Duisburg". S. 28.)

So hohes Wasser, daß man mit einem Dielenschiff auf dem St. Martin-Kirchhof fahren konnte. Bremen Überschwemmung der Weser

(J. H. Duntze „Geschichte der freien Stadt Bremen". III. S. 301.)

Anno 1552 gleicher Gestalt die Helme ausgetreten und viel Heues im Rieth verderbet. Grafschaft Mansfeld Überschwemmung der Helme

(Cyr. Spangenberg „Mansfeld. Chronica". 4. Teil. S. 497.)

Großes Wasser richtet besonders in der Osthöfe großen Schaden an. Tennstedt (Thür.) Überschwemmung

(H. Wohlfarth „Tennstedt etc." S. 54. 176.)

Sturmflut. Wismar Sturmflut

(Dr. F. Techen „Geschichte der Seestadt Wismar". S. 377)

Starke Überschwemmung. Forst i/L. Überschwemmung der Neiße

(J. Ch. Schneider „Chronik der Stadt u. Standesherrsch. Forst". S. 320.)

In solchem Jahr war eine sehr grosse Überschwemmung, dergestalt, daß das Wasser über die Weeser-Brücke gegangen, und mitten auf dem Marckt gestanden. Januar Minden Überschwemmung der Weser

(E. A. Fr. Culemann „Mindische Geschichte" 4. Abtlg. S. 131.)

hat auch viele Gebäw, Menschen und Vieh hinweg geschwemmet. Januar Fränk. Saale, Neckar in Württemberg, Reuß (Schweiz) Überschwemmungen

(M. Tschamser „Annales etc. zu Thann". II. S. 136.)

Beim Aufbruch des Eises sehr große Wasserflut. Das Wasser schwemmte hinter der Burg den Damm fort. Aken a/Elbe Elbe-Eisgang u. -Überschwemmung

(L. V. Bruno „Beschreibung der Stadt Acken etc." S. 115.)

Das Gewässer hat sich allhier und andersweiten gewaltig ergossen; stellenweise großer Schaden. Leipzig Überschwemmung

(J. J. Vogel „Leipzig. Geschicht-Buch etc." S. 192.)

1. Hälfte Januar 1552 Düsseldorf Rhein-Überschwemmung

Urbis moeniorum in Rheni margine Dusseldorpii magna pars disturbata est fluvii exundatione, nauigio in forum Dusseldorpianum usque ibatur. Item hac tempestate deiecta est penitus mola illa Dusseldorpiensis quae vento solebat agitari.

(G. Mattenclot „Rer. Germanic praecipue infer. gestar. breuis commemoratio" in „Archiv f. d. Geschichte des Niederrheins". 5. Bd. 1. Heft. S. 222.)

(Zu Düsseldorf wurde ein großes Teil der Stadt-Mauern am Rande des Rheins durch die Überschwemmung des Flusses zerstört, man fuhr im Kahn bis auf den Marktplatz von Düsseldorf. Gleichfalls wurde durch dieses Unwetter jene Mühle zu Düsseldorf umgeworfen, die sich durch den Wind in Bewegung setzte.)

Anfang 1552 Frankfurt a/Main Main-Überschwemmung

Dann gleich im anfang des 1552 jahrs ist erstlich erwachsen ein großes, erschreckliches gewässer und fluth, vorab des Mains, Tauber, Nied und Lahn, wie auch zum theil den vorigen sommer beschehen, als es in menschengedächtniß nie gesehen worden ist, welches viel menschen, brücken, häuser, pferd, kühe, schaf und sau in flecken und dörfern elendiglich verflossen, ersäuft und hinweggeführt hat. es ist auch zu Frankfurt hoch zu allen Mainpforten nicht ohne merklichen schaden eingangen, hat alle keller beinahe der halben stadt erfüllet, welche man in viel wohnungen hernach nicht gemöcht erösen, . . .

(„Chronik d. Prädikanten Melchior Ambach über die Belagerung v. 1552" in „Quellen z. Frankf. Geschichte", edit. Dr. H. Grotefend. II. S. 379.)

° (Job. Fincelius „Wunderzeichen". 1556. I. ohne Seitenzahl.)

8.—9. Januar Hessen Überschwemmungen der Flüsse, z. B. der Lahn

Am 8. vnd 9. tag des Jeners fielen so vberaus grosse regen, das man dergleichen in vielen Jahren nicht mehr erhort noch erfahren hat. Denn es wurden die furnemesten wasser Im Land zu Hessen so groß vnd flutig, das sie viel steinern vnd holtzern Brucken, Heuser vnd anders zerbrachen vnd hinweg furten. Vnd war sonderlich die Loyne [= Lahn] so vngestüme, das sie die feine brucke vor der stat Marpurg am zehenden tag des Jeners vmbreiß, vnd biß In die vier vnd zwantzig menschen erseuffte vnd dannen furte.

(Wigand Lauze „Leben Philipps des Großmüthigen" Buch IV. Kapitel 17 in „Zeitschrift d. Vereins f. hessische Geschichte etc." 2. Supplem Bd. S. 225.)

° (W. Dilich „Hessische Chronica". S. 317.)

9.—10. Januar Marburg (Hessen) Überschwemmung der Lahn

Lahn: Große Wasserflut. Es wurden Brücken und Häuser beschädigt, Menschen ertranken.

(Dr. G. Hellmann „Die Meteorologie in d. dtsch. Flugschriften etc. d. 16. Jahrhdts." S. 16 u. 47 aus Flugschrift (Lied) von Heinrich Engel.)

° (Valent. Rudolph „Zeitbüchlein". 1586. S. 49.) = 9. Januar

10. Januar Lahn Überschwemmung

Vnd war sonderlich die Loyne so vngestüme, das sie die feine brucke vor der stat Marpurg am zehenden tag des Jeners vmbreiß, vnd biß In die vier vnd zwantzig menschen erseuffte vnd dannen furte, welches bemelter Stat ein merglicher schade vnd vnfall gewesen. Dergleichen hat das selbige wasser auch zu den Giessen vnd Wetzflar vnd Wilanaburg gewutet.

(Wigand Lauze „Leben Philipps des Großmüthigen“ Buch IV. Kapitel 17 in „Zeitschrift des Vereins f. hessische Geschichte u. Landeskunde“. 2. Supplem. Bd. S. 326.)

ware die Lahne so groß, daß sei uber ein haufe warfe die brucken zu Marpurg, Weilburg und Dietze, und das wasser der Lahne ginge alhei zu Lympurg [= Limburg] hinter der Erbach gleich der stadtmaurn. [aus A. Emmel]

10. Januar 1552 Lahn Überschwemmung

(Johannes Mechtel „Die Limburger Chronik“, edid. K. Knetsch. S. 123/24.)

den 10. Januarii erhuib sich zu Marpurg ein unerhort groß gewesser mit vieler leute tot und zerreißung dorfer und heuser, reiß bie nacht die steinen brucken zu Weidenhusen um und sonst noch eine steinen brucken auch zu Marpurg. [aus Frankenberger Stadtbuch („Stadtsache“) im Staatsarchiv zu Marburg, Depos. der Stadt Frankenberg].

(Johannes Mechtel „Limburger Chronik“, edid. K. Knetsch. S. 124.) Anmerkung.

vormittags zwischen 12 und 1 Uhr stürzt ein Teil der Brücke ein, 24 Menschen verlieren ihr Leben. Der Einsturz wurde hervorgerufen durch eine große Wasserflut, welche sich von Ortenberg bis nach Ockershausen erstreckte. [Der Schuhmachermeister Heinrich Engel zu Weidenhausen hat ein Gedicht darüber gemacht und drucken lassen]

Marburg Überschwemmung der Lahn

(W. Bücking „Beiträge zur Geschichte der Stadt Marburg“ in „Zeitschrift d. Vereins f. hessische Geschichte u. Landeskunde“. Neue Folge. 6. Band. S. 74/75.)

° (Job. Fincelius „Wunderzeichen“. 1556. I. Ohne Seitenzahl.)

° (Mark. Frytschius „Catalogus Prodigiorum etc.“ 1563. S. 222.)
= 10. Januar 1551.

Ist ... / ein groß gewisser entstanden / welchs zu Weilburg vnnd anderßwo vil gewaltiger steinerne Brücken zurissen vnd weggefurt hat.

Weilburg u. a. Orte Überschwemmung der Lahn

(Job. Fincelius „Wunderzeichen“ 1556. S. 211.) = 10. Januar 1551.

Die Löhn hat zu Marpurg den 10 tag die steinerne brück ingeworffen und 24 menschen erseufft. hat auch zu Giessen und Wetzlar die brücken niedergelegt. Die Fulda hat zu Rottenburg wie auch Melsungen die schöne steinern brück gantz hingenommen und ist zu Cassel in der Newstadt auff den altar und prädigstuel gestiegen.

Lahn, Fulda Überschwemmung

(W. Dilich „Hessische Chronica“. S. 317.)

Sonntag nach trium regum, des Abends umb neun Uhr hat sich ein groß Gewässer erhaben, daß die Neustadt zu Cassel gar in Wasser gestanden ist, ...

Cassel Überschwemmung der Fulda

(„Die hessische Congeries“ edid. Nebelthau in „Zeitschrift des Vereins für hessische Geschichte u. Landeskunde“. 7. Bd. S. 375/376.)

10. Januar 1552 Fulda Über-schwemmung

Die Fulda hat zu Rodenburg die Brucke abgeworffen vnd zu Milsungen [= Melsungen] die lustige steinern bruck mit pfeilern vnd anderm hingenommen, auch etliche personen In einem hause, so am selben wasser gestanden, mit gefuret. Ist zu Cassel allenthalben In die Vorstat gangen, vnd In der Kirchen doselbst etliche grab stein auffgehaben, vnd viel heuser durch flossen. Zu Gemunden hat sie biß auff einer elen lang vber die stat maur gangen, In die Kirche auff S. Johans altar, man hat In der stat In nachen vnd booden vmbher gefaren, das man sagt, In zweien hundert vnd zehen Jaren, sey die Fulda so groß nihe gewesen.

(Wigand Lauze „Leben Philipps des Großmüthigen", Buch IV, Kapitel 17 in „Zeitschrift d. Vereins f. hess. Geschichte u. Landeskunde". 2. Supplem. Bd. S. 326.)

Meiningen Über-schwemmung der Werra

hat sich die Werra, wegen sechstägigem Regen-Wetter dermassen ergossen / daß das Wasser mit grosser Gewalt zum Ober-Thor zugelauffen, vor gemeldem Ober-Thor hat sichs getheilet, und theils nach dem Frauen-Brunn zu: theils in den Stadtgraben übers Gemäuer gelauffen, und bey dem Unter-Thor mit Gewalt durch in die Stadt gebrochen. Nachdem aber solches geschehen, ist es auff dem Stein-Weg nach dem Siechen-Hauß zugelauffen, und die Unter-Brücke, . . . , ziemlich beschädiget. Und hat solch Gewässer sechs Tage gestanden / ehe es wieder in seinen rechten Gang kommen.

(J. S. Güth „Poligraphia Meining.", edid. Dr. E. Schaubach. S. 185.)

Erzgebirge Über-schwemmung der Flüsse

Es wüten Wetter und Fluth im Thal schrecklich / denn es donnerte / blitzte und regnete so hefftig im Winter / daß der Schnee sich mit Macht ablösete / schmelzete und die Fluth 8 Tage lang stunde.

(Chr. Lehmann „Histor. Schauplatz etc. in d. Ober Ertzgebirge etc" S 256.)

Frankenberg (Erzgeb.) Über-schwemmung der Zschopau

An dem I. p. Epiph. donnerte, blitzete und regnete es so hefftig in den Schnee, daß sich die Zschope gewaltig ergoß und grossen Schaden an Brücken und Gebäuden that.

(Chr. A. Bahn „Histor. Nachrichten von dem etc. Franckenberg etc." S. 282.)

11. Januar Höxter Weser-Über-schwemmung

im Januario / ist die Weser so groß worden / das sie in die Stadt Huxer biß an S. Kilian Kirche gangen / vnd an Kellern vnd Heusern / auch sonst keinen geringen schaden gethan.

(Joh. Letzner „Corbeische Chronica etc." Blatt K II.)

um 12. Januar Köln Rhein-Über-schwemmung

12. Jan. und umb die Zit etliche tag ist der Rhein so grois gewest, das er uff s. Margreten-cloister seir nach am berg gestanden hat.

(„Das Buch Weinsberg", edid. Konst. Höhlbaum. II. S. 1.)

Zum Anfang dieses Jahres ergoß sich die Saal sehr hoch, und das Waßer blieb stehen vom 11. Januar auf acht Tage lang und that allenthalben großen Schaden. Mitte Januar 1552 Jena Über-schwemmung der Saale

(„Jenaische Stadt- u. Universitäts-Chronik von Martin Schmeizel", edit. Dr. E. Devrient. S. 12.)

° (Mag. Adrian Beiers „Jenaische Annalen", edit. Dr. H. Koch. S. 42.) = 11. Januar

Zu Jahresbeginn Saale so groß, daß sie Wiesen und Äcker überflutet und reicht bis an die Ziegelhütten. Kahla (Thür.) Über-schwemmung der Saale
[Gundermann-Sagittar „Kahla. Chronik. manuscr."]

(R. Denner „Jahrbücher zur Geschichte der Stadt Kahla". S. 82/83.)

° (Valent. Rudolph „Zeitbüchlein" 1586. S. 48.) Mitte Januar M. Deutschland Über-schwemmung der Saale

° (Job. Fincelius „Wunderzeichen" 1556. I. O. S.)

Ist ein groß Wasser gewesen / daß man im Thal nicht Saltz finden können. 12.—15. Januar Halle (Saale) Über-schwemmung der Saale

(G. Olearius „Halygraphia etc." II. S. 266.)

Saale: ist ein groß Wasser gewesen.

(J. Chr. von Dreyhaupt „Pagus Neletici etc." I. S. 633.)

Ende het was op den 13 januarii, scilicet's anderdaegh's morgens, ten acht uren ende's avons ten seven uren alsoo grooten vloet, als't in hondert jaeren geweest hadde. Want d'een vloet quam in d'andere. In Zeelant was een dorp geheeten 't Badt. Daer was die vloet alsoo hooghe, . . . Ende in Romerswale stont den vloet in de kercke dan twelf voeten hooghe. 13. Januar Nordsee Sturmflut

(N. de Weert „Chronycke van Nederlant, besonderlyck der Stadt Antwerpen 1097–1565" in „Chron. de Brabant et de Flandre", edid. Ch. Piot. in „Collect. de chron. belg. inédit." Bd. 21. S. 130.)

° (Dav. Papebroek „Annales Antverpienses etc." edid. F. H. Mertens u. E. Buschmann. II. S. 370.)

° (Job. Fincelius „Wunderzeichen" 1556. I. O. S.)

. . . door groten tempeest ende onweder / de Dijckhagten in Vrieslandt ingebroken waren / het Water soo hoogh vloeyende / dat die vijf Deele Dycken / welcke niet langhe voor desen ghesterckt / ende by den Commissarien ende Dyckgraven gevisiteert waren / het buyten staende Water qualijcken conden houden / . . . Friesland Sturmflut

(P. Winsemius „Chronique oste Histor. geschiedenisse van Vrieslant etc." S. 519.)

was daer eenen soo grooten storm van windt, dat het water vloeyde boven de haeye tot Ziriczee in den huysen, op de haven. Ziriczee Sturmflut

(M. Z. van Boxhorn „Chroniick van Zeelandt etc. door Joh. Reygersbergen etc." I. S. 55.) = 1555

1552 13.—17. Januar Dithmarschen Sturmflut

Grote ungewonliche Vlott. Ao. 52 den 13. Januarii beth up den 17. iß ein ungewonlich hoch Water gewesen, welches hen unnd wedder merklichen Schaden gedaen.
[M. Jacob annotat. in Ephemeridib. hujus anni]

(„Johann Adolfi's, genannt Neocorus, Chronik d. Landes Dithmarschen". II. S. 99.)

° (G. Mattenclot. „Rerum Germania praecipue inferiore gestarum breuis commemoratio" in „Archiv f. d. Geschichte d. Niederrheins". 5. Bd. 1. Heft. S. 222.)

14. Januar Calw i/Württ. Überschwemmung der Nagold

auff durstag denn 14 tag Januarius ist zu Kalb im Weyrttenberger land inn der nacht 4 grossen dunerklapff komenn . . . , darnach darauff ein iberauss gross wasser mytt regen, das sie vermaintt habenn sich verwegenn, gott werdtt sie mit wasser verderbenn und lassenn undergan.

(„Dionysius Dreytweins Eßlingische Chronik", edid. A. Diehl. S. 103.)

um 20. Januar Thur, Dolder, Ill, Larg, Fecht (S. Elsaß u. N. Schweiz) Überschwemmungen

Es ist die Thur, Dolderen, Jll, Larg, Fecht etc. so entsetzlich überloffen, daß sie in allen Orthen an Bruckhen, Mühlen, Matten, Weinbergen und anderen Gütern sehr großen Schaden gethan.

(M. Tschamser „Annales etc. zu Thann". II. S. 136.)

23. Januar Naumburg a/S. Hochwasser der Saale

Die Saale ist Sonnabend nach Fabian Sebastian so groß gewesen, daß sie den dritten Ziegel am Fährhäuslein erreicht, und mit großer Gefahr durch die Fischer sind das Fährseil und die Schiffe erhalten worden, also daß der Fährmeister zu dem Dache herauskriechen mußte.

(„M. Sixtus Brauns Naumburger Annalen vom Jahre 799–1613", edid. Dr. Köster u. Friedr. Hoppe. 2. Aufl. S. 328.)

um 14. Februar Ostfriesland Sturmflut

umtrent Valentin, verhief sig de Wind und was wol 14 dage so verbolgen, dat het water aver alle Dyken gunk, und by menschen denken in der Stadt Emden und an anderen plaetsen, nicht so hoog wast gewest, wurden de Dyken an de Zee-Strandt an veelen oorden gantsch schligt gemaket, dat te voren geweldige Dyke gemaekt weeren.

(Eggerik Beninga „Volledige chronyk van Oostfrieslant". edid. E. F. Harkenroth. S. 821.)

15. Februar Antwerpen, Seeland Sturmflut

Item den 15 februarij, 's maendaghs ten uren, is geweest tot Antwerpen die vijffde hooge vloet, die veel meer schaede dede dan die vierde, want den dijck tegenover Austruweel brack weder door op de selve plaetse, omdat den dijck niet hoogh genogh gedijckt en was, maer dit gadt en was soo groot niet als het eerste. Alsdoen liepen oock veel dorpen onder in Zeelandt ende daer ontrent met desen vloet, als het Badt, den Finaert Enckelenvoort, Zantvliet, Ossendrecht en andere.

(Ger. Bertrijn „Chronijck der Stadt Antwerpen." S. 91/92.) = 1551

Die autem XVI. Februarii feria II., iterum exundans, graviora quam prius damna intulit. quando etiam Hobokanus agger perfractus fuit. 15. Februar 1552 Antwerpen Sturmflut

(Dav. Papebroek „Annales Antverpienses etc." edid. F. X. Mertens u. E. Buschmann. II. S. 366.) = 16. Febr. 1551

(Am Dienstag, 16. Februar trat aber wiederum eine Flut ein, die größere Schäden brachte als früher. Hierbei wurde auch der Deich von Hoboken durchbrochen.)

Anno eodem, op den 15 februarii, was weder eenen hooghen vloet, op twee vingeren nae soo hooghe als de voorgaende. 15. Februar Flandern Sturmflut

(N. de Weert „Chronycke van Nederlant, besonderlyck der Stadt Antwerpen 1097–1565", in „Chron. de Brabant et de Flandre", edid. Ch. Piot in „Collect. de chron. belg. inédits." Bd. 21. S. 131.)

° (van Alva „Chronycke van Antwerpen 1500–1575". S. 47.) = 1551

° (Ger. van Loon „Antwerpsch chronykje etc. 1500—1574". S. 49.) = 1551

° („Chronica oder Handbüchlein Danziger Geschichte". 1594. edid. Dr. F. Schwarz. S. 24.) = 25. Januar Holland, Seeland Sturmflut

° („Hamburg. Chronik vom Jahre 799–1559" in Dr. J. M. Lappenberg „Hamburg. Chronik". S. 449.)

14 Tage vor Fastnacht. Flut. Coldenbüttel, Witzwort, Ulvesbüll, Osteroffenbüll (N. Friesland) Haymohr, Westerhever Sturmflut

(„M. A. Heimreichs nordfresische Chronik", edid. Dr. N. Falck. I. S. 369.)

Im suluen yare den XV. dach des Horninges was eyne hoge flot to Hamborch, also dat dat water auer den hoppmarkede stunt vnd yn de bruwergeselschop lopen wolde; vnd stunt vor vp sunte Nyclawes kerkhaue des auendes to IX vren. Hamburg Sturmflut

(„Hamburg. Chronik vom Jahre 799–1559" in Dr. J. M. Lappenberg „Hamburg. Chroniken". S. 449.)

Sonntag nach Judica. großes Wasser. 10. April Langensalza (Thür.) Überschwemmung der Salza

(C. F. Goeschel „Chronik der Stadt Langensalza in Thüringen". II. S. 181 u. 307.)

ist im Mühlthal ein Wolkenbrust niedergefallen / davon die Leutra und Saala also an- und ausgelauffen sind / daß sie die auf der Landfeste . . . Vogelstange weggeführet hat. 28. April Jena Überschwemmung der Saale und Leutra infolge eines Wolkenbruchs

[Rector Andr. Lagus zu Schmölln in Chron. Manuscr.]

(M. Adrian Beier „Geograph. Jenensis". S. 447.)

° („Mag. Adrian Beiers Jenaische Annalen", edit. Dr. H. Koch. S. 42.)

° („Jenaische Stadt- und Universitäts-Chronik von Martin Schmeizel", edit. Dr. E. Devrient. S. 12.)

28. April 1552 Jena Überschwemmung infolge eines Wolkenbruchs

fället im Mühlthal eine Wolckenbrust, welche auch die auff der Landfeste auffgerichte Vogelstange und andere Häuser auff dem Steinwege einreisset und wegführet.

(Mag. Adrian Beier „Architectus Jenensis", edid. Dr. H. Koch. S. 68 u. 71.)

Langensalza, Tennstedt (Thür.) Überschwemmung der Salza

Donnerstag nach Qvasimodogeniti kam ein groß Ungewitter gegen die Stadt Saltze, und lieff ein groß Gewässer durch die Stadt. Aber zu Tenstet thats großen Schaden, ertränkte 200 Stück Vieh, und wurden alle Keller voll Wassers.

(A. Toppius „Historie des Ambts und Stadt Langensaltze". S. 181.)

(C. F. Goeschel „Chronik der Stadt Langensalza i/Thür." II. S. 181 u. 307.)

(G. u. H. Schütz „Chronik der Stadt Langensalza etc." I. S. 194.)

Sommer Waldeck Überschwemmungen der Flüsse

Inundationes aqueae . . .

(„Die Denkwürdigkeiten des Jonas Trygophorus", edid. A. Leiß. S. 216.)

(Überschwemmung der Gewässer.)

Sachsen Überschwemmungen der Flüsse

grosse Wasserfluten.

(Tob. Schmidt „Zwickau. Chronick". II. S. 365.)

4. Juni Bern Überschwemmung der Aare

schwoll die Aare so sehr an, daß die ganze Marziehlestraße unter Wasser stand und der Fluß die Wiese gegenüber dem Franziskanerschulhaus überschwemmte.

(„Das Tagebuch Johann Hallers aus den Jahren 1548–1561", edid. Dr. E. Bähler. S. 261.)

Juli Coburg Überschwemmung d. Itz

So starker Regen, daß von dem Wasser die steinerne Brücke im heilig. Kreuz eingerissen wurde.

(P. C. G. Karche „Jahrbücher d. Herzogl. Sächs. Residenzstadt Coburg". S. 85.)

Mulde Überschwemmung

Im Heumonat hat sich die Mulda wie andere Wasser wieder gewaltig ergossen und Schaden verursachet / weil es 22 Tage lang geregnet.

(Christ. Meltzer „Histor. Schneeberg. renovata etc." S. 1268.)

August Colditz i/Sa. Überschwemmung der Zwickauer Mulde

Nach vielen Regengüssen Überschwemmung der Mulde. Großer Schaden.

(H. F. Bellger „Histor. Beschreibung der Stadt Colditz". S. 40 u. 173.)

13. Augugst Gegend von Bautzen i/Sa. Überschwemmung der Spree infolge eines Wolkenbruchs

ist bei Bauzen in Niederlausitz eine Wolkenbrust niedergeschossen, die in einem Thal viel Teiche, Fischhalter und Wassertümpel plötzlich erfüllet / also, daß sie ausgerissen und mit Gewalt in den Fluß Spree gefallen sein, welcher so grausam dadurch gehäufet und aufgeschwellet worden, desgleichen zuvor die Art nie erhöret worden. Und weil die Spree ohne dem sonst vom hohen Berge geschwinde und mit großem Brausen unter sich scheust, so hat er mit desto größerer Gewalt gewüthet und auf zwo Meilweges alle Brücken, Gebäude, Gärten und anders, so über sich gestanden, zu Grunde gerissen und umgeworfen, ... Bei und um die Stadt sind bei 32 Menschen ertrunken und jämmerlich umkommen. Aber in der ganzen selben Gegend sind über 100 Personen todt blieben, ...

(„Jahrbücher der Stadt Breslau von Nikol. Pol", edid. Dr. J. G. Büsching. III. S. 159.)

14./15. nachts. Die Heilige Geistbrücke wurde durch die Wasserflut zerstört und weggerissen. Der Scharfensteg wurde beschädigt. Die Überschwemmung entstand in Folge eines in Böhmen gefallenen Wolkenbruchs. Diese Wasserflut wird als größte und verheerendste bezeichnet. 200–300 Menschen ertrunken. Alle Schleifmühlen wurden weggerissen. Die Mahlmühlen haben großen Schaden erlitten, unter diesen namentlich die Große Mühle. Der Garten der Drahtmühle, die Lohmühle, die Seidauer Brücke, die halbe Papiermühle und das Schießhaus sind von den Fluten, außer mehreren anderen Häusern weggerissen worden.

15. August 1552 Bautzen Überschwemmung der Spree

(R. Reymann „Geschichte der Stadt Bautzen." S. 628, 634, 640, 829, 830.)

° (Chr. Heckel „Histor. Beschreibung der Stadt Bischofswerda". S. 279.)

° („Christophori Manlii Gorlicensis etc. rer. Lusaticar. libri VII etc." in Chr. G. Hoffmann „Scriptor. rer. Lusaticar. antiqui etc." I. S. 130.)

° (M. Tschamser „Annales etc. zu Thann". II. S. 137.)

° (Paul Eber „Calendar. historic. conscript." S. 287.)

° (M. Dresser „Sächsisch. Chronicon". S. 632.)

° (A. Böhlandt „Die merkwürdigst. Schicksale der Oberlausitz etc." S. 134 u. 143.)

° (Job. Fincelius „Wunderzeichen". II. S. P II.)

° („Bautzener Geschichtsblätter". 4. Jahrgang 1912. S. 12.)

Zugefroren.

Winter 1553 Bodensee Eisdecke

(Dr. W. Martens „Geschichte der Stadt Konstanz". S. 9.)

Überschwemmung. Das Wasser steht auf dem Markt zu Minden.

Minden, Weserlandschaft Weser-Überschwemmung

(Dr. W. Schroeder „Chronik des Bistums u. der Stadt Minden." S. 468.)

1552. in nocte nativitatis Domini subita inundatio multos in ecclesiis praeoccupavit, qui sine carris et scaphis domum redire non potuerunt ...

24. Dez. 1552 Liège (Lüttich) Überschwemmung der Maas

(J. Molanus „Histor. Lovaniensium". Liber XIV. edid. P. F. X. de Ram in „Publicat de la comm. roy. d'hist. de Belgique." Bd. 9. S. 860.)

(In der Nacht der Geburt des Herrn überraschte eine plötzliche Überschwemmung viele in den Kirchen, die ohne Karren und Kahn nicht nach Hause zurückkehren konnten.)

Weihnachten 1552 Joachimsthal i/Böhm Überschwemmung der Weseritz

Groß wasser zu Weynachten.

(Joh. Mathesius „Sarepta oder Bergpostill sampt d. Joachimsthal. kurtz. Chroniken (1516–1562). O. S.)

1553 Nordfriesland Sturmflut

Sturmflut.

(„M. A. Heimreichs etc. nordfresische Chronik", edid. Dr. N. Falck. I. S. 367.)

Zürich Überschwemmung der Limmat

G roße Wasser.

(„Guggenbühl's Wyn Rechnung der statt Zürich", edit. R. Wolf. S. 96.)

Schweiz Überschwemmungen der Flüsse

Nach einem großen Schnee und Kälte war der Rhein so groß, daß er zu Basel in der Kleinen Stadt bis zu den Zinnen der unteren Mauer reichte, auch in etlichen nächstgelegenen Dörfern merklichen Schaden tat. In Zürich konnte man auf der oberen Brücke die Limmat mit der Hand erreichen und mit Schiffen im Fraumünster herumfahren.

(B. Amberg „Beiträge etc." III. S. 2 aus J. H. Rahn „Eidgen. Gesch. Beschreibung.")

Rheinfelden Rhein-Überschwemmung

Hochwasser zerstört die Rhein-Brücke teilweise.

(S. Burkart „Geschichte der Stadt Rheinfelden". S. 318.)

9. Januar Namslau (Schlesien) Überschwemmung der Weida

zu Nacht zwischen 6 und 7 war zu Namslau ein großer Wind mit großem Regen, Donnern und Blitzen, davon die Wasser sich sehr ergossen, an Teichen und Dämmen großen Schaden gethan, . . .

(„Jahrbücher der Stadt Breslau von Nikol. Pol", edid. Dr. J. G. Büsching. III. S. 161.)

11. Januar Danzig Überschwemmung der Radaune

Es brach die Radaune aus / jenseit dem Schotlande / bey der Brücken [Schönfeldre Brücke].

(„Chronica oder Handbüchlein Danziger Geschichte". 1594. edid. Dr. F. Schwarz.)

23. März Gegend von Meiningen Hochwasser der Werra

Es gieng der Schnee ab, und gab ein groß Gewässer.

(J. S. Güth „Poligraphia Meining. etc.", edid. Dr. E. Schaubach. S. 186.)

15. Mai Die Lieser (Kärnten) Überschwemmung

Hoch angelaufen, bei Spital reißt sie Häuser und Mühlen weg und macht großen Schaden an Vieh und Feldern.

(Karl Edler Sonklar von Innstaedten „Von den Überschwemmungen etc." S 120 aus J W. F. X. v. Valvasor „Topogr.-histor. Beschreibung von Kärnten". S. 204.)

30. Mai Altenzella i/Sa. Überschwemmung infolge eines Wolkenbruchs

Wolkenbruch. Das Wasser stand an vielen Orten in den Häusern und sonst über 3 Ellen hoch. Gewaltiger Schaden.

(Dr. H. v. Martius „Auszüge aus der Chronik von Altenzelle". S. 115.)

und ist mitten unter dem Donner und Blitzen ein Wolkenbruch beyn drey Creutzen für die Stadt Freybergk niedergangen / mit solcher Flut und Ungestümigkeit / daß die Wasser in die drey Ellen hoch fürn Peters und Creutzthorn in die Häuser gelauffen / die brücken / Stege / und etliche kleine Gebäwde weggerissen / die Teiche überschwemmet / und allenthalben grossen schaden gethan.

30. Mai 1553 Freiberg i/Sa. Überschwemmung infolge eines Wolkenbruchs

(Dr. A. Moller „Theatr. Freiberg. chronic." II. S. 255.)

Im Brachmonath fiel ein gross regen wetter ein, dardurch sich alle wässer übergossen, sonderlich that der Rhein am 19ten dises monats an denen felderen, vndt zu Neüwenburg im Breysgau einen sehr grossen schaden. Zu Ruffach stiess der bach so aus [dem] sultzmatter thal herfür oben in die gräben laufft ein stuckh von der mauwer darnider, lieff in die Statt, hete die selbige völlig vndter wasser gesetzt, wo nicht das gewaltige wasser die statt mauwr an einem anderen orth gegen nidergang hernider geworffen, vndt einen ausbruch gewunnen, . . .

Juni Elsaß Überschwemmungen der Flüsse, z. B. des Rheins

(„Die Gebweiler Chronik des Dominik. Fr. Seraph. Dietler", edid. Dr. J. v. Schlumberger. S. 205.)

Zu Thann hat sich die Thur also ergossen, daß sie bis an das Münster ihr Wasserschwal geworffen; in Cathenbach fienge man Fisch in etwelchen Häusern, so hoch ist das Wasser gestiegen; zu Ruffach stieß der Bach, so aus dem Sulzmatter Thal hervorfließt, . . . , ein Stuck von der Stattmauer darnieder, lief in die Statt, hatte dieselbe ertrenckht, wo nicht das gewaltige Wasser die Stattmauer an einem andern Orth gegen Niedergang darnider geworffen und ein Ausbruch gewunnen hätte.

Ober-Elsaß Überschwemmungen der Flüsse, z. B. der Lauch

(M. Tschamser „Annales etc. zu Thann". II. S. 141.)
° (J. Fincelius „Wunderzeichen". 1556. I. S. F. V.)

La banlieue de Troyes fut encore inondée; l'eau venait surtout de la Bourgogne.

11. Juni Gegend von Troyes Überschwemmung der Flüsse

(M. Champion „Les inondations en France etc." II. S. 20 aus Boutiot manuscr. in Archiv. municipales de Troyes.)

hat der Rhein wegen continuirlichen starcken Regenwetter sein ordinari Lauf dergestalten ausgerissen und zerbrochen, daß er über alle Aeckher, Felder und Wiesen dergestalten sich ausgegossen, daß er den Stätten, Fleckhen und Dörfferen, so am Rhein gelegen, einen unbeschreiblichen Schaden verursachet hat.

19. Juni Oberrhein Überschwemmung

(M. Tschamser „Annales etc. zu Thann". II. S. 141.)

war die Eulach sehr gross.

19. Juni N. Schweiz Eulach: Hochwasser

(R. Wolf „Auszüge aus verschiedenen handschriftlichen Chroniken der Stadtbibliothek in Winterthur". S. 92.)

ist bei Wimelburg ein großes Gewässer gewesen, welches von einem grossen Regen sich ergossen. Da ich dann auch selbst dieses Orts den 19. Augusti, als ich von Sangerhausen nach Isleben gereiset, bald in Not kommen wäre.

19. August Wimmelburg (Mansfeld) Überschwemmung

(Cyriacus Spangenberg „Mansfeld. Chronica" 4. Teil. edid. Dr. R. Leers. S. 423.)

19. August 1553 Eisleben Überschwemmung

grausam Wetter von Dondern und Regen gewesen, daher das Gewässer zu Isleben an Gebäuden mehr und größern Schaden getan, denn das vor sechzehn Jahren.

(Cyriacus Spangenberg „Mansfeld. Chronica" 4. Teil. edid. Dr. R. Leers. S. 276.)

Winter 1553/54 Zuydersee Eisdecke

Ock sinnen up den sulvigen Frost wol 14 schleden wol geladen van Amsterdam aver de Zuider Zee na Campen und de Swarte Sluys up Groningen gefaeren, . . .

(Eggerik Beninga „Volledige chronyk van Oostfrieslant", edid. E. F. Harkenroth. S. 825.)

kond men / vermits den zeer harden en zwaren Vorst en strengheid des Winters / van ter Schelling af in Friesland gaan / ook zyn'er zelver tyd van Medenblik twee Mannen gegaan over Ys na Stavoren dat is gewisselyk / ook konde men van Amsterdam te Kampen met Hingsten en Sleden over Ys varen / dat ook niet geschied alle Jaren.

(Okko van Scharl, Johannes Vlytarp und Andr. Cornelius Stavriensis „Chronyk en waaragtige beschryvinge van Friesland etc." S. 470.)

isser in Vrieslandt sulcken harden Winter ghevolght / dat even . . . / . . . men nu in Vrieslandt van der Schellinck over het Ys gingen / van Medenblijck op Stavoren / van Amsterdam met Henghsten ende Sleden / na Campen ghereden is.

(P. Winsemius „Chronique oste Histor. geschiedenisse van Vrieslant etc." S. 519.)

Dollart, Ems Eisdecke

. . . und van dar [= Swarte Sluys up Groningen] sinnen dree schleden geladen mit allerley waer van Reide aver den Dullart strack nae Nesse, und aver de Embse na Embden gefaeren.

(Eggerik Beninga „Volledige chronyk van Oostfrieslant", edid. E. F. Harkenroth. S. 825.)

im anfanck Januarii is een kremer genant Hubert, een Borger to Embden, van Otterdum aver dat ys na der Knocke gelopen.

(Eggerik Beninga „Volledige chronyk van Oostfrieslant", edid. E. F. Harkenroth. S. 825.)

Jade Eisdecke

Do konde men vp denn Ise by Eiswurdenn auer de Jade gan, so hard hadde idt gefraren.

(„Die Chronica Jeuerensis Geschreuen tho Varel dorch Eilerdt Springer Anno 1592", edid. Fr. W. Riemann. S. 71.)

Danzig. Bucht Eisdecke

War so ein hart Winter / das man kundte mit Schlitten auff dem Eyß fahren / biß gen Heel / und weret der Winter biß auff Palmarum [18. März]. Darnach gieng das Eyß ohne Schaden abe.

(„Chronica oder Handbüchlein Danziger Geschichte". 1594. edid. Dr. F. Schwarz. S. 25.)

In diesem Jahre hat es groß Gewässer gegeben, und die Neysse sonderlich sich dermassen ergossen, daß das Wasser zu Camentz ins Kloster biß in Creutzgang hinein gangen. 1554 SO. Deutschland Über-schwemmung der Glatzer Neiße

(F. W. von Sommersberg „Siles. rer. scriptor." I. S. 230. Excerpta ex Nicolai ab Hennenfeld chronico ducat. Monsterberg. etc."

Main: zugefroren. 18.—22. Januar Frankfurt a/M. Main: Eisdecke

(Dr. J. Ziegler u. Dr. W. König „Das Klima von Frankfurt a/Main". Tafel 9.)

Main: zugefroren. 23.—26. Januar Frankfurt a/M. Main: Eisdecke

(Dr. J. Ziegler u. Dr. W. König „Das Klima von Frankfurt a/M." Tafel 9.)

Main: Das Eis geht auf. 27. Januar Frankfurt a/M. Main: Eisgang

(A. A. v. Lersner „Der weit-berühmten freyen etc. Stadt Franckfurt am Main chronica". S. 534.) = 1555

. . . , des gelycken heft de overval van water grooten schaden an Zylen und Dicken gedaen. 1.—6. April Ostfriesland Sturmflut

(Eggert Beninga „Volledige chronyk van Oostfrieslant", edid. E. F. Harkenroth. S. 825.)

Außerordentl. Überschwemmung, viel Schaden an Häusern, Bäumen, Feldern etc 19. Juni Kanton Neuchatel Über-schwemmung

(J. Boyve „Annal. histor." III. S. 48.)

In Folge vielen Regens und eines Wolkenbruchs trat der Krienbach aus. Starker Schaden. 20. Juli Luzern Über-schwemmung des Krienbaches
[Dr. Kappeler „Pilati Mont. Historia".]

(B. Amberg „Beiträge zur Chronik der Witterung etc." III. S. 2.)

damnosae eruptiones.

(M. A. Capellerius „Pilati montis historia etc." S. 44 u. 57.)

(Überschwemmungen mit Schäden.)

In der Barfüserkirche stand das Wasser 2 Schuh hoch.
[Cysat Chronik manuscr. B.]

(B. Amberg „Beiträge zur Chronik der Witterung etc." III. S. 2.)

Des Dinxstedages na Nicolai Episcopi, do was hir thom Sunde j grot storm, dat dat water auer de bruggen ginck. 11. Dezember Stralsund Sturmflut

(„Gerhard Hannemanns Memorial-Buch vom Jahre 1553 bis 1587" in „Stralsund. Chroniken". 2. Teil. edid. Dr. E. H. Zober. S. 150.)

vor Weihnachten 1554 Friesland Sturmflut

vor wynachten, was eyn grote ertbevinge unde unweder van storme unde wynde und eyn grote vlot der water, unde vordrof vele dyke in allen landen, syle, in Reyderlant unde in Butjadingerlant, unde dosulves breken II grote wele by Olde Goedenser karchave, . . .

(„Anonymi memorabilia Frisiaca" 1554 in Georg Sello „Studien zur Geschichte von Oestringen und Rüstringen". S. 114.)

1555 Bas-Vendomois Häufige Überschwemmungen der Flüsse, z. B. der Loire

On eut des grandes eaux comme on n'en avait pas vu depuis vingt-cinq ans; nous eûmes six crues dans l'hiver, tant qu'il tomba beaucoup de caveaux; le pont d'Artins (sur le Loire) et ceux de Braye (7 km à l'O. de Trôo) furent emportés. [Chanoine Michel Garrault manuscr.]

(E. Renou „Notes météorolog. sur le Bas-Vendomois, au XVI. siècle". S. 160.)

Yonne Überschwemmung

Grand desbordement.

(M. Champion „Les inondations en France etc." II. S. 122 aus Morin „Hist. génér. de pays de Gastinois etc.")

Liège (Lüttich) Überschwemmung der Maas

Eodem anno et tempore, fuit inundatio aquarum per singulos menses anni illius. Item ita ingrossate fuerunt uti oportebat navi a ponte insule eundo ad forum.

(„Chroniques du XVI. siècle. Règne de Georges d'Autriche 1544—1557" in „Chron. liègeoises" Tom. II, edid. S. Balau in „Publicat. de la com. roy. d'hist. de Belg." Bd. 54. Tom. II. S. 444.)

(Im selben Jahre und zu derselben Zeit ereignete sich eine Überschwemmung der Gewässer einzelne Monate des Jahres hindurch. Gleichfalls waren [die Gewässer] so angestiegen, daß man in einem Kahn von der Insel-Brücke bis zum Marktplatz fahren konnte.)

17 Januar Frankfurt a/Main Main-Überschwemmung

Main: so hoher Wasserstand, daß fast alle Keller voll Wasser waren.

(A. A. v. Lersner „Der weit-berühmten freyen Reichs- etc. Stadt Franckfurt am Mayn chronica". I. S. 534.)

nach 17. Januar Thüringen Überschwemmungen, der Flüsse, z. B. der Werra, Saale u. Unstrut

. . . / der [Schnee] hat angefangen den 17. Januar schnell mit eilenden Tawen abzugehen / darein es auch als bald sehr geregnet / daß darüber die Wasser trefflich groß worden / vnd gewaltig angelauffen / vnd es die armen Leute an der Werra / Saal / Vnstrut vnd andern Wassern nicht wenig schaden genommen / . . .

(J. Binhard „Newe vollkommene Thüring. Chronica". 3. Buch. S. 142.)

Ende Winter 1555 Erzgebirge Überschwemmung der Flüsse, z. B. der Freiberger Mulde

Von dem plötzlich einsetzendem Tauwetter und durch die gewaltigen Schneemassen, die im Gebirge lagen, schwellen alle Bäche und Flüsse dermaßen an, daß auch Schneeberger Besitzungen an der Mulde bedeutenden Schaden litten.

(C. Lehmann „Chronik der freien Bergstadt Schneeberg". I. S. 230.)

ein groß Vngewitter entstanden / darauß eine solche vngewönliche Flut erfolget / daß es Häuser vmbgerissen / viel Gebäw erweicht vnd verderbet / Pferde vnd ander Viehe hinweg gefüret / . . . 21. Mai 1555 Kamberg (Thür.) Überschwemmung

(J. Binhard „Newe vollkommene Thüring. Chronica". 3. Buch. S. 143.)

° (Job. Fincelius „Wunderzeichen". 1556. I. S. c II.)

le Rhin, qui s'était très-élevé depuis Pâques, déborda vers le 19 juin et aussi le 13 juillet; beaucoup de ponts furent emportés en Alsace et à Strasbourg; ce qui implique une forte crue des eaux de l'Ill et des autres rivières de cette contrée. Juni—Juli Elsaß Mehrmals Überschwemmungen der Flüsse, z. B. des Rheins und der Ill

(M. Champion „Les inondations en France etc." V. S. 42 aus Goldmeyer „Straßburg. Chronik". 1636.) = 1556

Im Brachmonath fiel ein grosses Regenwetter ein, dardurch sich alte Wässer übergossen. Zu Ruffach stiess der Bach, so aus [dem] Sultzmatter Thal herfür oben in den Gräben laufft, ein Stückh von der Mauwr darnider, lieff in die Statt, etc. Juni Elsaß Überschwemmung der Flüsse, z. B. der Lauch

(X. Moßmann „Chronique des dominicains de Guebwiller". S. 244.)

Sonderlich thet der Rhein an denen Felderen undt zu Neüwenburg im Breysgauw einen sehr grossen Schaden. 19. Juni Rhein Überschwemmung

(M. Tschamser „Annales etc. zu Thann". II. S. 242.)

Das Wasser zu Isleben wieder Schaden getan. 31. Juli Eisleben Überschwemmung

(Cyriacus Spangenberg „Mansfeld. Chronica". 4. Teil, edid. Dr. R. Leers. S. 277.)

Anno 1555 ist im Augustmonat die Eine so groß gewesen von vielem Regen, daß sie zu Abberode und sonst Heu und Grumment hinweggeführet . . . August Abberode (im Mansfeldischen) Überschwemmung der Eine

(Cyr. Spangenberg „Mansfeld. Chronica". 4. Teil. S. 190.)

Hochwasser. 14. August Hirschberg i/Schles. Überschwemmung des Bobers und des Zackens

(D. Zeller „Hirschberg. Merkwürdigkeiten" I., S. 111.)

Große Überschwemmung.

(J. D. Hensel „Histor.-topograph. Beschreibung der Stadt Hirschberg". S. 163.)

(J. K. Herbst „Chronik der Stadt Hirschberg i/Schlesien etc." S. 62.)

Bober: große Überschwemmung. Sehr viel Schaden. Bunzlau Überschwemmung des Bobers

(J. G. Bergemann „Chronik der Stadt Bunzlau" S. 77.)

(Haute-Seine) il plut en grande abondance; les eaux s'enflèrent à ce point qu'elles passèrent sur la chaussée, élevée de plusieurs mètres, qui conduit de Troyes au Pont-Hubert; on traversait la vallée en bateau, et cet état de choses dura huit jours. um 15. Oktober Troyes Seine-Überschwemmung

(M. Champion „Les inondations en France etc." II. S. 20 aus Boutiot manuscr. aus Archiv. municipal. de Troyes.)

Winter 1556 Zwickau Eisdecke der Zwickauer Mulde

Eisstärke der Zwickauer Mulde: $1^1/_2$ Ellen. Die Eisfahrt zerstört 1 Haus.

(Dr. E. Herzog „Chronik von Zwickau". II. S. 863.)

Dezember 1555 FreibergerMulde Überschwemmung

(Es) hat die Mulda vom Thau-Wetter und tieffen Schnee vielen Wasser-Schaden verursachet.

(Christ. Meltzer „Histor. Schneebergens. renovata etc." S. 1271.)

1556 Rostock, Warnemünde Überschwemmung

Große Überschwemmung, daß der ganze Flecken Warnemünde und nördl. Teil der Stadt mit Schiffen befahren werden konnte.

(Dr. W. Reinhold „Chronik der Stadt Rostock". S. 206.)

Forst (Lausitz) Überschwemmung der Neiße

Starke Überschwemmung, wie seit 54 Jahren nicht.

(J. Chr. Schneider „Chronik der Stadt Forst". S. 320.)

Krossen a/O. Oder-Hochwasser

Die Oder schwillt infolge starker Regengüsse stark an.

(G. A. Matthias „Chronica der Stadt Krossen", edid. C. Rauge. S. 174.)

Februar Meißen Elbe-Überschwemmung

Elbe: starke Überschwemmung.

(Dr. Franz Wolf „Die klimat. Verhältnisse der Stadt Meißen". S. 7.)

1. Februar Dresden Elbe: Eisgang

Elbe: Eisgang mit bedeutendem Schaden an der Brücke, besonders Pfeiler und Bänke sehr beschädigt.

(Dr. W. Schäfer „Chronik der Dresdener Elbbrücke etc." S. 42 aus Brückenamts-Register.)

16.—18. März Flandern Überschwemmung

..., maer den XVIen, XVIIen en XVIIIen in Maerte viel weder sulcken reghen dat dwater weder upliep ende vloyde meest over alle de meersschen; dit duerde van desen reghen tot half April.

(„Memorieboek der Stad Ghent 1301/1737" II Deel in „Maetsch. d. Vlaamsche Bibliophil." 2. serie. Band 15. 2. Teil. S. 281.)

16. Juli Eisleben Überschwemmung

abermal zu Isleben auf dem Graben große Wasserflut gewesen, darüber das Volk, dieweil dieselbige gegen Abends angelaufen, nicht in geringer Sorge und Gefahr gestanden.

(Cyriac. Spangenberg „Mansfeld. Chronica" 4. Teil. edid. Dr. R. Leers. S. 280.)

2. September Luccarus (Alpen) Überschwemmung

entstunde zu Lucaris / jehnseit dem hohen Gebirg / welches man gemeintlich den Gotthart nennet / ... / ein grausam Ungewitter / ... Denn erstlich erhube sich ein grosser Sturmwind / vngefährlich fünff Stund vor Mittag / vnd warff etliche Gemäur darnieder, Nach Mittag fieng es an mit Donner / Blixen vnd Stralen / ... / vnd wäret auch vier gantzer Stunden lang. Der Bach Remon genanndt / ... / vbergosse sich dermassen / daß er sehr viele Häuser vnd Bäume trieb / ... / die

Leut vnd Viehe erträncket hat / Häuser vmbgerissen / vnd an allen vmbligenden Orten grossen schaden gethan.

(J. Sleidanus „Warhafftige Beschreibung etc. Continuat." I. edid. O. Schadaus. S. 34.)

° (J. H. Rahn „Eidtgnößß. Geschicht-Beschreibung". S. 783.)

Im yare 1556 fros yt mechtich hart vnd hof an to fresen vmme sunte Martini, vnd fros so hart, dat yt vp Alster dre weken vor Wynachten eyne halue ele dycke was, vnd fros yummer vort wente to Wynachten. Auerst darna fros yt nicht so rechte hart, alse yt vorhen. Yt schnide na Wynachten ganz vele vnd fros temlyk myt an, also dat dat ys vp der Alster mer alse V quartir dyke was. Winter 1556/57 Hamburg Alster: Eisdecke

(„Hamburg. Chronik vom Jahre 799–1559" in Dr. J. M. Lappenberg „Hamburg. Chroniken" S. 474/75 u. 477.)

° (Dr. J. G. Gallois „Hamburg. Chronik". II. S. 888.)

Auch war in diesem jahr ein solcher harter vnd kalter Winter / als bey Menschen gedencken in langer zeit nicht gewesen. Der Strauß allhier zu Straußberg fror drey Wochen vor Weynachten zu / vnd kam nicht ehe wider auff / denn auff Judica in der Fasten [4. April] / da man doch 9 Wochen vnnd 2 tage vom Weynachten biß auff Fastnacht hatte. Strausberg bei Berlin Straussee: Eisdecke
[Chron. Strausb. manuscr.]

(Andr. Engel „Annales Marchiae Brandenburgensis". S. 355.) = 1556

Der Queis schwillt so hoch an, daß er über den Nicolai-Kirchhof geht. Um Weihnachten 1556 Lauban Überschwemmung des Queis

(J. G. Gründer „Chronik d. Stadt Lauban". S. 237.)

brach die 6 Wochen lang gestandene Kälte und Frost eilend wieder auf und tauete schwinde hinweg, daraus ein schnelles, großes Gewässer ward, welches zu Eißleben merklichen Schaden tat, . . . , und stund auf S. Peters Kirchhof und im Gäßlin daselbst, im Seiden Beutel genannt, fast ellenhoch. 28. Dezember Eisleben Überschwemmung

(Cyriacus Spangenberg „Mansfeld. Chronica". 4. Teil. edid. Dr. R. Leers. S. 280.)

Aber da darauff am 29. Dez. ein gehlinges Thauwetter einfiele / und eine gewaltige Eißfahrt gieng / riß solche die Brücke gegen Eybenstock / Buckau / Eisenfurt und Silberstraße hinweg / dergl. Schaden auch weiter hinunter erfolgete. 29. Dezember Zwickauer Mulde: Eisgang

(Christ. Meltzer „Histor. Schneeberg. renovata etc." S. 1273.)

So starkes Tauwetter und große Eisfahrt, daß alle Brücken über die Mulde zu Grunde gehen. Auch großer Schaden an den Brücken zu Schneeberg.

(C. Lehmann „Chronik der freien Bergstadt Schneeberg". I. S. 231.)

30. Dezember 1556 Glauchau i/Sa. Zwickauer Mulde: Eisgang

Große Eisfahrt, wie seit 1517 nicht.

(E. Eckardt „Chronik von Glauchau". S. 445.)

Zwickau Eisgang der Zwickauer Mulde

Nachmittags zerstörende Eisfahrt, wie sie seit 40 Jahren nicht erlebt worden. Sie nahm nicht nur sämmtliche Brücken, sowie die beiden Rechen nebst sämmtlichem Flößholz mit, sondern that auch an Mühlen und anderen Gebäuden großen Schaden, namentlich an der Schloß- und obern Walkmühle, welche letztere fast ganz zerstört wurde.

(Dr. E. Herzog „Chronik von Zwickau". II. S. 294.)

eine grosse Eißfahrt gewesen / dergleichen man in 40 Jahren nicht gehabt / in welcher dem Rath an Brücken / Mühlen und andern Gebäuden / ingleichen an Bau- und anderm Holtz grosser Schaden geschehen.

(Tob. Schmidt „Zwickau. Chronik". II. S. 374.)

1557 Loire Überschwemmung

Inondation.

* (Célest. Port „Questions Angevines". Les phénomèn. phys. S. 108.)

Nürnberg Überschwemmung der Pegnitz

Pegnitz: Überschwemmung.

(G. A. Will. „Von der neulichen größt. Überschwemmung etc." S. 9.)

Kanton Luzern Überschwemmungen der Flüsse

damnosa eruptiones.

(M. A. Capellerius „Pilati montis historia in pago Lucernensi etc." S. 57.)

(Überschwemmungen mit Schäden.)

Januar Meißen i/Sa. Elbe: zweimal Eisstand

Albis mense Januario bis frigore constit: . . .

(G. Fabricius „Rer. Misnicar. libri VII". S. 213.)

(Die Elbe hatte im Monat Januar zweimal Eisstand).

° (M. Grünewald „Die Meißner Chronik". S. 178.)

Dresden Elbe: Eisdecke

Elbe zum andern mahle zugefrohren gewesen.

(A. Weck „Der Residentz- u. Hauptfestung Dresden Beschreib- u. Vorstellung". S. 536.)

28. Januar Elbe Überschwemmung

noctu facta est subita inundatio Albis, qualem 36 abhinc annis experta non erat urbs.

(„Bernhardi Homeister Diarium etc. 1550–1590" in „Bernh. Hohmeisters Aufzeichnungen z. Gesch. d. Stadt Hannover." edid. Grotefend u. Fiedeler. S. 229.)

(In der Nacht trat eine plötzliche Überschwemmung der Elbe ein, wie sie seit 36 Jahren die Stadt nicht durchgemacht hatte.)

Elbe: Überschwemmung. Februar 1557 Tetschen (Böhm.) Elbe-Überschwemmung

(E. Mander „Chronik von Bodenbach". S. 167 aus Tetschner Annalen.)

Elbe. . . . ; rupta glacie Cal. Febr. [= 1. Febr.] ita die altero excreuit, vt aedificijs vicinis, et cellis subterraneis plurimum daret damni. 1.—2. Februar Meißen i/Sa. Elbe: Eisgang und Überschwemmung

(G. Fabricius „Rer. Misnicar. libri VII". S. 213.)

(. . . ; nach dem Eisaufgang am 1. Februar stieg sie am nächsten Tage [= 2. Februar] so stark an, daß den benachbarten Gebäuden und den unterirdischen Kellern viel Schaden zugefügt wurde.)

° (M. Grünewald „Die Meißner Chronik". S. 178.)

Bei der großen Eisfahrt wurde die neue steinerne Brücke, zwischen Alt- und Neustadt erbaut, von dem zwischen Alt- und Neustadt durchgehenden Elbstrom wieder beschädigt. 21. Februar Mühlberg a/d. Elbe Elbe: Eisgang

(C. R. Bertram „Chronik der Stadt und des Klosters Mühlberg". S. 84.)
° (Alfred Schmidt „Geschichte der Stadt Mühlberg (Elbe)". S. 223.)

Hochwasser der Elbe, das viel Schaden verursacht. Ende März Leitmeritz i/Böhm. Elbe-Hochwasser

(Dr. W. Katzerowsky „Die meteorolog. Aufzeichnungen des Leitmeritz. Rathsverw. A. G. Schmidt etc." S. 11.)

Das Eis in der Weichsel rückt. Durchbruch bei Rückfort. 6. April Weichselniederung Weichsel-Eisgang u. -Überschwemmung

(F. u. E. Strehlke „Nachrichten über besondere Witterungserscheinungen in Preußen etc." S. 659 aus Eberhard Böttchers Gedenkbuch S. 124 in D. Bibliothek des Danzig. Archivs.)

So anhaltender und starker Regen, daß die Eulach anschwillt. 24.—25. August Winterthur Eulach: Hochwasser

(R. Wolf „Auszüge aus verschiedenen handschriftl. Chroniken der Stadtbiblioth. in Winterthur." S. 93.)

Au mois d'octobre, des pluies extraordinaires et des inondations affligèrent le Midi et particulièrement le Languedoc. [September] S. Frankreich Überschwemmungen der Flüsse

* (M. Champion „Les inondations en France etc." IV. S. 209.)

Inondations du Rhône. 9. September Avignon (Rhône) Rhône-Überschwemmung

* (M. Champion „Les inondations en France etc." III. S. 218.)

tanta effusione aquarum, . . . vt ab antiqua hominum memoria, simile nullum diluui genus ab incolis visum asserat. [G. Paradinus.] um 10. September Languedoc Überschwemmung der Flüsse

(D. Cornel. Gemma „De naturae divinis characterismis". Liber II. S. 31.)

([Es ereignete sich] eine so große Ergießung der Gewässer, daß die Einwohner sich nicht erinnern konnten, seit der Vorzeit eine ähnliche Art Überschwemmung gesehen zu haben.)

1557 14./15. September Rom Tiber-Überschwemmung

Starke Tiber-Überschwemmung.

(Dr. G. Hellmann „Die Meteorologie in den dtsch. Flugschriften des 16. Jahrhdts.“ S. 16 u. 51 aus 3 Flugschriften u. 1 Flugblatt.)

(Dr. G. Hellmann „Beiträge z. Gesch. der Meteorologie“. III. S. 67 aus italien. Flugschrift.)

1558 Renglerskercke (Schouwen) Sturmflut

Sturmflut mit Schaden.

(M. Z. van Boxhorn „Chroniick van Zeelandt etc. door Joh. Reygersberghen ètc.“ I. S. 52/53.)

Nürnberg Überschwemmung der Pegnitz

Pegnitz-Überschwemmung.

(G. A. Will „Von der neulichen größten Überschwemmung etc.“ S. 9.)

Passau Donau-Überschwemmung

Starke Überschwemmung, kaum geringer als 1501, verläuft aber rasch. [Inschriften an 2 Häusern]

(Dr. W. M. Schmid „Illustr. Geschichte der Stadt Passau“. S. 131.)

Steyer (Traunkreis) Überschwemmung der Enns

Große Überschwemmung.

(F. X. Pritz „Beschreibung u. Geschichte der Stadt Steyer etc.“ S. 212.)

Es thäten die angeloffenen Wasser abermal grossen Schaden.

(Valent. Preuenhueber „Annales Styrenses etc.“ S. 272.)

11.—13. Januar und 8. Februar Rügenwalde Sturmflut

Große Stürme. Das Wasser soll Ellen hoch an der Stadtmauer gestanden haben, in die Speicher bei der Wipper gedrungen sein und auf der Münde 18 Wohngebäude zerstört haben.

(F. Boehmer „Geschichte der Stadt Rügenwalde bis zur Aufhebung der alten Stadtverfassung“. S. 90 aus Dähnert „Pommersch. Bibliothek“ 3. S. 267.)

16. Januar Schweinfurt Main: Eisgang

ist ein erschrecklicher Eisbruch, welcher am Judenanger Spiß hoch uf einander geschoben, gestanden, und, als ehe das Eisz abgangen, 14 Tage in einander stecken blieben.

(Eines Ungenannten im Stadtbauamte vorgefundene geschichtliche Nachrichten von Schweinfurt 1558–1578“ in „Monum. Suinfurtens. histor.“ edid. Friedr. Stein. S. 418.)

17. Februar Eisleben Überschwemmung

groß Gewässer vom Regen zu Nachts zu Isleben.

(Cyriacus Spangenberg „Mansfeld. Chronica“. 4. Teil. edid. Dr. R. Leers. S. 281.)

17. Mai Thüringen Überschwemmung

ist in Düringen ein grausam gros Wetter gewesen / vnd an vielen örten allermeist aber zu Burgkthonna grossen schaden gethan hat / hat sich ein gros / grewlich vnerhört Gewitter erhoben / das in vielen Dörffern die Heuser also geschuppert

vnd gewancket haben / als wolten sie einfallen / An etlichen ist solch vngestüm Wasser kommen vnd gefallen / das es nicht allein an einem ort den armen Leuten mercklich / grossen Schaden hat zugefügt / Sondern auch an vielen örtern / Fluren vnd Dörffern / viel Heuser / Schewne vnd Leute mit sich gefüret / genommen vnd erseufft. Es ist ein ziemlich gros Dorff / Burgkthonna genennet / in Düringen nicht weit von Saltza / . . . Vmb dis Dorff ist dis gros vngehewer vnd vngestüm Wetter vmb sechs schlege nach mittage gewesen / vnd geweeret / bis zu acht vhren des kleinen Zeigers / daraus ein solch gros Wasser entsprungen / vnd in dem obgedachten Dorff Burgktthonna zusamen in einer eile getroffen / das es fast in die viertzig Heuser vnd Schewren zum teil hat verderbet / zum teil hinweg gefüret / also / das es die grundfeste mit gewalt hat ausgerissen / . . .
Ja es hat viel Beume mit Wurtzel mit all ausgeraufft vnd vmbgeworffen / dermassen auch im Dorff gehandelt / das es grewlich ist zusehen / . . . / sondern hat auch in die 46 Persone / Man / Weib / vnd Kinder / in einem hui erseufft / . . . Es hat auch viel Viehes beide klein vnd gros erseufft. / Vnd ist das Wasser an etlichen örten im Dorff bey dreien Mannen tieff gewesen / an etlichen tieffer.
[Marcus Wagner von Frimar].

(Job. Fincelius „Wunderzeichen". III. Z III–V.)

° (J. Binhard „Newe vollkommene Thüring. Chronica". 3. Buch. S. 149/151.)

° (Joh. Becherer „Newe Thüring. Chronica etc." S. 541/42.)

° (Joh. Sleidanus „Warhafft. Beschreibung etc." Contin. I. edid. O. Schadaeus. S. 117.)

17. Mai 1558 Burgtonna bei Langensalza Überschwemmung

Den 17. Maij / vmb 6. schlege / nach Mittage / Ist ein vnerhöret grewlich Gewitter kommen / darauß ein sehr groß Wasser entsprungen / hat in einer eyl / 40 Häuser vnd Scheunen / zum theil verderbet zum theil gar hinweg gefüret Also / das es die Grundfeste hat ausgerissen / das man nicht hat sehen können / wo Hauß oder Scheunen gestanden. Item es hat ein sehr starck / feste / gewaltig steinern Thor / auff beyden seiten mit Mawren von grundt auff / mit sich / einen guten weg / vom Dorffe abgefüret / vnd einen stein hie, den andern dorthin geworffen. Item: viel Bewme mit wurtzeln mit all / ausgeraufft / vnd vmbgeworffen / dauon nicht gnugsan kan geschrieben werden. Vber das / Hat das Wasser / in einem huy / 46 Menschen erseufft / vnd jemmerlich vmbbracht.

(Valent. Rudolph „Zeitbüchlein". 1586. S. 61.)

Dienstag vor himmelfahrt Abends von 6–8 Uhr war ein solch Ungewitter mit starkem Schlagregen / daß das Gewäßer 40 Häuser und Scheunen einriß / theils auch wegführete / stieß die Kirchthür auf / stund in der Kirchen 2 Ellen und 3 Viertel hoch. Und wurden durch die Wasserfluth 46 Burg- Tonnische Personen beneben einen Langensaltzischen Buchträger hinweg geführet / aus welchem nicht mehr denn 4 Burgtonnische und der Buchträger beym Leben blieben. [Marc. Wagner hat diese Geschichte am ersten in Druck gegeben.]

Inschrift an der Kirche: 1558. 17. Mai post Vocem Jucunditatis 46 Personen ertruncken.

(Joh. Christ. Olearius „Rer. Thuringicar. syntagma etc.“ S. 348.)

° (Dr. G. Hellmann „Die Thüring. Sündflut etc.“ S. 25 aus Flugschrift v. Marcus Wagner.)

° (Dr. G. Hellmann „Die Meteorologie in den dtsch. Flugschrift. des 16. Jahrhdts.“ S. 16 u. 51/52 aus 3 Flugschriften, u. a. von Marcus Wagner.)

26. Mai 1558 Thüringen Überschwemmungen der Flüsse

Ist drey tage für Pfingsten an vielen örten Düringer Landes ein Vngewönlich Vngewitter gewesen / mit grosser ergiessunge.

(Job. Fincelius „Wunderzeichen“. 1562. III. S. K V.)

Sommer Luzern Überschwemmung des Krienbaches

Bei einer Krienbach-Überschwemmung floß das Wasser zum Kriensertor hinein bis zum Choraltar der Barfüßerkirchen.
[Cysat. E.]

(B. Amberg „Beiträge zur Chronik der Witterung etc.“ III. S. 3 u. 29.)

11. Juni Schaffhausen u. Umgeg. Überschwemmung

Den 11. Junij war zu Schaffhausen und da herumb ein überaus ungestümes wätter mit schwären platschregen; davon giengen die wasser an, thaten merklichen großen schaden, verderbten die straßen, verflötzten die weinberg, verschwemmten die wisen, allermeist im Merishauser thal, zerrißen die täuchel im Mühletal. Der Gerwerbach erfüllte den Gerwern ihre häuser. Es war eine solche wassersnot, daß diser orten niemand dergleichen verdenken mochte.

(„Hans Oswald Huber's Schaffhauser Chronik“, edid. C. A. Bächtold. S. 113.)

13. Juni Um Weimar Überschwemmung

Ist ein grawsam schrecklich vngewitter gewesen vmb Weimar, dergleichen bei Mannesgedencken des orts nicht geschehen. Davon groß wasser erfolgt, hat mauren v. gebewde eingeweicht v. viel leut erseufft, . . . ,
[M. Schadaeus p. 117 u. 172]

(„Mag. Adrian Beiers Jenaische Annalen“, edit. Dr. H. Koch. S. 65.) = 17. Mai

° (Job. Fincelius „Wunderzeichen“. III. 1562. S. K III.)

° (J. Binhard „Newe vollkommene Thüring. Chronica“. 3. Buch. S. 153/54.)

° (Val. Rudolph „Zeitbüchlein“. 1586. S. 62/3.)

8. Juli Gegend um Eßlingen i/Württ. Überschwemmung des Neckars

Die Veytt giss ist ein gross wasser gewesen, . . .

(„Dionysius Dreytweins Eßlingische Chronik“, edid. A. Diehl. S. 192.)

6. August Liège Überschwemmung der Maas

L'an mesme, le saiziesme jour d'aoust, fut grand débordement d'eaue, dont fist grand dommaige en la Cité à Saint-Jean et Hors Chestean.

(„Chroniques du XVI. siècle. Règne de Robert de Berghes 1557—1563“ in „Chron. liègeoises“ Tom. II. edid. S. Balau in „Publicat. de la comm. roy. d'hist. de Belg.“ Bd. 54. Tom. II. S. 493.)

L'Aude. Deux arches furent entraînées par les eaux. 1559 Carcassonne Überschwemmung der Aude

(M. Champion „Les inondations en France etc.“ V. S. 224 aus Bouges „Hist. de Carcassonne“. S. 372.)

Hat das Vngewitter an vielen enden grossen Schaden gethan / denn seer grosse Ergiessung gewesen in Düringen / Meissen / vnd andern enden. M. Deutschland Überschwemmungen der Flüsse

(Job. Fincelius „Wunderzeichen“. III. 1562. S. N III.)

Corporis Christi hat eine grosse Wasserfluth an Mühlen, Rösten und Zienstein mit Reissen und Wegführen grossen Schaden gethan. 25. Mai Altenberg (Erzgebirge) Überschwemmung

(Chr. Meißner „Umständliche Nachricht von der etc. Zien-Berg-Stadt Altenberg etc.“ S. 417.)

Eine Wasserfluth nach anhaltenden starken Regengüssen zerstörte das Schloßmühlenwehr. 6. Juni Zwickau Überschwemmung der Zwickauer Mulde

(Dr. E. Herzog „Chronik von Zwickau“. II. S. 300.)

1559 ist abermals ein greulicher Wind umb Margrethentag entstanden mit großem Regen, so bey drey Tagen gewähret, Davon sich die Wasser ergossen, daß großer Schaden an Früchten im Felde geschehen, . . . um 13. Juli Müllerdorf (Mansfelder Land) Überschwemmung

(Cyr. Spangenberg „Mansfeld. Chronica“. 4. Teil. S. 367.)

Es ist ein grausam großes Ungewitter den 14. Julii gewesen mit einem starken Regen, davon sich die Wasser seher ergossen und an vielen Orten nicht geringer Schaden geschehen. 14. Juli Grafschaft Mansfeld Überschwemmung der Flüsse

(Cyriac. Spangenberg „Mansfeld. Chronica“. 4. Teil. edid. Dr. R. Leers. S. 429.)

ist zu Jehna ein solche ergiessung deß Wassers gewesen / dergleichen bey Menschen gedencken zuvor nicht geschehen / denn zu Nacht vmb 10 Vhr / ist das Wasser vnversehener weise so geschwinde angefallen / daß es in den Vorstädten an etlichen Orten vber die Bäwme auffm Felde vnd Gärten gegangen / vnd so es am Tage geschehen / vnd so plötzlich vnd geschwinde kommen were / hatte es viel Volcks auff dem Felde vnd in der Stadt erseuffet / in der Vorstadt hat es eine Mülen eingerissen / . . . / vnd hat sonsten grossen mächtigen schaden an Menschen / Viehe / Gebewden / Bäwmen / Äcker vnd Weinbergen gethan. 19. Juli Jena Überschwemmung der Saale

(J. Binhard „Newe vollkommene Thüring. Chronica“. 3. Buch. S. 156.)

° (Job. Fincelius „Wunderzeichen“. 1562. III. S. N IIII.) = 10. Juli

° (Johann Sleidanus „Warhafftige Beschreibung Continuat. I.“ edid. O. Schadaeus. S. 172.)

° („Mag. Adrian Beiers Jenaische Annalen“. edit. Dr. H. Koch. S. 66.)

1559 21. Juli—Ende September Zillertal (Tirol) Mehrfach Überschwemmung der Flüsse, z. B. des Ziller

4mal Überflutung.
[Vorstellung der Gemeinde Schlitters an die Regierung. Stadthalterei-Archiv zu Innsbruck. Abt. Pest-Archiv XIII, 60.]

(Karl Sonklar Edler von Innstaedten „Von den Überschwemmungen". S. 75/76.)

21. Juli.
Große Überflutung. Darauf bis Ende September noch 3 mal Überflutung. Viele Mühlen, Felder, Gärten u. Güter fortgerissen oder vermurt und das Tal in seiner ganzen Breite [im Mittel 2 km] in einen See verwandelt. In Schlitters wird das Badehaus mit allen Nebengebäuden und noch 2 andere Häuser fortgetragen, viele andere verschüttet u. eine große Anzahl von Schleusen zerstört.
[Vorstellung der Gemeinde Schlitters an die Regierung. Stadthalterei-Archiv zu Innsbruck. Abt. Pest Archiv XIII/60.]

(Karl Sonklar von Innstädten „Von den Überschwemmungen." S. 75/76.)

14. November Itzehoe Überschwemmung des Störs

Stora fluvius in tempestate tonitruorum maximorum circa septimam vespertinam diei ad insuetam altitudinem exundavit et Itzehoam in aliquot plateis adimplevit.

(Lamb. Alardus „Nordalbingia etc." in E. J. von Westphalen „Monum. inedita rer. Germanicar." I. Sp. 1905.)

(Der Stör-Fluß stieg bei einem sehr starken Gewittersturm gegen 7 Uhr abends zu einer außergewöhnlichen Höhe an und überschwemmte Itzehoe in einigen Straßen.)

Nordfriesland Sturmflut

nach Martini. Flut. Westerhever großer Schaden.

(„M. A. Heimreichs nordfresische Chronik" edid. Dr. N. Falck. I. S. 367.)

15. November Ostfriesland Sturmflut

is een mechtich Storm und Unweder gewest, de groeten schaden in de Freeslande an Schepe, Zyhle und Dyke gedaen, heft de Dyken an velen oorden gantsch schlicht gemaket.

(Eggerik Beninga „Volledige chronyk van Oostfrieslant", edid. E. F. Harkenroth. S. 853.)

Dezember Grimma i/Sa. Mehrere Überschwemmungen der Mulde

Viermal Überschwemmung der Zwickauer Mulde, infolge des vielen Regens.

(Chr. G. Lorenz „Die Stadt Grimma etc." S. 537.)

1. Dezember Grimma i/Sa. Überschwemmung der Mulde

Zwickauer Mulde: Überschwemmung. Ein großes Stück Wehr wurde fortgerissen, das Wasser drang in die Stadt.

(Chr. G. Lorenz „Die Stadt Grimma etc." S. 537.)

13. Dezember Leitmeritz (Elbe) Elbe: Hochwasser

Es entstand ein großes Hochwasser der Elbe, das 8 Tage lang andauerte und so hoch war, daß die Leute von der Brücke aus das Wasser mit den Händen erreichen konnten.

(Dr. W. Katzerowsky „Die meteorolog. Aufzeichnungen des Leitmeritz. Rathsverwandten Ant. Gottfr. Schmidt etc." S. 11.)

Biela: Wasserstand $15^1/_2$ Fuß über der Nullhöhe des Bielapegels. 15. Dezember 1559 Aussig (Böhm.) Hochwasser der Biela

(E. Mander „Chronik von Bodenbach“. S. 167 aus Aussiger Stadtbüchern.)

Cette année fut très affligeante pour le comté des Namur, en raison des inondations causées par les pluies continuelles qui désolèrent la ville et les campagnes. 1560 Belgien Häufige Überschwemmungen der Flüsse, z. B. der Maas

(E. Vanderlinden „Chronique des événements météorolog. en Belgique etc.“ S. 126 aus Galliot „Hist. générale du Comté de Namur“. tom. V. S. 56.)

(M. Champion „Les inondations en France etc.“ V. S. 134 aus Bouillé „Hist. de la ville etc. Liège“. S. 414.)

Es ward aber ein mall ein groses waser nitt allein allhie zu Eslingen, sonder an vill ortten, das aber der Neker bey uns ist fast schir von einem berg zu dem andern gangen und an vill ortten die heuser hin genomen, auch zu Blochyngen [= Plochingen] ein schönne brucken zerriesen, zu Albach ein new huss hingenomen, das gantz zemerholtz verflest, zu Kanstat [Cannstadt] 2 heüser hingenomen, . . . , deshalb groser jamer in Esling was, das Waser ist zu Blensaw herein geflosen biss auff 200 schritt vom thor an. Neckar Überschwemmung

(„Dionysius Dreytweins Eßlinger Chronick 1548/64“, edid. A. Diehl. S. 211.)

Es sind bey sechs wasser-gissina gesein im Teütschlandt, die mechtigen grossen schaden gethon haben an heüser und bruckhen, die hinweg gefüert, die wisen mit sand, die ackher mit wuost verschwembdt im Breyßgauw und Elsaß, . . . S. Deutschland Mehrfach Überschwemmungen der Flüsse

(„Villinger Chronik 1119/1568“ in F. J. Mone „Quellensammlung der badischen Landesgeschichte“. II. S. 115.)

Großes Wasser. Erfurt Überschwemmung der Gera

(J. Dominikus „Erfurt etc.“ I. S. 40.)

Großes Wasser. Leipzig Überschwemmung

(K. Grosse „Geschichte der Stadt Leipzig“. II. S. 816.)

Neiße. Erschrecklich hohes Wasser. Forst (Lausitz) Überschwemmung der Neiße

(J. Chr. Schneider „Chronik der Stadt etc. Forst“. S. 320.)

Eine der größten Überschwemmungen. Niedersteine (Glatz) Überschwemmung
[Wasserstandsmarke am Schwibbogen des westlichen Schloßhoftores]

(Jos. Kögler „Histor. Beschreibung der Herrschaft Niedersteine etc.“ S. 55 in „Vierteljahrsschrift f. Gesch. u. Heimathskunde d. Grafsch. Glatz“. 6. Jahrgang. S. 55.)

Januar 1560 Maas Überschwemmung

Mense Januario, Mosa alueum praetergressus, non civibus modo, sed et agricolis immensa damna intulit, aedes et molendina subruit.

(Joh. Chapeauville „Gesta pontificum leodiensium scripserunt auctores praecipui". III. S. 403.)

(Im Monat Januar trat die Maas über ihre Ufer, brachte nicht nur den Städten, sondern auch den Bauern ungeheure Schäden und stürzte Gebäude und Mühlen um.)

Liège (Lüttich) Überschwemmung der Maas

En mois de janvier, la rivier de Meuze a esté sy grande que personne vivant lors n'avoit veu la pareille, faisant grand dommaige, . . .

(„Règne de Robert de Berghes" in „Chroniques liègeoises", edid. S. Balau. Tom. II. S. 496.)

8. Mai Gegend von Danzig Überschwemmung infolge eines Wolkenbruchs

Am tage Stanislay fiel ein Wolckenbruch hinder der Schidlitz / und lieff den Leuten in der Schidlitz in die Heuser und keller / und tat etlichen schaden am Getrenck.

(„Chronica oder Handbüchlein Danziger Geschichte". 1594. edid. Dr. F. Schwarz. S. 26.)

Sommer N. Schweiz Überschwemmungen der Flüsse

Es regnete den ganzen Sommer und taten die Wassergrößen viel Schaden. [Ratsmanualen des Stadtarchivs Aarau].

(B. Amberg „Beiträge zur Chronik der Witterung etc." III. S. 4.)

Juni Alsleben a. d. Saale Überschwemmung

In diesen jar in Junio ward ein so schrecklich donnerwetter und ein gewaldiger regen, also das sich der Schackenstedische Bach der massen also ergossen, . . .

(Dr. Wäschke „Eine Chronik der Stadt Alsleben a. d. Saale (1560 bis 1590)" in „Mitteilungen d. Vereins f. Anhalt. Gesch. u. Altertumsk." 7. Bd. S. 499.)

10. Juni Aarau Überschwemmung infolge eines Wolkenbruchs

Montag nach Pfingsten. Wolkenbruch, daß das Wasser durch die Vorstadt lief und mehrere Keller anfüllte. Viel Schaden.

(G. Schmidt-Hagnauer „Chronik der Stadt Aarau". S. 116.)

19. Juni Zwickau Hochwasser der Zwickauer Mulde

Es schwoll die Mulde dermaßen an, . . .

(Dr. E. Herzog „Chronik von Zwickau". II. S. 301.)

Glauchau i/Sa. Überschwemmung der Zwickauer Mulde

Überschwemmung.

(E. Eckardt „Chronik von Glauchau". S. 446.)

23. Juni Aarau Überschwemmung infolge eines Wolkenbruchs

Noch viel größerer Wolkenbruch als am 10. Juni.

(G. Schmidt-Hagnauer „Chronik der Stadt Aarau". S. 116.)

um 24. Juni Württemberg Überschwemmungen d. Flüsse

Länger anhaltendes Regenwetter. Viel Schaden durch großes Gewässer.

(Dr. F. L. J. Dillenius „Weinsberg etc." S. 128.)

Von jetzt an langanhaltende Regen. Dadurch Überschwemmungen und Verwüstungen.

(J. Boyve „Annal. histor." III. S. 101.)

nach 24. Juni 1560 W. Schweiz Überschwemmungen der Flüsse

Es kam ein ser gros waser, das in vill jaren nie gesechen ist wordenn, gleich des jars zuvor, wie dan auch geschriebenn hab im brachmonatt, dis lauffender jar auch beschechen inn solcher weiss, als zwey grose waser kamen, die iberfleisigen schaden thetten im hew, korn, weinberg mit verwistung wegfuren aler früchten und schnabelweid, . . .

(Dionysius Dreytweins Eßlinger Chronik". edid. A. Diehl. S. 215.)

27. Juni Eßlingen Überschwemmung des Neckar

Die Dömnitz schwillt durch den kleinen Bach Rodan sehr hoch an.

(J. Chr. Bekmann „Histor. Beschreibung der Chur u. Mark Brandenburg". II. S. 137.)

30. Juni Pritzwalk Dömnitz: Hochwasser

Neckar-Überschwemmung, daß man um das Fleischhaus mit einem Nachen gefahren.
[Weinbüchlein]

(Dr. Fr. Dürr „Heilbronn. Chronik". S. 115.)

Juli Heilbronn Überschwemmung des Neckar

Die Elbe tritt aus, staut das Wasser der Ohre auf, wodurch große Landstriche überschwemmt wurden, z. B. die Dörfer Breitenfeld, Jeggau.
[Aufzeichnung des Pastors Rieseberg].

(E. Schulze „Chronik der Stadt Cloetze". S. 199.)

Elbe (nördl. v. Magdeburg) Überschwemmung

Elbe: große Wasserflut.

(Dr. W. Schäfer „Chronik der Dresdener Elbbrücke etc." S. 43 aus Brückenamts-Register.)

1. Juli Dresden Elbe-Überschwemmung

Eine 2. Wasserfluth, welche den Schloßmühlensteg zerstörte, etc. verursachte größeren Schaden.

(Dr. E. Herzog „Chronik von Zwickau". II. S. 301.)

Zwickau Überschwemmung der Zwickauer Mulde

Mulde-Überschwemmung.

(E. Eckardt „Chronik von Glauchau". S. 446.)

Glauchau i/Sa. Überschwemmung der Zwickauer Mulde

Zwickauer Mulde: Große Wasserfluth. Das Wasser stand 3 Ellen hoch in der Stadt.

(Chr. G. Lorenz „Die Stadt Grimma etc." S. 537.)

Grimma i/Sa. Überschwemmung der Mulde

Chemnitz: Große Wasserflut. Das Wasser riß die Stadtmauer am Niclasthore ein und stand 3 Ellen hoch vom Klosterthore bis zur Pforte.

(J. Th. Pinther „Chronik der Stadt Chemnitz etc." S. 51.)

Chemnitz Überschwemmung der Chemnitz

3. Juli 1560 Gegend von Leipzig Überschwemmung der Elster und Parthe

Elster und Parde treten aus. Großer Schaden.

(J. J. Vogel „Leipzig. Geschicht-Buch oder Annales". S. 210.)

13. Juli Wartha i/Schl. Überschwemmung der Glatzer Neiße

ist die Neyß bey der Wartha geschwind angelauffen, daß das Wasser in den Hag gieng; ... Häuser und Mühlen wurden zurissen und hinweg geführt.

(„Excerpta ex Nicolai Henelii ab Hennenfeld chronico ducatus Monsterbergensis etc." in F. W. von Sommersberg „Silesiac. rer. scriptor" I. S. 231.)

21. Juli Pirna Elbe-Überschwemmung

Elbe so hoch angelaufen, daß sie abermals um das Rathaus getreten ist. [„Fortsetzung der histor. Nachrichten von der Stadt Pirna". S. 15.]

(C. G. Poetzsch „Chronolog. Geschichte der großen Wasserfluthen des Elbstroms etc." S. 47.)

Im Gebirge von den starken Wässern ... nebst verschiedenen großen Häusern und anderen Gebäuden weggeführt, ...
[Fortsetzung der histor. Nachrichten von der Stadt Pirna". S. 15.]

(C. G. Poetzsch „Chronolog. Geschichte der großen Wasserfluthen des Elbstroms etc." S. 47.)

August Elsaß Überschwemmung der Flüsse

Hatte man hier abermahl gros Gewässer, ..., und vile Bruckhen verrissen haben.

(M. Tschamser „Annales etc. zu Thann". II. S. 157.)

Basel Rhein- u. Birsig-Überschwemmung

Tum temporis fuit inundatio magna Byrsecae et Rheni.

(„Diarium des Christian Wurstisen 1557–1581", edid. R. Luginbühl. S. 64.)

(Darauf trat eine große Überschwemmung des Birsigs und des Rheins ein.)

2. August Schaffhausen Rhein-Überschwemmung

Den 2 Tag Augsten flößt der Rhin denen von Schaffhausen ein steiner Joch von der Brugg und gar noch ein hölzins, ..., dan der Rin was gar groß.
[Nieder-Neunformer Chronik]

(„Bauernchroniken aus den thurgauischen Bezirken Dießenhofen und Frauenfeld", edid. A. Farner u. R. Wegeli in „Thurgau. Beiträge zur vaterl. Geschichte". 38. Heft. S. 83.)

10. September Langensalza i/Thür. Überschwemmung der Salza

Grausame Wasserflut.

(C. F. Goeschel „Chronik der Stadt Langensalza i/Thür." II. S. 260/61 u. II. S. 307.)

° (J. Binhard „Newe vollkommene Thüringische Chronica". 3. Buch. S. 158.)

Winter 1561 Niederrheingegend Flüsse: Eisdecke

Grimmige Kälte / mit viel Schnee / biß zum Aprillen werende / also daß der Winter allen Wassern einen Harnisch angezogen.

(A. Erich „Gülichische Chronic." S. 278a.)

Dieses Jahr gienge mit einer strengen Kälte ein, welche alle Wasser stellte und zu überfrieren machte; die Thur war also überfrohren, an den Orthen, wo sie still laufft, daß man mit Kärren und Wägen darüber fahren kunte. Winter 1560/61 Elsaß Flüsse: Eisdecke, z. B. Thur

(M. Tschamser „Annales etc." zu Thann". II. S. 157.)

Gefroren. Bodensee Eisdecke

(Dr. W. Martens „Geschichte der Stadt Konstanz". S. 9.)
= Winter 1560

gieng mit einer strengen Kälte ein, welche alle Wasser stellete. Schweiz Flüsse: Eisdecke

(Chr. Wurstisen „Baßler Chronick" 1772. II. S. 678.)

Grande inondation. La chaussée de Beaucaire fut entr'ouverte du coté des fours à chaux. 1561 Rhône Überschwemmung

(M. Villard „Météorolog. régionale". S. 617.)

Rhône. Inondation. Beaucaire Überschwemmung der Rhône
[Lettres-patentes. St. Germain. 23. 7. 1561.]

(M. Champion „Les inondations en France etc." III. S. 218.)

Neckar: Starke Überschwemmung. Cannstadt Überschwemmung des Neckars

(J. D. G. Memminger „Cannstadt etc." S. 6.)

Item anno 1562 was es so kalt, das der Rein zů Reinfelden und zů Ougst uberfroren was. Aber zwuschen beiden stetten Basel was es zůgefroren bisz an ein joch, was es noch offen. Januar Schweiz Rhein: Eisdecke

(„Chronikalien aus Zunftbüchern" in „Basel. Chroniken". 7. Band. S. 460 und Anmerkung unten auf der Seite.) = 1562.

Rhenus fere per totam diem egit glacies. 15. Januar Basel Rhein: Eistreiben

(„Diarium des Christian Wurstisen 1557–1581", edid. R. Luginbühl. S. 66.)

(Auf dem Rhein herrschte fast den ganzen Tag Eistreiben.)

Rhenus per totam diem rursus egit glaciem, . . . 19. Januar Basel Rhein: Eistreiben

(„Diarium des Christian Wurstisen 1557–1581", edid. R. Luginbühl S. 66.)

(Auf dem Rhein wieder den ganzen Tag Eistreiben.)

cives Rhinfeldenses sub ponte Rhenano sumpserunt merendam, quia Rhenus conglaciatus erat. 19. Januar Rheinfelden Rhein: Eisdecke

(„Diarium des Christian Wurstisen 1557–1581" edid. R. Luginbühl. S. 66.)

(Die Bürger von Rheinfelden nahmen unter der Rheinbrücke ihr Vesperbrot ein, da der Rhein zugefroren war.)

20. Januar 1561 Basel Rhein: Eisdecke

mane a nona usque ad undecimam, a ponte usque ad Palatium fere conglaciatus etiam Rhenus omnio et tum continue per septem dies egit glaciem.

(„Diarium des Christian Wurstisen 1557–1581", edid. R. Luginbühl. S. 66.)

(Von 9 Uhr bis 11 Uhr morgens war auch der Rhein von der Brücke bis zur Pfalz fest zugefroren und darauf herrschte anhaltend 7 Tage hindurch Eisgang.)

. . . , also dasz ihm nochvolgenden 1561. jar uff Sebastiani den 20. jenner der Rein zu Basell vormittag gar zugefroren undt zwo stundt beschlossen bliben, dornoch umb Mittag mit grossem krachen wider uffgebrochen uff vier klofter breidt undt uff die 8 tag also bliben; er hat auch vor undt nach uff die 14 tag grundysz getriben.

(„Aufzeichnungen des Diebold Ryff" (1560–1586) in „Basl. Chroniken". 1. Band. S. 221.)

Schweiz Flüsse: Eisdecke, z. B. Aare

Es nahm die Winterkälte solcher massen überhand / daß die Aaren vnd andere Flüß bey Manns Gedencken niemal so hart seynd überfroren gewesen.

(F. Haffner „Der kleine Solothurn Schaw-Platz etc." II. S. 244.)

23. Januar Gegend von Basel Rhein: Eisdecke

Ubi etiam Augustae Rauracorum Rhenus conglaciatus fuit, ut ultro citroque ab una ripa ad alteram homines transirent.

(„Diarium des Christian Wurstisen 1557–1581", edid. R. Luginbühl. S. 66.)

(Auch war zu Augst [östlich von Basel] der Rhein zugefroren, daß die Menschen von einem Ufer zum andern Ufer hinüber und herüber gingen.)

Februar Regensburg Donau: Eisgang

Donau: Harter Eisstoß mit viel Schaden, u. a. an der hölzernen Brücke.

(Chr. G. Gumpelzhaimer „Regensburg's Geschichte etc." II. S. 925.)

17. Februar Schweinfurt Main: Eisgang

ist das Eis im Main mit groszer Gewalt gangen und an der euseren Brücke 4 Joch in der Mitte sauber hinweg genommen, welches Eis 15 Zoll dick gewesen.

(„Eines Ungenannten im Stadtbauamte vorgefundene geschichtliche Nachrichten von Schweinfurt 1558–1578" in „Monumenta Suinfurtensia historica", edid. Friedr. Stein. S. 418.)

20. Februar Schweinfurt Main: Eisgang

ist das oberländisch Eis gangen und gedachter Brücke noch 2 Joch hinweg genommen, . . .

(„Eines Ungenannten im Stadtbauamte vorgefundene geschichtlichen Nachrichten von Schweinfurt 1558–1578" in „Monumenta Suinfurtensia historica", edid. Friedr. Stein. S. 418.)

16. Mai Ostfriesland Sturmflut

afgaende in der nacht is een geswinde Storm gewest, . . . , dat water heft door den waterfall den gebraken Dycke groten mercklichen schade gedaen, . . .

(E. Beninga „Volledige Chronyk van Oostfriesland", edid. E. F. Harkenroth. S. 857.)

is een Storm gewesen up den Sondach nae Jacobus de noch meer schaden gedaen heft, . . . 27. Juli 1561 Ostfriesland Sturmflut

(E. Beninga „Volledige Chronyk van Oostfrieslant", edid. E. F. Harkenroth. S. 857.)

Ist ein heftiger Sturm gewesen, daß die Weser-Schleuse zu Otterndorf dadurch am Sonntage nach Jacobi weggespület. Land Hadeln Sturmflut

(D. W. Bilkau „Hadeleriologia etc." S. 89.)

ist das Wasser eingerissen in Westerhever und Ulvesbüll, und seyn in Ulvesbüll 3 Wehlen eingegangen. Nordfriesische Inseln Sturmflut

(M. Anton Heimreichs nordfresische Chronik", edid. Dr. N. Falck. I. S. 367.)

am Sondage na Jakobi ging eine in allen Marschen hoge Floth, also dat bi Menschen Levende dat Water nich so hoch gewesen is up 1 Elen na, und worden de Diecke sehr thostöret, ging ock an etlichen Orten dörch und beginte intobreken, . . . [Ungedruckte Chronik, die im Pastorat zu Colmar durch den Pastor Joachim Vagel aufgezeichnet wurde]. Haseldorfer Marsch Sturmflut

(„Die Witterungsverhältnisse etc. in der Haseldorfer Marsch (16.–17. Jahrhdt." in „Jahrbücher f. d. Landesk. d. Herzogth. Schleswig, Holstein etc." II. S. 120.)

Stora ex horrenda tempestate exundavit, unde multi homines et pecudes perierunt, furgesque corruptae sunt. Stör Sturmflut

(Lamb. Alardus „Nordalbingia etc." in E. J. von Westphalen „Monum. inedita rer. Germanic." I. Sp. 1906.)

(Infolge des ungeheuren Sturmes trat die Stör über ihre Ufer, wodurch viele Menschen und Haustiere umkamen und die Feldfrüchte vernichtet wurden.)

ist auch die Schleuse zu Ritzebüttel, imgleichen zu Brunsbüttel weggetrieben. 28. Juli Land Hadeln Sturmflut

(D. W. Bilkau „Hadeleriologia etc." S. 89.)

Un orage épouvantable occasiona un déluge. Les inondations furent générales dans la Province. 29. Juli Gap (Dép. Hautes Alpes) Überschwemmung der Luge

* (M. Villard „Météorolog. régionale". S. 59.)

Les pluies commencèrent à tomber à la fin de septembre; elles continuèrent, sans interruption, sauf de courtes et faibles gelées, jusqu'au mois de février. Toute la banlieue de Troyes se ressentit de ces intempéries, et les habitants durent abandonner leurs maisons complètement submergées. Des lieux, hors de l'atteinte des eaux de la Seine et placés sur les marais tourbeux desséchés situés près de la ville, furent couverts d'eau pendant plusieurs mois. Ende September 1561 —Februar 1562 Troyes Seine-Überschwemmung

(M. Champion „Les inondations en France etc." II. S. 20 aus Boutiot manuscr. aus Archiv. municip. de Troyes.)

Oktober 1561 — Februar 1562 Département du Cher (C Frankreich) Hochwasser der Flüsse

Unaufhörlicher Regen. Immer hohes Wasser.

(H. Duchaussoy „Etude climatolog. du Départem. du Cher". S. 16 aus „Manuscript de Jean Glaumeau".)

Ende November 1561 — Februar 1562 Anjou Hochwasser der Flüsse

Il fist de la pluye le jour de la Sainte-Cathérine [25. Nov.] et dura jusqu'au mois de février ensuivant, qui fut cause d'une grande crue d'eau qui passa sur les ponts d'Angers.
[Journal de Louvet]

(Célest. Port „Questions Angevines". „Les phénomènes physiques". S. 108.)

Winter 1561/62 Gegend von Bourges (Départem. du Cher (C. Frankreich) Hochwasser

Während der ganzen Zeit Flüsse immer hoch.

(H. Duchaussoy „Etude climatolog. du départem. du Cher". S. 16 aus „Manuscript de Jean Glaumeau".)

1562 Hirschberg i/Schl. Bober- u. Zacken Überschwemmung

Große Überschwemmung. Viel Schaden an den Wiesen.

(J. D. Hensel „Histor.-topogr. Beschreibg. d. Stadt Hirschberg i/Schl." S. 163.)

(J. K. Herbst „Chronik der Stadt Hirschberg in Schlesien etc." S. 62.)

Danzig Gegend Weichsel-Überschwemmung

Weichsel: Dammbruch. Das Wasser steht in Langgarten.

(Dr. E. O. Dann „Topographie von Danzig". S. 28.)

Haindorf i/Isergebirge (Böhmen) Hochwasser der Wittig

Hochwasser mit großem Schaden.

(J. Bennesch „Ortsgeschichte von Haindorf". S. 407.)

1562 Schärding Inn: Hochwasser

Inn: Bedeutendes Hochwasser.

(J. E. Lamprecht „Histor.-topograph. u. statist. Beschreibung d. etc. Gränzstadt Schärding a/Inn". I. S. 151. II. S. 256.)

Januar Saumur (Anjou) Überschwemmung der Loire

Les levées rompirent près de Saumur. Les deux ponts furent emportés.
[„Déluge de Saumur", edid. Bourneau. S. 61].

(Célest. Port „Questions Angevin". Les phénomèn. physiques. S. 109.)

um 8. Februar Braunschweig Überschwemmung der Oker

um Esto mihi entstand zu Braunschweig eine grosse Wasserfluht, also, daß das Wasser das Neue Stadt-Thor mit Brücken, Schleusen, dem Zwinger, Mühlen, Mauren und Wällen niederriß: desgleichen auch das Peters-Thor samt der Brücken, Schleusen, Mauren und Wällen niederwarf; . . .

(H. Bünting „Braunschweig.-Lüneburg. Chronica". 1722. II. S. 945.)

März, Mai, Juli Ostfriesland Überschwemmung

is idt so ungestum weder gewesen, van Donder, Hagel, Regen, . . . Daer aver alle lege landt undergelopen, . . .

(E. Beninga „Volledige Chronyk van Oostfrieslant", edid. E. F. Harkenroth. S. 859.)

ist das Wasser in Pfingsten eilends so groß worden, . . . um 17. Mai 1562 Halle a/S. Saale: Hochwasser

(J. Chr. von Dreyhaupt „Pagus Neletici etc." I. S. 633.)

° (G. Olearius „Halygraphia etc." II. S. 275.)

Überschwemmung und viel Schaden durch starken Regen. 30. Mai— 2. Juni Mulde Überschwemmung

(H. F. Bellger „Histor. Beschreibung der Stadt Colditz etc." S. 175.)

doen wasser t'Antwerpen een seer hooghen vloet, alsoo datter veel beesten verdroncken . . . , ende daer brack een spuye in de Nieuwstadt, alsoo dat die Nieuwstadt heel onderliep ende verdroncken alle die beesten dier daer in gingen ende het waeyde seer. 12. Juni Antwerpen Sturmflut

(„Chronijck der Stadt Antwerpen toegeschreven aan den Notaris Geerard Bertrijn", edid. G. van Havre. S. 104.)

° (van Alva „Chronycke van Antwerpen 1500/75". S. 58.)

° (Ger. van Loon „Antwerpsch chronykje etc. 1500/1574". S. 59.)

Es hat das grosse Gewässer vnd ein darauff folgender Hagel denen von Seltzach an ihren Früchten auff dem Feld grossen schaden gethan. 28. Juni Kanton Solothurn Überschwemmung der Flüsse

(Fr. Haffner „Der kleine Solothurner Schaw-Platz etc." II. S. 343.)

kam ein wassergröße, füert vil bruggen hinweg, ouch die Silbruggen, tet großen schaden; . . . 6. Juli Kanton Zürich Überschwemmung der Flüsse, z. B. der Sihl

(„Heinrich Bullingers Diarium der Jahre 1504–1574", edid. E. Egli. S. 71.)

war wegen vielen Regen, groß Wasser; die Sihl nahm die bruck zu Adlischweil, Leimbach, ein Theil der Sihlbrucken, und darbey Menschen und Vieh hinweg.

(H. H. Bluntschli „Memorab. Tigur." V. S. 512.)

Sihl und Limmat stark angeschwollen. 7. Juli Kanton Zürich Überschwemmung der Sihl und Limmat

[Hallers Witterungsbeobachtungen]

(„Schweizer. meteorolog. Beobachtungen". IX. S. 566.)

Überschwemmung mit großem Schaden. Kanton Glarus Überschwemmung der Flüsse

(Dr. O. Heer u. J. J. Blumer-Heer „Der Kanton Glarus, etc." S. 101.)

le Rhône déborda au point de retenir à Caderousse 200 hommes de troupes catholiques . . . Ende Oktober Rhône Überschwemmung

(M. Champion „Les inondations en France etc." III. S. 219 aus Just. Boudin „Hist. des guerres de religion". I. S. 186.)

L'Aisne fut prise avec une telle intensité que les chariots la traversaient sur la glace, et à la débâcle, les eaux s'élevèrent à une heuteur extraordinaire. Winter 1562/63 Aisne Eisdecke und Überschwemmung

* (M. Champion „Les inondations en France etc." II. S. 161/62.)

Winter 1562/63 M. Deutschland Flüsse: Eisdecke

Ist ein sehr kalter und beständiger Winter gewesen, welcher bald nach Martini vorigen 1562 Jahres angegangen und bis um Fastnacht gewähret, dadurch nicht nur die kleinen Bäche ausgefroren, sondern auch die große Flüsse, als die Elbe, Mulde und die Saale dermaßen starck zugefroren, daß man etliche Wochen nach einander mit schweren Last-Wagen darüber fahren kundte; Ingleichen erfroren sehr viel Nußbäume, etc.
[Eilenburg. Chronik].

(H. Besser u. R. Herrmann „Die Neustädter Chronik". I. S. 35.)

Saale, Unstrut Eisdecke

Das Eis trug beladene Wagen.

(W. Bernhardi „Chronik der Stadt Naumburg etc." S. 292.)

N. Schweiz Flüsse: Eisdecke

Bei dem Ende deß vergangenen und Anfang des folgenden Jahrs war die Winterskälte so streng, . . . und fast alle Flüsse ohne Schaden auf dem Eiß mit geladenen Wägen überfahren können.

(K. Wild „Auszüge aus handschriftl. Chroniken und aus den Rathsprotokollen der Stadt u. Republik St. Gallen". S. 17.)

Züricher See Eisdecke

hiems gelidissima usque adeo ut ego mense Januario equitavi super lacum Tigurinum non longe supra vicum Meile usque ad Schmericam in summum laci.

(Chr. G. Brügger „Beiträge zur Natur-Chronik der Schweiz etc." II. S. 11 aus Bifrun manuscr.)

(Ein sehr kalter Winter, so daß ich im Monat Januar über den Züricher See geritten bin, und zwar von nicht weit oberhalb des Dorfes Meilen bis nach Schmericon am äußersten Ende des Sees.)

1563 Werdau i/Sa. Überschwemmungen der Pleiße

Pleiße: viele Überschwemmungen.

(F. O. Stichert „Chronik der Stadt Werdau". S. 158.)

Pleißengrund (Sachsen) Überschwemmungen der Pleiße

Pleiße: Viele Überschwemmungen.

(G. Göpfert „Ältere und neuere Geschichte des Pleißengrundes etc." S. 314.)

Goldberg i/Schl. Katzbach: Hochwasser

Katzbach hefftig angewachsen.
[David Namsler p. 2. c. 7. p. 16.]

(Georg Thebesius „Liegnitz. Jahrbücher". I. S. 41.)

Hirschberg i/Schl. Überschwemmung des Bobers und Zacken

Große Überschwemmung. Viel Schaden an den Wiesen.

(J. D. Hensel „Histor.-topograph. Beschreibung der Stadt Hirschberg i/Schl." S. 163.)

(J. K. Herbst „Chronik der Stadt Hirschberg in Schlesien etc." S. 62.)

A la suite d'une gelée qui commença le 15 déc. 1562, et qui dura jusqu'au mois de fébvrier suivant, „il arriva un grand débordement de la rivière qui sortit de son lit, couvrit notre campagne et inonda le bourg d'Aisne où de Saint-Waast". Februar 1563 Soissons Überschwemmung des Aisne

(M. Champion „Les inondations en France etc." II. S. 161. aus Dormay „Hist. de la ville de Soissons". 1653. Liv. VI. ch. X. LI.)

Diesen Monat sind in Düringen und sonst erschreckliche donnerwetter mit flut und feuer gewesen. Thüringen Überschwemmungen der Flüsse

(„Die Denkwürdigkeiten des Jonas Trygophorus" edid. A. Leiß in „Chroniken von Hessen und Waldeck". 2. Band. S. 235.)

Ungestümer Wind u. Regen. Bober dadurch dermaßen angeschwollen, daß er bis auf den Sand ging. Dieser Zustand dauerte 1 Woche. Anfang Februar Bunzlau Überschwemmung des Bobers

(Dr. E. Wernicke „Chronik der Stadt Bunzlau". S. 223.)

Es staute sich der abgehende Eisstoß zwischen der steinernen und der in der oberen Wörth führenden hölzernen Brücke, so daß das Eis mit der Brückenbahn gleich hoch stand und teilweise auf das Pflaster der steinernen Brücke hinaufgeschoben wurde. [Rziha] 10. März Regensburg Donau-Eisgang

(Chr. H. Kleinstäuber „Nachträge und Berichtigungen zu Geschichte und Beschreibung der altberühmten steinernen Brücke zu Regensburg" in „Verhandlungen d. histor. Ver. von Oberpfalz etc." 34. Bd. S. 278.)

Mulde: Großes Wasser. Mai Glauchau i/Sa. Hochwasser der Zwickauer Mulde

(E. Eckardt „Chronik von Glauchau". S. 447.)

Zwickauer Mulde: Große Wasserfluth. Grimma i/Sa. Überschwemmung der Mulde

(Chr. G. Lorenz „Die Stadt Grimma etc." S. 537.)

Elbe: Wasserflut, in Folge eines furchtbaren Ungewitters, das einem Wolkenbruch glich, plötzlich entstanden und durch anhaltende Regengüsse genährt. Um 20. Mai Dresden Elbe: Hochwasser

(Dr. W. Schäfer „Chronik der Dresdener Elbbrücke etc." S. 44 aus Brückenamts-Register.)

In der Pfingst-Woche [Pfingstsonntag, 30. Mai] regnete es hefftig, davon die Zschope überaus groß ward. 3. Dekade Mai Frankenberg (Erzgeb.) Hochwasser der Zschopau

(Chr. A. Bahn „Histor. Nachrichten von dem etc. Frankenberg etc." S. 284.)

Nach Mittage vmb 4 hora vngefher Ist durch Gottes vorhencknus ghar schnel vnd Eilents Ein seher Gross Wasser vfm grabenn Entstanden zum klippenthor Eingelauffen. Auch das Wasser So gross worden, das Es vfm graben die Brucken da mhan vberfertt fast vbergangen, Vnd Bis Ins Glockenthor gestanden etc. [Großer Schaden an Häusern etc.] 25. Mai Eisleben Überschwemmung

(Dr. H. Größler u. F. Sommer „Chronicon Islebiense". S. 31.)

1563 25. Mai Neftenbach b/Winterthur Überschwemmung infolge eines Wolkenbruchs

Wolkenbruch.

(R. Wolf „Auszüge aus verschieden. handschriftl. Chroniken der Stadtbibliothek in Winterthur". S. 93.)

29. Mai Aschersleben Überschwemmung der Eine

am Pfingsttag Abend kam plötzlich ein sehr grosser Platzregen, davon die Eine sich sehr ergoß, und alle Wehren mitnahm; . . .

(„Chronicon Ascaniense" in C. Abel „Sammlung Etlicher noch nicht gedruckten Alten Chronicken". S. 624.)

° (K. v. Zittwitz „Chronik der Stadt Aschersleben". S. 156.)

30. Mai Guttenshausen (Thüringen) Überschwemmung

Am heiligen Pfingstag ist groß Wasser gewesen / welches zu Guttenshausen an Gebäwden grossen schaden gethan.

(J. Binhard „Newe vollkommene Thüring. Chronica" 3. Buch. S. 161.)

um 30. Mai Halle (Saale) Saale: Hochwasser

Zu Pfingsten ist wegen anlauffenden Wassers . . .

(G. Olearius „Halygraphia etc." II. S. 278.)

ist um Pfingsten abermahls groß Wasser gewesen, . . .

(J. Chr. von Dreyhaupt „Pagus Neletici etc." I. S. 633.)

Ende Mai— Ende Juni Meißen i/Sa. Elbe-Überschwemmung

In festo Pentecostes mense integro Albis excreuit.

(G. Fabricius „Rer. Misnicar. libri VII". S. 219.)

(Am Pfingstfeste [= Ende Mai] trat die Elbe über ihre Ufer [und blieb] einen ganzen Monat lang [in diesem Zustande].

° (M. Grünewald „Die Meißner Chronik etc." S. 181.)

Um 30. Mai Erzgebirge Überschwemmung der Flüsse

Zu Pfingsten thäten die Wasser und insonderheit dem Bergwerck grossen Schaden.

(Chr. Meltzer „Historia Schneeberg. renovata etc." S. 1277.)

30. Mai Annaberg i/Sa. Überschwemmung

Die Pentecostes fulminum tempestatem secuta inundatio hora VIII ante meridiem . . .

(P. Jenisius „Annabergae Misniae urbis historia etc." S. 34a.)

(Am Pfingsttage folgte dem Gewittersturm eine Überschwemmung 8 Uhr vormittags . . .)

um 30. Mai Zittau i/Sa. Überschwemmung der Neiße

Es ist so eine grosse Wasserfluth am Pfingsten entstanden / daß die so genandte Schieß-Wiese als eine See überschwemmt gewesen / . . .

(J. B. Carpzow „Analecta Fastorum Zittaviensium etc." 5. Theil. 3. Kapit. S. 262.)

° (Chr. A. Pescheck „Handbuch der Geschichte von Zittau". I. S. 433.)

Es ist am Pfingstmontag die Bach so groß gewesen / daß sie durch beyde Walck-mühlen / vnd in die Awe von einem Berg zum anderen gegangen / . . . 31. Mai 1563 Goldberg (Schles.) Über-schwemmung der Katzbach

(Dav. Namsler „Außführlicher Bericht von Wassern vnd Wasserflutten etc.“ S. M. II^{b}.)

. . . , finis mense Junio et praecipue circa Pentecosten [Pfingstsonntag, 30. Mai] pluviosus admodum. Pluvias sequutae sunt exundationes fluminum . . . , quae magna damna dederunt segetibus et pascuis vel obrutis ac suffocatis vel eluvione absumptis vel coeno obductis ac corruptis. Ende Mai und Ende Juni M. Deutschland Über-schwemmungen der Flüsse

(„Album acad. Vitebergens.“ II. edid. O. Hartwig. S. 48.)

(. . . , Ende Juni und besonders um Pfingsten [Pfingstsonntag, 30. Mai] war es überaus regnerisch. Auf die Regengüsse folgten Überschwemmungen der Flüsse . . . , die an den Saatfeldern und Weiden große Schäden anrichteten, da sie teils versanken und erstickten, teils durch die Überschwemmung fortgeschwemmt, teils mit Schlamm bedeckt und verdorben wurden.)

In der Woche vor Pfingsten [Pfingstsonntag, 30. Mai] Bober dermaßen hohes Wasser, daß die Häuser auf dem Sande unterwaschen und teilweise eingerissen werden. Ende Mai Bunzlau i/Schl. Über-schwemmung des Bobers

(Dr. E. Wernicke „Chronik der Stadt Bunzlau“. S. 51 u. 223.)

In der Woche vor Pfingsten [23.–30. Mai] war eine so große Bober-Überschwemmung, daß die Häuser auf dem Sande zusammenstürzten.

(J. G. Bergemann „Chronik der Stadt Bunzlau“. III. S. 78.)

Anhaltender Regen. Überschwemmung der Mulde. 1.–11. Juni Glauchau i/Sa. Über-schwemmung der Zwickauer Mulde

(E. Eckardt „Chronik von Glauchau“. S. 447.)

Vom 1. Juni an infolge starken Regens mehrere Male hintereinander eine große Überschwemmung der Zwickauer Mulde. Grimma i/Sa. Über-schwemmungen der Mulde

(Chr. G. Lorenz „Die Stadt Grimma etc.“ S. 537)

hat es sehr geregnet / davon die Wasser dermassen angelauffen / daß sie an vielen Orten grossen Schaden gethan. Zu Freyberg sind 7 Zechen davon eingegangen. 1. 2. 3. Juni Sachsen Über-schwemmung der Flüsse

(Chr. Hermann „Mittweidisches Denckmahl etc.“ S. 443/44.)

Wolkenbruch, dem ein 8 tägiger unaufhörlicher Landregen folgte. Viele Menschen ertranken. 1. Juni Altenzella Über-schwemmung

(Dr. Heinr. v. Martius „Auszüge aus der Chronik von Altenzelle 1200/1700“. S. 115.)

1. Juni 1563 Freiberg i/Sa. Überschwemmung der Freiberger Mulde

3. Pfingsttag ist wieder ein groß Ungewitter gewesen / und haben die Wasser im gantzen Lande also jähling sich ergossen / daß man anders nicht muthmassen können / als wenn ein oder mehr Wolckenbrüche nieder gefallen waren. Doch ist bey der Stadt Freybergk durch Gottes Hülffe nicht so gar grosser Schade / als anderer Orten und im Unter Kreise dadurch geschehen / ohne daß etwas von kleinen Häuserlein / Plancken und Stegen an der Bache fürn Peters- und Creutz Thore weggeschwemmet / ingleichen etliche tieffe Zechen ersäufft worden / . . .

(Dr. A. Moller „Theatr. Freiberg. chronic." II. S. 281/2.)

In dem drey und sechtzigsten Jahr ein wunder grosses Wasser war / Im Pfingst Fest / da sonst anderweit zu seyn pflegt die frölichste Zeit / da trawerten die Creaturen / denn Gott thet über Teutschland führen viel Regen und Ungewitter hart / dadurch das Land betrenget ward mit Wassersnoth an allen Ort / und wehrte bey acht Tagen fort / das Bergwerck grossen Schaden empfing / des Thorenhoff Zug fast gar auffgieng / und kamen umb viel Menschen und Vieh im gantzen Land / welchs zuvor nie etc. etc.

(Dr. A. Moller „Theatr. Freiberg. chron." II. S. 282.)

2. Juni Pleiße Überschwemmung

Durch Überschwemmung viel Schaden.

(F. Graf von Beust „Jahrbücher der Stadt Altenburg". II. S. 81 aus Försters „Annalen" u. anderen.)

5. Juni Zittau i/Sa. Überschwemmung der Neiße

Überschwemmung.

(J. B. Carpzow „Analecta Fastorum Zittaviensium etc." 5. Theil. 3. Kapitel. S. 262.)

29. Juni Grimma i/Sa. Überschwemmung der Mulde

Zwickauer Mulde: Große Wasserfluth. Wehr und Brücke leiden Schaden.

(Chr. G. Lorenz „Die Stadt Grimma etc." S. 537.)

Bunzlau i/Schl. Überschwemmung des Bobers

Bober derartig angeschwollen, daß er dreimal die Brücke nach Tillendorf überflutete und ganz verdeckte. Das Wasser geht über die Hospitalbrücke und richtet am Getreide und den Wiesen großen Schaden an.

(Dr. E. Wernicke „Chronik der Stadt Bunzlau". S. 51 u. 223.)

Es ergoß sich der Bober zum drittenmal, riß die Brücken fort und verursachte großen Schaden an Häusern, Getreide und Heu.

(J. G. Bergemann „Chronik der Stadt Bunzlau". III. S. 78.)

20. Juli Sorau Überschwemmung

Es fiel ein grosser Platzregen / welcher den Droßkauischen Kupffer- und Eisen-Hammer und eine Mühle mit 3 Gängen gantz eingerissen; an der Stadt führte er das Wehr an den Graben weg und zur Laubnitz eine Bretmühle.

(J. S. Magnus „Histor. Beschreibung der etc. Residentz-Stadt Sorau". S. 62.)

soo groote slagregens tot Brussel dat vele kelders vol water liepen. 24. Juli 1563 Brüssel Überschwemmung

(E. Vanderlinden „Chronique des événements météorolog. en Belgique etc.“ S. 128 aus Manuscript No. 199 D d. Bibliothek d. Observat. Royal. in Brüssel.)

In diesem Jahre kam das Eis in der Elbe dreimal zu stehen, so daß 3 große Eisfahrten stattfanden. 1564 Elbe Dreimal Eisstand

(C. R. Bertram „Chronik der Stadt und des Klosters Mühlberg“. S. 85.)

° (J. Thomas „Zeitereignisse aus der Vergangenheit etc. unserer Heimatstadt Riesa etc.“ S. 13.)

Es sind 3 Eisfahrten gewesen. Dann solch Jahr die Elbe dreimal bestanden und durch solche Eisfahrten der neu angelegte Damm am Schlosse zum andern Mal durchgerissen und über das Elbufer gelaufen. Mühlberg (Elbe) Dreimal Eisdecke und Eisgang der Elbe

(Alfred Schmidt „Geschichte der Stadt Mühlberg (Elbe)“. S. 223.)

Pegnitz-Überschwemmung. Nürnberg Überschwemmung der Pegnitz

(G. A. Will „Von der neulichen größten Überschwemmung etc.“ S. 9.)

Salzach: Hochwasser. Salzburg Salzach: Hochwasser

(F. V. Zillner „Geschichte der Stadt Salzburg“. I. S. 134 u. 140.)

Großes Hochwasser. Gastein Hochwasser der Gasteiner Ache

(H. von Zimburg „Die Geschichte Gasteins etc.“ S. 123.)

Am Tage Trium Regum hatt sich daß grosse wüttende Wasser erhabenn, welches bis 3 Wochen grausam gerauschet vnd gebraußet vnd so ein grausam Eyß vor die brugken geleget, daß auch zubesorgen, Eß wurde die gantze brugken hinwegkrheissen, dan eß allbereith in der miethe 3 Jöcher ganz vnd gar wegkgerissenn. Nachmalß sich auff beide seithenn begebenn vnd bei den Thamm ein grausam loch auch bei der zugebrugkenn letzlich an der Stadtmauer ein groß loch gerissen, stein auß dem grunde herauffgeworffen, daß sich mennigklichen nicht gnugk zuvorwundernn. 6. Januar Landsberg a/d. W. Überschwemmung der Warthe

[Aufzeichnungen des Stadtschreibers Andreas Fichtner].

(R. Eckert „Die landsberger Stadtschreiber-Chronik“. S. 30/31.)

à la suite des grandes gelées, il y eut une inondation qui causa les plus grands dégâts. La Seine, sortie de son lit, désola et ruina tous les abords de Rouen. 21. Februar Normandie Seine-Überschwemmung

(Sauvage „Chronique du froid en Normandie et dans le nord de la France etc.“ S. 82 aus Périaux „Hist. de la ville de Rouen“. S. 309.)

° (M. Champion „Les inondations en France etc.“ II. S. 78.)

[Fastnacht, 1564 15. Februar] Alsleben a/d. Saale Saale: Eisgang

In diesen jar ward in aufdewung der witterung in den fasten so grosse und so eine mechtige eisfart, das es die stadtmule mit drei gengen so wol ein gross stuck von dem muelgarten hinwecken furet, und riss zwei grosse locher in den damm; . . .

(Dr. Wäschke „Eine Chronik der Stadt Alsleben a/d. S." S. 502.)

Frühling Elbe Eisgang u. Überschwemmung

Die Elbe bekam bey dem Eisgange schon wieder eine sehr hohe Fluth, die Brücken, Schiffe und am Strome liegende Gebäude ruinirte, auch sonst viel Schaden that. [aus Vulpius S. 109.]
In der Gegend von Pirna wurden große Mühlsteine mit fortgeführt.
[aus „Fortsetzung der histor. Nachricht. v. d. Stadt Pirna". S. 15.]

(C. G. Poetzsch „Chronolog. Geschichte etc." S. 48.)

Mühlberg a/d. Elbe Elbe-Überschwemmung

Elbe: Die Fluthen überstiegen alle Dämme, und der am Schlosse neu angelegte Damm riß zum zweitenmale durch.

(C. R. Bertram „Chronik der Stadt u. d. Klosters Mühlberg". S. 85.)

März Meißen i. Sa. Elbe-Überschwemmung

Elbe: Überschwemmung.

(Dr. F. Franz Wolf „Die klimat. Verhältnisse der Stadt Meißen". S. 7.)

7. März Rouen Seine-Überschwemmung

trois arches du vieux pont s'écroulèrent; plusieurs bâtiments périrent et beaucoup de marchandises furent entraînées ou gâtées par les eaux.

(Sauvage „Chronique du froid en Normandie et dans le nord de la France etc." S. 82 aus Périaux „Hist. de la ville de Rouen". S. 309.)

Mai Thüringen Hochwasser der Flüsse

Im Mai fiel ein grosser und dicker Schnee, darauf Regen, so daß ein sehr grosses Wasser draus wurde.

(N. Höpffner „Das verkehrte Jahr etc." S. 31.)

bei Zofingen (Kanton Aargau) Überschwemmung der Wigger

Die Wigger bricht aus.

(B. Amberg „Beiträge zur Chronik der Witterung etc." III. S. 6 aus „Chronik der Stadt Zofingen", edid. Frickhardt.)

25. Juni Rauris-Tal (Salzburg) Überschwemmung infolge eines Wolkenbruchs

Überschwemmung infolge eines Wolkenbruchs. Es ertranken 100 Menschen und 30 Häuser wurden zerstört.

(Dr. G. Hellmann „Die Meteorologie in den deutschen Flugschriften und Flugblättern des 16. Jahrhunderts". S. 17 u. 59.)

C. Schweiz Überschwemmung

Mitternachts kam von Schwyz gegen Unterwalden ein starker Hagelschlag mit Verheerungen durch Sturm, Wasser und vielen Blitzschlägen.
[Cysat. B. Manuscr.]

(B. Amberg „Beiträge zur Chronik der Witterung etc." III. S. 6.)

Herbst Oder Überschwemmung

Starke Überschwemmung.

(„Memorabilia der Stadt Frankfurt vom Stadtschreiber Staius" in Riedel „Codex diplomat. Brandenburg". 4. Hauptteil. 1. Band. S. 369. Anmerkung von v. Bardeleben (unten auf der Seite).)

war ein groß Gewässer in Italia / vnd thät hin vnd wider / sonderl. aber zu Verona / . . . / grossen schaden / denn die Etsch lieff gewaltig an / vnd vberschwemmte nit allein die ebene / sondern auch etliche Hügel vnd Berg / risse Häuser / Mühlen vnd Brücken hinweg / In der Statt vnd derselbigen Gegend herumb seind bey drey tausent Menschen ertruncken. Man rechnet den schaden dieses Gewässers vber fünffmaal hundert tausent Gulden.

30. Oktober 1564 N. Italien Überschwemmung der Flüsse, z. B. der Etsch

(J. Sleidanus „Warhafft. Beschreibung etc." Contin. II. S. 2.)

Infolge von Platzregen und Wolkenbrüchen Überschwemmung der Bäche und Flüsse. Da die Dämme brachen, wurde das Land weit und breit überschwemmt.

Spätherbst Gegend von Kaschau (N. Ungarn) Überschwemmung der Flüsse

(Dr. J. Plath „Kaschauer Chronik". S. 94.)

Im November hat sich von dem früh gefallenen Schnee die Saale gar sehr ergossen.

November Saalfeld (Thür.) Überschwemmung der Saale

(Mag. Casp. Sagittarius „Saalfeldische Historien etc.", edid. Dr. E. Devrient. S. 271.)

Es entsteht starke Fluth, wie seit 30 Jahren nicht. Großer Schaden.

30. November Hamburg Sturmflut

(Dr. Gallois „Hamburg. Chronik". II. S. 970.)

allso this forst as before is sayde begynynge on Sent Thomas day before Christmas was so sharpe that an newyers even men went ovar ye Thams as saffe as on the dry land, not only betwyxt Westmystar and Lambythe but in all placis betwyxt Lambethe and the Olde Swane, they wente bothe ovar ye Thames and alonge ye same from London to Westmystar and from Westmystar to London, comynge a lande salffelly (thankis be to God) wher they wolde betwen Westmystar and ye Olde Swan, whiche is very nere unto ye brydge. And ye same newyers even, beynge Sondaye, people playd at ye footte ball on ye Thams by great nombars. On newyers day beynge Monday, and on Twesday and Wednyseday dyvars jentyllmen and othars set up pryckes on y^e^ Thams, and schott at y^e^ same, and great nombars of people beholdynge y^e^ same standynge at y^e^ prykis as boldly (and thankis be gyv̂yn to God a saffly) as it had bene on y^e^ drye lande. The people went ovar y^e^ Thams on y^e^ morow, beynge Fridaye [= 5. Januar].

Winter 1564/65 London Themse: Eisdecke

(„Histor. memoranda in the handwriting of John Stowe 1560–1566" in J. Gairdner „Three fifteenth-century chronicles". S. 130/31.)

The river Dee frozen over, so that people played football thereon. [Holinshed].

Chester (Ceshire W. England) Fluß Dee: Eisdecke

(E. J. Lowe „Natur. phenomena etc." S. 20.)

Toutes les eaux étoient aussi engelées (à Douay), . . .

Gegend von Douai (N. Frankreich) Flüsse: Eisdecke

(Tailliar „Chroniques de Douai". II. S. 160.)

Op den 9e dach voor St. Stevens dach [St. Stephanstag, 26. Dez.] voors doen begost soo seer te vriesen dat men op Sinte Stevens dach over de Schelde t Antwerpen ginck, ende lach soo langhe toe tsanderdaechs naer derthien dach, dat

Antwerpen Schelde: Eisdecke

nyet veel gesien en was. Ende men stonter met cramen op ende met tenten; ende men vercochter op spys ende dranck; etc. etc., want van Rypelmonden reet men tot Sint Bernaers, ontrent ses weeken lanck, met waegens ende peerden met goet gelaeden, vuyt diversche landen, over tschelt gevaere: want het ys was eenen stadtsvoet, off 11 duymen dicke.

(van Alva „Chronycke van Antwerpen 1500–1575". S. 60/61.)

Winter 1564/65 Antwerpen Schelde: Eisdecke

L'Escaut en Anvers fut tellement engellé qu'on vendoit sur la glace du vin et de la bière . . .
[Manuscr. No. 102.]

(„Règne de Gérard de Groesbeek" in „Chroniques liègeoises", edid. S. Balau. II. S. 515.)

° (Ger. van Loon „Antwerpsch chronykje etc. 1500/1574". S. 62.)

Belgien Schelde: Eisdecke

zoe waest XVIII daeghen lanck zoe zeer groote cauwe ende groote vorst als dat de Scelle voer Antwerpen al touwe [= toe] was, ende men daer met craemen van alderley goet daer op vercochte ende het volck met groote menichte daer op ginck, . . . ; het begoest acht daeghen voer kesmijsse ende hat dan acht daeghen nae kesmijsse duerde dese groote couwe; . . . ;

(„Dagboek van Jan de Pottre 1549–1602" in „Maetsch. der Vlaemsche Bibliophilen". 3. serie. No. 5. S. 19/20.)

° („Memorieboek der stad Ghent van't j. 1301 tot 1793" in „Maetsch. der Vlaemsche Bibliophil." 2. serie No. 15. S. 329/30.)

° („Diarium van Arend van Buchell", edid. Dr. G. Brom u. Dr. L. A. van Langeraad. S. 11/12.)

° (N. de Weerdt „Chronycke van Nederlant, besonderlyck der stadt Antwerpen 1097–1565" in „Chron. de Brabant et de Flandre", edid. Ch. Piot in „Collect. de chron. belg. inédit." Bd. 21. S. 144.)

° („Chronique van Frans-Jos. de Castro", edid. F. van Naemen in „Annal. du cercle archéolog. du Pays de Waes." Tom. 10. S. 169/70.)

° (F. Nettesheim „Kroniek der stad Roermond van 1562–1638". S. 63.)

° (David Papebroek „Annales Antverpienses etc.", edid. F. X. Mertens u. E. Buschmann. II. S. 29.)

° (Fr. Vinchant „Annales de la prov. etc. du Hainaut etc." V. S. 277.)

Maas und Schelde: Eisdecke

1564. Fuit hoc anno hyems supra modum prodigiosa, ita vt a decima quarta Nouembris vsque ad 18. Februarij supra Mosam et Scaldim curribus et equis liber esset transitus; . . .

(J. Chapeauville „Gesta pontificum leodiensium etc." III. S. 412.)

(In diesem Jahre war der Winter übermäßig unnatürlich, so daß man vom 14. November bis zum 18. Februar über die Maas und die Schelde mit Wagen und Pferden fahren konnte.)

en de vorst van dit jaer was soo groot, dat de Wynstucken, op de Damsche Vaerdt, over het ys naer Brugge voerde. Winter 1564/65 Brügge Gewässer Eisdecke

(Ch. Custis „Jaer-Boecken der stadt Brugge etc." III. S. 5/6.)

La Meuse fut glacée depuis la mi-novembre jusques sur la fin de février, . . . , gella tellement que la rivière de Moeuse fut serrée par trois fois, . . . Liège (Lüttich) Maas: Eisdecke

(„Règne de Gérard de Groesbeek". in „Chroniques liègeoises", edid. S. Balau. II. S. 508 u. 515.)

° (R. P. Foullon „Historia Leodiensis etc." Tom. II. Pars II. S. 273.)

Men heeft oock over den Rhijn, Mase ende andere groote rivieren met waghens ende peerden ghereden. Rhein, Maas Eisdecke

(„Memorieboek der stad Ghent van't j. 1301 tot 1793" in „Maetsch. d. Vlaemsche Bibliophilen". 2. serie. No. 15. S. 330.)

Starke Eisdecke. Rhein Eisdecke

(G. von Ehrhart „Phys.-medizin. Topographie der etc. Stadt Memmingen etc." S. 57.)

Zu Anfang 1565 so ein harter Winter, daß der Rhein und die Elbe $^1/_4$ Jahr gefroren gewesen; die Kälte begann 1564. Rhein, Elbe Eisdecke
[Heilbronner Weinbüchlein].

(Dr. Fr. Dürr „Heilbronn. Chronik". S. 118.)

° („Röchels selbständige Chronik" (1553–1601) in „Die Geschichtsquellen des Bisthums Münster", edid. Dr. J. Janssen. III. S. 27.) Rhein, Schelde u. andere Flüsse Eisdecke

1564. was het weder een gruwzamen harden Winter / het begon den vyfden December te vriezen / en't duurde (dat't Ys nooit uit het water was) tot over Sint Matthys, want men nog op Sint Matthysdag over al regt aan met Hingsten en Sleden konde jagen / . . . Friesland Flüsse: Eisdecke

(Okko van Scharl „Chronyk en waaragtige beschryvinge van Friesland etc." S. 471.) = Winter 1564

. . . , navigabilia quoque et maxima Germaniae flumina, Rhenus, Danubius, Albis, Visurgis, Moenus, Neccarus (quod rarissime fieri consuevit) ita conglaciata fuerint, ut currus onusti ea equis transirent. Ea ergo calore liquefacta, mira aquarum inundatio secuta est, quae locis non paucis, praesertim Danubio et Rheno propinquis, incredibilem agris et aedificiis cladem intulit, omnesque fere pontes, . . . , interrupit atque disjecit. Deutschland Flüsse: Eisdecke

(„De rebus in orbe gest. sub Imper. Maximaliano II" in S. Schardius „Schardius redivivus", ed. H. Thomas. Tom. IV. S. 41.)

(. . . , daß die schiffbaren und auch die größten Flüsse Deutschlands zufroren, wie der Rhein, die Donau, die Elbe, die Weser, der Main, der Neckar (was sehr selten zu geschehen pflegt), daß Lastwagen mit Pferden über das Eis fuhren. Als nun dieses [= das Eis] infolge der Wärme schmolz, folgte eine außerordentliche Überschwemmung der Gewässer, die zahlreichen Gegenden, besonders an der Donau und am Rhein, unglaublichen Schaden an den Feldern und Gebäuden verursachte, und fast alle Brücken, . . . , auseinanderriß und zertrümmerte.)

Winter 1564/65 Deutschland Flüsse: Eisdecke

De Elve, Isel und andere grote fletende water frorn so harde to, dat allerleine koppenschop mit groten wagen darover gefogert wart.

(„Chronik des Johann Oldecop 1500–1573", edid. K. Euling. S. 574.)

. . . vberfroren nicht allein kleine Bachlin vnd See / sondern auch der Rhein / Donaw / Elbe / Schälde / Weser / Main / Neckar / vnd andere Schiffreiche Wasser / daß man an etlichen Orten bey zweyen Monaten darüber gehen / vnd mit grossen Lastwagen fahren könnte.

(Joh. Sleidanus „Wahrhafft. Beschreibung etc." Contin. II. D. 3.)

° (Christian Wurstisen „Baßler Chronick". S. 645.)

° (X. Moßmann „Chronique des dominicains Guebwiller". S. 248/49.)

° (M. Tschamser „Annales etc. zu Thann". II. S. 169.)

° (Martin Crusius „Annal. Suevicorum". Dodec. III. S. 724.)

Frankfurt a/Main Rhein u. Main: Eisdecke

Dezember 1565. Rhein und Main überfroren. Das Eis stand bis 27. Februar 1565, so daß man noch am 27. Febr. 1565 darüber fahren konnte. Der Main geht aber an diesem Tage auf.

(A. A. von Lersner „Der weit-berühmten freyen etc. Stadt Franckfurt am Mayn chronica". S. 534.)

Rheinpfalz Rhein: Eisdecke

Rhein an 9 Wochen zugefroren.

(F. J. Dochnahl „Chronik von Neustadt a/d. H." S. 110.)

Emmerich Rhein: Eisdecke u. Überschwemmung

2 Wochen vor Weihnachten trat außerordentliche Kälte ein, die von Tag zu Tag stieg, daß am 26. Dezember der Rhein zugefroren war. Einige mildere Tage setzten zwar das Eis in Bewegung, aber der Frost erneuerte sich dergestalt, daß der Rhein bis in den März 1565 stand. Auf dem Rheinufer wurden Zelte etc. aufgeschlagen. Darauf starker Schneefall und Tauwetter, das Wasser schwoll, es brach die Eisdecke und das Wasser ging über die Ufer. Zwischen Köln und Nordsee war alles ein Meer.

(A. Dederich „Annalen der Stadt Emmerich". S. 377.)

Nordfriesische Inseln Neue Hever (Nordsee): Eisdecke

1565 hat es so stark gefroren, daß man aus dem Nordstrande von Hersbüll nach Ulvesbüller Kirche über das Eis laufen können.

(„M. Anton Heimreichs nordfresische Chronik", edid. Dr. N. Falck. I. S. 374.)

1563 3 Wochen vor Martini hat es stark angefangen zu frieren, und der Frost 22 Wochen angehalten, also daß man in der Holkehörn über die Eider hat gehen und fähren können. — Winter 1564/65 Nordfriesische Inseln Eider: Eisdecke

(„M. Anton Heimreichs nordfresische Chronik", edid. Dr. N. Falck. I. S. 374/75.) = Winter 1563/64

. . . , ut alta flumina etiam ad intervallum dimidiae orgiae et amplius, stagna profundius congelata sint. — M Deutschland Flüsse: Eisdecke

(„Album acad. Viteberg." II., edid. O. Hartwig. S. 74/75.)

(. . . , daß tiefe Flüsse auch eine Eisdecke von $^1/_2$ Elle Stärke und mehr bekamen, Seen noch tiefer zufroren.)

Vberfroren nicht allein kleine Bächlein / vnd Wasser / sondern auch die Elbe / Mulda / und andere fliessende Wasser / daß man an etlichen Orten bey 2 Monaten darüber gehen / und mit grossen Lastwägen fahren konte. — Sachsen Flüsse: Eisdecke, z. B. Elbe u. Mulde

(Tob. Heydenreich „Leipzigische Cronicke etc." S. 157.)

° (Tob. Schmidt „Zwickau. Chronick". II. S. 389.)

Hyems adeo gelida, ut totus Lacus, simulque Ursa rapidus fluvius, obgelaverint. — Vierwaldstätter See, Reuß Eisdecke

(Dr. M. A. Capellerius „Rilati montis historia in pago Lucernensi Helvetiae". S. 43.)

(Der Winter war so kalt, daß der ganze Vierwaldstätter See, zugleich auch der reißende Fluß Reuß, zufroren.)

Zugefroren. — Bodensee Eisdecke

(Dr. W. Martens „Geschichte der Stadt Konstanz". S. 9.)

Rhein und Bodensee so stark gefroren, daß man mit schweren Lasten darüber fuhr. Bei Tauwetter großes Wasser und großer Schaden durch Eisgang, fast alle Brücken und Stege wurden fortgerissen. — Kanton Appenzell Rhein u. Bodensee: Eisdecke Später Eisgang u. Hochwasser der Flüsse

(G. Walser „Neue Appenzeller Chronick". S. 490.)

In de Kerstdaghen was de caude zoo stranghe dat men t'Antwerpen over 't veer gynck ende reet met waghenen ende peerden, ende waren up 't selve veer gherecht twee tenten daer inne dat men vercochte wijn ende bier, ende oock waren aldaer gherecht diversche cramen met creemerie, . . . — um 25. Dez. 1564 Antwerpen Schelde: Eisdecke

(„Memorieboek der stad Ghent van't j 1301 tot 1793". II. Deel in „Maetsch. d. Vlaemsche Bibliophilen". 2. serie. No. 15.)

Main: zugefroren. — 27. Dezember 1564— 12. Februar 1565 Frankfurt a/Main Main: Eisdecke

(Dr. J. Ziegler u. Dr. W. König „Das Klima von Frankfurt a/M." Tafel 9.)

1565 Themse Überschwemmung

The frost broke up suddenly into fearful inundations, bearing down houses, bridges, and vessels, to destruction.

° (E. J. Lowe „Natur. phenomena etc." S. 19.)

Neckarhausen Neckar: Hochwasser

Neckar: Hochwasser.

(W. Schulz „Neckarhausen". S. 154/55.)

Nürnberg Überschwemmung der Pegnitz

Pegnitz-Überschwemmung.

(G. A. Will „Von der neulichen größten Überschwemmung etc." S. 9.)

Naumburg (Saale) Überschwemmung der Saale

Wasserfluth.

(W. Bernhardi „Chronik der Stadt Naumburg etc." S. 287.)

Altmark Elbe-Überschwemmung

aber sich anfangs die Alandsteiche ergossen und in Seehausen die äkker vor dem Stein-Beuster- und Mühlenthor überschwemmt, bald darauf aber auch die Elbe bei dem Dorfe Losenrade ausgetreten, und das wasser um die Stat Seehausen länger als 8 Wochen gestanden.

(J. Chr. Bekmann „Histor. Beschreibung der Chur u. Mark Brandenburg". I. Sp. 953.)

Beeskow Überschwemmung der Spree

Die Spree war so gewachsen, daß die Stadt einer Insel glich.

(W. Ziethe „Chronik der Stadt Beeskow", edid. Faulstich. II. S. 84.)

Frankfurt a/O. Oder-Überschwemmung

Da die Oder daselbst nicht allein die Niederlage überschwemmt, sondern auch zum Junkerthor so gewaltig eingedrungen, daß man die Kähne bei Bürgermeister Brükmanns, . . . , ietzo D. Gölikens hause, an den beiden steinernen seulen vordemselben, und in der Wurstgasse an dem Tzernikowischen, nachgehends Gebauerschen hause, anbinden können.

(J. Chr. Bekmann „Histor. Beschreibung der Chur u. Mark Brandenburg". I. Sp. 1043.)

° (R. Eckert „Die landsberger Stadtschreiber-Chronik". S. 43.)

° (W. Jobst „Kurtze Beschreibung der Alten etc. Stat Franckfurt/Oder etc." S. 49.)

Neudamm Oder-Überschwemmung

Besonders verheerende Überschwemmung der Oder.

(Ehrich „Chronik der Stadt Neudamm". S. 3.)

Krossen (Oder) Oder: sehr starke Überschwemmung

Oder. Die Wasserflut übertrifft alle früheren, mit Ausnahme der von 1514. Die Wellen schlugen zu allen Toren Crossens herein und überflutheten alle Brücken.

(G. A. Matthias „Chronica der Stadt Crossen", edid. A. Rauge.)

Kanton Glarus Überschwemmung der Flüsse

Überschwemmung mit großem Schaden.

(Dr. O. Heer u. J. J. Blumer-Heer „Der Kanton Glarus, etc." S. 101.)

Dès le commencement de janvier 1565, la Seine prit entièrement. 1565 Anfang Januar Seine Völliger Zugang

* (M. Champion „Les inondations en France etc.“ I. S. 68.)

Schelde. Ende omtrent twee uren daer nae [= nach twee uren na noene] sach men de schollen ende d'ys gaen dryven. etc. etc. 5. Januar Antwerpen Schelde: Eisgang

(N. de Weerdt „Chronycke van Nederlant, besonderlyck der stadt Antwerpen 1097–1565“ (1565) in „Chron. de Brabant et de Flandre“, edid. Ch. Piot in „Collect. de chron. belg. inédit.“ Bd. 21. S. 144.)

Zwickauer Mulde: Eisgang. Das Eis beschädigt die Brücke. 7. Januar Grimma i/Sa. Eisgang der Mulde

(Chr. G. Lorenz „Die Stadt Grimma etc.“ S. 537 u. 535.)

Umb Sebastiani M. treibte der Rhein zu Basel, und bey Augst, da er seines strengen Lauffes halb nicht völlig zu frieren können, noch dickh Grundeiß und wehret der Frost bis in Aprilen. um 20. Januar Oberer Rhein Grundeis

(M. Tschamser „Annales etc. zu Thann“. II. S. 169.)

. . . , et qu'au dégel les eaux crurent et furent sy grandes qu'elles rompirent des ponts et moullins aux Ponts-de-Cé, où l'on ne pouvoit passer ny à pié ny à cheval, et en plusieurs aultres endroits du pais rompirent des arches, ponts et chaussées ; . . . [Journal de Louvet] Februar Anjou Flüsse: Eisgang und Überschwemmung

(Célest. Port „Questions Angevines“ I. Les phénomèn. phys. S. 158/59. 109.)

Im Februar ist die Zschope vom Thauwetter plötzlich gewachsen, welches eine greuliche Eißfarth verursachet. Frankenberg (Erzgeb.) Eisgang und Hochwasser der Zschopau

(Chr. A. Bahn „Histor. Nachrichten von dem etc. Frankenberg etc.“ S. 284.)

Gewaltiger Neckar-Eisgang nahm die Brücke mit einigen Jochen fort. 2. Februar Neuenheim b/Heidelberg Neckar: Eisgang

(H. Schmith „Neuenheim“. S. 304.)

vngefehrlich acht tag nach Liechtmeß ließ die Winterkälte etwas nach / vnd fiel ein vberauß tieffer Schnee / welcher als innerhalb zweyen tagen mit einem warmen Wind einsmals abgangen / groß Gewässer gebracht / das Eiß an etlichen orten auffgetrieben vnd geschwellet / viel Brucken weg gestossen / viel Mühlen verderbet / auch viel Viehe vnd Menschen ertrencket hat. um 9. Februar W. Deutschland Flüsse: Eisgang u. Überschwemmung

(Joh. Sleidanus „Warhafft. Beschreibung etc.“ Contin. II. S. 3.)

7 Uhr abends. Heftiger anhaltender Regen löst den tiefen Schnee auf einmal auf und schwillt den Bach bei Sorau so sehr an, daß das Wasser durch die Fenster in die Häuser vor dem Niederthore lief. 9. Februar 1565 Sorau Überschwemmung

(J. G. Worbs „Geschichte der Herrschaften Sorau u. Triebel“. S. 184.)

(J. S. Magnus „Histor. Beschreibung der etc. Residentz-Stadt Sorau“. S. 66.)

1565
11. Februar
Meiningen
Werra: Eisgang

Es ist die Werra schleunig auffgedauet, sind die Eißschollen dergestalt viel worden, daß sie etliche Wochen vor dem Thor gelegen.

(J. S. Güth „Poligraphia Meining.“ S. 196.)

Aschersleben
Über-
schwemmung
der Eine

. . . , wo ein schnelles Thauwetter großes Wasser veranlaßte.

(K. v. Zittwitz „Chronik der Stadt Aschersleben“. S. 156.)

Mittweida i/Sa.
Über-
schwemmung
der Zschopau

Es ist das Zschopen-Wasser dermassen angelauffen / daß unterschiedliche Brücken / als zum Kriebenstein / Waldheimb / und Eulenburg / ingleichen das Wehr zu Grimma hinweg gerissen worden.

(Chr. Hermann „Mittweidisches Denckmahl etc.“ S. 447.)

12. Februar
Minden
Weser: Eisgang

Weser: Eisgang zerstört 4 Pfeiler der Brücke. Stadtmauer beschädigt.

(Dr. W. Schroeder „Chronik des Bistums und der Stadt Minden“. S. 498.)

Petershagen
bei Minden
Über-
schwemmung
und Eisgang
der Weser

Es ward die halbe Vestung, imgleichen die schöne neue Brücke zum Petershagen am Fasten-Abend, durch das grosse mit Eiß angefüllte Wasser zerbrochen und weggenommen.

(E. A. Fr. Culemann „Mindische Geschichte“. 5. Abtlg. S. 42.)

Weser: Eisgang mit starkem Schaden. Holzbrücke fortgerissen, die halbe Burg vom Eis u. Wasser zerstört.

(Dr. W. Schroeder „Chronik des Bistums und der Stadt Minden“. S. 498.)

Schweinfurt
Main: Eisgang
und Über-
schwemmung

Es ist abermals harter Winter gewesen, und das Eis gar dick gegangen, hat sich von Oberndorf herauf mit einem ungewöhnlichen Schutz ganz hoch bis herauf an Günthers Haug gestemmt, und das Wasser gar hoch in die Mühl gelaufen. Ist also dieser Schutz, demnach es wiederum darein gefrohren, bis uf den 4. März und die Mühle bis uf den 12. ejusdem und also 29 Tag und Nacht gestanden, . . .

(„Eines Ungenannten im Stadtbauamte vorgefundene geschichtliche Nachrichten von Schweinfurt 1558–1578“ in „Monum. Suinfurtensia histor.“ edid. Friedr. Stein. S. 419.)

14 Februar
Minden
Über-
schwemmung
und Eisgang
der Weser

An der Brücke zu Minden geschah auch gewaltiger Schade, indem zwey steinerne Pfeiler durch das Eiß, welches fast über die Brücke hergegangen, weggerissen wurden.

(E. A. Fr. Culemann „Mindische Geschichte“. 5. Abtlg. S. 42/43.)

Weser: Eisgang zerstört 2 Pfeiler der Brücke.

(Dr. W. Schroeder „Chronik des Bistums und der Stadt Minden“. S. 498.)

In dem Hornung fiel ein dickher Schne, der gieng mit einem Rägen ab, undt machte ein solches Gewässer, das vill Heüser, Leith undt Vich, Aeckher undt Wisen zu Grundt gienge; dises Wasser thete mehr undt grösseren Schaden, als die Kälte undt Gefröst selber. 13. Februar 1565 Oberelsaß Über-schwemmung der Flüsse

(X. Moßmann „Chronique des dominic. de Guebwiler". S. 249.)

Am dage sancti Valentini vel ein sustwesten dicke und warm regen. Und iederman vorwunderte sik; de sni begunde to fletende; de wolde und barge brochten mit der ile grot warter, dat in velen steden an den bruggen, molen, dorperen und korn im velde grot schade geschag. 14. Februar M. Deutschland Über-schwemmung der Flüsse

(„Chronik des Johann Oldercop 1500–1573", edid. K. Euling. S. 574.)

vber vier tag gefroren die Wasser auff ein newes / vnd viel härter als zuvor zu / vnd fiel auch innerhalb 14 tagen ein newer Schnee / der gieng mit Regen ab / vnd macht ein groß Gewässer / verschwemmet am 11. (?) tag Hornungs / da es am grösten gewesen / viel Flecken / Dörffer / Mühlen / Häuser vnd Brucken / vnd thet grossen schaden an Gebäwen / Menschen / Viehe vnd Wintersaat / gleich wie das erste Gewässer mit dem Eiß / von Maintz an biß gen Russelsheim hinauff / war Rhein vnd Main ein Ding. Im Land zu Cleve stunde die Statt Naiß in grosser gefahr. Nicht weit davon brach der Rhein auß / floß mit gewalt durchs Land hinder Emmerich hin / vnd vnden bey Zudphen wieder in die Ysel. Die Bettaw [= Betuwe] war allenthalben mit Wasser bedecket. um 15. Februar W. Deutschland Niederlande Über-schwemmung der Flüsse z. B. Rhein

(Joh. Sleidan „Warhafft. Beschreibung etc." Continuat. II. S. 3/4.)

Es schwellte sich das Eiß unter der Metzig, . . . 19. Februar Colmar (Elsaß) Eisgang der Lauch

(„Sigmund Billings kleine Chronik der Stadt Colmar", edid. A. Waltz. S. 69.)

Main: zugefroren. 20.–27 Februar Frankfurt a/M. Main: Eisdecke

(Dr. J. Ziegler u. Dr. W. König „Das Klima von Frankfurt a/M." Tafel 9. u. S. L VIII.)

Vmb Petri treibe der Rhein zu Basel / und darob noch dick Grundeise. um 22. Februar Basel Rhein: Eis-treiben

(Christian Wurstisen „Baßler Chronick". S. 645.)

. . . tam acer hyems, ut die s. Petri cath. Rhenus adhuc ageret glacies, . . .

(„Diarium des Christian Wurstisen 1557/1581", edid. R. Luginbühl.)

(. . . ein so harter Winter, daß am Tage der St. Petri-Stuhlfeier auf dem Rhein noch immer Eistreiben herrschte.)

Es zerstörte eine große Eisfahrt nach lang anhaltender strenger Kälte die Bierbrücke, die Eisbäume der Tränkbrücke, einen großen Theil des Rechens, den heiligen Geist- und den Röhrensteg. 23. Februar Zwickau Eisgang der Zwickauer Mulde

(Dr. E. Herzog „Chronik von Zwickau". II. S. 310.)

25. Februar 1565 Aschersleben Überschwemmung der Eine

. . . 25. Februar da das Wasser noch viel mehr sich ergossen, und die Thore in die Stadt über die Brücken weg bis auf den Schuhsteig gelauffen.

(„Chronicon Ascaniense“ in C. Abel „Sammlung Etlicher noch nicht gedruckten Alten Chronicken“. S. 626.)

. . . , wo es dann aufthaute, über die Ufer trat und in die Stadt über die Brücke bis auf den Schuhsteig strömte.

(K. v. Zittwitz „Chronik der Stadt Aschersleben“. S. 156.)

25.—27. Februar 1565 Zwickauer Mulde Eisgang u. Hochwasser

Bei Eisaufbruch sehr starkes Hochwasser.

(H. F. Bellger „Histor. Beschreibung der Stadt Colditz etc.“ S. 175.)

Ende Februar Provins (Départem. Seine-et-Marne) Überschwemmung der Voulzier

La fonte des neiges amena une terrible inondation dans la vallée de Provins, que l'eau, entrée par les canaux et par les créneaux des murailles, envahit la ville, pénétra dans les maisons et les églises jusqu' à 3, 4 ou 5 pieds de hauteur, renversa plusieurs habitations, enleva les meubles, dépava les rues, . . .

(M. Champion „Les inondations en France etc.“ II. S. 105/06 aus Claude Haton „Mémoires“ in „Collect. des docum. inédits sur l'hist. de France“.)

Troyes (Départem. Aube) Seine-Überschwemmung

Lorsque le dégel arriva, les eaux crurent tellement qu'elles causèrent les plus grands ravages; le grand pont de la Seine, entre les mathurins et Foicy fut emmené, le pavé fut enlevé et l'eau passait sur la chaussée de la hauteur de plus de 3 pieds; les maisons de Preize et des Tauxelles en étaient pleines, et plusieurs personnes furent noyées.

(M. Champion „Les inondations en France etc.“ II. S. 21 aus Courtalon-Delaistre „Topograph. histor. de la ville etc. de Troyes“. I. S. 117 u. Duhalle manuscript.)

Frühling—Sommer SO Deutschland Überschwemmungen der Flüsse

Dies Jahr hat die großen Überschwemmungen bebracht im Frühjahr und darnach im Sommer.

(C. R. Vincentz „Die Goldschmiede-Chronik“. S. 362.)

März Kleve Rhein: Eisgang u. Überschwemmung

Maxima aquarum ex dissoluta glacie, qua Rhenus hyeme durissima concreverat, inundatio provinciae Clivensi multum damni intulit, . . .

(W. Teschenmacher „Annal. Cliviae“, edid. J. Chr. Dithmar. S. 343.)

(Eine sehr große Überschwemmung infolge Schmelzen des Eises, mit dem sich der Rhein in dem sehr harten Winter überzogen hatte, brachte der Gegend von Cleve viel Schaden.)

Regensburg Donau Eisgang

Der Eisgang zerstieß fast alle Eisbrecher.
[Bau-Chronik]

(„Nachträge u. Berichtigungen zu Kleinstäuber's Geschichte u. Beschreibung der altberühmten steinernen Brücke zu Regensburg“ in „Verhandlungen d. Histor. Vereins von Oberpfalz“. 34. Bd. S. 278.)

Donau: Der Eisgang verursacht an den Mühlen großen Schaden. März 1565 Regensburg Donau: Eisgang

(C. G. Gumpelzheimer „Regensburgs Geschichte". 2. Abtlg. S. 935.)

Eodem anno, congelato per hyemis vehementiam, intensumque frigus Danubio, subitoque circa Bacchanalia, incidente caeli quodam calore, dissoluta glacie, tanta fuit apud Ingolstadienses aquarum inundatio, vt resistente propter multitudinem glacie, quae ad arcem, sua quasi mole ad fundum vsque Danubii depressa, consederat et fluminis iter alueumque intercluserat in medium vsque salinarium forum, vltra theatrum, . . . , Ister exundauerit, domos circa portam Danubii ita aquis impleuerit, . . . , pontem disruperit, molendinas extra vrbem ad Danubium positas auexerit, atque adeo omnibus terrorem incusserit maximum. Durauit ista inundatio per triduum, donec resoluta nonnihil glacie, alueum suum recuperasset Danubius. Ingolstadt Eisgang und Überschwemmung der Donau

(„Annal. Ingolstadienses acad.", edid. J. N. Mederer. I. S. 296.)

(Nachdem im selben Jahre die Donau infolge der strengen Kälte zugefroren war, schmolz um die Faschingszeit [Fastenzeit] das Eis plötzlich infolge des Eintritts einer gewissen Wärme der Luft. Es entstand bei Ingolstadt eine so große Überschwemmung, das Eis blieb infolge der großen Masse stehen und wurde durch seine Schwere bis zum Grund der Donau herabgedrückt und versperrte die Strömung des Flusses und das Flußbett. Die Donau trat bis zum Salzsiedermarkt, jenseits des Theaters, . . . , über ihre Ufer, füllte die Häuser beim Donau-Tor derartig mit Wasser an, . . . , zerbrach die Brücke, führte die außerhalb der Stadt an der Donau gelegenen Mühlen fort und versetzte überhaupt alles in Schrecken. Es hielt diese Überschwemmung 3 Tage lang an, bis manches Eis geschmolzen war und die Donau ihr Bett wieder erlangt hatte.)

. . . ; sed his [= nives profundissimae] sub Martium liquefactis flumina inusitatum in modum intumuerunt et exundarunt adeo, ut fractae ac fluitantis glaciei impetus multis in locis aut pontes fluminum aut aggeres et moles aquis obiectas interruperit aut ripas altiores longis spatiorum intervallis ita subtus attriverit atque excavarit, ut infusa flumina amplos campos et totos pagos alluvione absumpserint. Anfang März M. Deutschland Eisgang u. Überschwemmung der Flüsse

(„Album acad. Viteberg." II., edid. O. Hartwig. S. 75.)

(. . . , aber als diese [= die sehr hohe Schneedecke] im März schmolz, stiegen die Flüsse ungewöhnlich stark an und traten so sehr über ihre Ufer, daß die Wucht des Eisganges an vielen Orten sowohl die Brücken wegriß, als auch die gegen die Fluten errichteten Deiche und Dämme durchbrach und die höheren Ufer auf längere Strecken unterspülte und aushöhlte, daß die eindringenden Wassermassen umfangreiche Flächen und ganze Bezirke durch Anschwemmung für sich beanspruchten.)

. . . ein groß Gewässer erfolget, daß es auch zum Ober-Thor herein gelauffen, und die Eißschollen zum Theil mit herein geführet. Meiningen Werra: Eisgang u. Überschwemmung

(J. S. Güth „Poligraph. Meining", S. 197.)

Anfang März 1565 Bernburg Überschwemmung der Saale

Saale so groß, daß sie bis in die Kirche St. Nicolai gegangen.

(Dr. H. Suhle „Ältere Nachrichten des Kirchenbuchs der Marienkirche zu Bernburg". S. 262.)

(Dr. H. Peper „Geschichte der Stadt Bernburg". S. 114. 90.)

Dresden Elbe: Eisgang u. Überschwemmung

Es ist die Elbe / in der Fasten / . . . sehr angelauffen und bis in Alt-Dresden . . . gegangen.

(A. Weck „Der etc. Residentz- u. Haupt-Festung Dresden Beschreib- u. Vorstellung etc." S. 528.)

Eisfahrt. Nicht unbedeutender Schaden.

(Dr. W. Schäfer „Chronik der Dresdener Elbbrücke etc." S. 44 aus Brückenamts-Register.)

Elbe Eisgang u. Überschwemmung

Das Eis bricht. U. a. die Brücke zu Torgau und besonders die zu Wittenberg erleiden großen Schaden.

(C. G. Poetzsch „Chronolog. Geschichte der großen Wasserfluthen des Elbstroms etc." S. 48/49 aus „Fortsetzung der histor. Nachricht von der Stadt Pirna". S. 15.))

1. März Paris Seine-Überschwemmung

Seine. Les eaux débordèrent; elles vinrent dans la Grève jusqu' à la rue Jeande de l'Epine et devant le Saint-Esprit.

(M. Champion „Les inondations en France etc." I. S. 68 aus Registres de l'Hotel-de-Ville.)

es desbords de la Seine ont esté grands, et causé plusieurs domages, . . .

(M Champion „Les inondations en France etc." I. S. 68 aus „Hist. prodigieuses". III, I, XV.)

Gegend von Frankfurt a/M. Rhein: Noch Eisdecke

Der Rhein ware noch zugefrohren.

(A. A. von Lersner „Der weitberühmten freyen Reichs- etc. Stadt Franckfurt a/Mayn chronica". I S. 534.)

2. März Eger i/Böhmen Eger: Eisgang

ist das eyß auf der Eger umb 5 uhr gangen und so gewaltig, dass die zeit khein mensch gedenckt hat.

(„Manual-Chronik Andreas Baiers" in „Deutsche Chroniken in Böhmen". 3. Band. Die Chroniken der Stadt Eger, edid. H. Gradl. S. 94.)

3. März Straßburg i/Els. Überschwemmung

Als aber der Schnee abgieng, kam den 3. Martii 1565, ein überaus grosses wasser, dass lieff hinder S. Johannis über die mauer, und musste man in der statt überall mit schiffen fahren.

(R. Reuß „Kleine Straßburger Chronik Denckwürdige Sachen allhier in Straßburg vorgeloffen und begeben 1424–1615". S. 15.)

„Die Hoe und groes des Reins im Jahr 1565 de 4 mercs". [= 5,91 meter] [Inschrift am Holzthor in Mainz] 4. März 1565 Mainz Rhein: Hochwasser

(Dr. P. Reis „Die period. Wiederkehr von Wassersnoth". S. 84.)

Frigus remittit IIII. Non. Martij, cum graui aquarum incremento. Jugum pontis quartum a porta, glacie fractum, abripitur, ... Meißen i/Sa. Elbe: Eisgang und Überschwemmung

(G. Fabricius „Rer. Misnicar. libri VII". S. 225.)

(Die Kälte endete am 4. März und die Gewässer stiegen stark an. Das 4. Brückenjoch vom Tore her wurde durch den Eisgang fortgerissen).

Es trat nach langer und heftiger Kälte Thauwetter ein, wovon die Elbe bedeutend anwuchs. Das Eis schützte sich bei Zehren und häufte sich so sehr an der Brücke auf, daß es das 4. hölzerne Brückenfach von Cölln her, ..., eindrückte.

(M. Grünewald „Die Meißner Chronik etc." S. 183. 256.)

Es hat das Eis das vierde höltzerne Fach vom Thor eingestossen / ...

(Laur. Faust „Geschicht- vnd Zeit-Büchlein der etc. Stadt Meissen etc." S. 46.)

[Das Wasser ist] aber um das Gewandhaus gegangen.

(A Weck „Der etc. Residentz- u. Haupt-Festung Dresden Beschreib- u. Vorstellung etc." S. 528.)

zu Morgens ein wenig vor 7 / hat der Mayn also angefangen gähe zu wachsen / ... 5. März Frankfurt a/Main Main: Beginn des Hochwassers

(A. A. von Lersner „Der weit-berühmten freyen etc.-Stadt Franckfurt am Mayn chronica". I. S. 534.)

uff lest fastabent hat der Rhein mit ise gangen, das wasser ware so grois, das alle wasserporzen zustunden, ... Das wasser hat vil dich zubrochen und grusamen schaden im nederlande, auch oberlande allenthalben getain, dan etliche storm [= Ströme] waren zu grunde zu gefroren gewesn. Fastnacht, 6. März 1565 Köln Rhein: Eisgang und Überschwemmung

(„Das Buch Weinsberg", edid. Konst. Höhlbaum II. S 136.)

Main: Hochwasser. Es werden Straßen überschwemmt. Frankfurt a/Main Main: Überschwemmung

(A. A. von Lersner „Der weit-berühmten freyen etc.-Stadt Franckfurt am Mayn chronica". I. S. 534.)

Ist umb Fastnachten ein sehr groß Wasser gewesen (wie im Moritz-Thor und bey der Mühl-Pforten angezeichnet). um 6. März Halle (Saale) Überschwemmung der Saale

(G. Olearius „Halygraphia etc." II S. 281.)

Main: Das Wasser beginnt zu fallen. 7. März Frankfurt a/Main Main beginnt zu fallen

(A. A. von Lersner „Der weit-berühmten freyen etc.-Stadt Franckfurt am Mayn chronica". I. S. 534.)

10. März 1565 Leitmeritz (Elbe) Elbe: Eisgang u. Überschwemmung

Nach 5 Uhr abends kam ein starkes Eis mit großem Wasser, welches die Elbe-Brücke an 2 Stellen von Grund aus wegriß. 10/11. nachts verursachte das Hochwasser der Elbe bei der Stadt einen Schaden von vielen 1000 Gulden.

(Dr. W. Katzerowsky „Die meteorolog. Aufzeichnungen des Leitmeritz. Rathsverwandten Ant. Gottfr. Schmidt etc.“ S. 11.)

20. März Danziger Werder Weichsel-Überschwemmung

Es ist die Weissel ausgebrochen in das kleine Werder / und ist das Wasser auff die lange Garten geflossen / biß an die Melkane [= Milchkannenturm].

(„Chronica oder Handbüchlein Danziger Geschichte“ 1594. edid. Dr. F. Schwarz. S. 27.)

21. April 1565 Thüringen Überschwemmungen der Flüsse

gleich auff den Osterabend / entstund ein grawsames Vngewitter gegen Abend / mit harten vnd schweren Donnerschlägen vnd grossem Regen / davon die Wasser sich abermals ergossen / also gewaltig / daß es viel Wände einwarff / zerriß die Zeune / vnd erträncket viel Viehes. Zu Eißleben hat das Wasser so grossen schaden an Menschen / Viehe vnd Gebewden gethan / . . .

(J. Binhard „Newe vollkommene Thüring. Chronica“. S. 162/63.)

° (Joh. Sleidan „Warhafftige Beschreibung etc.“ Continuat. II. S. 6.)

Gegend von Freiberg i/Sa. Überschwemmung

Es hat sich gegen der Nacht ein vngestümes Wetter / Donner / Hagel / Brunst / vnd sonderlich ein erschröchliche Wasserflut vmb Freyberg in Meissen erhaben / vnd uberauß grossen schaden an Häusern / Menschen / Viehe vnd Getreid gethan / vnd allein in dem Dorff Groß / viertzig wohnhäuser mit Scheuren / Ställen / Wänden vnd Zäunen vmbgerissen vnd zum theil gar hinweg geführet.

(Joh. Sleidan „Warhafft. Beschreibung etc.“ Continuat. II. S. 6.)

Dorf Gröst bei Freiburg a. d. Unstrut Überschwemmung

Heftiges Gewitter mit Regen und Hagel verursacht plötzlich Wasserflut und richtet an Menschen, Vieh und Häusern großen Schaden an. 45 Wohnhäuser werden zerstört.

(Dr. G. Hellmann „Die Meteorologie in den Flugschriften und Flugblättern des 16. Jahrhdts.“ S. 17 u. 60 aus Flugschriften von Pastor Valentin Zetsch und Pfarrer Georg Listenius zu Roßpach.)

22. April Trautenau (Böhmen) Überschwemmung der Aupa

am ostertage ein grausam grosz wasser aus dem Gebirge komen, welchs dem volke grossen schaden gethan hat, die brücken und stege weggefuret . . .

(„Simon Hüttels Chronik der Stadt Trautenau“, edid. Dr. L. Schlesinger in „Deutsche Chroniken aus Böhmen“. 2. Bd. S. 180.)

23. April Grimma i/Sa. Überschwemmung der Mulde

Zwickauer Mulde: Große Wasserfluth. Das Wehr wurde beschädigt.

(Chr. G. Lorenz „Die Stadt Grimma etc.“ S. 537.)

Mai Belgien Überschwemmungen der Flüsse

Int selve jaer in Mey isser seer veel overvloedigheyt van water gevallen, soo dat die wateren grooten schaeden gedaen hebben, maer veel meer in die waterlanden.

(E. Vanderlinden „Chronique des événements météorolog. en Belgique etc.“ S. 129/30 aus Kronyk van het clooster Maria Wyngaard te Weest opgest. Maria Luyten, edid. Creemers. S. 161.)

Et au mois de may, sont tombées subittement pluyes qui rendirent la rivière de Moeuze hors rive et desbordée par les preys et cotilaiges et terres, faisant grand domaige tels que personne n'avoit veu en tels temps le pareil. [Manuscr. No. 96.]

Mai 1565 Liège (Lüttich) Maas-Überschwemmung

(„Règne de Gérard de Groesbeek" in „Chroniques liègeoises", edid. S. Balau. II. S. 514.)

Rhein: Wiederum Überschwemmung.

Emmerich Rhein-Überschwemmung

(A. Dederich „Annalen der Stadt Emmerich". S. 377.)

arriva tel débordement d'eau en la ville de Mons par un orage subit, que l'on pouvoit aller d'icelle ville à celle de Condet sur navires, parmy les prairies d'entre les portes du Parcq et Rivage en ladite ville de Mons. L'église des frères mineurs si emplie d'eau que les chevaux qui y entrèrent alloient dedans jusques au ventre.

21. Mai Mons (Hennegau, Belgien) Überschwemmung der Trouille

(Fr. Vinchant „Annales de la province du Hainaut", edid. Descamps. Tom. V. S. 277.)

Darauf erfolgte ein heißer Sommer, groß Waßer . . .

Sommer Mark Brandenburg Hochwasser der Flüsse

(Petrus Hafftitius „Microcronicon Marchicum" in Riedel „Codex diplom. Brandenburg." 4. Hauptteil. 1. Band. S. 122.)

Es hat sich abermal in Thüringen vber Tundorff / Newendorff / Meckefelt vnd Kletbach ein grewlich Vngewitter / viel schädlicher giessung der Wasser zugetragen / wie es im Druck ist publiciret worden / fast dergestalt / wie der gantze Himmel in vnserm Horizont mit sehr neblichten / dunckeln Regenwolcken bedeckt worden / hat es deß Orts von frue Morgen an zimlich geregnet / biß auff vngefehr vm 9 Vhr vor Mittag / da hat sich die Sonne in der gestalt eines breiten weissen Tellers oder Kugel mitten vnter solchen Nebelwolcken ereuget. / vnd sehen lassen / bald darauff vmb zehen Vhr / hat es etwas dunckel gegen Mitternacht gedonnert / vnd sind die Wolcken von Mitternacht warths starck nach dem Mittag gezogen / vnd hat zum hefftigsten 6 gantzer stunden lang von 10 Vhren biß vmb 4 nach Mittag geregnet / davon der örter die Wasser von allen Bergen sich dermassen in einer eyl ergossen / vnd in eine solche vngewönliche grösse erwachsen / daß davon beyde an Menschen vnd Viehe grosser merklicher Schade ergangen vnd geschehen. . . . , wird es von etlichen dafür gehalten / als solte vber Meckfeldt vnd Kletbach / als hohen Bergichten Orten eine Wolckenbrust / . . . / sich hernider gelassen haben. [Großer Schaden auf den Äckern durch Verschlammung. Viele Häuser zerstört. Tunndorff großer Schaden. Berka großer Schaden an Äckern und Wiesen, 24 Häuser u. Scheunen zerrissen oder stark beschädigt. Eringsdorff und andere Dörfer unterhalb von Berka großer Schaden.]

1. Juni Südwestl. v. Weimar Überschwemmung infolge eines Wolkenbruchs

(J. Binhard „Newe volkommene Thüring. Chronica". 3. Buch. S. 165/69.)

° (Adrian Beier „Jenaische Annalen 1523/99", edid. Dr. H. Koch. S. 72.) = 1. Juli

° (Joh. Sleidan „Warhafft. Beschreibung etc." Continuat. II. S. 8.)

1565
Um 10. Juni
Lockum (Südl. Hannover) u. a. Orte
Überschwemmungen, z. B. der Weser

Es entstand eine große Überschwemmung und Wasserflut. Alle Deiche wurden durchgebrochen, ein großes Stück der Klostermauer stürzte ein und 2 Wassermühlen wurden weggetrieben. Auch zu Heimsen und Jlvese tat die vom vielen Schnee und Regen angeschwollene Weser großen Schaden.

(Chr. E. Weidemann „Geschichte des Klosters Loccum", edid. Dr. F. B. Köster. S. 50.)

1. Juli
Mittweida i/Sa.
Überschwemmung infolge eines Wolkenbruchs

Es ist ein Wolckenbruch niedergegangen zwischen der Alten Mittweida / Ottendorff und Röllingshayn / davon die von der Alten-Mittweida hereinfliessende Bach dermassen angewachsen / daß das Wasser $2^1/_3$ Ellen hoch zum Weberthor herein geflossen / das Brüel-Thor und zwey Bürger-Häuser zerrissen / und grosser Schade an Kellern geschehen.

(Chr. Hermann „Mittweidisches Denckmahl etc." S. 448 u. 479.)

(A. Chr. Kretzschmar „Nachrichten aus der alten und neuen Zeit, welche die Stadt Mittweyda betreffen etc." I. S. 657.)

4. Juli
Görlitz
Überschwemmung der Neiße

Eodem anno magna eluvio aquarum irrupit per portam crucis disjecitque partem muri et pontem Hoteranum die 4. Julii hora 19 integri horologiae.

(Martin Mylius „Mart. Meisteri annales Gorlicenses ab a. P. C. N. 1131 continuati usque ad a. 1651 etc." in Chr. G. Hoffmann „Scriptores rer. Lusaticar. etc." Tom. I. Pars II. S. 37/38.)

(In diesem Jahre trat am 4. Juli um 19. Uhr des ganzen Stundenzeigers eine große Überschwemmung der Gewässer ein, brach durch das Kreuztor herein und zerstörte einen Teil der Mauer und die Hotterbrücke.)

19. Juli
Chemnitz
Überschwemmung der Chemnitz

Es riß eine Wasserfluth die Niklasbrücke über die Chemnitz und mehrere Stege weg.

(C. Lehmann „Chronik der Stadt Chemnitz etc." S. 143.)

21. Juli
Schneeberg und Umgegend
Überschwemmung infolge eines Wolkenbruchs

Nach Mittag ist um 2 Uhr ein schreckliches Wetter aufgezogen um Annaberg mit einem mächtigen Platzregen / der sich über Crotendorff angefangen / und darneben eine Wolckenbrust nieder gangen / davon sich das Wasser hefftig ergossen / viel Teiche abgerissen und dadurch viel Schaden gethan; in Crotendorff erschlugen die Schlossen durchgehend alles / die Fluth risse beym Ober-Förster die Hof-Mauer nieder / ersäuffte das Viehe / risse Churfürstl. und andere Teiche in Schletta und Dörfel durch / schwämmete dem Ober-Müller in Waltersdorff sein Viehe weg / . . . / ersäuffte Pferde / Kühe / Kälber / Ziegen / was es ergriffe. Insonderheit that es grossen Schaden 1. am Getreyde in Schletta und Crotendorff / also daß die Schlossen im Strich fast alles erschlagen / keinen Inwohner davon ausgenommen. In Waltersdorff etliche Bauern. Sonderlich ist auch Schade geschehen. Dem Oberförster zu Crotendorff hats die Teiche abgerissen / das Wasser auf seinen Hof geschossen / die Mauren eingerissen / den Hof und Stall überschwemmet etc. Churfürstl. Teich . . . abgerissen. Waltersdorff In der Schletta 4 Teiche abgerissen, Dörffel 1 Teich abgerissen. Schönfeld, Katzenmühle über den Buchholtz, im Buch-

holtz, Fronauer Mühle unter Annaberg, Mühle zu Hermersdorff, Tanneberg, Wolckenstein, Crottendorff, [Viele Mühlen fortgerissen]. In Dörfel, in der Tzschopa, Annaberg, Stuffenberg, Fronau.
[Mag. Phil. Wagner, Superintendent in Annaberg]

(Chr. Lehmann „Histor. Schauplatz etc. in dem Meißnisch. Ober-Ertzgebirge“. S. 257/61.)

° (P. Jenisius „Annabergae Misniae urbis historia etc.“ S. 34b.)

° (Chr. Meltzer „Histor. Schneebergens. renovata etc.“ S. 1279.)

° (Dr. G. Hellmann „Die Meteorologie in den deutschen Flugschriften und Flugblättern des 16. Jahrhdts.“ S. 17 u. 60 aus einer Flugschrift von Pfarrer u. Superintendent Phil. Wagner.)

° (Joh. Sleidan „Warhafft. Beschreibung etc.“ Continuat. II. S. 8.)

21. Juli 1565 Frankenberg (Erzgeb.) Hochwasser der Zschopau infolge eines Wolkenbruchs

Es ist bei Annaberg ein Wolkenbruch niedergangen, davon die Zschope überaus groß ward.

(Chr. A. Bahn „Histor. Nachrichten von dem etc. Frankenberg etc.“ S. 284.)

Mittweida i/Sa. Überschwemmung der Zschopau

Des Nachts umb 9 Uhr ist es auf der Zschopen alhier gewaltzet kommen / . . . Im Dorff Wiesa hat es 14 Häuser von Grunde heraus weggerissen / und sind an unterschiedlichen Orten viel Menschen und Vieh ersoffen.

(Chr. Hermann „Mittweidisches Denckmahl etc.“ S. 449.)

9. Dezember Grimma i/Sa. Überschwemmung der Mulde

Große Wasserfluth. Das Wehr wurde beschädigt.

(Chr. G. Lorenz „Die Stadt Grimma etc.“ S. 537.)

23.—25. Dez. Basel Rhein: Hochwasser

Rhenus valde magnus erat, nam aliquot diebus erant pugnantissimi venti 23. 24. 25. cum pluviis, . . .

(„Diarium des Christian Wurstisen 1557–1581“, edid. R. Luginbühl. S. 102.)

(Der Rhein war ziemlich hoch, denn einige Tage herrschten sehr heftige Winde, am 23. 24. 25. mit Regengüssen, . . .)

24. Dezember Basel Rhein-Überschwemmung

. . . und wardt auch in disen tagen der Rein undt andre wasser vast grosz, also dasz man ohn grosse gefar weder reiten noch wandlen kondte.

(„Aufzeichnungen des Diebold Ryff (1560–1585)“ in „Basler Chroniken“. I. S. 222.)

1566 St. Goar Rhein-Überschwemmung

Rhein: Starke Überschwemmung. Schaden an vielen Häusern. Die Hälfte der Stadt wurde überschwemmt.

(A. Grebel „Geschichte der Stadt St. Goar“. S. 412.)

1566 Wetzlar Lahn-Über-schwemmung

Große Überschwemmung.
[Hochwassermarke an der steinernen Lahnbrücke].

(Th. Netz „Geschichte der Stadt Wetzlar etc." S. 53.)

Nürnberg Über-schwemmung der Pegnitz

Pegnitz-Überschwemmung.

(G. A. Will „Von der neulich. größten Überschwemmung etc." S. 9.)

Greiz (Thür.) Überschwemmung der Weißen Elster

Die Elster überflutet das ganze Tal.

(Dr. A. Thoß „Die Geschichte der Stadt Greiz". S. 24.)

Halle (Saale) Über-schwemmung der Saale

Es ist gleichfals eine grosse schädliche Ergiessung der Wasser gewesen, die auch an beiden Orten in Stein gehauen.

(J. Chr. von Dreyhaupt „Pagus Neletici etc." I. S. 633.)

Aken Elbe-Über-schwemmung

noch grössere Überschwemmung. Das Wasser hat den Damm bey dem Glorff weggewaschen.

(M. L. V. Bruno „Beschreibung der Stadt Acken etc." S. 115.)

Altmark Über-schwemmungen der Flüsse z. B. bei Seehnusen und Neukirchen

ist das wasser durch des Kommentors Teich zu Werben gebrochen, welcher zwar bald wieder gefangen worden; jedoch ist das Wasser lange um die Stat Seehausen stehen geblieben, und die Saat und Steindämme sehr verdorben.

(J. Chr. Bekmann „Histor. Beschreibung d. Chur u. Mark Brandenburg etc." I. Sp. 953.)

Überschwemmung. Deichbrüche an verschiedenen Stellen bei Neukirchen. Großer Schaden.

(Dr. E. Wollesen „Beiträge zur Geschichte des Kreises Osterburg". I. S. 94.)

Werben Elbe-Über-schwemmung

Der Komturdeich bei der Stadt brach. Das bei Seehausen sich stauende Wasser that den Äckern und Straßen großen Schaden.

(E. Wollesen „Chronik der altmärkischen Stadt Werben etc." S. 131.)

Komotau (Böhmen) Über-schwemmung

groß wasser . . . da es die brandweinschul weg geführt hatt, . . .

(Dr. Karl Görner „Eine handschriftliche Chronik von Komotau" in „Mittheilungen des Vereins für Geschichte der Deutschen in Böhmen". 23. Jahrgang. S. 264.)

Simmental (Kanton Bern) Hochwasser der Flüsse

Hochwasser. Alle Brücken werden weggerissen.

(K. F. L. Lohner „Chronik der Stadt Thun", edid. G. Züricher. S. 129.)

Thun (Kanton Bern) Hochwasser der Kander

Wassergröße.

(K. F. L. Lohner „Chronik der Stadt Thun", edid. G. Züricher. S. 129.)

So starker Schneefall, daß er stellenweise 9 geometrische Fuß hoch lag. Beim Schmelzen viele Orte am Bodensee unter Wasser gesetzt. Januar 1566 Kanton Appenzell Überschwemmung des Bodensees

(G. Walser „Neue Appenzeller Chronick". S. 490.)

Zwickauer Mulde: Große Wasserfluth. Das Wehr wurde beschädigt. 9. Januar Grimma i/Sa. Überschwemmung der Mulde

(Chr. G. Lorenz „Die Stadt Grimma etc." S. 535 u. 537.)

Zwickauer Mulde: Große Wasserfluth. 23. Januar Grimma i/Sa. Überschwemmung der Mulde

(Chr. G. Lorenz „Die Stadt Grimma etc." S. 535 u. 537.)

Drohendes Hochwasser. Die neue Pfahlbrücke wurde abgetragen bei starkem Sturme. 26. Gegen 5 Uhr abends wurde der noch stehende Teil der abgetragenen Brücke abgerissen und weggeschwemmt, durch die Eismassen. 25.—26. Januar Leitmeritz Elbe: Hochwasser

(Dr. W. Katzerowsky „Die meteorolog. Aufzeichnungen der Leitmeritz. Stadtschreiber aus d. Jahren 1564—1607". S. 7.)

Elbe: Große Überschwemmung. Das Wasser ist so hoch, daß man es von der Brücke mit den Händen erreichen konnte. Es überschwemmt die Mühlstraße und schloß die Dörfer Mlikojed und Kopist völlig ein. 27. Januar Leitmeritz (Elbe) Elbe-Überschwemmung

(Dr. W. Katzerowsky „Die meteorolog. Aufzeichnungen der Leitmeritz. Stadtschreiber etc. aus d. Jahren 1564—1607". S. 7.)

Es riß der Rhein an den Brücken zu Breysach 3 Joche, bey 20 Schuhe lang, und zu Strasburg auch etliche weg: Er war in 86 Jahren nicht so groß. 29. Januar Oberrhein Überschwemmung

(„Sigmund Billings kleine Chronik der Stadt Colmar", edid. A. Waltz. S. 69.)

auch vor Magdeburgk über die Gewerke am Bruckthor fast halb ellen hoher gewesen. auch vor Wittenbergk dozumal vff der Bruckenn mit den Henden wasser schaffen konnen, Auch die Welle von gentin wegkgetrieben, Auch die pareische Teiche gleichergestalt plumerdunckschе. auch zwischen Niegrib vnd dem katzer Teich an vielen Enden, gleicherweis die Schartausche Teiche außgerissen vnd ist solch ein ellende vnd Jammer gewesen als man bei Menschen dencken nicht erlebet. Februar Elbe Überschwemmung

(Wolter „Auszüge aus dem im Stadtarchiv zu Burg befindlichen 1495 angelegten Copialbuche". S. 70.)

Es hat sich die Elbe über alle Maaßen hoch über alle Teiche ergossen, so daß man vor dem Oberthore am Schlag, unten am Lehmberge, worauf der Judenberg befindlich, in einem Kahn nach Parchau hat kommen können. Burg Elbe-Überschwemmung

(G. Fritz „Chronik von Burg". S. 109.)

Weil der Elbstrom die übern Schloßwerder gehende Straße verderbet. Mühlberg (Elbe) Elbe-Überschwemmung

(Alfred Schmidt „Geschichte der Stadt Mühlberg." S. 223.)

1566 Februar—März Wittenberg (Elbe) Elbe-Überschwemmung

Primis nivibus mense Februario et Martio solutis tanta repente secuta est fluminum exundatio, ut ad Witebergam Albis ruptis aliquot in locis aggeribus omnem ab urbe ad colles usque supram Kembergam planam vallem oppleverit et in ipsas urbis portas sese infuderit, pagi vero intra urbem et Kembergam siti natarint plerique aquis circumfusi. Stetit haec insolita aquarum moles pene ad mensem unum, . . .

(„Album academ. Vitebergensis“ Vol. II. edid. O. Hartung. S. 92.)

(Nach dem Schmelzen der ersten Schneemassen im Februar und März folgte plötzlich eine so große Überschwemmung der Gewässer, daß die Elbe bei Wittenberg an einzelnen Orten die Dämme durchbrach und das flache Tal von der Stadt bis zu den Hügeln oberhalb Kemberg anfüllte und selbst in die Tore der Stadt hineinströmte, die aber zwischen Stadt und Kemberg gelegenen Gebiete waren überschwemmt und die meisten vom Wasser umgeben. Diese ungewöhnliche Wassermasse stand fast 1 Monat lang, . . .)

Brandenburg a/d. H. Überschwemmung der Havel

So große Überschwemmung, wie seit Menschengedenken nicht. Havel so angeschwollen, daß sie alle Dämme und Brücken vor dem St. Annen- und Steinthor fortriß.

(M. W. Heffter „Geschichte der Kur- u. Hauptstadt Brandenburg“. S. 334.)

Februar Leitmeritz (Elbe) Elbe: Hochwasser

Bis 25. Febr. standen die Mühlen $3^1/_2$ Wochen lang infolge des Hochwassers still.

(Dr. W. Katzerowsky „Die meteorolog. Aufzeichnungen der Leitmeritz. Stadtschreiber aus den Jahren 1564–1607“. S. 7.)

Anfang Februar um Riesa i/Sa. Elbe-Überschwemmung

Elbe: große Überschwemmungen.

(J. Thomas „Zeitereignisse aus der Vergangenheit etc. unser. Heimatstadt Riesa etc.“ S. 13.)

Pirna i/Sa. Elbe: Eisgang und Überschwemmung

Bey einer großen Eisfahrt erhob sich die Elbe, daß sie in der Stadt bis auf den Markt trat, und alle Keller daselbst mit Wasser ausfüllte.
[„Fortsetzung d. histor. Nachtichten von der Stadt Pirna“.]

(C. G. Poetzsch „Chronolog. Geschichte der großen Wasserfluthen des Elbstroms etc.“ S. 49.)

5. Februar Schwandorf (Oberpfalz) Überschwemmung der Nab

Es trat plötzlich Thau- und Regenwetter ein. Der geschmolzene Schnee verursachte eine große Überschwemmung. Die äußere Brücke wurde fortgeschwemmt.

(Dr. G. Hubmann „Chronik der Stadt Schwandorf“. S. 64.)

Meißen i/Sa. Elbe-Überschwemmung

Non. Febr. vrbs Misna, quae vicos decliues habet, fuit nauigabilis, propter Albis inundationem, . . .

(G. Fabricius „Rer. Misnicar. libri VII“. S. 226.)

(Infolge der Überschwemmung der Elbe konnte am 5. Februar die Stadt Meißen, die abschüssige Straßen hat, mit Kähnen befahren werden).

Es war die Elbe so groß, daß fast der 3. Teil der Stadt im Wasser stand, und man auf den niedrig gelegenen Straßen durch 3 Thore, durch das Wasser-, Brück- und Fleischerthor, auf Kähnen hereinfahren konnte. In dieser Gefahr befand sich die Stadt 9 Tage lang. 5. Februar 1566 Meißen i/Sa Elbe-Überschwemmung

(M. Grünewald „Die Meißner Chronik etc." S. 185.)

Es hat fast der dritte theil der Stadt / im Wasser geschwommen.

(Laur. Faust „Geschicht- vnd Zeit-Büchlein der etc. Stadt Meissen etc." S. 61.)

Es fieng die Elbe in Leitmeritz zu steigen an. Leitmeritz (Elbe) Elbe beginnt zu steigen

(Dr. W. Katzerowsky „Meteorolog. Nachrichten aus den Archiven der Stadt Leitmeritz". S. 2 aus „Memorabilien der Stadtschreiber".)

Als das Eiß vorher auf der Elbe gebrochen und die Fluth aus Böhmen kommen / das Waßer abermahls gewachsen / daß es zun Löchern in den Pasteyen gelauffen und in die Stadt herein getretten / also / daß man unten an der Mauer / beym Klepperstelle / alwo itzo das Invention-Haus stehet / mit Kähnen fahren mußen. 6. Februar 1566 Dresden Elbe-Überschwemmung

(A. Weck „Der etc. Residentz- u. Haupt-Festung Dresden Beschreib- u. Vorstellung etc." S. 528.)

Es ist ein grosz Eis gangen und bis auf den 23. Febr. gewährt, und ist der Main sehr grosz gewesen, also dasz die Mühl 17 Tag und Nacht gestanden. 7. Februar Schweinfurt Main: Eisgang und Hochwasser

(„Eines Ungenannten im Stadtbauamte vorgefundene geschichtliche Nachrichten von Schweinfurt 1558–1578" in „Monum. Suinfurtensia histor.", edid. Friedr. Stein. S. 419.)

Es war ein ungestümmes Wetter von grausamen Winden vnd stätem Regen / dardurch die Wasser allenthalben sehr gestiegen / vnd grossen schaden gethan / sonderlich zu Braunschweig / da es ein groß theil der Stattmawr vnd Festung eingeworffen. Braunschweig u. a. Orte Überschwemmungen, z. B. der Oker

(Joh. Sleidan. „Warhafftige Beschreibungd etc." Continuat. II. S. 20.)

Elbe: Das Wasser ist schon so groß, daß man von der Brücke aus die Elbe mit der Hand erreichen kann. In der Fischerei steht alles unter Wasser, ebenso ist Kopist und Mlikojed ganz vom Wasser eingeschlossen. In Raudnitz wurde ein Teil der Brücke etc. mitgenommen. Das Hochwasser hält sich nicht lange, es fiel bald um $1^1/_2$ Ellen, stieg aber bald darauf wieder, so daß es fast die frühere Höhe erreichte. 10. Februar Leitmeritz (Böhmen) Elbe-Überschwemmung

(Dr. W. Katzerowsky „Meteorolog. Nachrichten aus den Archiven der Stadt Leitmeritz". S. 2 aus Memorabilien der Stadtschreiber.

Montags nach scholastice . . . des Eilften Tages Februarij Ist die Wesserung der Elbe In gantzer Eile an die Teich so hoch vfgestiegen, das man zcvtage vnd Nachts hat teichen mussen, . . . , sondern ist vber alles außgelauffen vnd an vielen Enden außgerissen, also das sie Elbe vff sieben feldtmarken als gossel, Nostorff, Blume- 11. Februar Burg b/Magdeburg Elbe-Überschwemmung tall, werder, plumerdunck, Zur Wisch, Luben vnd wüsten huffen – – dem Bürgerholtze bestanden vnd belauffen. Dadurch gemeiner stadt vnd dem Landt zw Jerichow nicht geringer Nachteil, weill sie fast funf gantzer wochen In einer große gestanden, eruolget.

(Wolter „Auszüge aus dem im Stadtarchiv zu Burg befindlichen 1495 angelegten Copialbuche". S. 69/70.)

12. Februar 1566 Gegend von Rathenow Überschwemmung der Elbe und Havel

tantum fuit Albis incrementum ut Me . . . us.
[Inschrift am Haveltor von Rathenow.]
Höchster Wasserstand durch sehr starke Elbe-Überschwemmung infolge Elbe-Wall-Durchbruch bei Burg.

(S. Chr. Wagener „Denkwürdigkeiten der churmärkischen Stadt Rathenow". S. 285/86.)

So groß war der Anstieg der Elbe, daß . . .)

14. Februar Calbe Überschwemmung der Saale

Es war ein ungestümes Wetter / und that das Wasser großen Schaden / welches auch nachgehender Zeit den Damm zerrissen / und die Felder überschwemmt hat.

(J. H. Häveker „Chronica und Beschreibung der Städte Calbe etc." S. 391.)

Frühling Schweiz Überschwemmungen der Flüsse

ist ihm früeling noch undt noch ihm oberlendischen Schwytzer gebirg undt landt dermassen vil schnee gevallen, dessgleichen kein man gedacht, und als der abgangen mit grossen regen, die warm, die see undt alle wasser gross worden, die auch vil schaden ahn früchten undt gebüwen gethon haben.

(„Aufzeichnungen des Diebold Ryff (1560–1586)" in „Basl. Chroniken". I. S. 222.)

4.—5. März NW Deutschland Nordsee-Sturmflut

Vann denn Mandach vp denn Dingestach Inuocauit ginck de Bomberger Groede vnnder, de Dike gingenn wech vnnd vele Huser- 20 Minschen vordrenckeden, vnnd de Floth ginck Auer denn olden Dick, vele Kese quemenn Anschwemmenn, Dat Nie Velt Inn Rustringenn ginck ock vndre. Embsingerlandt vnnd Esenserlandt was vull waters, Alle Beeste vordrenckeden op den Groedenn, vthgenamen – 4 Koye etc., Dess gelikenn ginck de Grode tho Goedens vnnd Hogemeie vnder, vnnd de Dike gingenn wech, vnnd vordrenckeden vele Minschenn.

(„Die Chronica Jeuerensis Geschreuen tho Varel dorch Eilerdt Springer Anno 1592", edid. Fr. W. Riemann.)

5. März Hamburg Nordsee-Sturmflut

Überschwemmung mit großem Schaden.

(C. G. Poetzsch „Chronolog. Geschichte der großen Wasserfluthen des Elbstroms etc." S. 214 aus „Versuch zuverläß. Nachricht. d. Stadt Hamburg". S. 336.)

° (Dr. Gallois „Hamburg. Chronik". II. S. 975.)

Das ganze Dorf Süderhusen durch Sturmflut vernichtet. 5. März 1566 Kirchspiel Brunsbüttel Sturmflut

(J. Hanssen u. H. Wolf „Chronik des Landes Dithmarschen". S. 41.)

ware das Wasser wundergroß. Beym Kauffhauß die Wühre und Zimmerleuthen-Stuben ward alles ein See bis zur Kerzen, so daß man daselbst könnte mit Schiffen fahren. Die Limmat gieng über die Müllistäg, der Kräuel und Hard ware von der Sihl unsäglich überschwemmet. April—Juli Zürich Limmat u. Sihl: Überschwemmung

(H. H. Bluntschli „Memorab. Tigur". S. 512.)

als der Rhein von Ostern an [= 22. April] ein Monat oder zwen / òn vnterlaß sehr hoch gestanden / vbergoß er sich [= 19. u. 20. Brachmonat] also sehr / . . . April—Juni Basel Rhein-Hochwasser

(Christian Wurstisen „Baßler Chronick". S. 647.)

(Chr. Wurstisen „Baßler Chronick". 1772. II. S. 688.)

. . . , auctis accessione nova reliquiis hybernarum nivium mense Aprili tertio quartoque sese effudit Albis tanta vi aquarum et affluxu tam assiduo, ut vix paucis ante Maii finem diebus intra alveum integre sese receperit. nach 3.—4. April Wittenberg (Elbe) Elbe-Überschwemmung

(„Album acad. Vitebergensis". II. edid. O. Hartwig. S. 92.)

(. . . , als sie [= die Wassermassen] neuen Zuwachs durch die winterlichen Schneefälle am 3. und 4. April erhielten, stieg die Elbe mit so großer Gewalt der Fluten und so ununterbrochenem Zufluß an, daß sie kaum einige Tage vor Ende Mai völlig in ihr Bett zurückging.)

Und vor Ostern war auch eine solche Wassergröße, . . . vor 14. April Aarau (Kant. Aarau) Aare: Hochwasser

(G. Schmidt-Hagnauer „Chronik der Stadt Aarau". S. 118.)

die paschatis, fuit magna Rheni inundatio adeo, ut superavit inferiora Rhenani pontis juga lapidea. 14. April Basel Rhein: Hochwasser

(„Diarium des Christian Wurstisen 1557–1581", edid. R. Luginbühl. S. 104.)

(Am Ostertage trat eine große Überschwemmung des Rheins ein, so daß er die unteren steinernen Joche der Rheinbrücke überströmte.)

Dannen kam ein groß wasser 17. Aprilis. 17. April Kanton Zürich Hochwasser der Flüsse

(„Heinrich Bullingers Diarium der Jahre 1504–1574", edid. E. Egli. S. 85.)

Grosse Wasser.

(R. Wolf „Auszug aus Guggenbühl's Wyn Rechnung der statt Zürich etc." S. 205.)

25. April 1566 Mittweida i/Sa. Hochwasser der Zschopau

. . . weil eben zu der Zeit das Wasser sehr groß gewesen / . . .

(Chr. Hermann „Mittweidaisches Denckmahl etc." S. 450.)

10. Mai bei Schirnding (Fichtelgebirge) Überschwemmung des Mentzelsbachs

Bei einem starcken Platz-Regen ist der Mentzelsbach dergestald angeloffen, daß er das Obere Wirthshauß von Grund weggerißen, . . . [Pfarr-Acta].

(„Das Teutsche Paradeiß in dem vortrefflichen Fichtelberg etc. von M. Joh. Will etc. (Fortsetzung)" in „Archiv für Geschichte und Alterthumskunde von Oberfranken". 16. Band. 2. Heft. S. 42.)

11 Mai Zwickau Überschwemmung der Zwickauer Mulde

Wasserfluth nach starkem Regen.

(Dr. E. Herzog „Chronik von Zwickau". II. S. 312.)

Habelschwerdt u. a. O. Überschwemmung der Flüsse, z. B. der Glatzer Neiße

Durch Regen entsteht Hochwasser. Besonders auf den Bergen großer Schaden. Auch in Wünschelburg starke Überschwemmung.

(A. Skalitzky „Excerpte aus der handschriftl. Chronik eines Habelschwerdters vom Jahre 1618". S. 180.)

nach 26. Mai Solothurn Hochwasser

nach Exaudi ward zu Solothurn das Wasser sehr groß / thate vil schaden / sonderlich an den Badstuben.

(F. Haffner „Der kleine Solothurn. Schaw-Platz etc." II. S. 248.)

Juni—Juli Bodensee Hochwasser

Großes Wasser.

(„Jak. Reutlingers Chronik" in „Zeitschrift für die Geschichte des Oberrheins". 34. Bd. S. 374.)

Bodensee, Rhein, Donau Überschwemmung

Den Bodensee, Rhin und Donow gedenckht kain mann nie grösser geweßen. Der Rhin hat zu Beysach fünf joch und zue Straßburg aylf joch ane der Rhinbruckhen hinweg genomen; . . . dann der Rhein ist an vil orten uber und auß geloffen.

(„Villinger Chronik 1119/1568" in F. J. Mone „Quellensammlung der badisch. Landesgeschichte". II. S. 116.)

Rhein, Reuß, Aar, Thur u. andere Flüsse Überschwemmung

Der Ryn tet unsaglichen schaden, deßglichen die Rüß, die Aren, die Thur und alle wasser.

(„Heinrich Bullingers Diarium der Jahre 1504–1574", edid. E. Egli. S. 86.)

Rhein u. andere Flüsse Überschwemmungen

Darvon ward der Rin und andere Wasser so groß, desglichen man achtet, daß solches nie erhört noch gesähen worden seie. Es mocht einer zue Schaffhusen das Wasser uf der Rinbrugg mit der Hand erlangen und schöpfen. Es kondt kein groß Schiff mer den Rin ab under der Bruggen hindurch fahren, und gieng der Rin im Salzhof bis über die Schmidten hinuf umb vier Schue wit nit gar zue dem Wirthus zum Schiff, und fuer man mit Weidlingen im Salzhof herumb, man bruggete auch hinein. Und hing das Wasser in vil Hüser zue Fischenhüseren und im Leuffergäßli. Und zue Fluerlingen gieng es in den Räben genannt „in Gründen" eines

Vierling Räbens lang hinuf und was die Siechentrotten daselbst voller Wasser. In der Wißmüli zue Schaffhusen (war das Wasser) eines halben Manns tief. Zue Elliken under Rinou gieng das Wasser so heftig in die Hüser und Stuben, . . . Zue Basel luf der Rin allenthalben durch die Statt, daß man in der kleinen Statt mit Schiffen zuesamen fahren mueßte. Auch verzehrt der Rin zue Straßburg an der Brugg zwei Joch und dath mit seinen Uslaufen großen Schaden. Es hat auch die Rüß zue Luzern das Büchsenhus umbgeflözet, . . . Es gieng auch zue Costanz der See in die Statt und hat das Tham allerdings bedeckt, daß man mit den Schiffen daruf umbhar fuer. Die Thur gieng diß Jar zweimal us und däth großen Schaden. [Nieder-Neunforner Chronik].

(„Bauernchroniken aus den thurgauischen Bezirken Dießenhofen und Frauenfeld etc.“ edid. A. Farner u. R. Wegeli in „Thurgau. Beiträge z. vaterländ. Geschichte“. 38. Heft. S. 84/85.)

Hoc tempore Rhenus longo tempore fuit valde magnus adeo, ut circiter 6 hebdomadas fere eiusdem magnitudinis fuerit, scilicet sesquipede minus quin superaret inferiora juga pontis. Juni-Juli 1566 Basel Rhein: Hochwasser

(„Diarium des Christian Wurstisen 1557/1581“, edid. R. Luginbühl. S. 105.)

(Zu dieser Zeit war der Rhein lange Zeit sehr groß, daß er ca. 6 Wochen lang fast die gleiche Höhe behielt, allerdings $1^1/_2$ Fuß unterhalb der unteren Brückenjoche.)

Die Kinder haben auf der Brücke durch die Schorlöcher ihre Hände im Rhein gewaschen. Juni Rheinfelden Rhein: Hochwasser
[Tagebuch d. Werner Schodeler d. Jüngeren.]

(B. Amberg „Beiträge zur Chronik der Witterung etc.“ III. S. 8.)

Man fährt mit Schiffen bis zur Barfüßerkirche; beim Freienhof konnte niemand durchkommen; von der Hof- und Kappelbrücke aus konnte man das Wasser mit den Händen erreichen. Die Überschwemmung dauerte ca. 30 Tage, Die Reuß unterfraß das Zeughaus oder Büchsenhaus. An der Spreuerbrücke wurden 2 Joche gesprengt. Luzern Reuß: Hochwasser
[Manuscr. Cysat, B.]

(B. Amberg „Beiträge zur Chronik der Witterung etc.“ III. S. 8.)

In Luzern mußte man die Brücke mit großen Steinen beschweren und konnte man auf dem mittleren Joch die Hände in der Reuß waschen.

(B. Amberg „Beiträge zur Chronik der Witterung etc.“ III. S. 7 aus dem Tagebuch des Werner Schodeler des Jüngeren von Bremgarten [Aarau].)

Uff pfingsten ist der Rein so groß worden, daz man die Reinbruck gegen Käil an schiff mit sailern und ketten gebunden, hat aber nichts geholffen, . . . 2. Juni Straßburg i/Elsaß Rhein: Hochwasser

(„Straßburger Jahrgeschichten 1424–1593“ in F. J. Mone „Quellensammlung der badischen Landesgeschichte“. II. S. 144.)

1566 14. Juni Straßburg i/Elsaß Rhein-Überschwemmung

. . . , dan den 14. Juny umb 2 uren hat der Rein mit gewalt 9 joch mit den schiffbrucken und höltzern hinweg gefürt, . . . ; dann der Rein ist hinder das zolhauß, bis an die bruck bei dem ziegelofen gelauffen, hat der statt und den frembden grosen schaden gethan von wegen der mess, . . .

(„Straßburger Jahrgeschichten 1424–1593" in F. J. Mone „Quellensammlung zur badischen Landesgeschichte". II. S. 144.)

19.—20. Juni Basel Rhein-Überschwemmung

fuit ingens Rheni exundatio adeo, ut fere supra murum minoris urbis per pinnas defluxerit, . . . Er ist gangen den jochen biss an die speerling und am Rinthor drüber. Magnam jacturam fecit in salis corruptione. Juga etiam bene 6 pontum, Argentoratensis et aliquot Brisacensis evulsit et dissipavit.

(„Diarium des Christian Wustisen 1557/1581", edid. R. Luginbühl. S. 105.)

(Es trat eine so gewaltige Überschwemmung des Rheins ein, daß er fast oberhalb der Mauer der Rheinstadt durch die Mauerzinnen strömte, . . . Große Verluste richtete er im Salzhaus an. Auch die Joche von wohl 6 Brücken, zu Strasburg und Breisach, riß er fort und zerstörte er.)

20. Juni Basel Rhein-Überschwemmung

ist der Rein zu Basell so gross worden uff den 20. junii, dasz man daselbst umb den brunnen, so uff dem Vischmerkt ist, mit weidlingen gefaren, ahn der kleinen statt uber die rinckmuren ingelüffen, hat auch grossen schaden gethon, sonderlich ihm Salzthurn, zu Breisach 2 joch undt zu Strassburg zechen joch ahn den bruckhen hinweg gerissen.

(„Aufzeichnungen des Diebold Ryff (1560–1585)" in „Basl. Chroniken" I. S. 222.)

° (Christ. Wurstisen „Baßler Chronick" 1772. II. S. 688.)

21. Juni Aarau (Kant. Aargau) Aare: Hochwasser

Es ward die Aaren so groß, daß sie das 3. Joch außert der Landveste Morgens um 2 Uhr hinweg nahm und das ander außere so bewegt, . . .

(G. Schmidt-Hagnauer „Chronik der Stadt Aarau." S. 118.)

Die Aare riß zu Aarau 2 Brückenjoche weg.
[Chr. Ölhafen „Chronik der Stadt Aarau bis 1798"].

(B. Amberg „Beiträge zur Chronik der Witterung etc." III. S. 8.)

um 24. Juni 1656 Zürich Sihl u. See: Überschwemmung

Das gieng nach mer uff umb Johannis Baptistae; . . . 19. [Juni] gieng in der nacht die Syl an. So wuchs der see vil höcher, denn man in ie gesähen hat. Man fur mit einem nawen von des Herren Haben huß für den Hecht, Rapen, Sternen, under der schifflüten stuben für das koufhuß und Wettinger / huß, under der zimberlüten stuben bis uff den platz vor dem Rüden. Das kornhuß stund im wasser, . . . Das wasser luff für den Kämbel uff halben Münsterplatz hinab, gieng an das werckhuß, luff in krüzgang zum Frowen münster, und an der oberen bruggen gägen Frowen münster mocht man es von der bruggen erlangen. Was gar grüsenlich groß, und fiel doch etwas nach Johannis.

(„Heinrich Bullingers Diarium der Jahre 1504–1574", edid. E. Egli. S. 85.)

Überschwemmung mit großem Schaden. Juli 1566 Kanton Glarus Über- schwemmung der Flüsse

(Dr. O. Heer u. J. J. Blumer-Heer „Der Kanton Glarus, etc." S. 101.)

ist ein groß Gewässer entstanden, welches alles abgemeyte Graß, so an der Werra gelegen, weggeführet, . . . 8. Juli Meiningen Über- schwemmung der Werra

(J. S. Güth „Poligraph. Meining." S. 200.)

uff den 11. julii ist der Rein abermals so gross worden, also dasz er ein werk schuch höcher gewachsen weder in erstgesagtem junio und abermalen grossen schaden gethon. 11. Juli Basel Rhein-Über- schwemmung

(„Aufzeichnungen des Diebold Ryff (1560–1586)" in „Basl. Chroniken". I. S. 222.)

. . . , das das wasser 12. Julii widerumb uffgieng, ja den 14. Julii ward es größer und schüchlicher dann vor ie; brach ouch witer uß. 12.—14. Juli Kanton Zürich Über- schwemmung der Sihl

(„Heinrich Bullingers Diarium der Jahre 1504–1574", edid. E. Egli. S. 86.)

denuo ejusdem cujus antea magnitudinis venit et fere majore cum copia, horribili sonitu, cum paulo ante diebus tribus aut quatuor unum jugum ligneum pontis, quod vehementer conquassatum vacillabat, . . . 13. Juli Basel Rhein-Über- schwemmung

(„Diarium des Christian Wurstisen 1557–1581", edid. R. Luginbühl. S. 106.)

(Von neuem kam er [= der Rhein] in derselben Höhe und fast noch größer, mit schrecklichem Getöse, nachdem vor 3 oder 4 Tagen 1 hölzernes Joch der Brücke nach gewaltiger Erschütterung wankte, . . .)

° (Christ. Wurstisen „Baßler Chronick" 1772. S. 688.)

Es war die Thur allhier zu Thann und anderstwo underhalbs also angeloffen und ungemein groß worden, daß sie nit allein alle Bruckhen und Mühlen beschädiget, sonder alle Wisen und Felder dergestalten übergossen, daß kein Mensch zum anderen kommen kunte; zu Ober- und Niederhergheim haben die Leuth in Weitlingen müssen zusammen fahren, vil Vieh und Menschen müssten erbärmlich ersauffen, . . . 20. Juli Thur Über- schwemmung

(M. Tschamser „Annales etc. zu Thann". II. S. 174.)

Salzach: In der Jakobi-Wachen war eine große Überschwemmung. [Kammerrechnung]. um 25. Juli Burghausen (Oberbayern) Über- schwemmung der Salzach

(J. G. B. Huber „Geschichte der Stadt Burghausen in Oberbayern". S. 197.)

30.—31. Juli 1566 Bunzlau i/Schl. Überschwemmung des Bobers

Maximum des Wasserstandes. Bober-Überschwemmung, die die große u. kleine Brücke fortreißt, auch 2 Häuser auf dem Sande. Es wurde auch die Walkmühle vernichtet.

(Dr. E. Wernicke „Chronik der Stadt Bunzlau". S. 234.)

Ende Juli Lähn (Schl.) Hochwasser des Bobers

Es erreichte der Bober eine solche Höhe, . . .

(C. H. F. Müller „Die Denkwürdigkeiten Lähns etc." S. 10.)

Anfang August Basel Rhein: Sinken des Wasserspiegels

A principio augusti demum Rhenus aliquantum decrevit, ut ita atque ante pascha deflueret.

(„Diarium des Christian Wurstisen 1557–1581", edid. R. Luginbühl. S. 106.)

(Von Anfang August an sank der Wasserspiegel des Rheins endlich, so daß [die Fluten in einer Höhe] wie vor Ostern dahinströmten.)

24.—30. August Rhätien (Graubünden) Überschwemmungen der Flüsse

Nachdem es mehrere Tage und Nächte anhaltend bei warmer Luft über den höchsten Bergspitzen hin geregnet hatte, tritt sehr starke Überschwemmung ein. In ganz Rhätien wurden die meisten Brücken (allein im Engadin 12) weggerissen, viele Gebäulichkeiten zerstört, Wiesen und Felder überschüttet. Im Veltlin nur allein im Terzier Tirano 100000 Gulden Schaden. Bormio und Bergell wurden verwüstet, das ganze Tal Engadin wurde völlig entstellt und verunstaltet. Die Güter von Sils, Silvaplana, Surley, Campfer wurden verwüstet etc., die ganze Ebene Campania bei Samaden (vom Flaz bis zum Hügel Sax) überfluthet, Celerina, Bevers und namentlich Camogask durch die ausbrechenden Talbäche bedroht, viele Brücken, wie namentlich Punt-Moraigl, der Innbrücke bei Samaden, die über den Beverserbach, die von Madulein und Süs etc. wurden arg beschädigt oder völlig weggerissen, und so durchs ganze Inntal hinab bis Hall ungeheurer Schaden angerichtet. Auch jenseits der Alpen richtete das Wasser überall Schaden und Verwüstungen an.

(Chr. G. Brügger „Beiträge zur Natur-Chronik der Schweiz etc." II. S. 13 aus J. Bifrun „De eluvione quae fuit 1566".)

25. August Avignon Rhone- u. Durance-Überschwemmung

Les pluies furent si considérables que la Durance et le Rhône inondèrent le terroir d'Avignon jusqu'à la porte Limbert.

(M. Champion „Les inondations en France etc." III. S. 219 aus Manuscr. d. Bibliothek von Avignon.)

Ende August Hall (Tirol) Inn-Überschwemmung

Im aussgeenden monat Augusti ist der Ynnstrom grausam angeloffen und überhandt genumen, das man in der statt alle gassn auss hatt lassen rüeffen umb hilff und rettungen des wassers schadn halbn etc. Es hat das wasser mechtign grossn schadn gethan mit hinfierungen des pfannhauss holz sambt andern burgern prenholtz, auch in gärttnen, städlen, heüsern, khellern in der untern statt und Schöffgassn sambt dem spital.

(„Franz Schweygers Chronik der Stàdt Hall", edid. Dr. D Schönherr „Tirol Geschichtsquellen" Bd 1 S 143.)

Jl survint une inondation désastreuse du Tarn, qui ruina de fond en comble les moulins de Montauban, et emporta le pont de Moissac. — 1566 13. Oktober Fluß Tarn Überschwemmung

(M. Champion „Les inondations en France etc." IV. S. 210. aus Marcellin u. Ruck „Hist. de Montauban par le Bret" Nouv. édition. S. 121.)

Nab: Wasserstand sehr niedrig. — Dezember Schwandorf (Oberpfalz) Sehr niedriger Wasserstand der Nab

(Dr. G. Hubmann „Chronik der Stadt Schwandorf". S. 64.)

Nach langen Regengüssen Hochwasser, das die größere Brücke zerstört. — um Weihnachten Aarberg (Kant. Bern) Aare: Hochwasser

(Dr. F. Hunger „Geschichte der Stadt Aarberg". S. 129. 155.)

Pegnitz-Überschwemmung. — 1567 Nürnberg Überschwemmung der Pegnitz

(G. A. Will „Von der neulichen größten Überschwemmung etc." S. 9.)

Es ist die Elbe bei der Seehausenschen Fähre, jetzo der Seehausensche Kamps, ausgebrochen, und hat das Fährhaus samt Scheunen, Ställen, Bakhause etc. ganz und gar weggerissen, und der Elbe gleichgemachet. — Seehausen (Altmark) Elbe-Überschwemmung

(J. Chr. Bekmann „Histor. Beschreibung der Chur u. Mark Brandenburg". I. Sp. 954.)

Starke Überschwemmung. In Röhrsdorf wurden das Mühlwehr, alle Brücken und Stege und 2 Häuser fortgerissen. In Friedeberg wurden 14 Häuser weggerissen. — Queis Überschwemmung

(J. G. Bergemann „Flinsberg etc." S. 230.)

Hochwasser des Queis. — Marklissa Queis: Hochwasser

(F. Bertram „Das Heimatbuch des Kreises Lauban". S. 451.)

Bober und Zacken: starke Überschwemmung. Großer Schaden an Häusern und Getreide. — Hirschberg (Riesengebirge) Bober u. Zacken: Überschwemmung

(M. Vogt „Illustrierte Chronik der Stadt Hirschberg i/Schl." S. 54.)

Bober-Überschwemmung reißt die Tuchmacher-Walke gänzlich weg. — Bunzlau Überschwemmung des Bobers

(J. G. Bergemann „Chronik der Stadt Bunzlau". I. S. 47.)

Großes Hochwasser. — Gastein Großes Hochwasser der Gasteiner Ache

(H. von Zimburg „Die Geschichte Gasteins etc." S. 123.)

Ein mehrere Tage anhaltender Regen und starke Wolkenbrüche in Oberkärnten und Tirol machten die vielen Bäche anschwellen, die in die Donau sich ergießen. Die Drau erreichte eine furchtbare Höhe. Sie riß alle Brücken und die am Ufer — Villach (Kärnten) Überschwemmung der Drau

erbauten Häuser mit sich fort. Der niedere Teil der Stadt stand 7 Schuh unter Wasser.
[Siehe Gedenktafel Lederergasse No. 12.]

(C. Ghon „Geschichte der Stadt Villach etc.“ S. 134.)

1567 25. Januar Züricher See, Limmat Eisdecke

Zugefroren.
[Hallers Witterungsbeobachtungen]

(„Schweizer. meteorolog. Beobachtungen“. X. S. 45.)

28. Januar Züricher See Eisdecke

28. Jenners was der see gar überfroren bis an die schwirren, und luffend die buben darüber.

(„Heinrich Bullingers Diarium der Jahre 1504–1574“, edid. E. Egli. S. 90.)

Februar Zürich Züricher See: Eisaufgang

Das wätter enderet sich mit warmem wind. Der schnee, der vor Wienächten gefallen, schmelz, und das yß zergieng.

(„Heinrich Bullingers Diarium der Jahre 1504/74“, edid. E. Egli. S. 90.)

8. Februar Sorau Überschwemmung

Durch starken Regen starke Ergießung des Baches.

(J. G. Worbs „Geschichte der Herrschaften Sorau u. Triebel“. S. 184.)

(J. Sam. Magnus „Histor. Beschreibung der etc. Residentz-Stadt Sorau“. S. 66.)

9. Februar Schweinfurt Main-Überschwemmung

Der Main wuchs durch Schmelzwasser zu einer außerordentlichen Höhe. Die Innere Mainbrücke wurde beschädigt, auch sonst viel Schaden.

(A. Mühlich u. G. Hahn „Chronik der Stadt Schweinfurt“. S. 275.)

Frühling Kanton Neuchatel u. Solothurn Überschwemmungen der Flüsse

Die Gewässer überschwemmen außerordentlich, u. a. besonders zu Soleure.

(J. Boyve „Annal. histor.“ III. S. 161.)

Mai Warmbrunn Überschwemmung des Zackens

Zacken-Überschwemmung. 9 Häuser wurden fortgerissen.

(J. G. Bergemann „Beschreibung und Geschichte von Warmbrunn etc.“ S. 82.)

17. Mai 1567 Loire, Loiret, Cher Überschwemmungen

Arriva une inondation extraordinaire; la Loire et le Loiret se joignirent; tout le pays situé entre ces deux rivières fut submergé; les eaux furent si élevées qu'elles couvraient la toiture des maisons placées dans le val; il y eut même de l'eau dans l'église et le présbytère de Saint-Nicolas-Saint Mesmin, à une telle hauteur, . . . La ville de Tours fut envahie par les eaux de la Loire et du Cher.

* (M. Champion „Les inondations en France etc.“ II. S. 217/18 u. 222.)

La Loire déborda et se réunit au Loiret; Orléans fut submergé. Tours envahi par les eaux de la Loire et du Cher. Un plaque, rue Saint-Etienne, à Tours, atteste qu'elles atteignirent sur ce point une hauteur de plus d'un mètre.

(Célest. Port „Questions Angevines“ I. Les phénomèn. physiques. S. 109.)

Es seyn die beyden Wasser, Ennß und Steyer dermassen angeloffen, daß die Grösse derselben alle vorige anno 1538. 39 und seithero gewesenen Wasser-Güsse, welche noch heutigen Tages am Spital und an der Stadt Mauren durch gemachte Zeichen zu sehen und sehr hoch seyn, dannoch um eine ziemliche Mannß-Länge überstiegen. Und hat alle Brücken, Steg, Mühlenwerck, Fluder, Schleiffen etc. weggetragen und sonsten allenthalben mercklichen Schaden gethan.

1567 29.—30. Juli Steyr (Ober-österr.) Enns u. Steyr: Überschwemmung

(Val. Preuenhueber „Annales Styrenses etc.")

ist eine Wolkenbrust gefallen und groß Wasser gekommen; hat zu Burkersdorff die Schmiede, den Kretschamb, die Scheune sambt allem Getreyde, zu Kroschwitz in der Mühle im Garten viel Erdreich und auch das Hirtenhauß weggeführet, die Brücke beym heiligen Geiste, das Kletschker Wehr ausm Grunde gerissen, so fast bei Menschen Gedencken nicht geschehn, item die Heuser by der Badtstuben. [Hieronymus Thommendorf]

30. Juli Gegend von Schweidnitz Überschwemmung infolge eines Wolkenbruchs

(„Die Thommendorf'sche Familienchronik" in „Scriptor. rer. Silesiac". 11. Bd. S. 53 „Schweidnitz. Chroniken d. 16. Jahrhdts.")

Bober: Maximum der Überschwemmung infolge anhaltenden Regens. Die große und kleine Brücke und die Walkmühle wurden fortgerissen.

30.—31. Juli Bunzlau (Schlesien) Überschwemmung des Bobers

(Dr. E. Wernicke „Chronik der Stadt Bunzlau". S. 51.)

die 30. Julii continuatis duarum noctium, et unius diei pluviis adeo flumen intumuit Salsa, ut pontem cubito superaret: multi mortalium aquis abrepti, jumenta, aedes, agri, prata, horti, septa riparum, et aggeres devastati, destructa officina salis apud Hallein oppidum, magna vis excocti salis demersa.

30. Juli Salzburg Überschwemmung der Salzach

(„Novissimum chronicon antiqui monasterii ad sanctum Petrum Salisburgi ord. sanct. Benedicti". S. 483.)

(Nach Regengüssen, die 2 Nächte und 1 Tag angehalten hatten, stieg am 30. Juli der Salzach-Fluß derartig an, daß er 1 Elle höher war als die Brücke. Viele Sterbliche wurden durch die Fluten hinweggerafft, Zugtiere kamen um, Wohnhäuser, Äcker, Wiesen, Gärten, Umzäunungen der Ufer und Dämme wurden völlig verwüstet, die Salzwerke bei der Stadt Hallein zerstört, die große Wirksamkeit des getrockneten Salzes im Wasser begraben)

Durch starken Regen starke Ergießung des Baches.

11. August Sorau Überschwemmung

(J. G. Worbs „Geschichte der Herrschaften Sorau u. Triebel". S. 184.)

(J. S. Magnus „Histor. Beschreibung der etc. Residentz-Stadt Sorau". S. 66.)

11.—14. August 1567 Gegend von Sorau Überschwemmung der Flüsse

Ein grosses Wetterleuchten / darauf erfolgte ein schwerer Regen / der zu Laubnitz und Reinswalde die kleinen Flüsse so hoch aufschwellte.

(J. S. Magnus „Histor. Beschreibung der etc. Residentz-Stadt Sorau". S. 68.)

12. August Friedeberg a/Queis und Umgegend Überschwemmung des Queis

Queis: Furchtbare Überschwemmung. In Friedeberg wurden 14 Häuser weggerissen. Großer Schaden an Gärten, Äckern und Wiesen.

(J. G. Bergemann „Beschreibung und Geschichte der Stadt Friedeberg am Queis". S. 139.)

13. August Bunzlau Überschwemmung des Bobers

Bober-Überschwemmung, die nicht allein an Gärten, Äckern, Wiesen, Brücken und Mühlen großen Schaden verursachte, sondern auch 10 Häuser wegriß und 7 Menschen in den Fluten ihren Tod fanden.

(J. G. Bergemann „Chronik der Stadt Bunzlau". III. S. 79.)

20. August Liegnitz Überschwemmung der Katzbach

. . . aber hatte das angewachsene Gewässser die Tämme durchbrochen . . .

(G. Thebesius „Liegnitzsche Jahr-Bücher". III. S. 151.)

31. August Sagan Hochwasser des Bobers

Bobera flumen subito in summam excrevit altitudinem.

(„Catalogus abbatum Saganensium" in „Scriptores rer. Silesiac." 1. Band. S. 511.)

(Der Boberfluß wuchs plötzlich zu einer sehr großen Höhe an.)

1. Oktober Ardèche (S. Frankreich) Überschwemmung der Flüsse, z. B. der Cance

les cours d'eau del'Ardèche déborderent. C'est alors qu'eut lieu le premier déluge d'Annonay par la Cance et la Drôme.

* (M. Villard „Météorologie régionale". S. 59.)

17. Oktober Salzburg Überschwemmung der Salzach

Eiusdem anni autumno die decima septima Octobris repetita clades nihilo minor resolutis per montana nivibus, quibus aucti profluentes humiliora quaeque inundarunt.

(„Novissimum chronicon antiqui monasterii ad sanct. Petrum Salisburgi ord. sanct. Benedicti". S. 483.)

(Im Herbst dieses Jahres, am 17. Oktober, wiederholte sich das Unglück, nicht weniger klein, indolge Schneeschmelze im Gebirge, wodurch die niedrigeren Gewässer anschwollen und über ihre Ufer traten.)

Es ist ein grosser Wind entstanden / welcher die Dächer und Gebäu sehr beschädigt / auch den Schnee am Gebürgen zerschmoltzen / dardurch die Wasser gewachsen / vnd nit viel kleinern Schaden / als kurtz zuvor im Sommer geschehen.

(F. Dückher von Haßlaw „Saltzburgische Chronica, etc." S. 262.)

Cette ville fut inondée de nouveau . . . , et elle subit de grands dommages.

* (M. Villard „Météorolog. régionale" S. 59.)

27. Oktober 1567 Annonay (Dép. Ardèche, S. Frankreich) Über-schwemmung der Cance

. . . , nachvolgent am 29. Oktober ain grosser regen 2 tag und nacht gewest, ist ain mechtig gross gewässer angloffen, hat hie vil holtz her gefirt, scheibenholtz, und zum thaill durch den rechen hin.

(„Franz Schweygers Chronik der Stadt Hall" ed. Dr. Dav. Schönherr in „Tirol. Geschichtsquellen". I. S. 147.)

29.—30. Oktober Hall (Tirol) Inn-Über-schwemmung

entstunde ein groß gewässer zu Verona in Welschland / dann der Fluß Adige lieff dermassen an / daß er nit allein die häuser an vilen orten mit Wasser erfüllet / sondern auch gar einweichete vnd einrisse / die Mülen oben vnd vnder der Statt verwüstet / ein stück von der Schloßmawren nidergefället / vnd dermassen in die Statt getrungen / das es vber die häuser gangen / vnd alles ersäufft / was es darin ergriffen / . . . Also das in derselbigen gegent bey 200 Menschen in disem gewässer vmbkommen. An etlichen orten daselbst herumb hat es gar nahe gantze Dörffer hinweg geflösset. Im Thal zu Trient war alles mit Wasser vberschwemmt / vnd sind mehr dann 200 personen darin ertruncken. vmb Padua hat auch der fluß Brenta / an Häusern / Mühlen / Menschen vnd Kauffmannschafft grossen schaden gethan.

(Joh. Sleidan „Warhafft. Beschreibung etc." Continuat. II. S. 95) = 24. Oktober

Ende Oktober Verona, Trient, Padua Etsch- u. Brenta-Über-schwemmung

Wasserflut. Zahlreiche Menschen ertrunken, viele Häuser und Mühlen zerstört.

(Dr. G. Hellmann „Die Meteorologie in den Flugschriften und Flugblättern des 16. Jahrhdts." S. 17 u. 61/62 aus Flugschriften.)

° (W. Lazius „Chronica oder histor. Beschreibung der etc. Hauptstadt Wienn etc.", edid. H. Abermann. S. 32.)

30.—31. Oktober Trient, Verona, Vicenza, Padua Über-schwemmungen der Flüsse, z. B. Etsch u. Brenta

Ist auch ditzmals grossmächtiger schaden geschechen in Etschlandt, pey Meran, zu Plamau die stainen pruggen hingefiert, auch am Griess, peim Lueg und anderstwo grosser schadt geschechen.

(„Franz Schweygers Chronik der Stadt Hall", edid. Dr. Dav. Schönherr in „Tirol. Geschichtsquellen". I. S. 147.) = Ende Oktober

Anfang November Südtirol Über-schwemmungen der Flüsse

Anlaufen der Gewässer infolge langanhaltender Gewitterregen. Die „grausamblich angeloffene" Passer verwüstete bei Meran alles tiefere Land auf der Seite des Klosters der Clarissinnen.
[Bericht des Kellners von Jufal Jos. Sinkhmoser u. a. Sachverordneter an den E H Ferdinand v. 11. 8. 1568. Statthalterei-Archiv in Innsbruck. Pest-Archiv XIII, 112.]

(Karl Sonklar Edler von Innstaedten. „Von den Überschwemmungen". S. 76.)

Ende Oktober—Anfang Nov. Südtirol Über-schwemmungen der Flüsse, z. B. der Passer

2. November 1567 Südtirol Überschwemmungen der Flüsse, z. B. der Talfer, des Eisack und der Etsch

Die Talfer ging so hoch, daß sie bei Bozen erst die Brücke überlief, ehe diese zusammenbrach, und dann durch das Tor in die Stadt eindrang. Der Eisack zerstörte die Brücken bei Blumau und Bozen. Die Etsch zerstörte die Brücken bei Lana und Sigmundskron und riß bei Nals mehrere Häuser mit ihren Scheunen fort. An vielen Orten endlich erfolgten schädliche Einbrüche des Wassers in das bebaute Land.
[„Tirol. Volksblatt", Bozen. 1882. No. 93.]

* (Karl Sonklar Edler von Innstaedten „Von den Überschwemmungen". S. 76.)

1568 Zeitz Überschwemmung infolge eines Wolkenbruchs

Wolkenbruch. Das Wasser läuft in die Fenster der Brühlhäuser hinein.

(E. Zergiebel „Chronik von Zeitz etc." IV. S. 550.)

Gegend von Magdeburg u. Halberstadt Überschwemmungen der Flüsse, z. B. der Holzemme

that das grosse Wasser an vielen Orten im Magdeburgischen und Halberstädtschen, sonderlich zu Ermsleben, nicht geringen Schaden.

(C. Abel „Stiffts- Stadt- u. Land-Chronick / des jetzigen Fürstenthums Halberstadt". S. 497.)

Aschersleben, Ermsleben Überschwemmung der Eine und Selke

Es richtete ein großes Wasser an vielen nahen Orten, vorzüglich aber zu Ermsleben großen Schaden an.

(K. v. Zittwitz „Chronik der Stadt Aschersleben." S. 157.)

Krossen Oder-Überschwemmung

Fluht, welche zwar nach anzeige der in der Statmauer zu Krossen befindlichen jahrzahl eine viertel elle niedriger gestanden, iedoch auch hin und wieder viel schaden verursachet.

(J. Chr. Bekmann „Histor. Beschreibung der Chur und Mark Brandenburg". I. Sp. 1043.)

Neudamm Oder-Überschwemmung

Oder. Verheerende Überschwemmung.

(Ehrich „Chronik der Stadt Neudamm". S. 3.)

Kanton Luzern Flüsse: Hochwasser

Aquarum memorabile incrementum.

(Dr. M. A. Capellerius „Pilati montis historia in pago Lucernensi Helvetiae". S. 43.)

(Ein bemerkenswertes Anwachsen der Gewässer.)

Anfang Juni Kanton Aargau Überschwemmung der Reuß

. . ., daß die Reuß bis zum 12. Juni stark anschwoll und vielerorts den Bauern an Heu und Äckern schädigte. Nachher fiel sie ab und wurde sehr klein.
[Tagebuch von Werner Schodeler d. Jüngeren].

(B. Amberg „Beiträge zur Chronik der Witterung etc." III. S. 9.)

6. Juni Salzburg Überschwemmung der Salzach

Es ist die Saltzach vmb ein Manns-Läng höher als vergangnes 1567. Jahr gestiegen / nit ohne grossen Schaden deß gantzen Lands.

(F. Dückher von Haßlaw „Saltzburgische Chronica etc." S. 262.)

effusi torrentes ex alpibus Gustanensibus hausere mortales facile ducentos et amplius. obrutis, et eversis aedibus amplius quinquagenis.

14. Juni 1568 Salzburg Überschwemmung

(„Novissimum chronicon antiqui monasterii ad sanct. Petrum Salisburgi ordin. sancti Benedicti". S. 483.)

(Die Wildbäche aus den Gasteiner (?)-Alpen ergossen sich und brachten wohl 200 und mehr Menschen ums Leben und vernichteten mehr als 50 Wohnhäuser.)

Salzach: In der Woche Johann des Täufers war Hochwasser.

um 24. Juni Burghausen (Oberbayern) Hochwasser der Salzach

(J. G. B. Huber „Geschichte der Stadt Burghausen in Oberbayern. S. 198.)

. . . , da es bis 20. alle Tage regnete. Die Reuß wuchs wieder stark und war 2 Monate lang hoch.
[Tagebuch von Werner Schodeler d. Jüngeren].

Juli Kanton Aargau Reuß: Hochwasser

(B. Amberg „Beiträge zur Chronik der Witterung etc." III. S. 9.)

Große Wassernot.
[Hallers Witterungsbeobachtungen]

28. August Zürich Überschwemmung

(„Schweizer. meteorolog. Beobachtungen". X. S. 46.)

Es ging die Reuß wieder stark an.
[Tagebuch des Werner Schodeler d. Jüngeren].

Kanton Aargau Reuß: Hochwasser

(B. Amberg „Beiträge zur Chronik der Witterung etc." III. S. 9.)

sub noctem tam copiosae fuere pluviae eaeque repentinae, ut Badenae in Helvetia destruxerint pontem super Limagum dejecerintque turrim atque sacellum supra pontem aedificatum cum imaginibus et magno civium terrore.

Baden a/d. Limmat (Kant. Aargau) Überschwemmung der Limmat

(„Diarium des Christian Wurstisen 1557–1581" edid. R. Luginbühl. S. 113.)

(Bei Nacht traten so reichliche und plötzliche Regengüsse ein, daß sie zu Baden in der Schweiz die Brücke über die Limmat zerstörten, und den Turm und die Kapelle und die Statuen, die auf der Brücke errichtet waren, mit fortrissen, zum großen Schrecken der Bürger.)

zu nacht, erhub sich ein grusam wätter ob Baden. Die lüt wontend, der jüngst tag kemme. Zu Ottelfingen geschändt das wasser 12 hüser, tat unsaglichen schaden und furt die brugg über die Limmat zu Baden hinweg.

N. Schweiz Überschwemmung der Limmat

(„Heinrich Bullingers Diarium der Jahre 1504–1574", edid. E. Egli. S. 97.) = 29. August

In der Nacht zwischen 1 und 2 Uhr schwellte ein Wolkenbruch mit Blitz und Donner die Limmat so mächtig an, daß sie ob Baden über 6 Jucharten Reben nebst Bäumen und Gesträuchern aus den Wurzeln wegschwemmte, wodurch die

28. August Baden a/d. Limmat (Kant. Aargau) Überschwemmung der Limmat

dortige Brücke bei einer Stauung weggerissen wurde. Bei den kleinen Bädern wurde eine Mauer in die Limmat gestoßen.
[Tagebuch von Werner Schodeler d. Jüngeren].

(B. Amberg „Beiträge zur Chronik der Witterung etc.“ III. S. 9.)

28. August 1568 Unterwalden Überschwemmung

Es wurden bei diesem Gewitter mächtige Felsen von den Bergen gespült und die Güter verderbt.
[Tagebuch von Werner Schodeler d. Jüngeren].

(B. Amberg „Beiträge zur Chronik der Witterung etc.“ III. S. 9.)

Schweiz Rhein: Hochwasser

Rhein: Großer Schaden durch Hochwasser, sein Wasser blieb wohl 8 Tage lang in gleicher Größe.
[Tagebuch von Werner Schodeler d. Jüngeren].

(B. Amberg „Beiträge zur Chronik der Witterung etc.“ III. S. 9.)

Winter 1568/69 Flandern Flüsse und Kanäle: Eisdecke

. . . , eo quod, fluviis omnibus canalibusque constrictis, . . .

(Dav. Papebroek „Annales Antverpienses etc.“ III. S. 148/49.)

(. . . , daß die Flüsse und alle Kanäle zufroren.)

Deutschland Flüsse: Eisdecke, z. B. Rhein, Donau, Neckar

Sehr streng / daß der Rhein / Thonaw / Neckar / und alle Wasser so hart überfrohren / daß man mit geladenen Wägen darüber fahren konte.

(Tob. Gaensschoppf „Chronicon etc.“ S. 99.)

Frankfurt a/Main Rhein u. Main: Eisdecke. Bei Eisaufgang Hochwasser

Der Main gefriert Advent 1568. Man kann überall über das Eis des Main und Rhein gehen bis nach dem neuen Jahr, da das Eis bricht. Darauf großes Gewässer mit großem Schaden.

(A. A. von Lersner „Der weit-berühmten freyen etc.-Stadt Franckfurt am Mayn chronica“. I. S. 534.)

Main: Eisdecke

Main: 16.–18. Dezember 1568
21.–30. Dezember 1568 } zugefroren.
2.– 4. Januar 1569

(Dr. J. Ziegler u. Dr. W. König „Das Klima von Frankfurt a/M.“ Tafel 9.)

Schweinfurt Main: Eisdecke

1568. 11. Dec. ist der Main von wegen der groszen Kälte von ihme selbst bestanden, und fortgewähret bis uf den 16. Januar 1569. Dies Jahr ist der Main 2 mal bestanden, und hat gewähret bis uf den 26. Febr. 1569, der Zeit das Eis allererst abgangen.

(„Eines Ungenannten im Stadtbauamte vorgefundene geschichtliche Nachrichten von Schweinfurt 1558–1578“ in „Monumenta Svinfurt. histor.“, edid. Friedr. Stein. S. 420.)

Die Donau fror so stark zu, daß man vom Gänsthor unter der Donaubrücke hindurch bis an des Teufels Stegle (Kobelsteg) gehen konnte. Winter 1568/69 Ulm Donau: Eisdecke

(D. A. Schultes „Chronik von Ulm etc." S. 141 aus Veith Marchtalers Chronik.)

was ein gruwsam hart Winter; 14 Tage vor St. Martini frör idt tho, und frör alle Nacht 3–4 Finger dick, und wahrede beth in de Fasten, eher idt recht beginnede tho dowen; se lepen, föhren und reden aver die Elve van der hogen Hörn na Stade, wor se wolden. Holstein Elbe: Eisdecke

[Pastor Joachim Vapel in d. Kirchen-Chronik von Colmar.]

(„Die Witterungsverhältnisse, Ernteerträge u. Getraidepreise in der Haseldorfer Marsch" in „Jahrbücher f. d. Landeskunde d. Herzogthüm. Schleswig, Holstein u. Lauenburg". Band II. S. 120.)

Im Anfange dieses Jahres war ein solcher kalter Winter, daß die Elbe, Weser und Leine so hart zufroren, daß man mit Wagen darauf fahren konnte. Dahero das starke Eys im Auftauen an vielen Orten großen Schaden gethan. [M. Lang,] Elbe, Weser, Leine: Eisdecke. Später starker Eisgang

(O. Jürgens „Hannov. Chronik" in „Hannov. Geschichtsblätter". 5. Jahrg. S. 67.)

Es ist ein überaus harter und strenger Winter gewesen. Die Kälte fing sich an auf Martini, und währete bis zu Fastnacht im folgenden Jahre, so gar, daß man Bier von Hamburg bis in Hadeln zu Wagen auf dem Elbe-Strom hat fahren können. 1568 ist wiederum ein sehr harter Winter von Martini bis Fastnacht gewesen. Land Hadeln Elbe: Eisdecke

(D. W. Bilkau „Hadeleriologia etc." S. 89.) = Winter 1567

Hart. Dauer: Martini – Mitfasten (11. Nov.–20. März) Elbe von kurz nach 11. Nov. bis Fastnacht zugefroren. (22. Febr.) Gegend von Kleinmühlingen (Anhalt) Elbe: Eisdecke

(E. Wiemann „Ein wiederaufgefundenes Kleinmühlinger Kirchenbuch des 16. Jahrhunderts". S. 48.)

Do fros de strandt tho vp winachten vnd dat jys lach het vp den 26. Martij. Stralsund Ostseestrand Eisdecke

(„Gerhard Hannemanns Memorial-Buch vom Jahre 1553/87" in „Stralsund. Chroniken", ed. E. H. Zober. II. S. 167.)

Sehr starke Kälte. Man fährt auf dem Eise nach Hela und Lübeck. Danziger Bucht Eisdecke

(A. F. Violét „Neringia etc." S. 25.)

Fred. II kunde ikke i Julen komme over St. Baelt 2 den Juledag kom en Mand over Baeltet og tilbage igen med betydelig Fare. Fred. II vilde over, men paa Kjertemindefjord brast Isen under ham. 8/1. var han kun naaet til Sprogø, hvor ingen boede. Dette gav Anledning til, at der blev bygget en Bolig paa Sprog, og I Mand ansat til Opsyn. Der var altsaa I i Baeltet i Slutningen af December og i Begyndelsen af Januar. Belt Eisdecke

(C. J. H. Speerschneider „Om Isforholdene i Danske Farvande etc." S. 73 aus Troels Lund „Peder Oxe".)

Winter 1568/69 Thur, Rhein Eisdecke

Die Thur was des Winters überfroren, daß es geladen Wägen mit Holz tragen mögen; auch der Rhein überfror an etlichen Orten.
[Nieder-Neunformer Chronik]

(„Bauernchroniken aus den thurgauischen Bezirken Dießenhofen und Frauenfeld etc." edid. A. Farner u. R. Wegeli. S. 85/86.)

8. Dezember 1568 Kanton Aargau Reuß: Eisdecke

. . . und wurde es so kalt, daß die Reuß längs der Ufer zugefror.
[Tagebuch v. Werner Schodeler d. Jüngeren]

(B. Amberg „Beiträge zur Chronik der Witterung etc." III. S. 10.)

11. Dezember Rhône Eisdecke

Les voitures passent sur le Rhône gelé.

* (M. Villard „Météorologie régionale" in „Bulletin de la soc. département. d'archéolog. et de statist. de la Drôme". Tom. 23. S. 617.)

15. Dezember Belgien Flüsse: Eisdecke

was het eene zeer sterke vorst, zoo dat geene schepen konden varen.

(Ph. de Kempenare „Vlaemsche Kronijk of Dagregister etc. 1566/1585", edid. J. P. van Male. S. 63.)

2. Hälfte Dezember Belgien Flüsse: Eisdecke

15. Dez. ende andere naervolghende daghen was een groote ende excessive vurst ende cauwe, ghelyck was over IIII jaeren (1564), want de rivieren die vervrosen zo dat men die moeste open houden jeghens tvervriesen.

(E. Vanderlinden „Chronique des événements météorolog. en Belgique etc." S. 131 aus „Dagboek van Cornelis en Philip van Campene". edid. de Potter.)

25. Dezember Düsseldorf Rhein: Eisdecke

mane post horam septimam Dusseldorpii glacie concretus est Rhenus, post horam soluta glacies, iterumque hora 12. constitit, cum duo transire vellent soluta est, qui tamen nauigio appulso liberati sunt. Quarta hora iterum constitit.

(Gabr. Mattenclot. „Rer. German. praecipue inferior. gestar. brevis commemoratio". S. 242.)

(Morgens nach der 7. Stunde fror zu Düsseldorf der Rhein zu, nach 1 Stunde ging das Eis auf und um 12 Uhr wiederum zu. Als 2 [Menschen] das Eis überschreiten wollten, löste sich das Eis auf. Die beiden wurden aber mit Hilfe eines Kahnes gerettet. In der 4. Stunde ging [der Rhein] wieder zu.)

26.—28. Dezember Düsseldorf Rhein: Eisdecke u. Eisgang

Sequenti die [= 26. Dez.] in ipsis natalitiis Christi magna hominum multitudo glaciem ascendit, maior autem in die Stephani [27. Dez.] . . . , sequenti autem die circiter 8 horam vespertinam soluta est glacies magno stridore nec minori nauium detrimento. Ego 26. die semel, sequenti ter transiui.

(Gabr. Mattenclot „Rer. German. praecipue infer. gestar. brevis commemoratio." S. 242.)

(Am folgenden Weihnachtstage [26. Dez.] betrat eine große Menge Menschen das Eis, eine noch größere am Stephanstage [27. Dez.] . . . , am folgenden Tage aber um 8 Uhr abends ging das Eis mit großem Krache und nicht kleinerem Schaden für die Schiffe auf. Ich selbst habe [das Eis] am 26. einmal, am folgenden [Tage] dreimal überschritten.)

Le Rhône déborde à Valence, et transporte à l'île de St.-Ruf „le bâteau de la freguate". 1569 Valence (Dép. de la Drôme) Rhône-Überschwemmung

* (M. Villard „Météorol. régionale". S. 59.)

Überschwemmungen. Seehausen (Altmark) Überschwemmungen des Alands
[Paalzow]

(G. Daume „Bilder aus Seehausens Vergangenheit". I./II. S. 155.)

Neckar: Starke Überschwemmung. Die Brücke wurde fortgerissen. Cannstadt Überschwemmung des Neckars

(J. D. G. Memminger „Cannstadt etc." S. 6.)

Zu anfang dises Jahrs seynd alle Wasser überfroren / daß man mit geladenen Wägen darauff fahren köndte. Anfang Januar Kanton Solothurn Flüsse: Eisdecke

(F. Haffner „Der kleine Solothurn. Schaw-Platz etc." II. S. 249.)

tanta inundatio erat aquarum Noerdlingae: vt S. S. Wolfgangi et Joannis fona, Nosocomeia, et Molendina alte in aquis starent. Si et extra vrbem, horti et rura. 2. Januar 1569 Nördlingen Überschwemmung

(Martin Crusius „Annalium Suevicorum Dodecas III". S. 735.)

(Es war zu Nördlingen eine so große Wasserflut, daß die Kirchen zu St. Wolfgang und St. Johann, die Krankenhäuser und Mühlen tief im Wasser standen. So auch außerhalb der Stadt die Gärten und Äcker.)

Es war eine solche ungeheure, grose und in hiesigen Landen nit bald erhörte Wassergüsse, daß alle Mühlen still stuenden, und das Gewässer alle Güter überschwemmte. 11. Januar Elsaß Überschwemmungen der Flüsse

(M. Tschamser „Annales etc. zu Thann". II. S. 182.)

fuit aquarum inundatio a die 14 usque ad 19 Januarii. 14.—19. Januar Louvain (Löwen) (Belgien) Überschwemmung d. Dyle

(J. Molanus „Les 14 livres sur l'hist. de la ville de Louvain", edid. Ram. II. S. 860.)

(Vom 14.–19. Januar währte eine Überschwemmung.)

den 18. Jenner ist der Rein, die Jll und Breusch über die maß groß worden, das allenthalben durch die müeln lieff, und auf der Metzger auw in schiffen fahren must. 18. Januar Rhein, Ill, Breusch Überschwemmungen

(„Straßburger Jahrgeschichten 1424—1593" in F. J. Mone „Quellensammlung zur badischen Landesgeschichte". II. S. 144.)

In de maent van Maerte dede de windt ende watervloet veel schade aen de zeedijcken; . . . März Flandern Sturmflut

(„Memorieboek der stad Ghent van't j. 1301 tot 1793" II. Deel in „Maetsch. d. Vlaemsche Bibliophilen", 2. serie. No. 15. S. 371.)

8. März 1569
Nantes
Loire-Überschwemmung

Loire: Inondation. Wasserstand: 21 pieds 3 pouces = 6.90 m. Absol. Maximum des Jahres.

(M. Champion „Les inondations en France etc.“ II. S. 222 aus Rouillé-Courbe „Inondations du départements d'Indre-et-Loire“. S. 589.)

15. März
Meißen i/Sa.
Elbe-Hochwasser,
Triebisch zum 3. Male Eisdecke

Albis aliquot cubitorum altitudine creuit Id. Mart. biduo typhones vehementissimi, et torrens Trebisa tertio glacie constitit.

(G. Fabricius „Rer. Misnicar. libri VII“. S. 230.)

(Die Elbe stieg um einige Ellen an. 2 Tage lang [tobten] sehr heftige Wirbelstürme, und es fror der Wildbach Triebisch zum 3. Male zu).

° (M. Grünewald „Die Meißner Chronik“. S. 190.)

Ende Mai—Ende Juli
SO Deutschland
Überschwemmungen der Flüsse

Frequentes fuerunt pluviae a festo pentecostes usque ad festum divi Jacobi [29. Mai–25. Juli], maximae etiam aquarum et fluminum exundationes per totam Silesiam, quae graminibus et segetibus in pratis et campis maximum intulerunt damnum.
[Chronik des Goldberger Harlart]

(Dr. O. Meltzer „Kleine Beiträge zur Chronik von Goldberg und Haynau“ in „Zeitschrift d. Vereins f. Geschichte u. Alterthum Schlesiens“. 13. Band. 1. Heft. S. 253.)

(Vom Pfingstfest bis zum St. Jakobifest [29. Mai–25. Juli] traten häufige Regengüsse ein und sehr starke Überschwemmungen der Gewässer durch ganz Schlesien, die den Gräsern und Saaten auf den Wiesen und Feldern größten Schaden zufügten.)

Sommer
Elbe u. Saale
Überschwemmungen

Überschwemmung. Hochwasserschäden bei Rosenburg, Nienburg, Barby, Glinde und anderen Orten.
[Notiz von Pfarrer Ludw. Schmid im Kirchenbuch]

(Erich Wiemann „Ein wiederaufgefundenes Kleinmühlinger Kirchenbuch d. 16. Jahrhunderts“. S. 48.)

Altmark
Elbe-Überschwemmung

Die Elbe überflutete mitten im Sommer die Wische.

(E. Wollesen „Chronik der altmärkischen Stadt Werben etc.“ S. 131.)

Deichbrüche an verschiedenen Stellen bei Neukirchen. Großer Schaden.

(Dr. E. Wollesen „Beiträge zur Geschichte des Kreises Osterburg“. I. S. 94.)

Meißen i/Sa.
Elbe-Überschwemmung

ein gros Gewässer.

(Laur. Faust „Geschicht- vnd Zeit-Büchlein der etc. Stadt Meissen etc.“ S. 61.)

Zwischen 3 vnnd 4 Vhr [Nachmittag] durch ain Wolckenpruch der Kirchpach in der Rastözen [= Rastetzen, nordöstlich von Hofgastein] angeloffen vnnd in dem Marckht Hof alhie 52 Heyser sambt [den] Mülln [vnnd] Schmidten, auch Padstueben hinweckgerendt [vnnd] zerrissen, auch vort getragen; sein auch in solcher laidigen Giß 147 Persohn, so man hernach ainzelligerweiß gefundten, vmbkhomen, . . .

14. Juni 1569 Gastein Überschwemmung infolge eines Wolkenbruchs

(Dr. A. Freiherr v. Härdtl „Gasteiner Chronik". S. 7.)

Elbe: Es regnete 4 Wochen dergestalt, daß dieselbe nur da zu sechs verschiedenen malen hoch anlief, wodurch die Felder, Wiesen, verwüstet und die Dämme zerrissen wurden.
[Fortsetzung d. historischen Nachrichten von der Stadt Pirna". S. 15.]

18. Juni—18. Juli Pirna 6mal Elbe-Überschwemmungen

(C. G. Poetzsch „Chronolog. Geschichte der großen Wasserfluthen des Elbstroms etc." S. 50.)

ist das Wasser zur Liegnitz ungewöhnlich und erschröcklich angewachsen. Krenzheim, damals Stadt-Pfarrer in der Nieder-Stadt-Kirche, schreibt, diese Fluth wäre über alle Tämme und Gräben gegangen.

19. Juni Liegnitz Überschwemmung der Katzbach

[Krenzheim „Chronolog." Lib. 7. f. 396 und Schickfuß I. Cap. 41. S. 224.]

Lt. Acta H. fol. 417 u. 424:
2 Personen ertruncken, Breßlau. Brücke, Goldberger Thor sammt dem Thurm der Brücken, das Stadt-Mäuerlein umb und an der Festung ausgewaschen u. niedergefället, und sonst an Tämmen, Aeckern, Getreide, Wiesewachs, Stegen und Wegen, und sonst grossen Schaden verursachet worden.

(G. Thebesius „Liegnitzische Jahr-Bücher" III. S. 155.)

Wasserfluth in den Vorstädten, wodurch nicht allein etliche Häuser, sondern auch die Dämme, ja selbst hier und dar die Stadt-Mauren an der Stadt eingewaschen und gefället worden, die Brücken vorm Breßlauischen Thore wurden zerrissen und weggetrieben, und das Goldbergische äusserliche Thor ward ingleichen mit seinem Thurme zur linken Hand in den Graben danieder geworfen.
[Act. Lit H. Fol. 417 ff.]

19. Juni Liegnitz Überschwemmung der Katzbach

(G. Thebesius „Liegnitzische Jahr-Bücher" I. S. 37.)

° (Joh. Sleidan „Warhafft. Beschreibg. etc." Continuat. II. S. 162.)

° (Nicol. Henelius ab Hennenfeld „Annal. Silesiae" in F. W. von Sommersberg „Siles. rer. scriptores." II. S. 428.)

Es ist das Wasser ausgetretten / vnd in die Mühlen gegangen.

Goldberg (Schles.) Überschwemmung der Katzbach

(Dav. Namsler „Außführlicher Bericht von Wassern und Wasserflutten etc." S. M II^{b}.)

20. Juni—20. Juli 1569 Meißen i/Sa. Elbe: 6mal Überschwemmungen

A die XII. Calend. Julij, vsque ad XIII. Cal. Aug. ingentes et fere continuae pluuiae. Albis incrementa capit sexies. Agris illata eluuione magna vastitas, non solum imbribus de coelo, et in locis quibusdam grandine, sed etiam ruptis fluminum et piscenarum aggeribus.

(G. Fabricius „Rer. Misnicar. libri VII". S. 232.)

(Vom 20. Juni–20. Juli sehr starke und fast ununterbrochene Regengüsse. Die Elbe führte sechsmal Hochwasser. Den Äckern wurde durch die Überschwemmung schwerer Schaden zugefügt, und zwar nicht nur infolge der Regengüsse und an verschiedenen Orten durch Hagel, sondern auch infolge der Dammbrüche der Flüsse und Fischteiche.)

° (M. Grünewald „Die Meißner Chronik". S. 191.)

21. Juni Leitmeritz (Elbe) Elbe-Überschwemmung

Es trat eine große Überschwemmung der Elbe ein. Das Wasser, das bis an die Ziegelschläge hinter der Brücke reichte und alle Wiesen um Kopist überflutete, nahm in den überschwemmten Fluren alles Getreide mit und verursachte großen Schaden. Der Wasserstand der Elbe war so hoch, daß die Leute von der Brücke das Wasser mit den Händen erlangen konnten.

(Dr. W. Katzerowsky „Die meteorologischen Aufzeichnungen der Leitmeritz. Stadtschreiber aus den Jahren 1564–1607". S. 7.)

22. Juni Leitmeritz (Elbe) Elbe-Hochwasser

Das Wasser fällt um 2 Ellen.

(Dr. W. Katzerowsky „Die meteorolog. Aufzeichnungen der Leitmeritz. Stadtschreiber aus den Jahren 1564–1607." S. 7.)

um 24. Juni SO Deutschland Überschwemmungen der Flüsse, z. B. Bober u. Queis

Viele Gewässer-Überschwemmungen, z. B. Bober u. Queis.

(Dr. E. Wernicke „Chronik der Stadt Bunzlau". S. 236.)

2. Hälfte des Jahres Görlitz Überschwemmung der Neiße

Fast die ganze 2. Hälfte des Jahres bis in den Dezember hinein Neiße über die Ufer getreten und Ernte größtenteils vernichtet.
[Diarium von Barthol. Scultetus]

(Dr. Eitner „10 Jahre aus Görlizens Vergangenheit 1567/77". S. 17.)

19. Juli Freiberg i/Sa. Überschwemmung des Müntzbach (Lusitz)

Es sind die Teiche bey den obern Hüttenwegen Gewitters und vielen regens außgerissen / und hat sich die Müntzebach zwischen Erbischen und Donats-Thore dermassen auffgethämmet / daß sie über die eine Stadtmawer in Zwinger / . . . / gelauffen / und in der Sechsstadt wie auch in der Loßnitz an Häusern / Gärten / Wiesen und sonst grossen Schaden gethan.

(Dr. A. Moller „Theatr. Freiberg. chronic." II. S. 295/6.)

1570 England Überschwemmungen der Flüsse

Überschwemmungen in verschiedenen Teilen.

(Dr. G. Hellmann „Beiträge zur Geschichte der Meteorologie". III. S. 64 aus englischen Flugschriften.)

Überschwemmung. 1570 Loire Über schwemmung

(M. Champion „Les inondations en France etc." II. S. 222 aus Manuscr. d. Bibl. de Clermont.)

Interea Mosa et alia totius inferioris Germaniae flumina extra alueos longe lateque excurrentia, magna finitimis incolis damna intulere. Belgien, Westdeutschland Flüsse: Überschwemmungen, z. B. Maas

(J. Chapeauville „Gesta pontificum leodiensium etc." III. S. 456.)

(Inzwischen traten die Maas und die anderen Flüsse des ganzen unteren Deutschland weit und breit über ihre Ufer und brachten den Einwohnern große Schäden.)

Es haben sich auch die Wasser allenthalben in Teutschland hefftig ergossen. Deutschland Überschwemmungen der Flüsse

(Matth. Dresser „Sächsisch. Chronicon". S. 672.)

Neckar: Starke Überschwemmung. Heilbronn Überschwemmung des Neckars

(Dr. Fr. Dürr „Heilbronn. Chronik". S. 120.)

Es ist die Statt Mülhausen durch stätiges Regenwetter zue etlichen Malen in das Wasser gesetzt. Mülhausen (Els.) Überschwemmungen der Ill

(J. Henric-Petri „Der Statt Mülhausen Historien von Stattschreiber J. Henric-Petri". S. 227.)

Das Wasser that in der ganzen Gegend großen Schaden, und an der vor 3 Jahren erbauten Langen-Brücke bey Colmar riß es ein Joch hinweg. Gegend von Colmar Überschwemmung der Lauch

(„Sigmund Billings kleine Chronik der Stadt Colmar", edid. A. Waltz. S. 77.)

Große Überschwemmung. Neubreisach (Els.) Überschwemmung der Kanäle

(F. Brockhoff „Geschichte der Stadt und Festung Neubreisach im Elsaß". S. 4.)

Salzach: Schreckliche Wasserfluth, so daß die Häuser an der Salzach bis an's Dach unter Wasser waren und viel Vieh und Menschen zu Grunde gingen. Burghausen (Oberbayern) Überschwemmung des Salzach

(J. G. B. Huber „Geschichte der Stadt Burghausen in Oberbayern". S. 198.)

Pegnitz-Überschwemmung. Nürnberg Überschwemmung der Pegnitz

(G. A. Will „Von der neulichen größten Überschwemmung etc." S. 9.)

Es sind die Elbe, Saale, Unstrut . . . sehr groß worden. Mittel-Deutschland Überschwemmungen, der Flüsse, z. B. Elbe, Saale, Unstrut

(J. Chr. von Dreyhaupt „Pagus Neletici etc." I. S. 633.)

(G. Olearius „Halygraphia etc." II. S. 289.)

Es hat das große Gewässer, auch die Eisfahrt die eine Brust nach der neuen Stadt eingerissen und sonst am Graben großen Schaden getan. Mühlberg (Elbe) Eisgang und Überschwemmung der Elbe

(Alfred Schmidt „Geschichte der Stadt Mühlberg". S. 223.)

1570 Brandenburg a/d. Havel Über- schwemmung der Havel

Große Überschwemmung, fast so groß wie 1566.

(M. W. Heffter „Geschichte der Kur- und Hauptstadt Brandenburg". S. 335.)

Forst (Lausitz) Über- schwemmung der Neiße

Neiße: Starke Überschwemmung.

(J. Chr. Schneider „Chronik der Stadt Forst etc." S. 320.)

Brieg i/Schlesien Oder-Über- schwemmungen

Der Oderstrohm hat sich dies Jahr so oft ergossen, daß die Stadtmühlen von Ostern bis Martini 7 mahl stille gestanden haben.
[Notiz in ein. Exemplar der Schrift von Koch „Nachricht. von großen Oder-Überschwemmungen aus der Vergangenheit" mit dem Vermerk „Extract aus d. Notizen d. Not. Josias Rothermel zu Brieg]

(C. Grünhager „Über die Unechtheit d. angebl. Chronik des Brieg. Stadtschreibers Blasius Gebel". S. 360.)

Thorn Weichsel-Über- schwemmung

Weichsel: starke Überschwemmung.

(Dr. Franz Brandstäter „Die Weichsel". S. 351.)

SO Deutschland Über- schwemmungen der Flüsse

Hoc demum anno ob frequentes fluviorum exundationes magnum in bonis damnum passus fuit, . . .

(„Fibiger acta magistrorum" in „Scriptor. rer. Silesiac." 2. Band. S. 329.)

(In diesem Jahr erwies sich infolge der häufigen Überschwemmungen der Flüsse ein großer Schaden an Hab und Gut, . . .)

Hoc anno frequentes et assiduae fuerunt pluviae, magnae aquarum et fluminum exundationes, . . .
[Aufzeichnungen d. Goldbergers Harlart]

(Dr. O. Meltzer „Kleine Beiträge z. Chronik v. Goldberg u. Haynau" in „Zeitschrift d. Ver. f. Geschichte u. Alterth. Schlesiens". 13. Bd. S. 253.)

(In diesem Jahre traten häufige und anhaltende Regengüsse ein, große Überschwemmungen der Gewässer, . . .)

Haindorf i/Isergebirge (Böhmen) Hochwasser der Wittig

Hochwasser mit großem Schaden.

(J. Bennesch „Ortsgeschichte von Haindorf". S. 407.)

Korneuburg Donau-Über- schwemmung

Donau: starke Überschwemmung, mit sehr großem Schaden.

(Dr. A. Starzer „Geschichte der landesfürstl. Stadt Korneuburg". S. 143 aus „Blätter des Vereins f. Landeskunde v. Niederösterreich" 1876. S. 82.)

Das selbig jar ist sehr naßß gewesen / in welchem die Wasserfluten allenthalben grossen Schaden gethon. 1570 Schweiz Über-schwemmungen der Flüsse

(Christ. Wurstisen „Baßler Chronick". S. 648 u. 690.)

Und gemeldten Jahrs ist der Main nur eine halbe Nacht gestanden und den 18. Januar aufgangen. 18. Januar Schweinfurt Main: Eisdecke

(„Monum. Suinfurtens. histor." edid. Friedr. Stein. S. 420.)

Anno 1570, als umb S. Pauli Bekehrungstag der große aufeinander gefallene Schnehe durch ein schnelles Tauwetter plötzlich abgangen, hat sich die Unstrutt dermaßen ergossen und also übergangen, daß alle Mühlen an der Unstrutt ohne die zu Artern stille gestanden und man an etlichen Wochen auch zu Ritteburg nicht mahlen können. um 25. Januar Ritteburg (im Mansfeldischen) Über-schwemmung der Unstrut

(Cyr. Spangenberg „Mansfeld. Chronica". 4. Teil. S. 415.)

Anno 1570 sind die Wasser so groß gewesen, daß die Unstrutt allenthalben ausgetreten und übergangen und daher zu Breteleben so wol, als auch andern Ortern alle Mühlen (alleine die zu Artern ausgenommen) etliche viel Tage still gestanden. 26. Januar Bretteleben (Mansfeld) Über-schwemmung der Unstrut

(Cyriac. Spangenberg „Mansfeld. Chronica" 4. Teil. edid. Dr. R. Leers. S. 456.)

Donnerstag nach Conuersionis Pauli / . . . / Vnstrut . . . / die sich von dem grossen Regenwetter sehr ergossen / vnd groß wurden war / Unstrut Über-schwemmung

(Valent. Rudolph „Zeitbüchlein" 1586. S. 85.)

Bey einer Eisfahrt wächst die Elbe zu einer solchen Höhe, dergleichen sich die Menschen seit geraumer Zeit nicht erinnern können. Diese Fluth stürzte hie und da viele Häuser ein und verwüstete die Felder. 29. Januar— 6. Februar Elbe Eisgang u. Über-schwemmung
[Fortsetzung. etc. v. d. Stadt Pirna und Fabricius „Annal. Urb. Misn. manuscr. Faust.]

(C. G. Poetzsch „Chronolog. Geschichte der großen Wasserfluthen d. Elbstroms etc." S. 50.)

Elbe: Eisfahrt mit nicht unbedeutender Flut mit einigem Schaden an der Brücke. Dresden Elbe: Eisgang und Hochwasser

(Dr. W. Schäfer „Chronik der Dresdener Elbbrücke etc." S. 45 aus Brückenamts-Register.)

Elbe: Hochwasser infolge des Eisganges. Loschwitz i/Sa. Eisgang und Hochwasser der Elbe

(F. W. Pohle „Chronik von Loschwitz". S. 74.)

eluvies aquatica Barbatio os occlusit, duravitque haec elementi insolentia, dies complures. 31. Januar Prag Moldau-Über-schwemmung
[Weleslaw]

(J. F. Hammerschmid „Prodromus gloriae Pragenae etc." Cap. XVII. S. 699.)

(Das Hochwasser stieg bis über den Mund des Bradatsch und dauerte diese Ungewöhnlichkeit des Elementes mehrere Tage.)

1570 [Ende Jan.— Anf. Febr.] Elbe Überschwemmung

Überschwemmung. Das Wasser tritt über die Dämme. „Sie solle bey keines menschen gedencken, so groß gewesen sein".
[Kirchenbuch-Eintragung v. Pastor Ludw. Schmid].

(Erich Wiemann „Ein wiederaufgefundenes Kleinmühlinger Kirchenbuch d. 16. Jahrhunderts". S. 48.)

Meißen i/Sa. Elbe-Überschwemmung

Meminimus, Misena in urbe, . . . , Albim per portas et plateas urbis effundi, navigia forum, templa, murosque, ipsos transcensos occupare.

(Nic. Leuthinger „Scriptores de reb. March. Brandenburg." S. 630.)

(Wir erinnern uns, daß in der Stadt Meißen, . . . die Elbe sich durch die Tore und Straßen der Stadt ergoß, man auf dem Marktplatz mit Kähnen fuhr, in die Kirchen eindrang und selbst Mauern überflutete.)

Elbe: So hoch angewachsen, wie in 69 Jahren nicht. Sehr großer Schaden.
[Knauth „Meißner Chronik". Manuscr.]

(C. G. Poetzsch „Nachtrag und Fortsetzung der chronol. Geschichte der großen Wasserfluthen des Elbstroms etc." S. 37.)

Es ist die Elbe sehr gros gewesen / dergleichen in vielen Jahren nicht geschehen.

(Laur. Faust „Geschicht- vnd Zeit-Büchlein der etc. Stadt Meissen etc." S. 61.)

° (J. Thomas „Zeitereignisse aus der Vergangenheit usw. unserer Heimatstadt Riesa etc." S. 13.)

Magdeburg Elbe: Eisgang und Überschwemmung

Elbe: sehr starke Überschwemmung.

(Ammerbach „Chur-Brandenburg. Märck-Magdeburg. etc. Chronica". II. S. 163.)

Elbe-Eis reißt 2 Joche der Brücke fort.
[Vulpius S. 199.]

(C. G. Poetzsch „Chronol. Geschichte der großen Wasserfluthen d. Elbstroms etc." S. 50.)

Ende Januar— 1. Hälfte Februar Wittenberg (Elbe) Elbe-Überschwemmung

Eo tempore rursus frigore subito mitigato et glacie fracta mitius coelum largissimos imbres effudit, quibus aucta flumina in tantum intumuerunt sub Januarii finem et primis duabus septimanis Februarii, ut exundationes maiores nemo hominum meminerit.

(„Album acad. Vitebergensis", II. S. 165, edid. Otto Hartwig.)

(Mitte Januar. Nachdem zu dieser Zeit die Kälte plötzlich wieder abgenommen hatte und das Eis gebrochen war, schüttete die mildere Luft sehr reichliche Niederschläge herab. Hierdurch stiegen die Flüsse gegen Ende Januar und in den beiden ersten Wochen des Februar derart stark an, daß sie über ihre Ufer traten, so daß sich kein Mensch einer größeren Überschwemmung erinnerte.)

Elbe: Sehr starke Überschwemmung, daß die alte Liebfrauenkirche weggeschwemmt wurde, besonders am 29. Januar. Ende Januar—Februar 1570 Tetschen (Böhm.) Elbe-Überschwemmung

(E. Mander „Chronik von Bodenbach". S. 67 aus Tetschner Annalen.)

Sub initium veris magnae pervaserunt Germaniam inundationes, quae infinitam his terris introduxerunt difficultatem, Albis in tantum intumuit, non solum Tangermundi, circa Stendaliam, Varinum atque Lencinum, ut aggeres, Sehusianos aqua operiret, in quibusdam locis ad templorum altaria pertingeret, pontes abrumperet, praediis, segetibus, fundis, arboretis, viridariis, semitis, . . . infinitam calamitatem inveheret, . . . Februar Elbe Überschwemmung

(Nic. Leuthinger „Scriptores de reb. March. Brandenburg". S. 630.)

(Gegen den Anfang des Frühlings brachen große Überschwemmungen über Deutschland herein, die diesem Lande unendlichen Schaden brachten. Die Elbe stieg so stark an, nicht nur zu Tangermünde, um Stendal, Werben und Lenzen, so daß das Wasser die Deiche von Seehausen bedeckte, an verschiedenen Orten bis zum Altar der Kirchen reichte, Brücken fortriß, den Landgütern, Saaten, Grundstücken, Bäumen, Gärten, Wegen, . . . unzähligen Schaden zufügte, . . .)

Im Februario ergoss sich die Elbe vnd thet grossen schaden, zuuoraus in der alten Marcke, . . . Februar Altmark Elbe-Überschwemmung

(Mag. Petrus Haffitius „Microcronicon Marchicum 1599" in Riedel's „Codex diplomatic. Brandenburgens." 4. Hauptteil. 1. Band. S. 127.)

° (Andreas Engel „Annales Marchiae Brandenburgicae" S. 367.)

Das Hochwasser der Elbe trieb 3 Windmühlen vor der Stadt weg. Werben (Altmark) Elbe-Hochwasser

(E. Wollesen „Chronik der altmärkischen Stadt Werben etc." S. 131.)

Beständiger und starker Regen. Die Wasser liefen daher sehr stark an. Schweizer Alpen Überschwemmungen der Flüsse

(G. Walser „Neue Appenzell. Chronik". II. S. 86.)

nundacio aquarum Istule fuit Cracovie et alias ante festum Purificacionis cum maximo damno . . . um 2. Februar Krakau Weichsel-Überschwemmung

(„Memoriale ordinis fratrum minorum a. fr. Joanne de Komorowo compilatum", edid. Xaver Liske u. A. Lorkiewicz in „Monumenta Polon. histor." Tom. V. S. 367.)

(Es ereignete sich vor Mariae Lichtmeß eine Weichsel-Überschwemmung zu Krakau und anderswo mit sehr großem Schaden.)

1570 6. Februar Termonde (Belgien) Springflut

was tot Dendermonde soo hooghen sprinck vloedt dat men in de stadt wel met een schip soude gevaeren hebben. Op het kerck hof van de hoogkercke ende over den steenwegh buyten de steenpoorte stont het waeter wel . . . diepe, t'gone te vorent noyent en was geshien.

(„Extraict uyt sekeren bouck, ghehouden by wylens Daniel van Wichelen etc." in „Chroniques de Termonde", edid. A. Blomme. S. 19.)

11. Februar Leipzig Überschwemmung

Durch den großen Schnee und viel Regen gewaltige Ergießung der Wasser und Überschwemmung.

(J. J. Vogel „Leipzig. Geschicht-Buch oder Annales." S. 223.)

12.—13. Februar Colditz i/Sa. Eisgang und Hochwasser der Zwickauer Mulde

Beim Aufbruch des Eises wächst die Mulde zu einer ungemeinen Höhe an. Es wurde die Brücke beschädigt.

(H. F. Bellger „Histor. Beschreibg. d. Stadt Colditz etc." S. 176 u. 40.)

Februar Grimma i/Sa. Überschwemmung der Mulde

Überschwemmung. Das Wasser hatte an dem Mühlenwehre und am Ufer großen Schaden getan.

(Chr. G. Lorenz „Die Stadt Grimma etc." aus einem Revers des Rats vom Jahre 1571. S. 537.)

14. Februar Frankfurt a/M. Main: Eisdecke

Main: 1 Tag zugefroren.

(Dr. Ziegler u. Dr. König „Das Klima v. Frankfurt a/M." Tabelle 9.)

18. Februar Thorn Weichsel-Überschwemmung

Es ist das Weichsel-Wasser so groß worden, daß es oben etliche Ellen hoch in das Fahr-Thor gelauffen, die Brücke weggenommen und ein Joch . . . , aus dem Grunde hinweggerissen. So ist auch die Bach so hoch auffgeschwollen gewesen, . . . , die Mühlen unbrauchbar gemacht.
[Manuscr. Streuvig]

(J. H. Zernecke „Thornische Chronica etc." S. 164.)

10. März Flandern Sturmflut

dede de wind en hooge watervloed groote schade aen de zeedijken omtrent Vremdijk.

(Ph. de Kempenare „Vlaemsche Kronijk, of Dagregister etc. 1566/85", edid. J. P. van Male. S. 79.)

April Elsaß Überschwemmungen der Flüsse

Im April war eine solche grose, langwährende Wassergüsse, daß nit allein im obern sondern auch im untern Elsaß fast kein Strass mehr brauchbar ware.

(M. Tschamser „Annales etc. zu Thann". S. 186.)

M. Deutschland Überschwemmungen der Flüsse

. . . , insolitisque exundationibus fluminum . . .

(„Album acad. Vitebergensis" II. S. 165., edid. Otto Hartwig.)

(. . . und infolge ungewöhnlicher Überschwemmungen der Flüsse . . .)

den 6. tag mai am sonnobend Urbani ist ein platzregen komen, das solch grosz gewesser von den bergen geschossen ist, das es eines knie tief uber die nidertur zogebruke gegangen und anderhalb elen an Matz Gaberlins haus. es hat im spital den fusbodem zusambt den armen leuten mit weggefürt und pfaff Jokeln den bruder ertrenckt, in der stuben den boden sambt dem ofen mitte hinwegfüret und die kleine hese ertrenket. das wasser, so vom Hrinlin kömbt und aus der stadt geflossen kommen, hat den turgraben also vorschlembt und ubergelaufen, das man bis zum gürtel in den heusern vor dem niderthur im wasser gegangen . . . und zu Rognitz hat es die mihl glatt weggeführet, . . .

6. Mai 1570 Trautenau (Aupatal i/Sudeten) Überschwemmung infolge eines Wolkenbruchs

(„Simon Hüttels Chronik der Stadt Trautenau" in „Deutsche Chroniken aus Böhmen". II. S. 191/2.)

Es seind dis 1570 jar so gar viel und grosse gewesser durch alle land gewest, das sie viel stet, dörfer, menschen und vieh, heusern und ekern alles zurissen und ertrenkt und hinweg gefürt. item zu Braune [Braunau] vor der stadt hat solch grosz gewesser eilf schilge heitzöfen oder kachelöfen umbracht und eingewaicht und hat haussen auf dem Lande dreizehn heuszer gar weggefüret, zurissen, zusambt dem volck in der nacht ertrenkt. item dem abt zu Gryssaw [Grüssau] hat es grossen schaden gethan und hat im 40 teiche abgerissen, und sich das wasser der Tzynder [Zieder] also grosz ergossen in der nacht, das solch gewesser zur Landishutten [Landeshut] die niderforstadt zusambt dem thorhhaus hinweggerissen und ertrenket . . .

Braunau, Grüssau, Landeshut (Sudeten) Überschwemmungen der Zieder und des Bobers

(„Simon Hüttels Chronik der Stadt Trautenau" in „Deutsche Chroniken aus Böhmen" II. S. 192.)

° (J. Lippert „Gesch. d. Stadt Trautenau" in „Beiträge z. Gesch. Böhmens". Abt. III. Band I. S. 45.)

Tout le reste de ceste année depuis le moys de juing jusques à Noël, il ne pleuvoit si peu habondamment que les eaues n' entrassent dedans la ville de Provins par divers endroictz plus que de coutume.

Juni— Ende Dezember Provins (Départem. Seine-et-Marne) Überschwemmung der Voulzie

(M. Champion „Les inondations en France etc." II. S. 112 aus Claude Haton „Mémoires".)

Es sindt ihn dießem waßer anno 71 [70] die brückken zu franckfordt halb, zu Croßen gantz vnd gar, zu schwern, zu drießen, zu froncke gar wegkgangen, vnd ist die warthe größer geweßen, als die Oder, aber die oder ist ehe wegkgefallen als die warthe.

Sommer Warthe, Oder Überschwemmungen

(R. Eckert „Die landsberger Stadtschreiber Chronik". S. 46.)

Queis: Eine Wasserfluth nach der anderen.

Greiffenberg i/Schl. Queis: Mehrere Überschwemmungen

(J. G. Luge „Chronik der Stadt Greiffenberg i/Schl." S. 14.)

Mehrere Wasserfluten.

Bunzlau Überschwemmungen des Bober

(J. G. Bergemann „Chronik der Stadt Bunzlau". III. S. 79.)

Sommer 1570 Friedeberg a/Queis Überschwemmungen des Queis

Queis: Wasserfluten.

(J. G. Bergemann „Beschreibung und Geschichte der Stadt Friedeberg am Queis". S. 139.)

Hirschberg (Riesengebirge) Überschwemmung des Bobers und Zackens

Bober- und Zacken-Überschwemmung mit ziemlichem Schaden.

(M. Vogt „Chronik der Stadt Hirschberg". S. 54.)

Riesengebirge Mehrmals Überschwemmungen des Zackens

Viele Stürme und dreimal Zacken-Überschwemmung.

(J. G. Bergemann „Beschreibung und Geschichte v. Warmbrunn". S. 83.)

Juni Kanton Zürich Überschwemmung der Flüsse

Groß wasser im Junio, . . .

(„Heinrich Bullingers Diarium etc." S. 104.)

SO Deutschland Überschwemmungen der Flüsse

Durch sehr starke Regen Flüsse überall sehr angeschwollen.

(M. Vogt „Chronik der Stadt Hirschberg". S. 54.)

2. Juni Provins (Départem. Seine-et-Marne) Überschwemmung der Voulzie (Nebenfluß der Seine)

Dedans la ville de Provins en ceste présente année, le deuxième jour du moys de juing, jour de vendredry, . . . , entre les dix et unze heures de nuict, advint ung grand déluge d'eaue qui rompit les murailles de la ville en trois lieux fort largement, depuis l'endroict du bout du Pré aux clercs, . . . , en tirant à la porte Neufve et la fontaine de Boulancoys, et qui remplit d'eaue toutes les rues et maisons de la vallée dudit Provins, depuis la rue aux Juifs et la rivière du Pont au Poisson, jusques aux murailles des portes Neufve, Culoison, de Troyes, Changy, des Bourdes et du Buat. . . . , dès le jeudy [1. Juni] au soir, . . . , et la nuict mesme d'entre le vendredy et samedy [2/3. Juni] que fut et advint ledit déluge . . . . , sans toutesfois faire aulcunement pleuvoir ni tomber eaue du ciel sur la dite ville ni demye lieue à l'entour; mais, à une et deux lieues dudit Provins, ès villages et paroisses de Vullaines, Chenoise et Mortery et ès champs d'iceulx, environ les neuf à dix heures du soir, par ung nuage de pluye, tomba tant d'eaue sur la terre que rien plus. Laquelle prenant ses pentes pour s'escouller par les ravines ordinaires descendit par auprès de la chapelle Notre-Dame de Grisi, qui est entre le chasteau de laditte ville de Provins et le dit Mortery en très grande habondance, et découlla par les fontaines qui sont audessoubz du village de Roully, pour gangner la prairie de Provins et le cours de l'eaue, qui passe à l'Arche-Dortain, et qui entre en laditte ville de Provins pour faire meudre les molins de la Ruelle et à pouldre; ne trouvant en laditte Arche-Dortain passage assez large pour s'engoulfer au travers de la ville elle renfla au-dessus et se respandit le travers de la prairie qui est entre laditte ville et le monastère des Dames Cordelières en telle habondance, que à l'instant laditte prairie en fut toute couverte de la hauteur de plus de 7 à 8 piedz, . . . elle renfla contre les murailles de laditte ville d'un telle impétuosité, qu'elles rompirent en trois endroictz si largement que laditte eaue print son cours par dedans la vallée dudit Provins. Elle remplit des caves, boticques et chambres basses des maisons, en certains endroitz, la hauteur de 8, 10, 12 et 15 piedz, ... plusieurs desquelles maisons furent démollies, ..., et environ vingtcinq personnes furent nayez, ...

(M. Champion „Les inondation en France etc." II. S. 106/09 aus Claude Haton. „Mémoires".)

vers onze heures ou minuit, les digues de Gimbrois et du Moulin de l'étang s'étant rompues, l'eau se précipita dans Provins avec une extrême violence, et en un instant, monta jusqu'à ruelle Dauphin, vis-à-vis l'auberge de la Levrette. 70 toises des murs de la ville furent abattues; le Moulin Rouge sur le Durtein, fut emporté, et presque tous ceux qui l'habitaient périrent.

2. Juni 1570 Provins (Départem Seine-et-Marne) Über-schwemmung der Voulzie

(M. Champion „Les inondations en France etc." II. S. 106 aus Bourquelot „Hist. de Provins." II. S. 144.)

Jl survint un nuage d'eaue ès environ et sur laditte ville de Provins, qui fut cause de donner encore une fois cours aux eaues par dedans et à l'entour, il en entra en icelle ville par les bresches des murailles que les précédentes avoient rompu, qui n'estoint entièrement refaictes, et elles coulèrent par les rues de la ville, mais n' entrèrent qu'en peu de maisons.

Ende Juni Provins (Départem. Seine-et-Marne) u. Umgegend Über-schwemmung der Voulzie

(M. Champion „Les inondations en France etc." II S. 111 aus Claude Haton „Mémoires".)

Dies Jahr ist so groß wasser geweßen, als keynem menschen ie gedacht, vnd hat ahngefangen zu wachßen baldt nach Johannis, also das man gar keyn hew hat können machen, ... [dieses Hochwasser dauert noch um 24. August an].

Ende Juni—August Landsberg a/d. W. Über-schwemmung der Warthe

(R. Eckert „Die landsberger Stadtschreiber-Chronik". S. 46.)

mane hora 7. propter Birsecae inundationem magnam atque terribilem classicum pontificialis nolae pulsatum est, cum praecedenti nocte horrenda tonitrua audita essent ingentesque pluviae cecidissent.

2. Juli Basel Über-schwemmung des Birsig

(„Diarium des Christian Wurstisen 1557/81", edid. R. Luginbühl. S. 116.)

(7 Uhr morgens trat eine so große und schreckliche Überschwemmung des Birsig ein, daß man mit der Pabstglocke [auf dem Münster] stürmte, da in der vergangenen Nacht sehr starke Donnerschläge gehört wurden und sehr große Regengüsse eingetreten waren.)

Anno 1570 den 2. tag julii wardt der Birseck am morgen frye geschlingen also grosz, das man mit der papstglocken [der großen Glocke auf dem Münster] stürmte. Er gung über beide stäg usz, so von der weberen zunft hiniber in den garten gondt, furt die hinweg an den Wasserthurn zuchin an den bogen und verschlossen dem wasser sinen lauf, wardt aber balt mit weidlingen und instrumenten dorzu gehörig allem schaden fürkommen.

(„Die Chronik des Fridolin Ryff etc." in „Basl. Chronik". 1. Bd. S. 173.)

1570 2. Juli Basel Über-schwemmung des Birsigs

Anno 1570 den 3. julii ward der Birsich zu Basell unversehens morgens umb 8 uhren so gross, also das darüber gestürmbt wardt, thett doch nit sonderlichen grossen schaden, allein das er etliche anligende gärten ahn der Steinen zerreiß.

(„Aufzeichnungen des Diebold Ryff" in „Basl. Chronik." 1. Bd. S. 224.)
= 3. Juli
° (Christian Wurstisen „Baßler Chronick". S. 648/49 u. S. 690.)

16. Juni Grafschaft Glatz Über-schwemmung der Flüsse, besonders der Steine

Bedeutende Überschwemmung. Besonders die Steine sehr ungestüm mit großem Schaden.

(Dr. Volkmer „Geschichte der bedeutendsten Überschwemmungen in der Grafschaft Glatz". S. 124.)

2. August Eisleben Über-schwemmung

den 2. Augusti ist ein eilendes gewesser komen . . .
[Zusatz aus dem Kirchenbuch S. Andreä.]

(Dr. H. Größler u. F. Sommer „Chronicon Islebiense". S. 35.)

9. August Sorau Über-schwemmung

zogen 4 Gewitter auf / und zusammen mit sehr grossen Platzregen / daß die beyden Teiche hinter dem Schlosse ausrissen / vorm Ober-Thor im Hospital alles voll Wassers ward / etc. etc. kurtz / von Sorau biß Sagan rissen fast alle Teiche aus / und geschah in 1 Stunde solcher Schade.

(J. S. Magnus „Histor. Beschreibung der etc. Residentz-Stadt Sorau". S. 72.)

15. August Die Sihl (Kanton Zürich) Hochwasser

Sehr angeschwollen.
[Hallers Witterungsbeobachtungen]

(„Schweizer. meteorolog. Beobachtungen". 10. Jahrg. S. 48.)

22. August Züricher See Hochwasser

Sehr hoher Wasserstand.
[Hallers Witterungsbeobachtungen]

(„Schweizer. meteorolog. Beobachtungen". 10. Jahrg. S. 48.)

24. August Département de l'Isère Über-schwemmung

est ravagé par le „déluge de la St.-Barthélemy". Le Furand y cause notamment beaucoup de dommages.

* (M. Villard „Météorolog. regionale".)

Graubünden Über-schwemmungen der Flüsse, z. B. der Plessur

Es wurde das Fideriser-Bad von allen Seiten durch ausbrechende Gießbäche und Rufenen bedroht, die zum Schutze der Badgebäulichkeiten errichteten Dämme samt Mezg wurden zerstört, die Brücke fortgerissen etc. Auch die Plessur war gleichzeitig ausgebrochen und hatte an mehr als 100 Stellen die Umgebung von Chur sehr schwer geschädigt.

(Chr. G. Brügger „Beiträge zur Natur-Chronik der Schweiz etc." II. S. 14/15.)

Große Krienbach-Überschwemmung infolge eines Wolkenbruchs. Das Wasser fließt durch das Kriensertor und in der Barfüßerkirche bis zum Hochaltar. 28. August 1570 Luzern Überschwemmung des Krienbachs

(B. Amberg „Beiträge zur Chronik der Witterung etc." III. S. 11 u. 29 aus Cysat. Manuscr. A, B u. C.)

Autumnus totus ad brumam usque assiduis cum maduit pluviis tum caligavit nebulis. Inde sub initium Novembris extumuit Albis et, cum intercessisset nix largior, ea soluta sub initium Decembris rursus exundavit Albis superatis ripis altius quam in praecedente exundatione pene ulna integra. Herbst—Anfang III. Dekade Dezember Wittenberg (Elbe) Elbe-Hochwasser u. Überschwemmung

(„Album acad. Viteberg.", edid. Otto Hartwig II. S. 182.)

(Der ganze Herbst bis zur Wintersonnenwende war sowohl beständig feucht mit Regengüssen, als auch trübe mit Nebeln. Infolgedessen stieg gegen Anfang November die Elbe an. Als reichlicherer Schnee dazwischenkam und derselbe schmolz, trat die Elbe wieder über ihre Ufer, und zwar um fast eine ganze Elle höher als bei der vorhergehenden Überschwemmung.)

une inondation de la Savasse ruine une partie des murailles de Romans. September Romans (Dép. de la Drôme) Überschwemmung der Savasse

* (M. Villard „Météorolog. regionale". S. 59.)

. . . , quos secutae aquarum horrendae inundationes, mense Septembri. N. Schweiz Überschwemmungen der Flüsse

(R. Kuhn „Meteorol. Bemerkungen ausgezog. aus alten Tagebüchern d. Klosters Einsiedeln". S. 197.)

(. . . , denen sehr schwere Überschwemmungen der Gewässer im Monat September folgten.)

Item twischen Egidii, primo Septembris, und alle goddes hilligen dage was ein sere fucht wedder und regende velscher alle dage twe manatte lank. In der tit worden de watere in velen landen sere grot, dewile nu de Weser, Leyne und Inderste, Oveker, Allere und de Nettze umme Bremen, Stade und Boxtehude de openbaren see. Anfang September—Anfang November NW Deutschland Überschwemmungen der Flüsse

(„Chronik des Johann Oldecop", edid. K. Euling. S. 650/51.)

Nach 2 Tage und Nächte anhaltenden Regengüssen stürzten sich von allen Bergen die angeschwollenen Gießbäche, spießhoch überflutete das Wasser die Talsohle von einem Berg zum andern etc. 5 Brücken, viele Häuser und Ställe wurden fortgerissen, Felder überschüttet, Menschen ertränkt. Anfang September Maggia-Tal (Kanton Tessin) Überschwemmung

(Chr. G. Brügger „Beiträge zur Natur-Chronik der Schweiz etc." II. S. 14 aus Bericht des Landvogtes Caspar Gimbert in Scheuchzer „Cataclysm." S. 19.)

Po: Überschwemmung. 2. September bei Ferrara (Oberitalien) Po-Überschwemmung

(Dr. G. Hellmann „Beiträge zur Geschichte der Meteorologie". III. S. 66 u. 76 aus französischen Flugschriften.)

1570
14. September
Engadin
(Kanton Graubünden)
Inn-Überschwemmung

Magnis imbribus repente exundavit Enus, ut paulo minor extiterit quam anno 1566 et multa damna intulit, erupit in Flatz et multa vastavit erupitque in Prato Molius et prata simul et pascuum laesit.

(Chr. G. Brügger „Beiträge zur Natur-Chronik der Schweiz etc.“ II. S. 15 aus J. Bifrun manuscr.)

(Nach starken Regengüssen trat eine Überschwemmung des Inns ein, so daß sie wenig hinter der vom Jahre 1566 zurückblieb und große Schäden anrichtete. Der Inn brach bei Flatz [bei Samaden] aus und ebenso in Pra Molins, wo er viel überflutete und Wiesen und Triften verwüstete.)

Oktober
N. Schweiz
Überschwemmungen der Flüsse

Im Rebmonat hat es im Hochgebirg 3 gantze Tag geregnet / darvon die Wasser angangen / vnd Schaden gethan.

(B. Bischoffberger „Appenzell. Chronic. etc.“ S. 495.)

5. Oktober
Bedfordshire, Lincolnshire
Überschwemmung der Flüsse

Überschwemmung.

(Dr. G. Hellmann „Beiträge zur Geschichte der Meteorologie“. III, S. 64 aus einem englischen Flugblatt.)

21. Oktober
SO Deutschland
Überschwemmung der Neiße

Davon kam mächtig großes Wasser, sonderlich aus der Neisse und zwar am Urseltage am höchsten, also daß es über alle Tämme ging und mächtigen Schaden anrichtete. Das Löbin [Stadt Löwen] und das Cantersdorf hat an Aeckern und Einsturz der Häuser mächtig gelitten und sein im genannten Dorfe 13 Menschen Jung und Alt auch vieles Viehe durch das Einfallen verdorben. In dem Stober hat das Wasser die Leute plötzlich überfallen.
[aus Koch „Nachricht. von groß. Oder-Überschwemmungen aus d. Vergangenheit“. S. 9 aus Bl. Gebels Chronik]

(C. Grünhagen „Über die Unechtheit der angeblichen Chronik des Brieger Stadtschreibers Blasius Gebel“. S. 354.)

Brieg i/Schl.
Oder-Überschwemmung

Oder-Überschwemmung.

(Dr. G. Hellmann u. G. von Elsner „Meteorolog. Untersuchungen über die Sommerhochwasser der Oder“. S. 13.)

31. Oktober—2. November
Nordsee
Sturmflut
Départem. Nord, Westflandern

La mer s'enfla si furieusement, qu'elle rompit quantité de digues et d'écluses sur toutes les côtes du Nord; elle causa pour plus de 200000 florins de pertes à la ville d'Anvers. Toutes les places maritimes en souffrirent beaucoup; Ostende, Nieuport, Dunkerque et Gravelines en furent presque submergés.

(M. Champion „Les inondations en France etc.“ V. S. 147 aus Faulconnier „Hist. de Dunkerque“. I. S. 68.)

Holland, Seeland, Friesland, Antwerpen

Up Alderheyligenavondt, Alderheylighendach ende Alderzielendach wayden zoo groote afgryselicke winden dat niet om zegghen en ware, ende deur den hooghen vloet die de voornoemde schadelicke windt hilt staende, es alomme groote inestimable schade gheschiet: eerst binnen der stede van Antwerpen, zijn de kelders ende vaulten van der huysen van den vloet meest al vervult gheweest, waer duere groote schade gheschiet es in specerye, olye, suyckere, caes, botere ende alle andere costelicke ware; de vloet heeft binnen Antwerpen in Onzer Lieven Vrauwenkercke ghestaen. In de nyeuwe stadt verdroncken zes personen; etc. etc. de vloet stont t'Antwerpen up 't Bierhocft eender voet hoogher dan noynt tot eenighen daghe eenighen vloet ghestaen en hadde; de vloet stondt t'Hulst up de maerct; te Biervliet up den hooghen aultaer; ter Neusen stroomden vier of vijf huysen wech; 't Sas deser stede en es niet voorbyghegaen zonder van den zelven vloet groot perycle ende dangier te lydene; in Hollandt, Zeelandt, Vrieslant ende andere waterlanden, es van de ghelijcke alomme groote jammerlicke schade gheschiet.

(„Memorieboek der Stad Ghent 1301–1737" II Deel in „Maetsch. d. Vlaemsche Bibliophil." 2. ser. Bd. 15, Teil 2, S. 377.)

In lesten van octobre zoe was wel III daeghen soe groote storm van winde als dat men doen sayde als datter veel dorpen in Vriesland verdroncken waeren ende zeer veel voles, jae wel ontrent vi duesent menschen, als in Vrieslant ende Zeelant ende Hollant ende elders; ende tot Antwerpen hadden de cooplieden oock groote scaede, . . . ende veel dyken die bracken al doer, . . . 31. Oktober bis 2. Nov. 5170 Holland, Seeland, Antwerpen, Friesland Sturmflut

(„Dagboek van Jan de Pottre 1549—1602" in „Maetsch. der Vlaemsche Bibliophil." 3. ser. No. 5. S. 35/36.)

op Alderheyligendach tsavonds te neghen uyren / is door den Noordt-westen Wint grooten tempeest ende onweder ontstaen / sulcke hooghe Vloeden in den stroomen ende Gaten van de Provintien dringhende / dat het scheen / als ofter eest generale ofte ghemeene Sundt-vloet / over den Lande gaen soude. Brabandt / Vlaenderen / Hollandt ende Zeelandt / hebben over desen grooten schade geleden / maer principalijken ende besonder die Provintie van Vrieslandt, . . . , vele duysenden der Inghesetenen verloren heeft. Die Westersche ende Noordtsche quartieren des Landts / als Ferwerderadeel / Leeuwarderadeel ende die beyde Dongheradeelen, met het nien Cruyslant, is alles met Zeewaert inne ghedreven / Huysen / Schuyren ende alles datter binnen was / . . . Brabant, Flandern, Seeland, Holland, Friesland Sturmflut

[Marmortafel an der Kirche zu Metselwier mit folgender Inschrift: „In'tjaer van tseventigen, is het water in dese kercke een voet hoogh gheweest, ende zyn verdronken 1800 menschen in dese grietenye".]

Vrieslandt tusschen den Lauwers ende het Vlie besloten / heeft alleene over de twintich dysent menschen verloren.

(P. Winsemius „Chronique oste Histor. geschiedenisse van Vrieslant etc." S. 550/51.)

Op Alderheyligen dagh was 't tot Antwerpen seer grooten watervloet waer door veele schaede is gebeurt, namentlyk in Zeeland, Holland, Vriesland, ende soo voorts tot in Denemarken toe; desen vloet stont tot Hulst op de merckt, te Biervliet op den hoogen autaer, van Terneusen waeren vier huysen wegh gespoelt, ende het Sas van Gendt was in groot perykel van te vergaen, hier ontrent ende Flandern, Seeland, Antwerpen in 't quartier van Saftingen waeren veele landen verdroncken, daer was ook groote schaede in de goederen van de abdyen van Drongen, Boudeloo ende Byloke . . .

(„Chronycke van Frans-Jos. de Castro", edid. F. van Naemen in „Annales du cercle archéolog. du pays de Waes." 10. tome. S. 182.)

31. Oktober bis 2. Nov. 1570 Gegend von Antwerpen Sturmflut

was het een zeer sterke wind, en des nachts hooge watervloed, waer by die van Hulst, Vremdijk, en andere aen de zee liggende plaetsen, groote schade leden, en de Schelde te Antwerpen vloeide tot op het kerkhof van Onze Lieve Vrouwenkerk; vele landen, menschen en beesten verdronken.

(Ph. de Kempenare „Vlaemsche Kronijk, of Dagregister etc. 1566/85", edid. J. P. van Male. S. 87.)

1. November Prov. Nordholland (Holland) Sturmflut

. . . , door een yzelyke watersnoot, onder de naem van alderheiligen vloet bekent, onder andere byna onherstelbare rampen sloopte zy tot drie plaetsen het Hondtsbosch by Petten, leggende 32050 treeden N. N. W. van Alkmaer; . . . ; hier door dreven veel Huysen op de Zype weg en verdronk veel volk.

(Gysbert Boomkamp „Alkmaer en deszwelfs geschiedenissen uit de nagelatene papieren van Simon Eikelenberg etc." S. 164.)

Friesland Sturmflut

up Alderhillygendach ys niet allene in die Ummelanden dan in alle Vreslanden die screckelicke overloep des zies beyegent, die menschen und biesten sonder getall hefft verdroncken und boven enich manier meer als een sees eder soven voet hoech over die dijken ys angevallen, hefft heele huysen, koren und hoybloecken medegenomen.

(„De Kroniek van Abel Eppens tho Equart", edid. J. A. Feith u. Dr. H. Brugmans. Deel I. S. 213.)

Antwerpen, Friesland, Belgien, Niederlande

° (Dr. G. Hellmann „Die Meteorologie in den dtsch. Flugschriften etc. d. 16. Jahrhdts." S. 17. 66. 67 aus 4 Flugschriften.

Belgien, Niederlande

° (dto. S. 17 u. 65 aus 2 Flugschriften.)

Antwerpen

° (dto. S. 17 u. 65 aus 1 Flugschrift u. 1 Flugblatt von Dan. Holtzman.)

Friesland

° (dto. S. 17. 65. 18. 81 aus 2 Flugschriften u. 1 Flugschrift von Marcus Wagner.)

° (Eggerik Egges Phebens „Chronica rerum in Phrisia et praecipue circa Groningam gestarum ab anno 1565 ad annum praesentim (1594)" in „Histor. Genootsch. te Utrecht" Liber I. N. R. Band 7. S. 37. edid. H. O. Feith.)

Seeland, Holland, Friesland

° („Diarium van Arend van Buchell", edid. Dr. G. Brom u. Dr. L. A. van Langeraad. S. 23.)

Friesland, Holland, Brabant, Seeland

° („De rebus in orbe gestis sub Imperat. Maximiliano II." in Sim. Schardius „Schardius redivirus etc." edid. H. Thomas. IV. S. 146.)

Gegend von Antwerpen

° (Dav. Papebroek „Annales Antverpienses etc." III. S. 191.)

° (D. Cornel. Gemma „De naturae divinis characterismis". Liber II. S. 67.)

(D. A. Valcooch „Chronycke van Leeuwenhorn etc." S. 57/58.) 31. Oktober bis 2. Nov. 1570 Holland, Seeland, Friesland

° („Röchells selbständige Chronik 1553/1601" in „Die Geschichtsquellen des Bisthums Münster", edid. Dr. J. Janssen. III. S. 45.) Friesland, Holland

° (Joh. Sleidanus „Warhafft. Beschreibung etc." Continuat. II. S. 196.) Niederlande

° („Die Chronik des Dietrich vam Lohe", edid. E. Dragendorff. S. 33.) Groningerland

° (Lamb. Alardus „Nordalbingia etc." in E. J. von Westphalen „Monum. inedita rer. Germanic." I. Sp. 1916.) Nordsee

° (G. Bucelinus „Germania topo-chrono-stemmatographica etc." S. 138.) Holland, Seeland, Flandern, Friesland

° („Chroniques du XVI. siècle. Règne de Gérard Groesbeek" in „Chron. liègeoises" Tom. II. édit. S. Balau in „Publicat. de la comm. roy. d'hist. de Belg." Band 54. Tom. II. S. 557.) Holland, Friesland

° (Joh. Becherer „Newe Thüring. Chronica etc." S. 572.) Flandern, Seeland, Holland, Friesland

° („Heinr. Bullingers Diarium etc." S. 104.) Nordsee

° („Diarium des Christian Wurstisen 1557–1581", edid. R. Luginbühl. S. 116.) Brabant

° (Christian Wurstisen „Baßler Chronick". S. 649 u. 690.) Holland, Seeland, Friesland

Item de Elve dael vormiddelst velen storm westenwinden, de Nedderlande tom dele, also darvon geschreven und gesecht wart, mit so veleme water de inwonere vorschrecket, ore dike und demme dorchgebroken, dat water uberhant genomet und de inwonere, de up den diken stunden, mit der gewalt torugge geschoget und vordrenket. Und leider also in velen steden dorch Vreslandt, Butjayerlandt und Eygerstede beide stede und dorpere vornichtiget und vele minschen und vees vordrenket und tonichte gebracht, . . . To der sulven tit bi Hamborch de Elve groten schaden gedan, desgeliken to Emede, Gronynge, in Freslan itlike huser beschediget. Deutsche Nordseeküste Sturmflut

(„Chronik des Johann Oldecop", edid. K. Euling. S. 650/51.)

auf Allerheiligentag ist eine große, hohe ungehörte Floth von salzen Wasser gekommen, die Nacht zwischen zehn und elfen Schlägen in Ostfriesland, Budjadingerland, in Seeland, in Moorim und anderswor in den Marschländereien und ingebrochen, darinne viel tausent Menschen vortrunken und fast alle Beester beinahe umbkommen. Es ist das Wasser über alle Deiche und Dämme gegangen und hat die allenthalben zerstört, zerbrochen und verdorben.

(Hermann Hamelmann „Oldenburg. Chronik", edid. Dr. Gust. Rüthning. S. 338.)

Vp Allerhilligen Nacht ginck de Floth Inn Auer gantze Freslandt, darmit gingenn vele Huser henwech, vnnd vele Minschenn sint vordrencket. In Ostfreslandt tho Dokum weren Inn der kortenn tidt Drehundert Minschenn dodt gefundenn. De vordrencket sint in disser tidt inn Rustringen. Inn Heppenser Karspel vnnd Inn Scharinger Karspel sint vordrencket – 147 Minschenn. In Tettenser Karspell sint Ostfriesland vordrencket – 50 Minschenn. In Sengwerder Karspell sint vordrencket – 60 Minschenn. Vp denn Sande sint vordrencket – 13 Minschen.

(Fr. W. Riemann „Die Chronica Jeuerensis Geschreuen tho Varel dorch Eilerdt Springer. Anno 1592". S. 76/77.)

31. Oktober bis 2. Nov. 1570 Butjadingerland (Oldenburg) Sturmflut

1. Nov. war es ein grausamer, kalt-regenhaftig, windig Ungewitter gewesen, und der Wind aus dem Nordwesten heftig gegangen. Gegen Nachmittag wurde der Sturm immer stärker, die Häuser erzitterten und viele Dächer zerrissen. Die Fluth stieg bis zur halben Höhe der Dämme, fiel aber nicht, sondern blieb auf seiner Höhe stehen, ... Schon um Mitternacht, 3 Stunden vor der höchsten Fluthzeit daselbst, war das Meer übergeflossen, hatte die starken Dämme eingerissen, zu Land gemacht, und überall die an denselben stehenden Häuser sammt allem was darin war mit sich genommen. Sowohl von der Ost- als der Westseite (der Weser und Jade) drang die See Mannshoch hinein . . . 5 Siele an der Weser gingen weg.

(F. Arends „Physische Geschichte der Nordseeküste etc." II. S. 107/08 aus M. Rothe „Catechismus-Predigten". 1572.)

Hadeler Land Sturmflut

In der Woche vor Aller Heiligen entstand ein überaus grosser Sturm, daß auch das Land Hadeln dadurch gantz überschwemmt worden. Diese Fluth hat unsäglichen Schaden an dem ausgesäeten Winter-Korn gethan und über 50 Haus-Leute Land verdorben. Diese nennet man auch die Allerheiligen Fluth.

(D. W. Bilkau „Hadeleriologia etc." S. 90.)

Gegend von Hamburg Sturmflut

umb Martini ist die Elbe so groß geworden, daß es in Freishland stund. Das alte Land hat an Menschen und Vieh großen Schaden gelitten, denn von wegen großen Windes hat die Elbenflut die Schleußen und Dämme all zerbrochen, Menschen und Vieh ersoffen.
[Aus Joachim Strunck's ungedruckter Chronik].

(„Beiträge zur Geschichte der Stadt Braunschweig etc." in „Neues vaterl. Archiv etc. Königreichs Hannover u. d. Herzogth. Braunschweig". Jahrg. 1826. 3. Bd. S. 229.)

Et prope Hamburgum in die omnium Sanctorum aggeribus ruptis, agrisque subversis, sata perierunt, nonnullae domus loco motae, et impetu aquarum obductae sunt, una cum familiis pecudes aquis abrutae et extinctae.

(„De rebus in orbe gestis sub Imperat Maximiliano II." in Simon Schardius „Schardius redivivus etc." edid. H. Thomas. IV. S. 146.)

(Bei Hamburg wurden am Tage aller Heiligen, nachdem die Deiche durchbrochen und die Äcker verwüstet worden waren, die Saaten vernichtet; einige Häuser wurden von ihrem Standort losgerissen, durch die Wasserfluten fortgetragen und zugleich mit den Bewohnern und dem Vieh vom Wasser begraben und gingen zu Grunde.)

Vormittags beginnt Sturmflut. 18 Kulen laufen ein. 31. Oktober bis 2. Nov. 1570 Elmshorn Sturmflut

(„Die Geschichte der Stadt Elmshorn". 6. Lieferung. 1. Teil. S. 98.)

Seest (Holstein.) Elbmarschen Sturmflut

Christlike leser merck doch an:
Datt sy ein strenge flodt gegan,
Aueruth hoch, seg ick vorwar,
Do men schreff vofftein hundert iar
Vnd söventich, merck mith vorstandt;
De is gebraken in vele landt.
Idt schach vp aller hillgen Nacht,
Hefft mangen minschen dar hen bracht:
. . . .

[Aus einem plattdeutschen Gedicht des Ludwig Lonner (Lonnärus) im Seester Kirchenbuch].

(Dr. D. Detlefsen „Geschichte der holstein. Elbmarschen". I. S. 412.)

up aller Gades-Hilligen Dage jegen de Nacht, ging eine grote hoge Fluth, und ging dat Water aver alle Diecke. In dem Lüenhuser Dieck worden wol 12 Bröcke. Etlicke Huser dreven gar umme und vordrenkende eine olde Fruwe. Dat Olde Land und Kedinger Land ging voll Waters und vordrenkede veel Krupes. [12 oder sogar 17 Deichbrüche im Lünhuser Deich] Haseldorfer Marsch Sturmflut
[Pastoren-Chronik zu Colmar, aufgezeichnet von Joachim Vagel].

(„Die Witterungsverhältnisse, Ernteerträge u. Getreidepreise in der Haseldorfer Marsch" in „Jahrbücher f. d. Landesk. d. Herzogth. Schleswig, Holstein etc." Band II. S. 121 u. 168.)

Deich zu Westerhever zerschlagen, zu Ulvesbüll Wehle eingerissen, Deich in Offenbüll ganz zerschlagen. Ganz Eiderstedt, Everschop, Uthelen Sturmflut

(„M. A. Heimreichs etc. nordfresische Chronik", edid. Dr. N. Falck. I. S. 370.)

Trotzdem benahmen sich die gewohnten Feinde Neptun und Aeolus nicht träger, haben vielmehr sich ungefähr an demselben 1. Nov. des Jahres 1570 abermals gegen die Insel erhoben und . . . den Seedeich von Westerwold und Volgesbüll eingerissen und die Meereswogen gegen diesen Koog gewandt. Verschont blieben jedoch dieser Zeit die von Gaikenbüll, Evensbüll und die benachbarten. Nordstrand Sturmflut

(„Des Matthias Boetius 3 Bücher über Denkwürdigkeiten von Sturmfluten, welche Nordstrand betroffen haben." Deutsch von Dr. Schmidt-Petersen. S. 73.)

Grote Vlodt. Ging an aller Hilligen Nacht ein gruwlich Water, unnd iß Palhorne ingebraken, wegen des Ises, dat idt thovorne gefrahren und ein fin Andel Landes uthgeworpen, nomlich Milstorp. . . . It iß, den ersten Novemb. van dem Morgen an beth to Middernacht ein gruwsam, kolt, regenhafftich unde windig Wedder Dithmarschen Sturmflut gewesen, unnd de Wind hefft uth dem Nordwesten hefftich geweihet. . . . Alß averst Nhamiddages de Vlott dartho gekamen uth der Sehe, unnd sich dat Water aver de Helffte der Dike erhaven, unde nicht wedder affgelopen, sunder stille bestaen gebleven, . . . Alß itt nun an Middernacht gekamen, unde noch in dre Stunden keine volle Vlott gewesen, iß itt gewaldiglich ingereten, de Damme unnd Dike der Erden gelik gemaket, grote Kolke unde Waterdike mit dem Infall in de Erden geschlagen, also van Osten unde Westen avergegangen, . . . In der Eckwerder Vogedie sindt mher den 325 Minschen, . . . ersapen unde ummegekamen. . . . Up Busen [Parietinum Chronicon Busense] hefft itt ock, wo an anderen Orden deß Ditmarschen Landes, groten Schaden gedhaen, de de Dike tho Suden, up Polhorne geheten, gar ingereten, . . .

(„Johann Adolfi's, genannt Neocorus, Chronik des Landes Dithmarschen". II. Bd. S. 270/73.)

31. Oktober bis 2. Nov. 1570 Nordstrand Sturmflut

. . . und darna [nach Allerheiligen] twischen folgende sondage und mandag in der nacht so vor den 6. Novembris hergingk, erhof sick ein erschreckliche storm und ungewitter, ock so sehr, dat dat solte water an mennigen orde inbrack undt verstorten de dicken; dat water gingk tho Buptee in und tho Westerwolt wedder henuth, undt moste men up den middendicken jo so woll alß den seedicken wehren und vorkahmen, . . .
[Joh. Petreus „Ein korte Beschrivinge . . .]

(„Joh. Petreus' Schriften über Nordstrand", edid. Dr. R. Hansen. D. 171/72.) = 5./6. Nov. nachts

10 Wehlen eingelaufen, besonders des Wasser in Westerwolt und Volgsbüll eingebrochen, dadurch des ganze Land, außer Kirchspiele Gaickebüll, Evensbüll, Odenbüll, Hersbüll überschwemmt.

(Dr. N. Falck „M. A. Heimreichs etc. nordfresische Chronik". I. S. 370.) = 5./6. Nov. nachts

4. November Schweiz Rhein: Hochwasser

Rhein: sehr groß.
[Hallers Witterungsbeobachtungen]

(„Schweizer. meteorolog. Beobachtungen". 10. Jahrgang. S. 48.)

16.—21. Nov Antwerpen, Friesland, Belgien, Niederlande Sturmflut

Sturmflut.

(Dr. G. Hellmann „Die Meteorologie in den deutsch. Flugschriften etc. d. 16. Jahrhunderts". S. 17. 65. 66 aus 4 Flugschriften.)

Winter 1570/71 Bodensee Eisdecke

. . . congelauerat totus. Idem sensit totus Podamicus lacus, apud op. Constantiam.

(Mart. Crusius „Annal. Suevicor." Dodec. III. S. 742.)

(Der ganze Bodensee bei der Stadt Konstanz fror zu.)

. . . , accedente hyemis immani frigore quo totus vere lacus Potannicus mire obriguit. [Ann. Suev.]

(G. Bucelinus „Germania topo-chrono-stemmatographica etc." S. 138.)

(. . . , als sehr starke Winterkälte eintrat, fror tatsächlich der ganze Bodensee zu.)

Der See so stark gefroren, daß man das Eis mit Lastwagen überquerte. Winter 1571 Kanton Neuchatel Neuenburger See: Eisdecke

(J. Boyve „Annal. histor.“ III. S. 186.)

la rivière de Loire fust grande et disrivée, laquelle rompit la levée en plusieurs et divers endroits, qui fist et apporta beaucoup de pertes et dommaiges, comme aussi les autres rivières, fleuves, tant de France, Allemagne que Ytallie . . . , tellement que l'on n'avoit jamais vu une telle inondation d'eau. Dezember 1570 Loire Über-schwemmung

(C. Port „Les phénomèn. physiques“ S. 109 aus Louvet manuscr.)

Seine: les grandes eaux submergèrent Paris et les environs; on alla en bateau à la place Maubert et dans les principales rues de la Ville. Paris Seine-Über-schwemmung

(M. Champion „Les inondations en France etc.“ I. S. 69 aus Sauval I. S. 203.)

. . . , noch größer und schädlicher [= Wasser] im December. Zürich Über-schwemmung

(„Heinr. Bullingers Diarium etc.“ S. 104.)

Cette inondation se fit sentir sur tout le cours inférieur du Rhône; à Vienne, le fleuve déborda d'une telle manière qu'on allait en bateau sur le gravier de Charnevoz; la ville fut en partie submergée; une arche du pont et le logement du portier, du côte de Sainte-Colombe, furent engloutis. Anfang Dezember Rhône Über-schwemmung z. B. zu Vienne

(M. Champion „Les inondations en France etc.“ III. S. 227/28 aus Pilot „Recherches sur les inondations dans la vallée de l'Isère depuis 1219 jusqu'à nos jours“. S. 67.)

A Arles, les chaussées qui défendaient le territoire furent emportées. Le Rhône déborda tellement en Arles et Tarascon qu'il renversa bastiments etc.
[aus Nostradamus S. 806.]

(M. Champion „Les inondations en France etc.“ III. S. 228.)

le Doubs déborda; on allait en bateaux sur la place du Saint-Esprit. Besançon Über-schwemmung d. Doubs

(M. Champion „Les inondations en France etc.“ III. S. 228 aus Archiv. du départem. du Doubs.)

Ungestümes Regenwetter, daß die Reuß wieder groß wurde und in Bremgarten bis an den Kesselturm ging. Kanton Luzern Über schwemmung der Reuß
[Tagebuch von Werner Schodeler d. Jüngeren.]

(B. Amberg „Beiträge zur Chronik der Witterung etc.“ III. S. 11.)

am fritag und samstag vor S. Niklausen tag ist ein solches geweßer kumen, also das es alle brucken und steg zu Cappel und Ober-Acher auch Under-Acher, außgenumen die brucken zu Unterachern hinwegk gestoßen, auch zu Underachern 1—2. Dezember Ober- u. Unter-Achern i/Baden Überschwem-mung d. Acher das waßer das velde underhalben dem kierweg dem dorff zu ingebrochen, also das . . .

(„Jahrgeschichten von Ober-Achern" in F. J. Mone „Quellensammlung der badischen Landesgeschichte". III. S. 658.)

1570 1. Dezember Thann (Oberelsaß) Über-schwemmung der Thur

Es war allhier ein solche Wassergüsse, daß die Thur allenthalben ausgeloffen, bis gegen dem Gutleuten Hauß alles überschwemmt, alle Bruckhen hinweggeflötzt und grewlich beschädiget und zerrissen; ein gleiches thät auch der Rhein, die Jll, Larg etc.

(M. Tschamser „Annales etc. zu Thann." II. S. 188.)

Hall (Württemberg) Über-schwemmung des Kocher

Den ersten Decembris / ist wahr:

Bracht Hall der Koch in grosse Gefahr /
Gleich in der Nacht vor dem Aduent / .
. . .
Der Rothstäg brach / vnnd floß darvon:
Den vnderwerdt hett gründt kein Mann.
Ein stück am Burgerstäg zerbrach:
Die Henckersbrück ließ auch ein krach.
Deß Eichthors Mauwer / der Sulfferstäg /
Brachen / vnnd floß viel Holtz hinweg.

[Lapidi ad Vnterwerdensem portam inscriptum.]
[= Gedenktafel]

(Mart. Crusius „Annal. Suevic." Dodek. III. S. 740/41.)

° (Mart. Crusius „Schwäb. Chronick", ed. J. J. Moser. II. S. 322.)

2.—6. Dezember Frankreich Über-schwemmungen der Flüsse, z. B. der Rhône

Du 2. au 6. déc., les inondations tout générales en France. Le Rhône s'élève notamment à une grande hauteur; à Lyon, le faubourg de la Guillotière est inondé, ainsi que Vienne; à Valence il renverse les murailles de la ville jusques près de la porte du Salin „et fut jusques sept pas sur la coste de St.-Martin". Désastres considerables. A Montélimar, quantité de maisons furent emportées.

* (M. Villard „Météorologie régionale". S. 59.)

2.—4. Dezember Lyon Rhône-Über-schwemmung

2 dec. Sur les onze heures de nuit, advint à Lyon un déluge des plus effroyables qu'on vit onc, et pour estre soudain, et non attendu ny cognu par signe précédent et pour estre advenu lorsque chacun estoit le plus assopi de sommeil. Or est Lyon arrousée de deux belles rivières, le Rhosne et la Saone, l'une assez paisible et l'autre violente et furieuse, car la Saone coule doucement et le Rhosne est tout ravageant, enflé et tourbilloneux, et n'estoit que meslé avec son voisin il appaise ses fureurs, il ne servit si aisé qu'il est à naviguer, quoy qu'encor il y aie toujours du péril. Ce fleuve enflé par les neiges fondues ès monts et par les vents auxquels il est subjet qu'autre fleuve de Gaule, vint à se desborder si soudainement avec une impétuosité, que non-seulement cette partie de la citée de Lyon qui avoisine ce fleuve, ains encor la plus part du plat pays prochain en furent tellement assaillis

que de mémoire d'homme n'y a pas en escrit on ne lit point que pareil desbord fust advenu en ceste rivière. Jamais le Rhosne ne vint ny tant opinément, ny avec telle fureur et vitesse; le plat pays estant surpris des eaux, les habitants n'eurent presque le loisir de se sauver, à cause que depuis le samedi [2. Dez.] jusques au lundy [4. Dez.] suivant ce fleuve ne cessa de croistre. etc. etc.
[Zeitgenössischer Bericht.]

(M. Villard „Météorologie régionale". S. 618.)

Le samedy second jour de décembre sur les onze heures avant la minuict . . . , le Rhosne fleuve rapide s'enfla et desborda tant à coup de telle impétuosité, qu'il couvrit en un instant le plat pays et vint à emplir les maisons de la ville au grand estonnement de tous. Car depuis les onze heures de nuict du samedy jusques à trois heures après midy du lundy en suivant, le Rhosne ne cessa de s'estendre, eslargir et croistre faisant des ravages oncroyables . . . Davantage la Saune, rivière ordinairement coye, s'esmouvant lors extraordinairement, se vint joindre au Rhosne en un endroit nommé la place de Confort. Alors le Rhosne se rendit plus terrible, telle rencontre en cet endroit n'ayant jamais esté veue . . . Le pont du Rhosne qu'on dit avoir deux cens cinquante-six toises de longueur, fut tellement secoué et esbranlé, que quelques arches d'iceluy s'en allèrent en val l'eau. Les plus grandes ruines furent au bourg de Guillottière, auquel point estre le plus proche du pont, ne se trouva fondement si ferme qui ne fust renversé par ce violent ravage, . . .
[Zeitgenössischer Bericht]

2. Dezember 1570 Lyon Rhône-Überschwemmung

(M. Villard „Météorologie régionale". S. 619/20.)

Un samedy, second jour de décembre, Dieu envoya un grand et terrible chastiement à Lyon. Assavoir que sur les onze heures avant la minuict, . . . , l'impétueux fleuve du Rhône s'enfla et déborda si subitement, si furieusement et si impétueusement, qu'il maistrisa ses bornes et limites, sortant hors de maré, et s'espanchant par dessus ses rivages, et courant à vau-de-routte, comme une mer tempestueuse, non-seulement par les parties de la ville contigues et adjacentes au fleuve mais aussi baignant une grande partie du pays plat et circonvoisin, qui fut en un moment tout noyé et inondé de ce furieux ravage. Ainsi depuis les onze heures de nuict du samedy, jusques à trois heures après-midy, du lundy ensuyvant, le Rhône ne cessa de s'entendre, eslargir et croistre, . . . Davantage la rivière de Saône, tranquille et coye de son naturel, ayant quitté sa limite et doulce tranquillité, sembloit estre conjurée avec le Rhône, . . . , car s'estant venue joindre au Rhône, en la place de Confort, augmenta grandement la furie des eaux du Rhône et furent vues ensemble ès lieux où jamais n'avoient esté conjoins. Le pont du Rhône fut tellement secoué et esbranlé par l'impétuosité des flots, que quelques parties d'arches furent ruées par terre.

2.—4. Dezember Lyon Rhône-Überschwemmung

(M. Champion „Les inondations en France etc." III. S. 219/22 aus Paradin „Mémoir. de Lyon". liv. III. ch. 42.)

2.–4. Dezember 1570 Rhône-Überschwemmung

Rhône. Schwere Überschwemmung.

(Dr. G. Hellmann „Die Meteorologie in den deutschen Flugschriften etc. d. 16. Jahrhunderts". S. 17 u. 67 aus 1 Flugschrift.)

(Dr. G. Hellmann „Beiträge zur Geschichte der Meteorologie". III. S. 66 aus französischen Flugschriften.)

° (Joh. Sleidanus „Warhafft. Beschreibung etc." Continuat. II. S. 197.)

° (Christian Wurstisen „Baßler Chronick". S. 649 u. S. 690.)

2.—3. Dezember Schwäbisch Hall Überschwemmung des Kocher

Kocher. Hochwasser. Das Wasser reicht bis an das Niveau des steinernen Stegs. (Siehe Gedenktafel). Großer Schaden. Der Wasserstand auf dem Unterwöhrd war höher als mannshoch. Der rote und Sulfersteg wurden fortgeschwemmt, der steinerne Steg und das Wehr beim Eichthor sehr zerrissen und beschädigt. Auch sonst großer Schaden.

(W. German „Chronik von Schwäbisch Hall etc." S. 255.)

3.—11. Dezember Lyon Rhône-Überschwemmung

On lisait autrefois sur une pierre, à l'angle de la rue Ecorcheboeuf et de la place Confort l'insription suivante: „L'an 1570 et le 3e jour de décembre, environ 11 heures du soir, le Rhône et la Saône se sont assemblés en la place Confort, au coin de la maison appelée Latour, et 11e dudit mois le Rhône est remonté audit coin.

(M. Champion „Les inondations en France etc." III. S. 222.)

2. Dezember um Nördlingen Überschwemmung

Circa Nordlingam . . . incurrebat tanta vis aquarum, . . .

(Martin Crusius „Annal. Suevicor." Dodec. III. S. 741.)

(Um Nördlingen lief das Gewässer so stark an, . . .)

Basel Rhein-Überschwemmung

Glicher gestalt ist auch in gesagtem jar uf den 2. decembris der Rhin so grosz worden, das er über die zünen an allen orten by einem schuch überflosz in der cleinen stadt, in deren man auch durch die Rhingassen mit weidlingen fůr. In der grossen stadt flosz er nochin dem stöcklinbrunnen uf dem Fischmerckt an die rören.

(„Die Chronik des Fridolin Ryff etc." in „Basl. Chroniken". 1. Bd. S. 174.)

Aarau i/Schweiz (Kanton Aargau) Überschwemmung der Aare und Luhre

Aare und Luhre: Plötzlich starkes Hochwasser u. Überschwemmung. Großer Schaden. Obere und untere Brücke von den Fluten hinweggenommen.

(G. Schmidt-Hagnauer „Chronik d. Stadt Aarau". S. 120.)

3. Dezember Straßburg i/Els. Überschwemmung

Eodem (anno) 3. decembris, kam ein grosser gewaesser als anno 1480, dass alle mühlen, auch die habermühl, hinwegführte.

(„Collectanea Danielis Specklins in usum Chronici Argentinensis." Tom. II in „Fragments des anciennes chron. d'Alsace." II. S. 565.)
und
in „Mitteilungen d. Gesellsch. f. Erhaltung d. geschichtl. Denkmäler im Elsaß." 2. Folge. 14. Bd. Tome II. S. 384.

Neckar: Große Überschwemmung. 3. Dezember 1570 Neckartal Überschwemmung des Neckars

(Dr. F. L. J. Dillenius „Weinsberg". S. 129.)

Neckar: Starke Überschwemmung. Die Brücke wurde fortgerissen. Cannstadt Überschwemmung des Neckars

(J. D. G. Memminger „Cannstadt etc." S. 6.)

Ac a III. Decemb. die in vesperam sequentis diei, tam subitis aquis Werdacha adaucta est, tantoque impetu alveum exundavit, ut scissis aggeribus disjectisque riparum sustentaculis pontem ad sui nominis portam operarii nostri maximo labore suo loco integrum conservare potuerint. Inde adeo reliquis per Algojam et propinquam Sueviam fluminibus cataclysmi instar excrescentibus, cuncta quasi itinera diu impedita, pontesque quam plurimi disrupti et abrepti procellis fuere. Wertach Überschwemmung

(A. P. Gassar „Annal. Augstburg." in J. B. Mencken „Script. rer. Germanic." I. Sp. 1931.)

(Am 3. Dezember, am Abend des folgenden Tages, wuchs die Wertach infolge plötzlichen Hochwassers so sehr an und trat mit solchem Ungestüm über ihre Ufer, daß sie die Dämme zerriß, die Uferbefestigungen zerstörte und unsere Arbeiter die Brücke zu dem nach ihr benannten Tore [nur] mit größter Anstrengung unbeschädigt erhalten konnten. Hierauf schwollen die übrigen Flüsse im Algäu und benachbarten Schwaben wie bei einer Sindflut derartig an, daß viele Brücken durch die Fluten zerstört und fortgeschwemmt wurden.)

Item ... am suntag noch sandt Andreas tag ist ein soelich wasser uff dem Rin komen, ..., uff den ersten sontag im Advent, der do was der dritt des monats Decembris, ist der Rhein alhie zu Lauffenberg so groß gewesen, das er an der grossen statt an die dollbäum geschlagen, und einer die händ uff der bruck uß dem Rhein konnen wäschen, und das an der arch, daruf s. Antoni stet, nit mehr gar anderthalb ring der oberen stein vom Rhein ledig gewesen seindt. Und ist gemelten tag durch grösse der wasser beid brucken uber die Alb und zu Murg uber die Murg hinweg genomen und getragen worden. 3. Dezember Oberrhein Überschwemmung

(„Jahrgeschichten des Landes" in F. J. Mone „Quellensammlung der badischen Landesgeschichte". III. S. 591.)

° (Sim. Schardius „Schardius redivivus etc." edid. Hier. Thomas. S. 147.) = 6. Dezember

Vnd so dann zůmal auch der Rhein also gewütet / ... Basel Rhein-Überschwemmung

(Christ. Wurstisen „Baßler Chronick". S. 649.)

In dieser Gegne wütet der Rhein also sehr / dermassen seit dem 1480 jar nie beschehen.

(Christ. Wurstisen „Baßler Chronick". S. 649.)

° (Joh. Sleidanus „Warhafft. Beschreibung etc." Continuat. II. S. 197/98.) = 5.–6. Dezember

3. decembris, dominica adventus, Rhenus vehementer intumuit, quoniam die 2. spriraverant venti austrini calidi quoque impetuosissimi cum multis pluviis nocte sequenti, quae et tota ea hebdomade continue ceciderant. Fons fori piscatorii cinctus fuit aquis, superavit die bug an jochen und bey beiden Rheintoren, zur Cronen und schiffleütenhauß zusammenlüffe. Superavit pinnas muri minoris urbis; eadem dominica atque circa horam tertiam pomeridianam, da daß wasser zům grösten war, . . .

(„Diarium des Christian Wurstisen 1557–1581", edid. R. Luginbühl. S. 116.)

(Am 3. Dezember, dem Adventssonntag, stieg der Rhein stark an, da 2 Tage lang warme und heftige südliche Winde geweht hatten und viel Regen in der folgenden Nacht und in dieser ganzen Woche hintereinander gefallen war. Der Brunnen auf dem Fischmarkt war von Wasserfluten umgeben, . . . Er [= der Rhein] stieg bis über die Mauerzinnen der Kleinstadt; am selben Sonntage und gegen die 3. Nachmittagsstunde, . . .)

3. Dezember 1570
N. Schweiz
Überschwemmungen der Flüsse

Auf den Bergen . . . Schnee, der am 3. Dec. mit warmem Wind abging und grosse Wasser veranlasste.

(R. Wolf „Auszüge aus verschiedenen handschriftl. fChroniken der Stadtbibliothek in Winterthur". S. 94.)

4. Dezember
Bei Nutschnitz i/Böhm.
Elbe-Überschwemmung

Bedeutende Elbe-Überschwemmung.

(Dr. W. Katzerowsky „Die meteorol. Aufzeichnungen d. Leitmeritz. Stadtschreiber etc." S. 7.)

5. Dezember
Avignon
Rhône-Überschwemmung

Rhône: l'eau entrait dans la ville.

(M. Champion „Les inondations en France etc." III. S. 228 aus Manuscr. de la Biblioth. d'Avignon.)

6. Dezember
Grafschaft Egmond (Frankreich)
Überschwemmung der Flüsse

Starke Überschwemmung.

(Dr. G. Hellmann „Die Meteorologie in den dtsch. Flugschriften etc. des 16. Jahrhdts." S. 17 u. 67 aus Flugschrift.)

3. Dekade Dezember
Nieder-Elbe
Eisgang

. . . wegen Eisganges der Elbe . . .

(A. F. W. Gloeckler „Das Leben des Kanzlers Heinrich Husan d. Älteren". S. 114.)

1571
Rouen
Seine-Überschwemmung

Seine. La rivière se déborda si furieusement pendant plusieurs mois, qu'elle entra plus de 300 pas dans la ville et ruina un grand nombre de Magasins qui furent remplis d'eau.

(M. Champion „Les inondations en France etc." II. S. 79 aus Farin „Hist. de la ville de Rouen".)

Es hat das große Wasser bei einem sehr starken Gewitter das Schaffenthor umgeworfen. 1571 Mühlhausen i/Thür. Über schwemmung der Unstrut

(Chr. G. Altenburg „Topograph.-histor. Beschreibung der Stadt Mühlhausen i/Thür." S. 139.)

Havel so hoher Wasserstand, daß man kaum aus der Stadt kommen kann. tanta fuit eluuies ,vt pedem vrbe efferre vix quis quam potuerit. Brandenburg a/d. H. Über schwemmung der Havel

(J. Fromm „Beschreibung der Stadt Alt-Brandenburg", edid. C. Gottschling. S. 120.)

Überall großes Wasser. Spree, Havel u. a. Flüsse Über schwemmungen

(A. Wernicke „Bernau. Stadt-Chronik". S. 588.)

... und war so viel Regen und Überschwemmung von Bächen und Flüssen, daß alles verderbete. SO Deutschland Überschwemmungen der Flüsse

(C. R. Vincentz „Die Goldschmiede-Chronik". S. 377.)

Salzach-Überschwemmung. Salzburg Überschwemmung der Salzach

(F. V. Zillner „Geschichte der Stadt Salzburg". I. S. 140.)

Überschwemmungen. Große Verheerungen. Obwalden (Kanton Unterwalden) Überschwemmungen der Flüsse

(„Obwaldner Geschichtsblätter". I. S. 119 aus dem Staatsprotokoll.)

Verheerende Überschwemmung der Gewässer. Kanton Neuchatel Überschwemmung der Flüsse

(J. Boyve „Annal. histor." III. S. 186.)

fuerunt magne inundationes Rome. Rom Über schwemmungen

(„Rocznik Swiętokrzynski" in A. Bielowski „Monum. Polon. histor." Tom. 3. S. 109.)

(Zu Rom waren große Überschwemmungen).

Le Rhône fut pris en grande partie ... 3. Januar Département de la Drôme Rhône: Eisdecke

* (M. Villard „Météorolog. méridionale". S. 621/22.)

inundatio maxima fuit ex pluviis continuis et nivibus. 25. Januar Bei Bistritz (Siebenbürgen) Über schwemmung der Bistritz
[Andreas Irenaeus (Fritzmann), Pfarrer in Budak]

(„Handschriftl. Vormerkungen aus Kalendern d. 16. u. 17. Jahrhunderts", edid. J. K. Schuller in „Archiv d. Vereins f. siebenbürg. Landeskunde". 3. Bd. S. 366.)

(Infolge der anhaltenden Regengüsse und Schneefälle trat eine sehr starke Überschwemmung ein.)

1571 28. Januar Züricher See Eisdecke Zugefroren.
[Hallers Witterungsbeobachtungen]

(„Schweizer. meteorolog. Beobachtungen". 10. Jahrg. S. 96.)

In disem jar überfror der Zürichsee zu end Januarii.

(„Heinrich Bullingers Diarium". S. 107.)

Ende Januar—Anfang Februar Oberelsaß Thur: Eisdecke . . . , und die Thur war an theil Orthen so starckh zugefrohren, daß man mit geladenen Wägen darüber fahren kunt.

(M. Tschamser „Annales etc. zu Thann". II. S. 189.)

Ende Januar Bodensee Eisdecke überfriert in kurzer Zeit so sehr, daß man mit schweren Lasten auf Schlitten von Bregenz bis Konstanz auf dem Eise fahren kann.

(G. Walser „Neue Appenzell. Chronik". II. S. 86.)

Februar Maas Überschwemmung L'an mesme, an mois de février, la rivière de Meuse fut si haute, qu'il n'estoit de mémoire d'homme vivant de l'avoir veu si haute; le pont d'Amercourt, qui estoit de pierre, fut renversé par l'impétuosité de l'eau; peu après, on fit le pont de bois.

(„Chroniques du XVI. siècle. Règne de Gérard de Groesbeek" in „Chron. liègeoises". Tom. II. edid. S. Balau in „Publicat. de la comm. roy. d'hist. de Belg." Band 54. Tom. II. S. 555.)

Liège Maas: Überschwemmung au mois de février, la rivière de Meuse, par l'abondance des eaux, se déborda tellement qu'elle emporta et ruina le pont d'Amercoeur, la moitié du pont de Bèche, avec quelques maisons, partie de la tour dudit Bèche, avec des murailles, de manière qu'elle couloit parmy l'église de Beaurepaire, celle de Saint-Jacques, Soeurs de Hasque, Carmes, Saint-Martin, les Jésuites, Croisiers, Saint-Adalbert, Saint-Jean, Saint-Denys, Saint-Remy et autres. Elle surpassoit les bailles sur la place de Saint-Barthélemy, en sorte qu'on n'y pouvoit dire messe, et comme à Saint-Paul elle y étoit haute environ de trois pieds, pour mémoire il y fut gravé sur un pilier sous la tour, au dedans de l'église, cette devise en latin ou la date de l'an est exprimé comme s'ensuit:
A L to Mosa Lo Co Cres Cens H U C app U L Jt Usq Ue.

[Manuskript 38]

(„Chroniques du XVI. siècle. Règne de Gérard de Groesbeek" in „Chron. liègeoises" Tom. II. edid. S. Balau in „Publicat. de la comm. roy. d'hist. de Belg." Band 54. Tom. II. S. 556.)

L'an mesme, au mois de febvrier, creut le rivier de la Meuse sy grande, à l'occasion des pluyes et neiges continuelles, et fut plus débordée et excessive crue que de mémoire d'hommes on ne l'avoit jamais veu, tellement que le pont d'Amercoeur fut abbatu par l'impétuosité de l'eauwe, et peu après y fut faict le pont de bois, comme pareillement celluy d'Avroy fut en partie renversé et rompu et le grand pont des Arches fut ébraulé et crevé.

(„Chroniques du XVI. siècle. Règne de Gérard de Groesbeek" in „Chron. liègeoises", Tom. II. edid. S. Balau in „Publicat. de la comm. roy. d'hist. de Belg." Band 54. Tom II. S. 556/7.)

L'an mille cincque cent et septante deux, les eauwes furent si grandes à Liège que le pont d'Amercoeur fut de recheff emporté. Les eauwes alloyent parmy la Cité. La haulteur, vous la trouverez à Sainct-Paul à un grand pillié proche la thour, ou est ce vers escrit contenant la date; Alto mosa etc. [Manuskript 3, 5, 25 u. 27.]

Februar 1571 Liège Maas-Überschwemmung

(„Chroniques du XVI. siècle. Règne de Gérard de Groesbeek" in „Chron. liègeoises". Tom. II., edid. S. Balau in „Publicat. de la comm. roy. d'hist. de Belgique". Band 54. Tom. II. S. 557.) = 1572

° (J. Chapeauville „Gesta pontificum leodiensium etc." III. S. 458.)

° (R. F. Foullon „Historia Leodiensis etc." Tom. II. Pars II. S. 294.)

Cette gelée fut suivi, . . . , d'une espèce de déluge, dans la cité et les lieux circonvoisins, qui fut causée par les débordements de la Meuse, de l'Ourthe et de la Vesdre; elles vinrent fondre d'une telle furie qu'elles voyait les maisons et les chapelles marcher, . . . ; la ville était si inondée de toutes parts . . .

Liège und Umgegend Überschwemmung der Maas, Ourthe und Vesdre

(M. Champion „Les inondations en France etc." V. S. 134 aus Bouillé „Hist. de la ville et pays de Liège". S. 452.)

Schelde: tant a raison des eaux de l'hyver, qui endommagèrent grandement et rendirent plusieurs rues navigables, . . . [Outreman]

Valenciennes (Départ. Nord) Überschwemmung der Schelde

(M. Champion „Les inondations en France etc." V. S. 147/48.)

. . . ende doen doede soe waert soe groete waeter als dat oock groote scaede dede in ons nuwe vaert ende elders, . . .

Belgien Überschwemmungen der Flüsse

(„Dagboek van Jan de Pottre 1549–1602" in „Maetsch. der Vlaemsche Bibliophil." 3. serie. No. 5. S. 36/37.)

Rhein: Starke Überschwemmung. Sehr starke Verwüstung.

Wiesdorf a/Niederrhein Rhein-Überschwemmung

(J. Andre „Wiesdorf u. Bürrig". S. 96/97.)

ist das widder abgangen, dan zwelf tag war es hee befor hart gefrören gewest, das der Rhein bestanden bis zu Dusseldorp van unden uff, und ginge an sonder regen allgemach.

2. Februar Köln Rhein: Eisgang

(„Das Buch Weinsberg", edid. J. Stein. II. S. 215.)

Aquae etenim rursus insolescentes Louanii bis via vi facta et vicos humiles, et tecta perrumpunt. Semel anni huius 1571 Febr. 5 . . .

5. Februar Louvain (Löwen) Überschwemmung d. Dyle

(D. Cornel. Gemma „De naturae divinis characterismis". Liber II. S. 68.)

(Als die Gewässer nämlich wiederum „übermütig" wurden, bahnten sie sich zu Louvain zweimal einen Weg mit Gewalt und drangen in niedrige Gassen und Häuser ein. Einmal in diesem Jahre 1571 am 5. Febr. . . .)

1571 6. Februar Flandern Überschwemmungen der Flüsse

was het door het smilten van den sneeuw zulke groote watervloed, als men in 80 jaren ooit gezien had.

(Ph. de Kempenare „Vlaemsche Kronijk of Dagregister etc. 1566/85", edid. J. P. van Male. S. 90.)

. . . , waer door geheel het landt veranderde in eenen waeterpoel, dat men geen diergelyken in veele jaeren en hadt gesien, want wel dry vierde deelen van de stadt Gendt stonden onder waeter.

(„Chronycke van Frans-Jos. de Castro", edid. F. van Naemen. S. 183 aus Archiv. Wasiae, Oudh. van Gendt manuscr.)

Gent Überschwemmung der Schelde und Lys

was door het smilten van den Sneeuw en het Ys zoo grooten Waeter vloed, dat men geenen diergelyken in vele Jaeren en hadde gezien. Wel dry vierde deelen van de Stad stonden onder Waeter, en het was zelfs op de Koorn-Merkt gekomen tot tegen den Muer van het Kerk-Hof van S. Nicolaes, ... , dat men in verscheyde plaetsen van de Stad, op de straeten met Schipkens moest vaeren, . . .

(P. Bernh. de Jonghe „Gendsche geschiedenissen ofte kronyke etc. van Gend etc. 1566/85". I. S. 164/65.)

8.—14. Februar Paris Seine-Überschwemmung

On alle en bateau à la place Maubert et dans les principales rues de la Ville.

(M. Champion „Les inondations en France etc." I. S. 69 aus Sauval I. S. 203.)

On va du cloitre Notre-Dame à Saint Denis-du-Pas en bateau.

(E. Clouzot „Les inondations à Paris etc." S. 98 aus Archiv nat. L L 307, fol. 10.)

10. Februar Köln Rhein-Überschwemmung

war der Rhein uffgelaufen und stunde vur s. Severins porzen im graifgin neigst dem grindel; dan het er noch fois hoich gewassen, were er uber den wech gelaufen, doch war er hoher durchgelaufen bis in s. Pantaleons- und Bachgraffen. Zu s. Marie – greden stunt er am berch, zu Seine uff dem hohen elter. Man kunt van Beien bis an s. Cunibertz torn binnen mauren faren, uisgescheiden ein klein pletzgin vur Leiskirchen, doch war es zu Liskirchen binnen. In der badstoben und in der fasbendergaffel stunde der Rhein bis an den Malzbuchel etc. etc. Alle Nederlendische dichen hat er durchbrochen und vil gutz lantz und wissen mit sande ubertriben. Zu Zons hat er durch die stat gelaufen, . . . , zu einer porzen in, zur andern uis. Zu Dormagen hat er die dichen an vil orten durchbrochen, etc. etc. . . . , und hat allenthalben vil schadens gedain.

(„Das Buch Weinsberg", edid. K. Höhlbaum. II. S. 215/16.)

ingens copia nivium fuit circa D. Antonii quae Febr. 11 in magnam aquarum abundantiam resoluta in Welna omnia complevit. um 11. Februar 1571 Schleswig Holstein Überschwemmung der Flüsse

(Lamb. Alardus „Nordalbingia" in E. J. von Westphalen „Monum. inedita rer. German." I. Sp. 1917.)

(Eine ungeheure Menge Schnee fiel um den Antonius-Tag [17. Januar] und schmolz am 11. Februar, wodurch eine Überschwemmung der Gewässer [eintrat] und in Welna (?) alles mit Wasser bedeckte.)

Main. Das Eis stößt ein Stück Mauer, 10 Schuh lang, hinweg. 14. Februar Sachsenhausen bei Frankfurt a/M. Main: Eisgang

(A. A. von Lersner „Der weit-berühmten freyen etc. Stadt Franckfurt am Mayn chronica". I. S. 534.)

Darnach umb S. Vältens Tag fieng der Schnee und Eyß an zu schmeltzen, da kunt abermahl kein Mensch vor Wasser zum anderen kommen. um 14. Februar Oberelsaß Überschwemmungen der Flüsse

(M. Tschamser „Annales etc. zu Thann". II. S. 189.)

. . . ; dennoch umme sunte Valentini dach wart id regen und wart wedderumme eine waterflot, und dede in den Nedderlanden avermals groten schaden. Um 14. Febr. NW Deutschland Überschwemmungen der Flüsse

(„Chronik des Johan Oldecop", edid. K. Euling. S. 656.)

Wiederum starker Regen gefallen, von welchen endlich die Wasser sehr groß geworden und viel Schaden gethan. 15. und 17 Februar Mitteldeutschland Überschwemmungen der Flüsse
(Spangenberg S. 496/97.)

(C. G. Poetzsch „Nachtrag etc. der chronolog. Geschichte der großen Wasserfluthen des Elbstroms etc." S. 38.)

Die Elbe bricht bei Niegrip durch den Damm. 15. Februar Burg b/Magdeburg Elbe- Überschwemmung

(G. Fritz „Chronik von Burg". S. 110.)

Der Eisgang reißt mehrere Joche der Oderbrücke samt den Pfählen fort. Krossen a/O. Oder: Eisgang

(G. A. Matthias „Chronica der Stadt Crossen", edid. C. Rauge. S. 175.)

(Dr. Wedekind „Geschichte der Stadt etc. Crossen". S. 93.)

Saale: hat das große Wasser und biß allhier die Brücke mit 2 Joch von der Magdeburgischen Brücken hinweg genommen. Mitte Februar Calbe Überschwemmung der Saale

(J. H. Häveker „Chronica etc. der Städte Calbe, Acken u. Wantzleben etc." S. 350.)

Saale: Überschwemmung. Bei Werkleitz Überschwemmung der Saale
(Kleinmühlinger Kirchenbuch-Eintragung v. Pfarrer Ludwig Schmid)

(E. Wiemann „Ein wiederaufgefundenes Kleinmühlinger Kirchenbuch d. 16. Jahrhunderts". S. 48.)

Mitte Febr. 1571 Wittenberg (Elbe) Elbe-Über-schwemmung

Februario mense tepore lento et pluviis liquefactae adeo auxerunt aquas, ut tumefactus Albis recens oppositos aggeres longo tractu disruperit et exundatio ultra septimanas tres perduravit.

(„Album acad. Viteberg." edid. O. Hartwig. II. S. 182.)

(Als im Monat Februar bei lauer Luft und Regengüssen [die Schnee- und Eismassen] schmolzen, stiegen die Gewässer derartig hoch an, daß die angeschwollene Elbe die kürzlich angelegten Deiche auf eine lange Strecke durchbrach und die Überschwemmung über 3 Wochen andauerte.)

16. Februar Dresden Elbe: Eisgang

Die Elbe schwoll bey einer Eisfahrt sehr hoch an, wobei in Dresden an der Brücke 6 Pfeiler beschädigt wurden.
(Schramm S. 25.)

(C. G. Poetzsch „Chronolog. Geschichte der großen Wasserfluthen des Elbstroms etc." S. 50.)

(A. Weck „Der etc. Residentz- u. Haupt-Festung Dresden Beschreib- u. Vorstellung etc." S. 528.)

20. Februar Nordstrand Eisaufgang

waß schon dat iß up gedauwet, . . .
[Joh. Petreus „Ein korte Beschrivinge"]

(„Joh. Petreus Schriften über Nordstrand", edid. Dr. R. Hansen. S. 173.)

23. Februar Züricher See Wieder Eisdecke

Wieder zugefroren.
[Hallers Witterungsbeobachtungen]

(„Schweizer. meteorolog. Beobachtungen". 10. Jahrg. S. 96.)

um 27. Februar Aschersleben Über-schwemmung der Wipper und Eine

. . . um Fastnacht [= 27. Febr.] aber, wie es aufgethauet, hat nicht nur die Wipper zu Gr. Schierstadt, sondern auch die Eine allhie grossen Schaden gethan, und ist das Wasser in die S. Elisabethen Kirche bis an den hohen Altar gegangen, . . .

(„Chronicon Ascaniense" in C. Abel „Sammlung Etlicher noch nicht gedruckten Alten Chronicken". S. 629.)

um Fastnacht Aschersleben, Groß-Schierstädt Über-schwemmung der Eine und Wipper

. . . , thaute es um Fastnacht, wodurch sowohl die Wipper bei Groß-Schierstädt, als in Aschersleben die Eine vielen Schaden anrichteten. Das Wasser drang hier in der Kirche des St. Elisabethhospitals bis an den Altar, . . . , jedoch verlief sich das Wasser bei dem schnellen Fortgang des Eises bald wieder.

(K. v. Zittwitz „Chronik der Stadt Aschersleben." S. 157.)

Ende Februar Hettstedt Über-schwemmung der Wipper

Wipper: verwüstende Überschwemmung.

(„Kleine Ortskunde von Hettstedt." S. 8.)

Frühling Danzig, Danzig. Werder Weichsel-Über-schwemmung

Im Vorjahr / da brach die Weissel aus / und das Wasser war so gros / das es auff dem Dilemarckt zu Dantzigk / vor den Heusern stundt / und that im Werder großen Schaden / an Viehe und Menschen.

(„Chronica oder Handbüchlein Danziger Geschichte", edid. Dr. F. Schwarz. S. 29.)

Spree-Überschwemmung mit großem Schaden an Äckern, Gärten u. Wiesen. 4. März 1571 Beeskow Über-schwemmung der Spree

(W. Ziethe „Chronik der Stadt Beeskow". II. S. 84.)

Starke Überschwemmung. Viel Schaden. 20. März Bei Stettin Über-schwemmung

(Dr. Heinr. Berghaus „Geschichte d. Stadt Stettin etc." I. S. 221.)

... am dingsstag vor Meydach storten de wehlen tho Westerwolt wedder in und stund allenthalven jammerlicken tho; ... 24. April Nordstrand Sturmflut
[Joh. Petreus „Ein korte Beschrivinge".]

(„Joh. Petreus' Schriften über Nordstrand", edid. Dr. R. Hansen. S. 174.)

De wehle tho Volckesboll, ... brack wedder dorch. 24. April Volgsbüll Sturmflut
Wehle wieder eingestürzt.
[Joh. Petreus „Ein korte Beschrivinge".]

(Dr. N. Falck „Mag. A. Heimreichs etc. nordfresische Chronik". 1. Teil. S. 370.)

(„Johann Petreus Schriften über Nordstrand", edid. Dr. R. Hansen. S. 174.)

am suntag Misericordiae den 29. Aprilis ist das wasser der Instrom der massn gewachsn und in solliche gress aufgestigen und nachdem vil und ain gross menig holtz am rechn glegen, hat es am montag den 30. Aprillis den rechn abtruckht und den stain- oder sandkasten ausgewaschn und hinweg gefiert, auch ain grosse antzal holtz verrendt, welliches alsdann ain joch an der ynpruggen allhie umbgestossen und hinweg gefüert, ... 29.—30. April Hall (Tirol) Über-schwemmung des Inn

(„Franz Schweyger's Chronik der Stadt Hall 1303–1572", edid. Dr. Dav. Schönherr in „Tirol. Geschichtsquellen". I. S. 148/9.)

... ist in den niedrigen Ländern eine nicht geringe Wasser-Fluth gewesen. 1. Juni Dithmarschen Sturmflut

(A. Viethe „Beschreibung und Geschichte des Landes Dithmarschen etc." S. 427.)

Des frydags vor pingsten kam wedderumme ein storm und hogwater, de brack den dick in Westerwolt wedder in und storte de wehlen wedder in und schamfehrde de dicken allenthalven, ... Nordstrand Sturmflut
[J. Petreus „Ein korte Beschrivinge".]

(„Joh. Petreus' Schriften über Nordstrand", edid. Dr. R. Hansen. S. 174.)

Freitag vor Pfingsten: Alle Wehlen durchbrochen.
[Heimreichs nordfresische Chronik.]

(K. M. Hansen „Chronikblätter". I. S. 121.)

Juli 1571 Rhône Überschwemmung z. B. zu Lyonne und Vienne

Les grosses eaux du Rhône emportent de nouveau deux arches du pont de la Guillotière, à Lyon et menacent d'emporter le restant. Le pont de Vienne, rétabli récemment, est détruit.

* (M. Villard „Météorol. régionale". S. 60.)

Une forte crue du Rhône.

(M. Champion „Les inondations en France etc." III. S. 228 aus Archiv du départem. du Doubs.)

28. Juli Eisleben Überschwemmung

Das Wasser zu Isleben abermal auf dem Graben etwas Schaden getan.

(Cyriacus Spangenberg „Mansfeld. Chronica". 4. Teil. edid. Dr. R. Leers. S. 292.)

5. Oktober England Sturmflut

Tremendous gale and flood between Hummerston and Grimsby. 20000 of the cattle and sheep perished; houses were blown down, bridges washed away and many ships wreckend, Bourne was overflowed to midway of the churche's height; boats rowed over St. Neot's church walls. In Bedfordshire many trees were blown down. Also violent in Staffordshire, Oxfordshire, Buckinghamshire, Kent, Essex, etc. where great damage was done.

(E. J. Lowe „Natur. phenomena etc." S. 20 aus Allen.)

um 11. November Land Hadeln Sturmflut

Das Wasser hat abermal den Teich sehr beschädiget, und bey Maerdorp eine ziemliche Länge weggespühlet. Zu Neuenhause hat es einen tieffen Wahl im Teiche gerissen.

(D. W. Bilkau „Hadeleriogia etc." S. 90.)

1572 Burghausen (Oberbayern) Hochwasser der Salzach

Salzach: Das Hochwasser nahm die Salzachbrücke mit. (Kammerrechnung).

(J. G. B. Huber „Geschichte der Stadt Burghausen in Oberbayern". S. 199.)

Schönhering (Niederbayern) Vils: Hochwasser

Die hochangeschwollene Vils zerreißt die Mühle gänzlich.

(J. Pamler „Urkundl. Chronik des Dorfes etc. Schönhering". S. 113.)

Meißen i/Sa. Elbe-Überschwemmung

Elbe. Große Wasserflut. Großer Schaden, besonders auf dem Kirchhof.

(M. Grünewald „Die Meißner Chronik". S. 193.)

eine grosse Wasserfluth / . . .

(Laur. Faust „Geschicht- vnd Zeit-Büchlein der etc. Stadt Meissen etc." S. 61.)

Hallstätter See Überschwemmung

Sehr bedeutende Wassergüß riß in Steg am Hallstädter See die dortige Schleuse von Grund aus hinweg und zerstörte in Stadl den hölzernen Uhrthurm. Großer Schaden.

[K. Ritter IV. S. 59, J. Forstinger I, S. 97, Urkunden im Stadtarchiv.]

(Dr. F. Krackowitzer „Geschichte der Stadt Gmunden in Oberösterreich". III. S. 265.)

. . . ; ouch thetennd die wasser in Pündten grossen schaden. 1572 Graubünden (Schweiz) Überschwemmungen der Flüsse

(„Hans Ardüser's Rätische Chronik". S. 51.)

in january soe wast hier alsoe groote water door de groote Gete ende vesten dat daer door braect recht aen de groote sluyse naer de Mulcktpoort te gaen soo dat het groot water seer groote schade dede, . . . Dit groot water es het verste dat myn grootvader es gedenckende. Januar Tirlemont (Prov. Brabant, Belgien) Überschwemmung der Getee

(J. Vincent „Événements météorolog. anciens" in „Annuaire Météorolog. pour 1916". S. 152 aus „Hagelands Gedenkschriften". Tirlemont 1910. S. 18.)

Les eaux furent fort grandes. [Louvet] Februar 1572 Anjou Hochwasser der Flüsse

(Célest. Port. „Les phénomèn. physiques". S. 109.)

Hoc mense Februario, insolita nivium copia inferioris Saxoniae terras complet, tamque intensum frigus etiam flumina navigabilia Salam, Albim et Visurgum, constringit, ut, id quod rarissime accidere solet, navigatio in iis intercluderetur. Niedersachsen Saale, Elbe und Weser: Eisdecke

(Sim. Schardius „Schardius redivivus etc.", edid. H. Thomas. S. 176.)

(In diesem Monat Februar bedeckte eine außerordentlich große Menge Schnee die Landschaften von Niedersachsen und schlug auch so große Kälte die schiffbaren Flüsse Saale, Elbe und Weser in Eisfesseln, daß, was sehr selten vorzukommen pflegt, die Schiffahrt auf ihnen unterbrochen wurde.)

(Joh. Sleidanus „Warhafft. Bericht etc." Continuat. II. S. 219.) . . . ,

. . . , want de Scelle voer Antwerpen oock tou was, . . . 2. Februar Schelde bei Antwerpen friert zu

(„Dagboek van Jan de Pottre 1549/1602" in „Maetsch. der Vlaemsche Bibliophilen". 3. serie. No. 5. S. 41.)

Sub exeuntem Februarium . . . , post diuturnum gelu, glacies ac nives solutae ita Mosam implevere, ut dimidio omnino pede ab exundatione anni proxime praecedentis abfuerit. Caeterum longe damnosior eluvies Dionati pontem . . . , subruit. Ende Februar Maas Überschwemmung

(R. P. Foullon „Historia Leodiensis etc." Tom. II. Pars II. S. 295.)

(Gegen Ende Februar . . . , nach langanhaltendem Frost, schmolzen Eis und Schnee, stieg die Maas so stark an, daß im ganzen $^1/_2$ Fuß an der Höhe der Überschwemmung des vorhergehenden Jahres fehlte. Dennoch unterwühlte diese weit schädlichere Überschwemmung die Brücke zu Dinant . . .)

Ad quod tempus tanta aquarum inundantium urbes et agros sese passim effudit vis, quanta retroactis nostra memoria annis vix unquam; succrescebat Albis, Viader, Havelus, Suevus, Varta, uno et continuo cataclysmo, multis in locis campi sylvaeque navigabiles erant, . . . März—April Elbe, Oder, Havel, Spree, Warthe Überschwemmungen

(Nicol. Leuthinger „Scriptores de reb. March. Brandenburg." S. 663.)

(Zu dieser Zeit brach eine so große Überschwemmung der Gewässer über Städte und Felder weit und breit herein, wie sich kaum einer erinnern konnte. Es stiegen die Elbe, die Oder, die Havel, die Spree und die Warthe durch anhaltende sindflutartige Regengüsse derartig an, daß vielerorts die Felder und Wälder schiffbar waren.)

März–April 1572 Schweiz Überschwemmungen der Flüsse

Alle Flüsse und Seen außerordentliche Überschwemmung.

(J. Boyve „Annal. histor." III. S. 187.)

Mitte März Wittenberg (Elbe) Elbe-Überschwemmung

Circa Martii medium solutis nivibus Albis effudit sese extra ripas . . .

(„Album acad. Viteberg." edid. O. Hartwig. II. S. 201.)

(Gegen Mitte März trat infolge der Schneeschmelze die Elbe über ihre Ufer.)

16. März Westl. Mark Brandenburg Elbe-Überschwemmung

am Sonntag Laetare die Elbe bei dem Dorfe Beuster ausgebrochen.

(J. Chr. Bekmann „Histor. Beschreibung der Chur u. Mark Brandenburg". I. Sp. 954.)

Anfang April Wittenberg (Elbe) Elbe-Überschwemmung

Elbe: . . . et mox iterum [effudit] sub Aprilis initium, cum vix a primo effluxu sese intra alveum recepisset.

(„Album acad. Viteberg." edid. O. Hartwig. II. S. 201.)

(. . . und bald [trat sie] wiederum gegen Anfang April [über ihre Ufer], kaum daß sie von der 1. Überschwemmung her in ihr Bett zurückgegangen war.)

Frankfurt a/M. Main: Hochwasser

Main: in der Oster-Messe sehr groß.

(A. A. v. Lersner „Der weitberühmten Landes-Stadt Franckfurt a/M. chronica". I. S. 534.)

18. April Lüttkendorf u. Umgebung (im Mansfeldischen) Überschwemmung

grausames Ungewitter mit Sturmwinden und Hagel bey Lüttkendorff großen Schaden getan und das Wasser zwischen diesem Dorf und Wormsleben sehr groß gewesen, . . .

(Cyriacus Spangenberg „Mansfeld. Chronica". 4. Teil. edid. Dr. R. Leers. S. 374.)

23. April Zwickau Überschwemmung der Zwickauer Mulde

Wasserfluth mit Schaden an Flößholz.

(Dr. E. Herzog „Chronik von Zwickau". II. S. 320.)

Glauchau i/Sa. Hochwasser der Zwickauer Mulde

Großes Wasser.

(E. Eckardt „Chronik von Glauchau". S. 450.)

21. Mai Meran Überschwemmung der Passer

Zwischen 3–4 Uhr bricht der Passeirer See zum 4. Male aus. Alle Brücken und Stege werden weggetragen, Stadtmauern stürzen ein. Großer Schaden.

(P. Coelestin Stampfer „Chronik von Meran". S. 39 aus v. Hebenstreit „Chronik der Stadt Meran". Manuscr.)

Mittwoch vor Pfingsten brach der Passeirer See zum viertenmale aus, wodurch der hohe Steg der Spitalbrücke und der naggelnde Steg weggetragen und alle Archen zerstört wurden.

(Dr. B. Mazegger „Chronik von Mais etc." S. 34.)

21. Mai 1572 Meran Über schwemmung der Passer

. . . ; die Thur und alle Wasser liefen über, überschwemmten und verderbten Alles.

(M. Tschamser „Annales etc. zu Thann". II. S. 193.)

25. Mai Thann (Oberelsaß) Überschwemmung der Thur u. anderer Gewässer

tristem Pentecostem Tybingae habebamus: propter antemeridiana terribilia tonitrua et ingentem Nicri exundationem.

(Martin Crusius „Annal. Suevicor." Dodec. III. S. 746.)

25. Mai Tübingen Überschwemmung des Neckars

(Wir hatten zu Tübingen traurige Pfingsten, nämlich vormittags schreckliche Donner und eine außerordentliche Neckar-Überschwemmung.)

Sur les dix heures du soir, la rivière de Montbrison [= le Vizezy] fust tellement grosse que tout le bas de la ville pensast à périr; l'une des tours de la porte Saint-Jean abisma, comme aussy le pont apellé de la Porcherie; plusieurs maisons tombèrent à la porte de Moind, et aultres audessoubz des Chesnes, en ladite ville.

(M. Champion „Les inondations en France etc." II. S. 219 aus A. Bernard „Hist. du Forez". II. S. 185.)

4. Juni Montbrison (Départem Loire) Überschwemmung des Vizezy (Nebenfluß des Lignon)

Gewitter mit Wolkenbruch. Überschwemmung.

(Dr. G. Hellmann „Die Meteorologie in den dtsch. Flugschriften etc. des 16. Jahrhdts." S. 18 u. 70 aus 1 Flugschrift. (Lied)

18. Juni im Salzburgischen (Lauffa), östl. von München nach Burghausen zu, um Passau Überschwemmungen infolge von Wolkenbrüchen

. . . , Anno 1572 am St. Johannis des Täufers Abend den 23. Juny hat sich des Abends zwischen 7 und 8 Uhr auch ein solch Gewässer in den beiden Gründen am Schneeberg, von Grießbach und dem Rosenthal herein gelegen, gesammelt, ist dafür gehalten worden, als wäre dazumal ein Wolkenbruch über dem Herrn-Holz, . . . , gefallen, . . .
[Häuser zerstört].
[Petrus Albinus in seiner Beschreibung der Wasserflut von 1573. 12/14. August.]

(C. Lehmann „Chronik der freien Bergstadt Schneeberg". I. S. 273/74 u. 267.)

° (Chr. Meltzer „Historia Schneebergens. renovata etc." S. 941. 1293.)

23. Juni Schneeberg i/Sa. Überschwemmung infolge eines Wolkenbruchs

Vils: Hochwasser. Die Mühle wird gänzlich zerstört.

(J. Pamler „Urkundl. Chronik des Dorfes und der ehemaligen Hofmark Schönhering. S. 113.)

Juli Schönhering (Niederbayern) Hochwasser der Vils

Juli 1572 Donau Überschwemmung

. . . , wie das im Julio . . . nit alleine die Thonau, sondern auch alle andern wasser gewalltig und über die massen sich ergossen, und dazumallen die Thonau so erwachsen, das die zu Stain durch die ganz Stadt (außer was etwas wenig so hinten am Berg gelegen) durchrunnen, In gleichen Fall ain großer thail der Stadt Khrembs Im Wasser gestanden, und hierdurch baiden Stetten großer schadt widerfahren, dann das gewässer die Stadt Meur, auch denen Burgern Ire Heuser dermassen erwaigt, das zu Stain ain gewalltiger Thurn . . . und dann zu Khrembs an der inneren und ausseren Stadtmauer ettliche klaffter lang eingegangen und nidergerissen hat, auch viel Burg Heuser zum einfallen sich genaigt . . .
[Schreiben des Magistrats an den Kaiser wegen Steuernachlaß].

(Jos. Kinzl „Chronik der Städte Krems, Stein etc.“ S. 150.)

Im Juli 1572 habe sich eine so gewaltige Wassermasse ergoßen, daß die Donau nicht nur durch die ganze Stadt Stein rann, sondern auch ein großer Theil von Krems unter Wasser stand, wodurch beiden Städten großer Schaden widerfuhr. Die erweichten Stadtmauern wurden etliche Klafter lang umgerissen und viele Bürgershäuser drohten dem Einsturze; Weingärten, Äcker und Wiesen seien samt den Früchten verwüstet etc.
[Schreiben der Stadt Krems an den Kaiser]

(Dr. A. Kerschbaumer „Geschichte der Stadt Krems“. S. 582.)

° (Joh. Sleidanus „Warhafft. Bericht etc.“ Continuat. II. S. 227.)

° (Dr. G. Hellmann „Die Meteorologie in den deutschen Flugschriften etc. des 16. Jahrhunderts“. S. 18 u. 70 aus Flugschrift von A. Hundsperger.) = 5. Juli.

4. Juli Gastein Überschwemmung der Gasteiner Ache

ist an St. Vlrichstag abermahlen ain grosße Güß gewesen, die widervmben auff ain Neus mit Verschiten [grossen] Schaden than.

(Dr. A. Freiherr v. Härdtl „Gasteiner Chronik“. S. 7.)

8.—10. Juli Steyr (Traunkreis, Oberösterreich) Überschwemmung der Enns und Steyr

. . . Stiriam alluentia flumina bina Amasis et Stiria dierum quinque continuis imbribus a quinta Julii ad octavam usque tumefacta, cum sexta die exundare coepissent, muros eius urbis, turres, propugnacula, templa, scholas, curiae partem, pontes, molendina omnis generis, privatorum aedificia plurima impetu et eluvionibus subruta partim labefactarint partim everterint ac deiecerint.

(„Album acad. Viteberg.,“ edid. O. Hartwig. II. S. 206.)

(. . . die beiden [die Stadt] Steyr bespülenden Flüsse Enns und Steyr waren infolge 5 Tage lang anhaltender Regengüsse vom 5.–8. Juli derartig angeschwollen, daß sie am 6. Tage anfingen, über ihre Ufer zu treten. [Die Fluten] unterspülten die Mauern dieser Stadt, die Türme, Bollwerke, Kirchen, Schulen, einen Teil des Rathauses, Brücken, Mühlen aller Art und zahlreiche Privathäuser gewaltsam und beschädigten sie teils, teils stürzten sie sie um und rissen sie ein.)

Im Monath Julio ist abermahl ein grosser und erschrecklicher Wasser-Guß entstanden, welcher die [vom] An. 1567 weit übertroffen; die ganze Stadt-Mauer, nach der Ennß herauf, die zwey oberen Thore, die Thürne an der Ennß, die Fleisch-Bäncke, zehen Stadel, auch etliche Häuser, etc. weggerissen; desgleichen alle Brücken: an Mühlen, Schleiffen und andern Werck-Läden . . . Schaden gethan.

8.—10. Juli 1572 Steyr (Oberösterr.) Überschwemmung der Enns

(Val. Preuenhueber „Annales Styrenses etc.“ S. 286.)

Es begann die fürchterlichste Überschwemmung und der höchste Wasserstand, die die Enns und die Steyer je erreichten. Es hatte nur wenige Tage geregnet, und doch schwoll das Wasser schon am 1. Tage ungemein an.

8. Juli Steyr (Traunkreis, Oberösterreich) Überschwemmung der Enns

(F. X. Pritz „Beschreibung u. Geschichte der Stadt Steyer etc.“ S. 219.)

Morgens wurden die Brücken weggerissen, die Wogen gingen über dieselben hoch hinweg, Mühlen, Schleifen, Werkstätten und Trümmer von Häusern kamen im Wirbel hergerollt, stürmten die Mauern der Stadt, durchlöcherten die Häuser an den Flüssen, rissen mehrere derselben und 10 Scheunen im Ennsdorfe hinweg.

9. Juli Steyr (Traunkreis, Oberösterreich) Überschwemmung der Enns

(F. X. Pritz „Beschreibung und Geschichte der Stadt Steyer etc.“ S. 219.)

als zu Wien ein stätes Regenwetter gewesen / ist die Donau so groß worden und dermassen außgeloffen / . . .

Wien Donau-Überschwemmung

(Wolfg. Lazius „Chronica oder histor. Beschreibung der etc. Hauptstadt Wienn etc.“ 4. Buch. S. 32.)

. . . in Austria et Bavaria, ubi flumina imbribus adaucta adeo intumuerunt, ut nec Danubii altitudinem tantam quisquam hominum Viennae meminerit.

(„Album acad. Viteberg.“, edid. O. Hartwig II. S. 206.)

(. . . in Österreich und Bayern, wo die Flüsse infolge von Regengüssen derartig anschwollen, daß sich in Wien niemand einer solchen Wasserhöhe der Donau erinnern konnte . . .)

Bey immer steigenden Fluthen stürzten die Mauer der Stadt, die als Damm gegen die Wogen da stand, die zwey oberen Thore, die Thürme an der Enns, der hintere Teil des Rathhauses sammt den Fleischbänken ein; der Grund der anderen Häuser wurde entblößt und unterwühlt, . . . , und manche sanken wirklich. Mit Schiffen fuhr man in der Enge und bis zur Hälfte des Platzes hinauf. Das Dominikanerkloster stürzte abends ein.

10. Juli Steyr (Traunkreis, Oberösterreich) Überschwemmung der Enns

(F. X. Pritz „Beschreibung u. Geschichte der Stadt Steyer etc.“ S. 219.)

Ist ein grausahme schreckliche wasserflut kohmen, sontag nach Margreten desgleichen kein mensch gedacht. vnd vberaus grossen schaden an feldgüthern gethan. [Brief d. Pfarrers Dietrich Adam an den Historiker Letzner v. Jahre 1588.]

20. Juli Salzderhalden Überschwemmung der Leine

(R. Eckart „Geschichte des Fleckens und der Burg Salzderhalden“ S. 10.)

22. Juli 1572 Hannover Überschwemmung der Leine

Die Leine stieg so hoch, daß das Wasser von dem Leinthor ab bis in den Judenteich [jetzt Neustädt. Markt und Kirche] strömte. Keiner erinnerte sich damals einer größeren Fluth.

(G. F. Koch „Einige Notizen aus den Annalen der Stadt Hannover". Spalte 59.)

Im Sommer um Marien Magdalenen Tag vor Jacobi ist eine große Wasserfluth zu Hannover gewesen, daß es vor dem Leinthore über den Steinweg vor den Zingeln in den Judenteich gegangen.

(Dr. O. Jürgens „Hannov. Chronik". S. 214 aus Jeremias Scherers manuscr., M. Lang manuscr., Hinrich Meinbergs manuscr. setzet 8 Tage vor Jacobi „und hat zu der Zeit kein Mensch die Leine größer gedacht, . .")

Große Fluth zu Hannover, als bey Menschengedenken nicht gewesen.

(„Bernhardi Homeister Diarium etc. 1550/90" in „Bernhard Hohmeisters Aufzeichnungen etc." edid. Dr. Grotefend u. Fiedeler. S. 232.)

Kurz vor 24. August Goisern (Österreich ob der Enns) Überschwemmung infolge eines Wolkenbruchs

gleich vor Bartholomäi, hat es eine große Wassergüsse [Wolkenbruch] gegeben, wie desgleichen noch nie gewesen war.

(M. Putz „Chronik von Goisern". S. 13.)

um 25. November Friesland Sturmflut

Circiter festum Catherinae, omnis ager noua inundatione coöperitur, quae propter vim glaciei admodum pernitiosa fuit, nam praeter alia quam maxima damna, totas aedes acie sua dissecuit dissipauitque.

(„Kronijk van Eggerik Egges Phebens van 1565–1594", edid. H. O. Feith. S. 42.)

(Um das Katharinafest wurde das ganze flache Land durch eine Wasserflut unter Wasser gesetzt, die infolge der Stärke des Eises äußerst schädlich war, denn außer sehr starken anderen Schäden riß es Wohnhäuser auseinander und führte sie fort.)

28. November Frankfurt a/M. Der Main geht zu

Der Main beginnt zuzufrieren.

(A. A. v. Lersner „Der weitber. Landes-Stadt Frkf. a/M. Chronica". I., S. 534.)

(Dr. Ziegler u. Dr. König „Das Klima v. Frkf. a/M." Teil I. Tabelle 9.)

29. November Bodensee Der Untersee friert zu

Den 29. Novembris ist der Undersee überfroren, welches, daß es jemals so früehe im jahr geschehen, nicht ein mensch verdenken mochte.

(„Hans Oswald Huber's Schaffhauser Chronik", edid. C. A. Bächtold. S. 135.)

30. November Zürich Limmat: Grundeis

Grundeis.
[Hallers Witterungsbeobachtungen]

(„Schweizer. meteorolog. Beobachtungen". X. S. 97.)

1. Nov. begonst het te vriezen, en den Vorst nam dagelyks zoodanig toe, dat men den 25. tot Gend in de Leye en de Schelde op het Ys liep. Dit duerde meer als twee Maenden, en de langduerige felle koude, en menigvuldigen Sneeuw, veroorzaekten eene uyterste benouwdheyd, ...

Winter 1572/73 Flandern 25. Nov. Schelde und Lys bereits Eisdecke

(P. Bernh. de Jonghe „Gendsche geschiedenissen ofte kronyke etc. van Gend etc. 1566/1585". I. S. 206/07.)

..., zoo dat men te Sente Cathelynendaghe [25. Nov.] over Schelde ende Leye gynck.

(„Memorieboek der Stad Ghent 1301–1737" II. Deel in „Maetsch. d. Vlaemsche Bibliophil." 2. ser. Band 15. Teil 2. S. 401/402.)

Zum Anfang dieses [1573] und zu End des verwichenen Jahres war abermahl ein sehr grose Frost und Kälte, also daß wider alle Flüss und Bäch überfruren und alle Tag Grundeyß gieng; ...

Elsaß Flüsse Eisdecke

(M. Tschamser „Annales etc. zu Thann". II. S. 195/96.)

Im Jar 1573 ward der Iberlinger seh iberfroren in weinechtfeiertagen, das man dariber gegangen ist; gleichfal ist er von Aichhorn biß an die Bleiche iberfroren. Der vischer von Creuzlinga [ist] bis gen Haussen auf dem Eis heriber gegangen. Auf den 3 weinechtag 1573 ist der Bottenseh iberfroren, das der Matteis Schafmaier und Schweizer Hensli den negsten dem Buechorn iber das eis gangen gen Rameshorn und wider hiniber gangen. Es sindt auch leit von Bregentz gen Linden den nesten gangen auf dem [Eis], ist herab gangen bis gen Hohaussen.
[Handschrift v. S. Georgen zu Karlsruhe No. 87. Bl. 67b.]

Überlinger See Bodensee Eisdecke

(„Jahrgeschichten d. Landes" in F. J. Mone „Quellensammlung etc." 1. Bd. S. 231.)

Es was auch umb dise Zyt grimmigklichen kalt wätter, und gar vil Schnee: der wyt Bodensee war im Hornung widerum so stark überfroren, das an dem Äschenmitwuch den 4. diss. Monats siben Bürger von Buchhorn [Friedrichshafen] zu Fuss hinuber gen Romishorn uff dem yss gelauffen und von dannen hieuff gen Arbon, ... Und am Frytag nach der Äschenmittwuch [6. Febr.] sind dry Burger von Bischoffzäll, ... zu Fuss hinuber von Uttwyl nach Buchhorn gangen ... Es ward auch das yss uff dem Bodensee dermassen stark, dass man etliche Wuchen schwer läst von Korn uff dem Bodensee uff Schlitten gen Bischofzell und anderschwo hin verfertiget hat. Die Kelte diss Winters hat gewäret byss uff die osteren hinuss [Oster-Sonntag, 22. März].
[Josua Maaler, Pfarrer zu Bischofszell, erzählt dies in seiner Lebensbeschreibung].

Bodensee Eisdecke

(R. Wolf „Der kalte Winter von 1572 auf 1573" in „Vierteljahrsschrift der naturforsch. Gesellschaft in Zürich". 18. Jahrgang. S. 166.)

Der Zeit ist auch ein Fuhrmann mit 6 Rossen vnd einem wolgeladenen Last-Wagen von Kauffmanns-Gütern von Fußach auff dem Eis gen Lendaw gefahren ... So ist man auch von Bregentz gen Costanz mit Schlitten zu Roß / vnd Fuß hin und wieder geritten / vnd gangen. Ingleichen die Burger zu Bregentz / in 200 Personen / jung vnd alt / zu Roß vnd Fuß / haben ihre jährliche Aescher-Mitwuchen Schlacht / oder Kurtzweil / zwüschen Lendaw vnd dem Closter Meeraw bey Bregentz auff dem Eis gehalten. Man hat auch gantze Leinwat-Fässer zu Steinach auffgeladen / vnd mit Schlitten auff Fussach zu gefahren.

(Barth. Bischoffberger „Appenzell. Chronic". S. 518.)

Winter 1572/73 Bodensee Eisdecke

Der Bodensee ware gäntzlich überfroren, daß man von Lindaw kommentlich und ordinari über den See gehen kunnte, da hat man ihn gantz gemessen; von Lindaw bis auf Constantz 9243 Klfter, von Roschach bis gen Argen 7141 Klafter, von Rumishorn gen Buchhorn 7275 Klafter, von Bregentz bis gen Lindaw an die Bruckh 3125 Klafter, das Klaffter à 7 Schueh zu rechnen.

(M. Tschamser „Annales etc. zu Thann". II. S. 196.)

Der Obersee, welches zuvor niemals erhört worden, war ganz und gar mit eis beschlossen, also daß man allenthalben darüber gegangen, und der Gredmaister von Bůchorn [Friedrichshafen] in einem schlitten darüber gen Arben gefahren. Der See hat zwischen gedachten beiden orten in der braite 7270 Klafter.

(„Hans Oswald Huber's Schaffhauser Chronik", edid. C. A. Bächtold. S. 136.)

Überall ganz zugefroren, daß man auf dem Eise gehen und fahren kann.

(J. Eiselein „Geschichte und Beschreibung der Stadt Konstanz etc." S. 173.)

° („Annales variorum. Bodensee" in „Anzeiger für Kunde des deutschen Mittelalters". 3. Jahrgang. 1834. S. 236.)

° (Martin Crusius „Annal. Suevicor." Dodec. III. S. 749.)

Schweiz Die meisten Flüsse, Bodensee und Genfer See Eisdecke

Mit dem Anfang dises Jahrs entstehet eine so grimmige Kälte, daß die meisten Flüsse, ja der Bodensee und Genffer See so gar zugefroren, daß man mit Schlitten darüber fahren können, . . .

(„Auszüge aus handschriftl. Chroniken und aus den Rathsprotokollen der Stadt und Republik St. Gallen. 1551–1750". edid. K. Wild. S. 26.)

Luzerner See Eisdecke

Der Lucerner See ist diß Jahr gantz überfroren biß in des Land Vry.

(F. Haffner „Der kleine Solothurn. Schaw-Platz etc." II. S. 251.)

Thuner See Eisdecke

Gefroren, daß man darüber reiten und fahren konnte, was seit 120 Jahren nicht mehr geschehen war.

(K. F. L. Lohner „Chronik der Stadt Thun", ed. G. Züricher. S. 134.)

Dezember 1572 Kanton Luzern Reuß: Eisdecke

Es lag viel Schnee und trat eine überaus strenge Kälte ein, daß die Reuß bei Bremgarten überfror und Roß und Wagen darüber fahren konnten. Ende des Monats brach das Wetter.
[Tagebuch der Werner Schodeler d. Jüngeren]

(B. Amberg „Beiträge zur Chronik der Witterung etc." III. S. 13.)

Op S. Nicolausdag geschiede de twede inundatien. 6. Dezember 1572 Friesland Sturmflut

(D. A. Valcooch „Chronycke van Leeuwenhorn etc.“ S. 61/62.)

Watervloet, besonder in Vrieslandt, de Ommelanden ende Embderlandt, alwaer het schade / maer miet so groot als het Alderheyligens Water / den Landen ghedaen heeft. Na welcken men oock in de steden van Vrieslandt / soo Reformeerde als andere Processie heeft moeten houden / . . . Friesland, Ostfriesland Sturmflut

(P. Winsemius „Chronique oste Histor. geschiedenisse van Vrieslant etc.“ S. 575.)

La Garonne glace devant Bourdeaux, aux festes de Noel, avec telle aspreté, qu'il n'estoit loisible de naviguer et traverser la rivière. III. Dekade Dezember Bordeaux Garonne: Eisdecke

(M. Champion „Les inondations en France etc.“ IV. S. 210 aus „Chron. Bourdeloise“ composée cy-devant S. 46 en latin par Gabriel de Lurbe et par luy de nouveau augmentée et traduite en Francaise etc. par Jean Darnal“. 1619. S. 46.)

. . . Le penultième de décembre 1572 et les suivants, jusqu'au lundy quatrième [Montag 5. Januar] jour de janvier 1573, il n'y a eu en ce pays si grande abondance de neiges, glaces et froidures, que toutes les rivières ont été gelées et même le Rhône, tellement que beaucoup de gens ont passé et repassa outre deça et delà avec mulets et autres bêtes chargées tous endroits du Bourg-St.-Andéol, Viviers, Le Teil, Rochemaure, La Voulte et le Pouzin, et plusieurs autres lieux, à pied sec sur la glace, en foi de quoi, je me suis ci soussigné pour servir, de memoire à l'avenir, etc. 30. Dez. 1572— 4. Januar 1573 Départem. Drôme (S. Frankreich) Flüsse Eisdecke, z. B. Rhône

[Journal de Berole, notaire à Montélimar]

(M. Villard „Météorolog. régionale“. S. 622.)

. . . , also das uff den 30. tag gemeltz monats dises jars der Rein überfroren undt von dem strengen grundys sich gestellt oberhalb der bruckhen bis über die Pfaltz über und über etlich stundt lang morgens bis umb 10 uhren brach es wider uff mit grossem krachen, das es ein furt macht 2 joch breit gegen der grossen statt Basell, das übrig blib vest beschlossen etlich tag lang, also dasz iren etlich volgender tagen daruff zu eusserst ein obenzech gethon. 30. Dezember 1572 Basel Rhein: Eisdecke

(„Aufzeichnungen des Diebold Ryff etc.“ in „Basler Chroniken“. 1. Bd. S. 225.)

° („Die Chronik des Fridolin Ryff etc.“ in „Basler Chroniken“. 1. Bd. S. 174.)

Und was zu ußgändern jar der Zürichsee überfroren. . . . ; der Zürichsee ward gfroren uff 11 wuchen, . . . Ende Dezember Züricher See Eisdecke

(„Heinr. Bullingers Diarium etc.“ S. 110 u. 117.)

1573 Rhône Eisgang u. Überschwemmung

Le dégel amena une inondation dans laquelle les glaces et les eaux firent quelques dégâts.

(M. Champion „Les inondations en France etc.“ III. S. 229 aus „Nouvelles recherches pour servir à l'histoire de Beaucaire“. 1836.)

Meaux (Départem. Seine-et-Marne) Überschwemmung der Marne

Marne. les eaux furent si hautes qu'on ne pouvait passer de la ville au faubourg Saint-Nicolas sans bateaux.

(M. Champion „Les inondations en France etc.“ II. S. 150/51. aus Michelin „Essais hist. et statist. sur Seine-et-Marne“. S. 587.)

Fluß Gette (Brabant, Belgien) Überschwemmung

eene overstrooming der Gheet smeet een gedeelte der stadsmuren omver.

(J. Vincent „Aperçu de l'hist. de la météorologie en Belgique“ III. Partie in „Annuaire météorolog. pour 1903“. S. 153 aus P.-V. Bets „Zout-Leeuw.“)

Friesland Sturmflut

idem mare ventorum vi intumefactum per totam agri planiciem rursus excurrit . . .

(„Kronijk van Eggerik Egges Phebens van 1565–1594“ edid. H. O. Feith. S. 42.)

(Gleichfalls schwoll das Meer infolge der Gewalt des Sturmes an und brach über das ganze flache Land herein . . .)

Duisburg Rhein-Überschwemmung

Rhein: außerordentl. Überschwemmung, die beinahe die Hälfte der Stadt unter Wasser setzt.

(D. A. Chr. Borheck „Versuch einer Gesch. der Stadt Duisburg a/Rh.“ S. 28.)

Pforzheim Nagold und Enz: Eisgang und Überschwemmung

Das Eys vnd gros Wassergüssen | Die Brück mit Gwalt zv Stocken rissen. | etc. etc.
[Inschrift auf einem Stein.]

(S. F. Gehres „Pforzheim's kleine Chronik“. 2. Aufl. S. 121.)

Regensburg Donau-Eisgang

Donau. Starker Eisgang zerstört die Brücke theilweise.

(Ch. G. Kleinstäuber „Geschichte u. Beschreibung der altberühmten steinern. Brücke zu Regensburg“. S. 244 aus Schuegraf „Frage: hatte Regensburg schon in der Vorzeit einen Hafen?“ S. 22.)

Starke Wasserfluth.

(Fr. Ržiha „Über den Bau der alten steinern. Brücke zu Regensburg“. S. 257.)

Würzburg Main: Eisgang

Gewaltige Eisschollen und starke Strömung beschädigen die hölzerne Mainbrücke stark.

(C. G. Scharold „Beyträge zur ältern und neuern Chronik von Würzburg“. I. S. 170.)

Do men schreff vofftein hundert iar / Dre vnd söbntich, seg ick vorwar, / Do ist ein groth Iyssflodt gegan / Vp der Elue, wyl my vorstan, / Vnd hefft datt Iyß thosamen bracht / Vp Iden wordt, nym flytich acht, / Vor Zestermü, als ein huß groth, / Dar Ladwich Lönne halen doth: / In einem korue Iyses vel / Am dag Vrbani, merck dit spel.

1573 Seester (Holstein. Elbmarschen) Elbe: Eisflut

[Aus einem Kirchenbuch in Seester. Geschrieben v. Pastor Ludwig Lonner]

(Dr. D. Detlefsen „Geschichte der holstein. Elbmarschen". I. Bd. Anhang. S. 413.)

„grausam unerhorte Wasserflut".

Schwarza (Saale) Überschwemmung der Saale

(F. Lundgreen „Geschichte des Marktfleckens Schwarza (Saale)". S. 15.)

Bober 21 mal ausgetreten. Großer Schaden.

Löwenberg i/Schles. Überschwemmungen des Bobers

(B. G. Sutorius „Die Geschichte von Löwenberg etc." I. S. 203.)

hic et alibi non minores fuerunt inundationes.

Schweidnitz und a. O. Überschwemmung der Weistritz und anderer Flüsse

(„D. Scepsii annales" in „Scriptores rer. Silesiac." 11. Bd. Schweidnitz. Chronisten d. 16. Jahrhdts. S. 94.)

(Hier und anderswo waren nicht kleinere Überschwemmungen).

Bober: 21 mal Überschwemmung mit großem Schaden an Getreide und Gras.

21mal Überschwemmung des Bobers

(J. G. Bergemann „Chronik der Stadt Bunzlau". III. S. 80.)

Durch andauerndes Regenwetter wurden wieder die Vorbauten und die neuerbaute Spitalbrücke weggerissen.

Meran Überschwemmung der Passer

(Dr. B. Mazegger „Chronik von Mais etc." S. 34.)

Beinahe völlig zugefroren, selbst in seiner breitesten Ausdehnung, besonders aber in den Buchten von Küßnacht, Stansstaad, Alpnacht und Winkel, so daß man Waren auf Schlitten nach den jenseitigen Gestaden brachte. Bei 7 Wochen dauerte diese außerordentliche kalte Witterung an; an mehreren Orten das Wasser über 1 Elle stark gefroren.

Januar 1573 Vierwaldstättersee Eisdecke

(Dr. K. Pfyffer „Geschichte der Stadt und des Kantons Luzern". I. S. 305/06.)

Bis an den Grendel zugefroren.

um 1. Januar Züricher See Eisdecke

(A. Werdmüller „Memorabilia Tigurina". I. S. 252.)

4. Januar 1573 Basel Rhein: Eisdecke

als am Mittwochen zuvor [= 31. Dez. 1572] der Rhein zu Basel gar überfroren, hat die Bürgerschaft daselbsten ein Abend-Trunck gethan.

(J. Groß „Kurtze Baßler Chronick". S. 212.)

Züricher See Eisdecke

Zugefroren.
[Hallers Witterungsbeobachtungen].

(„Schweizer. meteorolog. Beobachtungen". X. S. 98.)

nach 4. Januar Köln Rhein-Überschwemmung

ist der langwiliger forst von aller hilligen tag [1. November 1572] bis herzu 9 wechen daurende abgangen und das groisse wasser hat abermails vil schadens an unsern elmen gegen Monhem getain.

(„Das Buch Weinsberg", edid. K. Höhlbaum. II. S. 253.)

5.—9. Januar Schweinfurt Main: Eisgang

In diesem Jahr von dem 5. bis 9. Januar ist das Eisz angebrochen an der äuszern Brücken 4 Joch, auch oben an der Mainmühlen 3 Mahlgäng mit aller Zugehör hinweg genommen.

(„Monum. Suinfurtens. histor.", edid. Friedr. Stein. S. 421 aus „Eines Ungenannten im Stadtbauamte vorgefundene geschichtliche Nachrichten von Schweinfurt 1558/78". S. 420.)

5.—6. Januar Bodensee Eisdecke

1573 den 5 Jenners in dem iar,
Wie oben steet, ghar vber fror
Vor grosser keldt der Bodensee,
Zu welcher zeith auch lag vil schnee.
Bei 20 personen nach vnd nach
Den 6 Jenners, ist kain mehr,
Von Eckh zue fueß sind khomen her.
Zue Lindaw, Bregantz und Buchorn
Gleichvals der see was vberfrorn.
Zu Veberlingen hör ich sagen,
Das eyns hab roß vnd man ertragen.

(„Meersburger Reimchronik des Stadtschreibers Lukas Heldt". 1566–1573 in F. J. Mone „Quellensammlung der badischen Landesgeschichte". III. S. 437.)

° („Jahrgeschichten des Landes" in F. J. Mone „Quellensammlung der badischen Landesgeschichte". III. S. 591.)

Um 6. Januar 1573 Straßburg i/Els. Rhein u. Ill-Eisgang

Auch so war um der heiligen drey künig tag ein solch dick eyß allenthalben gewesen, daz vil brucken weg führt ußerthalb der statt, in der statt aber dise joch umbgestoßen, nemlichen sant Martins bruck und an der Reinbruck 6 joch hinweg geführt.

(„Straßburger Jahrgeschichten" in F. J. Mone „Quellensammlung etc." 2. Bd. S. 144.)

. . . VI. Januarii die subito frigora remitterent, atque sequentibus diebus inexpectatae pluviae, spissimaeque nebulae aethera obtenebrarent: amnes circa totam urbem Augstburgensem usque adeo exundarunt, ut Jacobini suburbii incolae levi quodam diluvio semel atque iterum laborarint.

Nach 6. Januar 1573 Augsburg Überschwemmung des Lech und der Wertach

(A. P. Gassar „Annal. Augstburgens." in J. B. Mencken „Scriptor. rer. German." I. Sp. 1942.)

(. . . ließ am 6. Januar die Kälte plötzlich nach, und an den folgenden Tagen verdunkelten unerwartete Regengüsse und sehr dichte Nebel die Luft. Die Gewässer in der ganzen Umgebung traten so sehr über ihre Ufer, daß die Einwohner der Jakobiner-Vorstadt infolge der schnellen Überschwemmung ein- und das anderemal Schaden litten.)

Es fing der harte Winter an aufzubrechen, und fing an, in den Schnee zu regnen, davon sich denn die Wasser und das Eis alsobald an vielen Orten dermaßen so hoch erhoben, . . .

Thüringen Flüsse: Eisgang und Überschwemmung

(Dr. R. Jordan „Chronik der Stadt Mühlhausen i/Thür." II. S. 142.)

Der Main geht auf. Großer Schaden durch das Eis an den Brücken.

7. Januar Frankfurt a/M. Main: Eisgang

(A. A. v. Lersner „Det weitber. Landes-Stadt Franckfurt am Mayn Chronica". I. S. 534.)

(Dr. J. Ziegler u. Dr. W. König „Das Klima von Frankfurt a/M." I. Bd. Tabelle 9.)

Nicri exundatione, pons Tybingae sub arce sublicius, 7. Janu. totus abreptus est.

Tübingen Überschwemmung des Neckars

(Martin Crusius „Annal. Suevicor." Dodec. III. S. 749.)

(Durch eine Überschwemmung des Neckars wurde die Phahlbrücke unter dem Schloß am 7. Januar völlig weggerissen.)

il arriva à Louvain un débordement affreux, et qui tenoit du prodige: car la Dille qui avoit été glacée pendant tout le mois de Décembre s'étant enflée tout d'un coup par la fonte des neiges, l'eau monta audessus des creneaux des murs, rompit toutes les digues sur les dix heures du matin, inonda les plaines, et entraîna avec elle toutes les maisons qui étoient ou basses ou vieilles: celles qui étoient sur le bord du courant de la rivière, se trouvèrent enfoncées dans l'eau de trente-neuf pieds, et ne soutinrent qu'à peine l'impétuosité des flots. A l'égard des habitans, les uns étoient montés sur les toits, les autres perçoient les murs, ou rompoient leurs planchers; etc. etc.

8. Januar Lovain (Löwen) Überschwemmung der Dyle

(Jacques-Auguste de Thou (Thuanus) „Hist. univers. depuis 1543 /1607". Tom. VI. S. 566/67.)

soe eest tot Luewen een zeer groote scaede gheschiet van waeter, want een zeer groote vorst gheweest heeft te voeren ende veel snues [= sneeuw] ghevallen was, ende doen doede [= doeide], doen quampt den doee [= doei] zeer soebiet, ende het regende oock wel vier daeghen al vervolghent, alsoe dat tot Louwen een zeer wtermaeten groote scaede van waeter gheschiede; want het waeter quam van oever de vesten van der stadt tot in stadt alsoe gheweldich als datter veel huesen wech sijn ghevaeren ende oock twe poerten van de stadt, als Sint-Jopsporte ende noch een ander porte; . . . ende te Minnenbruers daer stont het waeter wel oever den preestoel ende in baeghijnhof was ook waeter zeer hoeghe, alsoe datter oock groote scaede dede, als van huesen wech te voeren ende oock someghe scaesken wt huer plaetse gheset, . . .

(„Dagboek van Jan de Pottre 1549–1602" in „Maetsch. der Vlaemsche Bibliophilen". 3. serie. No. 5. S. 52/53.)

° („Memorieboek der stadt Ghent etc. 1301/1793" II. Deel in „Maetsch. der Vlaemsche Bibliophil." 2. serie. No. 15. S. 401/02.)

° („Vlaemsche Kronyk 1416–1598" in „Chroniques de Brabant et de Flandre", edid. Ch. Piot. in „Collect. de chron. belg. inédits". Bd. 21. S. 443.)

° (Jean Molanus „Historiae Lovaniensium" Liber 14. in „Les 14 livres sur l'hist. de la ville de Louvain", edid. P. F. X. de Ram. Tom. II. in „Publicat. de la comm. roy. d'hist. de Belgique". Band 9. S. 860 u. 886.)

° (Dr. G. Hellmann „Beiträge zur Geschichte der Meteorologie". III. S. 68 aus einer niederländ. Flugschrift von Djependale.)

8. Januar 1573
Tournay
Überschwemmung der Schelde

Tournay fut presque entièrement couvert d'eau par une inondation qui arriva le 8 janvier.

(M. Champion „Les inondations en France etc." V. S. 148 aus Hoverlant „Essai chronolog. etc. de Tournay". tom. L XIX. S. 307.)

9. Januar
Louvain (Löwen) i/Belgien
Überschwemmung der Dyle

Naer den Vorst van dezen Winter, volgde op den 9. January 1573 eenen Waetervloed, den welken op vele Plaetsen groote schaede dede; maer meest tot Loven, in welke Stad door het overstroomen van de Deyle, vele Menschen en Beesten verdronken, en meer als twee honderd Huyzen weg dreven.

(P. Bernh. de Jonghe „Gendsche geschiedenissen ofte kronyke etc. 1566/85". I. S. 209.)

Nürnberg
Überschwemmung der Pegnitz

Es entstund ein grausames Gewässer, welches 2 Tage dauerte, die Schoßgattern hinter der Schütt zerbrach, den Steg bey der Weidenmühle abwarf, den neuen Bau mit Ungestümm überschwemmte und von dem hintern Fleischhause auf dem Saumarkt, . . ., das untere Gemäuer wegriß und den Grund dermassen ausspühlte, daß es auf der einen Seite einfiel und dann vollends abgetragen werden mußte.

(G. A. Will „Von der neulichen größten Überschwemmung und Wassersnoth". S. 9 u. 12.)

° (Joh. Heinr. von Falckenstein Joannes ab Indagine „Wahre u. Grund haltende Beschreibung der etc. Stadt Nürnberg". S. 726.)

° (Nicol. Leuthinger „Scriptor. de rebus March. Brandenburg." S. 674.)

. . , allein da wurden wir im darauffolgenden Monat Jänner abermals „mit der Eyßguß“ ganz erschrecklich und ernstlich heimgesucht, als d. 9. January der Eisstoß am aller gewaltigisten mit grossen Hauffen ganz dickh und starckh gangen, zur Nacht underhalb der Stadt Khrembs sich geschobt, und so hoch übereinander erhebt und geschoben, das auch das Eiß weit über die Stadtmauer außgegangen, die Stadt Mauer und Thurn niedergerissen, das Wasser aber geschwellt, das es fast $1^1/_2$ khlaffter höher als die negst hinvor im Julio wasser guß durch beide Stette gewaltig gerunnen, das die Stadt Khrembs khaum der dritte theil, und zu Stain etwas weniges so gar in der Höhe am Berge geliegen in Truckenheit gestanden, mehrertheil Burgersheuser gar zum Fenster in die Stuben und villen Heusern gar an die Dächer gangen und so eillendts und gächling ders gewässer erwachsen. 12 Tage und Nächte lag das Eis „wie die großen Berge“ da. 9. Januar 1573 Krems (Donau) Donau: Eisgang und Überschwemmung

[Schreiben der Stadt Krems an den Kaiser.]

(Dr. A. Kerschbaumer „Geschichte der Stadt Krems“. S. 582/83.)

Starker Eisgang. Es werden Teile der Stadtmauer, selbst Stadtthürme niedergerissen und das Wasser stand in den Straßen so hoch, daß man sich bücken mußte, um durch das Steinerthor zu kommen. Von 40 Häusern standen nur noch die Mauern, andere drohten einzustürzen; nur die Häuser auf den Anhöhen blieben verschont.

(Dr. A. Kerschbaumer „Geschichte der Stadt Krems“. S. 582.)

On va du cloitre Notre-Dame à Saint-Denis-du-Pas en bateau. 10.—15. Januar Paris Seine-Überschwemmung

(E. Clouzot „Les inondations à Paris etc.“ S. 98 aus Archiv. nat. L L 307 fol. 13 V°)

La Seine se desbordant de telle sorte que de mémoire d'homme on avoit veu un pareil desbord, tellement qu'en plusieurs endroicts de la Ville et Université, on étoit contraint d'aller sur des batteaux par les rues.

(M. Champion „Les inondations en France etc.“ I. S. 69 aus Belleforest „Annales de France“ t. II. S. 1688.)

Inondation. On alla en bateau à la place Maubert et dans les principales rues de la Ville.

(M. Champion „Les inondations en France etc.“ I. S. 69 aus Sauval I. S. 203.)

ist der Main den XI tag januarii so groß gewest, daß er ist gangen schier bis an den sprungenden brun mit der spitz. 11. Januar Frankfurt a/M. Main-Überschwemmung

(„Aufzeichnungen des Johann Heise“ in „Quellen z. Frankf. Geschichte“, edit. Dr. H. Grotefend. II. S. 657.)

Inundatio Moeni Anno Dom. MDL XXIII. Die XI. Jan. . . .
[Gedenktafel an der Fahr-Pforten.]

(A. A. von Lersner „Der weitberühmten freyen Reichs- etc. Stadt Franckfurt am Mayn chronica etc.“ I. S. 534.)

(Eine Überschwemmung des Mains im Jahre 1573 am 11. Januar . . .)

12. Januar 1573 Krems Donau: Eisgang und Überschwemmung

Den 12. January anno 1573 ist die gros Eisgüß khumben und in der Hoch gewesen wie der Strich hie unten verzeichnet ist und hat gewert 12 Tag lang und großen Schaden gethan.
[Marmortafel beim Steiner-, Wiener- und Hölltor.]

(Jos. Kinzl „Chronik der Städte Krems, Stein etc.“ S. 152.)

14. Januar Frankfurt a/M. Main: Rückgang des Hochwassers

Main: Das Hochwasser nimmt jähling ab.

(A. A. von Lersner „Der weitberühmten freyen Reichs- etc. Stadt Franckfurt am Mayn chronica etc.“ I. S. 534.)

21.—22. Januar Bodensee Völliger Zugang

Er überfriert bei völliger Windstille ganz und bleibt etliche Wochen lang geschlossen. Man fährt die Waren von Bregenz auf Konstanz mit Schlitten wie auf einer Landstraße. Ein Fuhrmann fährt mit einem sechsspännigen Güterwagen von Fußach nach Lindau über das Eis.

(Ph. Eberlin „Neue Kronik der Kais. Kön. V. Oestr. Stadt Konstanz am Bodensee.“ 2. Aufl. Anhang. S. 44.)

Ende Januar Le Lac d'Annecy (Départem. Haute-Savoie) Eisdecke

Le Lac d'Annessy fust gelé a la fin de janvier, en sorte que lon marchoit dessus librement, même le jour des brandons, . . .

* (A. Mangé „Observations anciennes sur les saisons à Annecy“. S. 279.)

1 Februar Le Lac d'Annessy (Départem. Haute-Savoie) Eisdecke

. . . , lon estimoit que 2 mille personnes passèrent de Duing à Talloyres dessus.

* (A. Mangé „Observations anciennes sur les saisons à Annecy“. S. 279.)

Dresden Elbe: Eisgang und Überschwemmung

Sonntag für Lichtmeß / ist frühe eine jählinge Eisfarth gekommen / und darvon die Elbe so groß worden / daß man zum Ziegel-Thore nicht hinaus gekonnt / in dem Thore nach der Brücke aber ist das Waßer Eine Viertel Elle hochgestanden und durch die Schleusse herein aufn Taschenberg gegangen / zu Alt-Dresden ist die Stadt überschwemmt gewesen / daß man beym Rahthause daselbst einsitzen und mit Kähnen nach der Brücke fahren müßen / wenn man herein in Neu-Dresden gewolt; des Nachmittags aber ist das Waßer weiter gefallen / daß der Markt zu Alt-Dresden frey worden.

(A. Weck „Der etc. Residentz- u. Haupt-Festung Dresden Beschreib- und Vorstellung etc.“ S. 528.)

Elbe: Ungewöhnlich heftige Fluth und Eisfahrt.

(Dr. G. Klemm „Chronik d. etc. Residenzstadt Dresden“. I. S. 234.)

Plötzliche Eisfahrt legt einen gewaltigen Schutz vor die Dresdener Elbbrücke, der alle Joche verstopfte und das Wasser zu einer fürchterlichen Höhe brachte.

(Dr. W. Schäfer „Chronik der Dresdener Elbbrücke etc.“ S. 45 aus Brückenamts-Register.)

Wyhra. Große Eisfahrt mit starker Überschwemmung der Stadt. Februar Borna i/Sa. Eisgang und Überschwemmung der Wyhra

(Rob. Wolfram „Chronik der Stadt Borna etc." S. 396.)

Elbe-Wasserstand: 10 Ellen. 2. Februar Dresden Hochwasser der Elbe

(M. Lilie „Die Chronik Lößnitz-Ortschaften etc." S. 277.)

Biela: Wasserstand $19^1/_2$ Fuß über der Nullhöhe des Bielapegels. Aussig (Böhm.) Hochwasser der Biela

(E. Mander „Chronik von Bodenbach". S. 167 aus Aussiger Stadtbüchern.)

An der Fastnacht macht man Feuer auf dem Züricher See und blieb derselbe geschlossen bis in den April hinein. 3. Februar 1573 Züricher See Eisdecke

(H. H. Bluntschli „Memorab. Tigur." S. 230.)

Sind auff Dominica Invocavit nach Mittag vmb 1 Vhren etliche Herren auß dem St. Gallischen Kloster / von Wyl etc. von Roschach zu Fuß abgereiset / vnd in $2^1/_2$ Stunden gen Langenargen in das Schloß / vnd nach genommenem Trunck, auff dem See wiederum gen Roschach kommen / etc. 8. Februar Bodensee Eisdecke

(Barthol. Bischoffberger „Appenzeller Chronic etc." S. 517.)

Den 14. Februarii ist zu Lübeck in der Traven so hoch Wasser gewesen / daß es über die Hollsten Brücke gestanden / . . . 14. Februar Lübeck Trave: Hochwasser

(G. Kirchring u. G. Müller „Compendium chronicae Lubecensis". S. 237.)

15. Febr. Inundatio magna Repis facta, durabat in 16. Febr. 15.—16. Februar 1573 Ripen (Jütland) Überschwemmung

(„Kronologiske Optegnelser af M. Villads Nielsen Brøns." S. 180.)

(Am 15. Februar trat eine große Überschwemmung zu Ripen ein, die bis 16. Februar dauerte.)

„Diese Bildnis ist Anno 1573 den 17. Februar, als der Bodensee überfroren war, von Münsterlingen nacher Hagnau übertragen und dort auf das Rathhaus gesezet worden." 17. Februar Bodensee Eisdecke

[Inschrift auf dem Brustbild d. Evangel. Johannes aus Holz auf dem Rathhause zu Hagnau.]

(„Memorabilien aus dem erzbischöfl. Archiv", edid. Fr. Zell in „Freiburg. Diöcesan-Archiv" 9. Band. S. 369.)

Urbonua Hartmann, Schulmeister zu St. Gallen, hat den Bodensee mit Schritten gemessen / vnd 16114 Schritt funden. Im hinüber gehen ist ihnen M. Caspar Lendemann Steinmetz von Roschach begegnet / vnd mit einer Schnur gemessen / hat vom Rathhauß zu Langenargen bis in das Zollhauß zu Roschach 7144 Klaffter funden. 19. Februar Bodensee Eisdecke

(Barth. Bischoffberger „Appenzeller Chronic etc." S. 517.)

24. Februar 1573 Züricher See Eisdecke

Viel und dickes Eis.
[Hallers Witterungsbeobachtungen.]

(„Schweizer. meteorolog. Beobachtungen". X. S. 98.)

25. Februar Friedeberg a/Queis Queiß: Überschwemmung

Es tritt plötzlich Tauwetter ein, wodurch ein großer Teil der Umgebung unter Wasser gesetzt wurde. Sehr bedeutender Schaden.

(J. G. Bergemann „Beschreibung u. Geschichte der Stadt Friedeberg a/Queis". S. 141.) = 17. März 1574.

Bunzlau Bober: Überschwemmung

Plötzliches Tauwetter verursacht durch das Schmelzen des vielen Schnees eine Überschwemmung des Bobers, wodurch 2 Brücken und alle Stege fortgerissen werden.

(J. G. Bergemann „Chronik der Stadt Bunzlau". S. 80.)
= 17. März 1574.

Ende Februar Löwenberg i/Schl. Bober: Überschwemmung

Ein plötzliches Tauwetter verursacht Überschwemmung des Bobers, so daß beide Brücken und alle Steige weggerissen werden.

(B. G. Sutorius „Die Geschichte von Löwenberg". I. S. 203.)

Frühling Beeskow Überschwemmung der Spree

Spree. Überschwemmung mit großem Schaden an Äckern, Gärten und Wiesen.

(W. Ziethe „Chronik der Stadt Beeskow etc." II. S. 84 u. 75.)

März Maas Eisgang u. Überschwemmung

. . . que les eaux furent sur un demy pied près aussi grandes que l' an 1571; elles firent beaucoup plus grand domage à cause des glaces qui descendoient; le pont de Dinant avec la maison de ville qui estoit dessus fut renversé; la tour de Becque à Liège, ou estoit l'amonition de pouldre, fut en partie renversée avec une partie du pont, et une grande partie de la muraille derrier les Escolliers fut renversée.

(„Chroniques du XVI. siècle. Règne de Gérard de Groesbeek" in „Chron. liègeoises". Tom. II. edid. S. Balau in „Publicat. de la comm. roy. d'hist. de Belg." Band 54. Tom. II. S. 558.)

27. März Züricher See Eisaufgang

. . . , fieng est (an) uffgan 27. Martii.

(„Heinr. Bullingers Diarium etc." S. 117.)

17. Mai Thurgau Überschwemmung infolge eines Wolkenbruchs

An der heiligen Dreifaltigkeit Tag kam ein grusamer Wolkenbruch mit Tonder Blitzg und Rägen, gab ein solich Wasser, daß es das Gewelb zue Thachsen hinwäg füerte.
(Nieder-Neunformer-Chronik)

(„Bauernchroniken aus den thurgau. Bezirken Dießenhofen und Frauenfeld", edid. A. Farner u. R. Wegeli. S. 86.)

20. Mai Burghausen (Oberbayern Überschwemmung der Salzach

Mittwoch vor Fronleichnam ist die Salzach außerordentlich gestiegen und hat den Gebäuden großen Schaden verursacht.

(J. G. B. Huber „Geschichte der Stadt Burghausen in Oberbayern". S. 200.)

la Bièvre. . . . , par l'impétuosité d'une crue d'eau qui a renversé une partie de leurs murailles et clostures . . .

22. Juni 1573 Val-de-Grace b/Paris Überschwemmung der Bièvre

(M. Champion „Les inondations en France etc." I. S. 237 aus Registres du Parlement.)

In der Woche nach Petri und Pauli (29. Juni) hat die Salzach wieder eine Überschwemmung angerichtet.

um Ende Juni Burghausen (Oberbayern) Überschwemmung der Salzach

(J. G. B. Huber „Geschichte der Stadt Burghausen in Oberbayern". S. 200.)

[Es] fielen zwey Wolckenbrüste, eine im kleinen Felde, die andere in Uffhöfer Flure und führte das grosse Wasser zu Langen-Saltze an der Langen-Gassen einen Steg hinweg, denen die im Graben wohneten, rieß es die Kachelofen nieder, und nicht weit vom Spital St. Wendelini nahms ein Häußlein mit, thät auch am Geträyde grossen Schaden.

8. Juli Langensalza Überschwemmung infolge eines Wolkenbruchs

(A. Toppius „Historie des Ambts und Stadt Langensaltze". S. 181.)

2 Wolkenbrüche, einer über Uffhofen (im Oberfelde), der andere im kleinen Felde. Grosses Wasser.

(C. F. Goeschel „Chronik der Stadt Langensalza i/Thür." II. S. 266.)

Sihl. Sehr groß.
[Hallers Witterungsbeobachtungen]

14. Juli Kanton Zürich Sihl: Hochwasser

(„Schweizer. meteorolog. Beobachtungen". X. S. 98.)

Zu Nacht umb 4 ist ein groß Ungewitter gewesen und groß Wasser kommen, daß es hinter der dem Bader viel Holtz weggeführt, die steinerne Mauer, daran sich das Wasser ablehnet, in Grund nieder gerissen, noch hat man einen Knaben auf dem Hause tod gefunden.

21. Juli Schweidnitz Überschwemmung

(„Schweidnitz. Chronisten. Hieronymus Thommendorff" in „Script. rer. Silesiac." 11. Bd. S. 58.)

Starke Überschwemmung.

10. August Treben bei Altenburg Überschwemmung

(Dr. J. u. E. Löbe „Geschichte der Kirchen u. Schulen d. Herzogth. Sachsen-Altenburg." I. S. 514.)

(„Kirchen-Galerie des Herzogth. Sachsen-Altenburg". 1. Abtlg. S. 415.)

Vom 8. August an hat es 2 Nächte und 1 Tag starck hinter einander geregnet / davon die Wasser im gantzen Meißner Lande dermassen angelauffen / daß es über alle Brücken gegangen / deren viel / wie auch Mühlen und Häuser hinweggerissen / und Menschen und Vieh ersäuffet worden.

um 10. August Sachsen Überschwemmungen der Flüsse

(Chr. Hermann „Mittweidisches Denckmahl etc." S. 463.)

10. August 1573 Leipzig Überschwemmung

Es kam . . . ein grosses vnd geschwindes Gewisser angelauffen. [In den Vorstädten großer Schaden an Gebäuden und Frucht].

(Tob. Heydenreich „Leipzigische Cronicke etc." S. 163.)

11. August O. Thüringen Überschwemmung infolge eines Wolkenbruchs

Zwischen Nemeßdorff vnd Weyda / ist eine Wolckenbrust nidergefallen / . . .

(Valent. Rudolph „Zeitbüchlein". 1586. S. 95.)

Auch ist zwischen Nemesdorff vnd Weida eine Wolckenbrust nider gefallen . . .

(Joh. Becherer „Newe Thüring. Chronica etc." S. 578.)

12.—14. August Sachsen Überschwemmungen der Flüsse

Große Wasserflut. . . . / sonsten aber zu Zwickau / Penig / Rochlitz / Kolditz und Grimma / wie auch andern Orten / so an Flüssen und in Gründen liegen / an Gebäuden / Feldern / Menschen und Vieh gleichen erbärmlichen Schaden gethan hat.

(Christ. Meltzer „Historia Schneebergensis renovata etc." S. 938.)

Nach heftigen Regengüssen alle Flüsse und Bäche Überschwemmung mit gewaltigen Verwüstungen. Sehr viele Menschen ertrunken.

(Dr. H. v. Martius „Auszüge aus der Chronik von Altenzelle". S. 166.)
= 13. August

° (Tob. Schmidt „Zwickau. Chronick". II. S. 402.)

12.—13. August Zwickau, Hof i/Bay. Überschwemmung der Zwickauer Mulde und Saale

. . . und uber das alles den 13. augusti zu mitternacht (weil es zuvorn tag und nacht an einander ohne ufhören geregnet) durch das grosse gewisser und gelindes anlaufen der Saal gemeiner stad allhie bei tausend gulden schaden geschehen ist indem es die wehr zerrissen, viel stöß holtz und vischkesten weggefuhret, auch zu Zwickaw [die Mulde] durch wegreissung etlicher gebewde unde hewser etc. allererst dermassen rumort, daß viel menschen und vieh ertrunken und unser gewisser allhie, welches zwar gefehrlich genug war, gegen deme, so sich zu Zwickaw ereignet, nur ein kinderspiel zu rechnen gewesen ist.

(„Enoch Widmann's Chronik der Stadt Hof" in „Quellen z. Geschichte d. Stadt Hof", edid. Christ. Meyer. I. S. 227)

12. August Vogtland Meißner Land Überschwemmung der Flüsse

Schwere Wasserflut. Großer Schaden an Menschen, Vieh, Gebäuden, Getreide.

(Dr. G. Hellmann „Die Meteorologie in den deutschen Flugschriften etc. des 16. Jahrhunderts". S. 18 u. 71/72 aus 4 Flugschriften.)

Sachsen Überschwemmungen, der Flüsse z. B. der Mulde

8^h abds beginnt gewaltiges Unwetter, das 2 ganze Nächte und 1 Tag andauert. Sehr heftiger Regen, starke Überschwemmung. Großer Schaden, z. B. Rochlitz, i/Sa. Mulde sehr starke Überschwemmung.

(M. Babst „Wetterspiegel etc." (o. Seitenzahl)

° (Dr. K. Böhm „Chronik der Stadt Lengenfeld i/V." S. 166.)

° (M. Dresser „Sächsisch. Chronica". S. 676.)

° (J. C. Zopf „Reußische Gerauische Stadt- u. Land-Chronica etc." S. 43.)

° (A. Neupert „Kleine Chronik der Stadt Plauen i/V. etc." S. 11.)

regnete es Tag und Nacht / darvon wurde die Mulda zu hier Zwickau sehr groß. 12. August 1573 Zwickau Überschwemmung der Zwickauer Mulde

(Tob. Schmidt „Zwickau. Chronick". II. S. 401.)

Inundatione damnum aedificiis. Annaberg i/Sa. Überschwemmung

(P. Jenisius „Annabergae Misniae urbis historia etc." S. 37b.)
= 12. Aug. 1572.

(Durch eine Überschwemmung [erlitten] die Häuser Schaden.)

regnet es Nacht und Tag so stark, davon die Mühlen uff eine Meil Weges verschlemmet und zerrißen.

(„Mitteilungen des Vereins für Geschichte von Annaberg und Umgegend". II. Jahrbuch 1888/90. S. 53 aus G. Arnold „Chron. Annaberg.")

Große Fluth. Es hat sich nach Mittag umb 2 Uhr ein jählinger und schwerer Regen erhoben / und folgends / wie auch Donnerstags die gantze Nacht so angehalten / ... Zu Grießbach hats den ... Teich / und im Dorff herein erstlich alle Röhren und Wasser abgerissen / ... [Große Schäden an den Bergwerken und im Ort]. .. und herab in der Schleem an Aeckern / Wiesen / Gärten / Häusern und Scheunen einen erschrecklichen greulichen Schaden gethan / ... Welches aller / leyder / hier und umb den Schneeberg sich begeben / ... Albinus aber / der dazumahl gleich uffm Schneeberg gewesen / hat insonderheit den Schneebergischen Schaden / und die Gewalt der Fluth daselbst / alsobald in einem besonderen Tractätlein / ... / beschrieben ... / Woraus dann nach einem kurzen Auszug annoch anzuführen und anzumercken ist / daß / nachdem ein solches grausames Wetter mit regnen / donnern / und blitzen sich erhoben / und die Fluth so gewaltig gewütet / über die 10 Personen / welche umkommen / insgemein 24 Wohn-Häuser weggeführet oder zum wenigsten in Grund zerrissen; ... und also in ein Summa in die 70 Gebäude verderbet worden / worbey die verderbten Haupt-Stöllen und vielen ruinirten Schächte und a. m. nicht gerechnet sind. Denn im Lindenauer Grund / da sonst ein kleines Wässerlein fliesset / hat die Fluth zween schöne Teiche / ... / weggerissen. Weitere Schäden im Gründlein / zwischen Rosenberg und dem Mittelgebirge / im Neustädtlein Ober-Schleem. Im übrigen die Brücken um den Schneeberg / als 12.—14. August Schneeberg i/Sa. und Umgegend Überschwemmung

1. die zu Wolffersheim
2. bey der Buckau
3. in der Aue
4. die übers Schwartz-Wasser daselbst
5. die zur Zell oder Klösterlein
6. die am Eisenfurt
7. die zum Stein

mitgenommen.

(Christ. Meltzer „Historia Schneebergensis renovata etc." S. 938/41.)

° (C. Lehmann „Chronik der freien Bergstadt Schneeberg". I. S. 269/73.)

1573 11.—14. August Colditz i/Sa. Überschwemmung der Zwickauer Mulde

diebus 11. 12. 13. et 14. Aug. Mulda fl. adeo intumuit, ut pontem Coldicensem longe supergrederetur eumque dirueret.

(Abrah. Thammius „Chronicon vetustissimae arcis et urbis Coldicensis“. in J. B. Mencken. „Script. rer. German.“ II. Sp. 718.)

(In den Tagen vom 11. 12. 13. und 14. August stieg der Mulde-Fluß so sehr an, daß er weit über die Brücke von Colditz ging und sie zerstörte.)

Die Mulde stieg so hoch an, daß sie weit über die Brücke ging und dieselbe endlich mit hinwegführte. Außerdem wurden 16 Häuser, darunter das Hospital, vom Wasser ganz weggerissen, 28 Häuser so ruiniert, daß sie abgetragen werden mußten und 27 andere mehr oder weniger beschädigt.

(H. F. Bellger „Histor. Beschreibg. der Stadt Colditz etc.“ S. 176 und 40.)

12. August Rochlitz i/Sa. Überschwemmung der Zwickauer Mulde

Es stieg die Mulde so hoch, daß das Wasser auf dem Petri-Kirchhofe stand und bis an das Dach der damaligen Amtsmühle reichte. Das Wasser ging über die steinerne Brücke hoch hinweg und beschädigte mehrere Joche derselben. Die St. Nicolas-Kapelle bei der Brücke und der nach Zaßnitz führende Steg wurden auch fortgerissen. Die Land- und Fischergasse, Kirchhof etc. waren überschwemmt. Auf der Bleiche standen viele Häuser ganz unter Wasser.

(F. Bode „Chronik der Stadt Rochlitz etc.“ S. 84.)

12.—14. August Eibenstock i/Sa. Überschwemmung der Mulde

Es hat die Mulde durch gewaltige Ergiessung dieses Orts grossen Schaden gethan.

(J. P. Oettel „Alte u. Neue Historie der etc. Berg-Stadt Eybenstock etc.“ S. 346.)

13. August Hof i/Bay. Überschwemmung der Saale

Da dann auch das wasser den 13. augusti zu nacht umb 12 hor grosen schaden gethun.

(„Enoch Widmann's Chronik der Stadt Hof“ in „Quellen z. Geschichte d. Stadt Hof“, edit. Christ. Meyer. I. S. 229.)

Roda i/Thür Überschwemmung der Roda

Die Roda: Wasserflut. Viel Schaden. 2 Häuser, Brücken u. Stege fortgerissen.

(Dr. J. u. C. Löbe „Geschichte der Kirchen u. Schulen des Herzogth Sachsen-Altenburg“. S. 188.)

13.—15. August Glauchau i/Sa. Überschwemmung der Zwickauer Mulde

13. August mittags –15. August früh ununterbrochen Regen, wodurch im ganzen Lande großes Wasser eintritt. Der ganze Wehrdigt eine weite Wasserfläche.

(E. Eckardt „Chronik von Glauchau“. S. 450.)

13. August Sachsen Überschwemmungen der Flüsse

sind die Wasser im gantzen Lande hoch angelauffen / und haben überall / sonderlich zu Zwickaw / Schneeberg / Penick / Frankenberg / Rochlitz / Colditz / Grimma / Torgaw / Eilenberg / Pegaw und andern Orten / so an Flüssen liegen / gewaltigen

Schaden an Gebäwden / Vieh / und Früchten im Felde gethan / auch viel Menschen ersäufft.

(Dr. A. Moller „Theatrum Freiberg. chronic." II. S. 314.)

Pleiße: Überschwemmung. 13. August 1573 Werdau i/Sa. Überschwemmung der Pleiße

(F. O. Stichert „Chronik der Stadt Werdau". S. 158.)

Da nun diese Fluth, die auch an andern Orten längs des ganzen Laufes der Mulde schrecklich gehaust hatte, . . . Zwickauer Mulde Überschwemmung

(Dr. E. Herzog „Chronik von Zwickau". II. S. 322.)

gieng das Wasser bei der Ober-Fleischer- und Schloß-Pforten / und sonsten als zum Tränckthor / mit grossem Geräusche in die Stadt / alle Brücken und Steige von Wiesenburg an / biß auff Penig hat es weggerissen / und alles Scheitholtz auff dem Anger / etc. etc. hat es weggeführet. Auff dem Fleischer-Platz und vor dem Niedernthor gieng es in alle Häuser / in der Mittelmühl stunde es drittehalb Ellen hoch. Ein Pappiermühl / welche hinder der Schloß-Mühl gestanden / wie denn auch die Häuser auff dem Sande hat es alle / nur zwey außgenommen / mit weggeführet; so sind auch viel Leute umbkommen / sonderlich die / welche in ihren Häusern geblieben. Was sonsten für Schaden ergangen / ist nicht zubeschreiben. Die S. Katharinen Kirche hat es 5. Viertel Ellen hoch erfüllet. Zwickau Überschwemmung der Zwickauer Mulde

(Tob. Schmidt „Zwickau. Chronick". II. S. 402.)

Nach 24 stündigen unaufhörlichen Regengüssen eine der fürchterlichsten Überschwemmungen. Die Mulde drang nach Auffüllung des Stadtgrabens durch das Tränkthor und die 3 Pforten in die Stadt und riß nicht nur alle Brücken, Stege und Rechen etc., sondern zerstörte auch sämtliche Häuser auf dem Sande bis auf 2, sowie auch die Opitzsche Papiermühle hinter der Schloßmühle. Alle Häuser auf der Asch, des Gerber- und Tränkthorgraben, und in der niedern Vorstadt standen, gleich dem ganzen nordöstlichen Theil der inneren Stadt, unter Wasser, das namentlich in der Katharinenkirche die unerhörte Höhe von $1^1/_2$ Elle und in der Mittelmühle gar von $2^1/_2$ Ellen erreichte.[Mehrere Menschen ertranken] . . ., auch alle Mühlen der Stadt und Umgegend verschlemmt und zu Grunde gerichtet hatte, . . .

(Dr. E. Herzog „Chronik von Zwickau". II. S. 321/22.)

Eine Fluth, die besonders in der Gegend Pirna, nebst den dasigen Bächen, verschiedene Mühlen sehr zerrissen, einige Menschen mit fortgeführt, etc. auch etliche Häuser umgeworfen. [Fortsetzung der „Chronik der Stadt Pirna". S. 15.] Gegend von Pirna Überschwemmung

(C. G. Poetzsch „Chronol. Geschichte der großen Wasserfluthen des Elbstroms etc." S. 51.)

Salzach: Überschwemmung. 14. August Burghausen (Oberbayern) Überschwemmung der Salzach

(J. G. B. Huber „Geschichte der Stadt Burghausen in Oberbayern". S. 200.)

14. August 1573 Amt Friedeberg (Mansfeld) Überschwemmung der Saale

Den 14. Augusti die Saala seher gewachsen und ausgetreten und im Ampt Friedeberg beynahe alles überschwemmet, . . .

(Cyriac. Spangenberg „Mansfeld. Chronica". 4. Teil. S. 328.)

Zwickau Zwickauer Mulde: Wasserstand niedriger

Den 14. / da das Wasser gefallen / . . .

(Tob. Schmidt „Zwickau. Chronick". II. S. 402.)

. . . fiel das Wasser wieder.

(Dr. E. Herzog „Chronik von Zwickau". II. S. 321.)

Gegend von Wurzen i/Sa. Überschwemmung der Mulde

Es hat die Mulda sehr ergossen / und denen Bürgern in der Trauschka und zu Gerndorff / auch denen umliegenden Dorffschaften viel Getreidig weggeführet / und sonst großen Schaden gethan.

(Chr. Schöttgen „Historie der Chur-Sächsischen Stiffts-Stadt Wurtzen". S 684.)

Grimma i/Sa. Überschwemmung der Mulde

Zwickauer Mulde: Eine der gefährlichsten Überschwemmungen, von denen die Stadt betroffen wurde. Das Wasser drang zu allen Toren in die Stadt und stand allgemein 3 Ellen, in der Nicolai- und Klosterkirche über $^1/_2$ Elle über den Altären. Mehrere Häuser stürzten ein, 1 Haus vor dem Brückenthore, die kleine Mühle mit 3 Gängen, die Walkmühle nebst dem Walkstocke, das Poppische Thorgebäude nebst der Thorbrücke wurden von den Fluten fortgeführt.

(Chr. G. Lorenz „Die Stadt Grimma etc." S. 537 u. 253.)

Gegend von Grimma Überschwemmung der Mulde

Den 14. Augusti, Ist so ein groß Wasser zu Grimma vnd andern Orten an der Mulda gewesen / als man meynet zuvor niemals. Es ist bey der Mühlen durch die Schießlöcher an der Stattmauren gefallen / am Marckte hat es höher denn 4. Ellen an die Häuser gangen / wie solche an etlichen Häusern / auch im Kloster am Gemäure zum Gedächtniß verzeichnet ist.

(Joh. Becherer „Newe Thüring. Chronica etc." S. 579.)

Eilenburg Überschwemmung der Mulde

Quis non miretur furibundi flumina Muldae, Ausa sacros aestu depopulare domus?
. . . Diluii metas indicat iste Lapis Anno Domini MDL XXIII D. XIIII. Augusti.

(Inschrift in Eilenburg von Mag. Thomas Kungsch in der Kirche am Eingange oder Vorhalle der großen Kirchenthüre, wie das Wasser über Manneshöhe hinauf getreten gewesen.)

(C. G. Poetzsch „Nachtrag und Fortsetzung der chronologischen Geschichte der großen Wasserfluthen des Elbstroms etc." S. 41.)

(Wer wundert sich nicht über die wütenden Fluten der Mulde, / Die Unternehmen, die Gotteshäuser durch die Flut zu vernichten? . . .
Die höchsten Stände der Überschwemmung zeigt jener Stein an A.D. 1583. 14. August).

14. August 157
Eilenburg
Über
schwemmung
der Mulde

Als man zehlt drey und siebentzig Jahr,
Erhub sich Angst, Noth und Gefahr,
Von großer Näß und Wasserfluth,
Verderbet vieles Haab und Guth,
Sie reichte bis an diesen Stein,
Der allhier ist gesetzet ein,
Im August Mond den Vierzehnden Tag
Solch Unglück uns betroffen hat.
[Inschrift am Spital zu Eilenburg].

(C. G. Poetzsch „Nachtrag und Fortsetzung der chronologischen Geschichte der großen Wasserfluthen des Elbstroms etc." S. 41.)

[Mitte] August
Boritz i/Sa.
Elbe-Überschwemmung

Es sey das Wasser daselbst in der Kirche manneshoch gegangen und habe viele Häuser mit hinweggeführt.
[Kirchenbuch von Boritz].

(C. G. Poetzsch „Nachtrag und Fortsetzung der chronologischen Geschichte der großen Wasserfluthen des Elbstroms etc." S. 39.)

Wittenberg
(Elbe)
Elbe-Überschwemmung

° („Album acad. Viteberg.", edid. O. Hartwig. S. 227.)

15. August
Dessau
Überschwemmung
der Mulde

Maximum der Überschwemmung. Das Wasser reicht bis auf den Marktplatz. Die ganze Muldevorstadt überschwemmt. Die Stadt Raguhn steht vollkommen unter Wasser. In der Kirche, die hoch liegt, steht das Wasser 1 Leipziger Elle u. 2 Zoll hoch.

(B. Heese „Die Dessauer Chronik bis 1758". S. 339.)

um 20. August
Friesland
Sturmflut

l'inondation extraordinaire des eaux de l'Océan dans la Frise, laquelle fut causée par un vent de Nord-Ouest très violent. Ce débordement joint à de grosses pluies qui vinrent en même tems, rompit non-seulement les digues, mais les reversa presque entièrement. . . .; mais la partie qu'il endommagea le plus, fut celle qui est aux environs du golfe qui touche aux états de Dannemarck. Il fit moins de dégât du côté de Groningue, . . . Cet accident arriva sur la fin du mois d'Aout, et il parut dans le même tems quelque chose de pareil dans le Voigtland et dans la Misnie: car il y eut des tempêtes si terribles, et les rivières augmentérent à tel point, que les eaux inondérent toutes les campagnes, . . ., ruinèrent les ponts, etc. etc.

(Jacques-Auguste de Thou (Thuanus „Hist. univers. depuis 1543/1607". Tom. VI. S. 568.)

int begyn van Julio, . . ., ys daer noch een watervloet gevolget howol niet so periculoes dan voel scaedelicker; . . .

(„De Kroniek van Abel Eppens tho Equart", edid. J. A. Feith u. Dr. H. Brugmans. Deel I. S. 214/15.)

° („Kronijk van Eggerik Egges Phebens van 1565–1594", edid. H. O. Feith.)

1. August 1573 Dithmarschen Sturmflut

. . .; den effte sich gemeinlich umme de Tidt alhir im Lande Storme unnd Ungewedder erheven, . . .; se itt ock erfaren, welch groten Schaden desulvige gadaen, den it allenthalven an der Elve unde Eider de Dike unde Damme ingereten. It hefft kort achter Oldenworden einen groten Wehel geschaten, in Worden uth etlichen ummeliggenden Huesern Wende uthgeschlagen. Vor allen averst hefft it up Busen sonderlich gewötet, unnd de Dike van Hans Johans Wele an, welche tho Suden an Nordorp licht, beth an Werven gentzlich wechgeschölet, dat ock nichtes bi voller Erde gebleven, hefft an Husern groten Schaden gedaen, . . .

(„Johann Adolfi's, genannt Neocorus, Chronik des Landes Dithmarschen". II., S. 276/77.)

21. August Nordfriesische Inseln Sturmflut

Hohe Flut. z. B. Eiderstedt, besonders Legelicheit, Oldenswort, Adenbüll, Alter Kog in Tetenbüll, zu Reimersbode Schleuse ausgetrieben und große Wehle eingerissen; zu Harbleck 17 Menschen ertrunken. Viel 1000 Stück Vieh vernichtet. Im Nordstrand zu Trindermarsch, Stintebüll, Illgreff, Brunock, in Pellworm der Hunnen-Alter- u. Mittelster-Kog ebensolcher Schaden.

(Dr. N. Falck „M. A. Heimreichs etc. nordfresische Chronik". I. S. 370/1.)

Nordstrand Sturmflut

den 21. Augusti alß sick thovorn in der nacht ein grawsahmb windt und storm vam sudwesten erhaven, dardorch des morgens umme 6 schlegen ein mechtig hoch water updriven lathen, in avern dicks kammen gestortet, Stinteboll und andere koge gingen voll und Oleff Siverdsens huse in Trendermarsch ostwerts ein gruwlich loch . . ., de marsch [= Trindermarsch] nahm ock grothen schaden, . . .

(„Ein korte Beschrivinge des Lendlins Nordstrandes etc." in „Quellensammlung d. Gesellsch. f. Schlesw.-Holst. Geschichte". 5. Bd. S. 180 [Joh. Petreus' Schriften über Nordstrand], edid. Dr. R. Hansen.)

Tondern Sturmfuut

Eine Sturmflut beschädigt auch die Deiche von Tondern.

(L. Andresen „Geschichte der Stadt Tondern". S. 99 u. S. XXI.)

Stintebüll, Jlgrof Sturmflut

Darauf sind die Bewohner allein im Jahre 1573 von demselben Unglück [= Sturmflut] betroffen.

(„Des Matthias Bontius 3 Bücher über Denkwürdigkeiten etc." S. 73.)

Eiderstedt Sturmflut

tempestas venti austro africi per inundationem disrupit aggeres Eyderostadianos ad quatuor fere milliaria . . .

(Lamb. Alardus „Nordalbingia" in E. J. von Westphalen „Monum. inedita rer. Germanic." I. Sp. 1919.) = 19. Aug. 1573

(Bei einem SW Sturme durchbrach eine Sturmflut die Deiche von Eiderstedt fast auf 4 Meilen . . .)

Schwerer Deich-Schaden in Witzwort, Oldenswort, Ulvesbüll, Coldenbüttel durch eine Sturmflut.

(Dr. Reim. Hansen „Die eiderstedtischen Chronisten vor Peter Sax". S. 203.)

Main: Zur Zeit der Herbst-Messe so groß, daß Straßen überschwemmt waren. Herbst 1573 Frankfurt a/Main Main-Überschwemmung

(A. A. von Lersner „Der weit-berühmten freyen etc. Stadt Franckfurt am Mayn chronica". I. S. 534.)

Hat man allhier abermahl eine Wasserfluth gehabt / dergleichen in 18 Jahren nicht gewesen seyn soll. 8. September Zittau i/Sa. Überschwemmung der Neiße

(J. B. Carpzow „Analecta Fastorum Zittaviensium etc." 5. Theil. 3. Kapit. S. 262.)

Abermals Hochwasser. 16. September Glauchau i/Sa Überschwemmung der Zwickauer Mulde

(E. Eckardt „Chronik von Glauchau". S. 450.)

le Rhône déborda avec une telle fureur qu'il passa par dessus les chaussées de Beaucaire, fit brèche sur plusieurs points, surtout à la „pouze Saint-Martin". [Suivant les historiens de cette ville, cette inondation est l'une des plus grandes dont les annales locales fassent mention.] Oktober Rhône Überschwemmung

(M. Villard „Météorologie régionale". S. 623.)

(M. Champion „Les inondations en France etc." III. S. 229 aus „Nouvelles recherches pour servir à l'hist. de Beaucaire".)

und umb den trint ist der Rhein diss zit jars unerhoirt hoich gewest, das uber halb Rheingasspforz hoich stunde. 5. Oktober Köln Rhein-Überschwemmung

(„Das Buch Weinsberg", edid. K. Höhlbaum. II. S. 263.)

Sonsten hörte man dis Jahr von Nichts als . . . von Uiberschwall der Wässern und grawsamen Güssen, . . . 1574 S. Deutschland Überschwemmungen der Flüsse

(M. Tschamser „Annales etc. zu Thann". II. S. 200.)

Pegnitz-Überschwemmung. Nürnberg Überschwemmung der Pegnitz

(G. A. Will „Von der neulich größten Überschwemmung". S. 9.)

den 6. tag jenner am tag der heiligen drei künig an der mitwoch, diesen tag ist solch grosz wasser gewesen, das es vor dem mittelthor auf dem stainwege herfür geflossen hat, als grosz es im milgraben ist, und hat in Baltzer Nicundeis meltzhaus gegangen ein zwerch hand einem uber die knie. es ist im grosser schaden geschen an maltz und köchenspeise. desgleichen in den andern heusern auch daselbst . . . 6. Januar Trautenau i/Böhm. Überschwemmung der Aupa

(„Simon Hüttels Chronik der Stadt Trautenau" in „Deutsche Chroniken aus Böhmen". I. S. 213.)

Hohe Flut; Westerhever vollgelaufen, Wehle zu Reinersbode gerissen. 25. Januar 1574 Nordfriesische Inseln Sturmflut

(Dr. N. Falck „M. A. Heimreichs etc. nordfresische Chronik". I. S. 371.)

25. Januar 1574
Eiderstedt
Sturmflut

Freitag vor Pauli Bekehrung: Flut bei Westerhever untergelaufen, bei Reimersbode 3 Wehlen.
[Sax „Eiderstedt". S. 108.]

(Dr. Reim. Hansen „Die eiderstedtischen Chronisten vor Peter Sax". S. 186. 203.) = 22. Januar

2. Februar
Leitmeritz i/Böhm.
Elbe: Grundeis

Die Kälte wird wieder heftiger; es fror so stark, daß sich oberhalb des Wehres Grundeis bildete.

(Dr. W. Katzerowsky „Die meteorol. Aufzeichnung. der Leitmeritz. Stadtschreiber etc." S. 8.)

5. Februar
Templin (Uckermark)
Überschwemmung

Der Dolgensee brach aus; wahrscheinlich durch schweren Eisgang infolge plötzlich eingetretener Schneeschmelze wurde der Naturdamm durchbrochen. Eine ungeheure Flutwelle ergießt sich durch den Gleuensee in den Fährsee. Hier teilt sich die Flut, der eine Arm ergießt sich auf Ahrensdorf u. Milmersdorf zu und reißt die Brücke bei Ahrensnest fort. Der andere Arm wendet sich dem Templiner See zu. Großer Schaden durch die Eisschollen in Templin. Es werden Scheunen fortgerissen und ein Teil der Stadtmauer.
[Bericht des Pfarrers Engel (Angelus) aus Strausberg].

(H. Philipp „Die Geschichte der Stadt Templin". S. 138/39.)

11. Februar
Leitmeritz i/Böhm.
Elbe Eistreiben

Die Elbe treibt so viel Eis, daß die Überfuhr eingestellt werden mußte.

(Dr. W. Katzerowsky „Die meteorol. Aufzeichnungen der Leitmeritz. Stadtschreiber etc." S. 8.)

12. Februar
Vienne (Départem. Isère)
Überschwemmung der Gère

La Gère, interceptée par la chute d'une portion des anciens murs romains de la ville de Vienne, tombés dans l'eau, refoula et inonda le pays; il fallut, pour rétablir le cours de la rivière, fait briser et emporter les débris de ce murs.

(M. Champion „Les inondations en France etc." III. S. 229 aus Registres des conclusions de l'hôtel-de ville de Vienne, ancienne chronique de Vienne, publ. par Mermet ainé.)

17. Februar
Leitmeritz i/Böhm.
Elbe Grundeis

Das Grundeis verstopft sich vom Schreckenstein bis Leitmeritz, wodurch großes Stauwasser entstand.

(Dr. W. Katzerowsky „Die meteorol. Aufzeichnungen der Leitmeritz Stadtschreiber etc." S. 8.)

19. Februar
Prov. Nordholland (Holland)
Gewässer: Eisdecke

. . . , dat de Vyand te voet over het Ys uit Assendelft den 19 February een inval doen kon in Krommenie en Krommeniedyk, Wormeveer, Wormer en Jisp, . . .

(Gysbert Boomkamp „Alkmaer en deszelfs geschiedenissen uit de nagelatene papieren van Simon Eikelenberg etc." S. 341.)

um 23. Februar
Basel
Rhein Grundeis

umb der herren fastnacht anno 74 vyel ein keldte in, das der Rein grundysz getriben undt die reben undt frücht ahn etlichen orthen schaden gelitten haben im hornung.

(„Aufzeichnungen des Diebold Ryff" in „Basl. Chroniken". 1. Bd. S. 227.)

hat das Eys, als es im Vorjahr [= Frühjahr] mit Gewalt abgegangen, zwey Joch an der Allenbrücken nach der Stadt weggetrieben.
[Georg Schreibers Annalen von Friedland]. Frühling 1574 Friedland (Ostpreußen) Alle: Eisgang

(W. Sahm „Geschichte der Stadt Friedland [Ostpr.]". S. 84.)

Zu Mitfasten trat ein jählinges Thauwetter ein, wodurch ein großer Theil der Umgebung unter Wasser gesetzt wurde. Sehr bedeutender Schaden an Äckern, Gärten und Häusern. 2. Hälfte März Friedeberg a/Queis Überschwemmung des Queis

(J. G. Bergemann „Beschreibung und Geschichte der Stadt Friedeberg am Queis". S. 141.)

entsetzliche Ungewitter / davon das erstere durch einen Hagel alles Getreyde im Grund verdorben / und darauf ein solches Wasser verursacht hat / daß die Fluth fünfftehalb Elen hoch an den höchsten Orten in der Stadt angewachsen / das andere hat aus lauter Blitz / Feuer und Wasser bestanden / so durch einander gelauffen / und die Stadt gantz überschwemmet / 30 Elen die Stadt-Mauern umgeworffen. 8. und 19. Juni Gandersheim und Umgegend (im Braunschweigischen) Überschwemmung

(J. G. Leuckfeld „Antiquitates Gandersheimenses oder histor. Beschreibung des uhralten etc. Reichs-Stiffts Gandersheim". S. 349.)

° (Dr. G. Hellmann „Die Meteorologie in den dtsch. Flugschriften etc. d. 16. Jahrhdts." S. 18 u. 73 aus Flugschrift von Pfarrer u. Superintendent Valentin Greser.)

° (Dr. G. Hellmann „Beiträge zur Gesch. d. Meteorologie". I. S. 117/18 aus Flugschrift v. Val. Greser.)

Die Wasser wuchsen eylends / Thet an vielen örthen / an Wenden / grossen schaden / Sonderlich zu Apolla / da fürete das Wasser eine Scheune voll Kornß hinweg / verschlemmet viel getreydich vnd graß im felde. 13. Juni, 12. u. 21. August M. Deutschland Überschwemmungen der Flüsse

(Valent. Rudolph „Zeitbüchlein". 1586. S. 97.)

° (J. Binhard „Newe vollkommene Thüring. Chronica". 3. Buch. S. 184.)

. . . vnd die Wasser sind sehr angelaufen vnd haben an vielen orten merglichen schaden gethan. Mark Brandenburg Überschwemmungen der Flüsse

(Mag. Petrus Hafftitius „Microcronicon Marchicum" 1599 in „Riedel's Codex diplomaticus Brandenburgensis" 4. Hauptteil. 1. Band. S. 131.)
= 23. Juni

Magna inundatio Suidniciae visa; ita ut in vicinia multi ex improviso sint submersi. 13. Juni Schweidnitz Überschwemmung der Weistritz

(„Schweidnitz. Chronisten". D. Scepsii annales in „Scriptor. rer. Silesiacar." 11. Bd. S. 59.)

(Man erlebte eine große Überschwemmung in Schweidnitz, so daß in der Umgebung viele unversehens ertranken.)

Starkes Ungewitter mit Blutregen u. Überschwemmung. 22. Juli Kemnitz i/Böhm. Überschwemmung

(Dr. G. Hellmann „Die Meteorol. in d. dtsch. Flugschriften etc. d. 16. Jahrhdts." S. 18 u. 72 aus 1 Flugschrift.)

28. August 1574 Jauer i/Schles. Überschwemmung der Neiße

Neisse. Die Flut reißt 1 Haus fort.

(Chr. F. E. Fischer „Geschichte etc. der Fürstenthumshauptstadt Jauer.“ II. S. 31.)

Winter 1574/75 Leitmeritz i/Böhm. Elbe: sehr niedriger Wasserstand

Den ganzen Winter hindurch Elbe so niedriger Wasserstand, daß man trockenen Fußes auf der Insel unter der Brücke gehen konnte.

(Dr. W. Katzerowsky „Die meteorol. Aufzeichnungen d. Leitmeritz. Stadtschreiber etc.“ S. 8.)

1575 Bei Quedlinburg Bode fast ausgetrocknet

. . . , bei Quedlinburg war die Bode beinahe ausgetrocknet.

(K. v. Zittwitz „Chronik der Stadt Aschersleben.“ S. 157.)

22. Januar 1575 Prov. Nordholland (Holland) Sturmflut

was'er zoo geweldige storm uit het Zuiden en Zuidoosten, dat de Huigendyk en Galgdyk, by Oudorp doorbrak, waer door Geestmerambagt onderliep, en verscheide Huizen, ja alle Moolens op een na omverre waeiden. Ook brak het Hondsbosch door, waer door de Vriessedyk by St. Maerten groote schaade leedt.

(Gysbert Boomkamp „Alkmaer endeszelfs geschiedenissen uit de nagelatene papieren van Simon Eikelenberg etc.“ S. 355.)

8. März bei Freiburg (Unstrut) Unstrut: sehr niedriger Wasserstand

Die Unstruth aussenblieben / und so vertrucknet / daß man die Fische mit den Händen hat greiffen können.

(N. Höpffner „Das verkehrte Jahr etc.“ S. 32.)

Alsleben Überschwemmung der Saale

Saale-Überschwemmung.

(J. Chr. von Dreyhaupt „Pagus Neletici et Nudzici“. II. S. 841.)

Mitte April Leitmeritz i/Böhm. Elbe: Hochwasser

Hochwasser der Elbe.

(Dr. W. Katzerowsky „Die meteorol. Aufzeichnungen d. Leitmeritz. Stadtschreiber etc.“ S. 9.)

Mai Schweiz Überschwemmungen der Flüsse, z. B. des Rheins, der Aare, der Reuß und Limmat

Aare, Reuß, Limmat u. Rhein wuchsen stark an und taten merklichen Schaden, besonders der Rhein im Oberland. Die Aare nahm zu Aarau 3 Joche weg. [Tagebuch von Werner Schodeler d. J.]

(B. Amberg „Beiträge etc.“ III. S. 15.)

12. Mai Simmental (Schweiz) Überschwemmung

Das ganze Oberland verheerende Wasserflut.

(D. Gempeler-Schletti „Heimatkunde des Simmentales“. S. 453.)

17. Mai Département Haute-Savoie Überschwemmung der Flüsse

Les eaux des rivières furent fort grandes, et les ponts s'en allèrent presque tous. Le Lac d'Annecy estoit espanché en tout le Pasquier et une partie de la ville et lon prenoit force carpes au dit Pasquier. L'eau couloit devant la maison Dangeville.

* (A. Mangé „Observations anciennes sur les saisons à Annecy“. S. 280.)

Große Verheerung durch Überschwemmung. 17. Mai 1575 Die Emme (Schweiz) Überschwemmung

* (M. von Stürler „Über die Wasser-, Schachen- und Schwellenverhältnisse im Stromgebiet der Emme". S. 7.)

Man kann durch die Röder gehen, da von Jakobi [24. Juli] an bis in den Herbst große Dürre herrschte. Sommer Großenhain i/Sa. Sehr niedriger Wasserstand der Röder

(Dr. G. W. Schuberth „Chronik der Stadt Großenhain etc." S. 373.)

Es soll ein Wolkenbruch vor dem Lindig niedergefallen sein, und ist so ein groß Wasser gewesen, daß die Mauer am Kaiserthor, . . . , davon eingefallen ist, und ist das Wasser in das Hospital S. Margarethen halb Manns hoch gegangen. Es hat auch sonst großen Schaden gethan, die Breitsülze ist ausgebrochen, das wilde Feldwehr, . . . , ist ruiniret, . . . 8. Juni Mühlhausen i/Thür. Überschwemmung infolge eines Wolkenbruchs

(Dr. R. Jordan „Chronik der Stadt Mühlhausen i/Thür." II. S. 148.)

Starke Wasserflut. 11. Juni Zittau i/Sa. Überschwemmung der Neiße

(J. B. Carpzow „Analecta Fastorum Zittaviensium etc." 5. Theil. 3. Kapitel. S. 262.)

In der Frühe heftiger Gußregen, durch den in dem Weingebirge, namentlich bei Kameik und Tschernosek, viel Erdreich abgeschwemmt und großer Schaden verursacht wurde. In Tschernosek haben die herabstürzenden Wassermassen den herrschaftlichen Hof förmlich überflutet. 22. Juni Leitmeritz i/Böhm. Überschwemmung

(Dr. W. Katzerowsky „Die meteorol. Aufzeichnungen der Leitmeritz. Stadtschreiber etc." S. 9.)

Magna tempestas et triduana inundatio. 1. Oktober Dänemark Überschwemmung

(„Kronologiske Optegnelser af M. Villads Nielsen Brøns." S. 180.)

(Ein großer Sturm und eine dreitägige Überschwemmung.)

Salzach: Hochwasser reißt die Fleischbänke auf der Salzach-Brücke weg. 1576 Burghausen (Oberbayern) Hochwasser der Salzach

(J. G. B. Huber „Geschichte der Stadt Burghausen in Oberbayern". S. 200.)

Die Alle: Plötzliche starke Überschwemmung. Die Alle-Brücke wird fortgerissen. Wehlau (Ostpr.) Überschwemmung der Alle

(A. Ambrassat „Bilder aus Wehlaus Vergangenheit". S. 41.)

Bode: Durch Wolkenbruch so hoch angeschwollen, daß das Wasser im Kloster viel Schaden tat. Hedersleben Kr. Aschersleben Überschwemmung der Bode infolge eines Wolkenbruchs

(Dümling „Geschichtl. Nachrichten über d. Kloster etc. u. d. Gemeinde Hedersleben". S. 20.)

18 Januar 1576 Nürnberg Überschwemmung der Pegnitz

Es hat sich die Pegnitz ohne alles vorhandene Eiß unerhörter Massen ergossen, ist auf dem neuen Bau und auf der Schütt zusammen gelaufen, hat den Spitalkirchhof fast gar bedecket und 1 quere Hand über das besagte mössinge Täfelein am Sande gereichet.

(G. A. Will „Von der neulichen größten Überschwemmung und Wassersnoth etc." S. 12/13. 9.)

Leitmeritz i/Böhm. Elbe: Eisgang

Morgens geht das Eis der Elbe ab; zuerst setzt sich das Eis unterhalb des Wehres in Bewegung und um $^1/_4 2^h$ nachmittags das oberhalb des Wehres. Es waren Schollen von riesiger Ausdehnung.

(Dr. W. Katzerowsky „Die meteorol. Aufzeichnungen der Leitmeritz. Stadtschreiber etc." S. 10.)

22. Januar Bas-Vendomois Überschwemmung der Flüsse

Il y avait trente ans qu'on n'avait vu les eaux croître autant. [Chanoine Michel Garrault manuscr.]

(E. Renou „Notes météorolog. sur le Bas-Vendomois, au XVI. siècle". S. 162.)

26. Januar Maine, Anjou Überschwemmung der Flüsse

il y eut un déluge, qui causa un notable dommage.

(Pierre de l'Estoile „Journal de Henri III etc. ou mémoires pour servir à l'hist. de France." I. S. 153.)

Anjou Überschwemmung der Flüsse

Tante inundaverunt aque universaliter, maxime in ducatu Andegavensi, ut exinde multa loca periclitaverint multeque domus corruerint super ponte Andegavensi. [Reg. cap de S. Maurille f. 114.]

(C. Port „Les phénomèn. physiques" in „Questions Angevines". I. S. 109/10.)

(Die Gewässer traten so sehr über ihre Ufer, besonders im Herzogtum Anjou, daß infolgedessen viele Orte gefährdet waren und viele Häuser oberhalb der Brücke von Angers einstürzten.)

8. Mai Stavele b/Furnes (Westflandern) Überschwemmung

Ingens aquarum alluvies valde nociva fuit 8 maii: ferunt autem nostri vicini tantam fuisse aliquando inundationem ut foret iter liquidum navigabile hinc usque Molam Stavelensem: . . .

(Gerard de Meestere „Chronicon Evershamense". S. 37.)

(Eine gewaltige, sehr schädliche Überschwemmung ereignete sich am 8. Mai. Unsere Nachbarn berichteten aber, die Überschwemmung sei plötzlich so groß gewesen, daß der Weg von hier nach der Mühle von Stavele schiffbar gewesen sei.)

24. Mai Mühlhausen i/Thür. Überschwemmung

Es ist ein grausam groß Wetter gewesen, welches schier den ganzen Tag gewähret mit Donnern und Blitzen und Regen, daß es ein solch' Wasser geworden, daß es ist erschrecklich zu sehen gewesen, denn in den Klingen hat das Wasser halb Manns hoch gegangen und hat viel Land und Höfe verschlemmet.

(Dr. R. Jordan „Chronik der Stadt Mühlhausen i/Thür." II. S. 151.)

Zugedencken, das durch die grausame wasserflueth, so den Donnerstag nach Cantate jeigen abendt zwischen zehn und eylff schlegen anno 76 angelauffen, zwey hundert und zetliche unnd funfzig faß Biehrs zu nichte kommen . . . [Städt. Brauregister. Stadtarciv Wernigerode]

24. Mai 1576 Wernigerode Überschwemmung des Zillierbaches

(E. Jacobs „Überschwemmung zu Wernigerode durch den Zillierbach am 24. Mai 1576". S. 473.)

die 24. Maji in vigiliis Urbani, ingenti pluvia fluvius Ilsina in tantam excrevit magnitudinem, ut saxa immensae magnitudinis et ponderis loco moveret, et per longum tractum secum duceret; ex qua inundatione in una nocte Ilsineburgae 35 homines, et aedificia 22 perierunt, et alia plura damna data sunt.

Ilsenburg Überschwemmung der Ilse

(„Chronologia abbatum Ilsineburgensium" in G. W. Leibniz „Scriptor. Brunswic. illustr." III. S. 689.)

(Am 24. Lai, am Tage vor dem Urbanstag, stieg durch einen ungeheuren Regen der Ilse-Fluß derartig hoch an, daß er unermeßlich große und schwere Felsblöcke von der Stelle bewegte und auf eine lange Strecke mit sich führte. Infolge dieser Überschwemmung gingen in einer Nacht zu Ilsenburg 35 Menschen und 22 Häuser zu Grunde und andere sehr große Schäden wurden erlitten.)

° (K. B. Fischer „Die alte Wasserwirtschaft und Industrie im Amte Harzburg". S. 173/74.)

° (W. Grosse u. G. Wagenführ „Beiträge zur Bauerngeschichte des Dorfes Veckenstedt in der Grafschaft Wernigerode". S. 21.)

am Tage Urbani gegen Abend war ein schröcklich Gewitter, das sonderlich zu Ilsenburg so geregnet, daß Mühlen, Häuser und Hütten, durch das grosse ungeheure Wasser weggetrieben, . . .

Harz Überschwemmung der Flüsse

(„Chronicon Quedlinburgense" in Casp. Abel „Sammlung Etlicher noch nicht gedruckten Alten Chronicken". S. 517.) = 25. Mai

1576 war allhier wiederum eine große Wasserfluth. Siehe Inschrift auf einem Stein in einer Mauer: Anno 1576. 25. Mai exundationis aquarum limes.

25. Mai Braunschweig Überschwemmung der Oker

(„Tobias Olfen's Geschichtsbücher der Stadt Braunschweig", edid. C. F. von Vechelde. S. 95.)

Den 30 [Mai] en eenige volgende dagen, liepen door het opzwellen der rivieren door den gestadigen regen, vele beemden, meerschen, en weiden onder water.

Ende Mai—Anfang Juni Flandern Überschwemmung der Flüsse

(Ph. de Kempenare „Vlaemsche Kronijk, of Dagregister etc. 1566 /1585", edid. J. P. van Male. S. 157.)

Abends große Wasserflut vor dem Gröbniger Tore.

20. Juli Leobschütz o/S. Überschwemmung

(Dr. F. Troska „Geschichte der Stadt Leobschütz". S. 89.)

1576 Mitte November Bas-Vendomois Loir · Eisdecke

A la Saint-Martin d'hiver froid intense qui dura douze jours avec grandes neiges; le Loir portait presque les hommes.
[Chanoine Michel Garrault. manuscr.]

(E. Renou „Notes météorolog. sur le Bas-Vendomois, au XVI. siècle". S. 162.)

19. November Schweinfurt Main geht zu

Es ist eine grosze Kälte gewesen und das Eisz im Main gefangen worden.

(„Eines Ungenannten im Stadtbauamte vorgefundene geschichtlich. Nachrichten von Schweinfurt 1558/78" in „Monum. Suinfurtens. histor." edid. Friedr. Stein. S. 422.)

27. November Leitmeritz i/Böhm. Elbe: Eisgang und Hochwasser

Es tritt Hochwasser ein und gegen $^1/_4 7^h$ abds ging das Eis der Elbe ab. In Krzeschitz wurde ein Prahm durch das Eis fortgerissen.

(Dr. W. Katzerowsky „Die meteorol. Aufzeichnung. d. Leitmeritz. Stadtschreiber etc." S. 11.)

1577 Westflandern Überschwemmung der Gewässer

Ingens iterum ab hominum memoria nec visa nec audita aquarum alluvies.

(Gérard de Meestere „Chronicon Evershamense". S. 38.)

(Wiederum eine gewaltige Überschwemmung der Gewässer, wie sie kein Mensch größer gesehen oder von einer größeren gehört hatte).

4. März Kloster Ribnitz i/Mecklenburg Überschwemmung

Anno domini 1577. 4. Martii ist so ein groß wasser alhir zu Ribbenitz geko(m)men und de vloth so hoch upgeghan, das se wente in das Rostker dor gekamen und groten schaden gedan, welches kein minsche gedacht hefft.

(Lambert Slaggert „Chronik d. Klosters Ribnitz" in „Mecklenburg. Geschichtsquellen". I. Bd. S. 181.)

Sommer Graubünden Überschwemmungen der Flüsse

So sind in demm summer die wasser durch das überflüssig rägnen dermasen starck angloffen, das an vilen orten in Pünten groser schaden beschach.

(„Hans Ardüsers Chronik". S. 65.)

12. Juli Langensalza und Ufhoven i/Thür. Überschwemmung infolge eines Wolkenbruchs

Morgens um 9 Uhr, ist über Uffhofen eine Wolcken-Brust niedergeschossen, davon wurden zu Uffhofen und Saltze alle Häuser und Keller voll, Brücken und Stege wurden zurissen und weggeführet, und in Saltze rieß es zwey Häuser mit fort, . . .

(A. Toppius „Historie des Ambts und Stadt Langensaltze". S. 181.)

Langensalza i/Thür. Überschwemmung infolge eines Wolkenbruchs

Großes Wasser. „grausame Wasserfluth".

(C. F. Goeschel „Chronik der Stadt Langensalza". II. S. 266 u. S. 307.)

Starke Überschwemmung infolge eines Wolkenbruchs im kleinen Felde.

(G. u. H. Schütz „Chronik der Stadt Langensalza etc." I. S. 194/95.)

Le 24e de jullet, . . . , environ les six heures du soir, survint immédiatement ung débordement et inundation de la rivière de Hoyoulx, qu'elle vint parmi la ville aussy hault dessus le grand bassin estant sur le marché, de manière que par son impétuosité et sa véhémence, rua jus deux maisons en Maignée ou ladicte rivière décolloit, chose hideuse et dangereuse. 23. Juli 1577 Huy bei Liège (Belgien) Überschwemmung des Hoyoux

(„Chroniques du XVI. siècle. Règne de Gérard de Groesbeek 1564 bis 1580" in „Chron. liègeoises" Tom. II. edid. S. Balau in „Publicat. de la comm. roy. d'hist. de Belg." Band 54. Tom. II. S. 577.) = 24. Juli

° („Chroniques du XVI. siècle. Règne de Gérard de Groesbeek 1564 bis 1580" in „Chron. liègeoises", Tom. II. edid. S. Balau in „Publicat. de la comm. roy. d'hist. de Belg." Band 54. Tom. II. S. 577.)

At Margareta Hui cum esset, . . . ea nocte subitis imbribus ita Hoiolus intumuit, ut supra Fontis forensis columnas aquae sese extulerint.

(R. P. Foullon „Historia Leodiensis etc." Tom. II. Pars II. S. 302.)

(Am Margarethentag, . . . in derselben Nacht stieg der Hoyoux infolge plötzlicher Regengüsse derartig an, daß sich die Fluten bis über die Säulen des Marktbrunnens hinaus erhoben).

. . . , il s'éleva un si furieux orage que les eaux de la petite rivière de Hoyoux s'enflèrent tellement qu'elles couvrirent le piedestal de la fontaine, qui est au milieu du marché.

(M. Champion „Les inondations en France etc." V. S. 134 aus Bouillé „Hist. de la ville et pays de Liège". S. 487.)

Überschwemmung mit großer Verheerung. 7. August Die Emme (Schweiz) Überschwemmung

* (M. v. Stürler „Über die Wasser-, Schachen- und Schwellenverhältnisse im Stromgebiet der Emme". S. 7.)

was er wederom in de vier Ambachten eene groote overstroominge van't zeewaeter. 16. November Flandern Sturmflut

(„Chronycke van Frans-Jos. de Castro", edid. F. van Naemen in „Annales du cercle archéolog. du pays de Waes." 10. Tome. S. 194.)

Rhône. Inondation. Les eaux s'étendirent jusqu'à Aiguemortes et couvrirent une partie du Bas-Languedoc. 1578 Arles (Départem. Bouches-du-Rhône) Rhône-Überschwemmung

(M. Champion „Les inondations en France etc." III. S. 231 aus Annal. de la ville d'Arles manuscr. de la Biblioth. d'Aix No. 806.)

Überschwemmung. Fluß Doubs Überschwemmung

(M. Champion „Les inondations en France etc." III. S. 228 aus Archiv du départem. du Doubs.)

Groote Watervloet. Friesland Sturmflut

(P. Winsemius „Chronique oste Histor. geschiedenisse van Vrieslant etc." S. 622.)

1578 Mulde Mehrere Überschwemmungen

Dreimal Austreten der Mulde.

(Chr. G. Lorenz „Die Stadt Grimma etc." S. 537 aus Simon „Eilenburger Chronik". S. 590.)

SO Deutschland Überschwemmungen der Flüsse

Propter aquarum tandem exundationes insolitas damnum. . . .

(„Fibiger acta magistrorum" in „Scriptor. rer. Silesiac." 2. Bd. S. 331.)

(Zuletzt infolge der außerordentlichen Überschwemmungen Schaden . . .)

Brieg i/Schlesien Wiederholt Oder-Überschwemmungen

Oder: 5 mal Überschwemmung.

(K. Schönwälder „Geschichtl. Ortsnachricht. von Brieg etc." I. S. 263.)

Haindorf i/Isergebirge (Böhmen) Hochwasser der Wittig

Hochwasser mit großem Schaden.

(J. Bennesch „Ortsgeschichte von Haindorf". S. 407.)

Siebenbürgen Überschwemmungen der Flüsse

Darauff kahmen vill Wasser-Fluthen, . . .

(E. A. Bielz „Beitrag z. Gesch. merkwürdig. Naturbegebenheiten in Siebenbürgen". S. 101 aus M. Miles „Siebenbürg. Würgengel".)

. . . , es sind auch dieses Jahr grausame Wetter, grosse Fluthen . . . erfolget.

(E. A. Bielz „Beitrag z. Gesch. merkwürdig. Naturbegebenheiten in Siebenbürgen". S. 102. aus Davids Hermanni . . . Anal. polit. etc. mitgeteilt v. Freiherrn J. Bedeus von Scharberg d. J. u. M. Salzer.)

13. Januar Leitmeritz i/Böhm. Elbe und Eger. Eisgang

12./13. nachts tritt Hochwasser ein und beginnt das Eis der Eger zu gehen.

(Dr. W. Katzerowsky „Die meteorolog. Aufzeichng. d. Leitmeritz. Stadtschreiber etc." S. 12.)

13. bei Tagesanbruch geht das Eis der Elbe bei Leitmeritz ab.

(dto. S. 12.)

18. Januar dto

18./19. nachts nach 8^h hat das Eis ein Paar Brückenköpfe mitgenommen.

(Dr. W. Katzerowsky „Meteorolog. Nachrichten aus den Archiven der Stadt Leitmeritz". S. 3. aus Memorabilien d. Stadtschreiber.)

Das Eis (= eine riesige Eisscholle) reißt um $^1/_2 8^h$ 5 Paar Brücken-Böcke fort.

(dto. S. 3. aus dto.)

Februar Danziger Bucht Eisdecke

Grausam heftige Kälte. Bis Hela hin 4 Meilen in See gefroren. Man fährt mit Wagen und Pferden darauf.

(F. u. E. Strehlke „Nachrichten über besondere Witterungserscheinungen in Preußen etc." S. 659 aus Eberh. Böttchers Gedenkbuch. Bibl. Archiv. Gedanensis. L. l. 323 A.)

Man kann noch auf dem Eise bis Hela mit Schlitten fahren. 7. März 1578 Danziger Bucht Eisdecke

(Dr. E. O. Dann „Topographie von Danzig". S. 68.)

Elbe-Hochwasser. 21.—26. März Leitmeritz i/Böhm. Elbe-Hochwasser

(Dr. W. Katzerowsky „Die meteorolog. Aufzeichng. der Leitmeritz. Stadtschreiber etc." S. 12.)

Das Eis geht fort; sehr großes Wasser, daß man bis Leubusch zu Schiff fahren konnte. 23. März Brieg i/Schles. Oder: Eisgang u. Hochwasser

(K. Schönwälder „Geschichtl. Ortsnachrichten von Brieg". I. S. 263.)

..., iterata eadem est maris concitati tempestas, ..., ac totam Phrisiam prope aquis inundauit. In qua saeuissima tempestate incredibilis prope hominum atque pecudum numerus interiit, idque praesertim in Phrisia orientali quam magis atque unquam alias, hoc tempore infestauit. Aggeres etiam maritimi non leuiter conquassati sunt, cum magno incolarum omnium damno et dispendio. 28. März Friesland Sturmflut

(„Kronijk van Eggerik Egges Phebens van 1565–1594", edid. H. O. Feith. S. 49.)

(..., es wiederholte sich dieser Ansturm des wütenden Meeres, und brachte das Küstenland von ganz Friesland unter Wasser. Infolge dieses sehr heftigen Unwetters ging eine beinahe unglaubliche Menge von Menschen und Vieh zu Grunde, besonders in Ostfriesland, das es stärker als jemals andere zu dieser Zeit angriff. Auch die Meerdeiche wurden nicht wenig erschüttert, mit großem Schaden und Verlust für alle Einwohner.)

Groote Watervloet.

(P. Winsemius „Chronique oste Histor. geschiedenisse van Vrieslant etc." S. 622.)

Sturmflut. Es wurden alle Deiche zerrissen. Überall großer Schaden. Oldenburg Sturmflut

(F. Arends „Physische Geschichte der Nordsee-Küste etc." II. S. 114 aus Hamelmann „Oldenburg. Chronik". S. 426.)

Sturmflut mit Zerstörung. Jadebusen Sturmflut

(G. Sello „Studien zur Geschichte von Oestringen und Rüstringen". S. 59.)

In der Osterwoche: Deiche an der Weser 2–3 mal weggetrieben. Die Flut war 1 Elle höher als Allerheiligenflut. Viele Menschen und Vieh weggeschwemmt. Bremen Sturmflut

(J. H. Duntze „Geschichte der freien Stadt Bremen". III. S. 497.)

Sturmflut. Land Hadeln u. Ritzebüttel blieben verschont. Altenlande, Land Kehdingen, Amt Neuhaus, Land Wursten, Butjadingerland, Friesland Sturmflut

(„Chronik des Landes Hadeln" etc. S. 167.)

28. März 1578 Holst. Elbmarschen Sturmflut

Darna als men geschreuen hatt:
Vofftein hundert (idt recht vorstatt)
Dar tho acht vnd söuentich iar,
Do iß gegan, seg ick vorwar,
Ein hoge flodt, am kör frigdach,
Sollks men hyr by gedencken mach.

[Im Kirchenbuch zu Seester v. Ludwig Lonner]

(Dr. D. Detlefsen „Geschichte der holstein. Elbmarschen". I. S. 413.)

Haseldorfer Marsch Sturmflut

up den stillen Frydag ging eine sehr hoge Floth, welcke Elen höger gewesen denn alle andere, so bi Menschen Levende gewesen sind; und was derselbe Dag sehr ungestüm und solck bister Wetter dat alle Menschen betügeden, se hedden desgelicken Ungestümheit nicht gedacht; . . .
[Kirchenbuch-Aufzeichnungen zu Colmar von Pastor Otto Meinert.]

(„Die Witterungsverhältnisse etc. in der Haseldorfer Marsch" in „Jahrbücher f. d. Landeskunde der Herzogth. Schleswig, Holstein etc." II. S. 122.)

Stör (Schlesw. Holstein) Sturmflut

tempestas magna, quae violentus Japyx dicitur, inundationem Storae fecit die annunciationis.

(Lamb. Alardus „Nordalbingia" in E. J. von Westphalen „Monum. inedita rer. German." I. Sp. 1924.) = 25. März

(Am Tage Mariä Verkündigung führte ein großer Sturm, der der wilde Japyx [WNW Wind] genannt wird, eine Überschwemmung der Stör herbei.)

4. April Grimma i/Sa. Überschwemmung der Mulde

Mulde: Große Wasserfluth.

(Chr. G. Lorenz „Die Stadt Grimma etc." S. 538.)

19. April Grimma i/Sa. Überschwemmung der Mulde

Mulde: Große Wasserfluth.

(Chr. G. Lorenz „Die Stadt Grimma etc." S. 538.)

4. u. 19. April Mulde Überschwemmung

Überschwemmung.
[Simon S. 590]

(C. G. Poetzsch „Nachtrag und Fortsetzung der chronolog. Geschichte der großen Wasserfluthen d. Elbstroms etc." S. 41.)

9. Mai Grimma i/Sa. Überschwemmung der Mulde

Mulde: Große Wasserfluth.

(Chr. G. Lorenz „Die Stadt Grimma etc." S. 538.)

Mulde Überschwemmung

Überschwemmung, besonders diesmal sehr großer Schaden.
[Simon S. 590]

(C. G. Poetzsch „Nachtrag u. Fortsetzung der chronolog. Geschichte der großen Wasserfluthen d. Elbstroms etc." S. 41.)

Es ist von grossem vngewitter das wasser gewachsen zue Kroschwycz vnd zwei weybesbilder erseuffet. 1578 13. Mai Kroschwitz i/Schles. Über-schwemmung

(„D. Scepsii annales“ in „Script. rer. Silesiac.“ Shweidnitz. Chronisten. 11. Bd. S. 66.)

post horam 12 vsque ad secundam, ingens imber, inundatio, grando, interitus aliquot hominum et pecorum, laceratio vinearum, Horbae, et aliis in locis. 15. Mai Württemberg Über-schwemmungen, z. B. des Neckars zu Horb

(Mart. Crusius „Annal. Suevicor.“ Dodec. III. S. 765.)

(Nach 12 bis 2 Uhr ereignete sich zu Horb und an anderen Orten ein großer Platzregen, Überschwemmung, Hagel, Untergang einiger Menschen und von Kleinvieh und Beschädigung von Weinreben.)

Wasserguß. Überschwemmung. Horb Über-schwemmung des Neckars

(Dr. G. Hellmann „Die Meteorologie in den deutschen Flugschriften etc. d. 16. Jahrhdts.“ S. 18 u. 75 aus 1 Flugschrift [Lied] von A. Wetz.)

... des eaux, qui lors commencerent, et jusques à la S. Martin, continuerent d'être fort basses, ... Sommer-Ende Oktober N. Frankreich Flüsse: sehr niedriger Wasserstand

(Pierre de l'Estoile „Journal de Henri III etc. ou mémoires pour servir à l'hist. de France“. I. S. 243.)

D'aultant que par tout l'esté ..., les eaux avoient esté fort basses ès rivières et principallement en celle de Seine, ... Sommer Seine Sehr niedriger Wasserstand

(M. Champion „Les inondations en France etc.“ II. S. 22 aus „Mém. de Claude Haton“, edid. Bourquelot. S. 975.)

Mense Junio multae fuerunt aquarum inundationes Juni Siebenbürgen Über-schwemmungen der Flüsse

(„Chronicon Fuchsio-Lupino-Oltardinum sive annales Hungarici et Transsilvanici“, edid. J. Trausch. Pars. I. 70. Anmerkung unten.)

(Im Monat Juni ereigneten sich viele Überschwemmungen der Gewässer.)

Im Junio vmb Johannis geschahen vill Wolkenbrüche allenthalben, bevorauss vmb Thorenburg herumb ... Um Johannistag Siebenbürgen Über-schwemmungen infolge von Wolkenbrüchen

(E. A. Bielz „Beitrag z. Gesch. merkwürdig. Naturbegebenheiten in Siebenbürgen“. S. 101/2 aus M. Miles „Siebenbürg. Würgengel“.)

Es hat sich ein schrecklich Wetter erhoben / also / daß sich die Wasser mächtig ergossen. Zu Erffurt hat es am Stadt Wahl vnd anderen Gebewden schrecklichen schaden gethan. 25. Juni Thüringen Über-schwemmungen der Flüsse, z. B. zu Erfurt

(J. Binhard „Newe vollkommene Thüringische Chronica“. 3. Buch. S. 250.)

August 1578 SO Deutschland Überschwemmungen der Flüsse

Hoc mense magna inundatio in multis locis facta. Hott zue Gloz 9000 Klafftern holz weggefuhret.

(„D. Scepsii annales“ in „Script. rer. Silesiac.“ Schweidnitz. Chronisten. 11. Bd. S. 67.)

(In diesem Monat ereignete sich eine große Überschwemmung an vielen Orten.)

26. August Glatzer Land Überschwemmungen der Flüsse, z. B. der Glatzer Neiße

Dienstag nach Bartholomäustag. Hochwasser mit großem Schaden. In Glatz wurde die steinerne Brücke bei der Sichenstege gegen Wartha über die Neisse durch Hochwasser fortgerissen. Die Waltersdorfer Brücke mit 2 Mittelpfeilern wurde weggerissen, die Teichbrücke unter dem Kreuzberge zur Hälfte weggerissen. Der Kuttelhof wurde ganz weggeschwemmt. In Glatz wurden viele Häuser auf dem Sande zerrissen und weggeschwemmt.

(A. Skalitzky „Excerpte aus der handschriftl. Chronik eines Habelschwerdters vom Jahre 1618“. S. 184 u. 186.)

° (J. Koegler „Chronik der Grafsch. Glatz“. I. S. 365.) = 20. August

27. August Neiße i/Schlesien Überschwemmung der Glatzer Neiße und Biala

Durch anhaltenden Sommerregen wachsen Neisse u. Biela zu so ungewöhnlicher Größe an, daß mehrere Straßen der Stadt unter Wasser standen.

(F. Minsberg „Geschichtl. Darstellung der merkwürdigsten Ereignisse in der Fürstenth.-Stadt Neiße“. S. 105.)

Riesengebirge und Umgegend Überschwemmungen der Flüsse

... und ist die mittwoch nach Bartholomei zu nacht ein grausam weter gewest mit tonder, plixen, graupeln und regen, das nicht allein zu Trautnaw das wasser groß gewesen, sondern in Behem und Schlesing, das sich umb Schmidberg, Hirßberg, Lemberg gar kleine flößlein haben so groß ergossen, das sie haben heusser mit weggefürt.

(„Simon Hüttels Chronik der Stadt Trautenau“, edid. Dr. L. Schlesinger in „Deutsche Chroniken aus Böhmen“. II. Bd. S. 235.)

28.—29. August Leitmeritz i/Böhm. Elbe-Überschwemmung

Große Überschwemmung der Elbe. Alle Wiesen und Felder hinter dem Ziegelschlage und gegen Kopist standen unter Wasser. Über 1 Woche konnte auf keiner Mühle gemahlen werden.

(Dr. W. Katzerowsky „Die meteorol. Aufzeichnungen der Leitmeritz. Stadtschreiber etc.“ S. 12.)

Herbst SO Deutschland Überschwemmungen der Flüsse

authumnus siccus et calidus ad festum Michaelis usque, deinde frequentes pluviae et magnae aquarum exundationes.
[Aufzeichnungen des Goldbergers Harlart]

(Dr. O. Meltzer „Kleine Beiträge zur Chronik von Goldberg etc.“ in „Zeitschrift f. Gesch. u. Alterth. Schlesien“. 13. Bd. S. 258.)

(Der Herbst trocken und warm bis zum Michaelisfeste, darauf häufige Regengüsse und große Überschwemmungen der Gewässer.)

Les [eaux] séjournent depuis octobre jusqu'en février. Okt. 1578—Febr. 1579 Rhône Hochwasser

(M. Champion „Les inondations en France etc." III. S. 231 aus Comte de Villeneuve „Statist. des Bouches-du-Rhône". Tom. I. tabl. IV. S. 228.)

. . . , d'aultant ont elles [= les eaux] esté grandes en ceste année par tout l'hyver et nommément par tout le moys febvrier, auquel en plusieurs endroicts, elles passoient par dessus la chaussée de Nogent. En la ville de Paris, elles estoient jusques à la croix de Grève, et n'avoient esté plus grandes en la ditte riviere de Seine depuis l'an 1548 [1547]. La ditte eaue passoit par dessus le pont du faux-bourg Saint-Liène. Winter 1578/79 Seine Über schwemmung

(M. Champion „Les inondations en France etc." II. S. 22 aus Claude Haton „Mémoires etc." edid. Bourquelot. S. 975.)

Il vit l'une des plus désastreuses inondations du Rhône. Les ravages qu'elle exerça furent immenses. Cette inondation commença un samedi à onze heures du soir, et les eaux du Rhône continuèrent à monter jusqu'en au lundi suivant, à trois heures. „Lorsque cette formidable inondation commençoit à gagner le bas de la ville, vous eussiez vu, le peuple courir à toute bride, de ça et là, pour mettre leur vie en sauveté et franchise, les uns en la montagne, les eutres de rue en rue gagnant toujours le haut, ayant crainte d'être suivis et accoursés des eaux, de manière que ni précieux meubles, etc. les pouvoit arrèter etc. Les eaux ètoient par canaux emy les rues; les maisons dégravées de leurs fondements trébuchoient avec grand ruine sur les personnes qui n'avoient eu loisir de se sauver etc. Davantage (qui est admirable), la rivière de Saône, tranquille et coye de son naturel, ayant quitté sa linité et douce tranquillité, sembloit être conjurée avec le Rhône, en l'exécution de ces misères; car, s'étant venue joindre au Rhône en la place de Comfort, augmenta grandement la furie des eaux du Rhône et furent ensemble ès-lieux on jamais n'avoient été conjoients. Alors commencèrent à redoubler les ruines des bâtiments, les submersions des personnes, le naufrage d'une infinité de biens. Le pont du Rhône fut tellement secoux et ébraulé par l'impétuosité des flots, que quelques parties d'arches furent ruées par terre. Les ruines les plus considerables furent au faubourg de la Guillotière, etc." 2.—3. Dezember 1578 Rhône Überschwemmung
[Courrier de la Drôme v. 14./15. 7. 1856.]

(M. Villard „Météorolog. régionale". S. 180/81.)

Alsoe die Maese vast groot was, . . . 1579 Roermond (Prov. Limburg) Maas: Hochwasser

(„Kroniek der stad Roermond van 1562–1638", edid. F. Nettesheim. S. 188.)

Pegnitz: Überschwemmung. Nürnberg Überschwemmung der Pegnitz

(G. A. Will „Von der neulichen größten Überschwemmung etc." S. 9.)

Wasserfluth. Naumburg (Saale) Überschwemmung der Saale

(W. Bernhardi „Chronik der Stadt Naumburg etc." S. 287.)

1579 Krossen Oder: Hochwasser

Oder: Sehr großes Wasser.

(G. A. Matthias „Chronica der Stadt Crossen“, edid. C. Rauge. S. 192.)

Landsberg a/d. W. Warthe: Hochwasser

Es ist dieß Jahr groß waßer geweßen vnd solchen schaden ahn temmen gethan, alß keinem menschen gedenkt.
[Eintragung des Stadtschreibers Andr. Halle].

(„Die landsberger Stadtschreiber-Chronik“, edid. R. Eckert. S. 64.)

Januar Blois Loire-Überschwemmung

La rivière de Loire a emporté une grande partie des faulxbourgs.

(M. Champion „Les inondations en France etc.“ II. S. 218 aus „Discours espouventable de l'horrible tremblement de terre advenu és villes de Tours etc. le lundi XXVIe jour de janvier, dernier passé, 1579.“ Bibl. de l'Arsenal.)

Anjou Überschwemmung der Loire u. Mayenne

La rivière de Loire et aultres rivières descendant en icelle furent fort grandes, et la rivière de Mayenne si grande, qu'on menoit les bateaux sur les ponts de, la ville d'Angers.
[Louvet „Journal“ in „Revue de l'Anjou“ 1865.]

(Célest. Port „Questions Angevines“. Les phénomèn. phys. S. 114.)

° (M. Champion „Les inondations en France etc.“ II. S. 218.)

Januar 1579 Mulde Überschwemmung

Überschwemmung.
[Simon S. 591.]

(C. G. Poetzsch „Nachtrag u. Fortsetzung der chronologischen Geschichte der großen Wasserfluthen des Elbstroms etc.“ S. 41.)

17. Januar Glauchau Überschwemmung der Zwickauer Mulde

Mulde: Überschwemmung.

(E. Eckardt „Chronik von Glauchau“. S. 451.)

Grimma i/Sa. Überschwemmung der Mulde

Mulde: Große Wasserfluth.

(Chr. G. Lorenz „Die Stadt Grimma etc.“ S. 538.)

Leitmeritz i/Böhm. Elbe: Eisgang

$^1/_4 1^h$ nachts wurden beim Eisgange der Elbe ein paar Brückenböcke umgerissen.

(Dr. W. Katzerowsky „Die meteorolog. Aufzeichnungen der Leitmeritz. Stadtschreiber etc.“ S. 13.)

23. Januar Leitmeritz i/Böhm. Elbe: Eisgang

$^1/_4 9^h$ morgens nimmt eine große Eisscholle mit einem Stoß 5 Paar Böcke der Brücke sammt den großen Ketten und gegen Abend die ganze Brücke sammt der Fahrbahn und dem Gebälke bis zur Vogelstange mit.

(Dr. W. Katzerowsky „Die meteorol. Aufzeichnungen der Leitmeritz. Stadtschreiber etc.“ S. 13.)

In de maent Februarius, de rivieren door den sneeuw opgeswollen liepen over de dyken, doende vele schade.

Februar 1579 Belgien Überschwemmungen der Flüsse

(E. Vanderlinden „Chronique des événements météorolog. en Belgique etc.“ S. 136 aus „Memorieboek van Gent 1301/93“, edid. Vander Meersch.)

Ein nicht viel erhörte Wassergrösse erzeiget sich solcher massen im Hornung am Nydawersee / vnnd da herumb / daß der Predicant zu Nydaw auff einem Schifflein / von dem Pfarrhauß zur Kirchen fahren mußte / vnd der meiste theil der gebäwen dem Räbgelende nach / vmb Twann vnnd selbiger gegne / biß nacher Biel herunder / mercklich verderbet wurden.

Nidau a/Bieler See Douane Überschwemmung

(Mich. Stettler „Schweitzer Chronic“ II. S. 267.)

So starke Überschwemmung, daß die Stadt Nidau überschwemmt wurde.

(J. Boyve „Annal. histor.“ III. S. 242.)

La maison des clers des matines, à l'angle de la rue des Chantres et de la rue des Ursins, est entourée par les eaux.

3.—9. Februar Paris Überschwemmung

(E. Clouzot „Les inondations à Paris etc.“ S. 98 aus Arch. nat. L. L 307. Fol. 26.)

17. Febr. erhub sich des Nachts ein schrecklich Gewitter über der Stadt Mühlhausen mit Regen und Schloßen; die Wasser ergossen sich mächtiglich, zu Reiser ersoffen 130 Stück Viehes an Kühen, Schweinen und Schafen und zu Ammern 30 Schafe, . . . , thät allenthalben großen Schaden, so bei Menschengedenken nicht mehr geschehen. Der Schaden erstreckte sich über 2000 Fl.

17. Februar Mühlhausen i/Thür. Überschwemmung

(Dr. R. Jordan „Chronik der Stadt Mühlhausen i/Thüringen“. II. S. 156.)

zwollen de rivieren door het smelten van den menigvuldigen sneeuw, en grooten wind buiten hunne palen, zoo dat daer alom groote schade was, . . .

18. Februar Flandern Überschwemmung der Flüsse

(Ph. de Kempenare „Vlaemsche Kronijk, of Dagregister etc.“, edid J. P. van Male. S. 222.)

Mittwoch nach Septuagesimae lief das Wasser über die Brücke bey der Badstuben / . . . / stieg so hoch / daß es daselbst über den Born in die Häuser und Stuben gieng.

Greußen i/Thür. Überschwemmung

(Joh. Christ. Olearius „Rer. Thuringicar. syntagma“. S. 166.)

Es trat plötzlich sehr warmes Tau- und Regenwetter ein, daß die hohe Schneedecke in 24 Stunden zusammengeschmolzen war und eine ungewöhnlich hohe Wasserflut dadurch entstand. 1 Elle hoch strömte das Wasser über die Brücke vor dem Neustädt. Mitteltore, trat zur Stadt herein, überschwemmte den Markt und anliegende Straßen. Es flutete in die Baderhelbe, überstieg den Damm hinter dem Brühle und verbreitete sich in diesem dergestalt, daß die Bewohner in das 2. Stockwerk der Häuser flüchten mußten. etc.

(F. W. Sternickel „Chronik der Stadt Greußen". S. 129/30.)

18. Februar 1579 Landsberg a/d. W. Überschwemmung

Mittwochs nach Septuagesima ist die klade widder außgerißen, daruber zwey vorsteter versoffen, . . .
[Eintragung d. Stadtschreibers And. Halle.]

(„Die landsberger Stadtschreiberchronik", edid. R. Eckert. S. 64.)

19. Februar Landsberg a/d. W. Überschwemmung der Kladow

es ist so groß waßer geweßen, das man von der freiarcke sowol von der mahlarcke nichts hat sehen können.
[Eintragung des Stadtschreibers Andr. Halle.]

(„Die landsberger Stadtschreiber-Chronik", edid. R. Eckert. S. 64.)

Frühjahr Friedland (Ostpr.) Überschwemmung der Alle

im Vorjahr [= Frühjahr] ist das Wasser in der Allen so hoch worden und gestiegen, daß es in dem Maltzhause an der Brücken das Fewer ausgelöschet und voll Wasser worden.
[Georg Schreibers Annalen von Friedland.]

(W. Sahm „Geschichte der Stadt Friedland [Ostpr.]" S. 85.)

10. März Nantes Loire-Überschwemmung

Loire: Wasserstand 18 pieds 9 pouces = 6,19 m
Absol. Maximum des Jahres.
Pont de la Madeleine emporté.

(M. Champion „Les inondations en France etc." II. S. 222.)

26. März Trautenai i/Böhm., Marschendorf, Dunkelthal Überschwemmung, z. B. der Aupa

26. tag im mertzen ain donerstag in der nacht ist die Aupa so plotze grosz worden vor regen, und haben sich die wasser im Risengebirge ergossen, sonderlich das klausenwasser. es hat mehr dan vor hundert gülden schaden gethan und hat im Tunkelthal die holzrisen weggefürt. es hat dem Matz Langen zu Marschendorf sein heusslin ubersturzt . . .

(„Simon Hüttels Chronik der Stadt Trautenau" in „Deutsche Chroniken aus Böhmen". I. S. 238.)

2. April Kreis Ellbogen (Böhm.) Überschwemmung der Tepel

Die Tepel: Starke Überschwemmung, sehr starker Schaden.

(J. Schaller „Topographie des Königreichs Böhmen etc." II. S. 3.)

Tepl i/Böhm. Überschwemmung der Tepel

Die Tepel: Überschwemmung. Der Baderteich reißt aus.

(J. J. Lenhart „Carlsbads Memorabilien vom Jahre 1325–1839". S. 34.)

Karlsbad i/Böhm. Überschwemmung der Tepel

Tepel: Starke Überschwemmung.

* (J. Schaller „Topographie des Königreichs Böhmen etc." II. S. 37.)

Große Überschwemmung. 2. April 1579 Karlsbad i/Böhm Überschwemmung der Tepel

(V. Prökl „Geschichte der kgl. Stadt Karlsbad etc.“ S. 42.)

. . . , sur les dix à onze heures avant la minuict, le temps estant assez trouble et adonné à pluye, la rivière dė Jentilly estant desbordée dedans les fauxbours Sainct-Marcel lès Paris, rivière autant violente que l'on sçauroit avoir jamais veu, pour le présent, passant par ledict fauxbourg Sainct-Marcel, va se joindre à la rivière de Seine, se desborda si subitement et avec telle impétuosité, non seulement en la prarie, mais aussi par une grande partie du fauxbourg, qu'il n'y a mémoyre d'homme qui se puisse souvenir de semblable. Ladicte eau a abatuz douze maisons, plus le pont et moullin aux Tripes, près de Coppeaux; . . . 8. April Paris Überschwemmung der Bièvre

(M. Champion „Les inondations en France etc.“ I. S. CCXXV. Documents etc. No. 102 aus „Le désastre merveilleux et effroyable d'un déluge advenu es fauxbours S. Marcel, les Paris, le huictiesme jour d'Avril 1579, avec le nombre des mors et blassés, et maisons abbatues par ladicte ravine.“ Paris 1579.)

entre onze et douze heures de la nuict, l'eau d'une petite riviere laquelle prend son cours és faulxbourgs S. Marcel, lez Paris (nommée la Riviere de Gentilly), d'autant que de ce village ou peu plus loing prend sa source et origine, se desborda si outrageusement à cause des pluyes tombées par deux jours entiers, sans cesser, que de memoire d'homme ne s'est veu en ce lieu eau plus violente et dommageable que celle là . . . elle rompit plusieurs bastimens de maisons murailles, et autres plusieurs edifices, faisans obstacle à son cours: . . . De ceste heure, venant sur le jour, elle creut encor de telle sorte, . . . Ce ravage a fait tomber esdicts fauxbourgs plus de soixante maisons dessous lesquelles, ont esté accablez plusieurs corps, peris et blessez, parcet encombre, . . .

(M. Champion „Les inondations en France etc.“ I. S. CCXXI/XXII Documents No. 101 aus „Deluge et innondation d'eaux fort iffroyable, advenu ès faulxbourgs S. Marcel, à Paris, la nuict precedente jeudy dernier, neufiesme avril, an present 1579. etc.“ Orléans 1579.)
= 9. April

Il tomba tant de pluie que les étangs, qui s'écoulent dans la Bièvre, écroulèrent leurs chaussées et inondèrent les vallées de Cachant, d'Arcueil et Gentilly, puis se répandirent au faubourg Saint-Marcel, ou ce déluge fit crouler des murs et des maisons pour se frayer une voie.

(M. Champion „Les inondations en France etc.“ I. S. 237 aus Nicole Gilles „Annales“.)
= 1578

La nuit du Marcredy Avril, la Riviere de S. Marceau, au moyen des pluyes des jours précédens, crut à la hauteur de 14 à 15 pieds, abatit plusieurs moulins, murailles et maisons, noya plusieurs personnes . . . , ravagea grande quantité de bétail, et fit un mal infini, . . . , l'eau fut si haute, qu'elle se répandit dans l'Eglise, et jusqu'au grand Autel des Cordelieres S. Marceau, ravageant par forme de torrent en grande furie, laquelle néanmoins ne dura que trente heures, ou un peu plus.

(Pierre de l'Estoile „Journal de Henri III etc. ou memoires pour servir à l'histoire de France". Tom. I. S. 277.)

(M. Champion „Les inondations en France etc." I. S. 238/39 aus dem zeitgenössischen Manuskript „Déluge ou inondation de Saint-Marcel de l'an 1579, le 8 avril.)

(Jean Pussot „Journalier ou mémoires de Jean Pussot etc.", edid. E. Henry et Ch. Loriquet. S. 11.)

(Dr. G. Hellmann „Beiträge z. Gesch. d. Meteorologie" III. S. 66 aus einer französischen Flugschrift.)

(Dr. G. Hellmann „Die Meteorologie in d. dtsch. Flugschriften etc. d. 16. Jahrhdts." S. 18 u. 76 aus 1 Flugschrift v. J. Fischart.)

8. April 1579 Seine Überschwemmung

La pluye fut si frequente et habondante qu'elle destrempa et perça tout oultre les paroys des maisons contre lesquelles elle frappoit, et destrempit la terre des dittes parois aussi molle quelle estoit le jour quelle fut destrempée par les torcheurs pour la mettre en besongne. Les eaues furent si grandes par les champs, . . .

(M. Champion „Les inondations en France etc." II. S. 22 aus „Mém. de Claude Haton 1553/82", edid. Bourquelot. S. 979.)

8.—9. April Chartres (Départ. Eure-et Loir) Überschwemmung der Eure

L'Eure grossit tellement qu'elle passa par-dessus le premier pont de la Porte-Guillaume, inonda toute la basse ville et enleva un grand pan de murailles, près de la porte Imbraut. L'eau pénétra dans, la crypte de l'église Saint-André, . . .

(M. Champion „Les inondations en France etc." II. S. 179 aus Livre de Bois de Saint-André. S. 227 in Archives d'Eure-et-Loir.)

Environ midy, les eaus commencèrent à acroistre de telle sorte que, environ onze et douze heures du soir, elles furent si grandes qu'elles passèrent par dessus le pont de la barrière de Porte-Guillaume et passoient la maison de la Souche, et firent de grandes désastres ès vallées.

(M. Champion „Les inondations en France etc." II. S. 179/80 aus einem zeitgenössischen Berichte.)

Juni Mühlberg a/d. Elbe Elbe: Hochwasser

Elbe: großes Wasser.

(C. R. Bertram „Chronik der Stadt u. d. Klosters Mühlberg". S. 86.)

Riesa (Sa.) Elbe: Hochwasser

Elbe: großes Sommerhochwasser.

(J. Thomas „Zeitereignisse aus der Vergangenheit etc. unserer Heimatsstadt Riesa etc." S. 13.)

Strehla i/Sa. Elbe-Hochwasser

Elbe: Hochwasser.

(J. Kleber „Chronik der Stadt Strehla etc." S. 144.)

War den gantzen Brachmonden / von 7. Junij an / bis auff den 5. Julij [viel Regenwetter] / Dauon sich die Wasser sehr ergossen / vnd so gewaltig gewachsen / das die Weydtbawern / vmb Erfurdt vnd Gotha/ an Hew vnd Weydt / grossen schaden namen mit wegfüren vnd verschlemmen. 7. Juni—5. Juli 1579 Thüringen Überschwemmungen der Flüsse

(Val. Rudolph „Zeitbüchlein" 1586. S. 107.)

21. Juni. Es tritt eine solche Überschwemmung der Elbe ein, wie sie seit vielen Jahren nicht vorgekommen ist. Da es nicht stark geregnet hatte und die Eger auch fast kein Wasser führte, so vermutete man, daß das große Wasser durch den Durchbruch von Teichen veranlaßt worden sei. Dieses Wasser schwemmte bei der Stadt alles Holz und von den Wiesen alles Heu weg und dauerte bis 29. Juni. Während dieser Zeit stehen alle Mühlen still. 21.–29. Juni Leitmeritz i/Böhm. Elbe-Überschwemmung

(Dr. W. Katzerowsky „Die meteorolog. Aufzeichng. d. Leitmeritz. Stadtschreiber etc." S. 13.)

Dis Jahr gefiel ein grausamer grosser Regen / den 24. und 25. Junii in Düringen und Hessen / das die Werra / die Sala / die Gera / die Vnstrut / trefflichen schaden gethan / auch viel Leute hin vnd wieder im Wasser verdorben sein. 24.—25. Juni Hessen, Thüringen Überschwemmungen der Flüsse, z. B. Werra, Saale, Gera, Unstrut

(M. Dresser „Sächsisch. Chronicon". S. 687.)

Es fiel den zwantzig vierten und fünfften junii ein grosser regen in Hessen / darüber die wasser heuffig angelauffen / treflichen schaden gethan und viel menschen und vieh hingerissen und erseufft haben. Hessen Überschwemmungen der Flüsse

(W. Dilich „Hessische Chronica". S. 336.)

Johannestag fieng es in der Nacht an zu regnen, und regnete fast drey gantzer Tage und Nacht beständig fort, wodurch das Gewässer so groß ward, daß der Stadtgraben überlieffen, . . . Im Brühl war ein solch Gewässer, daß kein Mensch zu dem andern kommen kunte. Vor den Graden weichte das Wasser ein Hauß beym rothen Hahn also ein, daß es über einen Hauffen fiel. 24.—26. Juni Erfurt Überschwemmung

(J. H. von Falckenstein „Civitat. Erfurtens. histor." I. S. 652)

Dem 26. [Juni] hat es acht tag nach ein ander gerenget und ist so ein groß wasser worden, das zur zeit kein man hat gedenckt und großen schaden auf dem wißmaten mit verschleimen derselbigen gethan. 26.—Ende Juni Eger i/Böhm. Überschwemmung der Eger

(„Manual-Chronik Andreas Baiers", edid. H. Gradl in „Deutsche Chroniken aus Böhmen". III. S. 124.)

Es brachen die Schleußen im Hartze vnd rießen aus; . . . 27. Juni Harz Überschwemmung der Gewässer

(„Die Bergchronik des Hardanus Hake, Pastors zu Wildemann", edid. Dr. H. Denker. S. 115.)

29. Juni 1579 Gegend von Breitenborn i/Sa. und Rochlitz Überschwemmung infolge eines Wolkenbruchs

Wolkenbruch. Das Wasser ergießt sich über Noßwitz nach Rochlitz i/Sa. In Rochlitz, Köttwitzsch, Poppitz, Zerstörung durch Überschwemmung.

(F. Bode „Chronik der Stadt Rochlitz etc." S. 85.)

Juli Leipzig Überschwemmung

Die Wasser vom anhaltenden Regen sehr angelaufen; Überschwemmung der Wiesen und Felder.

(J. J. Vogel „Leipz. Geschicht-Buch oder Annales". S. 240.)

9. Juli Langensalza i/Thür. Überschwemmung infolge eines Wolkenbruchs

Zu Abend ist in starcken Ungewitter eine Wolckenbrust niedergefallen, hat zu Salze viel Schaden gethan.

(A. Toppius „Historie des Ambts und Stadt Langensaltze". S. 181.)

Großes Wasser.

(C. F. Goeschel „Chronik der Stadt Langensalza in Thüringen". II. S. 266.)

13. Juli Langensalza i/Thür. Überschwemmung infolge eines Wolkenbruchs

Nach Mittage ist wieder eine Wolckenbrust niedergefallen, die brachte groß Wasser, das gieng den Leuten in der Langen-Gassen in die Häuser . . .

(A. Toppius „Historie des Ambts und Stadt Langensaltze". S. 181.)

Großes Wasser.

(C. F. Goeschel „Chronik der Stadt Langensalza in Thüringen". II. S. 266.)

1. Hälfte September Grenoble Überschwemmung der Isère

La seconde semaine de septembre, la reyne estant encore à Grenoble, la rivière de l'Isère fust si grande et plus que homme lors vivant ne l'avoit veu; elle emporta par furie, plusieurs maisons le long de la rue Saint-Laurent et dessus le pont; elle fit des dommages innestimables; . . . On estoit esmerveillé de telle inondation et déluge, veu qu'ill n'avait rien pleu en Dauphiné.

(M. Champion „Les inondations en France etc." III. S. 229/30 aus Eustache Piémont manuscr.)

2. Woche September Dauphiné Überschwemmung der Rhône und Isère

survinrent de grandes inondations en Dauphiné, où cependant il n'avoit pas plu. Le Rhône inonda ses rives. La rivière de l'Isère „fust si grande et plus que homme lors vivant ne l'avoit veue". Elle emporta, à Grenoble, plusieurs maisons de la rue St.-Laurent „et dessus le pont."

* (M. Villard „Météorolog. régionale." S. 182.)

Oktober Graubünden Überschwemmungen der Flüsse

Es thaten große Regen- und Wassergüsse an vielen Orten starken Schaden.

(Chr. G. Brügger „Beiträge zur Natur-Chronik der Schweiz etc." II. S. 20 aus Alysch „Ober-Engadiner Reim-Chronik.")

Auch zu Newenburg entstunde vom gewässer ein klägliches vnglück. vmb ungefährlich eylff vhren vor mitten tag / kame ein grosser schläg rägen / mit wetterleuchten und Tonner daher / darauff erfolgete ein solche samlung deß Wassers / daß das durch die Statt Newenburg fliessende Wasser der Syon genennet / sich dergstalten mit abführung etlicher Mühlenen / Sagen / vnd viel Holtzes auß dem Valendiser Thal vermehret / . . . / vnnd in der Statt die steinerne Brucken an der Mühlgassen / die Metzg / ihr Rahthauß vnnd viel mehr andere Gebäw verderbet.

8. Oktober 1579 Neuchatel Überschwemmung des Seyon

(Mich. Stettler „Schweitz. Chronic." II. S. 267.)

Überschwemmung durch eine außerordentliche Wasserflut, Gegen 9^h morgens bei Valangin sehr beträchtliche Überschwemmung der Gewässer durch Regen mit heftigem Wind und Gewitter und Wolkenbruch. Durch den Seyon werden die Mühlen des Schlosses von Valangin und die Brücke weggerissen, ebenso die Brücke von Vauseyon. In Vauseyon, nach Donnergrollen, fallen gegen 11^h mittags die Wasser auf die Stadt Neuchatel. In Neuchatal wurden Häuser fortgerissen und die Brücke Croix-du-marché zerstört, etc. In den niedrigen Straßen beträgt der Wasserstand 9 Fuß. Großer Schaden in der Stadt, besonders in den Kellern. 20 Personen und 120 St. Vieh ertrunken. Diese Überschwemmung dauerte 3 Stunden, ehe der Wasserstand sich verminderte. Gesamtschaden über sfrs 100.000.

(J. Boyve „Annal. histor." III. S. 242/44.)

° (J. H. Rahn „Eidtgnößß. Geschicht-Beschreibung etc." S. 830.)

Winter 1579/80 Krems Donau: Eisgang und Überschwemmung

Donau: „Wasser- und Eißgußschäden."
[Missiv-Protokoll]

(Dr. A. Kerschbaumer „Geschichte der Stadt Krems". S. 583.)

1580 Tetschen (Böhm.) Elbe-Überschwemmung

Elbe: Überschwemmung.

(E. Mander „Chronik von Bodenbach". S. 167 aus Tetschner Annalen.)

Februar Loire Überschwemmung

La Loire sortit de son lit ordinaire et ravagea les environs d'Orléans; plusieurs malheurs furent occasionnés par cette inondation, qui vint tout à coup. . .

(M. Champion „Les inondations en France etc." II. S. 219 aus Lottin „Recherches hist. sur la ville d'Orléans". tom. II. S. 65 und Le Maire „Hist. et antiquitez de la ville etc. d'Orléans". ch. 15.)

10. Februar Zürich Limmat: sehr niedriger Wasserstand

Limmat: sehr kleiner Wasserstand.
16 Männer haben auf dem Stein unter der untern Bruck zu Nacht gespiesen.

(H. H. Bluntschli „Memorab. Tigur." S. 517.)

12. Februar Nantes Loire-Überschwemmung

Loire: Inondation. La hauteure: 16 pieds 6 pouces.

(M. Champion „Les inondations en France etc." II. S. 222 aus Rouillé-Courbe „Inondations du départem. d'Indre-et-Loire". S. 589 [nach einem Manuscr. der Bibliothek zu Clermont.])

15. Februar 1580 Eger i/Böhm. Eger: Eisgang und Überschwemmung

. . . ; und dem 14. februarii hat es angehoben zu rengen,"das der große schnee und das eyß auf der Eger ist dem 15. febr. wegk gangen und gahr ein großes wasser doraus worden.

(„Manual-Chronik Andreas" Baiers", edid. H. Gradl. in „Deutsche Chroniken aus Böhmen". III. S. 126.)

1. Mai Nordfriesische Inseln Sturmflut

Hoher Wasserstand, der in Trindermarsch sehr großen Schaden tat.

(„M. A. Heimreichs etc. nordfresische Chronik", edid. Dr. N. Falck. I. S. 371.)

13. Mai Bei Krems u. Stein (Österr.) Überschwemmung infolge eines Wolkenbruchs

Wolkenbruch. Großer Schaden.

(Dr. G. Hellmann „Die Meteorologie in d. dtsch. Flugschriften etc. d. 16. Jahrhdts." S. 18 u. 78/79 aus 2 Flugschriften, u. a. von D. Holtzmann, Augsburg.)

Bei Krems und Kamenz Überschwemmung infolge eines Wolkenbruchs

Gewitter u. Wolkenbruch.

(Dr. G. Hellmann „Beiträge z. Gesch. d. Meteorologie". III. S. 70 aus einer österreich. resp. tschechischen Flugschrift.)

19. Mai Siebenbürgen Überschwemmung der Flüsse

ex continuis pluvies inundatio maxima.
[Eintragung v. Martin Oltard d. Älteren in einen Eberschen Kalender.]

(„Handschriftl. Vormerkungen aus Kalendern d. 16. u. 17. Jahrhunderts." edid. J. K. Schuller S. 369.)

(Infolge von anhaltenden Regengüssen trat eine sehr starke Überschwemmung ein.)

25. Juli Trautenau i/Böhm. Überschwemmung

den 25. tag juli ist gar ein großes plotzes wetter und ungewitter gewest mit wind, tondern und platzregen, das es etzliche zimerboln von der zigelschein hinter dem hrinlein hat herab gefürt und der graben ubergelaufen vorm nidertor, das es grossen schaden getan hat in Behem und Schlesingen . . .

(„Simon Hüttels Chronik der Stadt Trautenau" in „Deutsche Chroniken aus Böhmen". I. S. 251.)

24. August Rhône Überschwemmung

Le Rhône sortit brusquement de son lit. Il inonda tout le territoire d'Avignon et d'Arles; les chaussées de Beaucaire [südl. v. Avignon] furent encore en partie détruites et les eaux se répandirent dans la plaine.

* (M. Villard „Météorol. régionale". S. 182.)

26. August Avignon Rhône-Überschwemmung

Il y eut une forte inondation. Le Rhône enfla subitement; . . . L'eau abbatit une partie de la porte Saint-Lazare; elle dépassait le mur qui est au-dessus de la coquille de la chapelle de Saint-Nicolas. Elle fit beaucoup de dommages au pont dont elle emporta une quantité de pierres etc. L'eau entra dans la ville. Mais heureusement la Durance n'était point forte, et l'inondation cessa la même jour à 9 heures du soir.

(M. Champion „Les inondations en France etc." III. S. 230 aus Manuscr. de la Biblioth. d'Avignon.)

Rhône. Tout le territoire d'Arles fut submergé et les chaussées de Beaucaire furent encore en partie détruites répandirent dans la plaine, ... ; mais cette inondation fut de courte durée; les eaux se retirèrent le lendemain. Il est dit que, de mémoire d'homme, le Rhône n'avait été vu si gros. 26. August 1580 Arles Rhône-Überschwemmung

(M. Champion „Les inondations en France etc." III. S. 230/31 aus Manuscr. Annal. de la ville d'Arles de la biblioth. d'Aix. No. 806.)

Dem 2. (Dez.) ist der grosse schne gangen und hatt zwue nacht noch ein ander, sehr gerenget und das wasser so groß worden, das nicht allein die forder mühl sondern ander muhln mehr gestanden. nach 2. Dezember Eger i/Böhm. Überschwemmung der Eger

(„Manual-Chronik Andreas Baiers", edid. H. Gradl in „Deutsche Chroniken aus Böhmen". III. S. 128.)

Ihn dießem Jahre ist auch groß wasser geweßen, wnahngesehn das kein schne gefallen. 1581 Landsberg a/d. W. Überschwemmung der Warthe

[Eintragung des Stadtschreibers Andr. Halle].

(„Die landsberger Stadtschreiber-Chronik", edid. R. Eckert. S. 67.)

Es ist die Spree ungemein angewachsen, und hat alles mit sich weggeführet, ... Cottbus Überschwemmung der Spree

(D. Johann Friedrich Beuch's Geschichte und Beschreibung der Stadt Cottbus etc.", edid. J. Bernoulli. S. 109.)

Rhône, Durance: Inondation. 5. Januar Avignon Überschwemmung der Rhône und Durance

(M. Champion „Les inondations en France etc." III. S. 231 aus Archiv.)

Circa hoc tempus iterum a ventis et undis Hollandiae damnum illatum, ... 17. Januar Holland Sturmflut

(„Diarium van Arend van Buchell", edid. Dr. L. A. van Langeraad u. Dr. G. Brom. S. 67.)

(Um diese Zeit wurde Holland wiederum von Stürmen und Wogen heimgesucht, ...)

In diesem 1581. Jahre sein große Wasserfluthen gewesen 3 Monat nacheinander, als im Febr., Martio und April. Februar, März, April Hannover Überschwemmung der Leine

(Dr. O. Jürgens „Hannov. Chronik". S. 238 aus M. Lang manuscr.)

Une nouvelle crue se fit sentir. 6. Februar Rhône Überschwemmung

* (M. Champion „Les inondations en France etc." III. S. 231.)

Das Eis der Elbe geht ab. 11. Februar Leitmeritz i/Böhm. Elbe: Eisgang

(Dr. W. Katzerowsky „Die meteorol. Aufzeichnung. d. Leitmeritz. Stadtschreiber etc." S. 14.)

27 Februar 1581 Prag Moldau-Überschwemmung

erat magna exundatio Pragae, ... 150 utriusque sexus, misere perierunt fluctibus hausti. etc.

(J. F. Hammerschmid „Prodromus gloriae Pragenae etc." Cap. XVII. S. 699.)

(Es trat eine große Überschwemmung zu Prag ein, ... und 150 [Menschen] beiderlei Geschlechts kamen elend um, von den Fluten verschlungen.)

Leitmeritz i/Böhm. Elbe: Hochwasser

Hochwasser.

(Dr. W. Katzerowsky „Die meteorolog. Aufzeichnungen d. Leitmeritz. Stadtschreiber etc." S. 14.)

23. März Weißenstadt a/Eger (Oberfranken) Überschwemmung

Am grünen Donnerstag ist der große Stadtweiher, ..., durch einen grausamen und großen Wasserguß und entsetzlichen Sturmwind ... abgerissen. [Stadt-Akten].

(Chr. Erdm. Pöhlmann „Kurze Beschreibung der Stadt Weißenstadt etc." in „Archiv f. Geschichte und Alterthumskunde von Oberfranken". 16. Bd. 3. Heft. S. 225.)

22. April Stommeln, Poulheim, Geien (nordwestl. von Köln) Überschwemmung infolge eines Wolkenbruchs

am abent, do es eitz duister was, ist ein grois regen, ein himmelborst, zu Stommel, Polhem und Geien gefallen, der scheir alle koe, verken, schaif und ander vehe, ..., versoffen.

(„Das Buch Weinsberg", edid. F. Lau. III. S. 89.)

1582 Schwarza (Saale) i/Thür Überschwemmung der Saale

„Grausame unerhorte Wasserflut".

(F. Lundgreen „Geschichte des Marktfleckens Schwarza (Saale)". S. 15.)

Lähn i/Schl. Überschwemmung des Bobers

Bober. Bedeutende Überschwemmung.

(C. Th. E. Heinze „Geograph.-statist.-geschichtl. Übersicht des Löwenberg. Kreises". S. 150.)

Böhmen Überschwemmungen der Flüsse

..., eluviones, ...

(J. F. Hammerschmid „Prodromus gloriae Pragenae etc." S. 673.)

..., Überschwemmungen, ...

21. Januar Dresden Elbe- und Weiseritz Überschwemmung

Es ist die Elbe und Weiseritz angelauffen / daß das Waßer vorm Wilsdorffer Thore zum Fenstern eingegangen.

(A. Weck „Der etc. Residentz- und Haupt-Festung Dresden Beschreib- und Vorstellung etc." S. 529.)

Anfang März Tours Überschwemmung der Loire und Cher

..., comme il est marqué à un pillier de la chapelle de Saint-Sébastien, faubourg de Saint-Etienne, ou on lit une épitaphe au bas de laquelle est une pierre de marbre, où les deux rivières se joignirent, ...

(M. Champion „Les inondations en France etc." III. S. 4.)

Loire: Inondation. 4. März 1582 Nantes Loire-Überschwemmung
Hauteur: 21 pieds 7 pouces = 7,01 m.

(M. Champion „Les inondations en France etc." II. S. 222 aus Rouillé-Courbe „Inondations du départem. d'Indre-et-Loire". S. 589 nach einem Manuscr. der Bibliothek zu Clermont.)

Überschwemmung nach häufigem Regen. Böhmen Überschwemmung der Flüsse

* (J. Schaller „Topographie des Königreichs Böhmen". I. S. 73.)

Durch Überschwemmung der Moldau ungeheurer Schaden an Holz. 2. Mai Prag Moldau-Überschwemmung

(Dr. W. Katzerowsky „Die meteorol. Aufzeich. d. Leitmeritz. Stadtschreiber". S. 15.)

Es ist ein großes Wetter gewesen, daß die Unstrut so groß geworden, daß es die Ammerbrücke eingerissen . . . ; auch hat das Wasser in S. Georgens Kirche bis an die andere Stufe am Taufstein gegangen . . . 9. Mai Mühlhausen i/Thür. Überschwemmung der Unstrut

(Dr. R. Jordan „Chronik der Stadt Mühlhausen in Thüringen". II. S. 163.)

Überschwemmung. Der Brühl leidet Schaden. Zeitz Überschwemmung der Weißen Elster

(E. Zergiebel „Chronik von Zeitz etc." IV. S. 550.)

War im Böhmischen Gebirge bey dem Städtlein Töpel / . . . / nach Mittag umb 2 Uhr bey einem grossen Wetter und Platzregen eine Wolckenbrust niedergangen / die in der Benachbarschafft etliche grosse und kleine Teiche abgerissen / und damit den Fluß Töpel / der von sich selbst von Regen und von Bergen abrinnenden Güssen angelauffen / so wütend gemacht / daß er alle an dem Fluß liegenden Städte / Dörffer / Mühlen und andere Gebäude überschwemmt / Neumarck in Noth gebracht / von Petschau 11 Häuser weggeführet und 11 Personen ersäufft / ferner alle Mühlen und Gebäude am Wasser unter 3 Meilen / biß ins Carlsbad ruiniret. NW Böhmen Überschwemmung infolge eines Wolkenbruchs

(Chr. Lehmann „Histor. Schauplatz etc. in dem Meißnischen Ober-Ertzgebirge". S. 264/5 aus einem Bericht von Johannes Summer in lateinischer Sprache und einem von Clemens Stephan aus Eger in deutscher Sprache.)

Den neundten May zu Abend nach fünff vhren ist vrplötzlich vnnd vnuorsehens ein grosses Wasser kommen, vnangesehen aber daß zuuor auch grosse Wasser sich zum öfftern mal zugetragen, . . . Man hat wol gesehen, daß der Wasserfluß, so die Döpel genant vnn mitten durchhin fleust, schnell gewachsen vnd grösser worden . . . so haben doch die, so es am ersten gesehen, nicht anderst vormeint, die Döpel sey etwa von dem grossen platzregen, derer es den selben tag vnnd die vergangenen nacht zuvor etliche neben schrecklichen Donnern vnnd Blitzen gethan, vngefehrlich also angelauffen. Ehe dann man sich aber recht vmbgesehen, ist das Wasser mit solchem gewalt eingebrochen, daß es wie grosse Berg daher ge- Karlsbad Überschwemmung der Tepl. infolge eines Wolkenbruchs waltzet vnd gefallen mit gar grewlichem rauschen vnd prausen, vnn in einem augenblick also vberhand genommen, . . . , vngefehrlich vier Städel in geweidich [heutige Geweihdiggasse] vnn etlich schupfen, so darüber gelegen, eingerissen vnd hinweg gefürt. 2. Hat es die Brucken bey Simon Kodauer [wohl die jetzige Johannisbrücke] alsbalden eingerissen, darnach die öbern Mülen, welche zwey gebew gehabt, zustossen, auch etliche Bad inn derselben refier von grund hinweg gerissen, vnnd sampt den Brudler [Sprudel] vnnd Spittelsteg hinweg geführet. [Viele Häuser eingerissen und viele Menschen ertrunken]. . . . , das im stifft Döpel [Tepl.] vier meilen vom Warmenbad gelegen, den Bürgern etliche teich abgebrochen, dauon das Wasser vberhand genommen vnd also gewachsen, daß es zu Petschaw eilff heuser hinweg gerissen, vnnd vngefehrlich auch so vil personen ertrencket, . . . Zu Schönwerd in einem Dorff nicht weit von Schlackenwald hat es zwey heuser hinweg gerissen, . . . Was sonsten die Bergstatt Schlackenwaldt anlanget, so hat es da vnüberwindlichen schaden gethan, beides an der flut, vnd an den Mülen ab vnd ab biß gen Ellenbogen, denn es alles zugerissen, vnnd den meisten theil gar hinweg gefürt, . . .

(Clemens Stephan „Erbärmliche vnnd erschröckliche Newe zeitung, der vor vnerhörten jämmerlichen Wassersnoth, so sich dises 1582. Jar, den 9. May, in Keiser Carls Bad etc.“ in Dr. G. Schwetschke „Karlsbad's große Ueberschwemmung im Jahre 1582“. S. 3/10.)

9. Mai 1582 Karlsbad Überschwemmung infolge eines Wolkenbruchs

Den 10. Maii, abends um 5 Uhr / eben als ein grausam Donnerwetter über den Hirschstein mit Blitz und schlagen aufgezogen / höret man ein Brausen / und siehet Herr Summer / . . . / die herwaltzende Fluth von Geweidig / ist der Ort disseits des Flusses Töpel / . . . / allwo die Fluth vier Schuppen und Scheunen / . . . weggerissen und mit sich genommen / rauschen und ankommen / . . . / drauf ists wie ein Berg hergewaltzet / und hat sich so weit zwischen denen hohenBergen im Grund über Carlsbad ausgebreitet / erschrecklich gebrauset / erst die Wasserrinnen über die Töpel mit 4 Brücken / fast alle Bäder mit dem Prudler / die Ober-Mühle mit 2 Gebäuden weggerissen / die Häuser im Grund angegriffen / in einem Augenblick solche am Marckt und in der Kreutzgassen / darzwischen der Fluß Töpel pflegt zu lauffen / 33 gantz weggeführet und 41 greulich zerrissen / nebenst vielem Viehe 141 Menschen ersäufft / den Marckt am Ende so außgewaschen / . . . . . . Von Hanß Jägers Hauß an bis zum Kalckofen die gantze Kreutzgasse mit 20 Häusern / . . . / hat die Fluth / . . . / so rein und mit dem Grund und Felß weggenommen / daß man nicht sehen können / daß Gebäude da gestanden / . . . Diese grausame schreckliche Fluth hat erschrecklich gebrauset / 8 Stunden lang gewüthet / biß um 1 Uhr des Nachts / und über allen Schaden in Carlsbad alle Gärten / Felder und Wiesen verschlemmet / Bäume und Gebäude ausgewaschen / Pferde und Vieh ersäuffet / . . . Unbeschreiblicher Schade ist geschehen an Häusern / Menschen / Mobilien und andern Gütern / 4 Bürgermeister-Häuser / . . . / waren weg oder fast auf den Grund zerrissen / [Aufzählung weiterer großer Schäden an Personen und Waren]. Im Ellenbogischen Creyß hat die Fluth auch nicht geschonet / sondern an Marckten / Dörffern und Mühl-Gebäuden grossen Schaden

gethan / auch viel Menschen ersäufft. [Weitere Schäden an Personen u. Waren in Schönwerth bei Ellenbogen, Schlackwald.]
[Johannes Summer, Inspector ecclesiarum in ditione Neagorensi (lateinische Beschreibung dieser Flut) und Clemens Stephan aus Eger Deutsche Beschreibung].

(Christ. Lehmann „Histor. Schauplatz etc. in dem Meißnischen Ober-Ertzgebirge". S. 265/68.) = 10. Mai

Durch einen Wolkenbruch riß das Wasser einige größere und kleinere Teiche des Stiftes Tepel ab und überschwemmte Karlsbad. 9. Mai 1582 Überschwemmung der Tepl.

(V. Prökl „Geschichte der kgl. Stadt Karlsbad etc." S. 42.)

Dem 8. may auf dem abent umb 7 uhr hat sich ein groß wedter angehoben, dieselben gantzen nacht und dem andern tag biß wieder umb 7 uhr gewehret und hat zu Petzschau ertrengkt zehen person, . . . , und 12 heußer sambt dem spithel das wasser wegk gefuhrt. zum Elbogen hat das wasser dem Sichelschmid das hauß weg gefuhrt, . . . im Carlspadt hatt es 36 heusser aus dem grund weggeriessen und großen schaden gethan. 8.—9. Mai Böhmen Überschwemmungen

(„Manual-Chronik Andreas Baiers" in „Deutsche Chroniken aus Böhmen". III. S. 132.)

° (Dr. W. Katzerowsky „Die meteorol. Aufzeichnung. der Leitmeritz. Stadtschreiber etc." S. 15.)

° (Valent. Rudolph „Zeitbüchlein" 1586. S. 126.)

° (Dr. G. Hellmann „Die Meteorologie in den dtsch. Flugschriften etc. d. 16. Jahrhdts." S. 14, 19 u. 82/83 aus 8 Flugschriften u. a. v. Clemens Stephan.)

ist wieder ein groß Wasser gekommen, das hat das Wagenstedter Thor wieder ausgehoben . . . 24. Mai Mühlhausen i/Thür. Überschwemmung der Unstrut

(Dr. R. Jordan „Chronik der Stadt Mühlhausen i/Thüringen". II. S. 163.)

Es ergossen sich wieder einmahl die Wasser . . . Juni Erzgebirge Überschwemmungen der Gewässer

(Chr. Meltzer „Histor. Schneeberg. renovata etc." S. 1301.)

Elbe: Hochwasser. Strehla i/Sa. Elbe-Hochwasser

(J. Kleber „Chronik der Stadt Strehla etc." S. 144.)

Elbflut. Anfang Juni Dresden Elbe-Überschwemmung

(Dr. W. Schäfer „Chronik der Dresdener Elbbrücke etc." S. 45 aus Brückenamts-Register.)

Hochwasser der Elbe. Das Wasser fließt zuletzt um die vordere Mühle herum. Alle Wiesen und Felder weit und breit unter Wasser gesetzt. In den Vorstädten mußten die Bewohner ihre Wohnungen verlassen und selbst bis in die Dubina drang die Elbe vor. 2.—6. Juni Leitmeritz i/Böhm. Elbe-Überschwemmung

(Dr. W. Katzerowsky „Die meteorol. Aufzeichnungen der Leitmeritz. Stadtschreiber etc." S. 15.)

um 3. Juni 1582 Sachsen Über-schwemmung der Flüsse, z. B. der Elbe

Es sind die Wasser jählingen außgelauffen / und hat sonderlich die Elbe sich trefflich ergossen / viel Menschen und Vieh ersäufft / und überaus grossen schaden gethan.

(Dr. A. Moller „Theatr. Freiberg. chronic.“ II. S. 343.)

3. Juni Böhmen Moldau-Über-schwemmung

in ipso Pentecostes die, fluvius Moldava Pragam mediam interfluens, tantam aquarum vim Pragam invexit, ut oculos Bradacii submergeret. Quatuor dies tenuit exundatio, . . . Homines pecoraque non pauco numero periere, Molis, Pontibus, damna illata ingentia, Domus complures ad ripam fluminis ex imo erutae et ablatae, ac foede dilaceratae.

(J. F. Hammerschmid „Prodromus gloriae Pragenae etc.“ Cap. XVII. S. 699.)

(Am Pfingsttage strömte der Fluß Moldau, der mitten durch Prag fließt, mit so großer Gewalt nach Prag hinein, daß die Augen des Bradatsch unter Wasser standen. 4 Tage lang hielt die Überschwemmung an. Eine große Anzahl von Menschen und Vieh kamen um, die Mühlen [und] Brücken erlitten sehr große Schäden, verschiedene Häuser am Ufer des Flusses wurden von Grund aus zerstört und fortgetragen und gräßlich zerrissen.)

4. Juni Boritz (Sa.) Elbe-Über-schwemmung

Elbe: Das Wasser habe daselbst zu wachsen angefangen, daß es endlich die Aue vor dem Dorfe Schänitz ganz bedeckt.
[Kirchenbuch.]

(C. G. Poetzsch „Nachtrag und Fortsetzung der chronolog. Geschichte der großen Wasserfluthen des Elbstroms etc.“ S. 41/42.)

7. Juni Leitmeritz i/Böhm. Elbe: das Wasser beginnt zu fallen

Das Hochwasser beginnt zu fallen.

(Dr. W. Katzerowsky „Die meteorolog. Aufzeichnungen d. Leitmeritz. Stadtschreiber etc.“ S. 15.)

30. Juni Roda i/Thür. Über-schwemmung der Roda

Die Roda: Starke Wasserflut. Großer Schaden.

(Dr. J. u. E. Löbe „Geschichte der Kirchen u. Schulen d. Herzogth. Sachsen-Altenburg“. III. S. 188.)

15. Juli Hof i/Bay. Über-schwemmung der Saale

Obwohl aber auslaufen der Saal fast jerlich geschiht und selten ohne schaden abgehet, so mus ich doch hie noch eines solchen unversehenen gewissers gedenken, welches sich anno 1582, den 15. julii am 5. sontag trinitatis, umb 9 hor zu abend nach grossem ungewitter und regen begeben: in welchem es neben vielen schleyern und holtzstösen auch unter s. Lorentzen, nicht fern von der steinern bruck, dem Bawman, . . . , sein haus eingerissen, umbgekehrt und sampt einem stall mit vieh, . . . , weggefuhrt, seinen nachbarn an ihren heusern, ställen und vurnemlich an den baumgerten alles zerrissen, verschlemmet und zu schaden gemacht, sowohl das getreid uf dem feld hin und wider, auch zu Birk, Welbetendorf, Conradsreut etc. erschlagen und die mulen hart beschedigt, . . .

(„Enoch Widmann's Chronik der Stadt Hof“, edit. Christ. Meyer in „Quellen z. Geschichte d. Stadt Hof“, I. S. 241.)

ist ein groß Wetter mit Donner, Blitzen und Wasserfluthen umb und allhier zu Meiningen gewesen, welches grossen Schaden an Menschen und Viehe gethan, ... zu Dreissigacker, daselbst etliche Wolckenbrüch gefallen, ..., das Wasser hat zu gedachtem Dreissigacker so hoch gestanden, daß es über den Bronnstock gangen, daß man ihn nicht sehen können, allhier ist es zum Ober- und Unter-Thor herein gelauffen, und auf dem Felde das Getraid, Rüben, Kraut und Weinberge verderbet. 15. Juli 1582 Meiningen u. Umgebung Überschwemmung infolge eines Wolkenbruchs

(J. S. Güth „Poligraphia Meining." S. 208/09)

ist wieder ein erschrecklich groß Wasser kommen, und hat Nachmittags um 4 angefangen zu regnen so sehr, daß ein solch' großes Wasser kommen, als zuvor keines gewesen ist, denn es hat in der Klingen Manns hoch gegangen und hat unzähligen großen Schaden gethan, die Brücke vor dem Ammerthor zerbrochen, ... und hat in S. Georgien Kirche bis an die dritte Stufe des Taufsteins gereicht. Mühlhausen i/Thür Überschwemmung der Unstrut

(Dr. R. Jordan „Chronik der Stadt Mühlhausen in Thüringen". II. S. 164.)

Zwischen 4–5^{h} Gewitter mit Wolkenbruch u. Hagel. Großer Wasserschaden, z. B. im Dorfe Deimahausen 24 Personen ertrunken. 31. Juli Bei Friedberg u. Aichach i/Bay. Überschwemmungen infolge eines Wolkenbruchs

(Dr. G. Hellmann „Die Meteorol. in d. dtsch. Flugschriften etc. d. 16. Jahrhdts." S. 19 u. 84 aus 1 Flugschrift.)

Dieses 82. Jahres erstech avermaleß den 16. Augusti dat Water, efft nun schon kein Infall an Diken, ock an Vehe kein Schade geschach, ... [Carsten Sivert.] 16. August Dithmarschen Sturmflut

(„Christ. Adolfi's etc. Chronik d. Land. Dithmarschen". II. S. 286.)

ist noch ein groß Wasser gewesen, das ist auch in S. Georgien Kirche gegangen ... 25. September Mühlhausen i/Thür. Überschwemmung der Unstrut

(Dr. R. Jordan „Chronik der Stadt Mühlhausen i/Thür." II. S. 164.)

En ce mois de novembre, la rivière de Seine fut furieusement desbordée, à cause des longues pluies précédentes, et les eaux furent partout si grandes qu'on pensoit estre revenu à un second déluge. November Seine Überschwemmung

(M. Champion „Les inondations en France etc." I. S. 69 aus Pierre de l'Estoile „Registrejournal de Henri III" in „Collect. Michaud." Tom. XIV. S. 154/55.)

... et ne fut pas quatre jours entiers sans pleuvoir pendant le reste de l'automne, ... Les eaues devinrent si grandes ès rivières qu'elles, estans desbourdées, se respandirent par les prairies et vallés, ... Elles passèrent en divers lieux, au moys de novembre, par dessus la chaulsée de Nogent-sur-Seine, et abatirent trois ou quatre des arches qui estoient en icelle, que anciennement on appelloit le Pont-aux-Ladres. Plusieurs villages situez sur la riviere de Seine furent environ nez tout à l'entour et endommagez dés dittes eaues, comme le Meriot, Meel, Villers, Noyen, Pugny, Neufvry, Mony, Saint-Saulveur, Vimpelles etc. Haute-Seine Überschwemmung

(M. Champion „Les inondations en France etc." II. S. 23 aus Claude Haton „Mémoires etc." S. 1091.)

1582 November—Dezember Haute-Seine Über-schwemmung

Les mois de novembre et de décembre furent excessivement pluvieux. Les rivières débordèrent et des maisons furent démolies par les eaux.

(M. Champion „Les inondations en France etc.“ II. S. 22/23 aus Courtalon I. S. 136.)

1. November Holstein. Elbmarschen Sturmflut

Es setzt Sturm ein, unter dem St. Margareten schwer zu leiden hatte. Eine Schleuse wird weggerissen und die Wilster-Marsch unter Wasser gesetzt. Auch bei Casenort Deichbruch.

(Dr. D. Detlefsen „Geschichte der holstein. Elbmarschen“. II. S. 21.)

10. November Eger i/Böhm. Hochwasser der Eger

Dem 10. november seind die wasser alle so groß geweßen von wegen des grossen rengs, das kein mensch gedenckt hat.

(„Manual-Chronik Andreas Baiers“, edid. H. Gradl in „Deutsche Chroniken aus Böhmen“. III. S. 134.)

12. November Köln Rhein-Über-schwemmung

ist der Rhein so hoich gewassen, das er in den porzen am Rhein und in Fischskaufhaus gestanden, dan es hat ein zeit seir vil geregnet . . .

(„Das Buch Weinsberg“ edid. F. Lau. III. S. 150.)

Winter 1582/83 Seine Über-schwemmung

Ces pluies et ces inondations durèrent tout l'hiver, . . . la rivière de Seine, par les grandes et continuelles pluies qu'il fist, desborda quasi aussi haute qu'elle avoit esté en novembre précédent. . . .

(M. Champion „Les inondations en France etc.“ I. S. 69 aus Pierre de l'Estoille „Registrejournal de Henri III“ in Collect. Michaud. tom. XIV p. 160.)

7. Dezember 1582 Flandern Sturmflut

In de maent December 1582 was't een groot tempeest van wint, reghen ende watervloet; . . .

(„Memorieboek der Stad Ghent 1301—1737“ in „Maetsch. d. Vlaemsche Bibliophil.“ 2. ser. 15. Band. 3. Teil. S. 76.)

. . ; daerna volgde een zware regen en watervloed.

(Ph. de Kempenare „Vlaemsche Kronijk etc. 1566—1585 etc.“, edid. J. P. van Male. S. 309.)

1583 Champagne Hochwasser der Flüsse

Ceste année fut fort humide et venteuse, de sorte que les eaues furent grandes tant aux rivières que aux caves.

(Jean Pussot „Journalier ou mémoires de Jean Pussot etc.“, edid. E. Henry u. Ch. Loriquet. S. 14.)

Rhône Über-schwemmung

Le Rhône déborda; ses eaux renversèrent les remparts d'Arles et couvrirent la Camargue.

(M. Champion „Les inondations en France etc.“ III. S. 231 aus Mémoires manuscr. de M. Fabre.)

Großes Wasser. 1583 Bodensee Hochwasser

(„Jak. Reutlingers Chronik“ in „Zeitschrift für die Geschichte des Oberrheins“. 34. Band. S. 378.)

Überschwemmung der Worau [oder Wiede genannt.] Engerda b/Orlamünde (Thür.) Überschwemmung der Worau

(Dr. J. u. E. Löbe „Geschichte der Kirchen u. Schulen des Herzogth. Sachsen-Altenburg“. III. S. 507.)

ist solch groß Wasser gewesen / daß gar nichts gefischet werden. Bischofswerda i/Sa. Überschwemmung der Wessnitz

(Chr. Heckel „Histor. Beschreibung der Stadt Bischoffswerda / Vormahls durch Michael Pusch.“ S. 284.)

En ce mois de Janvier, la Rivière de Seine déborda étrangement, . . . Januar Seine Überschwemmung

(Pierre de l'Estoille „Journal de Henry III etc. ou memoires pour servir à histoire de France“. I. S. 380.)

Main: Große Überschwemmung. 11. Januar Frankfurt a/M. Main-Überschwemmung
Inschrift auf einem Stein am Fahrtor: Inundatio Moeni anno Dni. 1583 die XI. Jan.

(Dr. P. Reis „Die period. Wiederkehr von Wassersnoth“. S. 85.)

Um 10^h morgens hebt das Eis die Brückenböcke und führt sie alle, vom steinernen Pfeiler an bis zur Vogelstange, samt den Trahmen u. Stützen mit fort. 8. März Leitmeritz i/Böhm. Elbe: Eisgang

(Dr. W. Katzerowsky „Die meteorol. Aufzeichnung. der Leitmeritz. Stadtschreiber etc.“ S. 16.)

Elbe: Großes Hochwasser. 17.—18. März Mühlberg a. d. Elbe Elbe: Hochwasser

(C. R. Bertram „Chronik der Stadt u. des Closters Mühlberg“. S. 87.)

Tag und Nacht starker Regen, so daß die Wasser sehr anliefen; großer Schaden an Brücken, Mühlen etc. 20. März Leipzig Überschwemmung

(J. J. Vogel „Leipzig. Geschicht-Buch oder Annales“. S. 246.)

La rivière de Seine se desborda tellement, qu'elle estoit plus haute et enflée qu'elle n'avoit esté en novembre et janvier précédens. 29. März Seine Überschwemmung

(M. Champion „Les inondations en France etc.“ I. S. 70 aus Pierre de l'Estoille „Registrejournal de Henri III“ in Collect. Michaud. Tom. XIV.)

Du 29 mars environ au 4 avril, on circule dans le cloître Notre-Dame en bateau. 29. März—Anfang April Paris Seine-Überschwemmung

(E. Clouzot „Les inondations à Paris du VIe au XXe siècle“ S. 99 aus Archiv. nat. LL 307. fol. 30.)

29. März 1583 Beauvais Überschwemmung d. Avelon und Thérain

Überschwemmung mit größten Verheerungen, besonders d. Vorstadt St. Quentin.

(C. L. Doyen „Histoire de la ville de Beauvais etc.“ S. 193.)

Ende März Paris Seine-Überschwemmung

Seine. On voit, par les Registres du Parlement, que dès le 26 mars, le pont Saint-Michel, étoit en péril éminent, à cause du débordement et grosseur de la rivière.

(M. Champion „Les inondations en France etc.“ I. S. 70.)

31. März Mark Brandenburg Überschwemmungen der Flüsse, z. B. der Spree

Vmb Ostern war in der Marck allenthalben gros Wasser / vnnd gieng sonderlich zu Cölln an der Spree fast bis ans Rahthaus hinan.

(Andr. Engel „Annales Marchiae Brandenburg.“ S. 393.)

Berlin Hochwasser der Spree

Den 31. Marty ist daß Wasser sehr groß zu werden angefangen.

(„Die Chronik der Cölner Stadtschreiber von 1542–1605“ in „Schriften des Vereins für die Geschichte der Stadt Berlin“. I. S. 24.)

August Carcassonne (Départem. Aude) Überschwemmung der Aude

L'Aude. Au mois d'aout la rivière déborda si extraordinairement que les faubourgs furent inondés dans moins de six heures de temps, et les fossés de la ville remplis d'eau.

(M. Champion „Les inondations en France etc.“ V. S. 224 aus Bourges „Hist. de Carcassonne“. S. 372.)

Oktober Annecy (Départem. Haute-Savoie) Überschwemmung des Lac d'Annecy

Le lac d'Annessy sespancha en la ville sans causer dommage.

(A. Mangé „Observations anciennes sur les saisons à Annecy“. S. 280.)

November Frankfurt a/M. Main-Überschwemmung

Main: sehr hoher Wasserstand. Viel Schaden an Häusern.

(A. A. von Lersner „Der weit-berühmten freyen Reichs- etc. Stadt Franckfurt am Mayn chronica“. I. S. 534.)

1584 Touraine (Frankreich) Überschwemmung der Flüsse

. . . , et en icelle année les eaulx furent par la prairie sans sortir de la prairie VII sebmaines et troys jours.

(„A travers la Touraine“ in „Bullet. trimestr. de la soc. archéolog. de Touraine“. Tom. XII. Part. II. S. 143.)

Bodensee Hochwasser

Großer See.

(„Jakob Reutlingers Chronik“ 1. Band in „Zeitschrift f. d. Geschichte d. Oberrheins“. 34. Bd. S. 50.)

Muotatal (Kanton Schwyz) Überschwemmung der Gewässer

Wassergüsse. Großer Schaden.

(M. Dettling „Schwyz. Chronik“. S. 146.)

Oder. Sehr großes Wasser. 1584 Krossen Hochwasser der Oder

(G. A. Matthias „Chronica der Stadt Crossen", edid. C. Rauge. S. 192.)

Den ganzen Monat gelinde mit vielen Regengüssen. Januar alt. Stil Schweinfurt Main-Überschwemmungen

Main: 3 mal Überschwemmung.

(A. Mühlich u. G. Hahn „Chronik der Stadt Schweinfurt". S. 309.)

initio Janu., vbique humida tempestas erat, inundationes, impedimenta viarum. Anfang Januar alt. St. Mitte Januar neu. St. Württemberg Überschwemmungen der Flüsse

(Martin. Crusius „Annal. Suevicor." Dodec. III. S. 788.)

(Anfang Januar, als überall nasses Wetter war, (traten) Überschwemmungen (ein), die die Wege unpassierbar machten.)

Die Elbe hat sich sehr ergossen. Elbe Überschwemmung

(G. Olearius „Halygraphia etc." II. S. 310.)

Elbe so hoch angelaufen, als in etlichen dreyssig Jahren vorhero nicht geschehen war, und sind in dasiger Gegend viele Menschen ertrunken. bei Magdeburg Elbe-Überschwemmung

[Pomarius, Vulpius S. 199.]

(C. G. Poetzsch „Chronolog. Geschichte der großen Wasserfluthen des Elbstroms etc." S. 53.)

Elbe: Es ist die Elbe so gewachsen / daß sie über die Alt-Dresdnische Wiese gegangen / es hat aber ein harter Frost dem fernern Anwachsen gesteuert. 1. Januar alt. Stil 11. Januar neu. Stil Dresden Elbe-Überschwemmung

(A. Weck „Der etc. Residentz- und Haupt-Festung Dresden Beschreib- und Vorstellung etc." S. 529.)

Elbe. Flut.

(Dr. W. Schäfer „Chronik der Dresdener Elbbrücke etc." S. 45 aus Brückenamts-Register)

Mulde: Große Wasserfluth. Grimma i/Sa. Überschwemmung der Mulde

(Chr. G. Lorenz „Die Stadt Grimma etc." S. 538.)

Überschwemmung. Mulde Überschwemmung

[Simon S. 597.]

(C. G. Poetzsch „Nachtrag und Fortsetzung der chronol. Geschichte der großen Wasserfluthen des Elbstroms etc." S. 42.)

Kystis. 6.—17. Januar a. St. 16.—27. Januar n. St. Insel Hven (Öresund) Küsteneis

(Tycho Brahes „Tyge Brahes Meteorolog. Dagbog etc. Uraniborg etc. 1582/97 etc." S. 30/31.)

Den 8. Jan. da die Weichsel, mit dem Eise bezogen gewesen, fing das Wasser an so schleunig zu wachsen, daß alle über das Eiß fahrende Wagen kaum gerettet werden kunten. Gegen Abend, . . . , rücket das Eiß und reisset die gantze Brücke, 8. Januar Thorn Weichsel: Eisgang u. Überschwemmung

ausgenommen das eine Feld, darauff die Wagen gestanden, darnieder, und stopffet sich auch so gleich wieder: . . .
[Manuskr. Hertzog.]

(Jak. Heinr. Zernecke „Thornische Chronica“ 2. Aufl. S. 185.)

9. Januar 1584 Thorn Weichsel: Eisgang

. . . andern Tages . . . , hat das zunehmende grosse Wasser das Eiß wieder fortgesetzet, und grossen Schaden an der Stadt-Mauer, Brücken, Mühlen und Kauffmanns-Schiffen gethan, . . .
[Manuskr. Hertzog.]

(Jak. Heinr. Zernecke „Thornische Chronica“ 2. Aufl. S. 185.)

11. Januar a. St. 21. Januar n. St. Grimma i/Sa. Überschwemmung der Mulde

Mulde: Große Wasserfluth.

(Chr. G. Lorenz „Die Stadt Grimma etc.“ S. 538.)

Mulde Überschwemmung

Sie ergoß sich noch viel größer. Bey Kützschau verderbte das Wasser die Losserbrücke.
[Simon S. 597.]

(C. G. Poetzsch „Nachtrag und Fortsetzung der chronolog. Geschichte der großen Wasserfluthen des Elbstroms etc.“ S. 42.)

20. Januar— Anfang Februar 30. Januar— Mitte Februar Mark Brandenburg, Altmark Überschwemmungen der Flüsse

20. January hat das wasser angefangen zu wachsenn vnnd ist vonn Tage zu Tage biss zu End dieses Mondes, auch etzliche Tage hernacher, immer grosser wordenn, dass es fast alle ecker vnnd gertten vor Cölln vberschwemmet. Aber gleich endtlich sich Immer mehlich wiederumb verlohren vnd abgenommen, dass es also dieses Ortts nicht sonderlich schadenn gethan, aber gleichwoll ist Inn der Altenmarck zu Seehausen vnnd andere Ortten grosser schadenn dauonn erfolget, wie es dann auch zu Custrin den Tham weggerissen vnd vff etzliche Tausent Taler schaden vorursacht, auch an andern Orttern etzliche Dorffer gar hinweg getrieben haben solle.

(„Historische Aufzeichnungen Berliner Stadtschreiber“ in Riedel's „Codex diplomat. Brandenburg.“ 4. Hauptteil. 1. Band. S. 312.)

(„Die Chronik der Cölner Stadtschreiber von 1542—1605“ in „Schriften des Vereins für die Geschichte der Stadt Berlin“. I. S. 25.)

1. Februar 11 Februar Thorn Weichsel-Überschwemmung

. . . : ist auch endlich den 1. Febr. gar zum Brücken-Thore eingeflossen, und hat daselbst eine Weile so hoch gestanden, als es annoch an der Mauer alda gezeichnet zusehen ist.
[Manuskr. Hertzog]
[Wasserstand 27 Fuß 4 Zoll lt. Angabe von Dr. J. E. Wernicke „Geschichte Thorns etc.“ II. S. 152.]

(Jak. Heinr. Zernecke „Thornische Chronica“. 2. Aufl. S. 185.)

Sommer Gegend von Basel Überschwemmungen

. . . , auch erhuben sich umb die stat an etlichen orten durch den ganzen summer so grosse und geschlinge wassergysz, das es die felder verschwempt und die hüser in den dörferen mit wasser filt, das die lüt darusz uff das feldt entlauffen miessen, das vich, das in den stelen gestanden, ertruncken.

(„Die Chronik des Fridolin Ryff etc.“ in „Basl. Chronik“. 1. Bd. S. 186.)

Durch Schnee und Regen Übertreten des Sees bei Luzern; er stieg und fiel während 4 Wochen viermal. Sommer 1584 See bei Luzern Mehrfach Überschwemmung

[Cysat A, B, C. manuscr.]

(B. Amberg „Beiträge zur Chronik der Witterung etc.“ III. S. 20.)

des pluies abondantes font déborder les rivières et causent de grands maux. Juni n. St. Départem. de la Drôme Überschwemmungen

* (M. Villard „Météorol. régionale“. S. 184.)

In dem Brachmonat waren entsetzliche Wassergüssen und Ueberschwall, daß die Thur und Ill zu Ensisheim Alles unter Wasser gesetzt; alle Bruckhen wurden zerrissen oder hinweggeschwemmet: mit Schiffen müsste man den Leuthen zu Ober und Nieder Ensen, Ober und Nider Hergen etc. zu Hilff kommen. Elsaß Überschwemmungen der Flüsse, z. B. der Thur und Ill

(M. Tschamser „Annales etc. zu Thann“. II. S. 231.)

. . . und in tyrol auch allhie ein grosses Gewesser in Monath Juni gewest. Tirol, Bayern Überschwemmung der Flüsse

(„Aus dem Tagebuch des Abraham Kern von Wasserburg“ in L. Westenrieder „Beyträge z. vaterl. Historie etc.“ 1. Band. S. 150.)

Ist das Wasser der Ihn gross . . . Inn Überschwemmung

(„Aus dem Tagebuch des Abraham Kern von Wasserburg“ in L. Westenrieder „Beyträge z. vaterl. Historie etc.“ 1. Band. S. 150.)

Großes Gewässer. 9. Juni a. St. 19. Juni n. St. Leipzig Hochwasser

(J. J. Vogel „Leipzig. Geschicht-Buch oder Annales“. S. 248.)

11. Juni. Es fiel starkes Regenwetter ein und währete 2 Tage und 2 Nächte, was große Überschwemmungen zur Folge hatte, besonders im Berner Gebiet und bei Solothurn. Der Wind richtete an Wald, Bäumen und Gebäuden große Verheerungen an. nach 11. Juni a. St. nach 21. Juni n. St. Schweiz Überschwemmungen der Flüsse

* (B. Amberg „Beiträge zur Chronik der Witterung etc.“ III. S. 20.)

Wolkenbruch, durch den die beiden Flüsse Sitter und Urnäsch so stark anliefen, daß entsetzlicher Schaden an Gütern, Brücken, Wehren u. Gebäuden angerichtet wurde. 11.—12. Juni 1584 a. St. 21.—22. Juni 1584 n. St. Appenzell Überschwemmung der Sitter und Urnäsch infolge eines Wolkenbruchs

(G. Walser „Neue Appenzell. Chronik etc.“ II. S. 95.)

1584 Juli—August a. St. Kanton Glarus Überschwemmungen der Flüsse

Überschwemmungen mit großem Schaden.

(Dr. O. Heer u. J. J. Blumer-Heer „Der Kanton Glarus etc.“ S. 101.)

14.—16. Juli a. St. 24.—26. Juli n. St. Naumburg (Saale) Überschwemmung der Saale

Überschwemmung ... als es vom 14. Juli 3 Tage und 3 Nächte ununterbrochen fortregnete, und zugleich als Gewitter, bei welchem in das Georgenkloster schlug, einen Wolkenbruch entlud. Zader kann den Schaden, den das Wasser in und um Naumburg an Häusern, Gärten, Brücken, Weinbergen, Feldern und besonders Wiesen that, nicht grell genug beschreiben.

(W. Bernhardi „Chronik der Stadt Naumburg etc.“ S. 287/88.)

23. Juli a. St. 2. August n. St. Horb (Neckar) Überschwemmung des Neckars

Den 23. Julij / Donnerstag nach Mariae Magdalenae / ist vnuersehens / ein grawsam Wasser kommen / in die Stadt Horb / am Neckar / ... 18 Pferde erseuffet. Sehr viel Viehes ... 6 Heuser gar hinweg gefüret, dreisszig verwüstet ...

(Valent. Rudolph „Zeitbüchlein“ 1586. S. 134.)

24. Juli a. St. 3. August n. St. Chester Überschwemmung

such a storm of thunder lightning, hail, and rain, raged from noon till midnight that the streets were flooded and the cellars filled with water. Great harm was done to the mills, much hay and corn destroyed, and many glass windows broken with the hailstones (being 5 inches in compass).
(Pigott)

(E. J. Lowe „Natural phenomena etc.“ S. 23.)

um 1. Oktober n. St. Flandern, Seeland Sturmflut

Omtrent Baefmisse, is er een geweldigh onweer en hoogen vloet opgeresen, dat de stadt Hulst in geen minder gevaer als oyt te vooren heeft gestelt ... op den selven tydt de prochie van St. Jans-Steen was overwaetert ..., ende dat de polders van St. Gillis, Vrachene en Verrebroeck oock bevloeyden, ...

(„Chronycke van Frans-Jos. de Castro“, edid. F. van Naemen in „Annales du cercle archéolog. du pays de Waes“. 10. tome. S. 277.)

25.—29. Oktober n. St. Départem. de la Drôje Überschwemmung der Flüsse

Quatre jours de pluis diluviennes, accompagnées de tonnerres épouvantables, amènent encore de nouveaux désastres.

* (M. Villard „Météorol. région.“ S. 184.)

November alt. St. Frankfurt a/M. Main: Hochwasser

Main: Starkes Hochwasser. Viel Schaden.

(A. A. von Lersner „Der weit-berühmten etc. Handels-Stadt Franckfurt am Mayn chronica etc.“ I. S. 534.)

24. November a. St. 4. Dezember n. St. Kr. Marienburg Überschwemmung der Nogat

Bei Sturm wurde der Damm der Nogat an der Zeier an verschiedenen Stellen durchgerissen.

(E. J. Dormann „Topogr. u. Statistik d. Kr. Marienburg.“ S. 40.)

Il se manifesta une inondation de la Meurthe. 1585 Deneuvre (Départem. Meurthe-et-Moselle) Überschwemmung der Meurthe

(M. Champion „Les inondations en France etc." V. S. 43 aus Comptes du domaine de Deneuvre in Archives du département de la Meurthe. XLIX.)

Les pluies très abondantes pendant l'année occasionnement des inondations; le Rhone notamment emporte une partie des murailles, les routes même, tout en est couvert. SO. Frankreich Überschwemmungen der Flüsse, z. B. der Rhône

* (M. Villard „Météorol. région." S. 184.)

Pegnitz: Überschwemmung. Nürnberg Überschwemmung der Pegnitz

(G. A. Will „Von der neulichen größten Überschwemmung etc." S. 9.)

Ungewöhnlich niedriger Wasserstand der Elbe. An vielen Orten vertrocknen die Quellen und Brunnen. Leitmeritz i/Böhm. Elbe: sehr niedriger Wasserstand

(Dr. W. Katzerowsky „Die meteorol. Aufzeichnung. d. Leitmeritz. Stadtschreiber etc." S. 16.)

Rhein: so niedriger Wasserstand, daß mehrere Personen mitten im Rhein Steine zum Denkmal aufrichteten. Januar a. St. Schweiz Rhein: sehr niedriger Wasserstand

(J. Boyve „Annal. histor." III. S. 289.)

Anfang des Jahres: Rhein sehr klein.

(Chr. Wurstisen „Baßler Chronick" Fortsetzg. S. 11.)

Ano 1585 adi 24. januerarius wasz der Ryn so klein, das man zuo Baszell damitten yn dem Ryn ein guott abenttmoll asz. 24. Januar a. St. 3. Februar n. St. Basel Rhein: sehr niedriger Wasserstand

(„Aufzeichnung. d. Diebold Ryff" in „Basl. Chronik". 1. Bd. S. 227.)

War der Rhein so klein
Daß ich [= Dr. F. Platerus] diesen Stein
Zwey-hundert sechzig Schritt
Vom G'stad aufhub in der Mitt.

(J. Groß „Kurtze Baßler Chronick". S. 219.)

Den letsten disz monats wardt mit dem zyllroren underhalb dem Esell uff die 100 schrit von dem gestadt uff einem drocknen grien, so sunsten iederziit mit wasser desz Rhins bedeckt wirt, ein schiessen zu einner gedechtnusz solches cleinen Rhins gehalten worden. 31. Januar a. St. 10. Februar n. St. Basel Rhein: sehr niedriger Wasserstand

(„Die Chronik des Fridolin Ryff etc." in „Basl. Chroniken". 1. Bd. S. 187.)

Februar 1585 a. St. Zürich Limmat: sehr niedriger Wasserstand

Sehr niedriger Wasserstand. Das Wasser so klein, daß etliche Schiffleuth und Fischer zunächst dem Wellenberg einen Tisch geordnet und darauf einen Abendtrunck gehalten.

(H. H. Bluntschli „Memorab. Tigur". S. 517.)

12. Februar n. St Nordsee Sturmflut

Duodecimo Februarii ingens fuit perturbati maris cataclysmus, adeo ut ruptis undique aggerum repagulis, omnem terram fluctibus operiretur. . . .

(„Kronijk van Eggerik Egges Phebens von 1565–1594". Liber III., edid. H. O. Feith. S. 106.)

(Am 12. Februar war eine gewaltige Flut des aufgewühlten Meeres, so daß, nachdem überall die Riegel der Deiche gebrochen waren, das ganze Land von den Fluten bedeckt wurde.)

2. Februar a. St. 12. Februar n. St. Itzehoe Überschwemmung der Stör infolge der Sturmflut

Stora fluvius inundavit per oppidum Itzeho die purificationis Mariae ad semiulnae altitudinem, quando in Kedingia aggeres disrupti sunt.

(Lamb. Alardus „Nordalbingia etc." in E. J. von Westphalen „Monum. inedita rer." I. Sp. 1935.)

(Der Fluß Stör überschwemmte die Stadt Itzehoe am Tage Mariä Reinigung [2. Febr.] in einer Höhe von $^1/_2$ Elle, da ja doch die Deiche in Kading gebrochen waren.)

3. Februar a. St. 13. Februar n. St. Prov. Groningen (Holland) Sturmflut

kumpt daer een grote storm und unweder uth den zee up, daermede de dijcken ter Munten [= Munyten] heel und all vergaen, . . . Daerto soe ys doer Valderen dusse watervloet soe hoech ghegaen, als sie anno 70 [= Allerheiligenvloet 1570] gewest weere, . . . Dusse vloet ys over onse landt gelopen, und Oestvreslandt ock belopen durch Greterziel und ock in Oltampt, . . .

(„De Kroniek van Abel Eppens tho Equart", edid. J. A. Feith u. Dr. H. Brugmans. II. S. 56/57.)

März Ulm Donau: sehr niedriger Wasserstand

Es war die Donau so klein, daß man leicht vor dem Gästhor in das Herbelhölzle hinüber reiten konnte.

(D. A. Schultes „Chronik von Ulm etc." S. 151.)

Kurz vor 30. Mai a. St. Kurz vor 9. Juni n. St. Halberstadt Überschwemmung der Bode

Kurz vor Pfingsten Bode wieder so stark ergossen, daß fast die gantze Stadt unter Wasser gestanden.

(C. Abels „Stiffts-Stadt- und Land-Chronick des jetzigen Fürstenthums Halberstadt". S. 506.)

Sommer n. St. N. Böhmen Überschwemmung der Flüsse

Juni–Juli 2 Wochen anhaltender Regen und Überschwemmung.

(Dr. W. Katzerowsky „Die meteorolog. Aufzeichnungen der Leitmeritz. Stadtschreiber etc." S. 16.)

Basel Rhein: Hochwasser

In disem 85. jar ist der Rhin . . . durch den summer anneinander so grosz gesin, als by mannes gedencken.

(„Die Chronik d. Fridolin Ryff etc." in Basl. Chronik." 1. Bd. S. 189.)

Es rägnet schier den ganzen summer, dardurch die wasser in allen landen grossen schaden thetend. Sommer 1585 Graubünden Überschwemmungen der Flüsse

(„Hans Ardüsers Rätische Chronik". S. 91.)

. . . que tout le moys la rivière du Cher a esté par la prairie et a gasté les bleds etc. Juni Touraine (Frankreich) Überschwemmung des Cher

(„A travers la Touraine" in „Bulletin trimestr. de la soc. archéolog. de Touraine". Tom. XII. Part. II. S. 143.)

In dem Junio hat sich groß Regenwetter erhoben, welches 14 tage gewähret, davon die Sahla so groß worden, daß sie zu Merseburgk über den Roßmarckt in die Geisel hineingegangen, . . . , und also überall großen schaden gethan. Merseburg Überschwemmung der Saale

(G. Möbius „Neue Merseburgische Chronika von Georg Möbius 1668". S. 310.)

am tage S. Viti Ist's wider kohmen [Überschwemmung] vnd ein fingerbreit hoher gewesen. 15. Juni a. St. 25. Juni n. St. Salzderhalden (Westlich vom Harz) Überschwemmung der Leine
[Brief des Pfarrers Diedrich Adam an den Historiker Letzner v. Jahr 1588].

(R. Eckart „Geschichte des Fleckens und der Burg Salzderhalden". S. 10.)

Den 15. Junii hat es geregnet die gantze vorige Nacht, diesen gantzen Tag und folgende Nacht mit großenn Sturmwinde, darauf erfolgete, daß die Leine überall gangen, über beyde Marschen Aegidien und Steindohrer Marsch. Et sic inusitata fuit inundatio Leinae, qualis fuit ante annos 13 A. videlicet 1572, et major haec quidem. Hannover Überschwemmung der Leine

(Dr. O. Jürgens „Hannov. Chronik". S. 250.)

(Es trat eine so außergewöhnliche Überschwemmung der Leine ein, wie sie vor 13 Jahren, also im Jahre 1572, stattfand, und zwar war diese größer.)

° (Dr. O. Jürgens „Hannov. Chronik" S. 252 aus M. Lang manuscr.)

15. Juni fing es an zu regnen durch drey nacht und zween tage, und ergossen sich die wasser der sala und Ilme also das es bey mans gedenken dergleichen nicht erhört, denn die Sala zu Döbereschzen in der neuen Müle bis 1 Elle ans Dach gereichet. 15.—17 Juni a. St. 25.—27 Juni n. St. N. Thüringen Überschwemmung der Saale und Ilm
[Chronik von Eckolstädt].

(Dr. E. Eichhorn „Die Grafschaft Camburg" 9. Teil. S. 46.)

Den 15. juni, an s. Veits tag, hat sich um 1 hor nach mittag ein grosses, unversehens gewisser ereignet, daß die leut, so hin und wider uf den bleichen gewesen, mit grosser not und gar schwerlich dem wasser entlaufen können . . . , und ist viel schaden geschehen, . . . 15. Juni a. St. 25. Juni n. St. Hof i/Bay Überschwemmung der Saale

(„Enoch Widmann's Chronik der Stadt Hof" in „Quellen z. Geschichte der Stadt Hof", edid. Christ. Meyer, I. S. 241.)

16. Juni 1585 a. St. 26. Juni 1585 n. St. Erfurt Überschwemmung der Gera

fing es an zu regnen, und zwar also starck, daß der Stadt-Graben von dem Gewässer gantz voll wurde und überlieff, wovon der Tamm, samt dem Stacket vor dem Schmiedestetter Thor und der Tamm, samt dem Stacket vor dem Krempffer-Thor umgestossen, eingerissen, und das Gegatter vor dem Schmiedestetter-Thor vor das Johannis-Thor geführet, auch alle Fische aus dem Graben weggeführet wurden. Das Wasser im Stadt Graben fiel über die schmale Gera in die grosse Gera, vor dem Moritz-Thor, warff zwey Mauern um, und führet den Moritz-Steg halb weg. Alle Wehre in Erffurt wurden zerrissen, und ein Stück Mauer 20 Gerthen lang an dem Wall vor dem Krempffer-Thor schmieß das Wasser über einen Hauffen, ... Vor dem Löber-Thore lieff es denen Leuten in die Häuser; ...

(J. H. von Falckenstein „Civitatis Erfurtensis histor." I. S. 669.)

Den 16. Junij / Mittwochen nach Viti / Hat sich bey Erffurdt / eine Grosse Wasserflut erhaben / Also / das die Gera bey der Papiermühle / vor dem Newen Thore / gewaltiglich in Stadtgraben gelauffen / Vnd bey dem Spellberger Augst vnd Krempffe Thore / wege / vnd alles verflütet / vnd weggenommen / das Wasser / zum theil in die Stadt geronnen / Vnd sonderlich am Krampffethore / ein groß stücke / von der Stadtmauren / etliche 40 schrite lang / weg gerissen / Vnd endtlich / zwischen dem Johanß vnd Andreß Thore / wider in die Gera gelauffen.

(Valent. Rudolph „Zeitbüchlein". 1586. S. 136.)
° (Joh. Becherer „Newe Thüring. Chronica etc." S. 601.)
= 9. Juni a. St.

Jena Überschwemmung der Saale

Mittwoch nach Viti hat sich die Sale dermaßen ergossen v. ist ein solch grawsam gewässer gewesen, das vf dem Steinwege v. in der Salgasse alhier zu Jena in alle häuser gangen v. in dem saalgrunde alles graß, Sommer- v. wintergetreide verschlemmet v. mechtigen Schaden gethan hat.
[Ex Ms. Jenens.]

(„Mag. Adrian Beiers Jenaische Annalen", edid. Dr. H. Koch. S. 98.)

18. Juni a. St. 28. Juni n. St. Merseburg Überschwemmung der Saale

Es ward die Saale so unerhört groß, als sie seit Menschen gedenken nicht gewesen war, zu Vesta hat das Wasser die Kirchthür aufgestoßen, ...

(A. Sander „Chronik der Stadt Merseburg etc." S. 13.)

24. Juni a. St. 4. Juli n. St. Goldkronach (Fichtelgebirge) Überschwemmung der Kronach

Kronach: schädlicher Wasserguß.

(„Das Teutsche Paradeiß in dem vortrefflichen Fichtelberg etc. von M. Joh. Will etc." (Fortsetzung) in „Archiv für Geschichte und Alterthumskunde von Oberfranken". 14. Band. 3. Heft. S. 143.)

Colditz i/Sa. Überschwemmung der Zwickauer Mulde

die 24. Junii duorum pluvia dierum ita Muldam auxit, ut in platea balneari [Bader-Gasse] per fenestras civium irrumperet.

(Abrah. Thammius „Chronicon vetustissimae arc. et urb. Coldicensis" in J. B. Mencken „Script. rer. German." II. S. 718.)

(Am 24. Juni stieg die Mulde infolge eines zweitägigen Regens derartig an, daß sie in der Bader-Gasse durch die Fenster der Bürger eindrang.)

Nach zweitägigem Regen ist die Mulde so gestiegen, daß sie die Höhe der Brücke erreichte und in der Badergasse bis an die Fenster ging. Auch wurde an der Brücke zu Podelwitz das hölzerne Joch mit hinweggenommen. 24. Juni 1585 a. St. 4. Juli 1585 n. St. Colditz i/Sa. Überschwemmung der Zwickauer Mulde

(H. F. Bellger „Histor. Beschreibg. der Stadt Colditz etc." S. 40 u. 179.)

Mulde: Große Wasserfluth. Grimma i/Sa. Überschwemmung der Mulde

(Chr. G. Lorenz „Die Stadt Grimma etc." S. 538.)

Es hat sich die Zschope gewaltig ergoßen, viel Getrayde und Futter weggeführet ... Frankenberg (Erzgeb.) Überschwemmung der Zschopau

(Chr. A. Bahn „Historische Nachrichten von dem etc. Franckenberg etc." S. 286.)

Infolge des fast 2 Wochen ununterbrochenen anhaltenden Regens entstand eine Überschwemmung, welche 8 Tage anhielt und am Swiniak und um Kopist alle Fluren unter Wasser setzte. Sehr bedeutender Schaden. 4. Juli n. St. Leitmeritz i/Böhm. Elbe-Überschwemmung

(Dr. W. Katzerowsky „Die meteorol. Aufzeichnung. d. Leitmeritz. Stadtschreiber etc." S. 16/17.)

Es hat das aufgelauffene Wasser an Getreyde und Heu hier und anderwerts grossen Schaden gethan. 25. u. 27. Juni a. St. 5. u. 7. Juli n. St. Halle a/Sa. Überschwemmung der Saale

(J. Chr. von Dreyhaupt „Pagus Neletici etc." I. S. 634.)

(G. Olearius „Halygraphia etc." II. S. 312.)

Wasserfluth mit Schaden am Flößholz. 25. Juni a. St. 5. Juli n. St. Zwickau Überschwemmung der Zwickauer Mulde

(Dr. E. Herzog „Chronik von Zwickau". II. S. 339.)

Elbflut. Juli a. St. Dresden Elbe-Überschwemmung

(Dr. W. Schäfer „Chronik der Dresdener Elbbrücke etc." S. 45 aus Brückenamts-Register.)

Mulde: Die 2. Julii iterum sic exundavit, ut homines e domibus fugerent. 2. Juli a. St. 12. Juli n. St. Colditz /Sa. Überschwemmung der Zwickauer Mulde

(Abrah. Thammius „Chronic. vetustissim. arc. et urb. Coldicens." in J. B. Mencken „Script. rer. German." II. S. 718.)

(Am 2. Juli stieg sie wiederum so sehr über ihre Ufer, daß die Menschen aus den Häusern flüchteten.)

Die Mulde schwoll abermals so an, daß die Badergasse überschwemmt wurde.

(H. F. Bellger „Histor. Beschreibg. d. Stadt Colditz etc." S. 179.)

Mulde: Große Wasserfluth. Grimma i/Sa. Überschwemmung der Mulde

(Chr. G. Lorenz „Die Stadt Grimma etc." S. 538.)

1585
10. Juli a. St.
20. Juli n. St.
Colditz i/Sa.
Über-
schwemmung
der Zwickauer
Mulde

Die 10. Julii etiam tertium. [= Überschwemmung der Mulde.]

(Abrah. Thammius „Chronic. vetustissim. arc. et urb. Coldicensis" in J. B. Mencken „Script rer. German." II. S. 718.)

(Am 10. Juli sogar zum 3. Male) [= Überschwemmung der Mulde.]

Grimma i/Sa.
Über-
schwemmung
der Mulde

Mulde: Große Wasserfluth.

(Chr. G. Lorenz „Die Stadt Grimma etc." S. 538.)

Mittweida i/Sa.
Über-
schwemmung
infolge eines
Wolkenbruchs

Es ist oberhalb der Alten Mittweida ein Wolckenbruch niedergefallen / davon die herein fliessende Bach dermassen angewachsen / daß sie bey zwey Ellen hoch zum Weberthor herein gelauffen / viel Häuser und Keller durchwaschen / alle Stege / besonders aber die Weberbrücken / . . . / hinweg geführet / . . .

(Chr. Hermann „Mittweidisches Denckmahl etc." S. 479.)

(A. Chr. Kretzschmar „Nachrichten aus der alten und neuen Zeit, welche die Stadt Mittweyda betreffen etc." I. S. 657.)

° (H. F. Bellger „Histor. Beschreibg. d. Stadt Colditz etc." S. 179.)

Ende Juli
a. St.
Anf. Aug.
n. St.
Schwarzwasser,
Mulde
Über-
schwemmung

[Die Wasser] haben sich sehr ergossen und überall Schaden gethan.

(Chr. Meltzer „Histor. Schneeberg. renovata etc." S. 1304.)

Zwickau i/Sa.
Über-
schwemmung
der Zwickauer
Mulde u. des
Schwarzwassers

am ende des Julii haben sich die Mulda und das Schwartz-Wasser / . . . / sehr ergossen / und denen von Zwickau grossen Schaden gethan.

(Tob. Schmidt „Zwickau. Chronick". II. S. 420/21.)

Grimma i/Sa
Über
schwemmung
der Mulde

Mulde: Große Wasserfluth.

(Chr. G. Lorenz „Die Stadt Grimma etc." S. 538.)

29. Juli a. St.
8. August n. St.
Flensburg
Über-
schwemmung

was de grothe Floth van Regen, Donner, Blixen, de de warede schir 2 Stunde na Middage.

(„Des Johannes Reinhusen annales Flensburgenses 1558/1604", ed. Dr. F. Gundlach. S. 25.)

15. August a. St.
25. August n. St.
Graubünden
Über-
schwemmungen
der Flüsse

An vnser frouwen tag im Ougsten ist das wasser zuo Tusis [= die Nolla] so starck angelofen, dass stein wie stubenöfen triben. Hat sich verschwellt vnd ein stund vor tag mit sölicher Vngestümigkeit vsbrochen, das ein sölich tosen, krachen vnd braschlen was, als wenn die bergen zuosammengefallen werend, dardurch denen von Tusis, Caz [= Cazis], Sils, Fürstno [= Fürstenau], Rotels, Tamils und durch alle lender nider an boumgärten, wisen, bruggen, wuoren [= Wuhren], fälder vnd gärten vnschezbarlicher grosser schaden ervolget ist. Der Ryn hat denen zuo Tusis vil güter mit sampt dem grund eines mans hoch hinwegfüert; glycherwys beschach im Oberland, im Ryntal, im Bretigöüw [= Prätigau], im Schwyzerland vnd in tütschen vnd welschen landen. Zuo Ruwis [= Ruvis] ob Ilanz vnd in

Gamboltschyn [Campodolcino, Italien] hat das wasser etliche Heüser vndergraben, vmbgerissen vnd hinweggfüert sampt etlich personen ertrenckt.

(„Hans Ardüsers Rätische Chronik". S. 90.)

Au matin, la Loire était tellement basse, à Decize, qu'on passait son bras droit à pied sec. A midi, une crue subite, se manifesta, et ses progrès furent si rapides qu'à minuit les eaux s'élevèrent à la hauteur de l'autel de l'église de saint Privé ou saint Privat détruisirent l'escalier de son clocher, atteignirent les solives du cellier, emportèrent par leur impétuosité le pont de Crotte et plusieurs maisons faisant obstacle à leur passage. Les eaux s'élevèrent à 16 pieds 3 pouces 3 lignes. 1585 27. September n. St. Decize (Départem. Nièvre) Loire-Überschwemmung

(M. Champion „Les inondations en France etc." II. S. 219/20 aus „Tresvaux de Berteux". „Ann. de Decize." S. 73.)

Am 2. October sind die wasser zuo dem dritten mal so grusamlich angangen, das die widrum gemachten bruggen aber hinweggefüert, darzuo vilen lustigen güetren vf ein nüwes grossen schaden zuogefüegt. 2. Oktober a. St. 12. Oktober n. St. Graubünden Überschwemmung der Flüsse

(„Hans Ardüser's Rätische Chronik". S. 90.)

In de selve maend November ontstondt een schrickelyck onweer en hoogen vloet, waer door de landen van de Clinge die voor een groot deel herdyckt waeren, wederom beneffens de polders van Absdale in Axel-Ambacht, Hulster-Nieuwlandt ende de vryheerlykheyt van St. Jans-Steen overstroomden, en de stadt Hulst aen alle zyden van het Zeewater omset wierd, . . . November n. St. Seeland Sturmflut

(„Chronycke van Frans-Jos. de Castro", edid. F. van Naemen. S. 293.)

Und dat jaer overmidts des natticheit ock overvloet ock overvloet onnutte makede, . . . , 1586 Friesland Überschwemmung

(„De Kroniek van Abel Eppens tho Equart", edid. J. A. Feith u. Dr. H. Brugmans. II. S. 283.)

Die Wedtzeer, Rijn und Emse breken doer und doen allenthalven groten scaden. Weser, Rhein, Ems Überschwemmungen

(„De Kroniek van Abel Eppens tho Equart", edid. J. A. Feith u. Dr. H. Brugmans. II. S. 283.)

Oder. Sehr großes Wasser. Krossen Oder-Überschwemmungen

(G. A. Matthias „Chronica der Stadt Crossen", edid. C. Rauge. S. 192.)

Es werden vom Wasser fast sämtliche Brücken um Colberg fortgerissen. Gegend von Colberg Überschwemmung der Gewässer

(H. A. Riemann „Geschichte der Stadt Colberg". S. 262.)

Die Passer bricht wieder aus, wendet sich nach Mais hin und fließt unter der Marlinger Brücke in die Etsch. Meran Überschwemmung der Passer

(Dr. B. Mazegger „Chronik von Mais etc." S. 36.)

1586 Kanton Zürich Hochwasser der Flüsse

Hohes Wasser.

(Fr. Vogel „Die alten Chroniken etc. der Stadt etc. Zürich etc.“ S. 449.)

Januar a. St. Niederlande Flüsse: Eisdecke

Intensius frigus in Januario aquas aliquo modo constrinxerat, ...

(„Uittreksel uit Francisi Dusseldorpii annales 1566–1616“, edid. R. Fruin in „Hist. Genootsch. te Utrecht. Werken“. 3. ser. Bd. 1. S. 206.)

(Stärkere Kälte hatte im Januar die Gewässer nennenswert in Fesseln geschlagen.)

16. Februar n. St Leitmeritz i/Böhm. Elbe: Eisgang

Die Elbe beginnt zu steigen. Nach 10^h nachts bricht das Eis unterhalb des Wehres und geht in dichten Massen ab.

(Dr. W. Katzerowsky „Die meteorol. Aufzeichn. d. Leitmeritz. Stadtschreiber etc.“ S. 17.)

11. März a. St. 21. März n. St. Emden Dollart: Eisaufgang

Und alleu den 11 Martii worde eerst die haven open to Embden, ..., und was die Elve noch gesloten myt ijss.

(„De Kroniek van Abel Eppens tho Equart“, edid. J. A. Feith und Dr. H. Brugmans. II. S. 272.)

24. März n. St. Troyes (Départem. Aube) Seine-Überschwemmung

Les eaux redevinrent très-hautes, elles entrèrent dans l'église des Mathurins, à l'extrémité orientale du faubourg Saint-Jacques. Les quartiers du Temple et de Comporté furent aussi envahis par l'inondation.

(M. Champion „Les inondations en France etc.“ II. S. 24 aus Duhalle manuscr.)

31. März n. St. Brieg i/Schles. Oder-Überschwemmung

Großes Wasser richtet im Thiergarten Herzog Georgs zu Brieg großes Unheil an.

(Bernh. von Prittwitz „Über die handschriftl. Vervollständigungen v. Pols Hemerologium Silesiacum Wratislav.“ S. 225.)

Ende März—Anfang April a. St. Anf.—Mitte April n. St. Landsberg a/d. W. Überschwemmung der Warthe

Woche vor Ostern: [Ostersonntag, = 3. April] Diese woche ist auch ein teufflich groß gewesser gekommen, als bey menschen zeyten nicht gewest ist. hat den Neuen Tham, ..., weggerissen, desgleichen den Borkschen tham vorm Dorffe hat es auch weggerissen.
[Eintragung des Stadtschreibers Michael Ochlitz].

(„Die landsberger Stadtschreiber-Chronik“, edid. R. Eckert. S. 73.)

5.—15. April a. St. 15.—25. April n. St. Berlin Überschwemmung der Spree

Das wasser der Sprewenn ist so groß gewesen, das es des Raths Stadtheide, desgleichen beider Stedte heide vnnd fast die gantze feldtmarckt vnnd aller Burger Ecker Inn anderthalb ellen hoch gar vberschwemmt, also das mann die gantze heidenn lang vnnd breit mit Khanen gar durchfarenn konnenn, vnnd hat das wasser Inn solcher grosse Inn die 10 Tage stille gestandenn, volgendes den 15. Aprilis etwas wieder gefallenn.

(„Historische Aufzeichnungen Berliner Stadtschreiber“ in Riedel's „Codex diplomat. Brandenburg.“ 4. Hauptteil. 1. Band. S. 316.)

(„Die Chronik der Cölner Stadtschreiber von 1542–1605“ in „Schriften des Vereins für die Geschichte der Stadt Berlin“. I. S. 31.)

Es ist ein groß Wasser gewesen, daß davon die Walkmühle zwischen Ammern und der Stadt eingefallen, und die Ammerbrücke zerrissen ist, . . .

(Dr. R. Jordan „Chronik der Stadt Mühlhausen i/Thür.“ II. S. 172.)

10. April a. St. 20. April n. St. Mühlhausen i/Thür. Überschwemmg. der Unstrut

° (C. Duval „Das Eichsfeld“. S. 555.)

Ammern (Eichsfeld) Überschwemmung der Unstrut

Gegen Abend entsteht beim Dorfe Wedlitz und um den Rzip [Georgsberg] herum ein Hagelwetter mit Wolkenbruch, wobei viel großes und kleines Vieh, teils vom Hagel erschlagen, teils durch die Fluten zugrunde ging.

(Dr. W. Katzerowsky „Die meteorol. Aufzeichnung. d. Leitmeritz. Stadtschreiber“. S. 17.)

1. Mai n. St. Gegend von Leitmeritz i/Böhm. Überschwemmung infolge eines Wolkenbruchs

Überschwemmung.

(Dr. W. Katzerowsky „Die meteorol. Aufzeichnungen d. Leitmeritz. Stadtschreiber.“ S. 17.)

15. Mai n. St. Karlsbad i/Böhm. Überschwemmung der Tepl.

La rivière du Cher estoyt par toute la prairie et iceulx qui estoyent vivants jamays ne l’avoyent veu plus grande que une aultre foys.

(„A travers la Touraine“ in „Bullet. trimestriel de la soc. archéolog. de Touraine“. Tom. XII. Part. II. S. 144.)

17. Juni n. St. Touraine (Frankreich) Überschwemmung des Cher

zu Morgen umb 2 Uhr erhob sich ein so starker Regen, jedoch ohne Donner und ungestümen Wind, daß davon beinahe alle stehende Fischteiche umb diese Stadt übergegangen, . . . , die Weiden und Kämpe besonders an der Ahse überschwemet, . . . Niemand erinnerte sich desgleichen.

(„Aus der alten Soester Chronik 1200/1655“ in „Zeitschrift des Vereins f. d. Geschichte von Soest etc.“ 19. Heft. S. 56.)

27. Juni n. St. Soest Überschwemmung

Es ist von dem vielen Regen groß Wasser gewachsen und hat zu Kleingrabe 400 Schafe, viel Kälber und Schweine ersäufet.

(Dr. R. Jordan „Chronik der Stadt Mühlhausen in Thüringen“. II. S. 172.)

18. Juni a. St. 28. Juni n. St. Mühlhausen i/Thür. Überschwemmung der Unstrut

Es war die Saale abermahl so unerhört groß, daß sie kein Mensch so groß gedacht. Zu Vesta hat es die Kirchthür aufgestoßen, . . .

(G. Möbius „Neue Merseburgische Chronika von Georg Möbius. 1668“. S. 312.)

Saale Überschwemmung

Eine Wasserflut, die vom Pfaffenberg kam, riß 10 Häuser fort.

(A. Meiche „Histor.-topogr. Beschreibg. d. Amtshauptmannsch. Pirna“. S. 143 aus Süße „Königstein“. S. 101.)

26. Juni a. St. 6. Juli n. St. Königstein Sa Überschwemmung

1586
12. Juli n. St.
Touraine
Über-
schwemmung
des Cher

La rivière du Cher a esté par la prairie et estoyt si grande que l'on menoyt IIII poissons de vin en bateau par la dicte prairie.

(„A travers la Touraine“ in „Bullet. trimestriel de la soc. archéolog. de Touraine“. Tom. XII. Part. II. S. 144.)

September n. St.
Loire
Über-
schwemmung

Il y eust de si grands desbordements en Forez, de la rivière de Loire, que plusieurs places du domaine en furent desmolies. Cette inondation arriva en septembre; elle se fit sentir sur tout le cours du fleuve.

(M. Champion „Les inondations en France etc.“ II. S. 220 aus Bernard „Hist. du Forez“. tom. II. S. 210.)

Depuis Roanne jusques à Tours, par le débordement de Loyre, furent submergez huict cens maisons, soixante mille bestes et six cens personnes noyez.

(M. Champion „Les inondations en France etc.“ II. S. 221 aus Mémorables discours des foudres, tempestes etc. 1587. S. 180.)

September
n. St.
Orléans
Loire-Über-
schwemmung

Une grande partie d'Orléans fut inondée, ainsi que tous les alentours de cette ville. Les eaux du fleuve s'élevèrent à une hauteur si grande, que s'étant réunies à celles du Loiret, elles formèrent un torrent furieux qui renversa les ponts d'Olivet et de St. Mesmin.

(M. Champion „Les inondations en France etc.“ II. S. 220 aus Lottin tom. II. S. 83 und Archives de la Mairie d'Orléans et manuscr. de la Bibl. d'Orléans.)

Tours (Départ.
Indre-et-Loire)
Loire-Über-
schwemmung

La ville de Tours eut également sa part de désastres dans cette calamité.

(M. Champion „Les inondations en France etc.“ II. S. 221 aus Chron. manuscr. de l'abbaye de Beaumont-lès-Tours in Archives d'Indre-et-Loire.)

12. September
Niederlande
Sturmflut

Septembris duodecimo die ingens extitit maris aestus, ita ut ruptis aggeribus terrisque inundatis, non solum Oterodamenses sed plures alii in summo aquarum discrimine versarentur.

(E. E. Phebens „Kronijk 1565–1594“, edid. H. O. Feith. Liber III. S. 110.)

(Am 12. September entstand eine mächtige Meeresflut, so daß, nachdem die Deiche gebrochen und das Land überschwemmt worden war, nicht nur die Rotterdamer, sondern auch zahlreiche andere in höchste Gefahr durch das Wasser gerieten.)

18. September
n. St.
Avignon
Rhône-Über-
schwemmung

Les eaux du Rhône montèrent à 8 pans au-dessus du niveau du sol.
[Un repère marqué dans le cloître des Minimes d'Avignon. 1 pan = ca. 0.25 m.]

(M. Champion „Les inondations en France etc.“ III. S. 231.)

Depuis midi jusqu'à trois heures du soir, la Loire crut tellement, qu'elle surpassa de 3 pieds et plus, les crues de 1496, 1527 et 1537. L'eau était près de 3 pieds par dessus l'autel de la chapelle du bout du pont. 20. September 1586 n. St. Nevers (Départem. Nièvre) Loire-Überschwemmung

(M. Champion „Les inondations en France etc.“ II. S. 220 aus Gillet „Annuaire du départem. de la Nièvre pour l'an X.)

Les levées rompirent. 25. September n. St. Anjou Überschwemmung der Flüsse

(Hiret „Antiquités d'Anjou“. S. 507.)

(Célest. Port „Questions Angevin.“ Les phénomèn. phys. S. 110.)

Loire: Inondation. Wasserstand: 22 pieds 9 pouces. Le Pont de Pirmil emporté. 11 November n. St. Nantes Loire-Überschwemmung

(M. Champion „Les inondation en France etc.“ S. 222 aus Rouillé-Courbe „Inondations du département d'Indre-et-Loire“. S. 589.)

Der Main ist so stark gefroren, daß man über das Eis gehen kann. 19. November a. St. 29. November n. St. Frankfurt a/M. Main: Eisdecke

(A. A. v. Lersner „Der weitberühmten etc. Handels-Stadt Franckfurt am Mayn chronika“. I, S. 534.)

Der Main friert zu, bis 11. Dezember. a. St. = 21. Dez. neu. Stil.

(Dr. Ziegler u. Dr. König „Das Klima v. Frkf. a/M.“ I. Tafel 9.)

Anno 86 ist der Main zugefroren gewest, daß man niber hat können gehen. Winter 1587 Frankfurt a/M. Main: Eisdecke

(„Aufzeichnungen des Johann Heise“ in „Quellen z. Frankf. Geschichte“, edit. Dr. H. Grotefend. II. S. 657.) = 1586

Zürichsee zugefroren. Kanton Zürich Zürichsee: Eisdecke

(R. Wolf „Auszüge aus verschieden. handschriftl. Chroniken der Stadtbibliothek in Winterthur“. S. 95.)

In Decembri was de Maese soe hart tougevroesen, dat men daer met waegens ende wynkharren ouergevhaeren heeft. Dezember 1586 n. St. Maas Eisdecke

(„Kroniek der stad Roermond van 1562–1638“, edid. Friedr. Nettesheim. S. 233.)

° (E. Vanderlinden „Chronique des événements météorolog. en Belgique etc.“ S. 139 aus „Kronyk der stad Roermond“, edid. Habets. S. 269.)

ginge der Rhein stark mit eise, das die Rheinmullen abtriben, dan es vor etlichen tagen angefangen, hart zu freren, und herden das, bis der Rhein oben bei s. Gewere bestande und zufrore. 1 Dezember n. St. Köln Rhein: Eistreiben

(„Das Buch Weinsberg“, edid. F. Lau. III. S. 359.)

Main: Das Eis bricht an und das Wasser steigt bis an die Fahr-Pforten, geht aber in 2 Stunden schnell zurück. 11. Dezember a. St. 21. Dezember n. St. Frankfurt a/M. Main: Die Eisdecke bricht

(A. A. von Lersner „Der weit-berühmten freyen Reichs- etc. Stadt Franckfurt am Mayn chronika“. I. S. 534.)

1587 Elsaß Über-schwemmungen der Flüsse, z. B. der Moder

Zu Straßburg, Hagenaw und anderen Stätten hat man müssen in etlichen Orthen mit Schiffen fahren, ...

(M. Tschamser „Annales etc. zu Thann". II. S. 241.)

Cattenbach (Elsaß) Über-schwemmungen

Dieses Jahr waren solche Wassergüsse, daß das Wasser den Leuthen abermahl zu den Fenstern eingelauffen und die lange Bruckh völlig hinweg geflösst hat.

(M. Tschamser „Annales etc. zu Thann". II. S. 241.)

Regensburg Donau: Eisstoß

Donau: Der Eisstoß reißt 3 Joche der hölzernen Brücke fort.

(Ch. G. Gumpelzhaimer „Regensburg's Geschichte etc." II. S. 982.)

Nürnberg Über-schwemmung der Pegnitz

Pegnitz: Überschwemmung.

(G. A. Will „Von der neulichen größten Überschwemmung etc." S. 9.)

Riesa (Elbe) Elbe-Über-schwemmung

Die Elbfluten überschwemmten die Fluren in besonders verheerender Weise.

(J. Thomas „Zeitereignisse aus der Vergangenheit und dem Leben unserer Heimatstadt Riesa etc." S. 14.)

Mühlberg a/d. Elbe Elbe-Über-schwemmung

Elbe: großes Wasser. Ein Stück Stadtmauer wurde in die Elbe gestürzt.

(C. R. Bertram „Chronik der Stadt und des Klosters Mühlberg". S. 88.)

° (Alfred Schmidt „Geschichte der Stadt Mühlberg". S. 223.)

Lähn i/Schlesien Über-schwemmung des Bobers

Bober. Bedeutende Überschwemmung.

(C. Th. E. Heinze „Geograph.-statist.-geschichtl. Übersicht des Löwenberg. Kreises". S. 150.)

Kanton Zürich Hochwasser der Flüsse

Hohes Wasser.

(Fr. Vogel „Die alten Chroniken etc. der Stadt etc. Zürich etc." S. 449.)

Januar a. St. Aare Eisdecke

Es überfror die Aare zum andern mahl, „mag wohl der kalte Winter genennt werden."

(Chr. G. Brügger „Beiträge zur Natur-Chronik der Schweiz etc." II. S. 25 aus Chron. Bern. nach Wolf.)

15.—22. Februar n. St. Leitmeritz i/Böhm. Elbe · Eisdecke

Ging und fuhr man mit Wagen unterhalb des kleinen Wehres vom Bleichplatze bei der Mühle zur Vogelstange über das fest gefrorene Eis.

(Dr. W. Katzerowsky „Die meteorol. Aufzeichnung. d. Leitmeritz. Stadtschreiber". S. 18.)

18. Februar a. St. 28. Februar n. St. Frankfurt a/M. Main-Über-schwemmung

Der Main steigt bis unter die Fahr-Pforten, fällt mittags aber wegen der Kälte.

(A. A. von Lersner „Der weit-berühmten freyen Reichs-etc. -Stadt Franckfurt am Mayn chronica". I. S. 534.)

Es tritt Tauwetter ein. Daher große Überflutungen. Die Rega tritt auf große Strecken über ihre Ufer.

(Dr. W. Reinhold „Chronik der Städte Belgard, Polzin und Schivelbein etc." S. 70.)

Anfang März 1587 a. St. Mitte März n. St. Westl. Pommern Überschwemmungen der Flüsse, z. B. der Rega

Die Rega übersteigt den Damm in Botenhagen.

(Dr. W. Reinhold „Chronik der Städte Belgard, Polzin u. Schivelbein etc." S. 70.)

9. März a. St. 19. März n. St. Rega (Pommern) Überschwemmung

Dem 10. martzi zwischen 12 und 1 uhr umb mittag ist das grosse gewaltige eyß, so dem gantzen winder gefrohren, wegkgangen mit einem großen gewaltigem wasser; hat gott lob bey uns khein schaden gethan und ist bey uns khein solch eyß bey menschen gedencken geweßen, so woln khein solcher stetter winter . . .

(„Manual-Chronik Andreas Baiers" in „Deutsche Chroniken aus Böhmen", edid. H. Gradl. III. S. 144.)

10. März a. St. 20. März n. St. Eger i/Böhm. Eger: Eisgang und Hochwasser

Elbe. Es geht erst das Eis bei Leitmeritz ab.

(Dr. W. Katzerowsky „Die meteorol. Aufzeichnung. d. Leitmeritz. Stadtschreiber". S. 18.)

21. März n. St. Leitmeritz i/Böhm. Elbe: Eisgang und Hochwasser

Den 25. Maji ist ein Wolckenbruch bey Orlamünde geschehen, davon auf dem Lande an Menschen, Vieh und Früchten großer Schade geschehen.

(H. Besser u. R. Herrmann „Die Neustädter Chronik". I. S. 41.)

25. Mai a. St. 4. Juni n. St. Bei Orlamünde Überschwemmung infolge eines Wolkenbruchs

Worau oder Wiese: Überschwemmung mit großem Schaden. 1 Person ertrunken.

(Dr. J. u. C. Löbe „Geschichte der Kirchen und Schulen d. Herzogth. Sachsen-Altenburg". III. S. 507.)

Engerda b/Orlamünde Überschwemmung infolge eines Wolkenbruchs

les eaux débordèrent . . . au mois de juin.

(M. Champion „Les inondations en France etc." II. S. 24 aus Duhalle manuscr.)

Juni n. St. N. Frankreich Überschwemmungen der Flüsse

Bober: Überschwemmung. Die große Brücke wurde zerstört.

(Dr. E. Wernicke „Chronik der Stadt Bunzlau". S. 251.)

Bunzlau Überschwemmung des Bobers

Es entsteht eine große Überschwemmung der Elbe, welche alle Wiesen u. Felder unter Wasser setzte und im Swiniak bis an die Weingärten reichte. Dieses Hochwasser dauerte 2 Wochen; als Ursache des großen Wassers gab man das Durchreißen des Teiches bei Kuttenberg an.

(Dr. W. Katzerowsky „Die meteorol. Aufzeichnungen d. Leitmeritz. Stadtschreiber". S. 18.)

6. Juni n. St. Leitmeritz i/Böhm. Elbe-Überschwemmung

1587 7 Juni n. St. Goldberg (Schles.) Überschwemmung der Katzbach

hat es grossen schaden hin vnd wieder zugefüget.

(Dav. Namsler „Außführlicher Bericht von Wassern vnd Wasserflutten etc." S. M IIb.)

7. Juni n. St. Grafschaft Glatz Hochwasser der Flüsse

Im Gebirge großer Schneefall. Es entsteht dadurch großes Wasser.

(A. Skalitzky „Excerpte aus der handschriftl. Chronik eines Habelschwerdters vom Jahre 1618". S. 276.)

Neiße i/Schles. Überschwemmung der Neiße

Starkes Hochwasser überschwemmt die Stadt und zerstört Brücken.

(F. Minsberg „Geschichtl. Darstellung d. merkw. Ereignisse in d. Fürstenth.-Stadt Neiße". S. 108.)

Goldberg i/Schles. Überschwemmung der Katzbach

Katzbach-Überschwemmung und Schaden.

(D. Namsler „Ergissung der Katzbach 1608." Liegnitz 1608)

Überschwemmung. Stellenweise großer Schaden.

(L. Sturm „Geschichte der Stadt Goldberg etc." S. 120.)

15. Juni a. St. 25. Juni n. St. Württemberg Überschwemmung der Flüsse

Schädliche Wassergüsse.

(Tob. Gaenßschoppf „Chronicon etc." S. 110.)

7 Juli n. St. Bunzlau Überschwemmung des Bobers

Zu Nacht ergoß sich zu Bunzlau der Bober so heftig, daß er den mehreren Theil der Dielen von der großen Brücke erhoben und zugleich ein Joch hinweg geführet.

(Bernh. von Prittwitz „Über d. handschriftlich. Vervollständigungen von Pols Hemerologium Silesiac. Wratislaviense". S. 225.)

7. Juli a. St. 17. Juli n. St. Friesland Sturmflut

In onse Ommelanden gaet up den 7 Julij het water over daer den nije kaiunghe bij Oesterwyrum in den Oesterhorn als een bedicket landt; . . .

(„De Kroniek van Abel Eppens tho Equart", edid. J. A. Feith u. Dr. H. Brugmans. II. S. 523.)

2. September a. St. 12. September n. St. Prov. Groningen (Holland) Sturmflut

Daerto was water weder yngelopen dorch den nije kaiunghe up den 2 Septembris, . . .

(„De Kroniek van Abel Eppens tho Equart", edid. J. A. Feith u. Dr. H. Brugmans. II. S. 562.)

16.—17. September a. St. 26.—27. September n. St. Prov. Groningen Ostfriesland Sturmflut

erstondt sulcke storm in der zie, dat het Ommelandt, als bloet van Oesterdijcken, heel overvlogede, bena als die Alderhilligenvloet west was; nene $1^1/_2$ voet mynner, dan dat het vorwachtet und bij dage gesien worde. Evenmal sindt ingebroken die sommerdijcken na Wagenborgen, Dullarsdijcken in Oltampt und biesten gedrencket. We ock Dampterwal ingestortet, fat Drentsche water bij den Rodehaen [= an der Hunze, Prov. Groningen] dorgebroecken, in die Marne, Barnegat, het Reydiep, we ock Humpterlandt sonder dijcken, . . . Und solde sonder twivel Embderlandt heel overlopen hebben die vloet, soe alle dusse dijcken niet hadden vernichtiget und open gewest, daer he to Embden in den stadt und dor Valderen vloygede in huysen und kelderen, we in den Allerhilligenvloet.

(„De Kroniek van Abel Eppens tho Equart", edid. J. A. Feith u. Dr. H. Brugmans. II. S. 592/93.)

Neckar: Überschwemmung. Dezember a. St. Heilbronn Überschwemmung des Neckars

(Dr. Fr. Dürr „Heilbronn. Chronik". S. 129.)

Circa Tybingam magna erat aquarum inundatio ... 27. Dezember n. St. um Tübingen Überschwemmung des Neckars

(Martin Crusius „Annal. Suevicor." Dodec. III. S. 806.)

(um Tübingen ereignete sich eine große Überschwemmung der Gewässer ...

Große Überschwemmung. Neckartal Überschwemmung des Neckars

(Dr. F. L. J. Dillenius „Weinsberg". S. 132.)

Es hat sich im Wildbader Forst ein geschwind unversehen zornig und wüthig Guß und Wasser auf der groß und klein Enz nicht weniger auch in der Bach, Eiach genannt, zugetragen, daß dadurch Stein und Felsen abgerissen ..., Güter weggerissen, ... Gegend von Calmbach (Württemberg) Überschwemmung der Großen und Kleinen Enz

(Pfarrer Eifert „Nachrichten zur Geschichte von Calmbach". S. 31.)

La Loire déborda. 1588 Loire Überschwemmung

(M. Champion „Les inondations en France etc." II. S. 221. 222 aus Le Maire und Rouillé-Courbe „Inondations du départem. d'Indre-et-Loire". S. 589 aus Manuscr. der Biblioth. zu Clermont.)

Pegnitz-Überschwemmung. Nürnberg Überschwemmung der Pegnitz

(G. A. Will „Von der neulichen größten Überschwemmung etc." S. 9.)

Durch heftige Regen großes Wasser, so daß in der Nicolai-Kapelle die Bänke schwammen. Goslar Überschwemmung der Gose
[Chronik-Manuskript.]

(G. F. E. Crusius „Geschichte der etc. Reichsstadt Goslar". S. 258.) = 1558

hat sich die Selcke durch langwierigen Regen dergestalt ergossen, daß sie fast ins Wasserthor gegangen, und dadurch etliche Häuser in der Weberstraße und den Ellern zu Grunde gegangen. Ermsleben Überschwemmung der Selke

(„Chronicon Ermslebiense" in C. Abel „Sammlung Etlich. noch nicht gedruckten Alten Chroniken etc." S. 693.)

Starke Überschwemmung. Breitenfeld, Jeggau, Tarnefig, Sichau bei Clötze (Altmark) Überschwemmung

[Aufzeichnungen d. Pastors Rieseberg in Gardelegen 1595/1616].

(E. Schulze „Chronik der Stadt Cloetze". S. 199.)

1588 Thüringen Überschwemmungen der Flüsse

Sehr naß, Wasserfluten.

(Dr. G. Hellmann „Die Meteorologie in den dtsch. Flugschriften etc. d. 16. Jahrhdts.“ S. 19 u. 88 aus einer Flugschrift von C. Herrnschwager, Pfarrer zu Schmalkalden.)

Bunzlau Fünfmal Überschwemmungen des Bobers

. . . ergoß er sich [= Bober] zu 5 unterschiedlichen Malen mit großem Schaden der Brücken, des Getreides und Wiesenwachses.

(Bernhard von Prittwitz „Über die handschriftl. Vervollständigungen von Pols „Hemerologium Silesiac. Wratislav.“ S. 225.)

° (Dr. E. Wernicke „Chronik der Stadt Bunzlau“. S. 254.)

° (J. G. Bergemann „Chronik der Stadt Bunzlau“. I. S. 47.)

Luzern Überschwemmung des Krienbaches

Das Wasser fließt durch das Kriensertor in die Barfüßerkirche. [Cysat E. Manuscr. Von C. als Augenzeuge erlebt.]

(B. Amberg „Beiträge zur Chronik der Witterung etc.“ III. S. 23.)

Kanton Zürich Hochwasser der Flüsse

Sehr regnerisch mit Gewittern und großem Wasser.

(Fr. Vogel „Die alten Chroniken etc. der Stadt etc. Zürich etc.“ S. 449.)

22., 23., 24. Februar a. St. 3., 4., 5. März n. St. Emden Sturmflut

. . . , dat ock den 22., 23., 24. Februarii stormede, to Embden up den straten water vloygede und den kaiunghe myt den sommerdijck ganslicken tobrack und vernielde.

(Abel Eppens tho Equart „De Kroniek van Abel Eppens tho Equart“, edid. J. A. Feith u. Dr. H. Brugmans. II. S. 633.)

März a. St. Friedberg (Hessen) Überschwemmung der Usa

Groß Gewässer.

(„Die Chronik des Dr. Jeremias Molther“ in „Die Chroniken von Friedberg in der Wetterau“, edid. Christ. Waas S. 111 lt. Chronik d. Stadtschreibers Joh. Leininger aus Chronik von Karl Aug. Schazmann.)

18. Mai a. St. 28. Mai n. St. Frankenberg (Erzgebirge) Überschwemmung der Zschopau

Es ergoß sich die Zschope von Gewittern und thete vielen Schaden.

(Chr. A. Bahn „Historische Nachrichten von dem etc. Franckenberg etc.“ S. 296.)

Sommer Leipzig Überschwemmung

So großes Wasser, daß es fast über den mittleren Schwibbogen der Golitzer oder „Hohen steinernen Brücke“ gegangen, und hat 3 ganze Wochen gestanden. Großer Schaden.

(J. J. Vogel „Leipzig. Geschicht-Buch oder Annales“. S. 254.)

3. Juni a. St. 13. Juni n. St. Langensalza i/Thür. Überschwemmung der Salza

Großes Wasser.

(C. F. Goeschel „Chronik der Stadt Langensalza in Thüringen“. II. S. 266.)

Bober-Überschwemmung. 5. Juni n. St. 1588 Bunzlau Überschwemmung des Bobers

(Dr. E. Wernicke „Chronik der Stadt Bunzlau". S. 254.)

hats in der Graffschaft Vierraden, . . . , so sehr geregnet, dass auch die Einwoner daselbst auf die bodene vnd söller sich begeben müssen, damit Sie nicht vom wasser vberschwemmet vnd erseufft sind worden. 8. Juni a. St. 18. Juni n. St. Vierraden b/Schwedt a/O. Überschwemmung

(Mag. Petrus Hafftitius „Microcronicon Marchicum" 1599. in Riedel's „Codex diplomat. Brandenburg." 4. Hauptteil. 1. Band. S. 144.)

Den 9. Junii die Leine sehr groß worden und übergangen. 9. Juni a. St. 19. Juni n. St. Hannover Überschwemmung der Leine

(Dr. O. Jürgens „Hannov. Chronik". S. 257 aus M. Niem. Calend.)

hat es den ganzen Tag geregnet und gedonnert, und ist das Wasser so groß worden, daß es in der Klingen über alle Hopfenhöfe gegangen . . . 12. Juni a. St. 22. Juni n. St. Mühlhausen i/Thür. Überschwemmung der Unstrut

(Dr. R. Jordan „Chronik der Stadt Mühlhausen i/Thüringen". II. S. 176/77.)

[Es] ergoß sich die Unstrut so sehr von Ungewitter, daß den Langen-Saltzern ihr Heu in Wasser schwamm und wegfloß. 13. Juni a. St. 23. Juni n. St. bei Langensalza i/Thür. Überschwemmung der Unstrut

(A. Toppius „Historie des Ambts und Stadt Langensaltze". S. 182.)

Es ist ein Erschrecklich wetter alhier gewest, welches gedonnert, geplitzt vnd gehagelt, das die ferne Mhulen dauon außgerissen vndt die Mauer an Veyt thobels Schloß Stede umbgeschwembt. Daneben ist auch die ferne Mhulen außgerissen . . . 15. Juni a. St. 25. Juni n. St. Landsberg a/d. W. Überschwemmung der Warthe

(„Die landsberger Stadtschreiber Chronik", edid. R. Eckert. S. 76.)

In der ersten Wochen nach Trinitatis [Trinitatisfest = 2. Juni] ist zu Landsberg an der Wartha ein sehr schrecklich Vngewitter von Donner / Regen vnd Wetterleuchten entstanden. Ja es hat so geregnet / das auch das Wasser 1 Ellen hoch auf dem Marckt gestanden / . . .
[March. et Brev. autoris]

(Andr. Engel „Annal. March. Brandenburg." S. 400.) = Anfang Juni

Warthe: Große Überschwemmung.

(A. Engelien u. Fr. Henning „Geschichte der Stadt Landsberg a/d. W." S. 296.)

Überschwemmung. 17. Juni a. St. 27. Juni n. St. Heilbronn Überschwemmung des Neckars

(Dr. Fr. Dürr „Heilbronn. Chronik". S. 129.)

1588
21. Juni n. St.
Liège
Maas-Über-
schwemmung

Wolkenbruch und Maas-Überschwemmung.

(Dr. G. Hellmann „Die Meteorologie in den deutsch. Flugschriften etc.“ S. 19 u. 88.) = 20. Juni

23. Juni a. St.
3. Juli n. St.
Die Emme
Über-
schwemmung

Überschwemmung mit großer Verheerung.

(M. v. Stürler „Über die Wasser-, Schachen- u. Schwellenverhältnisse im Stromgebiet der Emme“ in „Archiv d. histor. Vereins d. Kantons Bern“. 8. Bd. S. 7.)

Juli a. St.
Landsberg a/W.
Über-
schwemmung
der Warthe

Warta turgido alveo intumescens latissimo spatio inaquosa viridaria Landesbergi complectitur, in eam excrescens insolentiam, ut ad plateas usque ... exsereret, muri partem subactam demoliens.

(Nicol. Leuthinger „Scriptor. de reb. march.“ S. 842.)

(Die Warthe schwoll an und trat über ihre Ufer, nachdem sie eine sehr lange Zeit wasserarm gewesen war, und umgab die Lustgärten von Landsberg mit Wasser. Sie stieg so ungewöhnlich hoch an, daß sie sich bis in die Straßen erstreckte, ..., und einen morsch gemachten Teil der Stadtmauer einriß.)

Juli n. St.
Neuchatel
Über-
schwemmung

Überschwemmung.

(J. Boyve „Annal. histor.“ III. S. 307.)

12. Juli n. St.
Schweidnitz
Über-
schwemmung
der Weistritz

Magna inundatio Suidniciae fuit.

(„D. Scepsii annales“ in „Scriptor. rer. Silesiac.“ 11. Bd. S. 88.)

(Eine große Überschwemmung ereignete sich zu Schweidnitz.)

13. Juli n. St.
Bunzlau
Über-
schwemmung
des Bobers

Bober-Überschwemmung.

(Dr. E. Wernicke „Chronik der Stadt Bunzlau“. S. 254.)

23. Juli n. St.
Ravensburg
Über-
schwemmung
des Schussen

Sehr starker Wasserguß.

(J. G. Eben „Versuch einer Geschichte der Stadt Ravensburg“. II. S. 321.)

19. Juli a. St.
29. Juli n. St.
Frankenberg
(Erzgeb.)
Über-
schwemmung
der Zschopau

Es ergoß sich die Zschope von Gewittern und thete vielen Schaden.

(Chr. A. Bahn „Histor. Nachrichten von dem etc. Franckenberg etc.“ S. 296.)

4. August
a. St.
14. August
n. St.
Hannover
Über-
schwemmung
der Leine

Den 4. Aug. ist die Leine über die Marsch gangen wegen vielen Regens.

(Dr. O. Jürgens „Hannov. Chronik“. S. 257 aus M. Niem. Calend.)

Bober-Überschwemmung. 15. August n. St. 1588 Bunzlau Überschwemmung des Bobers

(Dr. E. Wernicke „Chronik der Stadt Bunzlau". S. 254.)

Die Gera reißt den Damm bei der Papiermühle ein und überflutet alle Gärten. 3. Dekade Aug. a. St. 1 September n. St. Erfurt Überschwemmung der Gera

(Dr. K. Beyer u. Dr. J. Biereye „Geschichte der Stadt Erfurt". I. S. 487.)

Den 28. Aug. ist die Leine abermahl ausgangen, ... 28. August a. St. 7. September n. St. Hannover Überschwemmung der Leine

(Dr. O. Jürgens „Hannov. Chronik". S. 257 aus M. Niem. Chron.)

..., den 31. Aug. ist die Leine sehr groß gewesen, als sie in diesem Sommer noch niemahls gewesen; ... 31. August a. St. 10. September n. St. Hannover Über schwemmung der Leine

(Dr. O. Jürgens „Hannov. Chronik". S. 257 aus M. Niem. Calend.)

Bober-Überschwemmung. 2.—3. September n. St. Bunzlau Überschwemmung des Bobers

(Dr. E. Wernicke „Chronik der Stadt Bunzlau". S. 254.)

Außerordentliche Überschwemmung der Gewässer. Viel Schaden. 29. Oktober n. St. Neuchatel Überschwemmung der Gewässer

(J. Boyve „Annal. histor." III. S. 307.)

Une forte crue de la Gère détruisit une grande partie des édifices construits sur ses bords. 6. November n. St. Vienne (Départem. Isère) Überschwemmung der Gère

(M. Champion „Les inondations en France etc." III. S. 232 aus Registres des conclusions de l'hôtel-de-ville de Vienne; ancienne chronique de Vienne publ. par Mermet aine.)

la Gère déborde et y cause de grands dégâts.

* (M. Villard „Météorol. région." S. 185.)

entièrement gelé. Les chevaux et les voitures le traversent à Tarascon. Winter 1589 Rhône Eisdecke

* (M. Villard „Météorol. région." S. 624.)

Starke Stürme; Häuser und viele Türme umgeworfen, viele Schiffe verdorben, die meisten Deiche zerrissen. Dezember 1588 a. St. Nordfriesland Sturmfluten

(Dr. N. Falck „Mag. A. Heimreichs etc. nordfresische Chronik". II. S. 84.)

Dezember 1588 Haseldorfer Marsch Sturmfluten

In demsulven Jahr hett sick ein grote Storm, fast einer Erdbevinge gelick, uth dem Westen und Nordwesten erhaven und de eine Floth up de andere gedreven, also dat dat Water höger denn Menschen gedenken können upgelopen. [Eintragung in das Kirchenbuch von Colmar durch Pastor Otto Meinert.]

(„Die Witterungsverhältnisse etc. in der Haseldorfer Marsch" in „Jahrbücher f. d. Landesk. d. Herzogthüm. Schleswig, Holstein etc." II. S. 123.)

Amt Ritzebüttel Sturmflut

Sturmflut.

(F. A. Becker „Cuxhafen etc." S. 240.)

2., 3., 4. Dezember a. St. 12., 13., 14. Dezember n. St. Friesland Sturmflut

duerde het onweder heel lange, dat meest die Ommelanden dorch den Oesterdijcken, soe nu heel vergingen und doch niet recht angelecht myt water bevlogede, boven dat grote screckelicke regen, soe den sommer duerde, . . .

(„De Kroniek van Abel Eppens tho Equart", edid. J. A. Feith u. Dr. H. Brugmans. II. S. 720.)

8. Dezember a. St. 18. Dezember n. St. Eger i/Böhm. Überschwemmung der Eger

. . . , aber dem 8. dito hatt es angefangen drein zu rengen; ist aller darvon wieder weg geschmeltzt und ein gross wasser geben.

(„Manual-Chronik Andreas Baiers" in „Deutsche Chroniken aus Böhmen", III. S. 147/8. edid. H. Gradl.)

1589 Meaux (Départem. Seine-et-Marne) Marne-Überschwemmung

La Marne augmenta d'une manière extraordinaire; elle emporta une partie des murailles qui soutenaient les terres du faubourg des Vieux-Moulins.

(M. Champion „Les inondations en France etc." II. S. 151.)

Rhein Überschwemmung

Der Rhein sehr groß gewesen, als nihe kein mensch gedenken konnen, er ginge bis an den dritten trepling an unser liben frauen kirchen zu Mainz und tet in den kellern großen schaden.

(„Die Limburger Chronik des Johannes Mechtel" edid. K. Knetsch. S. 159.)

Der Rhein ging an etlichen Orten 40 Schuh über den gewöhnlichen Stand. [Cysat B. Manuscr.]

(B. Amberg „Beiträge zur Chronik der Witterung etc." III. S. 24.)

Dresden Elbe: Eisgang

Elbe. Eisfahrt mit einigem Schaden an der Brücke.

(Dr. W. Schäfer „Chronik der Dresdener Elbbrücke etc." S. 47 aus Brückenamts-Register.)

Wismar Sturmflut

Sturmflut.

(Dr. F. Techen „Geschichte der Seestadt Wismar". S. 277.)

Wehlau Alle: Eisgang

Alle-Eisgang reißt 1 Joch der Alle-Brücke fort.

(A. Ambrassat „Bilder aus Wehlaus Vergangenheit". S. 41.)

Salzach. Hochwasser.

(F. V. Zillner „Geschichte der Stadt Salzburg". I. S. 140.)

1589
Salzburg
Über-
schwemmung
der Salzach

Fast noch mehr Überschwemmungen als 1588, nicht nur im Sommer, sondern auch mitten im Winter.
[Cysat B. manuscr.]

(B. Amberg „Beiträge zur Chronik der Witterung etc." III. S. 24.)

Schweiz
Über-
schwemmungen
der Flüsse

Anno 89 den 16 januarii ist der Main angangen und ist so ein grosser eis gewest, da in 40 jaren nie gewesen ist.

(„Aufzeichnungen d. Johann Heise" in „Quellen z. Frankf. Geschichte", edit. Dr. H. Grotefend. I. S. 658.)

16. Januar n. St.
Frankfurt a/M.
Main-Eisgang

gelu intensum noctu mare congelatum.

(Tycho Brahe „Tyge Brahes Meteorolog. Dagbog etc. Uraniborg etc. 1582/97 etc." S. 117.)

(Infolge der starken nächtlichen Kälte fror das Meer zu.)

28. Januar a. St.
7. Februar n. St.
Öresund
Bildung einer
Eisdecke

Rheni aquae hoc tempore tam demissae, ut quibusdam in locis, praecipue circa Viennam, siccis pedibus transgrederetur.

(„Diarium van Arend van Buchell", edid. Dr. G. Brom u. Dr. L. A. Langeraad. S. 193.)

(Der Wasserstand des Rheins war zu dieser Zeit so niedrig, daß an verschiedenen Orten, besonders bei Vianen, [der Fluß] trockenen Fußes durchschritten wurde.)

Februar
Rhein
Sehr niedriger
Wasserstand

Am heil. Pfingsttage ist ein Wetter und Wasser kommen / welches in Schlaitz zum Böhmischen Thor herein in die Kirche gelauffen / . . . und das Wasser über den Altar gangen / hat ein stück Stadt-Mauer im Comptur Hoff ein gerissen / . . . / und etliche Häuser mit weggerissen.

(J. C. Zopf „Reußische Gerauische Stadt- und Land-Chronica etc." S. 52/53.)

18. Mai a. St.
28. Mai n. St.
Schleiz (Thür.)
Über-
schwemmung
der Wiesenthal

Es fing die Sala an aufzuschwellen und wehrete etliche Tage, darüber hin und wieder großer Schade geschach.

(M. Casp. Sagittarius „Saalfeld. Historien", edid. Dr. E. Devrient. S. 298.)

21. Mai
a. St.
31. Mai
n. St.
Saalfeld
Über-
schwemmung
der Saale

Die Wasser vom vielen Regen hier gewaltig ergossen.
[Höhl schreibt, daß die Wasser vom 21. Mai an bis auf 30. Juni 10 mal angelaufen und mit Schaden ausgerissen.]

(J. J. Vogel „Leipzig. Geschicht-Buch oder Annales". S. 256.)

Leipzig
Über-
schwemmung

1589 23. Mai a. St. 2. Juni n. St. Chemnitz Überschwemmung

Es tritt die Gablonz dermaßen aus, daß das Wasser bis an den Stadtgraben ging.

(C. Lehmann „Chronik der Stadt Chemnitz". S. 152.)

Ende Mai a. St. Anfang Juni n. St. Neuenahr Überschwemmung der Ahr

Die Ahr schwoll durch ein großes Unwetter mit großem Platzregen höher an als seit Menschengedenken. Starker Schaden.
[Rechnungen des Rentmeisters Hubert Walmerodt].

(H. Frick „Quellen zur Geschichte von Bad Neuenahr etc." S. 330.)

Schweinfurt Main-Überschwemmung

Der Main schwillt durch häufige und starke Regengüsse so an, daß Überschwemmung eintritt.

(A. Mühlich u. G. Hahn „Chronik der Stadt Schweinfurt". S. 315.)

3. Juni n. St. Limburg Überschwemmung der Lahn

Samstags nach trinitatis ist ein sehr groß gewesser gewesen und mercklich großen schaden getan, ... Die alte sagen, daß sei dergleichen gewesser nit gedenken. Mosel und Rhein haben auch schaden getan.

(„Die Limburger Chronik des Johannes Mechtel", edid. K. Knetsch. S. 158.)

7.—9. Juni n. St. Angers (Anjou) Maine-Überschwemmung

Maine. Les eaux ont été fort grandes en la ville d'Angers.
[Louvet]

(Célest. Port „Questions Angevin" I. Les phénomèn. physiques. S. 110.)

° (M. Champion „Les inondations en France etc." II. S. 222.)

Juli n. St. Burghausen (Oberbayern) Hochwasser der Salzach

Salzach. In der Woche Ulrich [4. Juli] und wieder Magdalena [22. Juli] waren nicht unbedeutende Hochwasser. [Kammerrechnung]

(J. G. B. Huber „Geschichte der Stadt Burghausen in Oberbayern". S. 210.)

Juli 1589 n. St. Kanton Luzern (Schweiz) Überschwemmung der Flüsse

Item schwere Regen, starke Gewässer, etliche Mal Tag und Nacht.
[Cysat E. manuscr.]

(B. Amberg „Beiträge zur Chronik der Witterung etc." III. S. 24.)

Luzern Überschwemmung infolge eines Wolkenbruchs

Auch hier bei uns in der Stadt von dem Gütsch ein Wolkenbruch und große Wassergüsse, so über die Bruchbrücke in der Mindern Stadt zur Porten hineingelassen, außerhalb aber alle Güter und Gärten überschwemmt und merklichen Schaden taten, wie auch durch die ganze Eidgenossenschaft hinweg.
[Cysat E. manuscr.]

(B. Amberg „Beiträge zur Chronik der Witterung etc." III. S. 24.)

Anfang Juli n. St. Frankreich Hochwasser der Flüsse

Au commencement de ce présent mois de juillet les eaux ont esté fort grandes ...

(C. Port „Les phénomèn. physiques". S. 110. aus „Journal de Louvet".)

Zu Anfang des Monat Juli seynd vast im ganzen Land die Gewässer angeloffen, ist auch der starcke erst anno 1587 erbaute Holzrechen zu München wider zerrissen, und in die 180000 holz brigl abwegk geschwembt worden.

1589 Bayern Überschwemmungen der Flüsse, z. B. der Isar

(„Aus dem Tagebuch des Abraham Kern von Wasserburg" in „L. Westenrieder, Beiträge zur vaterl. Historie etc." 1. Bd. S. 153.)

Zu Gedenken, daß am Tage Mariae Heimsuchung ... so große Wasserflut allhier zu Neurodt gewesen ist, daß es Brücken, Wege und viel Häuser zerrissen und zerschmettert hat. Welche Wasserflut so groß keinen lebenden Menschen allhier nicht gedacht.

2. Juli n. St. Neurode Überschwemmung des Walditzbaches

(Dr. J. Wittig „Chronik der Stadt Neurode". S. 116 aus dem Stadtbuch III 459 R.)

Durch andauernden Regen tritt die Steine aus ihren Ufern, führt viel Vieh etc. fort und ging bei Hollenau bis an den Weg. Auch zu Schlegel u. Rothwaltersdorf großer Schaden.

4. Juli n. St. Glatzer Land Überschwemmung der Steine

(Dr. Volkmer „Geschichte der bedeutendsten Überschwemmungen in der Grafsch. Glatz". S. 124.)

Große Wasserflut und Schaden.

11. Juli a. St. 21. Juli n. St. Oringen (im Hohenloheschen) Überschwemmung

(Dr. G. Hellmann „Die Meteorolog. in den deutschen Flugschriften etc. des 16. Jahrhdts." S. 19 u. 88/89 aus einer Flugschrift v. Prediger u. General-Superintend. D. Mederus in Stift Oringen.)

° (Dr. G. Hellmann „Repertorium etc." Spalte 326.)

Unwetter. Große Bäche kommen ab den nächsten Bücheln und vereinigten sich mit den andern Gewässern zu einer Überschwemmung der Stadt.
[Cysat manuscr.]

um 15. Juli und Anf. Aug. n. St. Luzern Überschwemmung

(B. Amberg „Beiträge zur Chronik der Witterung etc." III. S. 24.)

Die 3 Bäche richteten zu Marbach großen Schaden an.
[Cysat manuscr.]

August n. St. Entlebuch (Kanton Luzern) Überschwemmung

(B. Amberg „Beiträge zur Chronik der Witterung etc." III. S. 24.)

Unwetter. Dabei arger Sturmwind. Das Wasser war innert 1/4 Stunde da etc. Das Dorf ward sehr verwüstet.
[Cysat. manuscr.]

2. August n. St. Hitzkirch (Schweiz) Überschwemmung

(B. Amberg „Beiträge zur Chronik der Witterung etc." III. S. 24.)

Pendant la nuit, le Roubion et le Jabron débordent et inondent Montélimar.

25. August n. St. Départem. de la Drôme (SO. Frankreich) Überschwemmung des Roubion und Jabron

* (M. Villard „Météorol. région." S. 185.)

1589 Mitte Okt. n. St. Holland Rhein: sehr niedriger Wasserstand

Hoc tempore serenum admodum tempus et siccum, ita ut fossae multis in locis exsiccatae, imo ipse amnium pater Rhenus sicco pene pede Viennam poterat transiri.

(„Diarium van Arend van Buchell", edid. Dr. G. Brom u. Dr. L. A. van Langeraad. S. 217.)

(Zu dieser Zeit [herrschte] ziemlich heiteres und trockenes Wetter, so daß die Kanäle an vielen Orten ausgetrocknet waren, ja sogar der Vater der Ströme, der Rhein, bei Vianen trockenen Fußes durchschritten werden konnte.)

Winter 1590 Frankfurt a/M. Main: Eisdecke

Der Main hart zugefroren.

(A. A. von Lersner „Der weit-berühmten freyen Reichs- usw. Stadt Franckfurt am Mayn chronica". S. 534.)

Nordfriesland Eider: Eisdecke

1589 Martini [11. Nov.] beginnt es zu frieren und hat der Frost so stark angehalten, daß man am Stephanstag [26. Dez.] mit Wagen und Schlitten über das Eis der Eider hat fahren können.

(„M. A. Heimreichs nordfresische Chronik", edid. Dr. N. Falck. II. S. 87.)

Winter Kattegat Eisdecke

Bald nach Mitte November 1589 wurde das Kattegat infolge des Eises unschiffbar. Im April 1590 geht das Eis auf.

(Chr. Kuß „Jahrbuch denkwürdiger Naturereignisse in den Herzogth. Schleswig und Holstein". I. S. 103004 aus Slanges Christian IV. 1. S. 111.)

Mark Brandenburg Flüsse: starke Eisdecke

Autumnum Australem et humidum hyems asperrima excepit, ea immanitate, ut flumina insolito frigore ad unius alterius ulnae altitudinem conglutinarent, . . .

(Nicol. Leuthinger „Scriptor. de reb. March." S. 845 u. 853.)

(Den südlich warmen und feuchten Herbst löste ein sehr strenger Winter ab, und zwar von solcher Härte, daß die Flüsse infolge der ungewöhnlichen Kälte bis zu einer Stärke von 1 Elle zufroren, . . .)

Dezember 1589 n. St. Schweiz Überschwemmungen der Flüsse

Mit Schnee und Winterwetter; etliche Tage und Nächte unerhörte grausame Winde. Die warmen Winde schmolzen den Schnee im Gebirge, dazu kein überflüssiger Regen. Dies dauerte 7 Tage und trieb das Wasser in unerhörter Masse an; . . . ; hat Steg und Brücken weggenommen, großen Schaden gethan, z. B. Churwalden oder Bünden, auch diesseits und jenseits des Gebirges und dem Rheine nach etc., Scheunen mit viel Vieh und Menschen weggeflözt.
[Cysat E. manuscr.]

(B. Amberg „Beiträge zur Chronik der Witterung etc." III. S. 24/25.)

5. Dez. 1589 a. St. 15. Dez. 1589 n. St. Basel Rhein-Überschwemmung

In dem Christmonat war der Rheinfluß ungemein angewachsen. Den 5. lief das Wasser über die Zinnen der kleinen Stadt, und in die grosse Stadt bis zu dem Wirtshause des Storckens. Das steinen Joch litte grossen Schaden.

(Chr. Wurstisen „Baßler Chronick etc." II. S. 35/36.)

Dargegen aber im Yngang diß Monats so nasse, windige und ungestüme Zyt und Witterung sich under tagen und by nächtlicher Wyl erzeiget hat, das alle Flüsse und Bäche überluffind.

(R. Wolf „Zur Witterungsgeschichte der Jahre 1589 und 1590". S. 276/77 aus der Selbstbiographie des Pfarrers Josua Maaler zu Winterthur.)

1589 Anfang Dez. a. St Mitte Dez. n. St. Winterthur Überschwemmung der Eulach

Hoc tempore etiam Rhenus ultra solitum excrevit.

(„Diarium van Arend van Buchell", edid. Dr. G. Brom u. Dr. L. A. van Langeraad. S. 223.)

(Zu dieser Zeit stieg auch der Rhein ungewöhnlich an.)

Mitte Dezember n. St. Niederrhein Hochwasser

Main: Zugefroren.

(Dr. J. Ziegler u. Dr. W. König „Das Klima von Frankfurt a/Main". Tafel 9.)

23. Dez. 1589—17. Jan. 1590 a. St. 2.—27. Jan. 1590 n. St. Frankfurt a/M. Main: Eisdecke

Die Elbe konnte an mehreren Stellen durchwatet werden.

(H. Zabel „Chronik von Zöblitz". S. 102.)

1590 Sachsen Elbe: Sehr niedriger Wasserstand

Man konnte die Elbe an vielen Stellen durchwaten.

(K. G. Dreßler „Chronik der Parochie Ottendorf etc." S. 94.)

Die Röder floß nur 1 Hand breit, weil von Anfang Mai an 38 Wochen lang große Hitze und vollständiger Regenmangel herrschte.

(Dr. G. W. Schuberth „Chronik der Stadt Großenhain etc." S. 373.)

1590 Großenhain i/Sa. Sehr niedriger Wasserstand der Röder

Die Röder war wasserleer.

(K. G. Dreßler „Chronik der Parochie Ottendorf etc." S. 94.)

Ottendorf b/Radeburg i/Sa. Die Röder wasserleer

Zu Rom ist auch ein gros vngewitter kommen / mit vngestümen winden / dauon die Tyber dermassen sich erhaben / das die nechsten Hewser dauon eingefallen / . . . etc.

(Matth. Dresser „Sächsisch Chronicon". S. 746.)

Rom Tiber-Überschwemmung

Le cloître Notre-Dame est inondé.

(E. Clouzot „Les inondations à Paris etc." S. 99 aus Archiv. nat LL 307. fol. 43 V°.)

2. Januar n. St. Paris Seine-Überschwemmung

was 't sulck een schrickelyck onweder, dat de dycken ende het fort St. Marie veel schaede hebben geleden.

(„Chronique de François-Jos. de Castro", edid. F. van Naemen. S. 123.)

15. Januar n. St. Ostflandern Sturmflut

6. Januar 1590 a. St. 16. Januar 1590 n. St. Nordfriesland Sturmflut

5./6. Nachts. Eisfluth.

(„M. Anton Heimreichs nordfresische Chronik“, edid. Dr. N. Falck. II. S. 75.)

um 16. Januar n. St. Wijk bij Duurstede (Holland) Rhein: Eisgang

Mira hoc tempore glaciei vis in Rheno, adeo ut partem murorum Batavoduri abripuerit.

(„Diarium van Arend van Buchell“, edid. Dr. G. Brom u. Dr. L. A. van Langeraad. S. 225.)

(So ungewöhnlich stark war zu dieser Zeit die Gewalt des Eises im Rhein, daß es die Mauern von Wijk bij Duurstede teilweise wegriß.)

16. Januar a. St. 26. Januar n. St. Pritzwalk Überschwemmung der Dömnitz

Die Dömnitz hat sich beim schneegang also ergossen, daß die wasser an der Kemnitzer mühle zu den stubenfenstern bis auf eine handbreit hinangegangen.

(J. Chr. Bekmann „Histor. Beschreibung der Chur ubd Mark Brandenburg“. II. S. 137.)

17. Januar a. St. 27. Januar n. St. Frankfurt a/M. Main: Eisgang

Darauf bricht der Mayn den 17. Januar an / und legte sich das Eyß so hoch an die Fahr-Pforten.

(A. A. von Lersner „Der weitberühmten freyen Reichs-etc.-Stadt Franckfurt am Mayn chronica“. I. S. 534.)

Frühling—Sommer Östl. Mark Brandenburg Sehr niedriger Wasserstand der Flüsse

38 Wochen regnete es nicht. Die Flüsse trockneten aus.

(Dr. W. Reinhold „Chronik der Stadt Soldin“. S. 143.)

nach 9. März n. St. Elsaß Überschwemmung

Hernach am Freytag nach der Aschen-Mittwoch, war der 8. [9.] Tag Mertzens, fieng es an zu regnen, und weil es darbey sehr warm war, müsste aller Schnee und Eyß zu Berg und Thal schmeltzen, da es dan bey 5 Tag lang ein groß Gewässer absetzte und alle Wisen und Felder überschwemmte; . . .

(M. Tschamser „Annales etc. zu Thann“. II. S. 249.)

19. Mai a. St. 29. Mai n. St. Thachsen (Thurgau i/Schweiz) Überschwemmung

Uf den 19 Tag gab es abermalen so ein grusame Wassergüsse, daß es dem Müller zue Thachsen sein underi Mühle hinwägfühert und umbgestoßen.

(„Bauernchroniken aus den thurgauisch. Bezirken Dießenhofen und Frauenfeld“, edid. A. Farner. S. 88.)

Sommer 1590 Avignon u. andere Orte Rhône-Überschwemmung

Rhône. Un débordement, il causa quelques désastres au pont Saint-Esprit et à Avignon.
[Un repère des Pénitents gris].

(M. Champion „Les inondations en France etc.“ III. S. 231.)

Départem. de la Drôme Rhône-Überschwemmung

grande sécheresse suivie de pluies et inondations; le Rhône notamment cause des désastres au Saint-Esprit et à Avignon.

* (M. Villard „Météorol. régionale“. S. 185.)

Die Elbe kann an vielen Stellen durchwatet werden. Sommer—Herbst 1590 Unterelbe Sehr niedriger Wasserstand

(J. Hanssen u. H. Wolf „Chronik des Landes Dithmarschen“. S. 432.)

Die Elbe hat man an vielen Orten durchwaden / aber nicht mehr drauff schiffen können. M. Deutschland Elbe: sehr niedriger Wasserstand

(Tob. Schmidt „Zwickau. Chronick“. II. S. 428/29.)

. . . , die Saale so klein gewesen, daß man hin und wieder durchwaten können. Sommer Merseburg Sehr niedriger Wasserstand der Saale

(G. Möbius „Neue Merseburg. Chronika 1668“. S. 313.)

Die Saale ist so klein, daß man stellenweise durchwaten kann. Saale-Gegend Saale: sehr niedriger Wasserstand

(J. Chr. von Dreyhaupt „Pagus Neletici etc.“ I. S. 621.)

. . . , daß man durch die Saale waten konnte.

(J. Chr. von Dreyhaupt „Pagus Neletici et Nudzici etc.“, edid. J. F. Stiebritz. I. S. 720.)

. . . / es sein die Wasser . . . also klein worden / das man durch hin gehen / vnd kaum mit Kanen fahren können. Sachsen Elbe: sehr niedriger Wasserstand

(Matth. Dresser „Sächsisch Chronicon“. S. 745/46.)

Die Elbe hat man an vielen Orten durchwaten / und nicht mehr drauff schiffen können; die Wesenitz hätte man mit einer Hand schützen können. Elbe und Weßnitz: sehr niedriger Wasserstand

(Chr. Heckel „Histor. Beschreibung der Stadt Bischofswerda“. S. 263.)

° (M. Tschamser „Annales etc. zu Thann“. II. S. 252.) Elbe: sehr niedriger Wasserstand

Die Mulde ist so klein gewesen / als das geringste Bächlein; die Müntzebach und Röhrwasser der Bürger haben sich gantz verlohren. Sommer—Herbst Gegend von Freiberg i/Sa. Freiberger Mulde: sehr niedriger Wasserstand

(Dr. A. Moller „Theatr. Freiberg. chronic.“ II. S. 363.)

. . . / auch man unterhalb der Brücke alhier durch die Elbe wathen können. Sommer—Herbst 1590 Dresden Elbe: sehr niedriger Wasserstand

(A. Weck „Der etc. Residentz- u. Haupt-Festung Dresden Beschreib- u. Vorstellung.“ S. 536.)

Die Mulda ist hier zu Zwickau so klein gewesen / . . . / und fast aller Orten mit truckenen Fuß drüber gehen können. Zwickau i/Sa. Zwickauer Mulde: Sehr niedriger Wasserstand

(Tob. Schmidt „Zwickau. Chronick“. II. S. 429.)

Ist ein sehr heißer truckener Sommer gewesen, also, daß auch die Landflüsse, als der Bober, Queiß, Katzbach, Weida, Olau, Lohe, und andere mehr gänzlich ausgetrucknet. Die Oder ist auch so klein worden, daß man sie an allen Orten durchwaten können. SO Deutschland Flüsse: sehr niedriger Wasserstand

(„Jahrbücher der Stadt Breslau von Nicol. Pol“, edid. J. G. Büsching. IV. S. 156.)

Sommer
SO Deutschland
Queis und andere Flüsse ausgetrocknet

So heiß, daß der Queis und andere Flüsse ganz austrockneten.

(J. G. Bergemann „Beschreibung und Geschichte der Stadt Friedeberg am Queis" S. 147.)

Bunzlau
Bober: Sehr niedriger Wasserstand

Der Bober trocknete infolge starker Hitze ganz aus.

(J. G. Bergemann „Chronik der Stadt Bunzlau". III. S. 85.)

Riesengebirge
Zacken und andere Flüsse völlig ausgetrocknet

Zacken und andere Flüsse trocknen völlig aus.

(J. G. Bergemann „Beschreibung und Geschichte von Warmbrunn etc." S. 84.)

Weichsel bei Thorn: Sehr niedriger Wasserstand

Man kann trockenen Fußes hindurchgehen bis Werder.

(Dr. J. E. Wernicke „Geschichte Thorns etc." II. S. 151.)

22. Mai a. St.
1. Juni n. St.
Martelen (Schweiz)
Überschwemmung infolge eines Wolkenbruchs

Uf Fritag nächst San Urbanstag ist ein schwär Wätter mit einem Wolkenbruch komen, gab dermaßen ein Wassergüsse, daß es die großen Stäg zue Martelen . . . hinwägfüert.

(„Bauernchroniken aus den thurgauisch. Bezirken Dießenhofen und Frauenfeld", edid. A. Farner. S. 88.)

10. Juni—
21. Sept. n. St.
Leitmeritz (Böhmen)
Elbe: sehr niedriger Wasserstand

Der Wasserstand der Elbe nahm so ab, daß man mit Wägen, Pferden und selbst zu Fuß durch dieselbe hindurch konnte. Alle Bäche und Flüsse vertrocknet.

(Dr. W. Katzerowsky „Die meteorolog. Aufzeichnungen der Leitmeritz. Stadtschreiber aus den Jahren 1564–1607". S. 19.)

Anf. Juni—
Nov. a. St.
Mitte Juni—
Nov. n. St.
Zwickau
Sehr niedriger Wasserstand der Zwickauer Mulde

38 [?] Wochen Dürre. Die Mulde war so klein, daß man fast überall trockenen Fußes durchgehen konnte.

(Dr. E. Herzog „Chronik von Zwickau". II. S. 346.)

Erntezeit
Brünn
Überschwemmung der Schwarzawa und Zwickawa

[Überschwemmung], besonders nach dem Schnitt, da es 6 Wochen lang Tag und Nacht regnete.

(Dr. G. Trautenberger „Die Chronik der Landeshauptstadt Brünn etc." III. S. 90.)

um 20. August a. St.
um 30. August n. St.
Friesland
Sturmflut

Circiter 20. Augusti ingens in mari tempestas oritur, unde maxima pars Phrisiae aquis inundata est, . . .

(„Kronijk van Eggerik Egges Phebens van 1565–1594", edid. H. O. Feith. S. 120.)

(Um den 20. August erhob sich auf dem Meere ein sehr starker Sturm, wodurch ein sehr großer Teil von Friesland unter Wasser gesetzt wurde.)

Winter 1590/91
Rhône
Eisdecke

gela entièrement dans le Midi.

* (M. Villard „Météorol. régionale". S. 185.)

[Der große Schnee] ist den 2. tag wieder wegk gangen und ein groß wasser geben. 2. Dezember 1590 a. St. 12. Dezember 1590 n. St. Eger i/Böhmen Eger: Hochwasser

(„Manual-Chronik Andreas Baiers" in „Die Chroniken der Stadt Eger", edid. H. Gradl in „Deutsche Chroniken in Böhmen". III. S. 160.)

Ce fut un tel déluge, . . . 1591 Pontoise b/Paris Überschwemmung der Oise

(M. Champion „Les inondations en France etc." II. S. 162 aus L'abbé Trou „Recherch. histor. sur Pontoise". S. 184.)

Bodensee: Großes Wasser. Überlingen (Bodensee) Bodensee: hoher Wasserstand

(„Jakob Reutlingers Chronik". 1. Bd. S. 288/89. in „Zeitschrift f. d. Geschichte des Oberrheins". 34. Bd. S. 50 u. 361/62.)

la rivière de Seine, qui estoit si basse en ceste saison que l'on pouvoit quasi aller à pied sec du quay des Augustins en l'isle du Palais (ce qui n'avoit esté veu de mémoire d'homme), vinst à croistre ce jour sans aucune cause apparente, car la gelée avoit continué huict jours entiers sans pluie et continuoit et serroit plus fort qu'auparavant. La cause toutefois pouvoit estre de ce que le dimanche et lundi [30.–31. Dezember 1590] précedens le vent de couchant avoit tiré, qui pouvoit avoir chassé les nuées vers l'orient et vers les sources des rivières, ou estans crevées, les pluies avoient causé la crue des eaux; ou que le vent estant au levant, avoit chassé l'eau en abondance à val la rivière, ou que les arches des ponts estant gelées, l'eau ne pouvant passer avoit regorge contre mont. 3. Januar 1591 n. St. Paris Seine-Überschwemmung

(M. Champion „Les inondations en France etc." I. S. 70 aus Estoille „Registre-journal etc.")

Do men ein M ein D dar tho 1. April a. St. 11. April n. St. Elbmarschen Sturmflut
Negen X ein J (my mercken do)
Geschreffn, do ginck ein hoge flodt,
De vell schiip omme keren doet,
Vp de Elue vnd anders war,
Den idt stormede altho swar,
Men sach de dyck ock ser schamfert,
Alwor [= überall wohin] dat men sick hinne kert,
Am guden Donnerdag [= Gründonnerstag], de tydt
Magstu hyr wercken mith allem flydt.

[Gedicht des Pastors Ludw. Lonnärus in Seest].

(Dr. Detlef Detlefsen „Geschichte d. holstein. Elbmarschen". I. S. 417.)

Der Bober ergoß sich und verursachte großen Schaden. Juni n. St. Bunzlau Überschwemmung des Bobers

(J. G. Bergemann „Chronik der Stadt Bunzlau". III. S. 86.)

1591 27. Mai a. St. 6. Juni n. St. Graubünden Überschwemmung der Flüsse, z. B. d. Plessur

als es 24 stunden nach einandren geregnet, sind alle bärgwasser mit solcher vngestümigkeit angeloffen, das vilen landen grosser schaden zuogestanden ist. Zuo Cur fürt es der stat bruggen hinweg.

(„Hans Ardüser's Selbstbiographie und Chronik 1572/1614". S. 117.)

Malans (Kant. Graubünden) Überschwemmung der Landquart

ist die Lanquart inbrochen, daß sy die ganz Au überloffen hat, . . .

(R. Wegeli „Gedenkbüchlein des Enderlin Liesch in Malans". S. 77.)

31. Mai n. St. Gegend von Leitmeritz (Elbe) Überschwemmung infolge eines Wolkenbruchs

Nach $^3/_4$7 Uhr abends fiel ein Wolkenbruch, der sich von den wüsten Weingärten auf der Zelena, dem Krzemin, Pirnai bis zum roten Walde erstreckte. Starker Schaden durch Fortschwemmung von Erdmassen und Pflanzen.

(Dr. W. Katzerowsky „Die meteorolog. Aufzeichnungen d. Leitmeritz. Stadtschreiber etc." S. 20.)

Sommer England Flüsse: sehr niedriger Wasserstand, z. B. Themse u. Trent

It being succeeded this summer by strong W. winds and little rain. The Trent and other rivers were almost without water. The Thames, was so dried up that a man might ride over it on horseback near London Bridge.
[Thoresby]

(E. J. Lowe „Natural phenomena etc." S. 23.)

1 Juni n. St. Leitmeritz i/Böhm. Überschwemmung infolge eines Wolkenbruchs

2 Uhr nachmittags: oberhalb Pokraditz starker Wolkenbruch mit ungeheurem Schaden. Der Bach Dubina trat hoch über seine Ufer und überschwemmte alle Gärten der Vorstadt Dubina.

(Dr. W. Katzerowsky „Meteorolog. Nachrichten aus den Archiven der Stadt Leitmeritz" aus Memorabilien der Stadtschreiber S. 20.)

14. Juni n. St. Warmbrunn Überschwemmung des Zackens

Es ergoß sich der Zacken so, daß ganz Warmbrunn überschwemmt war und 5 Häuser weggerissen wurden.

(J. G. Bergemann „Beschreibung und Geschichte von Warmbrunn etc." S. 85.)

15. Juni n. St. Breslau Oder-Überschwemmung

Es kam von stetem Regen plötzlich ein großes Wasser, riß den Tamm aus bei der Probstei an zweien Enden, that großen Schaden um den Elbing herum und anderswomehr. In der Kirchen zu 11000 Jungfrauen lief es zu einer Thüre ein, zu der andern wieder aus. In der Neustadt erreichte das Wasser die 1. Stufe an der Kirchen zu S. Bernhardin. Im Schießwerder gieng es über und über, daß die Häuser und alles im Wasser stand.

(„Jahrbücher der Stadt Breslau von Nicol. Pol", edid. J. G. Büsching. IV. S. 157.)

22. Juni n. St. Habelschwerdt (Glatzer Land) Überschwemmung der Neiße

Es entsteht große Wasserflut. In Wartha reicht Wasser bis an der Brücke.

(A. Skalitzky„ Excerpte aus der handschriftl. Chronik eine Habelschwerdters vom Jahre 1618". S. 277.)

Starke Überschwemmung. Besonders starke Überschwemmung der Steine mit großem Schaden an Äckern und Getreide. 1591 23. Juni n. St Glatzer Land Überschwemmung der Steine
[Chronik des Pankraz Scholz]

(Dr. Volkmer „Geschichte der bedeutendsten Überschwemmungen in der Grafschaft Glatz". S. 124.)

sontag vor Johanes tauffers ist ein grosz gewesser gewesen vom regen und klausen komen [ein Haus und die Arche vom Wasser weggeführt und andere Häuser sehr beschädigt], grossen schaden durchs Behmerland gethan, . . . Trautenau (Böhmen) Überschwemmung der Aupa

(„Simon Hüttels Chronik der Stadt Trautenau", edid. Dr. L. Schlesinger in „Deutsche Chroniken aus Böhmen". II. S. 311.)

am abendt S. Joannis Paptistae, Vmb 1. an der gantzen Uhr, in der Nacht ist ein solch erschröckliches Wetter mit Plitz, Donner, und Platzregen, Ueber Schönberg entstanden, daß es innerhalb einer Stundt 22 heußer weggenommen, ohne Scheüer Vndt Stelle, Vndt andere gebewde so es Jammerlich Zerrißen Vndt Verdorben, . . . Mähr.-Schönberg Überschwemmung infolge eines Wolkenbruchs

(K. Umlauff „Chronik der Stadt Mähr.-Schönberg" I. S. 39 aus dem Codex Pesinianum.)

22./23. nachts. 1 Uhr früh große Überschwemmung. Während eines starken Orkans fing es an zu regnen und in der Gegend von Brettersdorf und Geppersdorf ging ein starker Wolkenbruch nieder und das herzuströmende Wasser richtete in der Niederung beim neuen Thor einen nicht zu berechnenden Schaden und ungeheuere Verwüstung an. Das Wasser versetzte sich in der kleinen Kunzen- und Krapfengasse und drang mit Ungestüm in die sogenannten Bauershöfe ein . . . [Zahlreiche Häuser wurden fortgerissen und viele Menschen ertranken.]

(K. Umlauff „Chronik der Stadt Mähr.-Schönberg". I. S. 29.)

Es beginnt große Wasserflut. 24. Juni n. St. Bunzlau i/Schl. Überschwemmung des Bobers

(Dr. E. Wernicke „Chronik der Stadt Bunzlau". S. 256 aus Holstein. „Chronik".)

Überschwemmung. Queis Überschwemmung

(Dr. E. Wernicke „Chronik der Stadt Bunzlau". S. 256.)

Der Queis war so groß, daß 7 Häuser weggerissen wurden. 3 Menschen ertranken. Flinsberg (Isergebirge) Überschwemmung des Queis

(J. G. Bergemann „Flinsberg etc." S. 21.)

Es ergoß sich der Queis so sehr, daß er bis auf den Markt kam, auf der Ober- und Güldengasse 3, auf der Schloßgasse 4 Häuser wegriß. Friedeberg a/Queis Überschwemmung des Queis

(J. G. Bergemann „Beschreibung und Geschichte der Stadt Friedeberg am Queis". S. 147.)

Juli n. St. 1591 yonne Über-schwemmung

. . . où l'Yonne, grossie par des pluies extraordinaires, déborda d'une manière effrayante. . . .

* (M. Champion „Les inondations en France etc." II. S. 122.)

Anfang Juli n. St. Anjou Über-schwemmung der Flüsse, z. B. der Loire

les eaux ont esté fort grandes, tellement que les prairies ont esté toutes couvertes, à raison des longues pluies qui ont fait au mois de juing dernier.

(M. Champion „Les inondations en France etc." II. S. 222 aus Louvet.)

3. August a. St. 13. August n. St. Graubünden Über-schwemmung der Flüsse

Am 3. Ougsten hat es 36 stunden nach einandren geregnet, dardurch schier in aller wäld gros iamer vnd schaden an leüth, guot ond allerley fech beschechen ist.

(„Hans Ardüser's Selbstbiographie und Chronik 1572/1614". S. 117.)

1592 Dessau Über-schwemmung der Mulde

Mulde. Starke Überschwemmung.

(B. Heese „Die Dessauer Chronik etc." S. 339.)

21. April 1592 a. St. 1 Mai 1592 n. St. Erfurt Über-schwemmung der Gera

Aber es kam in der Nacht, durch viel und grosse Regen ein so groß Gewässer in Erfurt, die Löber-Schmidtstetter- Krempffer- und Johannis-Brücke, ingleichend die Stein-Brücke bey D. Junioris Garten zerrisse wie auch Häuser auf dem neuen Erbe, 3 Häuser vor S. Johannis-Thor, und 18 Mühlen auf dem schmalen Wasser wegspühlete. Das Wasser war so groß, daß man an einigen Oertern von einem Orte zum andern nicht kommen kunte . . . , und hat sonst sehr grossen Schade gethan.

(J. H. von Falckenstein „Civitat. Erfurtens. historia". I. S. 673.)

Wasserflut. Das Wasser soll noch 2 Ellen höher gestanden haben als 1588. Großer Schaden.

(Dr. K. Beyer u. Dr. J. Biereye „Geschichte der Stadt Erfurt". I. S. 487.)

° (Matth. Dresser „Sächsisch Chronicon". S. 762.)
= 22. April 1592 alt. Stil.

Treben b/Altenburg (Thür.) Über-schwemmung der Pleiße

Pleiße: starke Überschwemmung.
[„Kirchen-Galerie des Herzogth. Sachsen-Altenburg". I. S. 415.]

(Dr. J. u. E. Löbe „Geschichte der Kirchen und Schulen des Herzogth. Sachsen-Altenburg". I. S. 514.)

24. April a. St. 4. Mai n. St. Arnstadt (Thür.) Über-schwemmung der Gera

Zwischen 4 und 5 Uhren nach Mittage, ist . . . so ein groß Gewässer gewesen, daß es denen Leuten in ihren Gärten und Aeckern grausamen Schaden gethan; es ist in das Schloß kommen, und in die Keller gerissen, . . .

(„Pauli Jovii chronicon Schwartzburgicum" in Chr. Schoettgen u. G. Chr. Kreyßig „Diplomataria et scriptores histor. Germanic. med. aev." I. S. 708.)

Fuerunt hac aestate crebrae Nissi eluviones, . . . Sommer 1592 Die Neiße Überschwemmungen

(„Annales Gorlicenses". Supplement. in Osk. Schmidt-Reder „Otia Lusatica". S. 30.)

(Es ereigneten sich in diesem Sommer häufige Überschwemmungen der Neiße, . . .)

Erlichtwasser: Es entstand eine große Wasserfluth, die viel Schaden verursachte. 1. Aug. n. St. Reichenau b/Zittau (Oberlausitz) Überschwemmung des Erlichtwasser

(J. T. D. Rösler „Chronick von Reichenau etc." S. 81.)

Wasserflut.

(L. Engelmann „Geschichte von Reichenau". II. S. 383.)

Besonders große Überschwemmung. Zittau i/Sa. Überschwemmung der Neiße

(Chr. A. Peschek „Handbuch d. Gesch. d. Stadt Zittau". II. S. 433.)

Nissus aquis pluvialibus auctus in tantum intumuit, ut aggerum moletrinae supergredeLetur. 3. August n. St. Görlitz Überschwemmung der Neiße

(Mart. Mylius „Mart. Meisteri annales Gorlicenses etc. usque ad a. 1651 etc." S. 55.)

(Die Neiße war infolge von Regengüssen so stark angeschwollen, daß sie über den Mühldeich ging.)

Paulo post, eodem hoc mense [Sept.], miserabilis fuit perturbati maris cataclysmus siue inundatio saeuissimaque tempestas, non solum per Phrisiam, sed etiam vicinas alias regiones. Herbst Nordsee Sturmflut

(„Kronijk van Eggerik Egges Phebens van 1565–1594", edid. H. O. Feith. S. 141.)

(Bald nach dieser Zeit, dem September, trat infolge des aufgewühlten Meeres eine Sintflut oder Überschwemmung und ein sehr heftiges Unwetter ein, und zwar nicht nur in Friesland, sondern auch in anderen benachbarten Gegenden.)

Groß Wasser. 6. September n. St. Hirschberg (Riesengebirge) Hochwasser des Zackens

(D. Zeller „Hirschbergische Merckwürdigkeiten". 1. Theil. S. 153.)

Hoher Wasserstand. 6. September n. St. Hirschberg i/Schl. Hochwasser des Zackens

(J. D. Hensel „Histor.-topograph. Beschreibg. der Stadt Hirschberg i/Schl." S. 171.)

Große Fluten, viele Weserdeiche gebrochen, viele 1000 Menschen ertrunken. November NW Deutschland Sturmflut

(J. H. Duntze „Geschichte der freien Stadt Bremen". III. S. 498.)

1592 3. November a. St. 13. November n. St. Suhl Überschwemmung der Hasel

Die Gewässer sind infolge heftiger Regengüsse sehr angeschwollen.

(Dr. F. Werther „7 Bücher der Chronik der Stadt Suhl". I. S. 178.)

25. Dez. 1592 a. St. 4. Jan. 1593 n. St. Halle (Saale) Saale: Eisdecke

Saale gefroren.

(G. Olearius „Halygraphia etc." II. S. 327.)

1593 Mark Brandenburg Überschwemmungen der Flüsse, z. B. der Elbe, Oder, Spree, Havel, Warthe

Crebrae etiam inundationes, Albis, Viadri, Suevi, Haveli, Wartae et aliorum eluviones fluviorum, . . .

(Nicol. Leuthinger „Scriptor. de reb. Marchiae etc." S. 966.)

(Auch häufige Überschwemmungen der Elbe, Oder, Spree, Havel, Warthe und Hochwasser anderer Flüsse, . . .)

Oderbruch Überschwemmung

Oder: Schweres Hochwasser. Der Damm bei Manschnow reißt an 2 Stellen. Das Oderbruch bis nach Wollup unter Wasser.

(P. F. Mengel „Das Oderbruch". I. S. 97 aus Bericht des Hauptmann Georg von Rohr an den Kurfürsten vom 11. 7. 1593.)

Guben Neiße: Eisgang u. Überschwemmung Oder: Überschwemmungen

Zweimal großes Wasser. Bei dem 1. riß das Eis der Neiße das Joch bei der Zugbrücke fort, bei dem 2. machte die Oder großen Schaden bei Niemaschkleba.

(K. Gander „Geschichte der Stadt Guben". S. 116.)

24. Januar n. St. Leitmeritz (Böhmen) Elbe: Eisgang

Wider alles Erwarten sind nach $^1/_4$ 6 früh die Brückenböcke weggerissen worden, mit Ausnahme dreier Paare am jenseitigen Ufer, von denen bald darauf 2 Paare vom Eise mitgenommen wurden.

(Dr. W. Katzerowsky „Die meteorolog. Aufzeichnungen der Leitmeritz. Stadtschreiber etc." S. 20.)

26. Jan. n. St. Leitmeritz (Böhmen) Elbe: Eisgang

7 Uhr morgens. Das letzte Paar Brückenböcke wird fortgerissen.

(Dr. W. Katzerowsky „Die meteorolog. Aufzeichnungen d. Leitmeritz. Stadtschreiber etc." S. 20.)

um 12. März a. St. um 22. März n. St. Frankfurt a/O., Küstrin, Wriezen a/O u. a. Orte Oder-Überschwemmung

Gregoriustag . . . Vmb diese Zeit war gros Wasser zu Franckfurt an der Oder / Cüstrin / Wrietzen / vnd da herumb.

(Andr. Engel „Annal. March. Brandenburg." S. 411.)

Frankfurt a/d. Oder Oder-Überschwemmung

In dießem Jahre ist die Oder sehre groß gewesen, daß Sie zu Franckfurt vnd in der Wieße weit vber eine Tonne goldts hat schaden gethan.

(Petrus Hafftitius „Microcronicon Marchicum" in Riedel „Codex diplom. Brandenburg." 4. Haupttheil. 1. Bd. S. 151.)

wie dann auch hiebevor zu end deß Aprilens das große Gewässer zu Parma ein Bollwerck an der newen Festung eingerissen / vnd sonst auch in Romagna grossen schaden gethan.

Ende April 1593 n. St. Parma, Romagna Über schwemmung der Flüsse

(Joh. Sleidanus „Warhafft. Beschreibg. etc.“ S. 590.)

Vmb dise zeit hat das groß gewässer auch zu Wien in Oesterreich die Brucken weg gerissen / vnd sich also außgebreitet / das vier Häuser weg geflossen / und 8 Personen darin ertruncken.

Sommer Wien Überschwemmung

(Joh. Sleidanus „Warhafft. Beschreibung etc. Continuat III.“ S. 590.)

Praecessit haec bella Junio et Julio mensibus stupenda et prodigiosa multisque cladibus hominibus, pecudibus, agris aedificiisque importatis memorabilis inundatio, non solum uni alicui territorio, sed toti pene Germaniae et vicinis regnis communis, tanta cum aquarum ex continuis aliquot dierum imbribus copia, ut omnia aquis innatare viderentur, . . .

Juni—Juli n. St. Centraleuropa Überschwemmungen der Flüsse

(Mart. Mylius „Mart. Meisteri annales Gorlicenses etc. usque ad an. 1651 etc.“ S. 55.)

(Es ging diesen Kriegen in den Monaten Juni und Juli eine verblüffende und ungeheuerliche denkwürdige Überschwemmung voraus, die den Menschen, dem Vieh, den Äckern und Gebäuden viel Schaden brachte, nicht nur irgend einem Gebiet, sondern allgemein fast ganz Deutschland und den benachbarten Ländern. Die Wassermengen waren infolge der einige Tage anhaltenden Regengüsse so groß, daß alles im Wasser zu schwimmen schien, . . .)

Anhaltend hoher Wasserstand der Elbe, mit Schaden an der Brücke.

Juni—Juli a. St. Dresden Hochwasser der Elbe

(Dr. W. Schäfer „Chronik der Dresdener Elbbrücke etc.“ S. 48 aus Brückenamts-Register.)

A festo Medardi ad 23. Augusti quotidie nunc mites nunc juges pluviae, quas secutae sunt per hanc aestatem usque ad hoc tempus 14 inundatiobes, quae apud nos fenosecium [Heuernte] impediverunt, alibi vero segetum germina illuvie facta perdiderunt et impetu aquarum pecora et homines advexerunt.

8. Juni—23. August n. St. Schweidnitz 14 Überschwemmungen der Weistritz

(„D. Scepsii annales“ in „Scriptor. rer. Silesiac“. 11. Band. Schweidnitz. Chronisten. S. 94.)

(Vom Medardusfeste [8. Juni] bis 23. August täglich teils sanfte, teils anhaltende Regen. Diesen folgten diesen Sommer hindurch bis zu dieser Zeit 14 Überschwemmungen, die bei uns die Heuernte behinderten, anderwärts aber die Saatkeime durch den Schlamm vernichteten und infolge der starken Strömung der Fluten Vieh und Menschen mit sich führten.)

In der Woche Petri und Pauli hat das Hochwasser der Salzach großen Schaden in der Stadt angerichtet.

um 29. Juni Burghausen (Oberbayern) Hochwasser der Salzach

(J. G. B. Huber „Geschichte der Stadt Burghausen in Oberbayern“. S. 211.)

1593 Juli n. St. Burghausen (Oberbayern) Überschwemmung der Salzach

Salzach: 3. Überschwemmung.

(J. G. B. Huber „Geschicht eder Stadt Burghausen in Oberbayern". S. 211.)

Thorn Weichsel-Hochwasser

Durch großen Wasserstand bedeutender Schaden.

(Dr. J. E. Wernicke „Geschichte Thorns etc." II. S. 153.)

7. Juli, 27. Juli, 5. August n. St. Breslau Oder-Überschwemmungen

Es ist die Oder mächtig sehr angelaufen, daß man in der Neustadt mit Schiffen fahren müssen, und es an den neuen Wällen an dem Werkstücke, auch darüber, gegangen. Der Schweidnitzische Anger war voll Wasser und gieng über beide Tämme. An dem Olischen Thor und Stadtgraben riß die schwarze Olau durch die Schütze, rauschete mit großer geschwinder Macht durch den Stadtgraben um die halbe Stadt. [Große Beschädigungen]. Im Schießwerder gieng es über und über durch das Schießhaus, höher denn 1 gute Elle, gieng in beide Stuben, that an Wiesen, Mühlen, Brücken, Tämmen, Gärten großen Schaden; bestand ziemlich lang mit Verderben der Menschen und des Viehes.

(„Jahrbücher der Stadt Breslau von Nicol. Pol", edid. J. G. Büsching. IV. S. 166.)

8. Juli n. St. Leitmeritz (Böhm.) Die Elbe beginnt stark zu steigen

Infolge täglicher starker Regengüsse begann die Elbe gewaltig zu steigen.

(Dr. W. Katzerowsky „Die meteorolog. Aufzeichnungen der Leitmeritz. Stadtschreiber etc." S. 20.)

13. Juli n. St. Goldberg (Schles.) Überschwemmung der Katzbach

am Tage Margarethae ist viel Getreide erseufft worden.

(Dav. Namsler „Außführlicher Bericht von Wassern vnd Wasserflutten etc." S. M IIb.)

n. St. Leitmeritz (Böhmen) Elbe-Überschwemmung

Die Elbe überschreitet bereits die Ufer und setzt alles unter Wasser. Durch diese Überschwemmung litten die Grundbesitzer großen Schaden an Heu und Getreide etc.

(Dr. W. Katzerowsky „Die meteorolog. Aufzeichnungen der Leitmeritz. Stadtschreiber etc." S. 20.)

Aussig (Böhm.) Elbe: Hochwasser

Hochwasser.

(Dr. W. Katzerowsky „Die meteorolog. Aufzeichnungen der Leitmeritz. Stadtschreiber etc." S. 20.)

14.—17. Juli n. St. Lumierzicz (Böhmen) Überschwemmung

14. Juli. 9 Uhr abends beginnt eine große Überschwemmung, die 4 Tage ununterbrochen anhält, die großen Schaden anrichtet. In der Vorstadt riß das Wasser 24 Häuser mit und 15 Personen fanden ihren Tod in den Wellen. Das ganze Getreide in der Umgebung wurde vernichtet.

(Dr. W. Katzerowsky „Die meteorolog. Aufzeichnungen d. Leitmeritz. Stadtschreiber etc."S. 21.)

Starke Überschwemmung.

(J. Chr. Schneider „Chronik der Stadt etc. Forst". S. 320.)

15. Juli n. St. 1593 Forst i. L. Überschwemmung der Neiße

A la fin de l'été, un orage terrible éclata dans plusieurs cantons du Valois, et Carlier „Hist. du duché de Valois" II. S. 679. constate, „que la pluie succéda à la grêle comme un déluge"; les torrents et les débordements des rivières, ajoute-t-il, causerent un grand dégât.

(M. Champion „Les inondations en France etc." II. S. 162.)

Ende Sommer n. St. Valois (N. Frankreich) Überschwemmungen z. B. der Oise

Schaaserbach so hoch gestiegen, daß er bis in's Spitalthor gereicht hat. [Chronik d. Michael Moses in der Chronik der 1. Marktnachbarschaft in Schäßburg].

(„Siebenbürg. Chronik des Schäßburg. Stadtschreibers Georg Kraus 1608/65" in „Font. rer. Austriacar." 1. Abtlg. Scriptores. 4. Bd. S. XX. Anmerkung unten.)

10. August n. St. Schäßburg (Siebenbürgen) Überschwemmung der Gewässer

ingens tempestas praecesserat, hac autem nocte tanta inundatio facta tantum ex imbribus duas horas durantibus, ut mixtis tonitruis alibi aedes ferirentur et accederentur. Hic vero in urbe et passim per provinciam multae aedes corruerant, moenia civitatis fracta, et tanto impetu atque vi aquae irruperunt, . . . Extendit se haec inundatio aquarumque vis per totam Transsilvaniam et Hungariam et vicina loca.

(„Auszug aus der Chronik von Simon Massa und Marcus Fuchs [1587/1618]" in „Quellen zur Geschichte der Stadt Brasso [Kronstadt]" 5. Band. S. 272.)

29. August n. St. Siebenbürgen und Ungarn Überschwemmungen der Gewässer

(Ein sehr starker Sturm war vorausgegangen, aber in dieser Nacht trat eine so große Überschwemmung infolge zweistündiger Regengüsse ein, daß bei einem Gewitter anderswo Häuser einstürzten, Stadtmauern eingerissen wurden und die Gewässer mit sehr großer Gewalt hereinbrachen . . . Es erstreckte sich diese Überschwemmung und Gewalt der Fluten durch ganz Siebenbürgen, Ungarn und benachbarte Gegenden.)

fiel ein zweistündiger Regen bei Cronen, dass das Wasser in der Gruft die starke Stadtmauer niedergerissen, in die Stadt gedrungen, den nahangelegenen Häusern den Umfall gedrohet und die Wasserleitungen verwaschen.

(Joseph Teutsch „Auszug aus Nebenarbeit von sonderbaren Begebenheiten in Burzenland" in „Quellen zur Geschichte der Stadt Kronstadt in Siebenbürgen". 4. Band. S. 177.)

Kronstadt (Siebenbürgen) Überschwemmung der Gewässer

ist allhier in Kronstadt ein solch Gewässer gewesen, daß es auf dem Roßmarkt in manchem Hof bei halbmannshoch gewesen und durch die Stadtmauer gewaschen, die Weine in den Kellern aufgehoben und denn in der Altstadt denen Schmieden in ihre Werkhäuser eingangen ist. Auch ist gleich durch dies ganze Jahr im ganzen Land ein grausames Gewässer gewesen.

(„Liber annalium raptim scriptus per Michaelem Veyss [Michael Weiß] [1569/1612] in „Quellen zur Geschichte der Stadt Brasso [Kronstadt]" 5. Band. S. 147/8.)

° („Kalender-Aufzeichnungen von Michael Forgats etc.“ in „Quellen zur Geschichte d. Stadt Kronstadt in Siebenbürgen“. 4. Bd. S. 43.)

(„Notatio historica rer. gestar. in Hungaria et Transsilvania etc.“ in J. Trausch „Chronicon Fuchsio-Lupino-Oltardinum etc.“ I. S. 104.)

Oktober 1593 a. St. Rhein-Main-Gegend Hochwasser

Im Monat Oktober hat es starck geregnet / wodurch das Wasser sehr angelauffen / und grossen Schaden gethan.

(A. A. von Lersner „Der weitberühmten freyen Reichs-etc. Stadt Franckfurt am Mayn chronica etc.“ I. S. 534.)

Dezember a. St. Holland Sturmfluten

Ad finem hujus anni saeuissima exorta est tempestas, . . . Et quo diuturnior, hoc magis exitiosa fuit. Nam ultra tres septimanas continuata terra marique incredibile damnun dedit, ventis atque pluuiis valde desaeuientibus et horrendis tonitruis. Adeo ut at occidentalem Phrisiae partem, quae Batavis contermina est, . . . , littora atque aggeres miserabiliter concussa, . . .

(„Kronijk van Eggerik Egges Phebens van 1565–1594“, edid. H. O. Feith. S. 161.)

(Am Ende dieses Jahres erhob sich ein sehr wütendes Unwetter, . . . Je länger es andauerte, um so verderblicher wurde es. Über 3 Wochen lang nämlich richtete es auf dem Lande und Wasser unglaublichen Schaden an, durch tobende Stürme und Regengüsse und schreckliche Donnerschläge. Dadurch wurden im westlichen Teil von Friesland, der den Holländern benachbart ist, . . . , die Meeresufer und Deiche kläglich zusammengeschlagen, . . .)

Schleswig-Holstein Sturmfluten

14 Tage lang starker Sturm an der Westküste, besonders 24., 25. u. 31. Dezember Es liefen 12 Köge des Amtes Tondern voll Wasser, und es brechen Deiche. Der Deich von Hoyer bis Ruttebüll wurde fast wegrasiert. Eine Wehle wurde eingerissen. Das Wasser dringt in Straßen und Häuser der Stadt Tondern ein, beschädigt Hauswände und reißt Buden ganz nieder.

(L. Andresen „Geschichte der Stadt Tondern“. S. 100 u. S. XXII aus Richelius in „Calend. sanct. et hist. [Hondorph] S. 718 in Reichsarchiv Kopenhagen und Manuscr. Kgl. Bibl. Kopenhagen.)

ca. 10.—24. Dez. a. St. ca. 20. Dez. 1593—3. Jan. 1594 n. St. Dithmarschen Sturmfluten

js so ein grot storm vnd vnwedder gewesen fast 14 Dage lank vor winachten, noch vp christavent dat groteste, also dat de Dike so fele tobraken, . . .

(„Karsten Schröder's Ditmarsche Chronik“, edid. W. G. Kolster. S. 248.)

. . . ; und sonderlich iß ein erschrecklich Storm gewesen im Ende deß Decembers, welch 14 Dage lang gewaret, also dat de Dike dorchgeweket.

(„Johann Adolfi's Chronik des Landes Dithmarschen“, edid. F. C. Dahlmann. II. S. 320.)

24. Dezember 1593 a. St. 3. Januar 1594 n. St. Dithmarschen Sturmflut

Sturmflut, so die Teiche dermassen zerbrochen.

(A. Viethe „Beschreibung und Geschichte des Landes Dithmarschen etc.“ S. 432.)

° (Lamb. Alardus „Nordalbingia“ in E. J. von Westphalen „Monum. inedita rer. Germanic.“ I. Sp. 1940.)

. . . , dat des morgens den 24., was am Christavende, dat solte water aver unsern dieken allenthalven averlep, was dartho by sudwestenwindt, ock springfloth [Merkur im Wassermann] und ein Hinhaustus und verworpen dach, dat also alles water, windt und hemmels influentz gegen uns und tho unserm verderven mit einander conspirert hadden. Averst . . . , und dat land bleff Gott loff droch. Aver upt norden in Tonderinghampt averlep und gieng alles voll und brecken grote wehlen in, sonderlichen in Gotteskoge, . . .

24. Dez. 1593 a. St.
3. Jan. 1594 n. St.
Nordstrand Sturmflut

(Joh. Petreus „Ein korte Beschrivinge etc." in „Joh. Petreus' Schriften über Nordstrand", edid. Dr. R. Hansen. S. 217.)

Eiderstedt Sturmflut

up Christavent is ein averuth groth stormwedder gewest, also dat solte water tho allen wegen acken und in veelen und meisten steden aver den hogen dick ingelopen; de dick iß averst doch gottlof in dißen landen nicht dorchgebracken, averst hefft groten schaden geleden; idt hefft bi minschen dencken nicht tho einer tidt so lang gestormet alß tho der tidt; etc. etc. Erstlick iß up de nordersete Hattsteder marsche de dick na Breedtstede herumb merendeelß wechgegahn und iß Bredtsteder, Breckelen, Drelstorper und Hattsteder Marsch under gegahn; up de norder oder wester siede van Brettstede sind de dicke beth tho Ockholm in veelen steden dorchgebracken und alle de Marsch umb Langhorn mit soltem water belopen. Ockholm is [an] dren orden ingebracken und alle ere Marsch bedaven, . . . ; de dick van Ockholm na Risenmohr, Waigarder Niedick genomet, iß erstlich dorchgebracken up den süedersiede Waigarden und sindt in einem stede twe sielen uthgebracken und is de wele breedt 14 rode und deep 12 elen, dar idt alle Dage uth und in ebbede und floitede; noch up de nordersiede harde bi is noch ein siel uthgedreven und is de stede with dre roden; de wintmölen, . . . , lach binnen dickes umgestörtet. Noch is ein siele gegen Stortwerkes koch uth gedrewen etc. Noch is ein groth weel ingebraken jegen Riesing in de Koeldam und is de dieck beth tho Südtrising schir even schlicht wechgegahn; idt sindt ock de olde binnenlandes dicke twischen Riesingh und Störtwerckes Koch in velen steden dörchgebraken. Noch sind up de westersiede Südrisingh ingereten dre welen und sind up ein hofstede vordrencket tein koie und is de dick herumb na Deetzbüll mehr als halff wegegahn. De süder Gottkoges dick von Deetzbüll west umb sint 3 wele ingebraken und is de erste bredt 18 roden und 14 elen deep, de ander weele bredt 19 roden, 21 elen deep, de drüdde weele in de olde auwe is bredt gewesen 4 rode. Noch is ein weel in Deepschlodt genömet, noch van Gottkogeß dick west umb na Emmelßbüll in Widingharde, genömet Reidtkoch, sind ingebraken 4 welen und iß de dick even schlicht beth up de gröne schworde geworden. De westerdick in Widingharde beth tho Jenß Agsenß huß in Horßbüll Carspell is kum dat drüdde deel beholden; ein weinich up de Norderside Jenß Agsenß huß, Uphusen genömet, van dar beth na Rickesbüll kercke is de dick gar schlicht weggegahn und sind woll dörtich doden sarcke uth dem kerckhave tho Rickesbüll wechgeschlagen und wechgedreven und is de kerckhoff up de süder un westersiede so nah an wechgeschlagen, dat men 6 voet beth an de müer gewesen; dat bollwerck umb dat kerckhoeff, . . . , iß alles wechgedreven; in Horßbüllharde sint 96 menschen vordrencket; . . . , und

is ock untellick veel veeh vördrencket. De dick benorden und osten umb van Ricksbüll und Gottkoges westerdick beth tho Bomke Jensens huß is nicht mehr dörch gebraken als in einer stede; up de süeder side Bomke Jensens huß iß ein deep ingelopen ungeferlich 21 elen under water, de dick na Hanß Schmitzs huß iß ock gar schlicht wechgegahn und is up de norderhalve Hanß Schmitzs eine siele uthgedreven; dar idt in und uth ebbede und floitede. Bi Rüttebüll bi der schlüßen is ock ein loch ingebraken, doch nicht gar deep. De dick van Ruttebull umb na Höuwer [Hoyer] is merendeelß even schlicht und sint van dar twe grote schepe gedreven, . . .
[Jon Ovens.]

(Dr. Reimer Hansen „Die eiderstedtischen Chronisten vor Peter Sax". S. 201/02.)

24. Dez. 1593 a. St. 3. Januar 1594 n. St. Gegend von Hoyer Sturmflut

Besonders in der Wiedingharde, im Gotteskog und in den um Hoyer und Tondern liegenden Niederungen große Verwüstungen. In der Wiedingharde ertranken 96 Menschen. In der Gemeinde Hoyer starker Schaden. Deichbruch in Ruttebüll bei der Schleuse und im Hoyerdeich große Löcher gerissen.

(D. Claus Rolfs „Geschichte des Kirchspiels und Fleckens Hoyer". S. 277.)

Nordstrand, Halbinsel Widia, Risummor Sturmflut

Die ganz besonders . . . zugleich mit dem benachbarten Risummor von einer ungeheuer schweren Sturmflut betroffen wurde.

(„Des Matthias Boetius' 3 Bücher über Denkwürdigkeiten von Sturmfluten, welche Nordstrand betroffen haben". Deutsch von Dr. Schmidt-Petersen. S. 86.)

Sylt Sturmflut

Christ Auendt . . . de Water-Floth gegahn, . . .
[Annales Morsumenses.]

(F. Mager „Der Abbruch der Insel Sylt durch die Nordsee". S. 130.)

Hattstedt, Bredstedt, Ockholm, Riesenmoor, Gotteskog, Wiedingharde Sturmflut

Es entsteht schreckliches Unwetter. Obige Orte sind dadurch vollgegangen, und die Deiche wurden sehr beschädigt oder vernichtet.

(„M. Anton Heimreichs nordfresische Chronik", edid. Dr. N. Falck. II. S. 75.)

27 Dez. 1593 a. St. 6. Jan. 1594 n. St. Eiderstedt Sturmflut

1593 Darna in der ander weke de nacht twischen ein donnerßdach und fridach vor niejahrßdach iß dat water hir tho lande ock tho allen acken ingelopen.
[Jon Ovens.]

(Dr. Reimer Hansen „Die eiderstedtischen Chronisten vor Peter Sax". S. 202.)

1594 Dresden Elbe Eisgang

Elbe: Eisgang mit Schaden an der Brücke.

(Dr. W. Schäfer „Chronik der Dresdener Elbbrücke etc." S. 48 aus dem Brückenamts-Register.)

So große Wasserfluth, daß die Brücke am alten Mühlenthore fortgerissen wurde. [Handschriftl. Chronik und „Weiß. Buch" (Stadtbuch] No. 5. 1613/32.)

(Dr. W. Reinhold „Chronik der Stadt etc. Spremberg". S. 72.)

1594 Spremberg Überschwemmung der Spree

Die Oder ist außerordentlich angeschwollen und sucht sich ein neues Bett.

(Dr. C. v. Obstfelder „Chronik der Stadt Crossen". S. 65.)

° (G. A. Matthias „Chronica der Stadt Crossen", edid. A. Rauge. S. 193.)

Krossen(Oder) Oder-Überschwemmung

Traun-See. Starke Überschwemmung (bis 5,5 m über dem heutigen Seeniveau „Göß Höh").
[K. Ritter IV. S. 59. J. Forstinger I. S. 109.]

(Dr. F. Krackowitzer „Geschichte der Stadt Gmunden in Oberösterr." III. S. 265.)

Gmunden (Oberösterreich) Überschwemmung des Traun-See

Zuodem sind durch überflüssige rägen alli wasser so fast angloffen, das si in irer erreichung vilen Nationen vnschezbarlichen schaden zuogfüegt hand.

(„Hans Ardüser's Selbstbiographie und Chronik [1572–1614]". S. 131.)

Schweiz Überschwemmung der Flüsse

Circa hoc tempus primum gelare incoepit, et quidem vehementissime. Cumque, omnibus ubique aquis, fossis atque fluminibus glacie constrictis, . . .

(„Kronijk van Eggerik Egges Phebens van 1565–1594", edid. H. O. Feith.)

(Um diese Zeit begann es zu frieren und zwar sehr heftig. Überall wurden die Gewässer, Kanäle und Flüsse mit einer Eisdecke überzogen, . . .)

Januar Holland Gewässer: Eisdecke

Der Main ist so groß, daß er in den Straßen steht und fast bis an den Spring-Brunnen auf dem Römer-Berg gangen.

(A. A. von Lersner „Der weit-berühmten freyen Reichs-etc. Stadt Franckfurt am Mayn" chronica. S. 534/35 aus Ab. Sauer „Calend. Hist." S. 99.)

16. Februar 1594 a. St. 26. Februar 1594 n. St. Frankfurt a/Main Main-Überschwemmung

Die Elbe ist in die untere Aue zu Dabrun ausgerissen. Großer Schaden. Es ertranken Menschen und Vieh. Zu Dabrun hat das Wasser in der Kirche $1^1/_2$ Ellen hochgestanden, und die Überschwemmung hat 4 Wochen gedauert.

(A. M. Meyner „Geschichte der Stadt Wittenberg etc." S. 75.)

28. Februar a. St. 10. März n. St. Wittenberg und Umgegend Elbe-Überschwemmung

Es lieffen die Wasser allhier sehr an.

(J. J. Vogel „Leipzig. Geschicht-Buch oder Annales". S. 303.)

Leipzig Überschwemmung

31. marc., und da befor, ist der Rhein so hoich gewaxsen, und uffgelaufen, das er uber veirzehn tage am Rhein in allen porzen gestanden . . . , dan es seir land geregnet hat, auch weich witter war, . . .

(„Das Buch Weinsberg", edid. F. Laur. IV. S. 191.)

um 31 März n. St. Köln a/Rh. Rhein-Überschwemmung

1594
19. April a. St.
29. April n. St.
Aschersleben
Über-
schwemmung
der Eine

Es kam ein starckes Gewitter mit grossem Regen und Schlossen, wovon die Eine sich sehr ergossen, und viel Schaden gethan.

(„Chronic. Ascaniense" in C. Abel „Sammlung Etlicher noch nicht gedruckten Alten Chronicken etc." S. 641.)

° (K. v. Zittwitz „Chronik der Stadt Aschersleben." S. 159.)

Juni—Juli
n. St.
Marne
Über-
schwemmung

des pluies continuelles et abondantes amenèrent une crue exceptionelle dans cette saison.

(M. Champion „Les inondations en France etc." II. S. 151.)

5. Juni a. St.
15. Juni n. St.
Zeitz (Thür.)
Über-
schwemmung
der Weißen
Elster

Überschwemmung. Das Wasser stand in der Schotterei [Haus der Domherrnfreiheit] 1 Elle hoch.

(E. Zergiebel „Chronik von Zeitz etc." IV. S. 550.)

21. Juni a. St.
1. Juli n. St.
Zürich—Weil
Hochwasser

aber das Wasser zu groß war.

(„Aus d. Tagebuche des Bürgermeisters Hans Im Thurn 1590/1648", edid. J. H. Bäschlin S. 23.)

Winter 1594/95
Anjou
Flüsse: Eisdecke

Les rivières prinrent si estroict, que on passoit par sur la glace plus d'une semaine, boeufs et chartes non chargés, chevaux avec leur charge. La glace avoit d'un pied $^1/_2$ d'épaisseur.

(Célest. Port „Questions Angevines" Les phénomèn. phys. S. 160 aus Chanteussé. Etat civile.)

Loire · Eisdecke

Au mois de décembre 1594, la nuittée de la vigille Saint-Thomas [20./21. Dezember 1594 nachts. N. St.,] il a faict une si grande froidure, que la rivière estoit toutte glacée ledict jour sainct Thomas [21. Dez. 1594 n. Stil], et la glace si forte, que beaucoup de personnes alloient et passoient par dessus, qui a duré jusques au premier jour de janvier ensuivant.
[Louvet.]

(Célest. Port „Questions Angevines". Les phénomèn. phys. S. 160.)

À la fête de Noël, la rivière de Loire servoit de grand chemin. Les chevaulx passoient et repassoient de là et cà les charges et fardeaux.
[Ingrandes. Etat civile.]

(Célest. Port „Questions Angevines". Les phénomèn. phys. S. 160.)

SO Frankreich,
Italien
bei Marseille
und Venedig:
Meer gefroren
Isère: Eisdecke

La mer gèle à Marseille et a Venise. L'Isère est gelée en plusieurs endroits, et on peut la passer sur la glace jusqu'au 12 mars.

(M. Villard „Météorol. régionale". S. 186.)

hadden wij soe swaren couwen winter als men ooyt ghehadt mach hebben; . . . , alsoe dat men woude segghen dat men t Antwerpen oever de Scalde hadde ghegaen, . . .

Winter 1594/95 Belgien Schelde bei Antwerpen: Eisdecke

(„Dagboek van Jan de Pottre" in „Maetsch. d. Vlaemsche Bibliophil." 3. serie No. 5. S. 191.)

. . . , de Schelde voor Antwerpen was negen weken als een straet.

(„Chronique de François-Joseph de Castro", edid. F. van Naemen. S. 134.)

Hiems erat hoc anno asperrima et diuturna, ita ut Renus aliique fluvii glacie ita tegerentur, ut plaustra onusta transmitterent.

Holland Flüsse: Eisdecke

(Uittreksel uit Franciscii Dusseldorpii annales 1566–1616", edid. R. Fruin. S. 243.)

(Der Winter war in diesem Jahre sehr streng und langanhaltend, so daß der Rhein und andere Flüsse so stark zugefroren waren, daß Lastwagen über das Eis fuhren.)

Cum flumina atque adeo ipso Rhenus ejusque pars Vahalis longo frigore terrae instar essent congelata, . . .

Rhein und Waal: Eisdecke

(„Diarium van Arend van Buchell", edid. Dr. G. Brom u. Dr. A. L. van Langeraad. S. 379.)

(Da die Flüsse, und sogar selbst der Rhein und dessen Teil Waal infolge der langen Kälte so fest wie der Erdboden gefroren waren, . . .)

In diesem Jahr war ein harter Winter / mit ein stäten vnd truckenen Kälte / davon nicht allein alle grosse Wasser / Rhein / Mayn / Necker / Thonaw etc. allerdings vnd dick vberfroren / also daß man darüber zu Fuß gehen / vnnd schwere Lastwägen führen könne. Zu Maintz hielte die Bürgerschaft von wunders wegen vnd zum Gedächtnus mitten auf dem Rhein ein Büchsen- vnd Gesellenschießen.

W u. S. Deutschland Flüsse: Eisdecke z. B. Rhein, Main, Neckar u. Donau

(Joh. Sleidanus „Warhafftige Beschreibung etc." Contin. Pars III. S. 773.)

Durissima fuit haec hyems: congelatis fluminibus etiam praecipuis: Rheno, Danubio, Nicro, Moeno: plaustris onustis illa transeuntibus.

(Martin Crusius „Paraleipomenos rer. Suevicar. liber etc. vsque ad annum Christi 1596." S. 119.)

(Dieser Winter war sehr hart. Es froren auch die vorzüglichsten Flüsse zu, wie der Rhein, die Donau, der Neckar u. Main, daß man mit beladenen Wagen darüber fahren konnte.)

° (M. Tschamser „Annales etc. zu Thann". II. S. 265.)

. . . , der [= Frost] vurhin uff sontag prima adventis angefangen, duiret lange, villicht bis ins neue jar, das die Mosel, oben s. Gower und zu Nederwesel der Rhein zugefroren und ander kleinere wassere.
[Der Frost dauerte nach des Autors Angaben bis zum 20. Januar.]

Rhein, Mosel Eisdecke

(„Das Buch Weinbergs", edid. F. Lau. 4. Band. S. 219.)

Winter 1594/95 Sachsen Elbe: Eisdecke

Die Elbe fror stark zu.

(Dr. W. Schäfer „Chronik der Dresdener Elbbrücke etc." S. 48 aus Brückenamts-Register.)

Glatzer Land Flüsse: Eisdecke

Vielfach die Wasser bis auf den Grund gefroren. Eis bis 2 Ellen stark.

(A. Skalitzky „Auszüge aus der Chronik eines Habelschwerdters bis 1622 etc." S. 185.)

W. Polen Flüsse: Eisdecke

Das Eis ist sehr stark auf den Flüssen.

(Dr. J. E. Wernicke „Geschichte Thorns etc." II. S. 153.)

Bodensee Eisdecke

Starke Eisdecke.

(G. von Ehrhart „Phys.-medizin. Topographie der etc. Stadt Memmingen etc." S. 57.)

Vierwaldstätter See Eisdecke

Hyems itidem frigida, Lacus iterum obgelavit.

(M. A. Capellerius „Pilati montis historia etc." S. 43.)

(Gleichfalls [war] der Winter kalt, daß der See wiederum zufror.)

1. Dez. 1594 n. St. Köln Der Rhein hat noch keine Eisdecke

war ein zimlicher frost, . . . Es ist der Rhein vur Coln noch nit zu, erfroist auch da nit lichtlich zu . . .

(„Das Buch Weinsberg", edid. F. Lau. IV. S. 219.)

1595 Kitzingen Main-Überschwemmung

Die grossen Gewässer thaten in diesem Jahr, sonderlich in Francken, erstaunlichen Schaden; zu Kitzingen stunde die Pfarrkirche halb Manns hoch unter Wasser, und der Mayn gieng biß ans Rathhauß.

(C. C. Häulen „Jahr-Buch alter und neuer Nachrichten etc." S. 57 aus Theatr. Franc.)

Nordhausen Überschwemmung der Zorge

Das Gewässer war so stark, daß es in den Töpfern zum Fenster hinein drang.

(F. Chr. Lesser „Histor. Nachricht von der etc. Stadt Nordhausen etc." S. 595.)

Burg Überschwemmung der Ihle

Es ist ein groß Stück Stadt-Mauer gegen Morgen, an der Mittags-Seite der Ihle, durch Gewalt des überaus hoch angeschwollenen Wassers eingestürzt.

(G. Fritz „Chronik von Burg". S. 109.)

Bautzen Überschwemmung der Spree

Die Heilige Geistbrücke wurde durch die Wasserflut zerstört und weggerissen. Starke Wasserflut. Der Scharfensteg wurde beschädigt.

(R. Reymann „Geschichte der Stadt Bautzen." S. 628, 634, 829.)

Troppau Überschwemmung der Oppau

Oppau: große Überschwemmung. Das Wasser soll bis zum Hochaltar der St. Barbara und bis zur Kirche des heilig. Georg gedrungen sein.

(G. Biermann „Geschichte der Herzogthümer Troppau u. Jägerndorf". S. 502/03.)

Es erhub sich bald anfangs Jars eine sehr grimmige Kälte / daß der Rein, Main vnd Necker vberfroren / daß man drüber gehen / reiten vnd fahrn kunte.

Anf. Januar 1595 n. St. W. Deutschland Die Flüsse frieren zu

(A. Erich „Gülichische Chronic." S. 282b.)

Da war die Pegnitz überfroren, / Ist eben den Tag ledig woren, / Und ist das Eiß gangen von statt, / Eins theils den Henkerssteg gerissen hat, / Und ist die Brucken da mit Knallen / Mit etlich Leuten eingefallen etc.
[Hanns Weber.]

16. Januar a. St. 26. Januar n. St. Nürnberg Über-schwemmung der Pegnitz

(G. A. Will „Von der neulichen größten Überschwemmung etc." S. 62.)

„Wasserguß".

(Dr. G. Hellmann „Die Meteorologie in den deutschen Flugschriften und Flugblättern des 16. Jahrhdts." S. 19 und 92 aus einer Flugschrift.)

Rhein: Das Eyß brach allgemach an / vnd thete keinen sonderlichen Schaden.

30. Januar n. St. Köln Rhein: Eis aufgang

(Joh. Sleidanus „Warhafftige Beschreibung etc." Continuat. Pars III. S. 773.)

Il y eut des pluies continuelles en février et en mars. L'eau se précipitait des montagnes des Vosges en torrents. Remiremont fut presque submergé, de même qu'-Épinal. La place des Dames de Remiremont était tellement inondée, que l'eau entrait dans l'église.

Februar—März n. St. Département Vosges Über-schwemmung der Mosel, z. B. in Remire mont

(M. Champion „Les inondations en France etc." V. S. 44 aus Didelot ainé „Observat. météorolog. et autres phénomèn. de tout genre, recueillis etc. comprenant l'an 400/1730. Manuscript de la biblioth. d'Épinal".)

Rhein, Waal, Maas und Yssel gingen höher über ihre Ufer, als ein Mensch sich erinnern konnte, so daß alle Deiche brachen, Menschen und Vieh ertranken, viele Orte unglaublichen Schaden erlitten.

Rhein, Waal, Maas u. Yssel Über-schwemmungen

(A. Dederich „Annalen der Stadt Emmerich". S. 378 aus Eduard van Reyd „Historie der nederlantscher Orloge tot den Jaere 1601". bl. 394. A'dam 1664.)

Les débordemens des rivieres furent alors plus extraordinaires, qu'on ne les avoit jamais vûs. Le Rhin, la Meuse, le Meyn, le Nécre, et le Danube, avoient été si glacez pendant l'hyver, qu'ils portoient les chariots et les charettes: lorsque les glaces furent fondues, les eaux s'enflerent tellement, qu'ayant rompu les levées, elles entraînerent les maisons de la campagne, les greniers, les étables, les hommes, et les bestiaux. etc. etc. Vers Nuremberg, Torgaw, et les lieux des environs, les ponts de pierre furent emportez. A Francfort, l'eau monta quarante-quatre pouces plus haut que l'année 1573, entra dans les magasins et dans les boutiques des Marchands, et sur tout des Libraires, et y fit beaucoup de tort. On dit qu'en une nuit la Moselle crût de trente piés, et le Rhin de trenteneuf.

Februar—März a. St. Rhein, Maas, Main, Neckar, Donau, Elbe, Mosel Über-schwemmungen

(Jacques-Auguste de Thou [Thuanus] „Hist. univers. etc." XII. S. 376/77.)

1595 Mittel-Deutschland Über-schwemmungen der Flüsse, z. B. der Elbe. Flöha, Mulde, Freiberg. Mulde. Zwick. Mulde und Unstrut

Neben vielen anderen gewaltigen Schäden auch Stege und Brücken zu Rochlitz, Penig, Colditz, Nossen, Roßwein, Sachsenburg, Eilenburg, Waldheim, Torgau, Dresden über die Weiseritz, Olbernhau und Wittenberg, wo sie etliche Joche hinweggeführt, und viele andere mehr in- und ausserhalb hiesiger Lande beschädigt und gar weggerissen.
[Michael Babst „Christl. Warnungs-Lehr- und Trost-Predigt etc." 1595.]

(C. G. Poetzsch „Nachträge und Fortsetzung der chronolog. Geschichte der großen Wasserfluthen etc." S. 44.)

Februar 1595 a. St. Mittel-deutschland Über-schwemmungen der Flüsse

im Februar, in währender Zeit, da es aufthauete, und ein heftiger Regen fiel, ergossen sich alle Ströhme, und thaten allenthalb, sonderlich zu Bernburg, da viel Häuser wegflossen, grossen Schaden.

(„Chronicon Ascaniense" in C. Abel „Sammlung Etlicher noch nicht gedruckten Alten Chroniken". S. 642.)

Die ausgetretenen Flüsse richteten sehr großen Schaden an.

(K. v. Zittwitz „Chronik der Stadt Aschersleben". S. 159/60.)

Saale Über-schwemmung

In Folge anhaltenden Regens und eintretenden Thauwetters schwoll die Saale nach und nach zu solcher Höhe an, daß sie unter Anderm in Laucha 40, in Freiburg 28 Häuser einweichte und mit sich fortriß, auch die mittleren Pfeiler der Brücke zu Kösen beschädigte.

(W. Bernhardi „Chronik der Stadt Naumburg etc." S. 288.)

um 21.—22. Febr. n. St. Jülich Rhein: Eisgang und Über-schwemmung

Aber vmb den 21. vnd 22. Febr. erhub sich ein geschwinder Dawwind mit einem regen / daß das Eiß vnd Wasser trefflichen schaden thet / sonderlich der Reinstrom.

(A. Erich „Gülichische Chronic." S. 282b.)

16. Februar a. St. 26. Februar n. St. Hannover Über-schwemmung der Leine

Es ist eine große Wasserfluht dieses Orts gewesen, daß man gesaget, eine solche Fluht wäre in 30 Jahren nicht gesehen, und hat solches hohe Wasser wohl 14 Tage gestanden, viel merkliches Schadens gethan, Brüggen, Häuser und anderes weggetrieben.

(O. Jürgens „Hannov. Chronik" S. 313 aus Bartold Schlüter u. Chron. Thür.)

° (G. F. Koch „Einige Notizen aus den Annalen der Stadt Hannover". S. 68.)

Frühling SW Bayern Über-schwemmung der Flüsse, z. B. der Iller

Das Gewässer war im Früeling so groß / daß es Brucken vnd Mülinen zerriß.

(Chr. Schorer „Memminger Chronick etc." S. 114.)

Großenhain i/Sa Über-schwemmung der Röder

Die Röder war so groß, daß vor dem Dresdner Thore die alte und neue Röder zusammenflossen.

(Dr. G. W. Schuberth „Chronik der Stadt Großenhain etc." S. 374.)

Chemnitz: Große Wasserfluth, die die Pfortenwehr hinwegriss. — Frühling 1595 Chemnitz Überschwemmung der Chemnitz

(J. Th. Pinther „Chronik der Stadt Chemnitz etc." S. 58.)

Miezel: Großes Wasser mit starkem Schaden. — Soldin Hochwasser der Miezel

(Dr. W. Reinhold „Chronik der Stadt Soldin". S. 85 u. 143.)

Ein groß gewesser in Martio tet großen schaden allenthalben. — März n. St. W. Deutschland Überschwemmung der Lahn und anderer Flüsse

(„Die Limburger Chronik des Johannes Mechtel", edid. C. Knetsch. S. 171.)

Rednitz. Außerordentl. Überschwemmung. — Ende Februar a. St. Anfang März n. St. Bamberg Überschwemmung der Rednitz

(H. J. Jaeck „Allgemeine Geschichte Bambergs". S. 204.)

in der Wochen Sexuagesimae [Sonntag Sexuagesimae, = 23. Febr.] wuchs die Flut vom Schneewasser fast gleich so hoch / gieng an die Brücken bey der Badstube / und wehrete 7 Tage. — Greußen i/Thür. Überschwemmung

(J. Chr. Olearius „Rer. Thuringicar. syntagma". S. 166.)

Die Vils überschritt ihre Ufer so ungestüm, daß viele Gebäude zerstört wurden. — März a. St. Amberg (Bayern) Überschwemmung der Vils

(Dr. J. B. Schenkl „Chronik der Stadt Amberg". VI. S. 241.)

Sub initium veris Albis aggeres Tangermundanos aqua operiens circa Stendaliam . . . , et alia Marchiae loca, infinitam calamitatem invexit, . . . Die Elb auslieff und that sehr weh, den Menschen in der Marck und Vieh. — März 1595 Altmark Elbe-Überschwemmung

(„Casp. Helmreichs Annales Tangermundenses" in G. G. Küster „Antiquitat. Tangermund." S. 49.)

(Gegen Frühlingsanfang durchbrach die Elbe die Deiche bei Tangermünde und brachte der Gegend von Stendal . . . und anderen Orten der Mark unendlichen Schaden, . . .)

Elbe. Es brachen die Deiche oberhalb der Stadt Tangermünde und bei Werben. Die Gegend von Stendal und die ganze Wische erlitten ungeheure Verluste. Die Stadt Werben litt am meisten. In diesem Jahr ist durch den Elbbruch der ganze Steindamm vor dem Elbthor und ein . . . Hospital, St. Gertruden, mit allen Gebäuden . . . , ja auch die Mauer am Kirchhof . . . , item 73 Ruten Elbdeichs auf der Stadtmärsche ganz und gar weggerissen.

(E. Wollesen „Chronik der altmärkischen Stadt Werben etc." S. 131.)

Die Elbe setzt Stendal, Werben und andere Orte unter Wasser. Die Elbdämme bei Tangermünde wurden überschwemmt. Sehr große Verwüstung und Schaden. — März a St. Altmark Elbe-Überschwemmung

(A. W. Pohlmann u. A. Stöpel „Geschichte der Stadt Tangermünde". S. 30 u. 299.)

März 1595 a. St. Bei Werben Elbe-Überschwemmung

Elbe-Deichbruch. Die Wische erleidet dadurch ungeheure Verluste.

(Dr. E. Wollesen „Beiträge zur Geschichte des Kreises Osterburg". I. S. 94.)

Stendal Elbe-Überschwemmung

Überschwemmung.

(J. Chr. Bekmann „Histor. Beschreibg. der Chur u. Mark Brandenburg." II. Sp. 251.)

Aken Elbe-Überschwemmung

Den Damm bey dem Glorffe weggewaschen / daß das Wasser an der hohen Warten übergelauffen und biß an den hohen Altar in der Stiffts-Kirchen S. Nicolai gegangen.

(L. V. Bruno „Beschreibung der Stadt Acken etc." S. 115.)

Glorff bei Aken (Elbe) Elbe: Überschwemmung

Elbe: Das Wasser hat den Damm bey dem Glorff weggewaschen.

(J. H. Häveker „Chronica und Beschreibung der Städte Calbe, Acken etc." S. 532.)

Schönebeck (Elbe) Elbe-Überschwemmung

Elbe. Überschwemmung. Man fährt mit Kähnen in der Stadt. [Wassermarke an der Burgmauer].

(F. Magnus „Geschichte der Stadt Schönebeck a/d. Elbe. S. 24.)

Sachsen Überschwemmungen der Flüsse

Mense Martio, glacie nivibusque, resolutis, et continuis pluviis subsecutis, inundatio aquarum tanta extitit, ut non solum multos agros et villas perderet, sed etiam pontes fractos undique destrueret.
[Fabritz „Origin. Sax. Lib. VIII. p. 72.]

(Im März gieng Schnee und Eis auf; worauf anhaltender Regen und eine so große Ergießung der Wässer erfolgte, daß nicht allein viele Dörfer und Felder verwüstet, sondern auch allenthalben Brücken weggerissen wurden,)

(C. G. Poetzsch „Nachträge u. Fortsetzungen der chronolog. Geschichte der großen Wasserfluthen des Elbstroms etc." S. 43.)
° (Tob. Schmidt „Zwickau. Chronick". II. S. 439.)
° (Chr. A. Bahn „Das Amt, Schloß und Städtgen Frauenstein". S. 163.)

Mühlberg (Elbe) Elbe-Überschwemmung

Elbe: Das Wasser steigt so hoch, daß man in der Neustädter Kirche mit Kähnen um den Altar fahren konnte.

(J. Kleber „Chronik der Stadt Strehla etc." S. 144.)

Strehla i/Sa. Elbe-Überschwemmung

Elbe. Überschwemmung. Die hiesigen Fluren an der Elbe werden völlig überschwemmt.

(J. Kleber „Chronik der Stadt Strehla etc." S. 144.)

Großenhain i/Sa. Überschwemmung der Röder

Ist die Röder durch Überschwemmung so groß gewesen, daß die alte und neue Röder zusammengeflossen.

(C. G. Th. Chladenius „Materialien zur Großenhayner Stadtchronik". S. 87.)

= Frühling

Spree. Außerordentliche Überschwemmung, die alle Dämme und Brücken wegriß. März 1595 a. St. Fürstenwalde a/d. Spree u. Umgebung Überschwemmung der Spree

(Dr. G. F. G. Goltz „Diplomat. Chronik der ehemal. Residenzstadt etc. Fürstenwalde". S. 198.)

Die Spree durchbricht bei hohem Wasserstande den Damm an mehreren Stellen. Beeskow Überschwemmung der Spree

(W. Ziethe „Chronik der Stadt Beeskow". II. S. 84.)

Oder: Verheerende Überschwemmung. Neudamm Oder: Überschwemmung

(Ehrich „Chronik der Stadt Neudamm". S. 3.)

Oder. Das Wasser wuchs außerordentlich. Krossen Oder: Überschwemmung

(G. A. Matthias „Chronica der Stadt Crossen", edid. C. Rauge. S. 193.)

Elbe: Maximum der Wasserhöhe: 24 Fuß. Das Wasser reichte bis in den Meierhof und riß hier eine Mauer ein. März n. St. Tetschen Elbe-Überschwemmung

(E. Mander „Chronik von Bodenbach" S. 167 aus Tetschner Annalen.)

Deinde cum initio Martii glacies solvi inciperet, multis imbribus tanta inundatio facta est, ut Renus atque Mosella ad 30 pedes excreverint, unde omnes aggeres, praesertim in Batavia insula, transgressus Renus inopinata clade totam illam regionem obruit. Culemburgi per plateas navigabatur ... Anf. März n. St. Holland Rhein- und Maas-Überschwemmung

(„Uittreksel uit Francisi Dusseldorpii annales 1566–1616", edid. R. Fruin. S. 243.)

(Als darauf Anfang März das Eis anfing zu schmelzen, trat infolge vieler Regengüsse eine so große Überschwemmung ein, daß Rhein und Mosel bis 30 Fuß anstiegen, wodurch alle Dämme, besonders in Holland, wo der Rhein über seine Ufer getreten war, in der ganzen Gegend unvermuteten Schaden erlitten. In Culenborg fuhr man mit Kähnen durch die Straßen.)

Es fiel ein warmer Wind und Regen ein, daß der Schnee jäh schmolz und Überschwemmungen veranlaßte. Die Reuß war bei Luzern so groß, daß man im Niedern Grund mit der gewöhnlichen jährlichen Prozession (über die Musegg) nicht wie üblich über dieselbe zum Roten Turm (Nölliturm) schiffen vermögen, sondern über die Spreuerbrücke zum Lindentor einziehen mußte, etc." Kanton Luzern Überschwemmung der Reuß
[Cysat. E. manuscr.]

(B. Amberg „Beiträge zur Chronik der Witterung etc." III. S. 28.)

Ist im Februario ein grosser Schnee gefallen / vnd vmb S. Peters Tag dreyn geregnet / daher sich das Wasser allenthalben trefflich sehr ergossen / darauß an viel Orten ... / grosser Schade geschehen / hat an etlichen Orten gantzer vierzehn Tage biß vmb Gregorii [12. März] gestanden. Ende Febr.–Anfang März a. St. Anfang—Mitte März n. St. Thüringen Überschwemmung der Gewässer

(Joh. Becherer „Newe Thüring. Chronica etc." S. 613.)

1595
5. März n. St.
Köln a/Rhein
Rhein-Überschwemmung

ist der Rhein nach dem abgainden regenwitter vom morgen dissen tag bis in die nacht und darnach eilens uffgestigen . . . , hat am Rhein groissen schaden und unrade gemacht . . .

(„Das Buch Weinsberg", edid. F. Lau. IV. S. 227.)

23. Februar a. St.
5. März n. St.
Frankfurt a/M.
Main: steigender Wasserstand

Der Main wächst.

(A. A. von Lersner „Der weit-berühmten freyen Reichs-etc. Stadt Franckfurt am Mayn chronica". I. S. 535.)

23. Febr. a. St.
5. März n. St.
Dorf Cosprunn b/Bodenstein (Eichsfeld)
Überschwemmung

Zwischen 2–3 Uhr mittags: Wasserflut, teilweise vom hohen Schnee. 3 Stadel u. 1 Haus wurden fortgerissen und 12 Menschen ertranken.

(Dr. G. Hellmann „Die Meteorologie in den deutschen Flugschriften und Flugblättern des 16. Jahrhdts." S. 19 u. 92 aus einer Flugschrift.)

Sachsen
Überschwemmungen der Flüsse

Es sind die Wasserströme im gantzen Lande plötzlich außgetreten / und haben durch grosse Ergiessung nicht allein an Gebäwden / und auff den Aeckern / Gärten und Wiesen / sondern auch an Menschen und Vieh gewaltigen schaden gethan.

(Dr. A. Moller „Theatr. Freiberg. chronic." II. S. 373.)

Zwickau u. and. Orte
Überschwemmung der Zwickauer Mulde

Es hat sich die Mulda sehr ergossen / hier und anderswo grossen Schaden gethan / hat auch an etlichen Orten / als zu Penig / und Rochlitz die Brücken eingerissen.

(Tob. Schmidt „Zwickau. Chronick". II. S. 439.)

Zwickau
Überschwemmung der Zwickauer Mulde

Wasserfluth infolge von Thauwetter ohne großen Schaden.

(Dr. E. Herzog „Chronik von Zwickau". II. S. 355.)

Gegend von Schneeberg (Sa.)
Überschwemmung der Zwickauer Mulde

Nachdem ein gehlinges Thauwetter allenthalben groß Wasser gemachet / hat sich auch dieser Gegend die Mulda gewaltig ergossen / welche an Brücken und Häusern viel Schaden gethan.

(Chr. Meltzer „Historia Schneebergens. renovata etc." S. 1309/10.)

° (Carl Lehmann „Chronik der freien Bergstadt Schneeberg". I. S. 301.)

6. März n. St.
Köln
Rhein-Überschwemmung

Rhein. War den montag am morgen ins Fischkaufhaus, ins zinshaus so hoich uffgelaufen, ... , das man allenthalb mit schiffen uber den Holzmart bis zu Seien in die Kirch moist faren etc. Hat weit hinder Dutze im felde bis zu Boichem gestanden etc.

(„Das Buch Weinsberg", edid. Fr. Lau. IV. S. 227.)

Rhein: Wasserstand 10,25 m. Höchster Wasserstand des Jahres.

(Karl Sonklar Edler von Innstaedten „Von den Überschwemmungen". S. 133.)

= März n. St.

3 gewaltige „Wassergüsse“ schnell aufeinander mit großem Schaden.

24.—28. Febr. 1595 a. St. 6.—10. März n. St. Nürnberg Überschwemmungen der Pegnitz

(Dr. G. Hellmann „Die Meteorologie in den deutschen Flugschriften und Flugblättern des 16. Jahrhunderts“, S. 20 u. 92 aus einem Einblattdruck.)

24. Febr. a. St. 6. März 1595 n. St. Nürnberg Überschwemmung der Pegnitz

Zum dritten merkt mich gar eben, / Hat sich ein groß Wasser begeben / Dieß Jahr an Sanct Matthias Tag, / Da erhub sich ein grosse Klag / Des vier und zwanzigsten Hornung, / Das muß erbarmen Alt und Jung. / Das Wasser wurd groß und nicht klein, / Stieß die Mauern am Katharina Garten ein, / Die Bruck dabei auch zerrissen hat . . . / Auch hat es den Steg gerissen ein / Auf der Schütt, wo die Musterstetten sein, / . . . / Hat es weggerissen den Schleiferssteg; / . . . / Dergleichen die Kirchen im Spital / Zum heiligen Geist hat dazumal / Grossen Schaden genommen an dem End. / Dran ist zerkloben Mauren unnd Wänd, / Darzu auch die Barfüsser Brucken, / Gehauen von grossen Werkstucken, / . . . Drei Häuser auch eingerissen hat, / . . . Der Pfannensteg must auch daran, / Thät vom Wasser zu Trümmern gahn. / Die Schwabenmühl hat es zertrennt, / . . . Die Säubrucken, das hülzen Gmächt, / Ist auch verletzt vom Wasser stet. / Der Henkerssteg muß auch herhalten, / Ward wieder zerrissen und zerspalten / . . . Ich wüßte kein Brücken in/ der Stadt, / Die nit ein Schaden empfangen hat / Von diesem großen Wasserfluß . . . / Ach Gott, wie ein grosser Unrath / Hat sich begeben vor der Stadt, / Allda vor dem Hallerthürlein / Hat die schöne Brucken gerissen ein, / . . . / Das Wasser auf der Weidenmühl / Hat eingeworfen der Häuser viel / Bei die 8 Häuser seind eingangen / . . . / Fiel ein die Drottmühl und der Hammer.

(G. A. Will „Von der neulichen größten Überschwemmung etc.“ S. 62/64.)

Es traf die Stadt das Unglück einer dreimaligen Überschwemmung, die vom grossen Schnee, dem schnellen Aufthauen, anhaltenden Regen, in den letzten Tagen des Februars erfolgte. Der Schaden davon wurde auf 400000 Gulden geschätzet. Die Höhe des damaligen Gewässers ist an mehrern Orten der Stadt bemerket worden, nemlich: an dem Ecke der Spitalkirche gegen dem Harsdörfers Hof über; im Schießgraben auf der Treppe, die hinunter in den Graben führt, und über dem mehrbesagten Täfelein gegen dem Sandbade über. Alle diese Anzeigen aber erprobten, daß die Überschwemmung, die Nürnberg im Jahre 1595 erlitten, bisher die größte war. Dieselbe Messingtafel [= am Sandbade], die 6 Schuh vom Erdboden hoch angemacht war, wurde von der Flut um 1 Elle übertroffen. Die Höhe der Tafel betrug 6 Zoll. Die Wasserhöhe betrug also 6 Schuh + 6 Zoll + 2 Schuh + 11 Zoll = 9 Schuh 5 Zoll.

(G. A. Will „Von der neulichen größten Überschwemmung etc.“ S. 13 u. 25.) = Ende Februar a. St.

Größte Wasserhöhe: am Neidhartischen Hause am Ecke der Neuen Gasse 9 Schuh 2 Zoll. Spitalkirche (Kirchen-Mauer) 5 Schuh 6 Zoll 5 Linien.

[Extract Schreibens Herrn D. u. Prof. Georg Friedrich Kordenbusch vom 20. 3. 1784].

(G. A. Will „Von der neulichen größten Überschwemmung etc." S. 69.) = Ende Febr. a. St.

(J. H. von Falckenstein „Wahre u. Grund haltende Beschreibung etc. Stadt Nürnberg". S. 737.) = Ende Febr. a. St.

24. Febr. 1595 a. St. 6. März 1595 n. St. Pegnitz (Franken) Überschwemmung der Pegnitz

Pegnitz: Überschwemmung.

(H. Bauer „Geschichte der Stadt Pegnitz". S. 20.)

Glauchau i/Sa. Eisgang und Überschwemmung der Zwickauer Mulde

Mulde. Eisfahrt mit Überschwemmung.

(E. Eckardt „Chronik von Glauchau". S. 455.)

Grimma i/Sa. Überschwemmung der Mulde

Mulde: Große Wasserflut.

(Chr. G. Lorenz „Die Stadt Grimma etc." S. 538.)

25. Februar a. St. 7. März n. St. Mühlberg (Elbe) Elbe: Eisgang und Überschwemmung

Der 25. Febr. war in ein Tausend fünf Hundert fünf und neunzigsten Jahr, / Das Elbeiß brach, kam Wasser groß, / Durch Häuser, Kirch' und Schul es floß, / Die Neustadt stund in höchster Gefahr, / fast nirgend wohl zu trauen war. / All' Wiesen, Aecker mit den Dämmen, / thät die Fluth gar überschwemmen etc. [Tafel in der Kirche zu Neustadt.]

(C. R. Bertram „Chronik der Stadt etc. Mühlberg". S. 88.)

Man konnte in der Kirche auf dem Altar herumfahren.

(Alfred Schmidt „Geschichte der Stadt Mühlberg". S. 224 aus „Geschichte von Belgern." Manuscr. von Rektor Severin Brambach.)

(Alfred Schmidt „Geschichte der Stadt Mühlberg a/Elbe." S. 223/24.)

Es ist eine große Eisfahrt gewesen, daß man zu Mühlberg in der Kirche, auch um den Altar herum hat fahren können.

[Rektor u. Diakon Severin Brambach „Geschichte der Stadt Belgern". manuscr. in „Haschens Magazin d. sächsisch. Geschichte". 3. Stück. S. 124.]

(C. G. Poetzsch „Nachträge und Fortsetzungen der chronolog. Geschichte der großen Wasserfluthen des Elbstroms etc." S. 43.)

Strehla i/Sa. Elbe: Eisaufgang

Elbe: Das Eis bricht.

(J. Kleber „Chronik der Stadt Strehla etc." S. 144.)

Riesa (Sa.) u. Umgebung Elbe-Überschwemmung

Elbe: große Flut verwüstet die Fluren.

(Joh. Thomas „Zeitereignisse aus der Vergangenheit etc. unserer Heimatstadt Riesa etc." S. 14.)

Es begann die Eisfahrt. Das Eis schützte sich von der Brücke und wütete gewaltig gegen die Pfeiler und Bogen der Brücke und die Flut wuchs so hoch, daß das Wasser in der Heilig. Dreifaltigkeitskirche in Neustadt bis vor dem Altar stand. Starker Schaden an der Brücke.

1595 Dresden Elbe: Eisgang und Überschwemmung

(Dr. W. Schäfer „Chronik der Dresdener Elbbrücke etc." S. 48 aus Brückenamts-Register.)

Es kahm eine große Eisfarth / welche sich alhier schützte / und hernach in die 6. Tage gieng / darüber sich die Elbe ergoß / daß das Wasser in das Gewölbe der Vestung / bis aufn Zimmerhoff / auch beym Klepper-Stalle herein tratt.

25. Februar a. St. 7. März 1595 n. St. Dresden Elbe: Eisgang und Überschwemmung

(A. Weck „Der etc. Residentz- u. Haupt-Festung Dresden Beschreib- u. Vorstellung etc." S. 529.)

Gegen $^1/_2 1^h$ nachts brach das Eis der Elbe, das eine Dicke, wie seit vielen Jahren nicht, hatte. Das Eis beschädigt in der Fischerei Mauern und Häuser. Dabei war der Wasserstand so hoch, daß Mlikojed und Kopist ganz vom Wasser umflossen waren, und man sich von der vorderen Brücke aus in der Elbe waschen konnte. Dieses Hochwasser verursachte ungeheuren Schaden.

7. März n. St. Leitmeritz (Böhmen) Elbe: Eisgang und Überschwemmung

(Dr. W. Katzerowsky „Die meteorolog. Aufzeichnungen der Leitmeritz. Stadtschreiber etc." S. 22.)

Elbe: Eisgang und Überschwemmung. Das Eis. das $1-1^1/_2$ Ellen stark war, verursachte auf der Insel, an den Mühlen und an der Brücke großen Schaden.

(Dr. W. Katzerowsky „Meteorolog. Nachrichten aus den Archiven der Stadt Leitmeritz". S. 5 aus Memorabilien des Johann Nőzirz.)

Main. Der Mayn den 26. Febr. am höchsten gestanden / daß er auff dem Römerberg gestanden / und biß an den Spring-Brunnen gangen / dieses Wasser ware, grösser als dasjenige so 1573 allhier gewesen / und am Mayn-Thor in Stein gehauen worden / wohl um einen halben Schuh / bey Manns Gedencken hat man dergleichen nicht gesehen / es hat in die 14 Tag getauret / und ist viel Ruin an den Häusern geschehen.
[Siehe Gedenktafel an dem Eckhaus auf dem Fischerfeld].

26. Februar a. St. 8. März n. St. Frankfurt a/M. Main-Überschwemmung

(A. A. von Lersner „Der weit-berühmten freyen Reichs-etc. Stadt Franckfurt a/Mayn chronica". I. S. 535.)

Pleiße: starke Überschwemmung.

Treben b/Altenburg (Thür.) Überschwemmung der Pleiße

(Dr. J. u. E. Löbe „Geschichte der Kirchen u. Schulen d. Herzogthums Sachsen-Altenburg". I. S. 514.)

° („Kirchen-Galerie des Herzogth. Sachsen-Altenburg". I. S. 415.)

Es ist das Wasser allhier und anderweit sehr angelauffen / und hat überaus grossen Schaden gethan. Vorm Peters-Thor hat es die neuerbaute Küh-Brücke und daselbst den Thamm an 40 Ellen lang / ferner das Kirchwehr und Thamm zerrissen /

Leipzig Überschwemmung der Pleiße

daß die Pleisse ausgetreten / die Wiesen und Höltzer überschwemmt und ins Wasser gesetzet. Vorm Rhanstädter-Thor ist es über dem hohen Steinweg gangen / denselben ausgewaschen / etc. etc.

(Mag. Joh. Jac. Vogel „Leipzig. Geschicht-Buch oder Annales." S. 311/12.)

26. Februar 1595 a. St. 8. März 1595 n. St. Frankenberg (Erzgeb.) Eisgang und Überschwemmung der Zschopau

Es hat die Zschope wegen des jählingen Aufdauens große Eyß-Schollen gebracht und an Gärten und Häußern großen Schaden gethan.

(Chr. A. Bahn „Histor. Nachrichten von dem etc. Franckenberg etc." S. 287.)

27. Februar a. St. 9. März n. St. Regensburg Donau: Eisgang und Überschwemmung

Donau. Eisstand und hohes Wasser von nie gekannter Höhe. Fast alle Mühlen, auch Häuser und Brücken wurden zerstört. Inschrift an einem Hause: Im 1595 Jahr den 27 February war. / Ist das Wasser so hoch gegangen, / Daß diesen Strich thät erlangen.

(Chr. G. Gumpelzhaimer „Regensburg's Geschichte etc." II. S. 1009/10.)

27. Febr.—7. März a. St. 9.—17. März n. St. Halle a/S. Überschwemmung der Saale

27. Febr. ist neben andern Wassern auch die Saale so hoch angewachsen, daß man am 2. Martii Sontags zu Mittage in der Claus-Strassen bey dem Bischoffs-Borne mit Kähnen fahren können, massen es oben über der Claus-Brücke weg, auch über alle 4 Saltzbrunnen, etliche Ellen hoch, besonders aber über dem Deutschen Brunnen fast zwey Mann hoch gegangen, . . . , bis endlich den 7. Martii das Wasser wieder zu fallen angefangen. [Inschrift am Moritzthor: Exundatio, qua maior hominum memoria, non fuit a. 1595.]

(J. Chr. von Dreyhaupt „Pagus Neletici etc." I. S. 634.)

° (J. Chr. von Dreyhaupt „Pagus Nelitici et Nudzici etc.", edid. J. F. Stiebritz. I. S. 733.)

28. Februar a. St. 10. März n. St. Schweinfurt, Haßfurt, Volkach, Kitzingen, Ochsenfurt u. a. O. Main-Überschwemmung

Main: Durch Schneeschmelze außerordentlich angewachsen. Großer Schaden, da mehrere Brücken fortgerissen wurden. Es ertranken Menschen und Tiere. Auch in Schweinfurt wurde die äußere Brücke fortgerissen.

(A. Mühlich u. G. Hahn „Chronik der Stadt Schweinfurt". S. 321.)

Colditz i/Sa. Eisgang der Zwickauer Mulde

Die Eisfahrt riß die Brücke bei der St. Nicolaikirche über die Mulde gänzlich hinweg und richtete auch an der Muldebrücke in der Stadt großen Schaden an.

(H. F. Bellger „Histor. Beschreibung der Stadt Colditz etc." S 40 u. 180.)

11. März n. St. Passau Donau: Überschwemmung

Sambstags den Aillften Mertzen Zwar / Als man zelt fünfzehn hundert Jar / Auch fünff und neuntzig noch dazue / die Thonaw machet große Unruhe / Hat glangt zu mitten Creitz daher . . .
[Der Wasserstand soll 1 m höher gewesen sein als im Jahre 1501.]

(J. Heberle „Hochwasser in Passau". S. 19.)

Es ist zu Bernburg eine schreckliche und sehr verderbliche Überschwemmung gewesen. Denn als die Saale durch den zuvor gefallenen und aufgetauten Schnee sehr angelaufen ist, ist sie mit einer solchen Gewalt in die Stadt gedrungen, daß sie einen großen Teil der Stadtmauern an mehreren Orten gänzlich niedergerissen, die Stadt völlig eingeschlossen hat, so daß die Bürger alles zurückgelassen haben und auf die Weinberge geflohen sind etc. etc. Durch das immer mehr und mehr anschwellende Wasser und durch die Gewalt des Strudels sind mehrere größere Gebäude vom Wasser überschwemmt und gänzlich niedergerissen worden. etc. etc. Am Abend kam die Flut mit erneuter Kraft, überschwemmte auch die am höchsten gelegenen Häuser und riß die Brücke samt einem Mädchen, . . . , mit sich fort. In der Nacht sind dann viele Häuser zusammengestürzt, . . . Den dritten Tag sind sowohl öffentliche als Privatgebäude zusammengestürzt, . . . Es waren 160 Häuser ganz weggeschwemmt, andere sehr stark beschädigt, . . .

11.—13. März 1595 n. St. Bernburg Überschwemmung der Saale

(Dr. H. Peper „Geschichte der Stadt Bernburg". S. 114/15.)

Welches sich dann auch zu Bernburck an der Saal / vnder dem Hertzogthumb Anhalt / zugetragen. Dann als die Saal von dem Schnee vnnd Regenwasser vber die maß sich erhöht / hat sie mit grossem sausen vnd brausen also der Statt Bernburck zugesetzt / vnd die Fundament derselben Stattmawr also außgeflöst / das ein guter theil derselben eingefallen / vnd dem Strom ein offenen Paß geben müssen. Daher dann auch die gantze Statt nicht allein mit grossem Wasser erfüllt / . . . Dann das Wasser jetzt allbereit der armen Leut Häußlin zum theil außgefüllt / zum theil zerrissen / vnnd S. Nicolaus Pfarr dermassen ertrenckt / das der Pfarrherr gar närlich zum Fenster hinauß sein Leben erretten können / vnd vber das alles wuchse das Wasser noch zur stund mehr / das es auch schon anfieng / in die grossen Gebäwen einzuwerffen vnd zu ertrencken etc. etc.

(Joh. Sleidanus „Warhafft. Beschreibung etc." Continuat. Pars III. S. 792.)

° (Jacque-Auguste de Thou „Hist. univers." XII. S. 377.)

Eine Überschwemmung der Ihle reißt einen Teil der Stadtmauer ein.
[Siehe Gedenktafeln unweit des Zerbster Thores]

1. März a. St. 11. März n. St. Burg b/Magdeburg Überschwemmung der Ihle

(G. Fritz „Chronik von Burg". S. 11.)

Nachdem durch einen warmen S. Wind der Schnee rasch geschmolzen war, stieg das Wasser der Elbe sehr hoch, wie seit Menschengedenken nicht. Ein Teil der Brücke wurde fortgeschwemmt.

11. März n. St. Leitmeritz (Böhmen) Elbe-Überschwemmung

(J. Haudeck „Die Leitmeritz. Elbebrücke". S. 518.)

Auff den Faßnacht Sontag / als der tag anbrach / . . . / erhub sich das Wasser erst auffs new wider / vnd griff noch weiter vmb sich / vnd versucht seine Macht an vielen anderen Gebäwen / insonderheit an der Brücken / die sie auch endlich vmb 4 Vhr nach Mittage mit grosser Vngestümmigkeit auff den mehrern theil weg ge-

2. März a. St. 12. März n. St. Bernburg (Anhalt) Überschwemmung der Saale

rissen. Die folgende Nacht währete es noch stätigs des einfallen vnd eingehen vieler Häuser.

(Joh. Sleidanus „Warhafft. Beschreibung etc.“ Continuat. Pars. III. S. 792.)

Am Sonntag Esto mihi . . . ergoß sich die Saale mit solcher Gewalt, daß die Brücke fortgeführt wurde und viele Häuser eingeworfen wurden.

(Dr. H. Suhle „Ältere Nachrichten des Kirchenbuchs der Marienkirche zu Bernburg“. S. 266.)

2. März 1595 a. St. 12. März 1595 n. St. Halle (Saale) Überschwemmung der Saale

Saale: Wasserstand bei den Stadtmühlen: 5,4 m über dem mittleren Wasserstand. Größtes bekanntes Hochwasser der Saale.

(Dr. W. Ule „Heimatkunde des Saalkreises etc.“ S. 17/18.)

Saale: Wasserstand 22′ 2″ 7‴ über dem Nullpunkt des Oberpegels bei Halle.

(G. F. Hertzberg „Geschichte der Stadt Halle an der Saale etc.“ III. S. 315.)

. . . Das Wasser stand der Stadtmauer gleich, drang an vielen Orten durch sie hin) durch, . . .

(J. Chr. von Dreyhaupt „Pagus Neletici et Nudzici etc.“, edid. J. F. Stiebritz. I. S. 733.)

° (C. H. Freiherr vom Hagen „Die Stadt Halle etc.“ S. 187.)

Kottbus Überschwemmung der Spree

Es fiel nach vorhergegangenem harten Frost und häufig gefallenen Schnee, zwey Tage vor Fastnacht [Fastnacht = 4. März] . . . ein jählinges und geschwindes Thauwetter ein, wodurch die Spree so zusehens anwuchs, daß dieselbe des Sonntags Quinquagesimä zu Nachts [2. März] in der Vorstadt bei der Ostrow durchreißen wollte; als man daselbst solches durch fleißiges Dämmen zu wehren bemühet war, so suchte das häufig anschießende Wasser oberwärts des Spreewehres nach dem Schießhause zu einen Durchbruch; der Damm gewann darauf ein Loch und einige Öffnung, durch welche der ganze Strom nach gedachtem Schießhause zulief, . . . Dieses außerordentlich große Wasser hat die ganze Sandowsche Brücke, wie auch ein ziemlich Stück Land vom Schloßgarten, nebst vielen großen Bäumen ausgerissen und abgeführt. Es ist durch solche Überschwemmung nicht allein an Brücken, sondern auch an Häusern, Scheunen und Aeckern allenthalben ein so entsetzlicher Schaden geschehen, dergleichen man bey Menschen Gedenken nicht gehört hat.

(D. J. F. Beuch „Geschichte und Beschreibung der Stadt Cottbus etc.“ S. 109/11.) edid. J. Bernoulli.)

3. März a. St. 13. März n. St. Bernburg (Anhalt) Überschwemmung der Saale

Am Montag wärete noch ein weg wie den andern des unsäglichen einreissen vnd vndergehen der Häuser / Mawren vnd Keller / etc. etc. An Häusern sind hundert vnd sechtzig / sampt den grossen Mawren / eingangen / andere aber viel / ob sie wol stehen / haben sie doch grossen schaden erlitten . . .

(Joh. Sleidanus „Warhafft. Beschreibung etc.“ Continuat. Pars III. S. 792.)

La crue des eaux était telle qu'elle menaçait d'entraîner les ponts, . . .

(M. Champion „Les inondations en France etc." I. S. 70 aus Regist. du Parlement.)

14. März n. St. Paris Seine-Hochwasser

Es war im Fasten-Abend zu Lüneburg ein groß Wasser, denn die Aue sich so sehr ergoß, daß das Wasser für dem Altenbrüger-Thor bis vor des Rectoris Thür, und hinter S. Johannis in den Häusern stand, auf den Fisch-Marckt fuhre man mit Kanen, . . . , und stand das Wasser also 3 Tage.

(H. Bünting „Braunschweig-Lüneburgische Chronica". III. S. 1629.)

4. März a. St. 14. März n. St. Lüneburg Überschwemmung der Ilmenau

Die Ehle hat sich dermassen ergossen, daß sie vor dieser Zeit seit Menschengedenken nie so groß gewesen und fast den Flecken halb überschwemmt. Auch die Elbe hat merklich großen Schaden gethan, daß der Damm zwischen dem Klausen und der Stadt Magdeburg ganz und gar verderbt und fast keine Brücke ganz und unbeschädigt blieb, auch das hohe steinerne Gewölbe eingegangen ist.

(E. Meyer „Chronik der Stadt Gommern etc." S. 144.)

4. März 1595 a. St. 14. März 1595 n. St. Gommern, Gegend von Magdeburg Überschwemmung der Ehle und Elbe

Havel. Sehr starke Überschwemmung. Höchster Wasserstand noch $1/2$ Elle höher als 1566. [Inschrift am Kirchen-Chor.]

(S. Chr. Wagener „Denkwürdigkeiten der churmärk. Stadt Rathenow" S. 286.)

4. März— 18. April a. St. 14. März— 28. April n. St. Rathenow Überschwemmung der Havel

Der Ryn, Donouw etc. thettend im Merzen grossen jemerlichen schaden.

(„Hans Ardüsers Selbstbiographie und Chronik [1572–1614]". S. 133.)

Anfang März a. St. Mitte März n. St. Rhein, Donau u. andere Flüsse Überschwemmungen

Es hat sich von grosser Kält / vielem Schnee / viel gefrorne Feuchtigkeit in den Gebirgen gesamlet / vnd da ein vhrplötzlich warm Regenwetter eingefallen / sind die Wasser in Teutschland / als da ist der Rhein vnnd die Thonaw / . . . / vber die maß sehr gewachsen / vnd haben hin und wider nicht kleinen Schaden gethan.

(Joh. Sleidanus „Warhafft. Beschreibung etc." Continuat. III. Pars. S. 773.)

Rhein, Donau Überschwemmungen

Groß erschrecklich gewesser ist an vielen orten gewest / do der schnee im angehenden Mertzen zerschmoltzen / vnd viel Regen gefallen. Hat zu Bernburg im Fürstenthumb Anhalt / zu Nürnberg / Halle / mercklichen schaden gethan / wie denn auch an andern orten mehr / als zu Leipzig / Dresden, in Stedten vnd Dörffern.

(Matth. Dresser „Sächsisch. Chronicon". S. 775.)

° (Mart. Mylius „Mart. Meisteri annales Gorlicenses etc. usque ad. a. 1651 etc." S. 57.)

Anf. März 1595 Mitte März a. St. Mitte März n. St. Deutschland Überschwemmungen der Flüsse

S. Deutschland Über-schwemmungen der Flüsse

Postea, maximae inundationes aquarum, etiam Noribergae.

(Martini Crusii „Paraleipomenos rer. Suevicar. liber". S. 119.)

(Später sehr starke Überschwemmungen der Gewässer, auch zu Nürnberg.)

Anfang März a. St. Mitte März n. St. Zella-Mehlis Über-schwemmung des Lubenbaches

7. März [alt. Stil] und folgende Tage trat so plötzlich Tauwetter ein, daß eine ungeheure Überschwemmung entstand, die viel Schaden anrichtete.

(Buddeus, Zeyß u. Kröhn „Chronik der Stadt Zella-Mehlis", edid. Brack. S. 283.)

Elbe Über-schwemmung

Darnach in der ersten Fasten-Woche ward die Elbe so groß, daß es zum Hove in den Häusern stand, zu Winsen ist es in die Kirche geflossen, und hat grossen Schaden gethan, denn an etlichen Orten ganze Häuser weggetrieben, und viel Menschen und Vieh ertruncken.

(H. Bünting „Braunschweig-Lüneburgische Chronica". III. S. 1629.)

um 22. Febr. a. St. um 4. März n. St. Thüringen Über-schwemmungen der Flüsse

° (J. Binhard „Newe vollkommene Thüring. Chronica". 3. Buch. S. 206.)

Herzberg (Elster) Über-schwemmung der Elster

Elster. Überschwemmung. Wasserstand so hoch, daß es in den Vorstädten 1 Elle hoch über das Steinpflaster ging.

(J. Chr. Schulze „Chronik der etc. Kreisstadt Herzberg a/Elster". S. 343.)

Derwegen [= wegen der hohen Schneedecke] dan die fließenden Waßer, als es loß gedawet, sich allenthalben sehr ergoßen haben, viel Stedte vnd dörfer beschedigt, die Brücken vnd Demme weggerißen, die Ecker vberschwemmet, verderbt vnd großen schaden gethan, . . .

(Petrus Hafftitius „Microcronic. Marchicum" in Riedel „Codex diplom. Brandenburg." 4. Hauptteil. 1. Band. S. 154.)

Vmb Reminiscere [= 16. März] war nicht allein in der Marck / sondern auch anderswo in Deutschland / sehr gros Gewässer / welches hin und wieder trefflichen schaden that. Sonderlich aber stehet in einem dauon gedruckten Liede / das bey Angermünde in der alten Marck sechß Dörffer hinweg geriessen / vnnd bei fünffzig Menschen vmbkommen seyn.

(Andr. Engel „Annal. March. Brandenburg". S. 428.)

7. März a. St. 17. März n. St. Weser Über-schwemmung

Es brach die Weser durch die Deiche und überschwemmte fast ganz Stedingerland, ferner das Wüsteland, zerriß daselbst die Hunterdeiche und verbreitete sich jenseits derselben über alle niedrigen Felder und die Marsch bis Ovelgönne, überall mit großem Schaden.

(Fr. Arends „Physische Geschichte der Nordsee-Küste etc." II. S. 120 aus Hamelmann „Oldenburg. Chronik". S. 481.)

Es beginnt durch plötzliches Thauwetter ungeheure Wasserfluth, die mehrere Tage anhält. 7. März 1595 a. St. 17. März 1595 n. St. Suhl (Thüringen) u. Umgeg. Überschwemmung der Hasel

(Dr. F. Werther „Sieben Bücher der Chronik der Stadt Suhl". I. S. 178.)

Saale . . . , bis daß es endlich den 7. März zufallen angefangen. Halle (Saale) Das Hochwasser der Saale beginnt zu fallen

(J. Chr. von Dreyhaupt „Pagus Nelitici et Nudzici etc.", edid. J. F. Stiebritz. I. S. 734.)

Es ist ein groß Wasser gewesen, hat das Wehr zu Dachröden, zu Ammern, an der Steinbrückmühle und auf dem Wendewehr alles zerbrochen; in der Klingen hat es auch großen Schaden gethan. 8. März a. St. 18. März n. St. Mühlhausen i/Thür. Überschwemmung der Unstrut

(Dr. R. Jordan „Chronik der Stadt Mühlhausen i/Thür." II. S. 189.)

Und ist der Rhein in sulcher hoichden pliben stain bis Palmtag, ehe er angefangen zu fallen. 19. März n. St. Köln Der Rhein beginnt zu fallen

(„Das Buch Weinsberg", edid. Fr. Lau. IV. S. 228.)

Die Elster ist so angeschwollen und ausgetreten, daß man auf dem Markte mit Kähnen fuhr. Kirchhain N/L. Überschwemmung der Kleinen Elster

(C. W. Zahn „Chronik von Kirchhain etc." S. 203.)

Am Palmtage kam groß Wasser, erhub und brach das dickgefrorne Eis, nahm die Brücke hinter dem Thum hinweg und that großen Schaden. Breslau Oder: Eisgang und Überschwemmung

(„Jahrbücher der Stadt Breslau von Nicol. Pol", edid. J. G. Büsching. IV. S. 175.)

Das hohe Wasser reißt die Pfähle der bei dem Bazar-Werder gebauten Eiskästen weg. 24. März n. St. Thorn Weichsel-Hochwasser

(Dr. J. E. Wernicke „Geschichte Thorns etc." II. S. 153.)

. . . bei noch andauerndem Hochwasser. 25. März n. St. Leitmeritz (Böhmen) Elbe: Hochwasser

(Dr. W. Katzerowsky „Die meteorolog. Aufzeichnungen der Leitmeritz. Stadtschreiber etc." S. 22.)

ipsa nocte S. Paschae Vistula ruptis aggeribus inundavit insulam majorem, aliquot homines multa pecora submersit, multa edificia evertit. 26. März n. St. Danziger Werder Weichsel-Überschwemmung

(F. u. E. Strehlke „Nachrichten über besondere Witterungserscheinungen in Preußen etc." S. 659 aus dem Zinsbuch vom Kloster Karthaus 1595.)

(In derselben Osternacht überschwemmte die Weichsel infolge von Deichbrüchen das größere Werder, ertränkte einige Menschen und viel Vieh und brachte viele Gebäude zum Einsturz.)

um 20. April a. St. 1595 um 30. April n. St. 1595 Büchenbach (Fichtelgebirge) Überschwemmung des Büchenbachs

Der Büchenbach ergoß sich dermassen, daß er im Flecken ein Hauß ... weggerißen, ...

(„Das Teutsche Paradeiß in dem vortrefflichen Fichtelberg, etc." von M. Joh. Will in „Archiv für Geschichte und Alterthumskunde von Oberfranken". 16. Band. 1. Heft. S. 80.)

Mai a. St. Bernburg Überschwemmung der Saale

Starke Überschwemmung. Es wurden 150 Häuser zerstört.

(K. v. Zittwitz „Die Chronik der Stadt Aschersleben." S. 160.)

12. Mai n. St. Limburg (Lahn) Überschwemmung der Lahn

... sehr geregnet und das wasser großen schaden getan abermals wie vorn.

(„Die Limburger Chronik des Johann Mechtel", edid. C. Knetsch. S. 171.)

2. Mai a. St. 12. Mai n.St. Michaelstein (Harz) Überschwemmung

... ist eine große Fluth wasser hie umbs Closter gewesen, und alle Teiche, ..., hinweg gerissen.

(P. Zimmermann „Quellen zur Genealogie des späteren Grafen von Regenstein". S. 136.)

Aschersleben Überschwemmung der Eine

..., aber den 2. Mai fiel ein so starcker langwieriger Regen, daß die Eine so hoch an das Thor gieng, als das Zeichen noch ausweiset, und in der Neustadt, auch sonst, grossen Schaden that, ...

(„Chronicon Ascaniense" in C. Abel „Sammlung Etlicher noch nicht gedruckten alten Chroniken". S. 642.)

3. Mai a. St. 13. Mai n. St. Aschersleben Überschwemmung der Eine

Es trat die Eine nach einem starken Regenwetter aus, und die dadurch erfolgte Überschwemmung richtete in der Stadt viel Schaden an. An mehreren Orten stürzte die unterwühlte Stadtmauer zusammen etc. In der halben Stadt stand das Wasser in den Kellern eine geraume Zeit ellenhoch.

(K. v. Zittwitz „Die Chronik der Stadt Aschersleben." S. 160.)

3. Mai a. St. 13. Mai n. St. Martigny [Martinach] an der Drance (Kanton Wallis) Überschwemmung infolge eines Erdfalles

3 Uhr morgens. 2 Berge stürzen in die Rhône. Dadurch entsteht große Überschwemmung. In Martenach wurden 800 Häuser zerstört, die meisten Menschen und das Vieh ertranken. Brentz wurde völlig zerstört. Bani wurde völlig zerstört, ca. 600 Menschen ertranken. Von Martenach bis St. Moritz wurden alle Brücken zerstört.

(Joh. Sleidanus „Warhaffte Beschreibung etc." Continuat. Pars III. S. 806.)

° („Hans Ardüser's Selbstbiographie und Chronik [1572–1614]". S. 133.)

26. Juni a. St. 6. Juli n. St. Borna i/Sa. Hochwasser der Wyhra

Wyhra. Es kam ein großes Wasser.

(Rob. Wolfram „Chronik der Stadt Borna etc." S. 398.)

8.—16. Juli a. St. 18.—26. Juli n. St. Frankfurt a/Oder Oder-Überschwemmung

Oder. Sehr starke Überschwemmung.

(W. Jobst „Kurtze Beschreibung der Alten Löbl. Stat Franckfurt an der Oder". 3. Aufl. edid. J. Chr. Beckmann. S. 49.)

Deich in Widingharde oder Gotteskoge eingebrochen. um 25. Juli 1595 a. St. um 4. Aug. 1595 n. St. Nordfriesland Sturmflut

(„M. Anton Heimreichs nordfresische Chronik“, edid. Dr. N. Falck. II. S. 76.)

Gewaltiger NW Sturm mit hoher Flut, wodurch das Hamelwarder-Siel ausgetrieben wurde, mit großem Schaden. 29. Juli a. St. 8. August n. St. NW Deutschland Sturmflut

(F. Arends „Physische Geschichte der Nordsee-Küste etc.“ II. S. 120 aus Hamelmann „Oldenburg. Chronik“. S. 482.)

Des Morgens sehr frühe / ehe es lichte worden / entstund bey einem starken Gewitter so ein gewaltiger Platz-Regen / davon sich gleich im Augenblicke alle Wasser ergossen / . . . Bäume ausgewaschen / Häuser weggeführet / . . . Es ist biß an die Stadt-Mauer gangen / viel Menschen und Vieh ersäufft / . . . Im Hospital ging es oben über die Fenster Köpffe / und ist eine grössere Fluth nicht erfahren worden / weil die Stadt gestanden. 9 Personen ertrunken. 17. August n. St. Zittau i/Sa. Überschwemmung infolge eines Wolkenbruchs

(J. B. Carpzow „Analecta Fastorum Zittaviensium etc.“ 5. Theil. 3. Kapit. S. 263.)

Eine der furchtbarsten Überschwemmungen. Vor Tagesanbruch Wolkenbruch, der noch vor Sonnenaufgang furchtbaren Schaden anrichtet. Ein Stück der Stadtmauer bei der Mandauer Pforte wurde umgerissen. In der Stadt, in Eibau, Oderwitz und Haynewalde mehrere Menschen ertrunken.

(Chr. A. Pescheck „Handbuch der Geschichte von Zittau“. II. S. 433/34.)

Sehr starke Überschwemmung. In Eibau 9 Personen, Nieder-Oderwitz 6 Personen, Haynewalde 8 Personen ertrunken. Umgebung von Zittau dto.

(J. B. Carpzow „Analecta Fastorum Zittaviensium etc.“ 5. Theil. 3. Kapit. S. 263.)

(Gottl. Paul „Fragmente einer Chronik von Ebersbach etc.“ S. 89.)

Mandau: Überschwemmung infolge von Wolkenbrüchen. Oberlausitz Überschwemmung der Mandau infolge von Wolkenbrüchen

(G. Korschelt „Geschichte von Olbersdorf bei Zittau“. S. 179.)

Infolge eines Wolkenbruchs vor Tagesanbruch eine der fürchterlichsten Überschwemmungen. In Niederorderwitz wurde von den Fluten das Schulhaus fortgeführt. In Oderwitz 7, in Hainewalde 8, in Eibau 9 Menschen ertrunken. Oderwitz b/Zittau i/Sa. und Umgegend Überschwemmung infolge eines Wolkenbruchs

(G. Korschelt „Geschichte von Oderwitz“. S. 276.)

° (Dr. W. Katzerowsky „Die meteorol. Aufzeichnungen d. Leitmeritz. Stadtschreiber etc.“ S. 22.) = 19. August

° (Dr. Ed. Wauer „Geschichte der Industriedörfer Eibau u. Neueibau“. S. 158 aus Gottlob Paul „Fragmente einer Chronik von Ebersbach“ S. 89.)

18. August n. St. 1595 Reichenau b/Zittau (Oberlausitz) Überschwemmung des Erlichtwassers

Erlichtwasser. Es entstand durch anhaltenden Regen großes Wasser, welches in Hermsdorf 1 Stall, in Markersdorf 1 Haus, und allhier 2 Häuser und 1 Stall wegriß, ohne des anderen Schadens zu gedencken.

(J. T. D. Rösler „Chronick von Reichenau etc.“ S. 82.)

Durch anhaltenden Regen großes Wasser, das in Hermsdorf 1 Stall, in Markersdorf 1 Haus und in Reichenau 2 Häuser und 1 Stall wegriß.

(Ludw. Engelmann „Geschichte von Reichenau“. II. S. 383.)

Bei Leuba (Oberlausitz) Überschwemmung

Große Überschwemmung.

(R. Doehler „Geschichte des Dorfes Leuba“. S. 97.)

Görlitz Überschwemmung der Neiße

Nissus tantum repentino imbre incrementum cepit: ut Annales nostri a tempore conditae hujus urbis vix meminerint eluvionem atrociorem. Inter maxime stupendas et horrendas inundationes annotatur apud nos Annus 1537. Verum haec quinque partibus ulnae, cum tribus digitis transversis, priorem illam exuperavit. Apud nos trium illarum molarum, quae Nissi aquis impelluntur, rotas omnes comminuit, domumculas ad molas pertinentes abrupit et ex fundamentis evertit: ... Longe atrocior facies hujus diluvii fuit apud Zittavienses, ubi complures utriusque sexus et aetatis homines, ... miserandum in modum submersit et suffocavit.

(Mart. Mylius „Mart. Meisteri annales Gorlicenses etc. usque ad. a. 1651 etc.“ S. 59/60.)

(Die Neiße begann infolge eines plötzlichen Regens zu steigen, so daß unsere Annalen seit der Gründung dieser Stadt kaum eine schlimmere Überschwemmung erwähnen. Zu den besonders erstaunlichen und schrecklichen Überschwemmungen wurde bei uns das Jahr 1537 gezählt. Aber die jetzige überstieg um 5 Teile einer Elle und 3 Zoll jene frühere. Bei uns zerschlug [die Überschwemmung] drei jener Mühlen, die durch die Fluten der Neiße getrieben wurden, alle Räder und die Gebäude, die zu den Mühlen gehörten, zerstörte sie von Grund aus. Bei weitem schlimmer war das Bild dieser Überschwemmung bei den Zittauern, wo [die Überschwemmung] mehrere Menschen beiderlei Geschlechts und [jeder] Altersstufe, ..., jämmerlich in die Tiefe riß und ums Leben brachte.)

Görlitz, Zittau i/Sa. Überschwemmung der Neiße

in der Nacht ergoß sich mächtiglich die Neisse zu Görlitz, nahm hinweg die Tuchmacher und Weißgerber Walkmühlen, die Schleif- und Polirmühle, etc. Um die Sittau auf und nieder sollen in die 100 Menschen ertrunken seyn.

(„Jahrbücher der Stadt Breslau von Nicol. Pol“, edid. J. G. Büsching. IV. S. 175.)

Görlitz Überschwemmung der Neiße

Die Neiße so gewaltig hoch angeschwollen. Siehe Inschriften vor dem Thore bey der Neißebrücke an einer Walkmühle und über der Brücke in der Vorstadt auf der Rabengasse an einem Bürgerhause. „Anno 1595. 17. Augusti ist das große

Wasser bis an diese Linie gegangen J. K. Höhe der Denkschrift = 9 Ellen über Null oder dessen mittl. Höhe".
[Knauthens histor. Nachricht von d. Hospital u. d. Kirche zum Heil. Geist in Görlitz. S. 4.]

(C. G. Poetzsch „Chronol. Gesch. d. groß. Wasserfluth d. Elbstromes etc." S. 54.)

Neiße. Ein großes Wasser durchbricht den Damm bei der tiefen Grube und nimmt seinen Weg nach Eulo, Bohrau, Naundorf, Brießnick und verdirbt Häuser, Gärten, Äcker und Wiesen und die Feldfrüchte. In der Stadt ist nur der Marktplatz vom Wasser frei gewesen.

18. August n. S. 1595 Forst (Lausitz) Überschwemmung der Neiße

(Joh. Chr. Schneider „Chronik der Stadt u. Standesherrschaft Forst". S. 89.)

Durch einen Wolkenbruch viel Schaden an Holz und Wohnhäusern.

bei Böhmisch-Kamnitz Überschwemmung infolge eines Wolkenbruchs

(Dr. W. Katzerowsky „Die meteorolog. Aufzeichnungen d. Leitmeritz. Stadtschreiber etc." S. 22.)

Elbe: Hochwasser.

Mitte August a. St. Ende August n. St. Dresden Elbe Hochwasser

(Dr. W. Schäfer „Chronik der Dresdener Elbbrücke etc." S. 48 aus Brückenamts-Register.)

Da das Wasser sehr wuchs, . . .

12. Oktober n. St. Breslau Oder: stark steigendes Wasser

(„Jahrbücher der Stadt Breslau von Nicol. Pol", edid. J. G. Büsching. IV. S. 177.)

. . . cause du grand desbordement des eaux.
[Recueil mémorable du Hugues Bois-de-Chesne.]

16. Oktober n. St. O. Frankreich Überschwemmungen der Flüsse

(Ch. Contejean „Du climat de Montbéliard au dix septième siècle". S. 385.)

À la suite d'un hiver très-pluvieux, la Marne couvrit un tiers de la ville de Lagny.

Winter 1596 Lagny bei Paris Marne-Überschwemmung

(M. Champion „Les inondations en France etc." II. S. 151.)

Saale: Hochwasser.
[Pfarramts-Akten].

1596 Schwarza (Thür.) Saale: Hochwasser

(F. Lundgreen „Geschichte des Marktfleckens Schwarza". S. 17.)

Sturmflut. Die Breitestraße und die Neustadt wurden teilweise überflutet.

Wismar Ostsee: Sturmflut

(Dr. F. Techen „Geschichte der Seestadt Wismar". S. 277.)

Der Deich in Widingharde oder Gottekoge ist wieder eingebrochen und 5 Wehlen eingestürzet; auch der Reitkog nach Emmersbüll eingegebrochen, und sogar daselbst auch 2 große Wehlen eingerissen. Desgleichen ist der Langhorninger Kog bis zu Stedesand vollgelaufen, . . . , auch ist der Hoyeringer Deich meisten Theils

22. Dez. 1595 a. St. 1. Jan. 1596 n. St. Nordfriesland Sturmflut

eingestürzet, und das neue Bollwerk um Ricksbüllig Kirchhof, . . . , ganz zerschlagen worden.

(„M. Anton Heimreichs nordfresische Chronik", edid. Dr. N. Falck. II. S. 76.)

7 Januar 1596 n. St. Nantes Loire-Überschwemmung

Loire. Inondation. Wasserstand: 18 pieds 6 pouces. 6 lignes = 6,01 m.

(M. Champion „Les inondations en France etc." II. S. 222 aus Rouillé-Courbe „Inondations du département d'Indre-et-Loire". S. 589 [nach einem Manuskript der Bibliothek von Clermont].)

23. Januar a. St. 2. Februar n. St. Barth i/P. Sturmflut

Es entstand in der Nacht eine große Wasserflut aus N. Sie hat in Barth und ein den Ostseestädten an Schiffen und Brücken großen Schaden gethan. Den Wall am Ziegelhof zerriß sie, und alsbald erfüllte das Wasser die Scheunen vor dem Dammtor und an der Süd- und St. Jürgenswiese, so daß es fast $^1/_2$ Mann hoch darin stand. Auch die Dünen am Seestrande hat diese Flut so zerrissen.

(W. Bülow „Chronik der Stadt Barth". S. 198 nach Wichmann cfr. Müller „Urkunden" Bd. X. S. 62.)

Überschwemmung, die den Damm nach dem vor dem Dammthor belegen gewesenen Ziegelhofe zerriß, und drang das Wasser in die Scheunen vor dem Damm- und Langenthore, . . .

(F. Oom „Chronik der Stadt Barth". S. 119.) = 25. Januar 1596 a. St.
4. Febr. 1596 n. St.

Frühling—Sommer Deutschland, Schweiz Überschwemmungen der Flüsse

. . . , darzuo ouch die wasser zuo grossem schrecken, schaden und nachteil der mentschen dermassen uffgetrieben, dass an vilen orten leüth und guot druf gangen ist. Zur Walhenstatt [= Walchenstatt] in Schwyz ist der See bis in die stat gangen, . . .

(„Hans Ardüser's Selbstbiographie und Chronik [1572–1614]". S. 135.)

21 Mai n. St. Warmbrunn Überschwemmung des Zackens und Giersbaches

Ungeheure Überschwemmung des Zackens und der Giersbach. In Warmbrunn wurden 11 Häuser, in Herischdorf 6 Häuser weggerissen.

(J. G. Bergemann „Beschreibung und Geschichte von Warmbrunn etc." S. 85.)

30. Mai n. St. Soignies (Hennegau, Belgien) Überschwemmung der Senne

Senne: Inondation.

(E. Vanderlinden „Chronique des événements météorolog. en Belgique etc." S. 141 aus Ch. Lejeune „Mém. hist. sur l'ancienne ville de Soignies". S. 227.)

31 Mai n. St. Hennegau (Belgien) Überschwemmung

ist in Hennegaw ein so grausam vnd erschrecklich Vngewitter entstanden / von vngestümmen Winden / Donner / Hagel vnd Regen / dz alle Frucht / Hopffen vnd anders gäntzlich verderbt / in grundt geschlagen vnd vernichtet / viel Schawren vnd Häuser vmbgeworffen / Vihe vnd Leut ertrenckt; vnd hat dises vngestümme Wetter in die 8 stund gewäret.

(Joh. Sleidan. Warhafft. Beschreibung etc." Continaut. Pars III. S. 882.)

Im Junio hatt zuo S. Petterszäll das wasser Menispach vil hüser, güeter und costliche bruggen weg gfüert. Juni 1596 a. St. St. Peterzell (Toggenburg, Kanton St. Gallen)

(„Hans Ardüser's Selbstbiographie und Chronik [1572–1614]". S. 135.)

Infolge des Regens liefen die Bergwasser hiesigen Landes jäh an, taten großen Schaden an Gütern und verflößten Brücken, Häuser, Scheunen und Speicher. 24. Juni n. St. Kanton Luzern Überschwemmungen
[Cysat B. manuscr.]

(B. Amberg „Beiträge zur Chronik der Witterung etc." III. S. 29.)

Im Entlebuch staute sich im Kemstalden, oberhalb der St. Nikolausenkirche [das Wasser] durch angeschwemmtes Holz, Gesträuch und Grien zu einem See an, der den folgenden Tag plötzlich ausbrach und das halbe Städtchen Wolhusen mit allem wegschwemmete und bis zum Ausfluß in die Reuß große Verheerungen anrichtete. Entlebuch (Kanton Luzern Überschwemmung
[Cysat B. manuscr.]

(B. Amberg „Beiträge zur Chronik der Witterung etc." III. S. 29.)

Die dortigen 3 Bäche taten übergroßen Schaden. bei Marbach (Kanton Luzern) Überschwemmung der Gewässer
[Cysat B. manuscr.]

(B. Amberg „Beiträge zur Chronik der Witterung etc." III. S. 29.)

Ein paar Tage nach 24. Juni abends ergoß sich ein Wolkenbruch über den Gütsch bei Luzern, das Wasser lief durch das Bruchtor in die Stadt und hauste arg. Ende Juni n. St. Luzern Überschwemmung infolge eines Wolkenbruchs
[Cysat B. manuscr.]

(B. Amberg „Beiträge zur Chronik der Witterung etc." III. S. 29.)

Depuis le 26 juin, il plut pendant six semaines consécutives. Les eaux se répandirent dans toute la vallée de la Seine. L'église des Mathurins fut envahie, ainsi que la plus grande partie du faubourg Saint-Jacques. Ende Juni—Anfang August n. St. N. Frankreich Seine-Überschwemmung

(M. Champion „Les inondations en France etc." II. S. 24 aus Boutiot aus Archiv. municipal. de Troyes.)

Des pluies continuelles, des ravages causés par la crue subite des eaux, . . .

(P. J. Grosley „Mémoires histor. et critiq. pour l'histoire de Troyes". II. S. 520.)

Ein Wolkenbruch setzt die Eßlinger Vorstadt unter Wasser und richtet großen Schaden an. 11 Juli a. St. 21. Juli n. St. Stuttgart Überschwemmung infolge eines Wolkenbruchs

(Dr. K. Pfaff „Geschichte der Stadt Stuttgart". I. S. 255.)

1596
23. August n. St.
Friedeberg a/Queis
Über-schwemmung des Queis infolge eines Wolkenbruchs

Es fiel ein Wolkenbruch, wodurch der Queis so anwuchs, daß er auf der Schloßgasse 5 Häuser und das Röhrsdorfer Mühlenwehr wegriß, auch sonst viel Schaden an Gärten, Wiesen und Äckern verursachte.

(J. G. Bergemann „Beschreibung und Geschichte der Stadt Friedeberg am Queis". S. 148.)

Warmbrunn
Überschwemmung des Zackens infolge eines Wolkenbruchs

Es verursachte ein Wolkenbruch eine Überschwemmung. Einige Häuser wurden weggerissen.

(J. G. Bergemann „Beschreibung und Geschichte von Warmbrunn etc." S. 85.)

24. August n. St.
Bunzlau
Überschwemmung des Bobers

Bober: Große Überschwemmung.

(J. G. Bergemann „Chronik der Stadt Bunzlau". III. S. 87.)

28. September n. St.
Luzern
Überschwemmung des Krienbachs infolge eines Wolkenbruchs

Infolge Wolkenbruchs und Hagelwetters arge Überschwemmung des Krienbachs. Der Krienbach fließt durch das Kriensertor in die Barfüßerkirche bis zum Hochaltar.
[Cysat manuscr.]

(B. Amberg „Beiträge zur Chronik der Witterung etc." III. S. 29.)

7. Oktober n. St.
Reichenau b/Zittau (Oberlausitz)
Hochwasser des Erlichtwassers

Erlichtwasser. Es war wieder das Wasser sehr groß.

(J. T. D. Rösler „Chronick von Reichenau etc." S. 82.)

Wasserflut.

(L. Engelmann „Geschichte von Reichenau". I. S. 383.)

21. Dezember n. St.
Seine
Überschwemmung

Sur la fin de ceste année, le commencement de l'hyver fut si pluvieux qu'il y eut maints déluges d'eaux, ce qui causa en plusieurs endroicts beaucoup de ruynes, entr'autres, à Paris, le pont aux Meusniers se fondit en l'eau environ les huit heures du soir, le jour Sainct Thomas.

(M. Champion „Les inondations en France etc." I. S. 72 aus Palma Cayet „Chronologie novenaire 1. VIII. ann. 1596" in Collect. Michaud tom. XII S. 747 und Regist. du Parlement.)

Paris
Seine-Überschwemmung

à six heures et un quart du soir, le pont aux Musniers de Paris tomba, qui entraîna avec soi une grande ruine de maisons, biens et hommes.

(M. Champion „Les inondations en France etc." I. S. 70 aus Estoile „Registre-journal de Henri III" in „Collect. Michaud." tom. XIV. S. 160.)

26. Dezember n. St.
Limburg (Lahn)
Überschwemmung der Lahn

Uff s. Stephani ein groß gewesser, . . .

(„Die Limburger Chronik des Johannes Mechtel", edid. C. Knetsch. S. 174.)

Nachdem nach einer großen Kälte ein geschwindes Thauwetter erfolgte / veruhrsachte solches groß Gewäßer in der Elbe / es brach auch die Kaitzerbach aus / also / daß die Bürger Wiese überschwemmet wurde / und das Waßer bis ans Dach des Röhrmeisters Haus gieng / durch dis Gewäßer wurden viel neue Keller umb das Neue Thor für der Creutz-Gaße eingeweichet.

1597 Dresden Eisgang und Überschwemmung der Elbe und Überschwemmung des Kaitzerbaches

(A. Weck „Der etc. Residentz- u. Haupt-Festung Dresden Beschreib- u. Vorstellung etc." S. 529.)

Elbe. Eisgang mit Überschwemmung.

Dresden Elbe: Eisgang und Überschwemmung

(Dr. W. Schäfer „Chronik der Dresdener Elbbrücke etc." S. 49 aus Brückenamts-Register.)

Elbe: große Wasserflut und Eisfahrt.

Riesa i/Sa. Elbe: Eisgang und Überschwemmung

(J. Thomas „Zeitereignisse aus der Vergangenheit etc. unserer Heimatstadt Riesa etc." S. 14.)

Loire. Höchster Wasserstand: 6,01 m.

Januar n. St. Nantes Loire: Hochwasser

(M. Champion „Les inondations en France etc." II. S. 222 aus Rouillé-Courbe „Inondations du département d'Indre-et-Loire". S. 589.)

erhoff sich na der sonnen neddergang ein grote platzregen, brachte mit sich ein grusamb nordwestenstorm, durde drei gantze dage na einander. Do gingen alle spete koge voll.
[Johann Petreus „Ein korte Beschrivinge".]

11. Juni a. St. 21. Juni n. St. Nordstrand Sturmflut

(„Johann Petreus' Schriften über Nordstrand", edid. Dr. R. Hansen. S. 227.)

Abends um die Vesperzeit ereignete sich infolge von Regengüssen im Gebirge [in der Stadt war wenig Regen] eine Krienbach-Überschwemmung mit großem Schaden.
[Cysat manuscr.]

24. Juli n. St. Luzern Überschwemmung des Krienbachs

(B. Amberg „Beiträge zur Chronik der Witterung etc." III. S. 30.)

Elbe: Hochwasser.

Anfang August a. St. Mitte August n. St. Mühlberg Elbe: Hochwasser

(C. R. Bertram „Chronik der Stadt etc. Mühlberg". S. 88.)

brak door een fellen Noordweste storm de nieuwe bedyking van de Zype, en geschieden veele andere schadens.

15. August n. St. Nordholland Sturmflut

(Gysbert Boomkamp „Alkmaer en deszelfs geschiedenissen uit de nagelatene papieren van Simon Eikelenberg etc." S. 426.)

Große Springflut. Sie entstand bei einem NW Sturm und soll 1 Fuß höher als die Allerheiligenflut gestiegen sein. Der Deich um die Zype durchbrach von neuem an

Niederlande Sturmflut

vielen Stellen. Waterland, an der N. Seite des Y, lief ganz unter Wasser, Groningerland ebenfalls. Die Siele zu Delfzyl, auch einige andere flogen aus, viele Menschen und Vieh ertranken. Die Schanze zu Reide am Dollart spülte mehrenteils weg. Ostfriesland hatte (nach Ravinga am 15. Sept.) dasselbe Schicksal wie Groningen. Die Provinz erlitt großen Schaden dadurch.

(F. Arends „Physische Geschichte der Nordsee-Küste etc." II. S. 120/21.)

1597
25. September
a. St.
5. Oktober
n. St.
Nordfriesland
Sturmflut

Es ist nach dreitägigem erschrecklichen Sturm abermals eine hohe Fluth entstanden, so großen Schaden an Menschen, Vieh und Getraide gethan.

(„Mag. Anton Heimreichs nordfresische Chronik", edid. Dr. N. Falck. II. S. 76.)

Nordsee
Sturmflut

. . . , in dem ein grusamer Storm sich erhebt, also dat itt wilde Water hen unnd wedder inbrekt unnd groten Schaden deith, alß in Groningen, Freßlandt, Embden, Oldenborch, Bremen, Waterlande, Butjanerlande . . . brikt thone Delve in Dithmarschen in, deith groten Schaden den Schlachtveh, . . . , unnd vordrenket dar ein Mensch. Tho Busen erschinet Got sehr gnedich, dat schon se solch ein schrecklich hoch Water sehen, alß bi Menschen Denken nicht gewesen, unnd ehrmalß, dar it nicht so hoch geghaen, gruwlichen Schaden gedhaen, alß dat itt aver de hogesten Dike, dar it thovorn niemalß avergeschlagen, averschleit, dennoch geit itt so even, (seit 3 Stunden gelike hoch), dat Gott wunderlich dat Ungelucke affwendet, . . .

(„Johann Adolfi's Chronik des Landes Dithmarschen", edid. F. C. Dahlmann. II. S. 339.) = 28. September a. St.

25. September
a. St.
5. Oktober
n. St.
Umgebung von
Tondern
Sturmflut

Überschwemmung infolge einer Sturmflut. Es wurden Deiche und Dämme beschädigt.

(L. Andresen „Geschichte der Stadt Tondern etc." S. XXII und S. 100 aus Petrejus S. 300.) = 15. September

21. Nov. 1597—
7. März 1598
n. St.
Leitmeritz
(Böhm.)
Elbe: Eisdecke

Die Elbe stand fest gefroren.

(Dr. W. Katzerowsky „Die meteorolog. Aufzeichnungen d. Leitmeritz. Stadtschreiber etc." S. 23.)

1598
Frankfurt a/M.
Main-Über-
schwemmung

Main: sehr starke Überschwemmung.

(A. A. von Lersner „Der weit-berühmten freyen Reichs-etc. Stadt Franckfurt am Mayn chronica". I. S. 535.)

Schwarza
a/d. Saale
(Thür.)
Saale: Hoch-
wasser

Saale: Hochwasser.
[Pfarramts-Akten].

(F. Lundgreen „Geschichte des Marktfleckens Schwarza". S. 17.)

Altmark
Elbe-Über-
schwemmung

Elbe. Es zerriß der Deich bei Hämerten. Das Wasser vereinigte sich mit den übergetretenen Flüssen Uchte, Briese und Aland und verursachte vielen Schaden.

Noch höher als in den Stendaler Straßen war damals der Wasserstand in Seehausen, wo man mit Kähnen durch die Straßen fuhr.

(E. Wollesen „Chronik der altmärkischen Stadt Werben etc." S. 131.)

Silesia Aquarum Inundatione mirifice hoc anno fuit infestata: Nam imbribus continuis Amnes praecipue autem Viader, ita creverunt, ut vasto Impetu obvia quaeque prosternentes, agros cumprimis pene omnes obruerint, et Segetes corruperint. 1598 SO Deutschland Überschwemmung der Flüsse, besonders der Oder

(„Nicol. Henel. ab Hennenfeld „Annales Silesiae" in F. W. von Sommersberg „Silesiae rer. scriptor." II. S. 464.)

(Schlesien wurde in diesem Jahre durch eine sonderbare Überschwemmung gefährdet. Nämlich infolge anhaltender Regengüsse stiegen die Gewässer, vor allen Dingen aber die Oder, derartig an, daß sie durch ihren gewaltigen Anprall alles im Wege stehende niederwarfen, besonders fast alle Äcker überströmten und die Saatfelder zerstörten.)

Oder: Die Oder lief zu unterschiedlichen malen sehr an, daß eine Flut die andere trieb, die Tämme durchriß und die Brücken weg nahm. Oder-Überschwemmungen

(„Jahrbücher der Stadt Breslau von Nicol. Pol", edid. Dr. J. G. Büsching. IV. S. 189.)

Deßgleichen ist die Donaw übermäßig groß gewesen / vnd zimlichen schaden bei Wien gethan. Donau Überschwemmung, z. B. bei Wien

(Joh. Sleidanus „Warhafft. Beschreibung etc." Continuat. Pars III. S. 969.)

Deßgleichen erschwellte vnd ergoß sich die Donaw vmb die Revier deß Marckfeldes so gewaltig / das es an Getreid vnd Fütterung grossen vberschwencklichen schaden vervrsacht / vnangesehen das daß Gewässer damahls so groß war / das es in 30 Jahren nie so hoch gestanden.

(Joh. Sleidanus „Warhafft. Beschreibung etc." Contin. Pars III. S. 1008.)

Große Überschwemmung. Schaden an Brücken und Gärten. Krummau i/Böhmen Moldau-Überschwemmung

(R. Schmidtmayer „Krummauer Geschichten aus der Zeit v. Jahr 1584/1720". S. 236.)

Dieses Jar war groß gewesen [= Überschwemmung] etlichmall im Jar, . . . Brünn Überschwemmungen der Schwarzawa und Zwickawa

(„Des Rathsherrn u. Apothekers Georg Ludwig Chronik von Brünn 1555/1604", edid. Ritter von Chlumecky. S. 45.)

Wiederholt litt Brünn in diesem Jahr durch Überschwemmungen, . . .

(Dr. G. Trautenberger „Die Chronik der Landeshauptstadt Brünn etc." III. S. 90.)

1598 Gmunden (Oberösterr.) Überschwemmung der Traun

Hochwasserkatastrophe. Große Zerstörungen. [K. Ritter IV. 59. J. Forstinger I, 112. Urkunden].

(Dr. F. Krackowitzer „Geschichte der Stadt Gmunden etc.“ III. S. 265.)

6. Januar n. St. Loire Überschwemmung

Les eaux estoient fort grandes; au dit mois, les eaux ont emmené partie des paulx de la closture de la Basse-Chaîne de cette ville.

(M. Champion „Les inondations en France etc.“ II. S. 222.)

15. Januar n. St. Toulouse Überschwemmung der Garonne

La rivière de Garonne fut si grosse qu'elle étoit à travers les rues Saint-Cyprien, surpassant la maçonnerie du pont. La rivière passoit par la fosse Saint-Cyprien, entrant par le bout de la porte de l'isle et sortant par l'autre bout, vers l'hôspital de la Grave.

(M. Champion „Les inondations en France etc.“ IV. S. 210 aus Annal. de la ville de Toulouse manuscr.)

Ende Februar a. St. Anfang März n. St. Strehla i/Sa. Elbe-Überschwemmung

Elbe: Überschwemmung. Die ganze Elbau wurde unter Wasser gesetzt.

(J. Kleber „Chronik der Stadt Strehla etc.“ S. 144.)

März Kanton Neuchatel Überschwemmung der Flüsse

Bei der Schneeschmelze Überschwemmungen mit großem Schaden an verschiedenen Orten.

(J. Boyve „Annal. histor.“ III. S. 344.)

25. Februar a. St. 7. März n. St. Dresden Elbe: Eisgang u. Überschwemmung

Es brach das Eiß auf der Elbe.

(A. Weck „Der etc. Residentz- und Haupt-Festung Dresden Beschreib- u. Vorstellung etc.“ S. 529.)

Es bricht das Eis der Elbe. Das Wasser wuchs zu einer ungeheuren Höhe.

(Dr. W. Schäfer „Chronik der Dresdener Elbbrücke etc.“ S. 49 aus dem Brückenamts-Register.)

Elbe-Wasserstand: 9 Ellen.

(M. Lilie „Chronik der Lößnitz-Ortschaften etc.“ S. 277.)

7. März n. St. Leitmeritz (Böhmen) Elbe. Eisgang

Das Eis der Elbe brach und das Wasser begann zu steigen.

(Dr. W. Katzerowsky „Die meteorol. Aufzeichnungen der Leitmeritz. Stadtschreiber etc.“ S. 23.)

Rom Tiber-Überschwemmung

Der Fluß Tüber hefftüg ausgelauffenn, vnndt über 100 m cronen schaden gethonn.

(„Diarium Martini Crusii 1598–1599“, edid. W. Göz und E. Conrad. S. 24.)

Gleich nach dem Eisgange trat großes Hochwasser ein, das bedeutenden Schaden verursachte. Das Wasser reichte bis an das hölzerne Pflaster der Brücke, so daß man sich von der Brücke aus waschen konnte. Wasserhöhe nur 1 Elle niedriger als im Jahre 1501.

1598 nach 7.—15. März n. St. Leitmeritz (Böhmen) Elbe: Hochwasser

(Dr. W. Katzerowsky „Meteorolog. Nachrichten aus den Archiven der Stadt Leitmeritz“. S. 6 aus „Memorabilien des Johann Nožirz“.)

Es wuchs das Waßer / daß es zum Schießlöchern eindrange.

28. Februar a. St. 10. März n. St. Dresden Elbe-Überschwemmung

(A. Weck „Der etc. Residentz- u. Haupt-Festung Dresden Beschreib- und Vorstellung etc.“ S. 529.)

Es trat ein heftiger warmer Wind ein, der nicht nur viel Schaden an den Häusern anrichtete, sondern auch ein rasches Auftauen des vielen Schnees bewirkte, wodurch die Elbe so rapid stieg, daß sie bald die Ufer überschritt und alles weit und breit überflutete.

11. März n. St. Leitmeritz (Böhmen) Elbe-Überschwemmung

(Dr. W. Katzerowsky „Die meteorolog. Aufzeichnungen der Leitmeritz. Stadtschreiber etc.“ S. 23.)

Das Wasser stand $^3/_4$ Ellen höher als beim höchsten Wasserstand seit Menschengedenken, 1595; es reichte an dem steinernen Pfeiler bis zum Hute des Bradacz. [Elbbrücke]. Früh wurde die Brücke bei der Vogelstange samt der Fahrbahn weggerissen und weit in die Felder fortgefürt. Diese Überschwemmung verursachte großen Schaden im Judengarten, bei den Mühlen, in der Fischerei, auf der Dubina und allen Höfen in der Nähe der Elbe.

13. März n. St. Leitmeritz (Böhmen) Elbe-Überschwemmung

(Dr. W. Katzerowsky „Die meteorolog. Aufzeichnungen d. Leitmeritz. Stadtschreiber etc.“ S. 23.)

Es hat sich zu Prag vnd in Böhmen ein solches grosses Gewässer erzeygt / deßgleichen man in 100 Jahren nicht gewar worden. etc. etc. Hat auch grossen Schaden gethan an Land vnd Leuthen / auch gantze Häuser hinweg gerissen.

Prag, Böhmen Überschwemmung der Flüsse, z. B. der Elbe und Moldau

(Joh. Sleidanus „Warhafft. Beschreibung etc.“ Continuatio Pars III. S. 969.)

Ein groß gewäßer der gleuchenn in 100 Jaren nie gewesenn, großen schadenn gethonn.

14. März n. St. Prag Moldau-Überschwemmung

(„Diarium Martini Crusii 1598–1599“, edid. W. Göz u. E. Conrad. S. 23.)

Elbe: große Wasserflut und Eisfahrt.

Anfang März a. St. Mitte März n. St. Riesa i/Sa. Elbe: Eisgang u. Überschwemmung

(J. Thomas „Zeitereignisse etc. unserer Heimatstadt Riesa etc.“. S. 14.)

Es ist die Elbe bei des Raths zu Stendal Dorfe, Hermertin, unter Tangermünde, dermassen stark ausgebrochen, daß man zu Seehausen auf den gassen mit kähnen

Altmark Elbe-Überschwemmung

fahren müssen; dieweil das daselbst ausgetretene Wasser durch die Ucht auf Stendal, und ferner auf Osterburg in die Biese, und also in den Aland, und ferner nach Seehausen geführet worden: daß auch das wasser zu Stendal gleichfals auf den gassen gestanden, und man in St. Marienkirche einen fisch gefangen.

(J. Chr. Bekmann „Histor. Beschreibung der Chur u. Mark Brandenburg". I. Sp. 954.)

Anfang März 1598 a. St. Mitte März 1598 n. St.

Die Elbe aber ist sonderlich so hoch aufgeschwollen, daß die Elb-Teiche bey Hemert durchgebrochen seyn.

(A. Rittner „Altmärkicsches Geschicht-Buch etc." S. 16 in G. G. Küster „Antiquitates Tangermundenses" II. S. 16.)

5. März a. St. 15. März n. St. Gegend von Wittenberg Elbe-Überschwemmung

Die Elbe brach bei Dabrun durch. Dadurch wurde die Aue überschwemmt und die Saat erlitt großen Schaden.

(A. M. Meyner „Geschichte der Stadt Wittenberg etc." S. 76.)

20. März n. St. Arno (Italien) Überschwemmung

Arni fl. exundatio.

(„Diarium Martini Crusii 1598–1599", edid. W. Göz u. E. Conrad. S. 28.)

(Eine Überschwemmung des Arno-Flußes.)

26. März a. St. 5. April n. St. Dithmarschen Sturmflut

. . . in der Nacht van d. 26. up d. 27. erdrenken im Carspel Busen 10 Schape, . . . , im Carspel Oldenworden soß Perde, . . . ; also hefft it ock tho Schulpe und andern Orden Huß geholden. Im Nordtstrande, secht men, sin 300 Schape gebleven.

(„Johann Adolfi's Chronik des Landes Dithmarschen", edid. F. C. Dahlmann. II. S. 345.)

24. April n. St. Gegend von Mainz Überschwemmung infolge eines Wolkenbruchs

ein schröckliches vngewöhnlichs Wetter gewesen / das sich erstreckte von Mayntz etlich Meil wegs auß / gieng gleichwol . . . anderswo zimlich massen ab / allein bey Mayntz zwischen einer Kirch zum H. Creutz vnd dem Dorff Hexenheim / fiel ein so grosse Wolckenbrust / das also in einer halben viertheil Stunden das Wasser an etlichen Orten im Hexenheimer Thal / eines Spieß hoch vnd darüber wuchse / that zimlichen schaden an Mensch vnd Viehe / Häusern / Feldern / Gemäwr / sonderlich aber zu Hexenheim hat es eilff Personen ertränckt / 10 Häuser / 14 Ställ vnd Schewren hinweg gerissen / auff die 307 stück Viehes ersäufft / . . . / sonsten hat es die Felder / Gärten vnd Weingärten heßlich zerrissen / von dem Ort an da es nider gefallen biß in Rhein / etwan drey viertel Meil lang / vnd in der breite ein viertel Meil. Hat bey Maintz gleich an der alten Münster Pforten / ein Mawr höher dann Mans hoch eingerissen / vnd die Bruck daselbst gantz weggeführt. In allem so man weiß / sind auff sechtzehen Menschen vmbkommen. Zu Dalheim in einem Nonnen Closter hat es den Pferdstall hinweg geführet / . . .

(Joh. Sleidanus „Warhafft. Beschreibung etc." Continuat. Pars III. S. 980/81.)

Hoc rectore Albis creberrime exundavit, . . . Sommer 1598 Wittenberg Elbe-Überschwemmung

(„Album academiae Vitebergensis", II. S. 452. edid. O. Hartwig.)

(Unter diesem Rector trat die Elbe sehr häufig über ihre Ufer.)

Es brach der Muider Deich. 4. Juni n. St. Muiden (Prov. Nordholland) Sturmflut

(F. Arends „Phys. Geschichte der Nordsee-Küste etc." II. S. 122 aus Tegenw. Staats. VIII. S. 196.)

Es ist so eine starcke flut kommen / dadurch grosser schaden an vielen orten geschehen. 3. Juli n. St. Goldberg (Schles.) Überschwemmung der Katzbach

(Dav. Namsler „Außführlicher Bericht von Wassern vnd Wasserflutten etc." S. M IIIa.)

Abends wieder ein ähnliches Gewitter [wie am 14. Juli] mit Blitzschlägen, Platzregen, Wind und in Massen kleine Hagelkörner. Dabei auch bedeutende Überschwemmungen, nicht allein um die Stadt (Überschwemmung des Krienbaches), sondern auch bis über Malters hinaus. 16. Juli n. St. Luzern und Umgegend Überschwemmung des Krienbaches und anderer Gewässer

[Cysat manuscr.]

(B. Amberg „Beiträge zur Chronik der Witterung etc." III. S. 31.)

. . . , sonderlichen nach dem schnitt, [Überschwemmung] that den Leuten großen schaden an dem getraidt, . . . Erntezeit Brünn Überschwemmung der Schwarzawa und Zwickawa

(„Des Rathsherrn u. Apothekers Georg Ludwig Chronik von Brünn 1555–1604", edid. Ritter von Chlumecky. S. 45.)

Magnae fuerunt inundationes aquarum, nocentes plurimum, in Bauaria. August a. St. Bayern Überschwemmungen der Flüsse

(„Diarium Martini Crusii 1598–1599", edid. W. Göz u. E. Conrad. S. 99.)

(Es traten große, äußerst schädliche Überschwemmungen in Bayern ein.)

Elbe: Großes Hochwasser, das vielen Schaden in der kleinen Aue that. Belgern Elbe-Überschwemmung

(C. R. Bertram u. G. H. Bertram „Chronik der Stadt Belgern und Umgegend." S. 95.)

Großes Wasser durchbricht 11 Teiche. Viel Schaden an Häusern etc. 20 Menschen ertrunken. 6. August n. St. Iglau (Mähren) Überschwemmung der Iglawa

(Chr. d'Elvert „Geschichte u. Beschreibung der Bergstadt Iglau". S. 148.)

Von diesem Tage an hat es viel Tage mit Regen angehalten, davon die Wasser gewaltiglich angelaufen und sich ergossen, . . . 14. August n. St. Gegend von Breslau Überschwemmung der Flüsse

(„Jahrbücher der Stadt Breslau von Nicol. Pol", edid. Dr. J. G. Büsching. IV. S. 189.)

1598 14.—17. Aug. n. St. Salzburg Überschwemmung der Salzach

Vom 14. August abends – 17. August mittags anhaltender gewaltiger Regen, daß alle Flüsse und Bäche austraten. Die Salzach wuchs so sehr an, daß sie im Lueg mehr als eine Mannshöhe über die Strasssen aufgieng, die Brücke zertrümmerte und die Joche fortschwemmte. Das Gewässer erhob sich bis an den Brunnen des Großen Marktplatzes. In der Getreidgasse kann man nur mit Kähnen fahren. Es wurden Gebäude zerstört. Entsetzlicher Schaden. Noch schrecklicher wütete die Flut in Trübenbach und zu Lauffen, wo sie die Stadtmauern einwarf.

(J. Th. Zauner „Chronik von Salzburg". 7. Teil. S. 60/61.)
° (F. V. Zillner „Geschichte der Stadt Salzburg". I. S. 140 u. 136.)

15. August n. St. Gegend von Prag Überschwemmung der Gewässer

Es brachen vber die drey Fischgruben oder Weyher in Böhmen auß, machten ein vberauß groß Gewässer vmb Prag vnd die vmbligenden Orten / . . .

(Joh. Sleidanus „Warhafft. Beschreibung etc." Continuat. Pars III. S. 1008.)

15.—17. August n. St. Salzburg, Hallein Überschwemmung der Salzach

Es seyn von langwürigen steten vnd grossen Regen die Wasser so hoch angeloffen / daß vorhero nimalen dergleichen gedacht oder erhört / wie solches der aufgerichte Stein vnd Merckzeichen im Lueg bey Werfen zu erkennen giebt / also / daß man zu Saltzburg vnd Hällein mit Schiffen fahren können / vnd man besorgt die gantze Stadt werde zu Grund gehen. Zumalen das Wasser den Rechen zu Hällein zerrissen / das Holtz so dick verschwemmt / . . . / die Brucke / etliche Häuser vnd Städl zu Saltzburg / auch zu Lauffen vnd im Triebenbach 112 Häuser vnd vil Wercke weggerissen.

(F. Dückher von Haßlaw „Saltzburgische Chronica, etc." S. 276.)
° (M. Putz „Chronik von Goisern". S. 14.)

16. August n. St. Glatz Überschwemmung der Biele und Weistritz

. . , daß das grosse Wasser bey Glatz für die Stadt die kleine Steinerne Brücke / . . . / mit etlichen Häusern, dabey glat weggenommen habe. etc. Item / daß es die Mawren am Begräbnis der Sandkirchen gantz niedergerissen / vnd das Wasser in die Kirche eine halbe Elle vber den hohen Altar gegangen sey / etc. Item / daß es den Badersteg weggeführet habe: ja auff der Königßhanergasse führets etliche Häuser gar weg / etc. zusampt den Schleiffhäusern / vnd dem Kuttelhofe gar weggenommen. Vnd ist solch Wasser 10 Tage groß gewesen / den Schaden den es gethan / kan man nicht gar melden.

(G. Aelurius „Glaciographia etc." S. 253.)

16. August n. St. Glatz Überschwemmung der Biele und Weistritz

zu Nacht um 12 Uhr ist zu Glatz die Biele und Weistritz mächtig angelaufen, die 5 ganze Häuser samt dem Kuttelhofe hinweg geschwemmet, 140 Häuser übel zerrissen, vor der Stadt die Mauer am Kirchhof und Begräbniß ganz umgewaschen, die Kirche erfüllte, daß das Wasser höher denn eine Elle an dem Altar gegangen und den Predigtstuhl umher geschwemmet. . . .

(„Jahrbücher der Stadt Breslau von Nicol. Pol", edid. Dr. J. G. Büsching. IV. S. 189.)
° (Dr. E. L. Wedekind „Geschichte der Grafschaft Glatz". S. 303 u. 338 aus Aelurius.)

Infolge heftiger, 2 Tage anhaltender Regen entsteht großes Wasser mit bedeutendem Schaden an Häusern, Brücken und Stegen.

16. August 1598 n. St. Habelschwerdt (Glatz. Land) Überschwemmung der Glatzer Neiße

(A. Skalitzky „Excerpte aus der handschriftl. Chronik eines Habelschwerdters vom Jahre 1618". S. 280.)

Großer Wasser-Guß. Da dann unter andern alle Brücken umgeworffen. Großer Schaden.

16.—25. August n. St. Steyr (Oberösterreich) Überschwemmung der Enns

(V. Preuenhueber „Annales Styrenses etc." S. 323.)

Es fielen jeweilen in der Nacht schwere jähe Regen, gleich Wolkenbrüchen, welche die Berg- und andere Wasser antrieben, den Grund wegschwemmten, Bäche und Flüsse schufen, wo man sonst kein Wasser sah und größeren Schaden an Straßen und Feldern verursachten, als ein schweres Hagelwetter. [Cysat E. manuscr.]

16. u. 17. August n. St. Kanton Luzern Überschwemmungen der Flüsse

(B. Amberg „Beiträge zur Chronik der Witterung etc." III. S. 32.)

Die Elbe begann zu steigen infolge der häufigen Regengüsse, Wolkenbrüche und Teichdurchbrüche.

17. August n. St. Leitmeritz (Böhm.) Die Elbe beginnt zu steigen

(Dr. W. Katzerowsky „Die meteorolog. Aufzeichnungen d. Leitmeritz. Stadtschreiber etc." S. 24.)

Überschwemmung.

8. August a. St. 18. August n. St. Dresden Elbe-Überschwemmung

(A. Weck „Der etc. Residentz- u. Haupt-Festung Dresden Beschreib- u. Vorstellung etc." S. 529.)

Bei Kuttenberg, Kaurzim, Böhm. Brod (östl. u. südöstl. v. Prag) und Prag hatten die Bewohner der am Flusse liegenden Dörfer ebenfalls viel zu leiden; das meiste Vieh der Gegend ist ersoffen.

18. August n. St. N. Böhmen Überschwemmungen der Flüsse

(Dr. W. Katzerowsky „Die meteorolog. Aufzeichnungen d. Leitmeritz. Stadtschreiber etc." S. 24.)

Es entstand eine große Überschwemmung der Elbe. Das Wasser erreichte bald eine Höhe, die dem im Frühjahr zu St. Gregor bis auf $^1/_4$ Elle gleich kam. Diese Überschwemmung verursachte bei der Stadt an Häusern, Mauern, Mühlen und Dörfern großen Schaden; auf den Feldern wurde das bereits geschnittene, in Mandeln stehende Getreide weggeschwemmt etc.

Leitmeritz (Böhmen) Elbe-Überschwemmung

(Dr. W. Katzerowsky „Die meteorol. Aufzeichnungen d. Leitmeritz. Stadtschreiber etc." S. 24.)

hat sich die Muldaw [Moldau] bein Prage so grosz ergossen, und das wasser in die Aldestadt Prage gegangen und menschen und vieh ertrenckt.

Prag Moldau-Überschwemmung

(„Simon Hüttels Chronik der Stadt Trautenau" in „Deutsche Chroniken aus Böhmen". Band II. edid. Dr. L. Schlesinger. S. 333.)

18. August 1598 n. St.
Braunau a/Inn, Simbach a/Inn Überschwemmung des Inn

Inn: Die Fluten steigen bis zum Eselsbrunnen in der Stadt Braunau. Größtes Hochwasser, das je hier vorgekommen. Sehr groß. Schaden.

(Jak. Groß „Chronik von Simbach am Inn". S. 28.)

Um 18. August n. St.
Schärding (Inn) Überschwemmung des Inn

Inn. Bedeutendes Hochwasser.

(J. E. Lamprecht „Histor.-topograph. u. statist. Beschreibung der etc. Gränzstadt Schärding am Inn". I. S. 151. II. S. 256.)

nach 18. August n. St.
Leitmeritz i/Böhmen Elbe-Überschwemmung

Plötzlich eingetretenes Hochwasser verursacht durch Wegschwemmen des bereits geschnittenen Getreides viel Schaden. Die Wasserhöhe der Elbe war nur $^1/_4$ Elle niedriger als im März.

(Dr. W. Katzerowsky „Meteorolog. Nachrichten aus den Archiven der Stadt Leitmeritz", S. 6 aus Memorabilien des Johann Nožirz.)

11. August a. St.
21. Aug. n. St.
Wittenberg Elbe-Überschwemmung

Die Elbe wieder ausgerissen. Die Überschwemmung dauert 14 Tage lang. Das Getreide wird fortgeschwemmt.

(A. M. Meyner „Geschichte der Stadt Wittenberg etc." S. 76.)

13. August a. St.
23. August n. St.
Dresden Überschwemmung der Weiseritz

Es lieff die Weiseritz ungewöhnlich an / daß die Vorstädte selbiger Gegend unter Waßer stunden.

(A. Weck „Der etc. Residentz- u. Haupt-Festung Dresden Beschreib- u. Vorstellung etc." S. 529.)

23. August n. St.
Reichenau b/Zittau (Oberlausitz) Überschwemmung des Erlichtwassers

Erlichtwasser. Es machte eine große Wasserfluth abermals viel Schaden.

(J. T. D. Rösler „Chronick von Reichenau etc." S. 82.)

Wasserflut.

(L. Engelmann „Geschichte von Reichenau" II. S. 383.)

24. August n. St.
Görlitz Überschwemmung der Neiße

. . . , ita Augustus inundationibus aquarum, quae 24. die ejus mensis ingruerunt, . . .

(Mart. Mylius „Mart. Meisteri annales Gorlicenses etc. usque ad an. 1651 etc." S. 64.)

(. . . , so war der August infolge von Überschwemmungen der Gewässer, die am 24. dieses Monats hereinbrachen, . . .)

Breslau und andere Orte Überschwemmungen der Flüsse

Am Tage Bartholomäi kam das andere große Wasser. Dieß Wasser kam von Glatz auf die Neiße, that daselbst auch großen Schaden, von dannen gen Breslau, . . .

(„Jahrbücher der Stadt Breslau von Nicol. Pol", edid. Dr. J. G. Büsching. IV. S. 188/89.)

Habelschwerdt: Neues Hochwasser mit über 5 Viertel Ellen Höhe und mit noch größerem Schaden. — um 24. August 1598 n. St. Glatzer Land Überschwemmungen der Flüsse
Herzogswalde und Schönfeld: 9 Menschen wurden mit ihren Häusern fortgeschwemmt und ertranken. Auch viel Vieh kam um.
Glatz: Es wurden 50 Häuser weggerissen.

(A. Skalitzky „Excerpte aus der handschriftlichen Chronik eines Habelschwerdters vom Jahre 1618". S. 280.)

Salzach: In der Woche vor Bartlmä [24. 8.] trat eine der größten aller Überschwemmungen ein. Die an der Salzach am tiefsten stehenden Häuser der Schiffgassen standen bis an's Dach im Wasser. Viele Menschen und Tiere gingen zu Grunde. Die Brücke mit samt den darauf stehenden Fleischbänken wurde weggeführt. — Burghausen (Oberbayern) Überschwemmung der Salzach

(J. G. B. Huber „Geschichte der Stadt Burghausen in Oberbayern". S. 213 aus Weilmayr „Topograph. Lexikon des Salzach-Kreises". I. p. 137.)

Es sein zu Bärtolomey durch etliche Tag starckhes Regnen alle Päch im ganzen Thall Gasstein, auch daz Hochwasser, die Achen genant, dermassen angeloffen, daz in Paugrindten, Wisen, Pruggen, Städl [= Stadel], auch Werchen [= Pochwerken] bey dem Wasser vnnd andern Werchgäden [= Werkgebäude], sonderlich in der Pöckh [= Böckstein, die 2. Talstufe der Gastein] bey dem Wäschwerch grossen Schaden hat gethan; alß die Achen durch die Clamb hinauß in die Salzach gerunen, ist dieselbe auch von andern Wässern vnnd Pächen so groß worden daz die Salzach in dem Lung [= Paß Lueg, westlich von Golling] biß auff den obristen außgehauten Stain- der zu ainem Warzaichen an der Höche der Strassen, wie darauff olvermelte Jarzall [= 1598] außweist vnnd steet, in daz Bürg oder Stain [= Gebirge oder Gestein] gesözt worden- gangen vnnd gerunen. — 24. August n. St. Gasteiner Tal Überschwemmung, z. B. der Salzach

(Dr. A. Freiherr v. Härdtl „Gásteiner Chronik". S. 8.)

Ein Hochwasser zerstört die Aufbereitungsanlagen im Naßfelde, den sogenannten Naßfelder Kolben, worauf sich die Fluten des Naßfelderbaches über Böckstein und das Wildbad ergossen, welche beide Orte stark verheert wurden, um schließlich unten im Tale auch den Ort Hofgastein weitgehendst zu zerstören.

(H. von Zimburg „Die Geschichte Gasteins und des Gasteiner Tales". S. 123.)

Die Elbe fing, nachdem das Wasser schon so ziemlich gefallen war, wieder zu steigen an und überschwemmte die Ufer bis zum Gemeindestalle. — 25. August n. St. Leitmeritz (Böhm.) Elbe-Überschwemmung

(Dr. W. Katzerowsky „Die meteorolog. Beobachtungen d. Leitmeritz. Stadtschreiber etc." S. 24.)

Das Wasser fiel wieder langsam ab. — 26. August n. St. Leitmeritz (Böhm.) Der Wasserspiegel der Elbe sinkt

(Dr. W. Katzerowsky „Die meteorol. Aufzeichnungen d. Leitmeritz. Stadtschreiber etc." S. 24.)

27. August 1598 n. St. Dorf Schönfeld (Glatzer Land) Überschwemmung der Glatzer Neiße

Sonntag nach Bartholomäus reißt der Neissefluß bei einer ungewöhnlichen großen Überschwemmung ... 3 Häuser weg, wobei in einem derselben 6 Personen ertranken.
[Mittelwalder Stadtbuch].

(J. Kögler „Dokumentierte Geschichte und Beschreibung der Herrschaft und Pfarrei Schönfeld". S. 116.)

Herbst SO Frankreich Überschwemmungen der Flüsse, besonders der Isère und Rhône

Pendant l'automne qui est très pluvieux, les rivières débordent, notamment l'Isère et le Rhône; nombre de personnes sont submergées.

(M. Villard „Météorol. région." S. 187.)

23. September n. St. Breslau Oder: Höhepunkt der Überschwemmung

Oder. Den Sonnabend vor Michaelis war die Fluth am größten.

(„Jahrbücher der Stadt Breslau von Nicol. Pol", edid. Dr. J. G. Büsching. IV. S. 189.)

31. Oktober n. St. Breslau Hochwasser der Oder

Oder. Es kam von zergangenem Schnee und eingefallenem Regen abermal groß Wasser, that Schaden an Mühlen, Brücken und Tämmen, ...

(„Jahrbücher der Stadt Breslau von Nicol. Pol", edid. Dr. J. G. Büsching. IV. S. 190.)

Brünn Überschwemmung der Schwarza

Am aller Heilligen Abend hat sich die Schwarza ergoßen, ...

(„Des Rathsherrn u. Apothekers Georg Ludwig Chronik von Brünn 1555–1604", edid. Ritter von Chlumecky. S. 45.)

Am aller Heiligen-Abend trat die Schwarza [nicht Schwarzawa] mit solcher Gewalt aus ihren Ufern, ...

(Dr. G. Trautenberger „Die Chronik der Landeshauptstadt Brünn etc." III. S. 90.)

Winter 1598/99 Belgien Flüsse: Eisdecke

Den winter van 1598/99 was seer strench. Het vroos soo fel als sulcx oyt van's menschen gedencken gebeurt hadt. Met peerden en wagens conde men over't ys van alle vaerten ryden.

(E. Vanderlinden „Chronique des événements météorolog. en Belgique etc." S. 142 aus „Jaarboeken van Veurne en Veurneambacht deer Pauwel Heinderyckx", edid. Edm. Ronse. IV. S. 8.)

Dithmarschen Eidermündung: Eisdecke

..., dat nha twe Nacht Frost men van Wollerßem na Tonningen averging, ...

(„Johann Adolfi's Chronik des Landes Dithmarschen", edid. F. C. Dahlmann. II. S. 357.)

23.–25. Dezember 1598 n. St. Rom Tiber-Überschwemmung

Tiber: Starke Überschwemmung.

(Dr. G. Hellmann „Die Meteorologie in den Deutschen Flugschriften und Flugblättern des 16. Jahrhdts." S. 20 u. 95 aus einer Flugschrift resp. einem Flugblatt.)

Tiber: Starke Überschwemmung. Höchster Wasserstand: 12,80 m. 23.—25. Dez. 1598 n. St. Rom Tiber-Überschwemmung

(Karl Sonklar Edler von Innstaedten „Von den Überschwemmungen". S. 47 u. 127 aus Elia Lombardini „Sulle inundazioni etc." S. 30.)

hat sich vmb Rom ein so schröckliches Gewässer ergossen vnd gesamlet / daß mancher wo nicht gar zu grund gangen / jedoch grossen verlust vnd schaden seiner Güter darüber erlitten / . . . / wie auch in die achtzehen hundert Personen / so sich nicht bei zeiten salvirt. Gedachte Wasserflut hat auch in die vierhundert vnd sechtzig Häuser / wie auch alle Apotecken / bis auff vier hinweg gerissen. etc. 23. Dezember n. St. Rom Tiber-Überschwemmung

(Joh. Sleidanus „Warhafft. Beschreibung etc." Contin. Pars III. S. 1026.)

Ist die Tiber also überloffen, daß sie vile Häuser in der unteren Statt nidergerissen und unbeschreiblichen Schaden verursacht hat.

(M. Tschamser „Annal. etc. zu Thann". II. S. 274.)

Vbergoß sich die Tyber zu Rom vmb 2 Schuh höher / als alle vorigemal / that vnglaublichen schaden / an Menschen / deren vber etlich 100 ertruncken / Gütter vnd Wahren.

(F. Haffner „Der kleine Solothurner Schaw-Platz etc." I. S. 481.)

Necte, Tiberis ita exundauit subito: ut 4 pedibus priores altitudines superavit. Pontem S. Mariae, cum domibus plus 50 abstulit, hominibus ad 2000 summersis.

(„Diarium Martini. Crusii 1598–1599", edid. W. Göz und E. Conrad. S. 155.)

(In der Nacht trat der Tiber plötzlich so stark über seine Ufer, daß er 4 Fuß höher stand, als bei früheren hohen Wasserständen. Die St. Marien-Brücke mit mehr als 50 Häusern riß er fort, und es kamen an 2000 Menschen um.)

(Dr. G. Hellmann „Beiträge zur Geschichte der Meteorologie". III. S. 67 u. 79 u. 70 aus einer italien. und einer tschechischen Flugschrift.) 24. Dezember n. St. Rom Tiber-Überschwemmung

Hochwasser mit grossem Schaden. Es wurden die Rehfelder Boberbrücke und 3 Joche von der Brücke bei Wendisch-Sagar fortgerissen. 1599 Crossen a/O. Hochwasser des Bobers

(Dr. C. v. Obstfelder „Chronik der Stadt Crossen". S. 69.)

Warthe: Überschwemmung verheert die Umgegend. Landsberg a/d. W. Warthe-Überschwemmung

(A. Engelien u. Dr. Henning „Geschichte der Stadt Landsberg a/d. W." S. 109 u. 296.)

Tiber: Überschwemmung. 10.—11. Januar n. St. Rom Tiber-Überschwemmung

(Dr. G. Hellmann „Beiträge zur Geschichte der Meteorologie". III. S. 67 aus einer italienischen Flugschrift.)

1598 10.—11. Januar n. St. Rom Tiber-Überschwemmung

Starke Überschwemmung.

(Dr. G. Hellmann „Die Meteorologie in den deutschen Flugschriften und Flugblättern des 16. Jahrhdts." S. 20 u. 95 aus einer Flugschrift resp. einem Flugblatt.)

Anfang Januar a. St. Mitte Januar n. St. Nordfriesland Eider: Eisdecke

So hart gefroren, daß in dreien Tagen die Eider so stark sey zugefroren, daß . . . von Poppenbüll am dritten Tage mit 48 Pferden, so er nach Buxtehuder Markt geführt, sogar darüber geritten.

(„M. A. Heimreichs nordfresische Chronik", edid. Dr. N. Falck. II. S. 87.)

[Anfang] Februar [n. St.] Wittenberg (Elbe) Elbe-Überschwemmung

Hoc rectore Albis mense Februario supra modum exundavit.

(„Album acad. Viteberg. II.", edid. O. Hartwig. S. 455.)

(Unter diesem Rektor trat die Elbe im Monat Februar ganz ungewöhnlich stark über ihre Ufer.)

Ende Januar a. St. Anfang Februar n. St. Riesa i/Sa. Elbe: Eisgang und Überschwemmung

Elbe: Große Eisfahrt und Wasserflut.

(J. Thomas „Zeitereignisse etc. unserer Heimatstadt Riesa etc." S. 14.)

Strehla i/Sa. Elbe-Überschwemmung

Elbe: Sehr großes Wasser. Alle Dämme werden fortgerissen.

(J. Kleber „Chronik der Stadt Strehla etc." S. 144.)

24. Januar a. St. 3. Februar n. St. Dresden Elbe: Eisgang und Überschwemmung

Es ergoß sich die Elbe / daß Fischersdorff unter Waßer stand.

(A.Weck „Der Residentz- u. Haupt-Festung Dresden Beschreib- u. Vorstellung etc." S. 529.)

Elbe. Eisgang und Überschwemmung. Die Höhe des Wassers muß gleich der des Jahres 1501 gewesen sein. Schaden an der Brücke.

(Dr. W. Schäfer „Chronik der Dresdener Elbbrücke etc." S. 49 aus dem Brückenamts-Register.)

Elbe-Wasserstand: 9 Ellen 18 Zoll.

(M. Lilie „Chronik der Lößnitz-Ortschaften etc." S. 277.)

25. Januar a. St. 4. Februar n. St. Mühlberg Elbe: Eisgang und Überschwemmung

Große Eisfahrt der Elbe. Das Wasser brach durch die Fichtenberger Dämme, so daß der Strom auf Boregk, Schweditz, durch den Kuhnaersee nach Mühlberg seinen Lauf nahm. Hier riß das Wasser den Querdamm vor der Neustadt weg und machte auch an den übrigen Dämmen sehr großen Schaden. Das Wasser war noch nicht wieder im Ufer.

(C. R. Bertram „Chronik der Stadt etc. Mühlberg". S. 88.)

Es brach das Wasser die Fichtenberger Dämme durch, so daß der Strom auf Boragk, Schweditz durch den Kunauer See nach Mühlberg seinen Lauf nahm. Hier riß das Wasser den Querdamm vor der Neustadt weg und zerstörte auch die übrigen Dämme teilweise.

(Alfred Schmidt „Geschichte der Stadt Mühlberg a/E.“ S. 224.)

15. Februar 1599 a. St. 25. Februar n. St. Gegend von Mühlberg (Elbe) Elbe-Überschwemmung

Die hochgehenden Wogen der Aller durchbrechen die Deiche. Erheblicher Schaden.

(Cl. Cassel „Geschichte der Stadt Celle etc.“ I. S. 312.)

Frühling Celle Überschwemmung der Aller

Bober: Wasserfluthen.

(J. G. Bergemann „Chronik der Stadt Bunzlau“. III. S. 88.)

Bunzlau Überschwemmung des Bobers

Queis: Wasserfluten.

(J. G. Bergemann „Beschreibung und Geschichte der Stadt Friedeberg am Queis“. S. 149.)

Gegend von Friedeberg a/Queis Überschwemmungen des Queis

Elbe. Öfters Hochwasser.

(Dr. W. Katzerowsky „Meteorolog. Nachrichten aus den Archiven der Stadt Leitmeritz“. S. 6 aus Memorab. der Stadtschreiber.)

Leitmeritz i/Böhmen Elbe: mehrmals Hochwasser

Au printemps, les pluies furent si incessantes et si fortes, que les rivières et les ruisseaux ayant débordé, on ne pouvoit s'approcher de la ville de Toulouse. Le village de Montaudran, à une demi-lieue de cette ville, fut entièrement emporté par la petite rivière de Lers. La Garonne grossit tellement qu'on alloit en bateau dans les rues du bourg Saint-Cyprien et les habitants de l'ile de Tounis abandonnèrent leurs maisons, dont la plupart s'écroulèrent, et se retirèrent dans la ville. Ce fut la plus grande inondation qu'on ait vue de mémoire d'homme.

(M. Champion „Les inondations en France etc.“ IV. S. 210/11 aus la Faille „Annales de la ville de Thoulouse“. II. S. 526.)

März n. St. Toulouse Überschwemmung der Garonne und L'Hers

L'inondation renversa le mur de notre ville, vis-à-vis le convent de Cordeliers, au moment où on êlevoit dans l'église de ces pères un mausolée à la mémoire de Montluc, sénéchal d'Agen.

(M. Champion „Les inondation en France etc.“ IV. S. 211 aus un historien d'Agen.)

März n. St. Agen (Départem. Lot-et-Garonne) Überschwemmung der Garonne

Elbe, Mulde: Hochwasser.

(B. Heese „Die Dessau. Chronik etc.“ S. 339.)

(L. Würdig „Chronik der Stadt Dessau“. S. 198.)

März a. St. Dessau Elbe und Mulde: Hochwasser

Elbe: Beim Eisgang entstand ein großes Hochwasser, das mehrere Tage andauerte und vielen Schaden an Mühlen, Häusern und Feldern in der Nähe des Flusses verursachte.

(Dr. W. Katzerowsky „Die meteorolog. Aufzeichnungen der Leitmeritz. Stadtschreiber etc.“ S. 25.)

12. März n. St. Leitmeritz (Böhm. Elbe: Eisgang und Hochwasser

1599
13. März n. St.
Breslau
Oder: Eisgang
und Über-
schwemmung

Oder. Es brach das sehr dicke Eis; das Wasser wuchs mit Gewalt, nahm bei der Lieben Mariä Mühl an der Brücken 2 Joch hinweg, that großen Schaden.

(„Jahrbücher der Stadt Breslau von Nicol. Pol“, edid. Dr. J. G. Büsching. IV. S. 193.)

Mitte März
n. St.
Weichsel
Eisgang

Mitfasten . . . , da dann das Weichsel-Eiß den Brücken einen grossen Schaden zugefüget hat.
[Manuscr. Hertzog.]

(J. H. Zernecke „Thornische Chronica etc.“ S. 220.)

19. März n. St.
Villeneuve-
sur-Lot
(Départem.
Lot-et-Garonne)
Über-
schwemmung
des Lot und der
Garonne

Le Lot déborda, franchit ses rives encaissées et ébranla la tour construite sur le milieu du pont de Ville-neuve. Il s'éleva d'autant plus que les eaux de la Garonne, débordées en même temps, opposèrent de la résistance à l'écoulement de celles du Lot, à la jonction des deux rivières.

(M. Champion „Les inondations en France etc.“ IV. S. 211 aus Cassany-Mazet „Annales de Villeneuve-sur-Lot“. S. 244.)

11 März a. St.
21 März n. St.
Wittenberg
Elbe-Über-
schwemmung

Elbe: Überschwemmung.

(A. M. Meyner „Geschichte der Stadt Wittenberg etc.“ S. 76.)

31. März
n. St.
Leitmeritz
(Böhmen)
Elbe-Über-
schwemmung

Elbe: Es entsteht ein Hochwasser, bei dem die Elbe die Ufer überschreitet.

(Dr. W. Katzerowsky „Die meteorolog. Aufzeichnungen d. Leitmeritz. Stadtschreiber etc.“ S. 25.)

10. Mai a. St.
20. Mai n. St.
Mühlhausen
(Thür.)
Über-
schwemmung
der Unstrut

Es ist ein großes Wasser gewesen, das hat an S. Georgienkirche gegangen, ist aber bald wieder verlaufen.

(Dr. R. Jordan „Chronik der Stadt Mühlhausen in Thüringen“. II. S. 198.)

6. Juni a. St.
16. Juni n. St.
Leipzig
Über-
schwemmung

Es ist das Wasser / nachdem es etliche Wochen nach einander starck geregnet / angelauffen / daß viel Leute darinnen umbkommen.

(Magister Jakob Vogel „Leipzig. Geschicht-Buch oder Annales“. S. 318.)

20. Juni a. St.
30. Juni n. St.
Mühlhausen
(Thür.)
Über-
schwemmung
der Unstrut

Es ist abermals ein großes Wasser gewesen, . . .

(Dr. R. Jordan „Chronik der Stadt Mühlhausen i/Thür.“ II. S. 200.)

Anfang Juli
n. St.
Leitmeritz
(N. Böhmen)
Elbe und Eger
Hochwasser

Nach dem regnerischen Wetter der letzten Tage trat ein Hochwasser der Eger ein. Die Elbe war den Ufern fast gleich und nur zum Überlaufen. Die Eger. Auch in Saaz, Laun und anderen Orten verursachte die Eger an den Wiesen viel Schaden.

(Dr. W. Katzerowsky „Die meteorolog. Aufzeichnungen der Leitmeritz. Stadtschreiber etc.“ S. 25/26.)

Sehr großes Wasser. Großer Schaden. 1599 21. Juni a. St. 1. Juli n. St. Coburg Überschwemmung der Itz

(P. C. G. Karche „Jahrbücher der etc. Residenzstadt Coburg". S. 123.)

sind 3 große Wasserergießungen gewesen, nämlich diese 3 Tage nacheinander. 10., 11., 12. Juli n. St. Gegend von Kronstadt (Siebenbürgen) Überschwemmungen der Flüsse

(„Ex Martini Banfi Calendario" in „Quellen zur Geschichte der Stadt Brasso [Kronstadt]". 5. Bd. S. 265.)

Enuiron les dix heures du soir, uint vne rauine d'eau qui emmena vne maison et noya beaucoup de bestail. 30. Juli n. St. Saint-Mauris (Départ. Doubs O. Frankreich) Überschwemmung
[Recueil mémorable du Hugues Bois-de-Chesne.]

(Ch. Contejean „Du climat de Montbéliard au dix-septième siècle". S. 385.)

1599. Sub finem huius anni et in initium sequentis rigida admodum hyeme glacies in tantum Vahalim Mosam Renumque constraverat . . . Winter 1599/1600 Niederlande Waal, Maas, Rhein: Eisdecke

(Franciscus Dusseldorpius „Uittreksel uit Franciscii Dusseldorpii annales 1566–1616", edid. R. Fruin. S. 267.)

(Gegen Ende dieses Jahres und zu Anfang des folgenden trugen infolge des sehr strengen Winters der Waal, die Maas und der Rhein eine Eisdecke.)

Sonsten war dis Jahr von dem 7. Jenner an bis zu End des Hornungs eine solche grimme Kälte, forderst aber in Niderland, daß der Rhein, die Maaß und Scheldte, . . . , also überfrohren waren, daß man mit geladenen Wägen könnte darüber fahren; das Eyß war an etlichen Orthen über 4 Schueh dickh. Niederlande Rhein, Maas, Schelde: Eisdecke

(M. Tschamser „Annales etc. zu Thann". II. S. 282.)

ein kalter Winter gewesen, daß der Rhein und Mosel zugefrorn, daruber man mit Wagen gefahren. Rhein, Mosel Eisdecke

(„Die Limburger Chronik von Johannes Mechtel", edid. C. Knetsch. S. 178.)

10 Wochen lang bis in die Stadt hinein hart gefroren. Züricher See Eisdecke

(C. K. Müller „Landwirtschaftliche Chronik nach Waser". S. 147.)

Lacus obgelavit, . . . Luzerner See Eisdecke

(M. A. Capellerius „Pilati montis historia etc." S. 43.)

(Der See überfror, . . .)

Beim Eisgange alle Brücken beschädigt, namentlich die Oderbrücke. 1600 Crossen a/O. Oder und Bober: Eisgang

(Dr. C. v. Obstfelder „Chronik der Stadt Crossen". S. 69.)

1600 Anfang Januar —Ende April n. St. Anjou Überschwemmungen der Flüsse

Nota que les eaux furent tellement grandes en ceste année que depuy la feste des Roys ne feismes auchun service en l'église parochialle jusques à la feste S. Marc. [25. April].
(Arch. de Saint-Martin-de-la-Place).

(Célest. Port „Questions Angevines" Les phénomèn. phys. S. 110. 162.)

Anfang Januar a. St. Mitte Januar n. St. Züricher See Eisdecke

Anfang des Jahres strenge Kälte, daß der Zürich. See einige Wochen zufriert.

(A. Werdmüller „Memorab. Tigurina". I. S. 284.)

12. Juni a. St. 23. Juni n. St. Coburg Überschwemmung der Itz

Sehr großes Wasser. Großer Schaden.

(P. C. G. Karche „Jahrbücher der Herzogl. Sächsischen Residenzstadt Coburg". S. 123.)

17.—18. Juli a. St. 28.—29. Juli n. St. Eisenach Überschwemmung

magna inundatio agro nostro multa intulit damna, omnibus incolis ante portam Nicolaitanam XVII et XVIII Jul. ex aedibus suis pulsis.

(„Annal. Isenacenses" in Chr. F. Paulinus „Rer. et antiquitat. Germanicar." S. 221.)

(Eine große Überschwemmung brachte unserem Felde viele Schäden und vertrieb alle Einwohner vor dem Nikolai-Tore am 17. und 18. Juli aus ihren Wohnungen.)

August n. St. N. Frankreich Überschwemmungen der Flüsse

. . . , inondations . . .

(„Journalier ou mémoires de Jean Pussot etc., edid. E. Henry u. Ch. Loriquet. S. 94.)

24. August n. St. Hermannseifen bei Arnau (Riesengebirge) Überschwemmung

ist ein grosz wetter ubers Risengebirge komen und hat ubig Arn im seiffen 13 personen ertrenckt und die heuser weggefürt.

(„Simon Hüttels Chronik der Stadt Trautenau" edid. Dr. L. Schlesinger in „Dtsche. Chroniken aus Böhmen". II. S. 338.)

28. August a. St. 8. Sept. n. St. Tondern Sturmflut

Es litten durch die Sturmflut die Deiche. Die Stadt war vom Wasser eingeschlossen.

(L. Andresen „Geschichte der Stadt Tondern". S. 100 u. XXII.)

31. August a. St. 11. Sept. n. St. Dithmarschen Sturmflut

den 31. Augusti, alß 15. Trinitatis, ein gar ungewonlicher und unvormodtlicher Storm, so vele Schadens verner den unaffgeschneden Fruchten thovogede unnd vele Bome gantz thor Erden schloch, ... , ock iß it aver dem Sideldike, . . . , twemal ingebraken unnd de twe Wele, alß Kluwenwel unnd Bulmeßwel, dewile it up ehren diken geschen, also genhomet, geschaten, unde wahrede mit Schlagg unnd Regen de gantze Weke dorch. De Stor is dorch gebraken, alß dat it thor Krempe, welcheß nun erlicher maten befestigt, thom einen Orde in unnd thom andern uth, dorch Muren unnd Wal gegaen, groten Schaden gedaen. De Viler

Sehe-Dik iß wegen des Upwaters uth der Gest dorchgebraken. alß dat Ketelß-buttel, Epenworden etc. mit Water gantz umflaten.

(„Johann Adolfi's Chronik des Landes Dithmarschen", edid. F. C. Dahlmann. II. S. 369.)

ventus ex occidente versus septentrionem vehementer spirans passim objectos Storae aggeres fluctibus aquarum disrupit, . . .

30.—31. Aug. 1600 a. St. 10.—11. Sept. n. St. An der Stör Sturmflut

(Lamb. Alardus „Nordalbingia" in E. J. von Westphalen „Monum. inedita rer. Germanic." I. Sp. 1944.)

(Der Wind wehte heftig aus NW und überall wurden die an der Stör errichteten Deiche durch die Wasserfluten durchbrochen.)

Es war der Rheinfluß sehr angeloffen.

31. August a. St. 11. Sept. n. St. Base Rhein: Hochwasser

(Chr. Wurstisen „Baßler Chronick". III. S. 3.)

dans la nuit des pluies abondantes amènent des débordements de rivières.

17 September n. St. SO. Frankreich Überschwemmungen der Flüsse

(M. Villard „Météorol. régionale". S. 188.)

Geographischer Index

A

B

C

D

E

H

I

M

N

S

T

U

V

W

Y

Z

Alphabetisches Quellenverzeichnis

A

Abel, Caspar, „Sammlung Etlicher noch nicht gedruckten Alten Chroniken, aus dem Manuscript herausgegeben". Braunschweig 1732.

dto. „Stiffts- Stadt- und Land-Chronick / des jetzigen Fürstenthums Halberstadt / und der vor Alters unter dessen Kirchen-Sprengel mit gehörigen benachbarten Länder / des Ertz-Stifftes Magdeburg / und der Abteyen Quedlinburg und Gernrode / etc. etc." Bernburg 1754.

„Johann *Adolfi's*, genannt Neocorus, Chronik des Landes Dithmarschen". Aus der Urschrift herausgegeben von Prof. F. C. Dahlmann. Kiel 1827. 2 Bände. [gest. vermutlich 1630; Prediger zu Büsum].

Aelurius, Georg. „Glaciographia oder Glaetzische Chronica / das ist gründliche historische Beschreibung der berümbten und vornemen Stadt / ja gantzen Graffschaft Glatz / nach allen vornehmsten Stücken etc." Leipzig 1625. [eigentlicher Name: Katschker, geb. Ende des 16. Jahrhdts. zu Frankenstein, Magister, evang. Diakon zu Glatz.]

Alardus, Lambertus. „Nordalbingia sive historia rerum praecipuarum in Nordalbingia a temporibus Caroli Magni ad annum praesentem 1643 etc." In E. J. von Westphalen „Monum. inedita rer. Germanicar. praecipue Cimbricar. etc." Tom. I. Leipzig 1739. Spalte 1749–2006. [um 1643 Prediger in Brunsbüttel.]

Albinus, Petrus. „Annabergische Annales de anno 1492 biß 1539". Kritische Ausgabe der ältesten Nachrichten über Annaberg besorgt von Lic. Dr. Bönhoff. In „Mitteilungen des Vereins für Geschichte von Annaberg und Umgegend". XI. Bd. Jahrbuch für 1908–1910. 3. Bd. 1. Heft. Annaberg 1910. S. 1–50.

„Notae *Altahenses*". (765–1585) [Niederaltaich i/Bay.] G. H. Pertz „Monum. German. histor." Scriptores. Tomus. XVII. Hannover 1861. S. 421/7.

van *Alva*. „Chronycke van Antwerpen sedert het jaer 1500 tot 1575, gevolgd van eene beschryving van de historie en het landt van Brabant, sedert het jaer 51 voor J.-C. tot 1565 na J.-C., volgens een onuitgegeven handschrift van de XVI eeuw met fac-simile van het HS." Antwerpen 1843.

„Chronik des Prädikanten Melchior *Ambach* über die Belagerung von 1552". (Frankfurt a/M.) In „Quellen z. Frankf. Geschichte", edit. Dr. H. Grotefend. 2. Bd. Frankfurt M/a. 1888. S. 379–401.

Amberg, Bernard. „Beiträge zur Chronik der Witterung und verwandten Naturerscheinungen mit besonderer Rücksicht auf das Gebiet der Reuß und der angrenzenden Gebiete der Aare und des Rheins". II. und III. Teil (14.–16. Jahrhundert). Luzern 1892–97.

Ambrassat, A. „Bilder aus Wehlaus Vergangenheit". Wehlau 1898.

Ammersbach, Heinrich. „Chur-Brandenburgische / Märckische / Magdeburgische / Halberstädtische Chronica". 2 Teile. Leipzig 1696.

Andre, Jakob. „Beiträge zur Geschichte der Gemeinden Wiesdorf und Bürrig". Wiesdorf 1912.

Andresen, Ludwig. „Geschichte der Stadt Tondern bis zum 30jährigen Krieg (1627)". Flensburg 1939.

„Annales *Anhaltini*“ [1423–1516], edid. Dr. H. Wäschke. Dessau 1911.

„Mitteilungen des Vereins für Geschichte von *Annaberg* und Umgegend“. II. Jahrbuch für 1888/90. Annaberg 1890.

Anshelm, Valerius. „Die Berner Chronik des Valerius Anshelm“. 6 Bände. Bern 1884–1901. [Valerius Rüd, genannt Anshelm, gest. 1540.]

Arago, François. „Sämtliche Werke“. Deutsche Original-Ausgabe, herausgegeben von Dr. W. G. Hankel. 9. Bd. Leipzig 1859.

„Hans *Ardüser's* Rätische Chronik“. Herausgegeben auf Veranstaltung der bündnerischen naturhistorischen Gesellschaft. (Erschienen als Beilage z. d. Jahresberichten XV–XX d. naturhistor. Gesellschaft.) Chur 1877. [geb. 1557 zu Dauas].

Arends, Friedrich. „Physische Geschichte der Nordsee-Küste und deren Veränderungen durch Sturmfluthen seit der Cymbrischen Fluth bis jetzt“. 2 Bände. Emden 1833.

Freiherr von *Aretin*, Joh. Chr. „Beyträge zur Geschichte u. Literatur, vorzüglich aus den Schätzen der pfalzbayerischen Centralbibliothek zu München“. 7. und 9. Bd. München 1806/07.

„Chronicon *Ascaniense*“. (–1730). In: Caspar Abel „Sammlung Etlicher noch nicht gedruckten Alten Chronicken, etc.“ Braunschweig 1732. S. 524–688.

„Journal de Jehan *Aubrion* bourgeois de Metz avec sa continuation par Pierre Aubrion 1465–1512“. Publ. par Lorédon Larchey. Metz 1857.

B

Babst, Michael. „Wetterspiegel / Oder Nützliche unnd eigentliche Erzelung / woher / wie / unnd warumb / die Donnerwetter / Plitze / Hagel / unnd allerley ungewöhnliche Witterung entspringt / etc.“ Leipzig 1589.

„Jahrgeschichten des Landes (*Baden*)“. 495–1573. In F. J. Mone „Quellensammlung der badischen Landesgeschichte“. 1. Bd. Karlsruhe 1848. S. 214–231.

Bahn, Chr. Aug. „Das Amt, Schloß und Städtgen Frauenstein.“ Friedrichstadt b/Dresden 1748.

dto. „Historische Nachrichten von dem Meißnischen Ober-Ertzgebürge an der Zschopau liegenden Franckenberg und Sachsenburg, welche beyder Oerter Gegend, Alterthum, Erbauung, Besitzer, Veränderung, Nahrung, Gebräuchen etc. nebst andern merckwürdigen Begebenheiten betreffen“. Schneeberg 1755.

„Manual-Chronik Andreas *Baiers*“. (1179–1594). In „Deutsche Chroniken aus Böhmen“. IV. Bd. Prag 1884. S. 73–177. [geb. ca. 1528, gest. 1598.]

„Chronik des Fridolin *Bäldi* in Glarus“. (1488–1529). Herausgeg. von Dr. J. G. Mayer, Chur. In „Zeitschrift f. schweizer. Kirchengeschichte“, edid. Alb. Büchi u. Joh. Pet. Kirsch“. 1. Jahrgang 1907. S. 43–51 u. 112–123. [Fridolin Bäldi: gest. wahrscheinlich 1529 oder 1530].

„Der Bericht einer Nonne des Claren-Klosters in *Bamberg*. In: Anton Chroust „Chroniken der Stadt Bamberg“. 2. Bd. Leipzig 1910. S. 495–583.

Banfi, Martin. „Ex Martini Banfi Calendario“ (1579–1642). In: „Quellen zur Geschichte der Stadt Brasso (Kronstadt)“. 5. Bd. Kronstadt 1909. S. 264–267.

Basel. Chronikalien aus Zunftbüchern“. 1487–1576. In „Basler Chroniken“. 7. Bd. Leipzig 1915. S. 447/60.

„Aufzeichnungen eines *Basler* Karthäusers aus der Reformationszeit“. 1522–1532. In „Basler Chroniken“. 1. Bd. Leipzig 1872. S. 427–490.

Bauer, Heinrich. „Geschichte der Stadt Pegnitz und des Pegnitzer Bezirks“. Pegnitz 1909.

„*Bautzener* Geschichts-Blätter". Wissenschaftliche Beilage zu den Bautzener Nachrichten. 4. Jahrgang 1912.

„Bavaria". Landes- u. Volkskunde des Königreichs *Bayern*. 4. Band. 1. Abteilung. München 1866.

Becherer, Johann. „Newe Thüringische Chronica etc." Mühlhausen 1601.

Beck, Heinrich, Christian. „Chronik der Stadt Schweinfurt". 1. Band. 1. Abtlg. Schweinfurt 1836.

Becker, F. A. „Cuxhafen und das Amt Ritzebüttel". Hamburg 1880.

Magister *Beier*, Adrian. „Geographus Jenensis". Jena 1672 u. 1665.

dto. „Jenaische Annalen" (1525–1599). Nach seiner Handschrift herausgegeben von Dr. Herbert Koch. Jena 1928.

dto. „Architectus Jenensis". Neu herausgegeben von Dr. Herbert Koch. Jena 1936.

Bekmann, Joh. Christ. „Historische Beschreibung der Chur und Mark Brandenburg etc.", ergänzt, fortgesetzt und herausgegeben von Bernh. Ludw. Bekmann. I. und II. Bd. Berlin 1751 u. 1753.

Bellger, Heinr. Ferd. „Historische Beschreibung der Stadt Colditz und des dasigen königlichen Schlosses in älterer und neuerer Zeit". Leipzig 1832.

Beninga, Eggerik. „Volledige Chronyk van Oostfrieslant". Emden 1723. [geb. ca. 1490, gest. 1562.]

Bennesch, Joseph. „Ortsgeschichte von Haindorf". Haindorf 1924.

Benseler, Dr. Gustav Eduard. „Geschichte Freibergs und seines Bergbaues". Freiberg 1843.

„Johann *Berckmanns* Stralsundische Chronik und die noch vorhandenen Auszüge aus alten verloren gegangenen Stralsundischen Chroniken etc." Aus den Handschriften herausgegeben von Dr. G. Chr. F. Mohnicke und Dr. E. H. Zober. (Stralsundische Chroniken. 1. Theil.) Stralsund 1833.

Bergemann, Johann Gottfried. „Flinsberg und seine Heilquellen". Liegnitz und Löwenberg 1827.

dto. „Chronik der Stadt Bunzlau". 1., 2. u. 3. Abtlg. Bunzlau 1829–1830.

dto. „Beschreibung und Geschichte der Stadt Friedeberg a/Queis". Hirschberg 1829.

dto. „Beschreibung und Geschichte von Warmbrunn und seinen Heilquellen". Hirschberg 1830.

Berghaus, Dr. Heinrich Carl. „Geschichte der Stadt Stettin, der Hauptstadt von Pommern". 2 Bände. Berlin und Wriezen 1875–1876.

„Chroniques du XVI. siècle. Règne de Robert *de Berghes*". [1557–1563]. In „Chron. liègeoises". Tom. II. edid. S. Balau in „Publicat. de la comm. roy. d'hist. de Belg." Bd. 54. Tom. II. Brüssel 1931. S. 489–505.

„Chroniques du XVI. siècle. Règne de Corneille *de Berghes*" [1538–1544]. In „Chroniques liègeoises". Tom. II. edid. S. Balau in „Publicat. de la comm. d'hist. de Belgique". Bd. 54. Tomm. II. Brüssel 1931. S. 401–414.

„Historische Aufzeichnungen *Berliner* Stadtschreiber". [1563–1605]. In „Riedel's Codex diplomaticus Brandenburgensis". IV. 1. Bd. Berlin 1862. S. 304–320.

„Die Chronik der Kölner Stadtschreiber von 1542–1605". [*Berlin*]. In „Schriften des Vereins für die Geschichte der Stadt Berlin" 1. Bd. Heft I. Berlin 1865. S. 1–44.

Bernhardi, Wilhelm. „Chronik der Stadt Naumburg und ihres Stiftskreises". Nach den besten Quellen bearbeitet. Zeitz 1838.

Bertholdt, Christian. Die kleine Keiser Chronica. Lüben (Niederlausitz) 1578.

Bertram, Carl Robert. „Chronik der Stadt und des Klosters Mühlberg". Torgau 1865.

Bertram, Carl Robert u. Gustav Hermann. „Chronik der Stadt Belgern und Umgegend". Belgern 1860.

Bertram, Fritz. „Das Heimatbuch des Kreises Lauban". Marklissa 1918.

„Chronijk der Stadt Antwerpen toegeschreven aan den Notaris Geeraard *Bertrijn*". [1041–1717]. Uitgegeven door Ridder Gust. van Havre. Antwerpen 1879. (Uitgaven der Antwerpsche Bibliophilen No. 5.) [Bertrijn: geb. 1648, gest. 1722.]

„Obsidionis Magdeburgi, . . . , anno 1550 et 51 . . . atque historica descriptio per Sebastianum *Besselmeierum*". In: Sim. Schardius „Schardius redivivus etc." edid. Hieron. Thomas. Tom. II. Gießen 1673. S. 518–535.

Besser, H. und Herrmann, R. „Die Neustädter Chronik. I." (Bausteine zur Geschichte Neustadts. I. Heft.) Neustadt (Orla) 1910.

„D. Johann Friedrichs *Beuch's* Geschichte und Beschreibung der Stadt Cottbus bis zum Jahre 1740". Aus der Handschrift herausgegeben und mit einigen Zusätzen vermehrt von Johann Bernoulli. Berlin 1785.

Graf von *Beust*, Friedrich. „Jahrbücher der Residenzstadt Altenburg". 2. Theil. Camburg 1800.

Beuther von Carlstatt, Dr. jur., Michael. „Chronica, das ist Eyn Außerlesen Zeitbuch etc." Straßburg 1566.

„Christoph *Beyers* d. älteren Danziger Chronik". [1468–1518]. In „Scriptores rerum Prussicarum". 5. Bd. Leipzig 1874. S. 440–491. [geb. 1458, gest. 1518.]

Beyer, Dr. Karl. „Geschichte der Stadt Erfurt von der ältesten bis auf die neueste Zeit". Fortgesetzt von Dr. Joh. Biereye. 1. Bd. (bis zum Jahre 1664). Erfurt 1935.

Bielz, E. A. „Beitrag zur Geschichte merkwürdiger Naturbegebenheiten" [1340–1608]. In „Verhandlungen und Mittheilungen des siebenbürg. Vereines für Naturwissenschaften zu Hermannstadt". 13. Jahrgang. Hermannstadt 1862.

dto. Fortsetzung [1608–1843]. In „dto." 14. Jahrgang. (Nachträge und Berichtigungen 1073–1738. S. 155/58.) Hermannstadt 1863.

„Martin *Biem's* Witterungsbeobachtungen (Krakau)". In Dr. G. Hellmann „Neudrucke etc. No. 13. Meteorolog. Beobachtungen des XIV.–XVII. Jhdts. Berlin 1901. S. 26–28. [Dr. Martin Biem de Illkusch: geb. ca. 1470, gest. 1540.]

Biermann, Gottl. „Geschichte der Herzogthümer Troppau und Jägerndorf". Teschen 1874.

Bilkau, Dan. Wolder. „Hadeleriologia historica". Hamburg 1722.

„Sigmund *Billings* Kleine Chronik der Stadt Colmar". [–22. 9. 1796]. Herausgeg. von Andreas Waltz. Colmar 1891. [Sigm. Billing: gest. 1796].

Binhard, Johannes. „Newe vollkommene Thüringische Chronica / biß auff diß gegenwertige 1613. Jahr vollzogen". Leipzig 1613.

Bischoffberger, Bartholomeus. „Appenzeller Chronic / das ist / Beschreibung deß löblichen Lands / vmd Eidgenössischen Orts Appenzell / der Inneren / vnd Vsseren Roden etc." St. Gallen 1682.

Blomme, A. „Chroniques de Termonde". Termonde 1900.

Bluntschli, Hans Heinr. „Memorabilia Tigurina oder Merckwürdigkeiten der Stadt und Landschaft Zürich, von Ursprung der Stadt biß auf An. 1710. Anjezo aber mit vielen Zusätzen etc., und biß auf gegenwärtiges 1741te Jahr fortgesetzt etc. „Zum drittenmahl herausgegeben. Zürich 1742. [H. Bluntschli: geb. 1656, gest. 1722.]

Bode, Friedrich. „Chronik der Stadt Rochlitz und Umgegend". Rochlitz 1865.

Boehmer, Felix. „Geschichte der Stadt Rügenwalde bis zur Aufhebung der alten Stadtverfassung (1720)". Stettin 1900.

Boetius, Matthias. „Des Matthias Boetius' 3 Bücher über Denkwürdigkeiten von Sturmfluten, welche Nordstrand betroffen haben". Deutsch von Dr. Schmidt-Petersen. In „Jahrbuch des nordfriesischen Vereins für Heimatkunde und Heimatliebe". Band 18. Husum 1931. S. 69–98.

Böhland, August. „Die merkwürdigsten Schicksale der Oberlausitz und ihrer alten Hauptstadt Budissin nebst einer kleinen Topographie der letztern. „Bautzen 1831. Nachträge. Bautzen 1833.

Böhm, Dr. K. „Chronik der Stadt Lengenfeld i/V." Lengenfeld 1935.

Mag. *Bonnus*, Hermann. „Chronica der vörnemelikesten geschichte vnde handel / der Keyserliken Stadt Lübeck / Vp dat körteste voruatet / vnde mit vlite vortekent /" Lübeck 1539.

dto. „Lübecksche Chronica der fürnehmsten Geschichte / und Händel / der Kayserlichen Stadt Lübeck / auff das kürtzeste verfasset und mit fleiß verzeichnet". Lübeck 1634.

Boomkamp, Gysbert. „Alkmaer en deszelfs geschiedenissen uit de nagelatene papieren van Simon Eikelenberg, en veele andere echte stukken en bescheiden". Rotterdam 1747.

Borheck, D. Aug. Christian. „Versuch einer Geschichte der Stadt Duisburg am Rhein". Duisburg (1800) 1893.

„Die Chronik des Laurencius *Boßhart* von Winterthur". [1185–1532]. Herausgeg. von Kaspar Hauser. Basel 1906. „Quellen zur Schweizerischen Reformationsgeschichte". [Laurenz Boßhart: geb. ca. 1490, gest. 1532.]

Boutiot, T. „Histoire de la ville de Troyes et de la Champagne méridionale". Vol. II u. III. Troyes u. Paris 1872/73.

van *Boxhorn*, Marcus Zuerius. „Chroniick van Zeelandt eertijdts beschreven door d'Heer Johan Reygersbergen, nu verbetert, ende vermeerdert. I./II. Deel. Middelburgh 1644.

Boyve, Jonas. „Annales historiques „du comté de Neuchatel et Valangin depuis Jules-César jusqu'en 1722 etc.", publ. pour la première fois, avec quelques annotations d'après le manuscrit de l'auteur revu et complété par son neveu J.-F. Boyve etc. par Gonzalve Petitpierre. Tome I.–III. Bern und Neuchatel 1854/55.

Brack. „Chronik der Stadt Zella-Mehlis etc." Zella-Mehlis 1927.

Brahe, Tycho. „Tyge Brahes Meteorologiske Dagbog, holdt paa Uraniborg for aarene 1582/97". Udgiven som appendix til Collectanea meteorologica af det Kgl. Danske Videnskabernes Selskab ved dets Meteorologiske Comité. Kopenhagen 1876.

Brand, Theodor. „Breslauer Chronik". Breslau 1840.

Brandstäter, Dr. Franz. „Die Weichsel". Marienwerder 1855.

„M. Sixtus *Brauns* Naumburger Annalen vom Jahr 799–1613". Herausgeg. von Dr. Köster u. Friedr. Hoppe. 2. Auflage. Naumburg a/S. 1927. [Sixtus Braun: gest. 18. Juni 1614.]

„Beiträge zur Geschichte der Stadt *Braunschweig*". In „Neues vaterländisches Archiv etc. des Königreichs Hannover und des Herzogthums Braunschweig". Jahrgang 1826. 3. Band. Lüneburg 1826.

„Die Aufzeichnungen des Kaplans Hieronymus *Brilinger*". [1474–1525.] In „Basler Chroniken". 7. Bd. Leipzig 1915. S. 206/31. [geb. 1469].

Brilmayer, Karl Johann. „Rheinhessen in Vergangenheit und Gegenwart". Gießen 1905.

Brockhoff, Franz. „Geschichte der Stadt und Festung Neubreisach im Elsaß". Neubreisach 1903.

„Kronologiske Optegnelser af M. Villads Nielsen *Brøns*." (1572–1629). In: H. Rordam „Historiske Samlinger og Studier vedrørende Danske Forhold etc." 2. Band. Kopenhagen 1896. S. 178–187.

Brotuff, Ernst. „Chronica von den Antiquiteten des Keiserlichen Stiffts / der Römischen Burg vnd Stadt Marsburg / an der Salah bey Türingen etc." Budissin 1556.

Brotuff, Bautzen 1556.

Brügger, Christian G. „Beiträge zur Natur-Chronik der Schweiz, insbesondere der rhätischen Alpen". I–IV. Beilagen zum Programm der bündnerischen Kantonsschule No. 1–6. Chur 1876/88.

Bruno, Laudadeus Valerianus. „Beschreibung der Stadt Acken nach ihrem vorigen und itzigen Zustande. Monumentum Mutilum Urbis In Aquis, das ist ein zerstümmeltes Denck-Mahl der Stadt Acken an der Elbe etc." Zerbst 1711 [1712].

„Chronicon *Brunwylrense*" [–1525]. In: Dr. Gottfried Eckertz „Fontes adhuc inediti rerum Rhenanarum". 2. Bd. Köln 1870. S. 139–328.

Bucelinus, Gabriel. „Germania topo-chrono-stemmato-graphica sacra et prophana". 1. Bd. Augsburg 1655. 2. Bd. Augsburg 1662. 3. Bd. Frankfurt a/M. 1671.

„Diarium van Arend van *Buchell*". [1560–1599]. Uitgegeven door Dr. H. Brom en Dr. L. A. van Langeraad. Amsterdam 1907. (Werken uitgegeven door het Historisch Genootschap, gevestiged te Utrecht. III. serie No. 21). [geb. 1565, gest. 1641.]

Bücking, W. „Beiträge zur Geschichte der Stadt Marburg". In „Zeitschrift des Vereins für hessische Geschichte und Landeskunde". Neue Folge. 6. Bd. Kassel 1877. S. 1–138.

„Heinrich *Bullingers* Diarium, (Annales vitae) der Jahre 1504–1574". Zum 400. Geburtstag Bullingers am 18. Juli 1904 herausgeg. von Emil Egli. Basel 1904. („Quellen zur Schweizer. Reformationsgeschichte". Herausgeg. v. Zwingliverein in Zürich unter Leitung von Prof. Dr. Emil Egli. II. Band.)

Bülow, Wilhelm. „Chronik der Stadt Barth". Barth 1922.

Bünting, Heinrich. „Braunschweig.-Lüneburgische Chronica etc.", edid. Philipp Julius Rehtmeier. Tomus I–III. Braunschweig 1722.

Burkart, Sebastian. „Geschichte der Stadt Rheinfelden bis zu ihrer Vereinigung mit dem Kanton Aargau". Aarau 1909.

Buschbeck, Hermann. „Geschichte der Kirchgemeinde Steinkirch". Mittel-Steinkirch 1899.

„Der selbständige Teil der Magdeburgischen Chronik von Georg *Butze*". [1467–1551]. In „Die Chroniken der deutschen Städte vom 14. bis ins 16. Jahrhundert". 27. Bd. Leipzig 1899. S. 101–140. [Georg Butze: gest. 1549.]

C

Capellerius, Dr. Maur. Anton. „Pilati montis historia in pago Lucernensi Helvetiae". Basel 1767.

Carpentarius, Georg. „Narratio rerum, quae reformationis tempore Basileae et in circumjacentibus regionibus gestae sunt, auctore fratre Georgio Carpentarii de Brugg, Carthusiensi". [1518 (1499)–1528] (Die Chroniken des Karthäuser Klosters in Klein-Basel 1401–1532. Abtlg. III). In „Basler Chroniken". 1. Bd. Leipzig 1872. S. 357–425. [geb. ca. 1487, gest. ca. 1528.]

Carpzow, Joh. Bened. „Analecta Fastorum Zittaviensium etc." Zittau 1716.

Carstens, C. Erich. „Die Stadt Tondern". Eine historisch-statistische Monographie. Tondern 1861.

Cassel, Clemens. „Geschichte der Stadt Celle etc." 2 Bände. Celle 1930 und 1934.

„Chronycke van Frans-Joseph de *Castro*". (Fortsetzung), (1498–1579) edid. Felix van Naemen. In „Annales du cercle archéologique du pays de Waes". 10. Tome. St. Nicolas 1885/86. S. 107–202.

dto. (Fortsetzung) (1587–1722). In dto. 11. Tome. St. Nicolas 1887/88 S. 109–207 u. 281–374.

Champion, Maurice. „Les inondations en France depuis le VI siècle jusqu'à nos jours". Tome I–VI. Paris 1858–1865.

Chapeauville, Johann. „Gesta pontificum leodiensium scripserunt auctores praecipui". Tomus III. Liège 1616.

Chladenius, Carl Gottfr. Theod. „Materialien zur Großenhayner Stadtchronik etc." Pirna 1789.

„*Chronia* New / Manicherlay historien / vnd besondere geschicht etc." s. l. (Augsburg?) et a.

Clouzot, Etienne. „Les inondations à Paris du VI au XX siècle". In „La Géographie". Tom. XXIII. Paris 1911. S. 81–100.

Conrad a Lichtenau. „Paraleipomena rerum memorabilium, a Friderico II usque ad Carolum V Augustum, hoc est ab Anno domini 1230, usque ad annum 1537 etc." In „Conradi a Liechtenaw Urspergensis coenobii, ordin. Praemonstrat; chronicon etc." Straßburg 1609. S. 249–369.

Contejean, Charles. „Du climat de Montbéliard au 17. siècle". In „Annuaire de la société météorologique de France". Tom. III. 1. Partie. Paris 1855. S. 382–411.

Courtois, Richard. „Recherches sur la statistique, physique, agricole et médicale de la province de Liège". I. u. II. Tome. Verviers 1828.

Crusius, G. F. Eduard. „Geschichte der vormals Kaiserlichen freien Reichsstadt Goslar am Harze". Osterode a/H. 1842.

„Martini *Crusii*, . . . , Annalium Suevicorum" Dodecas tertia ab anno Christi 1213 usque ad 1594 annum perducta." Frankfurt a/M. 1596. [Martin Crusius: geb. 1526, gest. 1607].

„Martini *Crusii* Paraleipomenos rerum Suevicarum liber etc." Frankfurt a/M. 1596.

Crusius, Martin. „Schwäbische Chronick etc.", edid. Joh. Jak. Moser. 2 Bände. Frankfurt a/M. 1733.

„Diarium Martini *Crusii* 1598–1599". Herausgeg. von Wilh. Göz u. Ernst Conrad. Tübingen 1931.

Culemann, Erich, Alb. Fr. „Mindische Geschichte". 5. Abtlg. Minden 1748.

„Tagebuch Johanns *Cuspinians* 1502–1527". In „Fontes rer. Austriacar". 1. Abtlg. Scriptores. 1. Band. Wien 1855. S. 397–416.

Custis, Charles. „Jaer-Boecken der stadt Brugge, behelsende de gedenckweerdigste geschiedenissen de welcke soo binnen de selve Stadt, als daer ontrent, voorgevallen zyn, etc." I.–III. Deel. Brügge 1765.

D

Dann, Dr. Eduard Otto. „Topographie von Danzig, besonders in physischer und medicinischer Hinsicht". Berlin 1835.

Daume, G. „Bilder aus Seehausens Vergangenheit". I. u. II. Heft. Ortsgeschichtliche Skizzen aus der Altmark. 2. Aufl. Seehausen (Altmark) 1925.

Dederich, Andreas. „Annalen der Stadt Emmerich". Meist nach archival. Quellen. Emmerich 1867.

„Heinrich *Deichsler's* Chronik" [1488–1506]. In „Die Chroniken der deutschen Städte". 11. Band. Leipzig 1874. S. 536–706. [geb. 1430, gest. 1506 oder 1507.]

Denner, Richard. „Jahrbücher zur Geschichte der Stadt Kahla". Kahla [1937].

Detlefsen, Dr. Detlef. „Geschichte der holsteinischen Elbmarschen". 2. Bände. Glückstadt 1891/92.

Dettling, Martin. „Schwyzerische Chronik oder Denkwürdigkeiten des Kantons Schwyz". Schwyz 1860.

Diederichs, Eugen. „Deutsches Leben der Vergangenheit in Bildern". Jena 1908.

„Die Gebweiler Chronik des Dominikaners Fr. Seraphim *Dietler* zum ersten Male vollständig herausgegeben von Dr. Joh. v. Schlumberger. [1127–1723]. Gebweiler 1898.

Dilich, Wilhelm. „Hessische Chronica etc." 1. u. 2. Teil. Kassel 1605.

Dillenius, Dr. F. L. J. „Weinsberg, vormals freie Reichs-, jetzt württemberg. Oberamtsstadt". Chronik derselben. Stuttgart 1860.

Dochnahl, Friedr. Jac. „Chronik von Neustadt an der Haardt, nebst den umliegenden Orten etc." Neustadt a/d. H. 1867.

Doehler, P. Richard. „Geschichte des Dorfes Leuba in der Kgl. Sächsischen Oberlausitz." Nach archival. Quellen bearbeitet. Zittau 1907.

Doell, Philipp Joseph. „Geschichtliche und statistische Nachrichten über die Stadt Hammelburg und Schloß Saaleck". Würzburg 1873.

dto. In: Archiv des histor. Vereins von Unterfranken u. Aschaffenburg". 22. Band. 2/3. Heft. Würzburg 1874. S. 263–552.

v. Döllinger, Joh. Jos. Ign. „Beiträge zur politischen, kirchlichen und Cultur-Geschichte der 6 letzten Jahrhunderte". 2. Band. Materialien zur Geschichte des 15. u. 16. Jahrhunderts. Regensburg 1863.

Magister *Dominikus*, Jakob. „Erfurt und das Erfurtische Gebiet". Nach geographischen, physischen und statistischen, politischen und geschichtlichen Verhältnissen. 1. und 2. Theil. Gotha 1793.

van *Doorninck*, P. N. „Geldersche Kronieken". I. u. II. aflevering. Arnheim 1904 und 1908. (Werken uitgegeven door Gelre [Geldern] Vereeniging tot beoefening van Geldersche geschiedenis, outheitkunde en recht. No. 5.)

Dormann, Edmund Joseph. „Geschichte des Kreises Marienburg". Nach Quellen und Urkunden. Danzig 1862.

Doyen, C. L. „Histoire de la ville de Beauvais depuis le 14 siècle". I. u. II. Tome. Beauvais 1842.

Dresser, Mattheus. „Sächsisch Chronicon". Wittenberg 1596.

Dreßler, K. G. „Chronik der Parochie Ottendorf, sowie der Dörfer Lausa, Hermsdorf, Grünberg und Cummersdorf", edid. Dr. Constantin Angermann. Meißen 1890.

von *Dreyhaupt*, Johann Christoph. „Pagus Neletici et Nudzici". 1. Theil. Halle a/S. 1755.

dto. „Pagus Neletici et Nudzici oder diplomat.-histor. Beschreibung des Saal-Creyses, und aller darin befindlichen Städte etc.", edid. Joh. Friedr. Stiebritz. 2 Theile. Halle 1772/73.

„Dionysius *Dreytweis* Eßlingische Chronik (1548–1564)". Herausgegeben von Adolf Diehl.) Tübingen 1901. (Bibliothek des Literarischen Vereins in Stuttgart. Publikation No. 221. [geb. zwischen 1498–1504, gest. nach 1564.]

Driart, Pierre. „Chronique parisienne de Pierre Driart, chambrier de Saint-Victor". [1522 bis 1535], edid. Fernand Bournon. In „Memoires de la société de l'histoire de Paris et de l'Ile-de-France". Tom. XXII. Paris 1895. S. 67–178. [Pierre Driart: geb. 1484, gest. 1535.]

Duchaussoy, H. „Étude climatologique du département du Cher". In „Mémoires de la société historique, litteraire, artistique et scientifique du Cher". 4. série. 1. Vol. Paris 1884. S. 1–191.

Dückher von Haßlaw, Franciscus. „Saltzburgische Chronica, das ist: Beschreibung deß Lands / Stifftung vnd denckwürdiger Geschichten / etc." Salzburg 1666.

Dümling. „Geschichtliche Nachrichten über das Kloster S. Gertrudis und die Gemeinde Hedersleben (Kr. Aschersleben)". Hedersleben 1895.

Duntze, Joh. Herm. „Geschichte der freien Stadt Bremen". 4 Bände. Bremen 1845–51.

Dürr, Dr. Friedr. „Heilbronner Chronik". Heilbronn 1895.

„Uitreksel Francisci *Dusseldorpii* annales 1566–1616". Uitgegeven door R. Fruin. s'Gravenhage 1894. (Hist. Genootschap te Utrecht. Werken. III. ser. No. 1.) [Frans van Dusseldorp: geb. 1567, gest. 1630.]

Duval, Carl. „Das Eichsfeld etc." Sondershausen 1845.

Duval, Louis. „Phénomènes météorologiques et variations atmosphériques. Sécheresse, pluies, orages, glaces etc., observées en Normandie principalement dans l'Orne d'après les chroniques locales, les archives du département et des communes". [1073–1632]. In „Bulletin de la société histor. et archéolog. de l'Orne". Tom. XII. Alençon 1893. S. 385/96. Tom. XIII. Alençon 1894. S. 337/51.

„Brandenburger Nachrichten aus d. Pfarrers *Dionysius* Excerpten verschiedener Chroniken". In „Riedel's Codex diplomaticus Brandenburgensis". IV. 1. Bd. Berlin 1862. S. 298–303. [Friedr. Dionysius: gest. 25. 8. 1926.]

E

Eben, Johann Georg. „Versuch einer Geschichte der Stadt Ravensburg von Anbeginn bis auf die heutigen Tage". 2 Bände. Ravensburg 1835.

Eberlin, Philipp. „Neue Kronik der Kais.Kön. W. Oestr. Stadt Konstanz am Bodensee. 2. verm. Auflage. Konstanz 1798.

Eberus, Paul. „Calendarium historicum conscriptum". Wittenberg 1559.

Eckardt, Ernst. „Chronik von Glauchau". Glauchau 1882.

Eckart, Rudolf. „Geschichte des Fleckens und der Burg Salzderhelden". Leipzig s. a.

Eckert, Rudolf. „Die landsberger Stadtschreiber-Chronik". [1561–1688]. In „Schriften des Vereins für Geschichte der Neumark". Heft 1. Landsberg a/W. 1893. S. 19–100.

von Ehrhart, Dr. Gottlieb. „Physisch-medizinische Topographie der königl. baier. Stadt Memmingen im Illerkreis". Memmingen 1813.

Ehrich. „Chronik der Stadt Neudamm etc." Neudamm 1896.

Eichhorn, Dr. Ewald. „Die Grafschaft Camburg". IX. Teil. Hildburghausen 1912. („Schriften des Vereins für Sachsen-Meiningische Geschichte und Landeskunde". 64. Heft.)

Eifert, „Nachrichten zur Geschichte von Calmbach und Höfen". Calmbach 1850.

Eiselein, Josua. „Geschichte und Beschreibung der Stadt Konstanz und ihrer nächsten Umgebung". Konstanz 1851.

Dr. Eitner, „10 Jahre aus Görlitzens Vergangenheit" [1567–1577]. (Diarium von Barthol Scultetus Calender mit Eintragungen, von 1567–1594 reichend). In „Neues Lausitz. Magazin". 70. Bd. Görlitz 1894 S. 13–20. [Barthol. Scultetus: geb. 1540, gest. 1614].

Elmshorn. „Die Geschichte der Stadt Elmshorn". 6. Lieferung. I. Teil. Elmshorn s. a.

D'Elvert, Christian. „Geschichte und Beschreibung der königlichen Kreis- und Bergstadt Iglau in Mähren." Brünn 1850.

Emmius, Ubbo. „Rerum Frisiacarum historiae libri X". Decas I und II Franeker 1596 u. 1598, Decas III Lugd. Batav. 1599, Decas IV u. V Groningen 1604 u. 1607, Decas VI Embden 1616.

Engel, Andreas. [Angelus]. „Annales Marchiae Brandenburgicae etc. bis auffs 1596. Jahr im Churfürstenthumb Brandenburg etc." Item / im Supplementum etc. der Märkischen Jahrgeschichten / von Ostern des 1596. jahrs / bis auff den Aprillmonat dieses 1598. Jahres. Frankfurt a/O. 1598. [geb. 1561, gest. 1598.]

Engelien, A. u. Fr. Henning. „Geschichte der Stadt Landsberg an der Warthe von den ältesten Zeiten bis auf die Gegenwart". Landsberg a/W. 1857.

Engelmann, Ludwig. „Geschichte von Reichenau". 2 Bände. Reichenau 1904/05.

„De Kroniek van Abel *Eppens* tho Equart", edid. J. A. Feith u. Dr. H. Brugmans. Deel I u. II. Amsterdam 1911. (Werken. Histor. Genootsch. Utrecht. III. Serie. No. 28.) [geb. 1534].

„Chroniques du XVI. siècle. Règne *d'Erard* de la Marck". [1506–1538]. In „Chroniques liègeoises". Tom. II, edid. S. Balau in „Publicat. de la comm. roy. d'hist. de Belgique". Bd. 54. Tom. II. Brüssel 1913. S. 341–400.

Erhard, Dr. Alexander. „Geschichte der Stadt Passau". 2 Bände. Passau 1862 und 1864.

Erich, Adelar. „Gülichische Chronic". Leipzig 1611.

„Chronicon *Ermslebiense*". [1580–1609]. In: Caspar Abel „Sammlung Etlicher noch nicht gedruckten Alten Chronicken etc." Braunschweig 1732. S. 689–694.

„Die Anonyme Chronik bei Cosmas *Ertzberg*, sammt dessen eigenen Aufzeichnungen". 1431–1532. In „Basl. Chronik". 6. Bd. Leipzig 1902. S. 323–341. [geb. vor 1470, gest. 1550.]

Escher, Dr. Konrad. „Chronik der ehemaligen Gemeinden Wiedikon und Außersihl". Zürich 1911.

de *l'Estoile*, Pierre. „Journal de Henri III, roy de France et de Pologne ou memoires pour servir a l'histoire de France [1515–1611]". Tom. I–III [1515–1596]. La Haye 1744.

F

Fabricius, Georg. „Rerum Misnicarum libri VII". Leipzig 1569.

von *Falckenstein*, Johann Heinr. „Civitatis Erfurtensis historia critica et diplomatica etc." 1. u. 2. Theil. Erfurt 1739/40.

dto. „Wahre und Grund haltende Beschreibung der heutigen Tages weltberühmten des Heiligen Römischen Reichs Freyen Stadt Nürnberg, in 5 Büchern abgefasset". Erfurt 1750.

Farner, A. und Wegeli, R. „Bauernchroniken aus den thurgauischen Bezirken Dießenhofen und Frauenfeld, sowie den angrenzenden Gebieten des Kantons Zürich". [15. Jahrhundert–1631]. In „Thurgauische Beiträge zur vaterländ. Geschichte". 38. Heft. Frauenfeld 1898. S. 72–103.

Faust, Laurentius. „Geschicht- vnd Zeit-Büchlein der weitberühmeten Churfürstlichen Stadt Meissen". Dresden 1588.

Fibiger, Mich. Joseph. „Fibiger acta magistrorum". (Series et acta magistrorum Wratislauviensium ad sanctum Mathiam). [1230–1719]. In „Scriptor. rer. Silesiac." 2. Bd. Breslau 1839. S. 287–381.

Fiedler, Johann. „Müglische Ehren- und Gedächtniß-Seule etc." Leipzig 1709.

Fincelius, Jobus. „Wunderzeichen". Warhafftige beschreibung vnd gründlich verzeichnus schrecklicher Wunderzeichen / die von dem Jar an 1517 bis auff itziges Jar 1566 geschehen etc. 3 Theile. Jena 1556/62.

Fischer, Christian Friedr. Emanuel. „Geschichte und Beschreibung der schlesischen Fürstenthumshausptstadt Jauer". 2 Teile. Jauer 1803/04.

Fischer, Carl Berthold. „Die alte Wasserwirtschaft und Industrie im Amte Harzburg". In „Zeitschrift des Harz-Vereins für Geschichte und Altertumskunde". 46. Jahrgang. Wernigerode 1913. S. 173–213.

„Sebastian *Fischers* Chronik, besonders von Ulmischen Sachen", edid. Dr. K. G. Veesenmeyer. Ulm 1896. („Mitteilungen des Vereins für Kunst und Altertum in Ulm und Oberschwaben". Heft 5–8.)

„Kalender-Aufzeichnungen von Michael *Forgats* mit Zusätzen von Valentin Forgats, Christoph Greissing, Valentin Greissing, Asarela Mederus, Marcus Draudt". [1203–1694]. In „Quellen zur Geschichte der Stadt Kronstadt in Siebenbürgen". 4. Band. Kronstadt 1903. S. 40–52. [Michael Forgats: geb. 1563, gest. 1633.]

Förster, August. „Aus Grünbergs Vergangenheit". Grünberg 1900.

Foullon, R. P. „Historia Leodiensis per episcoporum et principum seriem digesta, ab origine populi usque ad Ferdinand I Bavari tempora". Tom. I–III. Liège 1735–37.

Franck, Sebastian. „Chronica, Zeytbuch vnd geschycht bibel etc." s. l. 1531.

dto. „Chronica Zeitbuch vnnd Geschichtbibell von anbegyn bis in dis gegenwertig 1536. iar verlengt etc." s. l. 1536.

Frankfurt a./M. „Historisches aus einem Buche des Liebfrauenstifts". 1498–1518. In „Quellen z. Frankf. Geschichte", edid. Dr. H. Grotefend. 2. Band. Frankfurt a./M. 1888. S. 1–9.

„Aus der Chronik des Schuhmacherhandwerks" 1504–1546. *Frankfurt a./M.* In „Quellen zur Frankfurt. Geschichte", edit. Dr. H. Grotefend. 2. Bd. Frankf. a/M. 1888. S. 10–26.

„Die Chronik des Johann *Freiberg*" [1511–1560]. In: Dr. F. A. Meckelburg „Die Königsberg. Chroniken etc." Königsberg Pr. 1865. S. 1–286.

Frick, Hans. „Quellen zur Geschichte von Bad Neuenahr etc." Bad Neuenahr 1933.

Magister *Fries*, Lorenz. „Geschichte, Namen, Geschlecht, Leben, Thaten und Absterben der Bischöfe von Würzburg etc." 2. Band. Würzburg 1924. (Würzburg. Chronik. 2. Band) [gest. 1550.]

„Anonymi memorabilia *Frisiaca*" 1554. [1218–1554]. In: G. Sello „Studien zur Geschichte von Oestringen u. Rüstringen". Varel 1898. S. 113–114.

Fritz, Gustav. „Chronik von Burg". Burg 1851.

Fromm, Joachim. „Beschreibung der Stadt Alt-Brandenburg in der Mittel-Marck". Brandenburg 1727.

Frytschius, Marcus. „Catalogus Prodigiorum, Miraculorum, atque ostentorum, tam coelo quam in terra etc." Nürnberg 1563.

G

Gairdner, James. „Three fifteenth-century chronicles with historical memoranda by John Stowe, etc." London 1880. (Camden Society. New series Bd. XXVIII.)

Gallois, Dr. J. G. „Hamburger Chronik von den ältesten Zeiten bis auf die Jetztzeit". Band 1 u. 2. Hamburg 1861/62.

Gander, Karl. „Geschichte der Stadt Guben etc." Guben 1925.

Gänsschoppf, Tobias. „Chronicon / oder eigentliche Beschreibung vieler denckwürdigen Geschichten / die sich in dem Hoch-Löbl. Fürstenthum Württemberg / und dero Nachbarschafften / sonderlich umb Stuttgarten / . . . / und was sonsten denckwürdiges vorgangen / . . . von ungefehr Anno 1120 biß auff 1656 continuirt, . . ." Stuttgart 1656.

Gassarus, Achill. Pirminius, „Annales Augstburgenses". In I. B. Mencken In „Scriptor. rer. Germanicar. etc." Tom. I. Leipzig 1728. Spalte 1317–1954.

de *Geest*, Edm. „Kronijk van Lokeren". In „Annales du cercle archéologie du Pays de Waes". Tom. XIII. Saint-Nicolas 1891. S. 39–96 u. 225–290.

Gehres, Siegmund Friedr. „Pforzheim's kleine Chronik". 2. und vermehrte Auflage. Karlsruhe 1811.

Gemma, Dr. Corn. „De naturae divinis characterismis etc." Liber I und II. Antwerpen 1575.

Gempeler-Schletti, D. „Heimatkunde des Simmentals". Bern 1904.

„Memorieboek der Stad *Ghent* van't J. 1301 tot 1737". I., II. und III. Deel 1301–1793. Gent 1852–54. („Maetschappy der Vlaemsche Bibliophilen", 2. série. No. 15.)

„Chroniques du XVI. siècle". Règne *de Georges* d'Autriche. [1544–1557] In „Chron. liègeoises" Tom. II. edid. S. Balau in „Publicat. de la comm. roy. d'hist. de Belgique". Band 54. Tom. II. Brüssel 1931. S. 415/49.

Georgius, Jakob Friedr. „Uffenheimische Neben-Stunden". Schwabach 1740–54.

„Chroniques du XVI. siècle. „Règne de *Gérard* de Groesbeek [1564–1580] In „Chroniques liègeoises". Tom. II. edid. S. Balau in „Publicat. de la comm. roy. d'hist. de Belgique". Band 54. Tom. II. Brüssel 1931. S. 506–606.

German, Wilhelm. „Chronik von Schwäbisch Hall und Umgebung. Schwäbisch Hall 1901.

Gewoldus, Christophorus. „Anonymi Chronicon Bavaricum ab a. C. 1253 ad a. C. 1518 A. V. Cl. Christophoro Gewoldo J. C. Bav." In A. F. Oefelius „Rer. Boicar. scriptores nusquam antehac editi" etc. Tom. I. Augsburg 1763. S. 388–391.

Ghon, Carl. „Geschichte der Stadt Villach von der Urzeit bis zur Gegenwart". Villach 1901.

Gloeckler, A. F. W. „Das Leben des Canzlers Heinrich Husan der Aeltere". In „Jahrbücher d. Vereins für mecklenburg. Geschichte u. Alterthumskunde". Schwerin 1843. S. 60–160.)

Goeschel, Carl Friedr. „Chronik der Stadt Langensalza in Thüringen" 2 Bände. Langensalza 1818.

Goltz, Dr. G. F. G. „Diplomatische Chronik der ehemaligen Residenzstadt der Lebusischen Bischöfe Fürstenwalde, von ihrer Erbauung bis auf die gegenwärtige Zeit". Fürstenwalde 1837.

Göpfert, Gottlieb. „Ältere und neuere Geschichte des Pleißengrundes. Oder Geschichte und Beschreibung der Städte Crimmtzschau und Werdau mit den in dasiger Gegend an der Pleiße befindlichen Rittergüthern und Dorfschaften". Zwickau 1794.

„Annales *Gorlicenses*". Supplementum. In: Oskar Schmidt-Reder „Otia Lusatica". Görlitz 1882. S. 14–59.

Görner, Dr. Karl. „Eine handschriftliche Chronik von Komotau". [–1623]. In „Mittheilungen des Vereines für Geschichte der Deutschen in Böhmen". 23. Jahrgang. 1884/85. Prag 1885. S. 246–264.

Grebel, Alexander. „Geschichte der Stadt St. Goar". St. Goar 1848.

Gropp, Ignatius. „Wirtzburgische Chronick etc." 1. Theil von dem Jahr 1500 biß 1642. Würzburg 1748.

Grosley, Pierre Jean. „Mémoires historiques et critiques pour l'histoire de Troyes". Tome I u. II. Paris u. Troyes 1811/12.

Groß, Jakob. „Chronik von Simbach am Inn". Landshut 1864.

Groß, Johann. „Kurtze Baßler Chronick etc." Basel 1624.

Große, Karl „Geschichte der Stadt Leipzig von der ältesten bis auf die neueste Zeit". Leipzig 1842.

Grosse, Walter u. Wagenführ, G. „Beiträge zur Bauerngeschichte des Dorfes Veckenstedt in der Grafschaft Wernigerode". In „Zeitschrift des Harz-Vereins für Geschichte u. Altertumskunde". 69. Jahrgang. Wernigerode 1936. S. 17–55.

Größler, Dr. Hermann u. Sommer, Friedr. „Chronicon Islebiense". Eisleber Stadt-Chronik aus den Jahren 1520–1738. Eisleben 1882.

Dr. *Grotefend*. „Die Chronik des Stifts S. S. Mauritii et Simeonis zu Minden" s. l. 1873.

„Simon *Grunau's* preußische Chronik". In „Die preußischen Geschichtsschreiber des 16. u. 17. Jahrhunderts". Band II. Leipzig 1889.

Gründer, J. G. „Chronik der Stadt Lauban". Lauban 1846.

Grünewald, Moritz. „Die Meißner Chronik". Von Erbauung der Stadt bis zum Jahre 1588. 1. Teil. Hayn 1829.

Grüngraß, Lucas. „Scheda memorialis, anno 1528 scripta cippoque sive pinnaculo turris in foro Coronensi imposita". [1526–1528]. In „Quellen zur Geschichte der Stadt Kronstadt in Siebenbürgen". 4. Band. Kronstadt 1903. S. 523–528. [gest. 1556].

Grünhagen, C. „Über die Unechtheit der angeblichen Chronik des Briegers Stadtschreibers Blasius Gebel". In „Zeitschrift des Vereins für Geschichte und Alterthum Schlesiens". 9. Band. Breslau 1869. S. 346/69.

Gubo, Andreas. „Geschichte der Stadt Cilli vom Ursprung bis auf die Gegenwart". Graz 1909.

Guggenbühl. „Wyn Rechnung der statt Zürich von Ano 1421. Jahrs biss auff disse gegenwärtige Ziet". Auszug v. R. Wolf. 1421–1565. In „Vierteljahrsschrift d. Naturforschend. Gesellsch. in Zürich". 1. und 2. Jahrgang. Zürich 1856/57. S. 407/10 und S. 93–96. 205–208.

Gumpelzhaimer, Christian Gottlieb. „Regensburg's Geschichte, Sagen und Merkwürdigkeiten etc." 1. u. 2. Abtlg. Regensburg 1830 u. 1837.

Güth, Joh. Sebast. „Poligraphia Meiningensis etc." Herausgegeben von Dr. Eduard Schaubach. Meiningen 1861.

„Bernd *Gyseke's* Hamburger Chronik vom Jahre 810 bis 1542". In: Dr. I. M. Lappenberg „Hamburgische Chroniken in niederdeutscher Sprache". Hamburg 1861. S. 1–192.

H

„Chronik des Landes *Hadeln* nebst interessanten Auszügen aus der Geschichte der Aemter Ritzebüttel, Bederkesa und Neuhaus, des Landes Wursten und des Landes Kehdingen". Otterndorf 1843.

Haffner, Francisc. „Der kleine Solothurner Allgemeine Schaw-Platz etc." I. u. II. Teil. Solothurn 1666.

Magister *Hafftitius*, Petrus. „Microcronicon Marchicum". 1599. [1388–1598]. In Riedels „Codex diplomatic. Brandenburgensis". IV. Hauptteil. 1. Band. Berlin 1862. S. 46–167.

Freiherr *vom Hagen*, C. H. „Die Stadt Halle nach amtlichen Quellen historisch-topographisch-statistisch dargestellt". 2 Bände. Halle 1867.

von der Hagen, Thomas Philipp. „Beschreibung der Stadt Freyenwalde etc." Berlin 1784.

„Die Bergchronik des Hardanus *Hake*, Pastors zu Wildemann", edid. Dr. H. Denker. Wernigerode 1911. (Forschungen zur Geschichte des Harzgebietes", herausgeg. vom Harzverein für Geschichte und Altertumskunde. Band 2.)

„Chronicon *Halberstadiense*, des alten evangel. Lehrers Johannis Winnigstadii etc." [–1650]. In: Caspar Abel „Sammlung Etlicher noch nicht gedruckten Alten Chronicken, etc." Braunschweig 1732. S. 252–478.

„*Hallers* Chronic der Stadt Bayreuth". [1402–1616]. In: E. C. Hagen u. Th. Dorfmüller „Archiv f. Bayreuth. Gesch. u. Alterthumskunde". 1. Bd. Bayreuth 1828. 1., 2. u. 3. Heft. S. 102–178.

„Das Tagebuch Johann *Hallers* aus den Jahren 1548–1561", edid. Dr. E. Bähler. In „Archiv des historischen Vereins des Kantons Bern". 13. Bd. Bern 1917. S. 238–300 [geb. 1523, gest. 1575.]

„*Hamburgisch*-Hansische Jahrbücher von 1531–1534". In: Dr. J. M. Lappenberg „Hamburgische Chroniken etc." Hamburg 1861. S. 300–307.

„Hamburger Chronik vom Jahre 799 bis 1559". In: Dr. J. M. Lappenberg „Hamburgische Chroniken in niedersächsisch. Sprache". Hamburg 1861. S. 377–478.

Hamelmann, Hermann. „Oldenburgische Chronik", edid. Dr. Gustav Rüthning. Oldenburg u. Berlin 1940. (Oldenburg. Geschichtsquellen Bd. 1) [Hermann Hamelmann: geb. 1526, gest. 1595.]

Hammerschmid, Joh. Florian. „Prodromus gloriae Pragenae etc." Prag 1723.

Hannemann, Gerhard. „Memorialbuch 1553–1587". In: Dr. E. H. Zober „Stralsund. Chronik". 2. Teil. Stralsund 1843. S. 147–198.

Hansen, Knud Melf. „Chronikblätter etc." 1. Bd. Detroit 1908/13.

Hansen, Dr. Reimer. „Die eiderstedtischen Chronisten vor Peter Sax". In „Zeitschrift der Gesellschaft für Schleswig-Holstein.-Lauenburgische Geschichte". 25. Bd. Kiel 1895. S. 163/215.

dto. „Johannes Petreus' Schriften über Nordstrand". Kiel 1901. („Quellensammlung der Gesellschaft für Schleswig-Holsteinische Geschichte". 5. Band.)

Hanssen, J. und Wolf, H. „Chronik des Landes Dithmarschen". Hambg. 1833.

Freiherr *v. Härdtl*, Dr. August. „Gasteiner Chronik". Salzburg 1876.

Hartwig, Otto. „Album academiae Vitebergensis ab a. Chr. 1502 usque ad. a. 1602". Vol. II. Halle a/S. 1894.

„Die Witterungsverhältnisse, Ernteerträge und Getraidepreise in der *Haseldorfer* Marsch (16.–17. Jahrhundert)". [1561–1653]. In „Jahrbücher für die Landeskunde der Herzogthüm. Schleswig, Holstein und Lauenburg". Band 2. Kiel 1859. S. 120–127 u. 268–275.

„Mag. Johannes *Hasse*, Bürgermeister zu Görlitz, Goerlitzer Rathsannalen". 1509–1520. In „Scriptores rerum Lusaticarum". Neue Folge. 3. Bd. Görlitz 1852. S. 1–576. [geb. 1473, gest. 1544].

„Mag. Johannes *Haß*, Bürgermeister zu Görlitz, Görlitzer Rathsannalen". 3. Band. (1521–1542). In „Scriptores rerum Lusaticarum". 4. Bd. Neue Folge. Görlitz 1870. S. 1–391. [geb. 1473, gest. 1544].

Haudeck, Joh. „Die Leitmeritzer Elbebrücke". In „Mittheilungen des Vereins für Geschichte der Deutschen in Böhmen". 42. Jahrgang. Prag 1904. S. 514–539.

Häulen, Conrad Caspar. „Jahr-Buch alter und neuer Nachrichten, oder historische Beschreibung, wie der gütige Gott von vilen hundert Jahren her, biß auf das jetztlauffende 1742. Jahr, unser werthes Franckenland vielmahl mit gut und gesegneten Wein-Jahren erfreuet etc." Onolzbach 1743.

Häveker, Johann Heinrich. „Chronica und Beschreibung der Städte Calbe, Acken und Wantzleben etc." Halberstadt 1720.

de la Haye, Jean, Baron des Coutaux. „Les memoires et recherche de France, et de la Gaule Aquitanique." Apoictiers 1643.

Heberle, Irene. „Hochwasser in Passau". (1501–1899). In „Niederbayrische Monatsschrift". 2. Jahrgang. 1913. S. 17–21.

Heckel, Christian. „Historische Beschreibung der Stadt Bischoffswerda etc." Dresden 1713.

Heer, Dr. Oswald und Blumer-Heer, J. J. „Der Kanton Glarus, historisch-geographisch-statistisch geschildert von den ältesten Zeiten bis auf die Gegenwart". St. Gallen u. Bern 1846. („Histor.-geograph.-statist. Gemälde der Schweiz". VII. Band.)

Heese, Bernhard. „Die Dessauer Chronik bis 1758". Dessau 1924/5.

Heffter, M. W. „Geschichte der Kur- und Hauptstadt Brandenburg von den frühesten bis auf die neuesten Zeiten". Potsdam 1840.

„M. Anton *Heimreichs* nordfresische Chronik". edid. Dr. N. Falck. I. u. II. Theil. Tondern 1819. [Anton Heimreich: geb. 1626, gest. 1685].

Heinderycx, Pauwel. „Jaerboeken van Veurne en Veurnambacht door Pauwel Heinderycx" [–1565], edid. Edmond Ronse. 1. u. 2. Deel. Veurne 1853/54.

„Aufzeichnungen des Johann *Heise*". (1475–1501). In „Quellen z. Frankfurt. Geschichte", edid. Dr. H. Grotefend. I. Teil S. 224–236 u. II. Teil S. 656/8. Frankfurt a/M. 1884.

Heinze, C. Theod. E. „Geographisch-statistische-geschichtliche Übersicht des Löwenbergschen Kreises in Schlesien". Löwenberg 1825.

„Meersburger Reimchronik des Stadtschreibers Lukas *Heldt*". [1566–1573]. In: F. J.. Mone „Quellensammlung der badischen Landesgeschichte". 3. Band. Karlsruhe 1863 S. 435–437.

„*Hellers* Chronik der Stadt Baireuth". (1402–1616). In „Quellen z. Geschichte der Stadt Baireuth", edid. Dr. Christ. Meyer. Bayreuth 1893. S. 117–224.

Hellmann, Dr. G. „Repertorium der deutschen Meteorologie". Leipzig 1883.

dto. „Die Thüringische Sündflut vom Jahre 1613". In „Bericht über die Tätigkeit des Königlich Preußischen Meteorologischen Instituts im Jahre 1912". Berlin 1913. S. (21–57).

dto. „Beiträge zur Geschichte der Meteorologie". I. Bd. Berlin 1914.

Hellmann, Dr. G. „Die Meteorologie in den deutschen Flugschriften und Flugblättern des XVI. Jahrhunderts". Berlin 1921.

dto. „Beiträge zur Geschichte der Meteorologie". 3. Band. Berlin 1922.

dto. und v. Elsner, G. „Meteorologische Untersuchungen über die Sommerhochwasser der Oder". Berlin 1911. (Veröffentlichung. d. Kgl. Preuß. Meteorol. Instituts No. 230.)

Helmreich, Caspar. „Annales Tangermundenses" *siehe* G. G. Küster „Antiquitates Tangermundenses".

Nicolai *Henelius* ab Hennenfeld etc." Annales Silesiae. In: F. W. von Sommersberg „Silesiacarum rerum scriptores". II. Leipzig 1730. S. 197–484.

„Excerpta ex Nicolai *Henelii* ab Hennenfeld Chronico Ducatus Monsterbergensis etc." [–1586]. in: F. W. von Sommersberg „Silesiacarum rerum scriptores". Band 1. Leipzig 1729. S. 114–256.

Henric-Petri, Jakob. „Der Statt Mülhausen Historien von Stattschreiber Jacob Henric-Petri". (Anno 1626.) Mülhausen 1896.

Hensel, Johann Daniel. „Historisch-topographische Beschreibung der Stadt Hirschberg in Schlesien seit ihrem Ursprunge bis auf das Jahr 1797". Hirschberg 1797.

Herbst, Johann Karl. „Chronik der Stadt Hirschberg in Schlesien bis zum Jahre 1847". Hirschberg 1849.

Hering, J. H. „Tafereel van harde winters, etc." Amsterdam 1784.

Hermann, Christian. „Mittweidisches Denckmahl das ist / Beschreibung der Stadt Mittweida in Meissen / Nach dero Nahmen und Ursprung / etc. Alles aus denen Raths-Archiven, Stadt- und Gerichts-Büchern / etc. Chemnitz 1698.

Herolt, Johann. „Chronica zeit- unnd jarbuch vonn der statt Hall ursprung etc." In „Württemberg. Geschichtsquellen". 1. Band. Stuttgart 1894. S. 1/270.

Hertzberg, Gust. Friedr. „Geschichte der Stadt Halle an der Saale von den Anfängern bis zur Neuzeit". 3 Bände. Halle 1889–93.

Herzog, Dr. Emil. „Chronik von Zwickau". 2 Theile. Zwickau 1839/45.

„*Hessische* Chronik". Monatsschrift für Familien- und Ortsgeschichte in Hessen und Hessen-Nassau. 1. Jahrgang. 1912. Darmstadt 1912.

„Die *hessische* Congeries". (703–1587–[1661]). Neu herausgegeben von Oberpostmeister Nebelthau. In „Zeitschrift des Vereins für hessische Geschichte und Landeskunde". 7. Band. Kassel 1858. S. 309–384.

„Kleine Ortskunde von *Hettstedt*". Hettstedt 1896.

Heydenreich, Tobias. „Leipzigische Cronicke etc." Leipzig [1635].

Hilscher, P. G. „Der Sammler für Geschichte und Alterthum, Kunst und Natur im Elbthale". I. Band. Dresden 1837.

Hochwartus, Laurentius. „Catalogus episcoporum Ratisponensium in libros III divisus auctore Laurentio Hochwarto". In: A. F. Oefelius „Rer. Boicar. scriptores nusquam antehac editi etc." Tom. I. Augsburg 1763. S. 148–242.

„Bernhard *Hohmeisters* Aufzeichnungen zur Geschichte der Stadt Hannover". a) Chronicum Hannoveranum consulis Bernhardi Homeister [1105–1613]. b) Bernhardi Hohmeister Diarium eorum, quae in et circa Hannoveram sunt gesta 1550–1590, edid., Dr. Grotefend u. Fiedeler. In „Zeitschrift des historischen Vereins für Niedersachsen". Jahrgang 1860. Hannover 1861. S. 195–241. [geb. ca. 1538, gest. 1614.]

Höpffner, Nikolaus. „Das verkehrte Jahr / da der Winter im Sommer / und der Sommer im Winter war / etc." Jena 1696.

Hoppenrod, Andreas. „Kurtzer und einfältiger Bericht von der Stadt Hettstedt, in 18 Capitel verfasset, und anno 1564 zusammen getragen durch Andream Hoppenrod". In: Chr. Schöttgen u. G. Chr. Kreysig „Diplomat. u. curieuse Nachlese der Historie von Ober-Sachsen und angrenzenden Ländern, zu einig. Erläuterung derselben gehalten". 5. Theil. Dresden u. Leipzig 1731. S. 50–160. [gest. 1583].

Hottinger, Joh. Heinr. „Antiquitates Germanico-Thuricenses etc." Zürich 1737.

„Hans Oswald *Huber's* Schaffhauser Chronik". [1502–1581]. edid. C. A. Bächtold. In „Festschrift zur Erinnerung an das 50jährige Jubiläum d. histor.-antiquar. Vereins des Kantons Schaffhausen", in „Beiträge z. Vaterländ. Geschichte". 8. Heft. Schaffhausen 1906. S. 81–145 u. 185–195. [geb. 1521, gest. 1582.]

Huber, Joh. Georg Bonifaz. „Geschichte der Stadt Burghausen in Oberbayern". Burghausen 1862.

Hubmann, Dr. G. „Chronik der Stadt Schwandorf (Oberpfalz)". Amberg 1865.

„Heinrich *Hugs* Villinger Chronik von 1495–1533", edid. Dr. Christ. Roder. Tübingen 1883. (Litterarischer Verein in Stuttgart. Publikation No. 164.) [geb. ca. 1465/70].

Huguenin, J. F. „Les chroniques de la ville de Metz etc." 900–1552. Metz 1838.

„Notatio historica rerum gestarum in *Hungaria* et Transsilvania ab anno Christi 1586 usque ad haec nostra tempora". In: Joseph Trausch „Chronicon Fuchsio-Lupino-Oltardinum sive annales Hungarici et Transsilvanici etc." Kronstadt 1847. S. 80–320.

Hunger, Dr. Felix. „Geschichte der Stadt Aarberg". Aarberg 1930.

„Simon *Hüttels* Chronik der Stadt Trautenau". [1484–1601]. In „Deutsche Chroniken aus Böhmen". II. Band. Prag 1881. [geb. 1530, gest. ca. 1601].

I

„Chronologia abbatum *Ilsineburgensium*". [996–1581]. In: G. W. Leibniz „Scriptor. Brunsw. illustr." III. Tom. Hannover 1711. S. 684–690.

„Annales *Isenacenses*". [–1691]. In: Chr. Fr. Paulinus „Rer. et antiquitat. Germanic, syntagma etc." Frankfurt a/M. 1698. S. 1–274.

J

Jacobs, E. „Überschwemmung zu Wernigerode durch den Zillierbach am 24. Mai 1576". In „Zeitschrift des Harz-Vereins für Geschichte und Altertumskunde". 40. Jahrg. Wernigerode 1907. S. 473.

Jaeck, H. J. „Allgemeine Geschichte Bambergs vom Jahre 1007 bis 1811". Bamberg u. Würzburg 1811.

Jahn, J. G. „Urkundliche Chronik der Stadt Oelsnitz und des Schlosses und Amtes Voigtsberg etc." Oelsnitz 1841.

„Chronique du règne de Jean de *Horne*". [1484–1505]. In „Chroniques liègeoises", edid. S. Balau in „Publicat. de la comm. roy. d'hist. de Belgique". Acad. roy. de Belg. No. 54. Tom. I. Brüssel 1913. S. 339–569.

Jenisius, Paulus. „Annabergae Misniae urbis historia in duos libros digesta". Dresden 1605.

Johannes de Komorowo. „Memoriale ordinis fratrum minorum a. fr. Joanne de Komorowo compilatum", [1206–1608] edid. Xaver Liske und Anton Borkiewicz. In „Monumenta Polon. historica". Tom. 5. Lwow 1888. S. 1–406.

„*Johannis* de Los, abbatis s. Laurentii prope Leodium, chronicon rerum gestarum ab anno 1455 ad annum 1514 etc.", edid. P. F. X. de Ram. Brüssel 1844. Collection de chroniques Belges inédites. Band 6. [Jean Peecks, genannt de Los: geb. 1459, gest. 1516.]

„*Johannis* de Polda chronicon ecclesiae Hamelensis suppletum". In G. W. Leibniz „Scriptor. Brunsvic. illustrant." Tom. II. Hannover 1710. S. 508–516.

de *Jonghe*, P. Bernhardus. „Gendsche geschiedenissen ofte kronyke van de beroerten en ketterye binnen en ontrent de stad van Gend sedert het jaer 1566 tot het jaer 1585". 1. u. 2. Boek. Gent [1781.]

Jordan, Dr. R. „Chronik der Stadt Mühlhausen i/Thüringen". 1. Band (bis 1525) und 2. Band (1526–1599 [1604]). Mühlhausen 1900 und 1903.

„Pauli *Jovii* chronicon Schwartzburgicum". In Christ. Schoettgen u. Georg Christ. Kreyßig „Diplomataria et scriptores histor. Germanic. med. aev." Tom. I. Altenburg 1753. S. 109–724.

Jürgens, Dr. O. „Hannoversche Chronik". In „Veröffentlichungen z. niedersächsischen Geschichte". 6. Bd. Hannover 1907.

dto. „Hannoversche Chronik". In „Hannoversche Geschichtsblätter". 3. Jahrg. 4. Jahrg. 1901 S. 30/36. 152/70. 273/76. 324/28. 420/21. 5. Jahrg. 1902 S. 26/38, 54/79. 131/43. 179/86. 226/39. 271/84. 303/15. 6. Jahrg. 1903 S. 26/42. 55/92. 128/41. 189/91. 212/38. 263/88. 321/33. 364/84. 424/31. 451/80. 514/19. 562/73. 7. Jahrg. 1904 S. 11/47. 86/95. 115/44. 240/71. 313.

Justus, Wolfgang. „Kurtze Beschreibung der Alten und Löblichen Stadt Franckfurt an der Oder etc." In: Joh. Christ. Beckmann „Memoranda Francofurtana notitia universitatis etc." Frankfurt a/O. 1676.

K

Karche, P. C. G. „Jahrbücher der Herzogl. Sächs. Residenzstadt Coburg von 741/1822". Coburg 1825.

Katzerowsky, Dr. Wenzel. „Die meteorologischen Aufzeichnungen der Leitmeritzer Stadtschreiber aus den Jahren 1564–1607". Ein Beitrag zur Meteorologie Böhmens. Prag 1886.

dto. „Die meteorologischen Aufzeichnungen des Leitmeritzer Rathsverwandten Anton Gottfried Schmidt aus den Jahren 1500–1761". Ein Beitrag zur Meteorologie Böhmens. Prag 1887.

dto. „Periodizität der Überschwemmungen". [782–1886]. Prag 1887. (Sep. Abdr. „Mitteilungen des Vereins für Geschichte der Deutschen in Böhmen". 25. Jahrgang. Heft 2. S. 156–171.)

dto. „Meteorologische Nachrichten aus den Archiven der Stadt Leitmeritz" [1454–1865]. Leitmeritz 1895.

Keller, J. U. „Chronik von Weinfelden". Ergänzt von F. W. Neuenschwander. Weinfelden 1931.

de *Kempenare*, Philip. „Vlaemsche Kronijk, of Dagregister van al het gene gedenkweerdig voorgevallen is, binnen de stad Gent, sedert den 15 july 1566 tot juny 1585; onderhouden in 'T Latijn door Ph. de Kempenare, overgezet door J. P. van Male. Brüssel u. Leipzig. 1839.

„Aus dem Tagebuch des Abraham *Kern* von Wasserburg". [1392–1628]. In: Lorenz Westenrieder „Beyträge zur vaterländischen Historie, Topographie, Statistik und Landwirthschaft etc." 1. Band. München 1788. S. 146–173.

Kerschbaumer, Dr. A. „Geschichte der Stadt Krems". Krems 1885.

„Johannes *Keßlers* Sabbata". Chronik der Jahre 1523–1539. Edid. Dr. Ernst Goetzinger. 1. und 2. Teil. 1523–1539. In „Mittheilungen zur vaterländischen Geschichte". Herausgegeben vom hist. Verein in St. Gallen. V.–VI. Band. St. Gallen 1866. S. 1–379 und VII.–X. Band. St. Gallen 1868. S. 1–624. [geb. 1502, gest. 1574].

„Die Chronik in Ludwig *Kilchmanns* Schuldbuch". 1468–1518. In „Basler Chroniken". 6. Bd. Leipzig 1902. S. 444–460. [geb. vor 1450, gest. 1518.]

Kinzl, Jos. „Chronik der Städte Krems, Stein und deren nächster Umgegend". Krems 1869.

„*Kirchen-Galerie* des Herzogthums Sachsen-Altenburg". 1. Abtlg. (Ostkreis). Altenburg [1863].

„Georg *Kirchmair's* Denkwürdigkeiten seiner Zeit". 1519–1553. In „Font. rer. Austriacar." 1. Abtlg. Scriptores. 1. Bd. Wien 1855. S. 417–534.

Kirchring, Gottschalck u. Müller, Gottschalck. „Compendium Chronicae Lubecensis etc." Hamburg 1678.

Kleber, Julius. „Chronik der Stadt Strehla und Umgegend". Borna u. Leipzig 1909.

Kleinstäuber, Ch. H. „Nachträge und Berichtigungen zu Kleinstäubers Geschichte und Beschreibung der altberühmten steinernen Brücke zu Regensburg". In „Verhandlungen des historischen Vereins von Oberpfalz und Regensburg". 34. Band (26. Band der neuen Folge). Stadtamhof 1879. S. 274/79.

Klemm, Dr. Gustav. „Chronik der Königlich Sächsischen Residenzstadt Dresden". Edid. P. G. Hilscher. 2 Bände. Dresden 1837.

Koch, Dr. Herbert. „Die älteste Chronik der Stadt Jena". (1532–1546). Jena 1937.

Koch, G. F. „Einige Notizen aus den Annalen der Stadt Hannover". [1538–1625]. In „Neues Hannoversches Magazin", 21. Jahrgang 1811. Hannover 1812. Spalte 57–74 u. 81–96.

Koegler, Joseph. „Chroniken der Grafschaft Glatz". 1. Bd. Glatz 1841.

Kögler, Joseph. „Historische Beschreibung der Herrschaft Niedersteine samt zugehörigen Ortschaften". 1799. In „Vierteljahrsschrift für Geschichte und Heimathskunde der Grafschaft Glatz". 6. Jahrgang. 1886/87. Habelschwerdt. S. 50–64 und 140–150.

dto. „Dokumentierte Geschichte und Beschreibung der Herrschaft und Pfarrei Schönfeld". In „Vierteljahrsschrift für Geschichte und Heimatkunde der Grafschaft Glatz". 8. Jahrg. 1888/89. Habelschwerdt S. 108–137.

„Fortsetzungen des *Königshofen*". Die Straßburger Zusätze. 1091–1544. In: F. J. Mone „Quellensammlung der badischen Landesgeschichte". 1. Bd. Karlsruhe 1848. S. 252–2

„Wolfgang *Königsteins* Tagebuch" [Frankfurt a/M.] (1520–1548). In „Quellen zur Frankfurter Geschichte", edid. Dr. H. Grotefend. 2. Bd. Frankfurt a/M. 1888. S. 27–173. [geb. ca. 1490, gest. 1559.]

Korschelt, G. „Geschichte von Oderwitz". Neu-Gersdorf 1871.

Korschelt, G. „Geschichte von Olbersdorf bei Zittau". Zittau 1864.

Krackowizer, Dr. Ferdinand. „Geschichte der Stadt Gmunden in Ober-Österreich". 3 Bände. Gmunden 1898–1900.

„Tagebuchaufzeichnungen des Regensburger Weihbischofs Dr. Peter *Krafft* von 1500 bis 1530". Edid. Dr. Karl Schottenloher. Münster 1920. (Reformationsgeschichtliche Studien u. Texte. Heft 37.) [geb. ca. 1470, gest. 1530.]

Krapf, Philipp. „Die Geschichte des Rheins zwischen dem Bodensee und Ragaz". In Schriften des Vereins für Geschichte des Bodensees". 30. Heft. Lindau 1901. S. 119–222.

„Siebenbürgische Chronik des Schäßburger Stadtschreibers Georg *Kraus*. 1608–1665. II. Teil 1659–1665. Wien 1864. Fontes rerum Austriacarum. 1. Abteilung. Scriptores. IV. Band.

Kretzschmar, Adolph, Christ. „Nachrichten aus der alten und neuen Zeit, welche die Stadt Mittweyda betreffen etc." 1. Band. Mittweida 1841.

Kronstadt (Brasso). „Auszug aus Annotata quaedam". [1440–1691.] In „Quellen zur Geschichte der Stadt Kronstadt in Siebenbürgen". 4. Band. Kronstadt 1903. S. 341–343.

„Wandchronik der *Kronstädter* evangel. Pfarrkirche". [1143–1571]. In „Quellen zur Geschichte der Stadt Kronstadt in Siebenbürgen". 4. Band. Kronstadt 1903. S. 1–10.

Krügelstein, Friedrich. „Nachrichten von der Stadt Ohrdruf und deren nächsten Umgegend von der frühesten Zeit bis zum Aussterben der Grafen von Gleichen 724–1631." Ohrdruf [1844].

Kuhn, P. Raph. „Meteorologische Bemerkungen, ausgezogen aus alten Tagebüchern des Klosters Einsiedeln [912–1759]". In „Vierteljahrsschrift der naturforschenden Gesellschaft in Zürich". 11. Jahrgang. Zürich 1866. S. 111/12, 197/200, 297/300, 386/90.

Kühne, Ew. „Geschichte des Dorfes Mehringen". In „Mitteilungen des Vereins für Anhalt. Geschichte u. Altertumskunde". 3. Bd. Dessau 1883. S. 1–61.

Küster, Georg Gottfried. „Antiquitates Tangermundenses", in sich haltend I. Casp. Helmreichs Annales Tangermundenses etc., II. Andr. Rittners Alt-Märckisches Geschichtbuch etc., III. Tangermündische Denckwürdigkeiten etc. Berlin 1729.

Kuß, Christian. „Jahrbuch denkwürdiger Naturereignisse in den Herzogthümern Schleswig und Holstein vom elften bis zum neunzehnten Jahrhundert". 1. u. 2. Theil. Altona 1825/26.

L

Lalanne, Ludovic. „Journal d'un bourgeois de Paris sous le règne de François I" (1515 bis 1536), publ. par Ludovic Lalanne. Paris 1854. (Soc. de l'hist. de France. Band 75.)

Lamprecht, Johann Ew. „Historisch-topographische und statistische Beschreibung der etc. Gränzstadt Schärding etc." 1. u. 2. Teil. Schärding 1887.

Lange, Paul. „Chronik des Bistums Naumburg und seiner Bischöfe, nach seiner im städtischen Archiv befindlichen Handschrift". [–1535] edid. Dr. Köster. Naumburg a. d. S. 1891.

„Pauli *Langii* Cygnaei monachi Bozawiensis chronicon Citizense, etc. et ab anno Domini 968 perductum usque ad annum 1515". In: J. Pistorius „Rer. Germanicar. scriptores". I. Band. Regensburg 1726. S. 1116/1291. [Paul Lange: geb. ca. 1470].

„Chronica Nevmbvrgensis ecclesiae omnium episcoporum, qui a tempore Ottonis M. Im̄peratoris vsque ad Caroli V . . . per fratrem Pavlvm *Langivm*". [967–1536]. In: J. B. Mencken „Scriptores rerum Germanicar. praecipue Saxonicarum, etc." Tom. II. Leipzig 1728. Spalte 1–102.

Lauze, Wigand. „Leben Philipps des Großmüthigen". 2. Band. [1545–1561] III.–IV. Buch. In „Zeitschrift des Vereins für hessische Geschichte u. Landeskunde". 2. Supplem. Band. Kassel 1847. S. 1–546.

Lazius, Wolffgang. „Chronica oder historische Beschreibung der weitberühmten Kayserlichen Hauptstadt Wienn in Österreich". Frankfurt a/M. 1692.

Lehmann, Carl. „Chronik der Stadt Chemnitz etc." Schneeberg 1843.

dto. „Chronik der freien Bergstadt Schneeberg". 1., 2. u. 3. Theil Schneeberg 1837/40.

Lehmann, Christian. „Historischer Schauplatz derer natürlichen Merckwürdigkeiten in dem Meißnischen Ober-Ertzgebirge etc." Leipzig 1699. [geb. 1611, gest. 1688].

„Die Diarien Kilian *Leibs* [1502–1536]. In „Kilian Leibs Briefwechsel und Diarien", edid. J. Schlecht. Münster i/W. 1909. S. 69–145.

„*Leib, Kiliani*, Prioris Rebdorfensis canon. Reg. S. Ang., historiarium sui temporis ab anno 1524 usque ad annum 1548 annales". In: Joh. Joseph Ign. v. Döllinger „Beiträge zur politischen, kirchlichen und Cultur-Geschichte der 6 letzten Jahrhunderte". 2. Band. Regensburg 1863. S. 445–611.

Lenhart, Joseph Johann. „Carlsbads Memorabilien vom Jahre 1325–1839". Prag 1840.

„Varia e variis codicibus" E codicibus *Leopoliensibus* [15.–16. Jahrhundert]. S. 1009/12, edid. Dr. W. Ketrynski.

Leopold, Dr. J. H. „Chronik und Beschreibung der Fabrik- und Handelsstadt Meerane etc." Meerane 1863.

v. Lersner, Achilles August. „Der weit-berühmten freyen Reichs-Wahl- und Handels-Stadt Franckfurt am Mayn chronica oder ordentliche Beschreibung der Stadt Franckfurt etc." 1. Buch. Frankfurt a/M. 1706.

Lesser, Friedrich Christian. „Historische Nachrichten von der Kayserl. und des Heil. Röm. Reichs Freyen Stadt Nordhausen / etc." Leipzig und Nordhausen 1740.

„Chronik des Andreas *Lettsch*" von 1519–1531. In: F. J. Mone „Quellensammlung der badischen Landesgeschichte". 2. Band. Karlsruhe 1854. S. 42–56.

Letzner, Johannes. „Corbeische Chronica etc." Hamburg 1590.

Leuckfeld, Joh. Georg. „Antiquitates Gandersheimenses oder Histor. Beschreibung des Uhralten Kayserl. Freyen Weltlichen Reichs-Stiffts Gandersheim etc." Wolfenbüttel 1709.

Leuthinger, Nicol. „Scriptores de rebus Marchiae Brandenburgensis etc." 2 Bände. Frankfurt und Leipzig 1729. [geb. 1547, gest. 1612].

„*Liber* seniorum" [1535–1666] [Kloster Erbach, Regbz. Wiesbaden]. In „Fontes rerum Nassiocarum", edid. F. W. E. Roth. Teil III. Wiesbaden 1880. S. 225–234.

„Gedenkbüchlein des Enderlin *Liesch* in Malans". [1580–1614 (1618. 1622)] edid. Rudolf Wegeli. In „Archiv für Kulturgeschichte". 9. Band. Leipzig und Berlin 1911. S. 73–86. [Enderlin Liesch: geb. 1561, gest. ca. 1635].

Lilie, Moritz, „Chronik der Lößnitz-Ortschaften Kötzschenbroda, Niederlößnitz, Radebeul, Oberlößnitz und Hoflößnitz, Serkowitz, Naundorf, Zitzschewig und Lindenau mit besonderer Berücksichtigung von Coswig und der übrigen Nachbarorte". Niederlößnitz b/Dresden 1893.

Lindau, M. B. „Geschichte der Haupt- und Residenzstadt Dresden etc." 2 Bände, Dresden 1859 u. 1862.

Lippert, Julius. „Geschichte der Stadt Trautenau". Prag 1863. („Beiträge zur Geschichte Böhmens". Herausgegeb. v. d. Verein für Geschichte der Deutschen in Böhmen. Abtlg. III. Ortsgeschichten. Bd. I.)

Löbe, Dr. J. und E. „Geschichte der Kirchen und Schulen des Herzogthums Sachsen-Altenburg mit besonderer Berücksichtigung der Ortsgeschichte". 1. und 3. Band. Altenburg 1886 und 1891.

„Die Chronik des Dietrich vam *Lohe*". [1529–1583], edid. Ernst Dragendorff. In „Beiträge zur Geschichte der Stadt Rostock". 17. Band. Rostock 1931. S. 1–110. [geb. 1559].

Lohner, Karl Friedr. Ludwig. „Chronik der Stadt Thun", edid. Gertrud Züricher. Bern-Leipzig 1935.

„Chronicon ab anno 1189 ad 1556, ex registro fratrum Minorum *Londoniae*". In „Rer. Britann. med. aev. scriptores". 4. Band. Vol. II. London 1882. S. 141–260.

van Loon, Ger. „Antwerpsch chronykje in het welk zeer veele en elders vergeefsch gezogte geschiedenissen sedert den jare 1500 tot het jaar 1574 etc." Leyden 1743.

Lorenz, Christian Gottlob. „Die Stadt Grimma im Königreiche Sachsen, historisch beschrieben. Leipzig 1856/70.

„La chronique de *Lorraine*". Nancy 1860.

Lowe, Edw. Jos. „Natural phenomena and chronology of the seasons etc." London 1870.

„Chronik des königl. Stadt Iglau (1402–1607) vom Iglauer Stadtschreiber Martin Leupold von *Löwenthal*", edid. Christ. d'Elvert. In „Quellen-Schriften z. Geschichte Mährens u. Österr.-Schlesiens". 1. Sektion. 1. Theil. Brünn 1861.

„Des Rathsherrn und Apothekers Georg *Ludwig* Chronik von Brünn", edid. P. Ritter v. Chlumecky [1555–1604]. In „Quellen-Schriften zur Geschichte Mährens u. Österreich-Schlesiens". 1. Sekt. 1. Theil. Brünn 1859. [geb. 1555, gest. ca. 1609].

Luge, J. G. „Chronik der Stadt Greiffenberg in Schlesien". Greiffenberg 1861.

„Anonyme Zürcher- und Schweizerchronik aus den Dreißigerjahren des 16. Jahrhunderts", Nach ihren Quellen untersucht von Rud. *Luginbühl*. [–1541]. In „Jahrbuch für schweizer. Geschichte". 32. Bd. Zürich 1907. S. 139–204.

Lundgreen, Friedrich. „Geschichte des Marktfleckens Schwarza (Saale)" Weimar 1928.

Lupacius, Procopius. „Rerum Boemicarum ephemeris etc." Prag 1584.

M

„Chronijk van *Maastricht* en Omstreken", edid. J. Habets [1266–1517]. In „Publications de la société d'archéologie dans le duché de Limbourg". Tom. I. Maastricht 1864. S. 70–93.

„Fortsetzung der hochdeutschen Übersetzung der *Magdeburgischen* Schöffenchronik". [1517–1565]. In „Die Chroniken der deutschen Städte". 27. Bd. Leipzig 1899. S. 1–85.

Mager, Friedrich. „Der Abbruch der Insel Sylt durch die Nordsee". Eine histor.-geograph. Untersuchung. Breslau 1927. (Veröffentlich. d. Schleswig-Holstein. Universitätsgesellschaft. No. 8. Schriften d. baltisch. Kommission zu Kiel. Band 6.)

Magnus, Friedr. „Geschichte der Stadt Schönebeck an der Elbe". Berlin 1880.

Magnus, Joh. Sam. „Historische Beschreibung der etc. Residentz-Stadt Sorau in Niederlausitz etc." Leipzig 1710.

„Die anonyme Chronik der *Mailänderkriege*" [1507–1516]. In „Basler Chroniken". 6. Bd. Leipzig 1902. S. 30–85. Beilagen.

Mander, Emil. „Chronik von Bodenbach". Bodenbach 1930.

Mangé, A. „Observations anciennes sur les saisons à Annecy [Départ. Haute-Savoie]" [1560–1709]. (Extrait des délibération du Conseil de ville). In „Revue Savoisienne". 29. année. 1888. Annecy 1888. S. 279/80.

„Christophori *Manlii* Gorlicensis patricii commentariorum rer. Lusaticor. Libri VII hactenus inediti etc.“ In: Christ. Godefr. Hoffmann „Scriptores rer. Lusaticor.“ Tom. I, 1. Leipzig u. Bautzen 1719, S. 99–468.

„Zeitschrift des historischen Vereins für den Regierungsbezirk *Marienwerder*“. 35. Heft. Marienwerder 1897.

„Die Annales ecclesiae Alderspacensis des Abtes Wolfgang *Marius*“ [1514–1544]. Nach der Originalhandschrift, mit erläuternden Anmerkungen herausgeg. v. Michael Hartig. In „Verhandlungen des histor. Vereins f. Niederbayern“. 42. Band. S. 1–274 u. 43. Band S. 1–113. Landshut 1906 u. 1907. [Wolfgang Marius (Mayr) geb. 1469, gest. 1544.]

Martens, Dr. Wilh. „Geschichte der Stadt Konstanz“. Konstanz 1911.

v. Martius, Dr. Heinrich. „Auszüge aus der Chronik von Altenzelle, die Jahre 1200–1700 begreifend“. In „Zeitschrift für Natur- u. Heilkunde“. 5. Band. Dresden u. Leipzig 1828. S. 105–133.

„Auszug aus der Chronik von Simon *Massa*, Marcus Fuchs u. andere“. [1335–1585]. In „Quellen zur Geschichte der Stadt Kronstadt in Siebenbürgen“. 4. Band. Kronstadt 1903. S. 73–86. [Simon Massa: geb. 1536, gest. 1605. Marcus Fuchs: geb. 1557.]

„Auszug aus der Chronik von Simon *Massa* und Marcus Fuchs“. [1587–1618]. In „Quellen zur Geschichte der Stadt Brasso (Kronstadt)“. 5. Band. (Chroniken und Tagebücher) 2. Bd. Brasso 1909. S. 267/373.

Mathesius, Johann. „Sarepta oder Bergpostill Sampt der Joachimßthalischen kurtzen Chroniken“. Nürnberg 1562.

„Rerum in Germania praecipue inferiore gestarum breuis commemoratio“ Authore Gabriele *Mattenclot* qui ipsas partim vidit, partim a fide dignissimis audiuit. [1347–1581]. In „Archiv für die Geschichte des Niederrheins“. 5. Bd. 1. Heft. Düsseldorf 1865. S. 222–243.

Matthias, Gustav Adolph. „Chronica der Stadt Crossen“, edid. Carl Rauge. Crossen u. Zielenzig 1849.

Mazegger, Dr. Bernhard. „Chronik von Mais seiner Edelsitze, Schlösser und Kirchen.“ Obermais-Meran [1905].

„Die Limburg. Chronik des Johannes *Mechtel*“, edid. Karl Knetsch. Wiesbaden 1909. (Veröffentlichungen der historischen Commission für Nassau. 6. Band.) [Johannes Mechtel: geb. 1562, gest. 1653].

Mederer, Johann Nepom. „Annales Ingolstadiensis Academiae“. Pars I. 1472–1572. Ingolstadt 1782.

„A principium chronicon monasterii Evershamensis, conscriptum per Gerardum de *Meestere* etc.“ [1091–1635]. Brügge 1852. (Recueil de chroniques, chartes et autres documents corcernant l'histoire et les entiquités de la Flandre-Occidentale, publ. par la soc. d'émulation de Bruges. I. série. Chroniques des monastères de Flandres.)

Meiche, Alfred. „Historisch-topographische Beschreibung der Amtshaupmannschaft Pirna“. Dresden 1927.

„Mart. *Meisteri* annales Gorlicenses ab anno P. C. N. 1131 continuati usque ad an. 1651 etc.“, edid. M. Mylius. In: Christ. Godefr. Hoffmann „Scriptores rer. Lusaticar. antiqui et recentiores, etc.“ Tom. I. Pars. II. Leipzig u. Bautzen 1719. S. 1–94.

Meißner, Christoph. „Umständliche Nachricht von der etc. freyen Zien-Berg-Stadt Altenberg in Meissen etc.“ Dresden u. Leipzig 1747.

„Additions au texte de *Mélart* extraites des manuscrits No. 37 et 39“. [12.–16. Jahrhundert]. In „Chron. liègeoises“, edit. S. Balau u. E. Fairon in „Publicat. de la comm. roy. d'hist. de Belgique“. Bd. 54. Tom. II. Brüssel 1931. S. 607–667.

„Annales *Mellicenses*. Continuatio Mellicensis“. (1104–1560). [Melk a/Donau]. „Monum. German. histor“. Scriptores IX. Hannover 1851 S. 501/35.

Meltzer, Christian. „Historia Schneebergensis renovata". etc. Schneeberg 1716.

Meltzer, Dr. O. „Kleine Beiträge zur Chronik von Goldberg und Haynau". (Aufzeichnungen d. Goldbergers Harlart). [1390–1580. [1589]]. In „Zeitschrift d. Ver. f. Geschichte u. Alterthums Schlesiens". 13. Band. 1. Heft. Breslau 1876. S. 243–259.

Menge, Gustav. „Leher Chronik" Chronika Bremensis Hs X. Brem. c., 425. Auf Grund der hinterlassenen Papiere im Auftrage des Heimatbundes der „Männer vom Morgenstern" herausgegeben von Wilhelm Lohse. Bremervörde 1921.

Mengel, Peter Fritz. „Das Oderbruch". 2 Bände. Eberswalde 1930 und 1934.

Meyer, Emil. „Chronik der Stadt Gommern und Umgegend". Gommern 1897.

Meyer, Jean-Jacques. „La chronique Strasbourgeoise", edid. Rodolphe Reuß. Straßburg 1873.

Meyner, A. M. „Geschichte der Stadt Wittenberg etc." Dessau 1845.

„Die Chronik des Hermann *Miles*", edid. J. Schieß. [–1533]. In: „Mitteilungen zur vaterländischen Geschichte". Herausgegeb. v. Histor. Ver. in St. Gallen. 3. Folge. Band XXVIII. St. Gallen 1902. S. 275–385. [Hermann Miles: geb. 1463, gest. 1533].

Minsberg, Ferd. „Geschichtliche Darstellung der merkwürdigsten Ereignisse in der Fürstenthums Stadt Neiße". Neiße 1834.

„Neue Merseburgische Chronika von Georg *Möbius*. 1668 nebst der Fortsetzung von G. L. Präger bis 1760". Herausgegeben vom Verein für Heimatkunde in Merseburg. Merseburg 1914. [gest. 1697].

„Notae historicae *Moguntinenses*" [1098–1666]. In „Fontes rer. Nassiocar." IV. Teil. Wiesbaden 1884. S. 147–160.

Molanus, Dr. Jean. „Les 14 livres sur l'histoire de la ville de Louvain", edid. P. F. X. de Ram. I. u. II. Teil. Brüssel 1861. (Collection d. chron. inédites. Bd. 9.)

Moller, Dr. Andreas. „Theatrum Freibergense Chronicum, Beschreibung der alten löblichen Berg Haupt Stadt Freyberg in Meissen etc. etc." 1. u. 2. Theil. Freiberg 1653.

„Die Chronik des Dr. Jeremias *Molther*" [1257–1634]. In „Die Chroniken von Friedberg in der Wetterau". 1. Bd. Friedberg 1937. S. 75–143. [geb. 1584, gest. 1635].

Moritz, W. „Chronik des Kirchspiels Erfde". Erfde 1924.

Moßmann, X. „Chronique des Dominicains de Guebwiller", [1124–1723]. Guebwiller, Colmar, Straßburg 1844.

Mühlich, A. und Hahn, G. „Chronik der Stadt Schweinfurt aus verschiedenen Handschriften zusammengetragen". Schweinfurt 1817.

„Fortsetzungen der Chronik des Hector *Mülich*" [1490–1512]. In „Die Chroniken der deutschen Städte vom 14. bis ins 16. Jahrhundert". 23. Band. Augsburg. Leipzig 1894. S. 405/70.

Müller, Arthur. „Blicke in die Vergangenheit Klingenthals und der umliegenden Orte Brunndöbra, Unter- und Obersachsenberg, Georgenthal, Aschberg, Steindöbra, Mühlleithen mit Wieselburg, Kottenheide und Zwota, mit Berücksichtigung der böhmischen Nachbarorte". Leipzig 1897.

I. Jahrgeschichten von Bernhart Müller (verfaßt im Jahre 1704) „Jahrgeschichten der Franciscaner-Conventualen in Baden" [13.–18. Jahrhundert]. In: F. J. Mone „Quellensammlung der badischen Landesgeschichte". 3. Band. Karlsruhe 1863. S. 627/48.)

Müller, Carl Hermann Ferdinand. „Die Denkwürdigkeiten Lähns etc." Goldberg 1852.

Müller, E. H. „Historisch-topographisch-statistische Beschreibung der Bergstadt Brand mit ihren Umgebungen". Freiberg i/Sa. (1858).

Müller, *Theodor*. „Geschichte der Stadt und des Amts Oebisfelde nebst Urkundensammlung". Oebisfelde 1914.

N

Namsler, David. „Außführlicher Bericht / Von / Wassern und Wasserfluthen / Und insonderheit von der zuvor / unerhörten / Ergissung des / Katzbach / darinnen umb Goldberg / und an / andern benachbarten orten etc. den: 2. Juni, diß 1608. Jahres / . . .“ Liegnitz 1608.

Nettesheim, Friedrich. „Kroniek der stad Roermond van 1562–1638“. Roermond 1876/85.

Netz, Th. „Geschichte der Stadt Wetzlar mit einem Anhang etc.“ Wetzlar 1913.

Neupert sen., A. „Kleine Chronik der Stadt Plauen i/Vogtland von 1122 bis zum Ausgang des 19. Jahrhunderts“. Plauen i/V. 1908. (Mitteilungen des Altert. Vereins zu Plauen. 20. Beilage der Jahresschriften. 1.–3. Heft).

Nösner, Simon. Auszug aus „Res actae quaedam in partibus Hungariae et Transsilvaniae, consignatae a Simone Nösnero, pastore ecclesiae Heltvinensis“. [1396–1619]. In „Quellen zur Geschichte der Stadt Kronstadt in Siebenbürgen“. 4. Bd. Kronstadt 1903. S. 154 bis 174. [gest. 1619.]

[„*Nürnberger*] Chronik aus Kaiser Sigmund's Zeit bis 1434 mit Fortsetzung bis 1441 [1126–1441]. In „Die Chroniken d. deutschen Städte“. 1. Band. Leipzig 1862. S. 315–418.

O

„Jahrgeschichten von *Ober-Achern*“ [1471–1601]. In F. J. Mone „Quellensammlung der badischen Landesgeschichte“. Karlsruhe 1863. S. 656/58.

v. Obstfelder, Dr. Carl. „Chronik der Stadt Crossen“. Von den ältesten Zeiten bis zum Jahre 1845 etc. Crossen a/O. 1895.

„*Obwaldner* Geschichtsblätter“. Herausge. v. Histor.-antiquar. Verein von Obwalden. 1. Heft. Zürich 1901.

Oettel, Johann Paul. „Alte und Neue Historie der Königl. Pohln. und Churfürstl. Sächßl. freyen Berg-Stadt Eybenstock in Meißnischen Ober-Erz-Gebürge etc.“ Schneeberg 1748.

Okko van Scharl, Vlytarp, Johannes u. Cornelius Stavriensis, Andreas. „Chronyk en waaragtige beschryvinge van Friesland, etc. eindigende na de Geboorte Christi, met den Jare 1565 etc.“ Leeuwarden 1742.

„Chronik des Johan *Oldecop*“ [1500–1573], edid. Karl Euling. Tübingen 1891. (Literarischer Verein in Stuttgart 190. Publikation).

Olearius, Gottfried. „Halygraphia“ etc. 1. u. 2. Theil. Leipzig 1667.

Olearius, Johann Christoph. „Rerum Thuringiacarum syntagma etc.“ Frankfurt a/M. und Leipzig 1703.

Olmützer Sammel-Chronik“, edid. Dr. B. Dudik. In: „Quellen-Schriften z. Gesch. Mährens u. Österreich-Schlesiens“. 1. Sekt. Brünn 1861.

Oltard, Martin. „Nachrichten von den ehemals in den alten großen Kirchen zu Hermannstadt und Kronstadt befindlichen Wandchroniken“. [1143–1590]. In „Archiv des Vereins f. siebenbürg. Landeskunde“. 4. Bd. 1. Heft. Hermannstadt 1851. S. 110–130.

„Album *Oltardianum*“ [1526–1659]. In: Eugen v. Trauschenfels „Deutsche Fundgruben zur Geschichte Siebenbürgens“. Neue Folge. Kronstadt 1860. S. 5–49.

Oom, Friedrich. „Chronik der Stadt Barth.“ Barth 1851.

Osterhammer, Dr. J. G. „Topographie und Geschichte der Kgl. Baierischen Salinenstadt Reichenhall etc.“ Landshut 1825.

„Chronik des Hieronimus *Ostermayer* 1520–1561“. In: G. Joseph Kemény „Deutsche Fundgruben der Geschichte Siebenbürgens“. I. Band. Klausenburg 1839. S. 1–68. [gest. 1561].

Ostermayer, Hieronymus. „Historien“. [1520–1561]. In „Quellen zur Geschichte der Stadt Kronstadt in Siebenbürgen“. 4. Bd. Kronstadt 1903. S. 496–522.

P

Palliard, Anton. „Chronik von Palliard 1499/1543", edid. Dr. Th. v. Liebenau. In „Anzeiger f. Schweizer. Geschichte". Neue Folge. 5. Bd. 1886/89. Bern. S. 216–221. [gest. 1558].

Pamler, Jos. „Urkundliche Chronik des Dorfes und der ehemaligen Hofmark Schönhering". In „Verhandlungen des histor. Vereins für Niederbayern". 6. Band. Landshut 1858. S. 93–115.

Papebroek, Daniel. „Annales Antverpienses ab urbe condita ad annum 1700". etc. Edid. F. X. Mertens u. E. Buschmann. Tom. I. [–1450] und Tom. II. [1451–1560]. Tom. III [1561–1578], Tom. IV [1579–1647]. Antwerpen 1845–1847.

Paul, Gottlob. „Fragmente einer Chronik von Ebersbach nebst einer Einleitung, geschichtliche Nachrichten über den frühern Zustand der Umgegend enthaltend. Zittau 1826.

„Das Chronikon des Konrad *Pellikan*", edid. Bernhard Riggenbach. Basel 1877. [Pellikan: geb. 1478, gest. 1556.]

Peper, Dr. Hans. „Geschichte der Stadt Bernburg". Bernburg 1938.

Pescheck, Christian Adolph. „Handbuch der Geschichte von Zittau". 1. Theil. Zittau 1834 u. 2. Theil. Zittau 1837.

Petersen, Johann. „Chronica oder Zeitbuch / der Lande zu Holsten / Stormarn / Ditmarschen vnd Wagern / etc. / Was sich vor Christi Geburt / biß in das M. D XXXI. Jahr darinne zugetragen etc." Lübeck 1599.

„Johannes *Petreus*' Schriften über Nordstrand". Nach den besten Handschriften herausgeg. von Prof. Dr. Reimer Hansen. Kiel 1901. („Quellensammlung der Gesellschaft für Schleswig-Holstein. Geschichte". 5. Band.) [geb. 1540, gest. 1603].

Pfaff, Dr. Karl. „Geschichte der Stadt Stuttgart etc." 1. Teil. Stuttgart 1845.

Pfyffer, Dr. Kasimir. „Geschichte der Stadt und des Kantons Luzern". 1. Band. Zürich 1850.

„Kronijk van Eggerik Egges *Phebens* van 1565–1594". Naar een Handschrift uitgegeven door Mr. H. O. Feith. Utrecht 1867. (Hist. Genootsch. te Utrecht. Werken. N. R. No. 7.)

Philipp, Hans. „Die Geschichte der Stadt Templin". Templin 1925.

„Gedenkbuch des Metzer Bürgers *Philippe* von Vigneulles aus den Jahren 1471 bis 1522". Nach der Handschrift des Verfassers. Edid. Dr. Heinr. Michelant. Stuttgart 1852. (Bibliothek des Litterarischen Vereins in Stuttgart. Publikation No. 24.) [Philippe Gerard: geb. 1471, gest. Winter 1527/28].

Pinther, Jul. Theod. „Chronik der Stadt Chemnitz und Umgegend". Chemnitz 1855.

„Zusätze zu dem *Pirnischen* Mönche". In: Christ. Schöttgen und Georg Christ. Kreyssig „Diplomat. und curieuse Nachlese der Historie von Ober-Sachsen etc." 1. Theil. Dresden u. Leipzig 1730. S. 226–287. [Richtiger Name des Autors: Johann Lindner: geb. ca. 1450, gest. ca. 1530.]

Plath, Dr. J. „Kaschauer Chronik". Kaschau 1860.

Pohle, Friedrich Wilhelm. „Chronik von Loschwitz". Dresden 1886.

Pohlmann, August Wilh. u. Stöpel, August. „Geschichte der Stadt Tangermünde etc." Stendal 1829.

Pöhlmann, Christ. Erdm. „Kurze Beschreibung der Stadt Weißenstadt und derer bei vielen Jahren lang ergangenen Begebenheiten etc." In: „Archiv für Geschichte und Alterthumskunde von Oberfranken". 16. Band. 3. Heft. Bayreuth 1886. S. 90–315.

Jahrbücher der Stadt Breslau von Nikolaus *Pol*. Band I. (965–1449) Band II (1450–1515) Band III (1516–1554) Band IV (1554–1599) Band V (1600–1623). „Zeitbücher der Schlesier", Band I. edid. Dr. Joh. Gust. Büsching. [Nikol. Pol: geb. 1564, gest. 1632].

„Chronica principum *Poloniae*". In „Scriptor. rer. Silesiacar." 1. Bd. Breslau 1835.

Pontanus, Jo. Isaak. „Historia rerum Danicarum qua res post excessum Christophori Bavari etc.", edid. F. Rostgaard. In E. J. von Westphalen „Monumenta inedita rer. Germanicar. etc." Tom. II. Leipzig 1740. Sp. 714–1230.

Port, Célestin. „Questions Angevines". I. série. Angers u. Paris 1884.

dto. „Les phénomènes physiques". Inondations en Anjou [1579–1799]. In Célest. Port „Questions Angevines". I. série. Angers et Paris 1884. S. 99–216.

„Dagboek van Jean de *Pottre* 1549–1602". Gent 1864. „Maetschappy der Vlaemsche Bibliophilen". 3. serie No. 5. [geb. 1525, gest. 1601].

Poetzsch, C. G. „Chronologische Geschichte der großen Wasserfluthen des Elbstroms seit 1000 und mehr Jahren". Dresden 1784.

dto. Nachtrag und Fortsetzung. Dresden 1786.

Preuenhueber, Valentin. „Annales Styrenses etc." Nürnberg 1740.

von *Prittwitz*, Bernhard. „Über die handschriftlichen Vervollständigungen von Pols Hemerologium Silesiac. Wratislaviense". [15.–18. Jahrhundert]. In „Zeitschrift d. Ver. f. Gesch. u. Alterth. Schlesiens". 13. Bd. 1. Heft. Breslau 1876. S. 193–242.

Pritz, Franz Xaver. „Beschreibung und Geschichte der Stadt Steyer und ihrer nächsten Umgebungen". Linz 1837.

Prökl, Vincenz. „Geschichte der königlichen Stadt Karlsbad historisch, statistisch und topographisch dargestellt". Karlsbad (1883).

Pussot, Jean. „Journalier ou mémoires de Jean Pussot, Maître charpentier en la Couture de Reims" [1568–1625], publ. etc. par E. Henry et Ch. Loriquet. Reims 1858. (Documents inédits publ. par l'académie de Reims". V.) [Jean Pussot: geb. 1544, gest. 1626].

Putz, Mathias. „Chronik von Goisern", edid. Franz Kraus. Wien 1881.

Q

„Chronicon *Quedlinburgense*, eben desselben Johannis Winnigstadii, oder Johannis Gerdanck, welches biß auf das Jahr 1600 ausgeführet worden". [–1600]. In: Caspar Abel „Sammlung Etlicher noch nicht gedruckten Alten Chronicken, etc." Braunschweig 1732. S. 479–524.

R

Rahn, Johann Heinrich. „Eydtgenößische Geschicht-Beschreibung etc." Zürich 1690. [geb. 1646, gest. 1708].

„Anonymi Ratisbonensis Farrago historica rerum *Ratisponensium* ab anno Christi 508 usque ad annum Christi 1519". In A. F. Oefele „Rerum Boicar. scriptores nusquam antehac aditi". Tom. II. Augsburg 1763. S. 498–523.

Reinhold, Dr. Werner. „Chronik der Stadt Rostock". Rostock 1836.

dto. „Chronik der Stadt und des Kreises Spremberg". Spremberg [1843].

dto. „Chronik der Stadt Soldin", von der ältesten bis auf die neueste Zeit etc. Soldin 1846.

dto. „Chronik der Städte Belgard, Polzin und Schivelbein und der zu beiden Kreisen gehörigen Dörfer". Schivelbein 1862.

„Des Johannes *Reinhusen*, Organisten bei der Marienkirche in Flensburg, Annales Flensburgenses 1558–1604". Veröffentl. von Dr. Franz Gundlach. Kiel 1926. (Quellen u. Forschungen zur Familiengeschichte Schleswig-Holsteins, herausgeg. v. d. Gesellschaft f. Schleswig-Holstein. Geschichte. 1. Band.) [geb. ca. 1551, gest. 1605 oder 1606].

Reis, Dr. Paul. „Die periodische Wiederkehr von Wassersnoth und Wassermangel im Zusammenhange mit den Sonnenflecken, Nordlichtern und dem Erdmagnetismus". Leipzig 1883.

Rem, Wilhelm. „Cronica newer geschichten". In „Die Chroniken der deutschen Städte etc." 25. Band. Leipzig 1896.

Renou, Emilien. „Notes météorologiques sur le Bas-Vendomois, au XVI. siècle". [1543 bis 1599]. (Auszüge aus einem verloren gegangenen Manuscript des Chanoine Michel Garrault, geb. 1521). In „Annuaire de la société météorologique de France". Tom. 10. Paris 1862. S. 158/63.

Reuß, Rudolf. „Kleine Straßburger Chronik." Straßburg 1889.

Reutlinger, Jakob. [„Chronik"] „Das große histor. Sammelwerk von Reutlinger in der Leopold-Sophien-Bibliothek in Ueberlingen. In „Zeitschrift für die Geschichte des Oberrheins". 34. Band. Karlsruhe 1882. S. 31–65 u. 342–392. [geb. 1545, gest. 1611].

Reymann, Richard. „Geschichte der Stadt Bautzen." Bautzen 1902.

Richter, Friedrich Theodor. „Geschichtlich-statistische Darstellung der Damastmanufactur-Orte Groß- und Neu-Schönau in der Kgl. Sächsischen Oberlausitz". Leipzig 1837.

Riemann, Fr. W. „Die Chronica Jeuerensis [1148–1576]. Geschreuen tho Varel dorch Eilerdt Springer Anno 1592". Jever 1896.

Riemann, Heinr. A. „Geschichte der Stadt Colberg". Colberg 1873.

„*Röchell's* selbständige Chronik". [1553–1601]. In: Dr. Joh. Janssen „Die münsterischen Chroniken von Röchell, Stevermann und Corfey". Münster 1856. S. 1–175. „Die Geschichtsquellen des Bistums Münster. 3. Band". [gest. 1606].

Rolfs, D. Claus. „Geschichte des Kirchspiels und Flecken Hoyer". Kiel [1926].

Rösler, J. T. D. „Chronick von Reichenau und den eingepfarrten Ortschaften Lichtenberg, Markersdorf und Hermsdorf". Zittau 1823.

„*Röteler* Chronik". Spätere Aufzeichnungen in der ältern Basler Handschrift. [1472. 1473. 1335. 1488. 1514]. In „Basler Chroniken". 5. Bd. Leipzig 1895. S. 198/200.

„Chronique de *Rouen* des origines à 1544". In: A. Héron „Deux chron. de Rouen" in „Ouvrages de la soc. de l'hist. de Normandie". Band 40. Rouen u. Paris 1900. S. 1–172.

Rudolph, Valentin. „Zeitbüchlein". Etc. Erfurt 1586.

„Johann *Russe's*, achtundvierzigers aus Lunden, Sammlungen und Vorarbeiten zur Chronik des Landes Dithmarschen". Aus der Urschrift mitgeteilt von Dr. A. L. J. Michelsen. (Chronicon Eiderstadense vulgare). [1103–1547]. In „Staatsbürgerl. Magazin". 9. Bd. Schleswig 1829. S. 695–723.

„Jo. *Russe* Lundensis fragmenta XXXV. Rerum Dithmarsicarum ab a. 1040–1542 etc." In E. J. von Westphalen „Monum. inedita rer. Germanicar". Tom. IV. Leipzig 1745. Spalte 1439–1484.

„Aufzeichnungen des Diebold *Ryff*". [1560–1585]. In „Basler Chroniken". 1. Band. Leipzig 1872. S. 218–227. [geb. ca. 1516, gest. 1586].

„Die Chronik des Fridolin *Ryff* 1514–1541, mit der Fortsetzung des Peter Ryff 1543–1585. In „Basler Chroniken". 1. Bd. S. 1–229. [Fridolin Ryff: geb. ca. 1488, gest. ca. 1554. Peter Ryff: geb. 1552, gest. 1629].

Ržiha, Fr. „Über den Bau der alten steinernen Brücke zu Regensburg". In „Verhandlungen des historischen Vereins von Oberpfalz u. Regensburg". 33. Band. Stadtamhof 1878. S. 251–264.

S

„Catalogus abbatum *Saganensium*". (–1616) In „Scriptor. rer. Silesiacar". 1. Bd. Breslau 1835. S. 173–528.

„Saalfeldische Historien von M. Caspar *Sagittarius* etc." Im Auftrage der Stadt Saalfeld etc. herausgegeben von Dr. Ernst Devrient. Saalfeld 1903/04. [geb. 1643, gest. 1694].

Sahm, Wilhelm. „Geschichte der Stadt Friedland (Ostpr.)" Königsberg i/Pr. 1913.

„Hans *Salats* Tagebuch". [14. Jahrhdt.–1550]. In „Hans Salat, ein schweizer. Chronist etc." Basel 1876. S. 25–69.

Salzburg. „Novissimum chronicon antiqui monasterii ad sanctum Petrum Salisburgi ordinis sancti Benedicti". etc. Augsburg und Innsbruck 1772.

Sander, Ambrosius. „Chronik der Stadt Merseburg von Noah bis auf unsere Zeit." Merseburg 1840.

„Hans Theophilisen *Sandolins* Dagbog fra det 17 die Aarhundrede". (1619–1688). In: H. Rordam „Historiske Samlinger og Studier vedrørende Danske Forhold og Personligheder isaev i det 17. Aarhundrede." 1. Band. Kopenhagen 1890. S. 516–554. (geb. 1595, gest. 1674.)

Sauvage, Eugène Paul Marie. „Chronique du froid en Normandie et dans le nord de la France du Ier au XVIII siécle". Rouen 1892.

Sax, Petrus. „De praecipuis rebus gestis Frisiorum septentrionalium breviter descriptis et iconice adumbratis libri VI." 1656. In E. J. von Westphalen „Monumenta inedita rerum Germanicarum praecipue Cimbricarum etc." Tom. I. Leipzig 1739. Spalte 1338 bis 1390.

„D. Scepsii annales". In „Scriptor. rer. Silesiac". 11. Bd. Breslau 1878. S. 59–116.

Schäfer, Dr. Wilhelm. „Chronik der Dresdener Elbbrücke, nebst den Annalen der größten Elbfluten von der frühesten bis auf die neueste Zeit". Dresden 1848.

Schaidler, Martin. „Chronik des ehemaligen Reichsstiftes Kaisersheim (Kaisheim) etc." Nördlingen 1867.

Schaller, Jaroslaus. „Topographie des Königreichs Böhmen etc." 1.–6. Theil. Prag und Wien 1785–1790.

„De rebus in orbe gestis sub Imperatore Maximiliano II". [1565–1574]. In Sim. *Schardius* „Schardius redivivus etc.", edid. Hieron. Thomas. Tom. IV. Gießen 1673. S. 41–194.

Scharold, Carl Gottfried. „Beyträge zur ältern und neuern Chronik von Würzburg". 1. Band, Würzburg 1818/20.

Schaten, Nicol. „Annalium Paderbornensium". Pars III [1500–Schluß]. Paderborn 1741.

Schenkl, Dr. Johann Baptist. „Neue Chronik der Stadt Amberg". Amberg 1817.

„Notizen aus d. Chronica Francofurtensis pars tertia des Stadtschreibers Adam *Schile* über die Zeit von 1500–1551". In „Quellen z. Frankf. Geschichte", edit. Dr. H. Grotefend. 2. Bd. Frankfurt a/M. 1888. S. 500/2.

„Jenaische Stadt- und Universitäts-Chronik von Martin *Schmeizel*, edid. Dr. Ernst Devrient (1523–1735). Jena 1908. [geb. 1679].

Schmid, Dr. Wolfgang Maria. „Illustrierte Geschichte der Stadt Passau". Passau 1927.

Schmidt, Alfred. „Geschichte der Stadt Mühlberg a/E." Mühlberg (Elbe). s. a.

Schmidt, Hugo. „Geschichte der Stadt Grünberg i/Schl." Grünberg 1922.

Schmidt, Tobias. „Chronica Cygnea etc." (Zwickauer Chronik). 2 Bände. Zwickau 1656.

Schmidt-Hagnauer, G. „Chronik der Stadt Aarau". (bis zum Jahre 1820). Aarau 1881.

Schmidtmayer, Rudolf. „Krummauer Geschichten aus der Zeit vom Jahre 1584 bis zum Jahre 1720". In „Mittheilungen des Vereins für Geschichte der Deutschen in Böhmen". Prag 1912. S. 229–253 u. S. 373–405.

Schmith, Heinrich. „Neuenheim", Vergangenheit einer Pfälzer Dorfgemeinde. Heidelberg 1928.

Schneider, Joh. Christ. „Chronik der Stadt und Standesherrschaft Forst etc." Guben 1846.

„Diarium des Görlitz. Consul Paul *Schneider*". [1532–1545], edid. Dr. E. Schulze. In „Neues Lausitz. Magazin". 71. Band. Görlitz 1895. S. 1–69. [gest. 1545].

„Die anonyme Chronik bei *Schnitt* sammt Fortsetzung 1495–1541". In „Basler Chroniken". 6. Band. Leipzig 1902. S. 191–235.

„Die Chronik Konrad *Schnitts* 1518–1533 sammt Fortsetzung bis 1537". In „Basler Chroniken". 6. Band. Leipzig 1902. S. 110–184. Beilagen. [gest. 1541].

Schönwälder, K. „Geschichtliche Ortsnachrichten von Brieg und seinen Umgebungen". 1. u. 2. Teil. Brieg 1846/47.

Schönwälder, K. F. „Die Piasten zum Briege oder Geschichte der Stadt und des Fürstenthums Brieg". 1. Bändchen [–1521] u. 2. Bändchen [1521–1609]. Brieg 1855.

Schorer, Christoph. „Memminger Chronick / oder kurze Erzehlung vieler denckwürdigen Sachen / die sich allda nocht allein vor alten / sondern auch zu jetzigen Zeiten / bevorab in verwichenem dreyssigjährigen Krieg begeben vnd zugetragen / von Ao. 369 biß 1660." Ulm 1660.

Schottenloher, Karl. „Der Rebdorfer Prior Kilian Leib und sein Wettertagebuch von 1513 bis 1531". In „Riezler-Festschrift". Beiträge zur bayer. Geschichte etc. Gotha 1913. S. 81–114.

Schöttgen, Christian. „Historie der Chur-Sächsischen Stiffts-Stadt Wurtzen etc." Leipzig 1717.

„Karsten *Schröder's* Ditmarische Chronik". [1040–1616], edid. W. G. Kolster. In „Zeitschrift der Gesellschaft für Schleswig-Holstein. Lauenburg. Geschichte". 8. Band. Kiel 1878. S. 177–274. [geb. 1531, gest. 1615].

Schroeder, Dr. Wilh. „Chronik des Bistums und der Stadt Minden". Minden i/W. 1886.

Schuberth, Dr. Gustav W. „Chronik der Stadt Großenhain vom Jahre 1088 bis auf die Gegenwart". Großenhain 1887/92.

Schuller, J. K. „Handschriftliche Vormerkungen aus Kalendern des 16. u. 17. Jahrhunderts, gesammelt und mit erläuternden Anmerkungen herausgegeben". [1529–1675]. In „Archiv d. Vereins f. siebenbürg. Landeskunde". 3. Band. Hermannstadt 1848. S. 348–386.

Schultes, D. A. „Chronik von Ulm von den Zeiten Karls des Großen bis auf die Gegenwart (1880)". Ulm 1881.

Schulz, Walter. „Neckarhausen". Eine Chronik. Mannheim 1938.

Schulze, Ernst. „Chronik der Stadt Cloetze". Nachrichten aus der Umgegend von Cloetze und dem Drömling nebst einer Geschichte des ehemaligen hannoverschen Amtes Cloetze. Cloetze 1900.

„Chronik der ehemaligen Chur- und jetzigen Kreisstadt Herzberg a. d. Elster gesammelt von Joh. Chr. *Schulze*, verbessert und vermehrt von Carl Gottlieb Caspar. Herzberg (Elster) 1842.

Schütz, G. u. H. „Chronik der Stadt Langensalza und der umliegenden Orte". 1. Band. Langensalza 1900.

Schwarz, Dr. F. „Chronica oder Handbüchlein Danziger Geschichte, gedruckt durch Jacob Rhode Danzig 1594". [1205–1591]. Danzig 1926. „Heimatblätter des Deutschen Heimatbundes". 3. Jahrgang. Heft 3/4.)

„Eines Ungenannten im Stadtbauamte vorgefundene geschichtliche Nachrichten von *Schweinfurt* 1558–1578". In: Friedrich Stein „Monumenta Suinfurtensia historica etc." Schweinfurt 1875. S. 418–423.

„*Schweizerische* meteorologische Beobachtungen". 9. Jahrgang. 1872. Zürich.

„*Schweizer* meteorologische Beobachtungen". 10. Jahrgang 1873. Zürich.

Schweyger, Franz. „Chronik der Stadt Hall 1303–1572". [Mit Nachträgen v. 1573–1676], edid. Dr. David Schönherr. Innsbruck 1867. (Tirolische Geschichtsquellen I.) [gest. 1572].

Sello, Georg. „Studien zur Geschichte von Oestringen und Rüstringen". Varel 1898.

Sello, Georg. „Östringen und Rüstringen". Studien zur Geschichte von Land und Volk. Nach dem Tode des Verfassers herausgegeben von seinem Sohne. Oldenburg i/O. 1928.

„Die Chronik von Clemens *Sender* von den ältesten Zeiten der Stadt bis zum Jahre 1536". In „Die Chroniken der deutschen Städte vom 14. bis ins 16. Jahrhundert". 23. Band. Augsburg. (4. Band). Leipzig 1894 S. 1–404. [geb. 1475, gest. 1536].

Seyfarth, Rudolf. „Des Grafen von Beust Jahrbücher von Schmölln" [1127–1800]. In „Blätter für Heimatpflege". Vereinsschrift des Geschichts- und Altertumsforschenden Vereins zu Schmölln (Thür.) 6. Band. (1935–1938). S. 62–63, 69–71, 73–75.

dto. „Geschichte der Stadt Schmölln in Thüringen". Schmölln 1938.

Short, Thomas. „General chronological history of the air, weather, seasons, meteors, in sundry places and different times etc." Vol. I u. II. London 1749.

„Fridolin *Sichers* Chronik" [1427–1531], edid. Ernst Götzinger. In „St. Gallen. Mittheilungen zur vaterländischen Geschichte". Neue Folge. 10. Heft. St. Gallen 1885. [geb. 1490, gest. 1540].

Skalitzky, A. „Excerpte aus der handschriftlichen Chronik eines Habelschwerdters vom Jahre 1618". In „Vierteljahrchrift für Geschichte und Heimatskunde der Grafschaft Glatz". VII. Jahrgang 1887/88. Habelschwerdt. S. 82–89, 179–187, 274–283, 344–352.

Slaggert, Lambert. „Chronik d. Klosters Ribnitz". [1206–1532]. In: „Mecklenburg. Geschichtsquellen". I. Schwerin 1909. S. 63–171.

Sleidanus, Johannes. „Veri et ad nostra tempora usque continuati, das ist / Warhafftige Beschreibung allerley fürnemer Händel vnd Geschichten / etc. biß auff daß 1620. Jahr nach Christi Geburt / begeben vnd zugetragen etc." [1517–1556].

„Sleidani continuati I. Pars. durch Oseam Schadaeum [1555–1564]".

dto. II. Pars. [1564–1576]. Straßburg/Els. 1624–1625.

dto. III. Pars. [1576–1610]. dto. 1625.

dto. IV. Pars. [1611–1624]. dto. dto.

„Annales *Slesvico*-Holsatenses 1227–1546". In J. Langebek „Scriptores rerum Danicarum medii aevi". Tomus V. Kopenhagen 1783. S. 505–510.

„Aus der alten *Soester* Chronik". [1200–1655]. In „Zeitschrift des Vereins für die Geschichte von Soest und der Börde". Soest 1903. 19. Heft. S. 46–61.

„Auszüge aus den *Soestern* Stadtbüchern" [1414–1532]. In „Die Chroniken der deutschen Städte vom 14. bis ins 16. Jahrhundert. 24. Band. Leipzig 1895. S. 1–155.

Sonklar, Karl Edler von Innstaedten „Von den Überschwemmungen". Wien, Pest, Leipzig 1883.

„M. Cyriaci *Spangenbergs* Chronick der Stadt Sangerhausen". Anno 1555. [–1554]. In: Christian Gottlieb Buder „Nützliche Sammlung Verschiedener Meistens ungedruckter Schriften, etc." Frankfurt a/M. und Leipzig 1735. S. 295–382.

Spangenberg, Cyriacus. „Mansfeldische Chronica". Der vierte Teil, edid. Carl Rühlemann. Eisleben 1913/14. („Mansfelder Blätter" 27. Jahrgang. 1913. 28. Jahrgang. 1914.)

dto. dto. edid. Prof. Dr. Rud. Leers. („Mansfeld. Blätter". 31/32. Jahrg. Eisleben 1918. S. 241/366) und („Ergänzungs- und Schlußheft zu Band 30/32". Eisleben 1924. S. 367 /436).

„*Specklini* collectanea in usum chronici Argentinensis“ [–1589]. „Fragments des anciennes chroniques d'Alsace“. II. Bd., edid. R. Reuß. Straßburg 1890. [geb. 1536, gest. 1589].

Specklin, Daniel. „Specklini collectanea“. [1330–1589]. Tom. I. 1330–1447. In „Mitteilungen d. Gesellschaft f. Erhaltung d. geschichtl. Denkmäler im Elsaß“. 2. Folge. 14. Band. Straßburg 1889. S. 1–178. Tom. II. 1448–1589. In dto. dto. Straßburg 1889. S. 273–404. [geb. 1536, gest. 1589].

Speerschneider, C. J. H. „Om Isforholdene i Danske Farvande i aeldre og nyere Tid aarene 690–1860“. Kopenhagen 1915.

Staius, Mag. Jak. „Memorabilia vom Stadtschreiber Staius“ [1400–1571]. In „Riedel's Codex diplomatic. Brandenburgensis“. IV. 1. Band. Berlin 1862. S. 321–370. [gest. 1584].

Stampfer, P. Coelestin. „Chronik von Meran, der alten Hauptstadt des Landes Tirol“. 2. verb. Ausgabe. Innsbruck 1867.

„Rocznik *Stanislawa* Naropińskiego“ [996–1550]. In: A. Bielowski „Monumenta Polon. hist.“ Tome III. Lwow 1878. S. 219–227.

Starzer, Dr. Albert. „Geschichte der landesfürstlichen Stadt Korneuburg“. Korneuburg 1899.

Stauber, Dr. Emil. „Geschichte der Kirchgemeinde Andelfingen, umfassend die politischen Gemeinden Andelfingen, Klein-Andelfingen, Adlikon und Hundikon etc. Band I und II. Zürich 1940/41.

„Bernt *Stegmann's* Chronik vom Aufruhr 1525“. [1498–1527]. In „Scriptor. rer. Prussicar“. 5. Bd. Leipzig 1874. S. 544–587.

Stein, Friedrich. „Monumenta Suinfurtensia historica inde ab anno 1291 usque ad annum 1600“. Denkmäler der Schweinfurt. Geschichte bis zum Ende des 16. Jahrhunderts. Herausgeg. v. Friedr. Stein. Schweinfurt 1875.

„Chronik Michael *Steinbergs*“, edid. Dr. Theod. Schönborn. In „Scriptor. rer. Silesiac.“ 11. Bd. Breslau 1878. S. 117–76.

Stephan, Clemens. „Erbärmliche vnd erschröckliche Newe zeitung, der vor vnerhörten jämmerlichen Wassersnoth, so sich dises 1582. Jar, den 9. May, in Keiser Carls Bad vnd in den vmbligenden Stetten und Flecken, . . . , zugetragen, . . .“ In: Dr. G. Schwetschke „Karlsbads große Überschwemmung im Jahr 1582“. Halle 1863.

Sternickel, F. W. „Chronik der Stadt Greußen“. Sondershausen [1829].

Stettler, Michael. „Schweitzer Chronic, das ist Gründliche vnd Wahrhaffte beschreibung der fürnehmsten Jahresgeschichten welche sich bey löblicher Eydtgnoßschaft seyt etlich Hundert Jahren her verloffen etc.“ biß auff das 1627 Jahr etc.“ 1. Theil (815–1527) und 2. Theil. Bern 1626 u. 1627.

Stichert, Franz Otto. „Chronik der Stadt Werdau“. Leipzig 1841.

„Hans *Stoltz's* Vrsprung vnd Anfang der Statt Gebweyler“. Sagen- und Tagebuch eines Bürgers von Gebweiler zur Zeit des Bauernkrieges. [1124–1540], edid. Julien Sée. Colmar u. Gebweiler 1871. („Les chroniques d'Alsace“. Band 1.) [Hans Stoltz: gest. ca. 1540].

„*Straßburgische* Archiv-Chronik“ [1373–1569]. In: „Code historique et diplomatique de la ville de Strasbourg“. Tome I. Straßburg 1843. S. 131–220.

„*Straßburger* Jahrgeschichten von 1424–1593“. In: F. J. Mone „Quellensammlung der badischen Landesgeschichte“. 2. Bd. Karlsruhe 1854. S. 138–145.

Strehlke, F. und E. „Nachrichten über besondere Witterungs-Erscheinungen in Preußen während des 14., 15., 16. und 17. Jahrhunderts“. In „Altpreußische Monatsschrift“. Neue Folge (4. Folge). 10. Band. Königsberg 1873. S. 650–660.

Strnadt, Anton. „Chronologisches Verzeichniß der Naturbegebenheiten im Königreiche Böhmen vom Jahre Christi 633 bis 1700 etc.“ Prag 1790.

Stumpff, Johannes. „Schwytzer Chronica etc. biß auff das jar Christi 1546“. Zürich 1554.

v. Stürler, M. „Über die Wasser-, Schachen- und Schwellenverhältnisse im Stromgebiet der Emme“. In „Archiv des histor. Vereins des Kantons Bern“. 8. Band. Bern 1875. S. 1–19.

Sturm, Karl August Gottlieb. „Kleine Chronik der Stadt Weißenfels etc.“ Weißenfels 1869.

Sturm, Ludwig. „Geschichte der Stadt Goldberg in Schlesien“. Goldberg 1888.

Suhle, Dr. H. „Ältere Nachrichten des Kirchenbuchs der Marienkirche zu Bernburg“. [992–1617]. In „Mitteilungen des Vereins für anhalt. Geschichte u. Altertumskunde“. 6. Band. Dessau 1893. S. 258–277.

„Auszug aus einer alten Chronik, verfasset von Paulo *Sutoris*, einem Kronstädter“. [1203 bis 1620]. In „Quellen zur Geschichte der Stadt Kronstadt in Siebenbürgen“. 4. Band. Kronstadt 1903. S. 11–40.

Sutorius, Benjamin Gottlieb. „Die Geschichte von Löwenberg etc. 1. und 2. Theil. Bunzlau 1784 und Jauer 1787.

Swyn, Henning (aus Lunden). „Ex scripto sive libello per Hennigum Swyn, anno 1533. 8. Octobris defunctum, connotato“. ([1502]–1529–1533), Bei J. Russe. Nach d. Hamburg. Codex. In „Johann Adolfi's etc. Chronik d. Landes Dithmarschen“. 2. Band. Kiel 1827. S. 459–462.

„Rocznik *Swietokrzynski*“. [965–1447–1490–1556]. In: A. Bielowski „Monumenta Polonor. histor.“ Tom. III. Lwow 1878. S. 53–118.

T

Tailliar. „Chroniques de Douai“. Tome I, II u. III. Douai 1875/77.

„Notizen von Thomas *Tartler*“. [1385–1613]. In „Quellen zur Geschichte der Stadt Kronstadt in Siebenbürgen“. 4. Band. Kronstadt 1903. S. 153–154. [geb. 1700, gest. 1770].

Techen, Dr. Friedrich. „Geschichte der Seestadt Wismar“. Wismar 1929.

„Chronik d. Anton *Tegerfeld* von Mellingen“. (1502–1525). In „Argovia“, Jahresschrift d. histor. Gesellschaft d. Kantons Aargau“. 14. Band. Aargau 1884. S. 209–300. [geb. 1457, gest. ca. 1526–1527].

Teschenmacher, Werner. „Annales Cliviae, Juliae, Montium, Marcae, Westphalicae, Ravensbergae, Geldriae et Zutphaniae, duabus partibus comprehensi etc., edid. Christophorus Dithmarus. Frankfurt a/M. und Leipzig 1721.

Teutsch, Joseph. „Auszug aus Besondere Nachricht vom Burzenland“, mit Nachträgen von Jos. Trausch und anderen. [1238–1867]. In „Quellen zur Geschichte der Stadt Kronstadt in Siebenbürgen“. 4. Band. Kronstadt 1903. S. 52–65. [Joseph Teutsch: geb. 1702, gest. 1770].

dto. „Auszug aus „Kurzgefaßte Jahr-Geschichte von Siebenbürgen, besonders Burzenland“. [1345–1748]. In „Quellen zur Geschichte der Stadt Kronstadt in Siebenbürgen“. 4. Band. Kronstadt 1903. S. 98–153.

dto. „Auszug aus Nebenarbeit von sonderbaren Begebenheiten in Burzenland“. [1420 bis 1765]. In „Quellen zur Geschichte der Stadt Kronstadt in Siebenbürgen“. 4. Band. Kronstadt 1903. S. 176–180.

Thammius, Abraham. „Chronicon vetustissimae arcis et urbis Coldicensis“. [–17. Jahrhundert]. In: J. B. Mencken „Scriptor. rer. Germanic“. II. Tom. Leipzig 1728. Spalte 663–754.

Thebesius, Georg. „Liegnitzische Jahr-Bücher etc. biß zum Ende des 16. Jahrhunderts“. etc., edid. Magister Gottfried Balthasar Scharff. 1–3. Theil. Jauer 1733.

„Weißenhorner Historie von Nicolaus *Thoman*, St. Leonhardskaplan zu Weißenhorn". [Gründung der Stadt –1542]. In: Dr. F. L. Baumann „Quellen zur Geschichte des Bauernkrieges in Oberschwaben" in „Bibliothek d. litterarischen Vereins in Stuttgart". Band 129. Tübingen 1876. S. 1–240. [Nikolaus Thoman: geb. zwischen 1456 u. 1464, gest. ca. 1542].

Thomas, Johann. „Zeitereignisse aus der Vergangenheit und dem Leben unserer Heimatstadt Riesa etc." Riesa 1927.

„Schweidnitzer Chronik des Hieronymus *Thommendorf*". In „Scriptor. rer. Silesiac". 11. Bd. Breslau 1878. S. 15/58. [geb. 1504, gest. ca. 1573].

„Schweidnitz. Chronik des Wenceslaus *Thommendorf*". In „Scriptor. rer. Silesiac." 11. Bd. Breslau 1878. S. 1–14. [geb. um 1460, gest. 1522].

de Thou (Thuanus), Jacque-Auguste. „Histoire universelle depuis 1543 jusqu'en 1607". Traduite sur l'édition latine de Londres. Tome VI. London 1734.

dto. dto. Tome XII u. XV. London 1734.

Thoß, Dr. Alfred. „Die Geschichte der Stadt Greiz von den Anfängen bis zum Ausgang des 17. Jahrhunderts etc." Jena 1933.

Im-*Thurn*, Dr. Eduard u. Harder, H. W. „Chronik der Stadt Schaffhausen" [Anfang–1790]. Schaffhausen 1844.

Im *Thurn*, Hans. „Aus dem Tagebuche des Bürgermeisters Hans Im Thurn". [1590–1648], edid. J. H. Bäschlin. In „Beiträge zur vaterländ. Geschichte". Herausgeg. v. histor.-antiquar. Verein des Kantons Schaffhausen. 5. Heft. Schaffhausen 1884. S. 19–55. [geb. 1579, gest. 1648].

„Diarium cuiusdam domestici Petri-*Tomicki* episcopi Cracoviensis". Edid. Dr. W. Ketrzynski [1532–1536]. In A. Bielowski „Monum. Polon. histor." Lwow 1888. S. 897–904.

„Die älteste Thorner Stadtchronik" (1222–1528 [1546])., edid. M. *Töppen*. In „Zeitschrift des Westpreußischen Geschichtsvereins Heft 42. Danzig 1900. S. 119–181.

Toppius, Andreas. „Historie des Ambts und Stadt Langensaltza". In G. Chr. Kreysig „Beyträge zur Historie derer Chur- und Fürstlichen Sächsischen Lande". 4. Bd. S. 134 bis 221. Altenburg 1758.

Torfs, Louis. „Fastes des calamités publiques survenues dans les Pays-Bas et particulièrement en Belgique, depuis les temps les plus reculés jusqu' à nos jours." 2 Bände, Paris u. Tournai 1859 u. 1862.

„A travers la *Touraine*". In „Bulletin trimestriel de la société archéologie de Touraine". Tome XII. I. Partie. S. 278/80. u. II. Partie. S. 68/72 u. 142/44. Tours 1900.

Tratziger, Adam. „Der alten weitberümbten Stadt Hamburg Cronica oder Jahr-Bücher etc." In E. J. von Westphalen „Monum. inedita rer. Germanic. praecip. Cimbricar. etc." Tom. II. Leipzig 1740. Spalte 1259–1408.

Trausch, Joseph. „Chronicon Fuchsio-Lupino-Oltardinum sive annales Hungarici et Transsilvanici etc." Pars I. Complectens annales 990–1630. Kronstadt 1847.

Trautenberger, Dr. Gustav. „Die Chronik der Landeshauptstadt Brünn von der ältesten Zeit bis zum Jahre 1848". 1.–5. Band. Brünn 1891/97.

„Gesta *Trevirorum* etc.", edid. Joannes Hugo Wyttenbach et Michael Franciscus Josephus Müller. Vol. I, II u. III. Trier 1836–39.

Troske, Dr. Ferdinand. „Geschichte der Stadt Leobschütz". Leobschütz 1892.

„Descriptio de origine conventus, postea abbatiae *Trunchiniensis*, ordinis Praemonstratensis". [571–1640]. (Chronicon Trunchiniense) In „Corp. chron. Flandriae", edid. J. J. de Smet in „Collect. de chron. Belg. inédit". Band 3. Tom. I. Brüssel 1837. S. 589–700. [Dronchen oder Droenghen oder Tronchen].

„Die Denkwürdigkeiten des Jonas *Trygophorus* [1460–1563]“, edid. Alb. Leiß. In „Waldecker Chroniken“ II. Band. edid. P. Jürges, A. Leiß, W. Dersch in „Veröffentl. d. histor. Kommission f. Hessen und Waldeck.“ Band VII. 2. Marburg 1914. S. 181–268. [geb. 1525, gest. 1580].

Tschamser, Malach. „Annales oder Jahrs-Geschichten der Baarfüseren oder Minderen Brüdern S. Franc. ord. insgemein Conventualen genannt, zu Thann.“ 1724. 2 Bände [1182–1700]. Colmar 1864.

Tschirch, A. „Zeittafel zur Geschichte der Stadt Guben“ etc. [–1868] In „Neues Lausitz. Magazin“. 46. Band. 1. Abtlg. Görlitz 1869. S. 1–59.

Tschudi, Valentin. „Kurze historische Beschreib- oder Erzellung, der, in Kriegs- und Fridenszeiten verloffenen Sachen und Händlen, zu Glarus und in einer Eidgnoschaft, auch angrenzenden Orten“. [1519–1533]. In „Archiv für Schweizerische Geschichte“. 9. Band. Zürich 1853 S. 332–447.

„Valentin *Tschudi's* Chronik der Reformationsjahre 1521–1533“, edid. Dr. Joh. Strickler. Mit Glossar und Commentar. In „Jahrbuch d. histor. Vereins des Kantons Glarus“. 24. Heft. Glarus 1888. S. 1–258.

Turmair, Johannes. (genannt Aventinus) „Hauskalender“. In: Johannes Turmair „Sämmtliche Werke“. 6. Band. Kleinere Schriften. edid. G. Leidinger. München 1908. S. 1–51.

U

Ule, Dr. Willy. „Heimatkunde des Saalkreises einschließlich des Stadtkreises Halle und des Mansfelder Seekreises“. Halle 1909.

Umlauff, Karl. „Chronik der Stadt Mähr.-Schönberg“. 2 Teile. M.-Schönberg 1901.

V

Valcooch, Dirrick Adriaenß. „Chronycke van Leeuwenhorn, voortyden ontrent der Sypen gelegen in West-Vrieslandt over veel hondert jacren verdroncken, . . . , die van Anno 1552 to Anno 1598 soo by die eerste bedyckers ende oock ten lesten van de Sype gheschiet zyn, gepractiseert, en eensdeels in ryme gestellt door E. Dirr. Adriaen. Valcooch, Notarius publyck. Amsterdam 1740.

Vanderlinden, Emile. „Chronique des événements météorologiques en Belgique jusqu'en 1834“. Brüssel 1924. (Mémoires publ. par l'acad. roy. de Belgique. Tom. V. 1924.)

Annales *variorum* [1232– gegen 1590] [Ulm. Nürnberg. Schweiz. Bodensee] In „Anzeiger für Kunde des Deutschen Mittelalters“. 3. Jahrg. 1834. Nürnberg. Spalte 228–250.

von Vechelde, Carl Friedrich. „Tobias Olfen's, eines braunschweigischen Rathsherrn, Geschichtsbücher der Stadt Braunschweig“. Braunschweig 1832.

Viethe, Anton. „Beschreibung und Geschichte des Landes Dithmarschen oder Geographische, Politische und Historische Nachricht vom bemeldten Lande“. Hamburg 1733.

„Die Chronik des Apollo von *Vilbel*“. [ca. 1480–1490 bis 1525], edid. Dr. Jos. Rübsam. In „Zeitschrift des Vereins für hessische Geschichte u. Landeskunde“. Der ganzen Folge 24. Band. (Neue Folge 14. Band). Kassel 1889. S. 196–266. [gest. 1536].

Villard, Marius. „Météorologie régionale“. [–1578]. In „Bulletin de la société départementale d'archéologie et de statistique de la Drome“. Tom. 21. (2. série. I. tom.) Valence 1887. S. 46–61 u. 180–194. dto. „Addenda et errata“. [400–1746]. In dto. Tom. 23. S. 508–516 u. 617–626.

„*Villinger* Chronik“ 1119–1568. In: F. J. Mone „Quellensammlung der badischen Landesgeschichte“. 2. Band. Karlsruhe 1854. S. 80–118.

Vincent, J. „Aperçu de l'histoire de la météorologie in Belgique". III. Partie. In „Annuaire Méteorolog. pour 1903". Brüssel 1903. S. 61–154.

dto. „Événements météorologiques anciens". [1541–1827]. In „Annuaire Météorolog. pour 1916". Brüssel 1919. S. 152–169.

Vincentz, Kurt Rudolf. „Die Goldschmiede-Chronik". Die Erlebnisse der ehrbaren Goldschmiede-Ältesten Martin und Wolfgang, auch Mag. Peters Vincentz. [1480–1586]. Hannover [ca. 1921].

Vinchant, Francois. „Annales de la province et comté du Hainaut etc." publ. par A.-P.-V. Descamps. Tom. I–V. Mons 1848–52. (Soc. des bibliophiles de Mons. Band 16.) [geb. ca. 1580, gest. 1635].

Violét, Alex. Ferdinand. „Neringia oder Geschichte der Danziger Nehrung". Danzig 1864.

„*Vlaamsche* Kronyk". 1416–1598. In „Chroniques de Brabant et de Flandre" edid. Ch. Piot in „Collect. de chron. belg. inédit". Bd. 21. Brüssel 1879 S. 173–858.

Vogel, Friedrich. „Die alten Chroniken oder Denkwürdigkeiten der Stadt und Landschaft Zürich von den ältesten Zeiten bis 1820 neu bearbeitet". Zürich 1845.

Vogel, Mag. Johann Jakob. „Leipzigisches Geschicht-Buch oder Annales etc. von Anno 661 nach Christi Geburth an, biß in das 1714. Jahr von Tage zu Tage sich begeben haben, enthaltend sind etc." Leipzig 1714.

Vogt, M. „Illustrierte Chronik der Stadt Hirschberg in Schlesien etc." Hirschberg 1876.

Voigt, Albert. „Thorner Denkwürdigkeiten von 1345–1547". In „Mitteilungen d. Coppernicus-Vereins f. Wissensch. u. Kunst zu Thorn". 13. Heft.

Volkmer, Dr. „Geschichte der bedeutendsten Überschwemmungen in der Grafschaft Glatz". In „Vierteljahrsschrift für Geschichte und Heimatskunde der Grafschaft Glatz". 4. Jahrg. 1884/85. Habelschwerdt. S. 123–135.

W

Wachter, Dr. „Chronicalische Aufzeichnungen zur Geschichte der Stadt Halle vom Jahre 1464–1512". In „Neue Mittheilungen aus dem Gebiet histor.-antiquar. Forschungen etc." Band 15. Halle 1880/82. S. 84–151.

Wagener, Sam. Christ. „Denkwürdigkeiten der chur-märkischen Stadt Rathenow". Berlin 1803.

Walchner, K. „Kleine Chronik denkwürdiger Begebenheiten der Stadt Freiburg". Freiburg i. Br 1826.

Walser, Gabriel. „Neue Appenzeller Chronick oder Beschreibung des Kantons Appenzell der Innern- und Aussen-Rooden etc. etc." St. Gallen 1740.

Wäschke, Dr. „Eine Chronik der Stadt Alsleben an der Saale". [1560–1590]. In „Mitteilungen des Vereins für Anhalt. Geschichte u. Altertumskunde". 7. Band. Dessau 1898. S. 497–518.

„Joh. Heinr. *Waser*, der zürcherische Volkswirthschaftler des 18. Jahrhunderts". Mit: Landwirtschaftl. Chronik nach Waser über außergewöhnliche Witterung, Mißwachs und Fruchtbarkeit, edid. C. K. Müller. In „Zürcher Jahrbuch für Gemeinnützigkeit". 1877. Zürich 1878. S. 86–166.

„Chronik des Johann *Wassenberch* von 1474–1517". [Duisburg]. In „Die Chroniken der deutschen Städte vom 14. bis ins 16. Jahrhundert." 24. Band. Leipzig 1895. S. 179/252. [Johann von Wassenberch oder Jan Wassenberch: geb. 1454].

v. Watt, Joachim. „Epitome". Historische Collektaneen [1001–1532]. In Joachim v. Watt (Vadianus) „Deutsche histor. Schriften". 3. Band. St. Gallen 1879. S. 165–226.

v. Watt, „Diarium 1529–1533". In „Deutsche historische Schriften", edid. E. Goetzinger. 3. Band. St. Gallen 1879. S. 227–528.

Wattenbach, Dr. „Nekrologium des Stifts Kamenz". In „Zeitschrift d. Vereins f. Geschichte u. Alterthum. Schlesiens". 4. Band. S. 307/337.

Wauer, Dr. Edm. „Geschichte der Industriedörfer Eibau und Neueibau". 2 Bände. Dresden 1913/15.

Weck, Anton. „Der etc. Residentz- und Haupt-Festung Dresden Beschreib- und Vorstellung etc." Nürnberg 1679.

Wedekind, Dr. Carl Ludwig. „Geschichte der Stadt und des Herzogthums Crossen." Crossen [1840].

Wedekind, Dr. Eduard Ludwig. „Geschichte der Grafschaft Glatz". Chronik der Städte, Flecken, Dörfer etc. von der frühesten Vergangenheit bis auf die Gegenwart. Neurode 1855.

„Chronycke van Nederlant, besonderlyck der Stadt Antwerpen, sedert den jaere 1097 tot den jaere 1565". door N. *de Weert.* In „Chroniques de Brabant et de Flandre", edid. Ch. Piot in „Collect. de chron. belg. inédites". Band 21. Brüssel 1879. S. 71–172.

Weidemann, Christoph Erich. „Geschichte des Klosters Loccum", edid. Dr. Friedrich Burchard Köster. Göttingen 1822.

von Weinsberg, Hermann. „Das Buch Weinsberg". Kölner Denkwürdigkeiten aus dem 16. Jahrhundert. Bearbeitet von Konstantin Höhlbaum. 1. Band. u. 2. Band (Publikat. d. Gesellschaft für Rheinische Geschichtskunde, Band III u. IV.) und 3. und 4. Band, edid. Friedr. Lau. (Publikationen d. Gesellsch. für Rheinische Geschichtskunde, Band XVI, 1 und Band XVI, 2.) Leipzig 1886/87 und Bonn 1897/98.

„Chronik der Katharina *Weiß* von Limburg, genannt Scheffers Kreinchen" [1524–1562]. In Dr. H. Grotefend „Quellen zur Frankfurter Geschichte". 2. Band. Frankfurt a/M. 1888. S. 279/96 [geb. ca. 1460, gest. 1548].

Weiß, Michael. „Liber annalium raptim scriptus per Michaelem Veyss". [1569–1612]. In „Quellen zur Geschichte der Stadt Brasso (Kronstadt)". 5. Band. Brasso 1909. S. 140–263. [geb. 1569, im Kampfe gefallen 1612].

„Eyn kort vttoch der *Wendeschen* cronicon van etlicken schaften disser lande vnde stede". [–1534]. In: Dr. J. M. Lappenberg „Hamburg. Chroniken in niedersächsischer Sprache". Hamburg 1861. S. 229–299.

Werdmüller, Anthonius „Memorabilia Tigurina, oder Merkwürdigkeiten der Stadt und Landschaft Zürich berichtiget, vermehret und bis auf itzt fortgesetzet." 1. u. 2. Theil Zürich 1780 und 1790.

Werner, Johann. „Canones sicut brevissimi ita etiam dictissimi, complectentes praecepta et observationes de mutatione Aurae etc." Nürnberg 1546.

Werner, Johann. „Wetterbeobachtungen". [1513–1520. Nürnberg]. In: Dr. G. Hellmann „Neudrucke etc." No. 13. Berlin 1901.

Wernicke, Dr. Ewald. „Chronik der Stadt Bunzlau von den ältesten Zeiten bis zur Gegenwart". Bunzlau 1884.

Wernicke, Dr. Jul. Emil. „Geschichte Thorns aus Urkunden, Dokumenten und Handschriften". 2 Bände. Thorn 1839 u. 1842.

Werther, Dr. Ferdinand. „Sieben Bücher der Chronik der Stadt Suhl in der gefürsteten Grafschaft Henneberg". 2 Bände. Suhl 1846/47.

„Chronik des Dietrich *Westhoff* von 750–1550". In „Die Chroniken der deutschen Städte". 20. Band. Leipzig 1887. S. 147–462. [geb. 1509, gest. 1551].

Widman, Georg. „Widmans Chronica" [–1550]. In „Württemberg. Geschichtsquellen". 6. Band. Stuttgart 1904. S. 1–237. [geb. 1486, gest. 1560].

Widman, Georg. „Haller Annalen" [1528–1552]. In: dto. dto. S. 360–378.

„Enoch *Widmann's* Chronik der Stadt Hof". In „Quellen zur Geschichte der Stadt Hof", edit. Christ. Meyer. 1. Band. Hof 1894. S. 1–326. [geb. 1551, gest. 1615].

„Leonhart *Widmann's* Chronik von Regensburg 1511–43 und 1552–55". In „Die Chroniken der deutschen Städte etc." Leipzig 1878. 15. Band S. 1–244. [gest. 1557].

Wiemann, Erich. „Ein wiederaufgefundenes Kleinmühlinger Kirchenbuch des 16. Jahrhunderts". [1553–1575]. In „Zerbst.Jahrbuch". 23. Jahrgang 1938. Zerbst 1939. S. 42–53.

„*Wiener* Witterungsbeobachtungen" [1500–1531]. in Dr. G. Hellmann „Neudrucke etc. über Meteorologie etc." Band 13. Meteorol. Beobachtungen des XIV.–XVII. Jahrhunderts. Berlin 1901. S. (48).

Wild, Caspar. „Auszüge aus handschriftlichen Chroniken und aus den Rathsprotokollen der Stadt und Republik St. Gallen". Vom Jahr 1551–1750. St. Gallen 1847.

„Hans *Wiler* und seine Aufzeichnungen". [911–1530]. In „Basler Chroniken". 4. Band. Leipzig 1890. S. 402/8.

Will, Georg Andreas. „Von der neulichen größten Überschwemmung und Wassersnoth, welche die Stadt Nürnberg erlitten". Nürnberg 1784.

Will, Joh. „Das Teutsche Paradeiß in dem vortrefflichen Fichtelberg, etc. Anno 1692". (Fortsetzung). In „Archiv für Geschichte und Alterthumskunde von Oberfranken". 15. Band. 3. Heft. Bayreuth 1883. S. 112–186 und 16. Band 1. Heft. Bayreuth 1884. S. 1–144. 2. Heft. Bayreuth 1885. S. 1–146.

Wille, Mathes. „Top-Hali-Graphia Sulzensis. Eine alte Sulzaer Chronik aus dem Jahre 1670." Sowie eine Fortsetzung derselben. Bad Sulza 1938. [gest. 1689].

Winsemius, Pierius „Chronique oste Historische geschiedenisse van Vrieslant beginnende van den Jaere nae des werelis scheppinghe 3635 ende, loopende tot den Jaere nae de gheboorte Christi 1622". Franeker 1622.

Winter, F. „Chronikalische Aufzeichnungen aus den Jahren 1500–1514". [Gegend zwischen Elbe und Weser]. In „Geschichts-Blätter für Stadt und Land Magdeburg". 11. Jahrgang. 1876. Magdeburg 1876. S. 43–50.

Wittig, Dr. Joseph. „Chronik der Stadt Neurode". Neurode 1937.

Wohlfarth, Hermann. „Tennstedt in Gegenwart und Vergangenheit". Tennstedt 1894.

Wolf, Dr. F. Franz. „Die klimatischen Verhältnisse der Stadt Meißen". Meißen 1890.

„Johannis *Wolfii*, eines alten Schul-Rectoris zu Weimar, Anno 1569 verzeichnete Annales, mit etlichen Anmerckungen". [938–1530]. In: Chr. G. Buder „Nützliche Sammlung etc." Frankfurt u. Leipzig 1735. S. 281/92.

Wolf, R. „Auszüge aus verschiedenen handschriftlichen Chroniken der Stadtbibliothek in Winterthur". [1093–1611]. In „Vierteljahrsschrift der naturforschenden Gesellschaft in Zürich". 10. Jahrgang. Zürich 1865. S. 84–96.

dto. „Der kalte Winter von 1572 auf 1573". In: dto. 18. Jahrgang. Zürich 1873. S. 166.

dto. „Zur Witterungsgeschichte der Jahre 1589 und 1590". In: dto. dto. S. 276/77.

Wolfram, Rob. „Chronik der Stadt Borna mit Berücksichtigung der umliegenden Ortschaften". Borna 1859.

Wollesen, E. „Chronik der altmärkischen Stadt Werben und ihrer ehemaligen Johanniter-Komturei". Werben 1898.

Wollesen, Dr. Ernst. „Beiträge zur Geschichte des Kreises Osterburg". 2 Teile. Osterburg 1937/38.

Wolter. „Auszüge aus dem im Stadtarchiv zu Burg befindlichen 1495 angelegten Copialbuche". In „Geschichts-Blätter für Stadt und Land Magdeburg". 17. Jahrgang. 1882. S. 69–76.

Worbs, Johann Gottlob. „Geschichte der Herrschaften Sorau und Triebel Sorau 1826.

„Annalia seu contingentia in civitate *Wratislavia*". [1418–1517]. In: A. Bielowski „Monumenta Polon. histor." Tom. III. Lwow 1878. S. 734–740.

Würdig, L. „Chronik der Stadt Dessau von den frühesten Zeiten bis Ende 1875". Dessau 1876.

„Diarium des Christian *Wurstisen* 1557–1581", edid. R. Luginbühl. In „Basler Zeitschrift f. Geschichte u. Alterthumskunde". 1. Band. Basel 1902. S. 53–145. [geb. 1544, gest. 1588].

Wurstisen, Christian. „Baßler Chronick etc." 1. u. 2. Band. und Fortsetzung 1. u. 2. Bd. (–1600) Basel 1765–79.

Z

Zabel, P. H. „Chronik von Zöblitz". Annaberg 1890.

Zahn, Carl Wilhelm. „Chronik von Kirchhain und Dobrilugk Grafschaft und Stadt Sonnenwalde." Neu bearbeitet und fortgesetzt von Gotthold Zahn. Kirchhain n/L. 1926.

Zauner, Judas Thaddäus. „Chronik von Salzburg". 1.–11. Theil. Salzburg 1796–1826.

Zell, Fr. „Memorabilien aus dem erzbischöflichen Archiv". In „Freiburger Diöcesan-Archiv". 9. Band. Freiburg i. Br. 1875.

Zeller, David. „Hirschberger Merkwürdigkeiten". Hirschberg 1720/26.

Zergiebel, Ernst. „Chronik von Zeitz und den Dörfern des Zeitzer Kreises nach Urkunden und Akten aus den Jahren 968 bis 1895". 4 Teile. Zeitz 1894–96.

Zernecke, Jacob Heinrich. „Thornische Chronica etc." 2. vermehrte Auflage. Berlin 1727.

Ziegler, Anton. „Rückblick auf die Geschichte der Stadt Urfahr a. D. in Oberösterreich. Linz-Urfahr 1920.

Ziegler, Dr. Julius und König, Dr. Walter. „Das Klima von Frankfurt a/M." Frankfurt a/M. 1896 u. 1901.

„Auszug aus „Calendarium Historicum" von Martin *Ziegler*". [1526–1715] In „Quellen zur Geschichte der Stadt Kronstadt in Siebenbürgen". 4. Band. Kronstadt 1903. S. 528–536.

Ziethe, W. „Chronik der Stadt Beeskow etc." edid. E. O. Chr. Faulstich. 1. und 2. Theil. Beeskow 1884.

Zillner, F. V. „Geschichte der Stadt Salzburg". 1. Buch. Salzburg 1885.

von Zimburg, Heinrich. „Die Geschichte Gasteins und des Gasteiner Tales". Wien 1948.

Zimmermann, Paul. „Quellen zur Genealogie des späteren Grafen von Regenstein". In „Zeitschrift des Harz-Vereins für Geschichte und Altertumskunde". Wernigerode 1892. S. 132–145.

v. Zittwitz, K. „Chronik der Stadt Aschersleben". Aschersleben 1835.

Zopf, Joh. Casp. „Reußische Gerauische Stadt- und Land-Chronica etc." 2 Teile. Leipzig 1692.

„Wormser Chronik von Friedrich *Zorn* mit den Zusätzen Franz Bertholds von Flersheim", edid. Wilh. Arnold. Stuttgart 1857. („Bibliothek des Litterarischen Vereins in Stuttgart". Band 43.) [geb. 1538, gest. 1610].

„Extrakt aus den Historien, *Zürich* und Zug betreffend". 1517–1530. In „Helvetia". Denkwürdigkeiten für die XXII Freistaaten der Schweizerischen Eidgenossenschaft". 7. Band. Aarau 1832. S. 247–249.

FSC
www.fsc.org
MIX
Papier | Fördert
gute Waldnutzung
FSC® C083411

Kolibri 360 GmbH
Ferdinand-Jühlke-Straße 7
99095 Erfurt, Deutschland
produktsicherheit@kolibri360.de